国家卫生健康委员会"十四五"规划教材

全国高等学校**制药工程专业第二轮**规划教材

供制药工程专业用

U0304157

生物制药工艺学

主 编 赵广荣

副主编 骆健美 宁云山

编 者（以姓氏笔画为序）

万国辉（中山大学药学院）

万晓春（中国科学院深圳先进技术研究院）

王学东（华东理工大学生物工程学院）

宁云山（南方医科大学检验与生物技术学院）

张 杰［津药生物科技(天津)有限公司］

张 静（郑州大学化工学院）

张大伟（中国科学院天津工业生物技术研究所）

张晓梅（江南大学生命科学与健康工程学院）

罗云孜（天津大学化工学院）

赵广荣（天津大学化工学院）

骆健美（天津科技大学生物工程学院）

黄 俊（浙江科技大学生物与化学工程学院）

谢 震（清华大学自动化系）

人民卫生出版社

·北 京·

版权所有，侵权必究！

图书在版编目（CIP）数据

生物制药工艺学 / 赵广荣主编 . —北京：人民卫生出版社，2024. 11

ISBN 978-7-117-35773-9

Ⅰ.①生… Ⅱ.①赵… Ⅲ.①生物制品－工艺学－医学院校－教材 Ⅳ.①TQ464

中国国家版本馆 CIP 数据核字 (2024) 第 007115 号

| 人卫智网 | www.ipmph.com | 医学教育、学术、考试、健康，购书智慧智能综合服务平台 |
| 人卫官网 | www.pmph.com | 人卫官方资讯发布平台 |

生物制药工艺学
Shengwu Zhiyao Gongyixue

主　　编：赵广荣
出版发行：人民卫生出版社（中继线 010-59780011）
地　　址：北京市朝阳区潘家园南里 19 号
邮　　编：100021
E - mail：pmph @ pmph.com
购书热线：010-59787592　010-59787584　010-65264830
印　　刷：河北宝昌佳彩印刷有限公司
经　　销：新华书店
开　　本：850×1168　1/16　印张：28
字　　数：663 千字
版　　次：2024 年 11 月第 1 版
印　　次：2024 年 12 月第 1 次印刷
标准书号：ISBN 978-7-117-35773-9
定　　价：98.00 元
打击盗版举报电话：010-59787491　E-mail：WQ @ pmph.com
质量问题联系电话：010-59787234　E-mail：zhiliang @ pmph.com
数字融合服务电话：4001118166　E-mail：zengzhi @ pmph.com

出版说明

随着社会经济水平的增长和我国医药产业结构的升级,制药工程专业发展迅速,融合了生物、化学、医学等多学科的知识与技术,更呈现出了相互交叉、综合发展的趋势,这对新时期制药工程人才的知识结构、能力、素养方面提出了新的要求。党的二十大报告指出,要"加强基础学科、新兴学科、交叉学科建设,加快建设中国特色、世界一流的大学和优势学科。"教育部印发的《高等学校课程思政建设指导纲要》指出,"落实立德树人根本任务,必须将价值塑造、知识传授和能力培养三者融为一体、不可割裂。"通过课程思政实现"培养有灵魂的卓越工程师",引导学生坚定政治信仰,具有强烈的社会责任感与敬业精神,具备发现和分析问题的能力、技术创新和工程创造的能力、解决复杂工程问题的能力,最终使学生真正成长为有思想、有灵魂的卓越工程师。这同时对教材建设也提出了更高的要求。

全国高等学校制药工程专业规划教材首版于2014年,共计17种,涵盖了制药工程专业的基础课程和专业课程,特别是与药学专业教学要求差别较大的核心课程,为制药工程专业人才培养发挥了积极作用。为适应新形势下制药工程专业教育教学、学科建设和人才培养的需要,助力高等学校制药工程专业教育高质量发展,推动"新医科"和"新工科"深度融合,人民卫生出版社经广泛、深入的调研和论证,全面启动了全国高等学校制药工程专业第二轮规划教材的修订编写工作。

此次修订出版的全国高等学校制药工程专业第二轮规划教材共21种,在上一轮教材的基础上,充分征求院校意见,修订8种,更名1种,为方便教学将原《制药工艺学》拆分为《化学制药工艺学》《生物制药工艺学》《中药制药工艺学》,并新编教材9种,其中包含一本综合实训,更贴近制药工程专业的教学需求。全套教材均为国家卫生健康委员会"十四五"规划教材。

本轮教材具有如下特点:

1. 专业特色鲜明,教材体系合理 本套教材定位于普通高等学校制药工程专业教学使用,注重体现具有药物特色的工程技术性要求,秉承"精化基础理论、优化专业知识、强化实践能力、深化素质教育、突出专业特色"的原则来合理构建教材体系,具有鲜明的专业特色,以实现服务新工科建设,融合体现新医科的目标。

2. 立足培养目标,满足教学需求 本套教材编写紧紧围绕制药工程专业培养目标,内容构建既有别于药学和化工相关专业的教材,又充分考虑到社会对本专业人才知识、能力和素质的要求,确保学生掌握基本理论、基本知识和基本技能,能够满足本科教学的基本要求,进而培养出能适应规范化、规模化、现代化的制药工业所需的高级专业人才。

3. 深化思政教育，坚定理想信念　以习近平新时代中国特色社会主义思想为指导，将"立德树人"放在突出地位，使教材体现的教育思想和理念、人才培养的目标和内容，服务于中国特色社会主义事业。各门教材根据自身特点，融入思想政治教育，激发学生的爱国主义情怀以及敢于创新、勇攀高峰的科学精神。

4. 理论联系实际，注重理工结合　本套教材遵循"三基、五性、三特定"的教材建设总体要求，理论知识深入浅出，难度适宜，强调理论与实践的结合，使学生在获取知识的过程中能与未来的职业实践相结合。注重理工结合，引导学生的思维方式从以科学、严谨、抽象、演绎为主的"理"与以综合、归纳、合理简化为主的"工"结合，树立用理论指导工程技术的思维观念。

5. 优化编写形式，强化案例引入　本套教材以"实用"作为编写教材的出发点和落脚点，强化"案例教学"的编写方式，将理论知识与岗位实践有机结合，帮助学生了解所学知识与行业、产业之间的关系，达到学以致用的目的。并多配图表，让知识更加形象直观，便于教师讲授与学生理解。

6. 顺应"互联网 + 教育"，推进纸数融合　在修订编写纸质教材内容的同时，同步建设以纸质教材内容为核心的多样化的数字化教学资源，通过在纸质教材中添加二维码的方式，"无缝隙"地链接视频、动画、图片、PPT、音频、文档等富媒体资源，将"线上""线下"教学有机融合，以满足学生个性化、自主性的学习要求。

本套教材在编写过程中，众多学术水平一流和教学经验丰富的专家教授以高度负责、严谨认真的态度为教材的编写付出了诸多心血，各参编院校对编写工作的顺利开展给予了大力支持，在此对相关单位和各位专家表示诚挚的感谢！教材出版后，各位教师、学生在使用过程中，如发现问题请反馈给我们（发消息给"人卫药学"公众号），以便及时更正和修订完善。

人民卫生出版社

2023 年 3 月

前　言

　　20 世纪前半叶,人们利用微生物研发并发酵生产抗生素等药物,应用于感染、高血脂、高血糖、免疫排斥、肿瘤等疾病的治疗中。20 世纪后半叶,以基因工程和杂交瘤技术为基础的现代生物技术极大地促进了生物制药发展,微生物源化学药物、重组多肽和重组蛋白质药物、抗体药物、疫苗等的生产能力得到大幅度提升。进入 21 世纪,合成生物学作为新一代生物技术正在变革生物医药的研发和制造模式,基因药物、细胞药物、mRNA 药物等被批准上市。除微生物、动物细胞用于药品生产外,转基因动物和转基因植物也已经用于生产药物。

　　从终端产品角度看,生物制药过程链条长,包括上游过程的生物反应工艺、中游过程的分离提取工艺、下游过程的制剂化工艺,各段工艺的科学技术原理不尽相同。为了适应制药工程专业的课程体系以便教学,本教材集中在上游过程的生物工艺原理,即通过生物和酶反应,合成制备化学药物、关键中间体和生物制品。按照生物技术演变进程以及生物技术在制药中的成熟应用,进行内容设计与组织编写。以中心法则、生化反应与细胞代谢等核心工艺原理为基础,充分体现基因和基因组改造、代谢设计、微生物和细胞培养等关键工艺技术与工艺参数控制。编写过程中,将生物技术和制药监管法规融为一体,将研发和生产相结合,既符合注册技术指导原则,也符合《动态药品生产管理规范》(current good manufacturing practices,cGMP)等,以满足制药企业对生产应用型和创新研发型人才的需求。

　　本教材由教学、科研的一线工作者编写,其内容主要分为三部分。第一部分包括第一章绪论(赵广荣)、第二章生物反应器(王学东)、第三章微生物发酵制药工艺(赵广荣)、第四章发酵动力学和发酵工艺计算(骆健美)、第五章微生物发酵工艺优化(骆健美)、第六章基因工程制药工艺(赵广荣)、第七章代谢工程制药工艺(罗云孜)、第八章酶工程制药工艺(黄俊)、第九章动物细胞工程制药工艺(张静)。第二部分是按照药品注册类型编写的,典型发酵化学药物生产工艺,包括第十章抗生素发酵生产工艺(张晓梅)、第十一章氨基酸发酵生产工艺(张晓梅)、第十二章维生素及辅酶发酵生产工艺(张大伟)、第十三章甾体激素药物生产工艺(骆健美、张杰),以及典型生物制品工艺,包括第十四章重组多肽药物生产工艺(宁云山)、第十五章重组蛋白质药物生产工艺(宁云山)、第十六章抗体药物生产工艺(万国辉)、第十七章基因药物生产工艺(谢震)、第十八章细胞药物生产工艺(万晓春)、第十九章疫苗生产工艺(赵广荣)。第三部分是第二十章清洁生产末端工艺(骆健美)。

　　本教材是纸数融合新形态教材,除纸质文本外,还配套有课件、拓展阅读、工艺计算、目标测试题等数字资源,供读者扫码学习。数字资源的编者已经在相应的资源中标出了,不再罗列。在此,衷心感谢他们为本教材做出的辛勤奉献。

由于生物技术发展迅速以及其在制药工艺中的应用突飞猛进,加之编者自身业务水平所限,在生物制药工艺资料搜集整理中存在不妥之处在所难免,恳请广大读者在使用中指正,并提出宝贵意见和建议,以备今后完善。

编　者

2024 年 11 月

目 录

第一章 绪论

第一节 概述

一、生物技术与药物的关系

（一）生物技术

1. 生物技术的概念 生物技术（biotechnology）是利用生物、改造生物和创造人工生物的技术总称，包括方法、手段和工具，目的是为人类生产有用产品或提供服务。例如，应用基因工程技术，在大肠杆菌中表达重组人干扰素，从而发酵生产抗病毒药物。又如，应用 PCR 技术，检测病毒基因组，为诊断临床感染提供服务。不同生物类型包括微生物、细胞、植物和动物，生物技术原理是相同的，只是技术操作和应用的难度不同而已。因此，一旦新的生物技术被发明，将赋予所有生物应用的垄断和专利的独占权。

2. 生物技术的类别 按照生物技术的应用场景和服务的领域，生物技术可分为医药生物技术、农业生物技术、工业生物技术和环境生物技术。

医药生物技术包括新药创制技术、生物育种技术、生物培养技术和生物分离技术，是生产目标产品不可缺少的。新药创制技术是基于生物学原理，获得新分子、新结构、新活性药物的技术。生物育种技术是利用遗传与变异规律、中心法则等生物学原理，理性设计、精准编辑和改造酶或生物的技术。一般情况下，获得的新生物药是通过生物生产制造的，因此新药创制与生物育种是偶联和一体化的。例如通过基因突变、重组、活性筛选等获得了一个新干扰素分子，就是新药创制。把这个新干扰素的编码基因导入大肠杆菌，进行异源表达，赋予合成干扰素的能力，建立工程菌，就是生物育种。通过生物技术改造，获得具有目标性状或合成目标产物的重组生物或工程生物，是生物制药的起始物料。生物培养技术是利用生物的生理特性，对生长和新陈代谢过程进行工程控制的技术，目的是对原料进行有效加工转化，合成出人类所需的目标产物。生物分离技术是从复杂的生物培养体系、组织器官或体液中，制备出目标产物的提取 - 分离 - 纯化技术。生物育种是生物制造的源头和上游技术，生物培养技术和生物分离技术属于生物制造的中游技术，是产品产量和质量的核心技术。

3. 生物制造的起始原料 从药品生产管理角度看，各类生物和酶是生物制造的起始物料；从工程角度看，生物制造的原料包括有机原料和无机原料，如淀粉和糖、蛋白质、脂质等，其中葡萄糖是最为广泛使用的起始有机原料。近几年以秸秆、餐余物为主的生物质原料也逐渐被重视，纳入了生物加工原料的行列。随着全球范围内的碳减排、碳达峰、碳中和理念的实施，甲烷、二氧化碳等一碳物料也应用于生物制造中。但对于高附加值的生物制药行业，葡萄糖仍然是主要起始碳源物料。氮源起始物料包括酵母粉、蛋白胨、氮素化肥等,无机盐、维生素等也是动物细胞制药的起始原料。

(二) 药品分类

1. 生物技术药品 从广义的技术角度看,生物技术应用于医药领域、生产制造的医疗产品、从小分子的化学药品到大分子的生物制品,都是生物技术药品。如微生物发酵生产的抗生素和氨基酸,细胞培养生产的治疗性蛋白质药品、预防性疫苗,甚至是诊断试剂和医疗器械等。世界各国都采用药品分类注册和审批制度,可按照化学药品或生物制品的分类,对生物技术药物进行申报,由药监部门进行审评。

2. 化学药品 化学药品是化学结构明确、分子量较小的药物制剂,绝大多数化学原料药具有手性结构。化学原料药可以通过化学合成,也可用生物技术生产,如抗生素、氨基酸、维生素等。

3. 生物制品 生物制品是药政法规中的术语,是指以微生物、细胞、植物、人或动物组织和体液等为起始原材料,用生物技术生产的预防、治疗和诊断人类疾病的制剂。

生物制品分为预防用生物制品、治疗用生物制品和体外诊断试剂。预防用生物制品是指为预防、控制疾病的发生和流行的疫苗。治疗用生物制品是指用于人类疾病治疗的重组蛋白质和多肽及其衍生物、细胞治疗和基因治疗产品等。体外诊断试剂包括用于临床医疗筛查、检测、诊断健康状态的体外用试剂。

4. 生化药品 生化药品是指从动物的器官、组织、体液、分泌物中提取、分离纯化制备的药品。如凝血酶、凝血因子、白蛋白、硫酸软骨素、肝素钠等。20世纪初,从动物中提纯的胰岛素是第一个大规模使用的生化药品。

5. 基因药物 基因药物是以生物遗传物质DNA或RNA为活性成分、在体内改变基因表达方式或调节细胞特性的治疗产品,也称为基因治疗产品。20世纪90年代开展基因药物研发以来,中国于2003年率先批准了重组人p53腺病毒药物,用于治疗头颈鳞癌。目前已有多款干扰RNA药物、基因药物被批准上市。

6. 细胞制品 细胞制品是以治疗疾病的活细胞为药物的制品,也称为细胞治疗产品。2017年美国食品药品管理局(Food and Drug Administration, FDA)批准两个T细胞药物上市,2021年国家药品监督管理局批准上市了我国首个T细胞治疗类产品,用于治疗血液瘤。

7. 生物类似药品 生物类似药品是指在质量、安全性和有效性方面与已获准注册的参照药品具有相似性的治疗用生物制品。参照药物是已批准上市的原研药品,生物类似药品不能作为参照药品。生物类似药品是生物制品的仿制药品,与原研药品具有生物等效性。原研药品是指境内外首个获准上市的药品。2015年国家食品药品监督管理总局发布了《生物类似药研发与评价技术指导原则(试行)》,对生物类似药品的申报程序、注册类别和申报资料等相关注册要求进行规范,由此中国走向了生物类似药品的研发时期。

由于生物制品的分子量大和结构复杂,目前的仪器设备难以对生物制品的理化性质和结构特性完全表征,而且生产工艺条件的轻微变化对质量影响较大,因此生物类似药品与原研药品是相似,不像化学仿制药品那样与原研药品结构完全相同。

二、生物制药工艺学

（一）生物制药工艺学的概念

生物制药工艺学（biopharmaceutical technology）是研发新药、建立生物合成路线与工艺过程控制的一门生物工程技术学科，包括生物合成途径的设计与重构、菌种或细胞系的构建、生物工艺路线选择、生物反应或生物分离或混合工艺参数确定与过程控制，从而建立稳定、可控的菌种或细胞系及其药物生产过程。在新药方面，新一代的重组蛋白质药物、全人源化抗体药物、亚单位疫苗、基因药物、细胞药物等生物制品，都是通过生物技术开发和生物工艺制造的。对于天然生物来源的化学原料药、半合成原料药的起始物料和医药中间体，生物工艺是可规模化、经济性生产制造的最优选择。

（二）生物制药工艺过程

以制剂为终端产品，生物制药工艺可分为上游过程、中游过程和下游过程。

1. **上游过程** 是生物合成工艺，包括药物生产菌种或细胞系的研发、发酵工艺或细胞培养工艺，目标是高产高效地合成药物。通过对宿主菌或细胞系进行深度遗传改造，使之具有合成目标药物的遗传性能，构建工程菌株或工程细胞系。对影响产品产量和质量的关键工艺参数（如 pH、溶解氧、搅拌、培养基组成及反应器操作方式）进行研究，建立全生命周期的发酵或细胞培养工艺。

2. **中游过程** 是分离纯化工艺。通过收集、提取、分离、纯化等单元操作参数和工艺控制研究，结合产品的检测及分析，获得质量保证的原料药物。

3. **下游过程** 是制剂工艺。通过原料药和辅料的配方筛选、制剂工艺的研究，生产制造片剂、胶囊、水针剂、粉针剂、丸剂等不同剂型，供临床使用。

（三）生物制药工艺路线的选择

根据生物类型和工艺技术特点，生物制药工艺路线可分为微生物制药工艺路线、动物细胞培养工艺路线、植物细胞培养工艺路线、转基因动物养殖或植物种植工艺路线、酶转化工艺路线。每种工艺路线具有自身特点和优势，根据药物结构和申报类型，考虑生产的经济性，确定合理的工艺路线。

1. **微生物制药工艺路线** 是以微生物菌种为出发物料，通过发酵和分离制备原料药。特点是微生物生长快，抗污染能力强，培养基原料易得，有成熟工艺可借鉴，发酵过程控制容易，发酵周期较短，单位体积产量高，发酵罐体积大，整体生产成本较低。适合于微生物源化学原料药、植物源化学原料药、细菌性疫苗、部分重组蛋白质药物的生产。

2. **动物细胞培养工艺路线** 是以动物细胞系为出发物料，通过反应器培养和分离纯化制备药品。特点是蛋白质合成及其后修饰机制完善、产品质量高，但单位体积产量较低、反应器体积较小、整体生产成本较高。适合于重组蛋白质药物、抗体、病毒性疫苗、基因药物、细胞药物等生物制品生产。

3. **植物细胞培养工艺路线** 是以基因编辑植物细胞系为出发材料，在反应器内培养、分离纯化制备药品。特点是培养基成分简单，但单位体积产量低、工程放大难，适合于部分重组蛋白质药物等生产。如果使用基因编辑植物为出发材料，优点是大田种植相对容易，但种植周期长、季节气候和地理环境对药品质量的影响大。

4. 基因编辑动物养殖或植物种植工艺路线 类似于家养动物和大田种植植物一样,技术要求相对不高,但产品质量控制难。目前美国 FDA 批准了转基因山羊生产抗凝血酶Ⅲ用于治疗遗传性抗凝血酶缺陷症,转基因兔生产重组人 C1 酯酶抑制剂用于治疗遗传性血管水肿,转基因鸡生产重组人色贝脂酶α治疗溶酶体酸性脂肪酶缺乏症。

5. 酶转化工艺路线 是以固定化酶或固定化细胞作为催化剂,进行单元生化反应,将前体转化为产物或中间体。优点是常温、常压工艺,产物得率高,是一种环保经济的绿色化学工艺,在化学药物和手性中间体生产工艺方面具有重要作用。

第二节　生物制药的发展

1953 年 DNA 双螺旋结构的发现,奠定了生命科学的遗传基础。20 世纪 50 年代之前的生物技术为传统生物技术,主要是利用生物的技术;后来出现了现代生物技术,主要是改造生物的技术;21 世纪,诞生了合成生物的技术。本节以生物技术的历史脉络,分析生物制药的应用发展。

一、生物培养技术

（一）微生物培养技术

微生物培养技术是对微生物进行人工培养的方法。18 世纪发明的光学显微镜和 20 世纪发明的电子显微镜,先后拓展了人们对细菌、病毒等微观世界的观察。19 世纪,人们建立了灭菌技术、微生物分离和鉴定方法、纯培养技术等。20 世纪 40 年代后,液体微生物培养技术被大规模应用于青霉素等抗生素生产,逐渐成为工业化生产化学药物与中间体、部分生物制品的主要技术。目前,重要的抗生素、氨基酸、维生素、核苷酸、多肽药物、细菌性疫苗等通过微生物发酵大规模生产。

（二）动物细胞培养技术

动物细胞培养技术是指在离体条件下生长和增殖动物细胞的方法。19 世纪 30 年代,细胞学说建立。细胞具有全能性,是生物的最小功能单位。动物细胞培养要求和动物体一致的温度、渗透压和无菌环境。20 世纪 80 年代后,动物细胞培养技术成为生产生物制品的主流技术,包括疫苗、单克隆抗体、重组蛋白质、细胞药物等。

（三）植物细胞培养技术

和动物细胞培养技术类似,使植物细胞在离体条件下生长和繁殖的方法就是植物细胞培养技术。然而,植物细胞很难形成单细胞,多数情况是聚集形成愈伤组织。2012 年,美国 FDA 批准了转基因胡萝卜细胞系生产制造人葡糖脑苷脂酶,用于治疗Ⅰ型戈谢病。

（四）固定化培养技术

固定化培养技术就是通过物理或化学方法,将游离细胞固定在介质上,再进行液体培养的技术。20世纪50年代用树脂固定化蛋白酶、核酸酶等,出现了酶固定化技术。随后,用固定化氨基酰化酶技术拆分 DL- 氨基酸、生产 L- 氨基酸,固定化细菌(表达青霉素 G 酰基转移酶)技术生产青霉素衍生物。固定化酶和固定化微生物技术推动了固定化细胞技术发展,目前已经成为动物细胞高密度培养不可或缺的技术。

二、细胞工程技术

细胞工程技术是指对细胞进行遗传改造的生物技术,包括原生质体融合技术和精准靶向的代谢工程技术。

(一)原生质体融合技术

原生质体融合技术是指通过物理或化学方法使两种不同来源的细胞融合为一种杂合细胞的技术。该技术首创于 1975 年,打破了物种的细胞界限,是一种创造新种质的生物育种技术。英国科学家 Cesar Milstein 和德国科学家 Georges Kohler 将产生抗体的 B 淋巴细胞和骨髓瘤细胞进行原生质体融合,得到了能产生单一抗体的杂交瘤细胞。由此,Cesar Milstein 和 Georges Kohler 创建了单克隆抗体(monoclonal antibody)的生产技术,获得了 1984 年的诺贝尔生理学或医学奖。同年,植物科学家将马铃薯和番茄的原生质体进行融合,再生出了薯番茄的杂种植株。在动物细胞融合和植物细胞融合中均获得成功后,此技术被广泛用于氨基酸、抗生素等微生物菌种的改良中,比传统诱变育种更有效。

(二)代谢工程技术

代谢工程是指通过对细胞网络(包括物质代谢、信息调控和能量供给)在基因和基因组范围内进行删减、增加等理性设计和改造,形成新的代谢途径,从而改变细胞的生化特性,提升目标产物生产能力和效率。代谢工程技术始于 20 世纪 90 年代,现已经被广泛应用于微生物菌种、植物细胞的改造中,为生物制药提供新的起始物料。

三、重组 DNA 技术与编辑技术

20世纪50年代后,随着分子生物学的发展,建立了重组 DNA 技术,即基因工程技术,是生物科学技术史上的里程碑(表1-1)。在分子水平打破了生物的遗传生殖隔离和种属界限,实现了跨物种甚至跨生物界的基因操作、功能转移,为生物制造提供了全新的技术。

(一)DNA 组装技术

DNA 组装技术可分为酶切连接技术、PCR 技术。

1. 酶切连接技术 是指利用限制性内切酶切割 DNA,然后利用连接酶将不同的 DNA 片段连接起来,形成重组分子的基因操作方法。酶切连接技术是基因工程的核心技术,美国科学家 Paul Berg 于 1972 年建立了 DNA 连接方法,获得了 1980 年的诺贝尔化学奖。1982 年美国批准了大肠杆菌和酿酒酵母生产的重组人胰岛素上市,这是世界上第一个基因工程药物,用于治疗糖尿病。由此基因工程技术引领了蛋白质药物的产业化生产技术。

2. PCR 技术 聚合酶链式反应(polymerase chain reaction,PCR)技术是利用 DNA 聚合

表 1-1　基因重组制药的理论与技术的主要事件

时间	事件	主要贡献者
1953 年	DNA 双螺旋模型	Francis Harry Compton Crick 和 James Dewey Watson，获得 1962 年诺贝尔生理学或医学奖
1958 年	DNA 半保留复制和中心法则	Francis Harry Compton Crick
1967 年	破译遗传密码	Har Gobind Khorana 和 Marshal W. Nirenberg，获得 1968 年诺贝尔生理学或医学奖
1972 年	体外重组 DNA	Paul Berg，获得 1980 年诺贝尔化学奖
1977 年	DNA 测序技术	Walter Gilbert 和 Frederick Sanger，获得 1980 年诺贝尔化学奖
1976 年	第一家基因工程技术制药公司成立	Genentech 公司
1982 年	重组人胰岛素药物上市	美国 Eli Lilly 公司
1983 年	基因扩增的 PCR 技术	Kary B. Mullis，获得 1993 年诺贝尔化学奖
1986 年	重组乙肝疫苗	美国 Merck 公司
1998 年	第一个反义基因药物	美国
1990 年	人类基因组计划开始	美国
2003 年	人类基因组计划完成	中国、美国、英国、日本、法国、德国六国
2004 年	第一个基因药物重组人 p53 腺病毒注射液上市	中国
2009 年	转基因山羊制备抗血栓药物 Atryn	美国
2012 年	转基因胡萝卜细胞系生产戈谢病治疗药物	美国
2013 年	CRISPR/Cas 基因编辑技术	Emmanuelle Charpentier 和 Jennifer A. Doudna，获得 2020 年诺贝尔化学奖
2017 年	CAR-T 细胞药物	美国
2020 年	新型冠状病毒疫苗 mRNA-1273	美国

酶催化，在体外进行基因数量放大的扩增技术，是基因克隆的突破性技术。美国科学家 Kary B. Mullis 于 1985 年发明该项技术，并因此获得了 1993 年的诺贝尔化学奖。对 PCR 技术进行改进，衍生了很多相关技术，广泛用于 DNA 片段的组装、基因突变和检测等。

（二）同源重组技术

同源重组技术是利用同源重组酶的催化，使具有同源臂的 DNA 片段之间发生双交换，从而形成新分子的重组 DNA 技术。同源重组可以在离体试管内进行，也可以选择在同源重组能力强的酿酒酵母细胞内完成。既可以使用单链寡核苷酸，也可以使用双链 DNA，同源臂 20~50bp 以上，就能实现同源重组。同源重组技术的适用范围广，可获得几百 bp 至几十 kb 长度的重组 DNA。目前同源重组试剂盒已经商业化供应，正在逐步替代传统的酶切连接重组技术。同源重组技术是基因组合成中的重要方法，已经合成了细菌基因组和酿酒酵母染色体。

（三）基因编辑技术

基因编辑（gene editing）技术是精准对特定基因的特定碱基进行修改、替换、删除等的遗传操作技术。如果在全基因组范围内进行编辑，就是基因组编辑（genome editing）。基因编辑技术主要使用核酸酶，经历了巨型核酸酶、锌指核酸酶、转录激活样效应因子核酸酶和成簇规律间隔短回文重复序列（clustered regularly interspaced short palindromic repeats，CRISPR）关联（CRISPR associated，Cas）（CRISPR/Cas）系统。其中 CRISPR/Cas 系统是 RNA 序列指导的 Cas 蛋白特异性识别和切割 DNA，由德国科学家 Emmanuelle Charpentier 和美国科学家 Jennifer A. Doudna 于 2013 年发现，并获得 2020 年诺贝尔化学奖。目前 CRISPR/Cas 技术已经发展到单碱基水平，是应用最广泛的基因编辑技术。

四、合成生物学

合成生物学（synthetic biology）是基于生命系统的工程技术，旨在设计、构建自然界不存在的生命或使已存在的生命具有新功能。进入 21 世纪，开发了低成本、高通量、快速的新一代基因测序技术，已完成数万种生物基因组测序。与此同时，DNA 合成能力的提升使合成成本大幅度下降，生物技术从阅读遗传密码（测序与解码）进入编写（设计与合成）基因和基因组时代，出现了合成生物学。合成生物学可在生命的不同层次上设计和合成基因和元部件，也可以是非细胞生物病毒、具有细胞结构的细菌、酵母基因组。

（一）合成基因组

目前合成生物学已经从寡核苷酸合成进入到基因组组装水平（表 1-2）。2002 年，科学家合成了病毒基因组。J. Craig Venter 研究所（JCVI）于 2008 年化学全合成了生殖衣原体的基因组，于 2010 年又合成蕈状支原体基因组，合成能力超过 1Mb。2016 年，JCVI 合成了 473 个基因的最小基因组细菌 Syn 3.0。2019 年，英国剑桥大学合成了大肠杆菌基因组，将丝氨酸的密码子 TCG 和 TCA 替换为同义密码子 AGC 和 AGT，琥珀密码子 TAG 替换为 TAA，成功构建了只有 61 个密码子的大肠杆菌 Syn 61。

2011 年，美国约翰霍普金斯大学的科学家实现了酵母染色体臂的合成，把合成基因组从原核生物拓展到真核生物。2017 年，中国、美国、英国等国科学家设计合成了 5 条酿酒酵母基因组。2023 年，中国、美国、澳大利亚、新加坡、日本等多国科学家设计合成了 9 条酿酒酵母染色体，包括 1 条 tRNA 染色体。科学家将 16 条天然染色体融合，删除多余的端粒和着丝粒，获得具有 1 条染色体的酿酒酵母和具有 2 条染色体的酿酒酵母。

（二）删减基因组

微生物的基因组大小是自然进化适应环境的产物。但在制药工业环境下，冗余基因是无用的，而且造成生长和繁殖的负担。因此，另一条合成生物学的策略是对基因组进行删减，获得最小基因组，从而提高微生物的工业化生产水平。最小基因组是指在营养丰富和适宜的培养条件下，能够维持正常生长的必需基因集合。最小基因组不是固定不变的，而是随培养基组成和培养条件的不同而不同。

采用大规模删除技术，敲除非必需基因，目前已经先后获得了大肠杆菌、枯草芽孢杆菌、阿维链霉菌、酿酒酵母等缩减基因组（表 1-3）。对大肠杆菌 K-12 基因组进行设计，删除重复基因、转座基因和毒性基因等，获得了基因组减少 15.3% 的菌株，生长速度不变，同时出现了

表 1-2 人工合成基因组的主要事件

时间	物种基因组	长度	主要贡献者
细菌基因组的设计合成			
2008 年	生殖衣原体细菌基因组	582 970bp	美国 JCVI
2009 年	蕈状支原体基因组 Syn 1.0	1 077 947bp	美国 JCVI
2016 年	最小细菌基因组 Syn 3.0	473 个基因	美国 JCVI
2019 年	大肠杆菌基因组 Syn 61	4Mb	英国剑桥大学
酿酒酵母基因组的设计合成			
2011 年	VI 号染色体左臂 Syn VIL	29 932bp	美国约翰霍普金斯大学
2011 年	IX 号染色体右臂 Syn IX R	91 010bp	美国约翰霍普金斯大学
2014 年	III 号染色体 Syn III	272 195bp	美国约翰霍普金斯大学
2017 年	II 号染色体 Syn II	770 035bp	中国华大基因研究院, 英国爱丁堡大学
2017 年	V 号染色体 Syn V	536 024bp	中国天津大学
2017 年	VI 号染色体 Syn VI	242 745bp	美国约翰霍普金斯大学
2017 年	X 号染色体 Syn X	707 459bp	中国天津大学
2017 年	XII 号染色体 Syn XII	976 067bp	中国清华大学
2023 年	I 号染色体 Syn I	180 554bp	美国约翰霍普金斯大学
2023 年	IV 号染色体 Syn IV	1 454 621bp	美国纽约大学
2023 年	VII 号染色体 Syn VII	1 028 952bp	中国华大基因研究院, 英国曼彻斯特大学
2023 年	VIII 号染色体 Syn VIII	504 827bp	美国纽约大学
2023 年	IX 号染色体 Syn IX	404 963bp	美国纽约大学
2023 年	XI 号染色体 Syn XI	659 617bp	英国帝国理工学院
2023 年	XIV 号染色体 Syn XIV	753 096bp	澳大利亚麦考瑞大学
2023 年	XV 号染色体 Syn XV	1 048 343bp	新加坡国立大学
2023 年	tRNA 染色体	186 602bp	英国曼彻斯特大学
2018 年	单染色体酵母	11.8Mb	中国科学院
2018 年	双染色体酵母	每条约 6Mb	美国约翰霍普金斯大学

表 1-3 工业微生物基因组的删减

物种	原基因组大小	删除长度	删除百分比	时间
谷氨酸棒杆菌	3.3Mb	190kb	5.7%	2005 年
大肠杆菌	4.6Mb	708.3kb	15.3%	2006 年
大肠杆菌	4.6Mb	1 068kb	23%	2014 年
枯草芽孢杆菌	4.2Mb	1 535kb	36%	2017 年
阿维链霉菌	9.0Mb	1 674kb	19%	2010 年
酿酒酵母	12.6Mb	531.5kb	5%	2007 年

新特性,如转化效率提高、外源质粒稳定遗传、增加了重组蛋白质的稳定性等。在缩减基因组的菌株中表达 L- 苏氨酸分泌基因和耐受操纵子,L- 苏氨酸产量提高了 83%。对酿酒酵母基因组进行敲除,提高了乙醇和甘油的含量。对不同链霉菌基因组进行比较分析,设计并敲除了1.7Mb 阿维链霉菌基因组。阿维链霉菌基因组敲除菌株能高效表达氨基糖胺类链霉素、β- 内酰胺类头霉素 C 和青蒿二烯合成基因簇,可作为抗生素等微生物和植物来源次级代谢药物的生产宿主。

(三)人工细胞工厂

细胞工厂是以细胞为加工单元,进行物质生产,它是与化工厂相对应的概念。从工业的角度看,细胞工厂不仅可生产生物医药产品,还能生产能源、材料、化学品。人工细胞工厂是指经过理性设计、构建的工程化细胞,其生产性能得到大幅度提高,将引领未来生物产业。

对基因元件进行重新设计、全合成和标准化组装,避免了基因克隆、酶切、连接等烦琐过程,同时可根据底盘细胞的遗传特点对密码进行优化,在工程水平上批量操作,构建人工细胞工厂。构建重组人胰岛素基因表达载体,并在大肠杆菌中表达和生产重组人胰岛素,是相对容易的事情。然而,对于植物天然产物药物,由于其结构非常复杂,全化学合成工艺往往没有经济性。受到生长季节和种植的影响,分离提取效率较低,而且对环境生态破坏较大。这些天然药物的生物合成涉及多个基因甚至是基因簇,基因工程技术难以操作。合成生物学则提供了方便可行的途径。把生物合成途径分解成数个功能模块,包括合成模块和调控模块,完成设计和优化后,合成并构建代谢回路,不仅使操作过程简单、省时省力,而且很容易得到人工细胞工厂。经过代谢调控和工艺优化,目前酿酒酵母合成青蒿酸的产量达 27g/L,人参皂苷、丹参素等也已经达到克级(表 1-4),有望工业化生产。抗肿瘤药物紫杉醇、甾体类的氢化可的松、抗癫痫的大麻酚、镇痛和止咳的吗啡和那可丁、抗菌的小檗碱等药物已经在微生物中实现了合成,进一步提高产量,有望取代植物提取线路。随着合成生物学的深入研究,开发结构复杂的天然药物及其衍生物的生产工艺,降低技术成本,解决药源的经济性问题。

表 1-4　部分植物天然产物的微生物细胞工厂

产物类型	产物名称	细胞工厂	年份	产量	临床价值
萜类	紫杉二烯	大肠杆菌	2010 年	1.1g/L	抗肿瘤
	次丹参酮二烯	酿酒酵母	2012 年	365mg/L	治疗血管疾病
	青蒿酸	酿酒酵母	2013 年	27g/L	抗疟疾
	人参皂苷 Rh2	酿酒酵母	2019 年	2.2g/L	抗肿瘤
	柠檬烯	酿酒酵母	2021 年	2.2g/L	治疗胆囊炎
	冰片	大肠杆菌	2021 年	90mg/L	开窍醒神,清热解毒
	番茄红素	解脂酵母	2022 年	17.6g/L	抗氧化和自由基
	胡萝卜素	解脂酵母	2022 年	39.5g/L	抗氧化和自由基
酚酸类	丹参素	大肠杆菌	2016 年	5.6g/L	治疗心脑梗死
	灯盏花素	酿酒酵母	2018 年	105mg/L	治疗冠心病、心绞痛
	柚皮素	解脂酵母	2019 年	898mg/L	抗菌、抗炎
	红景天苷	酿酒酵母	2020 年	26g/L	抗缺血和缺氧

第三节　生物制药工艺的研发

一、生物制药工艺研发的基本过程

原料药研发的基本原则是工艺可行、过程稳定、成本经济,为制剂药品提供质量合格、数量足够的原料药。从研发到药品上市的过程中,对于生产原料药的生物工艺研发要经历以下几个阶段。

(一)菌种或细胞系的建立

工艺研发的第一个阶段是基于化学药物或生物制品的结构特征,解析并设计生物合成途径,进行菌株或细胞系构建或遗传改造。对于化学药物,采用合成生物学和代谢工程技术,精准编辑生物的基因组和调控代谢网络,抑制或阻断旁路和支路途径,加大目标产物的合成代谢通量,提高产物的合成能力和物料转化效率。对于生物制品,主要是构建异源生物制品编码基因的表达载体,筛选鉴定出遗传稳定的高效表达菌株或细胞系。技术路线主要涉及生物化学的代谢酶鉴定和分子遗传学的新一代生物技术的应用。

(二)小试

第二个阶段是实验室规模发酵或细胞培养,小量制备出质量符合要求的目标药物,使用物理、化学和生物学方法,确证目标药物的空间结构,同时为质量控制等药学研究及药理、毒理和临床前研究提供合格的样品。

(三)中试

第三个阶段是微生物发酵(或细胞培养或酶反应)工艺优化和中试研究,综合考虑起始原材料易得程度、得率和转化率、杂质情况以及后续分离纯化操作等,对工艺进行整体优化。

中试研究不仅为临床试验提供原料药,同时验证实验室工艺的成熟度,确定起始原料、试剂的规格或标准,完善工艺条件和设备,制定或修订中间体和成品的分析方法、质量标准。根据原材料、动力消耗和工时等进行初步的技术经济指标核算,提出"三废"的处理方案和生产过程中各个单元操作的工艺规程。

(四)生产工艺试验

第四个阶段是工业化生产工艺的研究,主要目标是降低成本、提高收率。确定建立稳定、可行的规模化工艺,制定和修订单元操作的生产工艺规程。要有三批次的生产数据和工艺验证,为上市销售提供合法的原料药。此外,还要考虑工艺的安全性、对环境和社会的影响,从工程伦理和"绿水青山"的可持续发展角度,研究建立处理废水、废渣、废气的绿色环保工艺。

在药品研发的不同阶段,原料药工艺不是一成不变的,是动态优化过程。起始原料、试剂或溶剂的规格、反应条件等会发生改变,要密切关注这些变化对产品质量的影响。一般而言,中试所采用的起始物料和试剂及其规格与工业化生产要一致,中试规模工艺的设备、流程与工业化生产要保持一致。

二、物料选择与工艺评价

（一）物料选择原则

起始原料和试剂及其稳定性是原料药生产工艺稳定和产品质量控制的前提。根据化学药物和生物制品的要求，对起始物料和试剂进行选择和质量控制。首先，起始原料要有质量标准，来源稳定、供应充足。其次，参考《化学药物有机溶剂残留量研究的技术指导原则》，选择毒性较低的试剂，避免使用一类溶剂，控制使用二类溶剂。根据《生物制品生产用原材料及辅料的质量控制规程》，对起始物料进行质量控制。第三，对产品质量有影响的起始原料和试剂，制定内控标准。如农副产品来源的培养基成分，要根据生产工艺的要求建立内控标准。这些起始物料、规格的改变可能影响产品质量，要对其进行严格的检测。

（二）工艺评价

详细记录原料药工艺研究，主要包括日期、批次、工艺参数、投料量、产品质量（包括外观、理化性质、生物活性、晶型、有关物质、含量、杂质等），计算产量、收率、物料消耗等动力学数据，核定产品收益、能源动力、人力成本、环保和碳交易等费用，比较不同工艺参数下的产品质量和效益，全面评价工艺技术的经济性和成熟度。

杂质是在成品原料药中，与终产品结构不同的任何成分。工艺过程中产生的杂质主要有：起始原料引入的杂质，副产物（如异构体），副反应产生的杂质，残留溶剂、试剂和中间体，痕迹量的催化剂，无机杂质，终产品的降解物。

三、药品研发技术管理

（一）相关法律法规

《中华人民共和国药品管理法》《中华人民共和国疫苗管理法》《中华人民共和国行政许可法》《中华人民共和国药品管理法实施条例》和《中华人民共和国药典》（简称《中国药典》）（现行版）是进行化学药物和生物制品的研发及生产必须遵守的国家法律和法规，这些法律法规涵盖了药品、原辅料等基本术语，规定了研发及生产的基本条件、要求和合规性过程。同时，对从事假冒伪劣药品活动的违法行为给予行政处罚、经济制裁和刑事判决。

目前我国实施药品上市许可持有人制度。药品上市许可持有人是指取得药品注册证书的企业或药品研制机构等。药品上市许可持有人的法定代表人、主要负责人对药品质量全面负责。药品上市许可持有人对药品的非临床研究、临床试验研制、生产、经营、上市后研究、使用全过程中不良反应监测及报告等承担责任，对药品的安全性、有效性和质量可控性负责，要求做到药品研制和生产的全过程信息真实、准确、完整和可追溯。

国家药品监督管理局（National Medical Products Administration, NMPA）是上述法律法规实施的监管部门，负责药品监管规则和标准的制定，包括各类药品的研发技术指导原则、注册管理、质量管理、上市后风险管理及药品监督检查等。

对于制药技术研发，根据不同的药物产品和工艺内容，要遵守相应的技术指导原则。如在化学药物研究中，要遵守化学药物稳定性、原料药制备和结构确证、杂质、质量控制分析方法验证、残留溶剂等多个技术指导原则。对发酵生产化学药物研究的基本内容主要为工艺的选择、起始原料和试剂、工艺数据、工艺优化与中试、杂质和"三废"处理等方面，建立合理、可行的生产工艺。对于生物制品的研究，基本内容包括菌种或细胞系、培养工艺、分离纯化工艺、产品质量等，参照相关技术指导原则进行评价或建立，证明其科学性、适用性。

（二）药品注册分类

药品研发的目的是获批上市，应用于临床疾病的预防和诊疗中。因此要以《药品注册管理办法》的要求为基准，创新性进行制药工艺、产品的研发。国家市场监督管理总局发布了最新版本的《药品注册管理办法》，指出中国实行药品分类注册，分为中药、化学药品和生物制品三类注册，自2020年7月1日起施行。

国家药品监督管理局发布了《生物制品注册分类及申报资料要求》（2020年第43号）和《化学药品注册分类及申报资料要求》（2020年第44号），自2020年7月1日起实施。这两个文件都将在全球首次上市、具有临床使用价值的化学药物和生物制品定义为1类创新药物，将已上市药品的改良药物（包括结构修饰、剂型、处方工艺、给药途径、适应证等）定义为2类改良型新药，将已上市药物的仿制产品定义为仿制药（表1-5）。这种定义与国际上药品注册分类基本一致，使我国药品注册标准国际化，是实现国际互认的基础。在仿制药物研究中，参比制剂是指经国家药品监管部门评估确认的仿制药研制使用的对照药品。

表1-5　中国化学药品和生物制品的注册分类

类型	化学药物	生物制品
1类	创新药：境内外均未上市的创新药，具有新结构和药理作用的化合物，具有临床价值的药品	创新型生物制品和疫苗：全球未上市的治疗用生物制品和疫苗，具有临床价值
2类	改良型新药：境内外均未上市的改良型新药，在已知活性成分的基础上，对其结构、剂型、处方工艺、给药途径、适应证等进行优化，且具有明显临床优势的药品	改良型生物制品和疫苗：对已上市制品的改良产品，包括剂型、给药途径优化，增加新适应证和/或改变用药人群，新的复方制剂；使用重大技术改进的生物制品，包括重组技术替代提取技术，改变氨基酸位点或表达系统、宿主细胞，具有明显临床优势的药品
3类	仿制药：境外上市原研药品的仿制药品，应与参比制剂的质量和疗效一致	已上市生物制品和疫苗，包括研发的生物类似药
4类	仿制药：境内上市原研药品的仿制药品，应与参比制剂的质量和疗效一致	
5类	进口药品：境外上市的药品在境内申请上市销售	

（三）药品注册对工艺的要求

对化学药品注册，原研产品的上市销售为新药申请（new drug application，NDA），仿制产品的上市销售为简化新药申请（abbreviated new drug application，ANDA）。对生物制品注册，原研产品的上市销售为生物制品许可申请（biologics license application，BLA）。

在《药品注册管理办法》中，制药工艺归属在药学研究资料中。制药工艺研究资料一般包括生产工艺、生产主要设备和条件、工艺参数、生产过程、生产中质量控制方法、生产规模，以及对生产过程工艺参数进行验证的资料。

原料药发酵生产工艺过程必须遵照执行相应的《药品生产质量管理规范》（Good Manufacturing Practices，GMP）基本条款，如人用药品技术要求国际协调理事会（The International Council for Harmonisation of Technical Requirements for Pharmaceuticals for Human Use，ICH）Q7 和中国 GMP（2010 年版）附录原料药和生物制品。参照国家药品监督管理局药品审评中心在 2021 年发布的《中药、化学药品及生物制品生产工艺、质量标准通用格式和撰写指南》，按照相关技术指导原则的要求开展制药工艺研究。微生物发酵和细胞培养工艺的重点内容见表 1-6。按照现行版《M4：人用药物注册申请通用技术文档（common technical document，CTD）》格式编号及项目顺序整理并提交注册申报资料。

表 1-6　药品注册申报中制药工艺的主要内容

项目	发酵化学药物	生物制品
结构	结构式，包括相对构型和绝对构型、分子式和相对分子量	氨基酸序列，糖基化或其他翻译后修饰位点，相对分子量
性质	理化性质和其他相关性质	理化性质，生物活性
菌种或细胞系	菌种来源、分离鉴定、筛选、构建改造过程清晰，遗传和生化特性描述完整。菌种保存方法和存放周期	菌种或细胞系的构建过程、建库、保存方法和存放周期，传代次数和过程、菌种或细胞浓度、活性等
生产工艺流程	从保存菌种出发，经历摇瓶种子、种子罐、发酵罐的培养、收获、分离纯化、包装、贮藏和运输的单元操作及生产工艺信息	从菌种库或细胞库种子出发，经历细胞培养、收获、分离纯化和修饰、灌装、贮藏和运输的单元操作及生产工艺信息
工艺操作	各个工艺步骤的描述，标准操作规程。包括发酵规模、培养基和流加物、发酵罐及相关设备、主要发酵工艺参数范围（如温度、pH、溶解氧、罐压、搅拌速度、通气量、消泡等）和控制方式。 发酵过程污染检测与控制情况	各单元操作的规程。批次编号系统和批量规模，培养基的名称、批号、组分、浓度或配比和配制过程。培养基的灭菌方法和验证。生物反应设备、主要工艺参数（如温度、pH、搅拌速度、通气、溶氧等）及可接受标准。在细胞培养操作中，如细胞群倍增水平、细胞浓度、活性、诱导表达条件、微生物污染监测、培养周期、培养终点、收获条件等
质量标准	建立菌种或细胞系、培养基原料、水、中间体、成品的质量标准、内控标准、分析检验方法和方法验证。特别关注大于 0.1% 的色谱峰是否为杂质	

四、药品生产中的工艺管理

为了确保持续稳定地生产出合格药品，必须严格按照注册的工艺进行生产。从人员、设备、物料、环境等方面，实施全生命周期的质量管理，把药品生产过程中污染、交叉污染及混淆、差错等风险降低到最低程度。

（一）生产工艺规程

生产工艺规程是生产管理中最重要的文件，是实际操作和药监部门检查的依据。经过注册批准的工艺规程和标准操作规程，不能任意修改。如果更改，属于工艺变更，要经过验证和报批。生产工艺规程包括产品概述、工艺流程、生产过程、包装和贮存、生产地点等。

1. **产品概述** 包括产品名称、化学结构、理化性质、质量标准及其检验方法、用途。产品的贮存要求，包括标签、包装材料和特殊贮存条件（温度、湿度、光照）及有效期限。

2. **工艺流程** 包括物料流程图、设备（型号及材质等）流程图，标明各工段的环境洁净度、投料量或投料比、预期收率或产量、工艺参数及其可控的合理变动范围。

3. **标准操作规程** 对于实际生产中的每个单元操作，都要制定标准操作规程。包括操作步骤的顺序、工艺参数的控制范围、单个步骤或整个工艺过程的完成时限、环境条件（温度、湿度、光照等）、注意事项。

4. **原辅料管理** 原料药生产的起始物料与注册批准的要求一致。每种原辅料有相应固定的供应商和质量标准，坚持"接收、检验、合格、放行"的使用原则。原料药生产企业有供应商审计系统时，供应商的检验报告可以用来替代其他项目的测试。无菌原料药是指其中不含任何活性的微生物，如霉菌、细菌、病毒等，质量标准中有无菌检查项的产品；反之，就是非无菌原料药。非无菌原料药精制工艺用水至少应当符合纯化水的质量标准。

（二）发酵工艺生产原料药物的管理

对于利用、改造天然微生物生产抗生素、氨基酸、维生素和糖类等原料药的发酵工艺，在生产过程中要有防止微生物污染的措施，同时在菌种、发酵、分离纯化等工段严格管理。发酵的无菌工序是通过灭菌的管道实施的，因此发酵车间是非无菌生产的环境。

1. **菌种管理** 在适宜的条件下保存菌种，确保遗传稳定性、生长特性和生产能力，并严防污染。菌种要做到专人专管，只有经授权的人员才能进入保存场所，要记录菌种的使用和贮存条件。对菌种的保存条件，进行定期监控。长期进行菌种选育，防止退化，并提高生产能力。

2. **发酵工艺管理** 微生物发酵生产抗生素、氨基酸等化学药物的发酵车间，要求普通清洁级别，要防止耐热芽孢杆菌、噬菌体等对发酵过程的污染。

对于纯培养发酵，培养基要灭菌。连接发酵罐的管道和设备要清洁，并灭菌，才能使用。采用密闭或封闭管道系统，向发酵设备输入物料，如接种、加无菌物料（补料、酸液、碱液、前体、空气等）。使用敞口容器（如摇瓶），由摇床种子接种到一级种子罐时，就要采取局部无菌措施，避免污染。

对关键工艺参数（如温度、溶解氧、pH、搅拌速度、通气量、压力）进行在线记录和实时监控，保证与注册规定的工艺一致。取样检测生长、杂菌、产物合成情况，监控微生物发酵过程。在每一批次发酵结束后，对菌体生长、产率等进行计算。

制定操作规程，对各工序的微生物污染进行监测，要有污染的处理措施。防止发酵阶段的微生物污染致使分离纯化阶段的细菌内毒素超标，对微生物污染和处理的记录要存留。

3. **分离纯化工艺管理** 收集菌体、分离纯化产物的工艺过程中，要保护中间产品和原料药不受污染。制定各分离单元的操作规程，减少产物的降解和污染，保证各批次的产品质量是持续稳定的。对采取的工艺措施，要验证培养基，宿主蛋白，其他与工艺、产品有关的杂质和污染物的去除效果，确保达到产品质量标准。

（三）生物制品生产工艺管理

1. 菌种或细胞系管理　建立完善的细胞库系统（原始细胞库、主细胞库和工作细胞库）和种子批系统（原始种子批、主种子批和工作种子批），避免污染或变异的风险。保持种子批或细胞库和成品之间的传代数（倍增次数、传代次数）与批准注册工艺中的规定一致，不能随生产规模变化而改变传代数。由专人操作种子批和细胞库，记录来源、制备、保存、复苏及其稳定性，长期保存台账。在不同地点分别保存生产用种子批、细胞库，以免丢失。主种子批和工作种子批保存条件要一致，主细胞库和工作细胞库的保存条件保持一致。一旦取出使用的种子，不得再返回库内贮存。

2. 生产管理　对生物制品分批并编制批号，防止发酵罐或细胞培养过程中的污染和差错。生物制品的发酵或细胞培养车间，要求 D 级洁净度。非无菌原料药精制、干燥、粉碎、包装等生产操作的暴露环境，应当按照 D 级洁净区的要求设置。

采用在线灭菌培养基及添加的物料（包括通气、酸液、碱液、消泡剂等成分），再通入发酵罐或反应罐中。对发酵或细胞培养工艺的关键参数进行连续监控，连续监控数据纳入批记录。对生物制品原辅料、中间产品、原液及成品进行检定。对实验取样、检测或日常监测的用具和设备，严格清洁和消毒，避免交叉污染。

（四）工艺变更与验证

生产工艺变更包括合成路线变更（如延长/缩短合成路线，变更起始原料等）、变更生产条件、物料控制/过程控制变更及其他可能的变更。在原料药生产阶段，对于生产工艺进行变更，要参照《药品上市后变更管理办法（试行）》和《已上市化学药品药学变更研究技术指导原则（试行）》（2021 年第 15 号），开展变更研究，通过补充申请、备案或者年度报告实施各项变更。

1. 微小变更与研究工作　微小变更对药品安全性、有效性和质量可控性产生风险微小，变更前后质量保持不变。如变更起始原料的供应商（起始原料的合成路线和质量不变）、提高起始原料和中间体的质量标准、增加或制定生产过程控制方法。对于微小变更，要对变更后的工艺进行研究，产品要符合质量标准，年报报告首批样品的长期稳定性试验数据。

2. 中等变更与研究验证工作　中等变更对药品安全性、有效性和质量可控性产生风险中等，变更前后原料药杂质谱保持一致。如变更起始原料的合成路线，延长了工艺路线，变更起始原料、中间体的质量标准，变更最后一步反应之前的工艺步骤中的反应试剂、溶剂种类、生产条件等。对变更后的工艺进行质量对比研究、加速及长期稳定性考察。对关键工艺，如无菌原料药的灭菌工艺，进行验证。

3. 重大变更与研究验证工作　重大变更对药品安全性、有效性和质量可控性产生风险重大，变更前后原料药杂质谱和关键理化性质、稳定性发生变化。如变更原料药合成路线、起始原料（变更后质量发生变化）合成路线，变更原料药关键质量属性的工艺参数，放宽或删除已批准的起始原料、中间体质量控制和生产过程控制，变更最后一步反应及之后的生产工艺

（如结晶溶剂种类等）。对工艺缺陷或稳定性问题引起变更，进行质量对比研究和工艺验证，并进行报批。

第四节　教材使用建议

生物制药工艺学课程涉及化学、生物学、工程学等多个学科门类课程，技术集成性高，应用实践性强。在具备了化学类、生物类、化工原理、分析检验与仪器设备等知识后，建议在大三第二学期或大四第一学期，组织开展生物制药工艺学的教学工作。

一、教材的思维导图

《生物制药工艺学》教材包括三部分（图1-1）。第一部分为生物制药的反应器和工艺原理。生物反应器是生物合成制药的关键反应设备，生物制药上游工艺是通过对生物反应器的操作和参数控制实现的。生物制药技术的工艺原理包括微生物制药、基因工程制药、代谢工程制药、酶工程制药、动物细胞工程制药。其中，微生物制药包括微生物发酵制药工艺、发酵动力学与发酵工艺计算、发酵工艺优化。每章相对独立，突出重点，按照研发和生产的单元操作顺序进行编写。

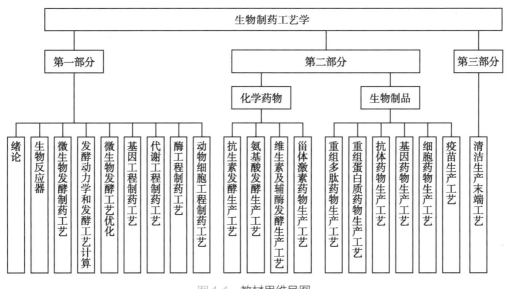

图1-1　教材思维导图

第二部分是典型药品生产工艺应用。按照生物技术与药物类型相结合的原则编写。先是发酵生产化学药物、发酵生产基因工程药物，然后是细胞培养生产蛋白质药物和细胞药物、基因药物、疫苗。各药品生产工艺涵盖整个制药过程，按照企业组织运行的顺序编写，重点是菌种选育和构建、培养工艺和流程图，也简要给出了分离纯化工艺和产品质量管理，便于和其他课程相衔接。最后是清洁生产末端工艺，包括生物制药过程中产生的废水、废渣、废气的处理工艺，从而保障生产人员的健康、环境友好和生产安全。

二、教师使用建议

（一）课程教学目标

生物制药工艺学是工科的制药工程专业和生物制药专业、理科的药学专业的必修课,本课程的教学目标包括掌握制药工艺知识及具备的应用能力。教师在制订教学目标时,要参考相关专业的教学质量国家标准和专业认证标准,切实做到达成生物制药工艺学课程目标、专业毕业要求与学校培养目标的一致性。

（二）教学方法

在教学过程中,教师要树立"新三学中心"的教育理念,即以学生成长为中心、学生学习为中心、学习效果为中心,关注学习过程和学习效果作为检验教学有效性的金标准,促进学生全面发展。

加强授课内容设计,在本教材基础上,结合学校的学科优势和专业特色,进行差异化的课堂教学。充分利用本教材的数字教学资源,采取"线下""线上"相结合的方式,进行多样化的课堂教学。

以现有生物制药工艺技术为重点,辅以旧工艺技术的淘汰、新工艺技术诞生的故事,激发学生的创新性思维。在掌握原理知识的基础上,通过布置作业训练学生的工艺实践和研究能力。以工艺技术的缺点和瓶颈为突破口,培养学生分析和解决工艺问题的应用能力。以前沿工艺技术为引领,培养学生适应未来制药工业的自学能力。

三、学生使用建议

生物制药工艺学是生物技术的制药产业化应用,它的学科基础是生物学原理。学生要先预习本课程的教学内容,对遗忘或不熟悉的生物学原理,要自学微生物学、分子生物学、生物化学、合成生物学、免疫学等相关知识,做好课前基础理论的储备。

对于通用的生物制药技术,重点学习工艺原理与过程控制,即生物技术是如何转化为工艺实践的,包括工艺参数对生物生长和药物生物合成的影响以及提高生产效率、保证药品质量的工艺措施。

对于各论生物制药工艺,要以药物的上市注册与生产的技术问题为导向,学习不同产品的技术对策和解决思路。通过举一反三的生产工艺案例学习,形成不同类型产品制药工艺研发的技术方案。对于制药工艺研究方法,通过技术应用实例,总结和提炼出工艺技术的核心和要点。

ER1-2　目标测试题

（赵广荣）

参考文献

[1] 谢华玲，陈芳，LIU C，等.全球生物制药领域研发态势分析.中国生物工程杂志，2019，39（5）：1-10.

[2] 曹萌，赵宇豪，郭中平.从国际非专利名称纵观全球生物药发展.中国生物工程杂志，2020，40（1）：154-165.

[3] 丁明珠，李炳志，王颖，等.合成生物学重要研究方向进展.合成生物学，2020，1（1）：7-28.

[4] 章德宾，罗瑶，陈文进.基因编辑技术发展现状.生物工程学报，2020，36（11）：2345-2356.

[5] 柴梦哲，贾斌，李炳志，等.人工基因组合成与重排研究进展.生命科学，2019，31（4）：364-371.

[6] 李金玉，杨姗，崔玉军，等.细菌最小基因组研究进展.遗传，2021，43（2）：142-159.

[7] 朱紫瑜，王冠，庄英萍.大规模哺乳动物细胞培养工程的现状与展望.合成生物学，2021，2（4）：612-634.

[8] 白京羽，林晓锋，尹政清.全球生物产业发展现状及政策启示.生物工程学报，2020，36（8）：1528-1535.

第二章　生物反应器

第一节　概述

一、生物反应器的定义

生物反应器是利用生物体所具有的功能，通过有效调控环境条件以生产某种产品或进行特定的反应的装置。其结构主要包括反应容器和控制系统两大部分，反应容器提供发酵过程的反应环境，控制系统将反应环境控制在设定的目标值。

生物反应器是生物反应的载体，是实现生物反应过程的关键设备，通过提供良好的传质、传热和混合实现生物反应的最优化，具有成本低、设备简单、效率高、产品作用效果显著、减少工业污染等特点。生物反应器的设计、应用及放大技术是生物化工的核心，是工程学的一个重要的分支学科，是生物医药产品得以实现工业化的基础。

二、生物反应器研究历程及进展

19 世纪以前，早期的生物反应器只是作为容器，规模小且大多为非金属材质，应用于酿酒和其他食品发酵，有简单的过程控制（如温度）。

19 世纪初，随着工业革命的兴起，市场需求推动了发酵过程的大型化，出现了大型金属发酵设备（200m³），酵母发酵罐中开始使用空气分布器，开始应用机械搅拌。

20 世纪 40 年代后，抗生素发酵工业的兴起推动了生物反应器的系统研究，成功建立起深层通气培养法及整套工艺，机械搅拌、通风和空气分布、无菌操作和纯培养等系列技术逐步完善；发酵罐的制造越来越专业化，50 年代完成了温度、空气流量、罐压和消泡的控制，60 年代实现了仪表自动控制，70 年代实现了计算机控制。

至 20 世纪 60—70 年代，随着生产规模的扩大，大型生物反应器的应用不断出现。时至今日，在抗生素、氨基酸和维生素发酵生产中，300~500m³ 反应器已得到广泛使用，提高了劳动生产率，降低了成本。并逐步实现了发酵过程的基本参数包括温度、pH、罐压、溶氧、空气流量、泡沫、CO_2 含量等参数的在线监测、自动记录和控制，为生物反应器适配生物反应过程奠定了良好的物质基础。

生物技术的发展推动了生物产品及其生产规模的不断扩大，对生物反应器的形式、功能和应用领域有了更多的需求，促进了生物反应器的研究和应用，使之有了更大的发展空间。从传统应用的微生物反应器逐步拓展到酶反应器、动物和植物细胞反应器的应用，反应器类型也更加多样化，已经有了搅拌式、气升式、鼓泡式、固定床式、流化床式、多管式、自吸式、膜反应器、微型生化反应器（反相胶束微反应器，聚合物微反应器，微条反应器）等生物反应器。生物反应器正在走向大型化、多样化、自动化和智能化，被广泛应用于食品、生物医药、生物化工、生物农药、生物肥料、生物能源、环境保护等领域。

生物医药在医药产业中占有重要的位置，生物药物的生产离不开生物反应器的助力，从早期抗生素、维生素和甾体药物的发酵生产，到目前利用动物细胞（杂交瘤细胞、CHO细胞、昆虫细胞等）大规模培养技术生产的抗体药物，以及基因重组蛋白质药物、病毒疫苗等生物技术产品的研究开发和工业化生产，生物反应器在其中起到了关键的作用。这些医药产品的开发和广泛应用提升了人类的健康水平。

生物技术相关学科的发展推动了生物相关产品的研发，生物基产品需求的快速增长相应推动了生产技术的提升。其中，生物反应器也出现了一些新的发展趋势，主要表现为应用于生物过程工艺快速开发和优化方面的高通量、微型化生物反应器的研发；大型化、自动化工业规模生物反应器不断研发，基于生化反应动力学和计算流体力学技术的数学模型法应用于反应器设计与放大，增强了对于生物反应器供氧、混合与剪切性能的可预期性；对于生物加工过程高密度培养和高产率要求，使得包含新型空气分布系统与搅拌系统有机组合的生物反应器得到了广泛的应用，极大地提高了能源使用效率；过程分析监测技术不断提升，有别于过去电化学原理设计的传感器，非接触式传感器技术（non-invasive sensor）的研究与应用也得到迅速发展。包括尾气质谱、拉曼光谱和近红外光谱等多种先进传感技术运用于生物过程的细胞生长、代谢和生产的生理学状态参数在线测定，提高了对于生物过程生理代谢状态认识的准确性和即时性。

生物反应器可以用于生物细胞的培养并生产目标产物，这是目前利用生物反应器的主要方式，另外，利用转基因植物或动物自身作为生物反应器生产药用蛋白和疫苗也已成为当前生物制药产业重点开发的热点领域。

第二节　常用生物反应器

由于对生物反应器特性考察的角度不同，生物反应器有不同的分类方法。对特定的生物催化剂的种类，相应的生物反应器分类的主要依据是：①生物催化剂在反应器中的分布方式；②反应器的操作方式；③反应器的结构特征；④流动和混合状态。另外，也有根据反应器的能量输入方式分类的。以下为常用的生物反应器类型。

一、机械搅拌罐式生物反应器

（一）结构

1. 结构组成　反应器主要部件包括外形为圆柱形罐身，并安装有挡板，盖和底封头为椭圆形，可以承受消毒时的蒸汽压力，中心轴向位置上装有机械搅拌系统（搅拌器、轴封、联轴器和中间轴承等）、通气系统（空气分布器）、温控系统、消泡系统、pH 控制系统等，并在壳体的适当部位设置排气、取样、接种、进出料口以及人孔和视镜等装置。

通用机械搅拌生物反应器如图 2-1。

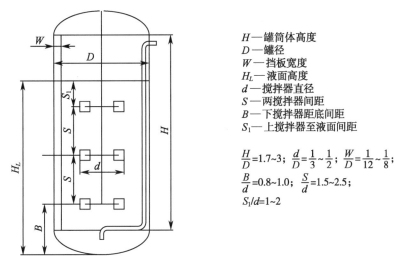

H—罐筒体高度
D—罐径
W—挡板宽度
H_L—液面高度
d—搅拌器直径
S—两搅拌器间距
B—下搅拌器距底间距
S_1—上搅拌器至液面间距

$\dfrac{H}{D}=1.7\sim3$；$\dfrac{d}{D}=\dfrac{1}{3}\sim\dfrac{1}{2}$；$\dfrac{W}{D}=\dfrac{1}{12}\sim\dfrac{1}{8}$；
$\dfrac{B}{d}=0.8\sim1.0$；$\dfrac{S}{d}=1.5\sim2.5$；
$S_1/d=1\sim2$

图 2-1　机械搅拌生物反应器结构示意图

2. 温控系统　生物反应器对温度的要求比较苛刻，允许的温度波动范围小。生物过程由于细胞代谢和机械搅拌产生的热量为 10 400~33 500kJ/（m³·h），生物反应系统在运行期间的冷却装置有夹套和内部盘管两种方式。对 5m³ 以下的小型通气搅拌反应器，多采用外部夹套作为换热装置，此种换热装置结构简单，罐内死角少，易清洗；但冷却水流速低，换热系数低，为 400~630kJ/（m²·h·℃）；盘管内冷却水流速高，换热系数为 1 200~1 890kJ/（m²·h·℃）；大的发酵罐则需要在内部另加立式盘管，以具备更大的换热面积以及换热系数来匹配发酵温控的需要。应特别注意，目前大型反应器也多采用把半圆形的型钢或角钢制成螺旋形焊于容器外壁而成的换热结构。

3. 通气系统　气体分布器位于最底层搅拌器的下面，可为带孔平板、盘管，气体通过气体分布器从反应器底部导入，自由上升，直至碰到搅拌器底盘，与液体混合，在搅拌离心力的作用下，从中心向反应器壁发生径向运动，并在此过程中分散，提高氧的传递速率。由于气泡主要靠搅拌桨的剪切破碎，为防止培养基固形物堵塞分布器孔道，工业应用的大型反应器大多采用开口向下的单口管。为提高气体分布，大型反应器采用了射流式气体分布装置提高气液传质比表面积，同时可节省大量的搅拌功率消耗，是一种理想的气体分布装置，但这种装置形成的局部高剪切作用对剪切敏感性细胞的培养不能适用。

部分反应器还配有出口气体的冷凝器和过滤装置。避免长周期发酵过程中水分蒸发造成体积减小，发酵液黏度增加；增加过滤装置可防止反应器内外的交叉生物污染；另外，出于环保和发酵尾气排放标准要求，需要增加尾气处理设施，进行生物、化学、气味排放处理。

4. 消泡系统　消泡系统对好氧发酵过程是非常重要的，发酵过程中发酵液在通气和搅拌的条件下产生泡沫，过量的泡沫会造成逃液现象、感染杂菌、降低生产能力等。控制发酵过程的泡沫有两种方式：一是从设计上要求装液量一般不超过总体积的80%；同时在反应器顶部安装消泡桨（图2-2），多数安装于搅拌轴上，其直径一般为罐直径的0.8~0.9倍，通过机械作用消泡。二是可采用化学消泡剂消泡，化学消泡剂可为有机硅氧烷、聚醚、植物油等。化学消泡剂可直接在培养基灭菌前加入培养基中，也可以通过消泡剂补加装置在反应进行过程中加入。

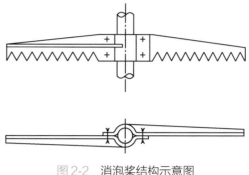

图2-2　消泡桨结构示意图

5. pH控制系统　对反应液的pH进行检测和控制以保证细胞生长的最适pH，pH控制系统包括pH电极，酸、碱贮罐及相应的控制系统。根据不同反应的需要，可加酸或加碱。对流加培养，通过其补料亦能起到调节pH的作用。

6. 搅拌系统　搅拌系统的作用是将能量传递给液体，使物料混合均匀，强化传热和传质，包括均相液体混合、液-液分散、气-液分散、固-液分散、固体溶解等。尽量用最少的能量来达到并维持所需流体运动的性能。

搅拌器是实现搅拌操作的主要部件，其主要的组成部分是叶轮，它随旋转轴运动将机械能施加给液体，并促使液体运动。搅拌器旋转时把机械能传递给流体，在搅拌器附近形成高湍动的充分混合区，并产生一股高速射流推动液体在搅拌容器内循环流动，搅拌转速调节可采用变频调速方法。

液体在设备范围内作循环流动的途径称作液体的"流动模型"，简称"流型"。主要存在径向流、轴向流和切向流（涡流）。

流型与搅拌效果、搅拌功率的关系十分密切。流型取决于搅拌器的形式、搅拌容器和内构件几何特征以及流体性质、搅拌器转速等因素。

上述三种流型通常同时存在，轴向流与径向流对混合起主要作用，切向流应加以抑制，采用挡板可削弱切向流，增强轴向流和径向流。

桨式、推进式、涡轮式搅拌器（如图2-3）在搅拌反应设备中应用最为广泛。前两种是产生轴向流动的搅拌器，转数高，循环量大，剪切力低，对气泡的分散效果差。而涡轮式搅拌器是典型的径向流搅拌器，该反应器对流体的剪切作用强，利于气泡的破碎以增加氧传递效率，但消耗功率较大。常用的涡轮搅拌器有平叶式、弯叶式和箭叶式三种（如图2-4所示）。

图2-3　搅拌桨类型示意图
依次为桨式、推进式、涡轮式搅拌器。

图 2-4 涡轮搅拌形式

注: 依次为平叶式、弯叶式和箭叶式搅拌器。

另外, 在反应器中增加挡板能够提高搅拌效果, 其作用是防止液面产生漩涡, 改变液流方向, 由径向流变为轴向流, 促使流体翻动, 增加传质和混合。通常要求达到"全挡板条件", 即在一定搅拌转速下, 在反应器中再增加挡板时, 搅拌功率不再增加, 而漩涡基本消失。

不同的发酵类型对传质和溶氧的要求有差异, 对搅拌剪切力的要求也不同, 需要根据具体需要选择合适的搅拌器类型, 如表 2-1 所示。

表 2-1 搅拌器类型和适用条件

搅拌器类型	流动状态			搅拌目的							搅拌容器容积 /m³	转速范围 /(r·min⁻¹)	最高黏度 /(Pa·s)
	对流循环	湍流扩散	剪切流	低黏度混合	高黏度液混合传热反应	分散	溶解	固体悬浮	气体吸收	结晶	传热	液相反应			
涡轮式	◆	◆	◆	◆	◆	◆	◆	◆	◆	◆	◆	◆	1~100	10~300	50
桨式	◆	◆	◆	◆		◆	◆		◆		◆	◆	1~200	10~300	50
推进式	◆			◆		◆	◆	◆			◆	◆	1~1 000	10~500	2

注: ◆表示适用。

对于大型生物反应器, 经常采用涡轮式和推进式搅拌器组合使用的方法, 一般的方式是上层采用推进式搅拌器, 下层采用涡轮式搅拌器。该组合方式既可以利用涡轮式搅拌器强化小范围的涡流扩散, 实现小范围气液混合, 又可以利用推进式搅拌器强化主体对流扩散, 实现大范围的气液混合。在提高传质系数的基础上, 能够降低功率消耗, 降低剪切力。

（二）特点和应用

机械搅拌罐是利用机械搅拌器的作用, 实现反应体系的传质、传热和混合, 提供生物生长、繁殖、代谢或生化反应过程所需的条件。制药工业第一个大规模微生物过程——青霉素生产, 采用的就是机械搅拌通气式反应器。

机械搅拌式反应器大多数用于间歇反应, 一般用于需氧量大、反应液黏度高, 且呈非牛顿型流动特性的细胞反应过程, 通常只有在机械搅拌式反应器的气液传递性能或剪切力不能满足生物过程时才会考虑用其他类型的反应器。该反应器的主要优点是操作弹性大、pH 和温度易于控制、放大容易, 除了主要应用于微生物的生物反应过程外, 该反应器也适用于酶反应和动物细胞的培养, 成为工业生物反应器的主要应用类型。由于生物反应器的投资较大, 使用这种反应器结构时, 只对搅拌器进行适当改进而不完全引入新的结构设计, 就可满足大多数特殊的过程要求,这种反应器适应性强,在工业上的规范应用形式常称为通用式发酵罐。该反应器的主要缺点是内部结构复杂、制造费用高、运行能耗高、易造成杂菌污染、机械剪切力大、易造成某些细胞(如丝状菌和动植物细胞)的损伤。搅拌式反应器小罐一般采用硅硼酸盐玻璃制作,用于实验室研究使用;大罐采用316L型不锈钢材质制作,316L型不锈钢耐腐蚀,耐热,焊接性能强,罐体积可以达到500m³以上,可用于大规模生产。

二、酶反应器

酶促反应由于其高效、高选择性、条件温和以及污染小等特点已经得到广泛的应用。以游离酶或固定化酶作为催化剂并控制一定条件进行酶促反应的装置称为酶反应器。

(一)酶反应器的类型和特点

酶反应器一般可以按照其几何形状与结构(罐型、管型、塔形)、操作方式(间歇和连续)和流动形式(活塞流和全混流)进行分类。由于操作条件不需要无菌环境,没有微生物培养所需的培养基灭菌等高温、高压条件,反应条件温和,所以对反应器制作材料的要求不高,选择性更宽,不锈钢、搪瓷、聚合材料等都能很好适用,但对于某些有机相催化反应,需要考虑有机溶剂对材料的影响。一般酶促反应的周期较短,而且一些使用固定化酶的反应可采用连续操作、简单复制单元操作即可扩大规模,故酶反应器无须设计较大的规模。

酶反应器的选择应当考虑酶的应用形式和催化反应动力学特性、底物和产物的理化性质、反应器结构特点和操作方式、反应器的制作和运行成本以及上下游工序的连接等多种因素,从技术、操作运行和成本等多个角度去综合分析、判断,选择一个适合酶催化反应的反应器,具体需要考虑的因素如下。

1. **酶的应用形式选择(如游离酶、固定化酶、全细胞等)** 游离酶更适合于批式反应,而固定化酶则更适合于连续式反应操作。对于搅拌罐式反应器,由于桨叶剪切力大,对固定化酶颗粒有机械强度要求。采用填充床式反应器时,要考虑颗粒堆积密度大造成的床层压降大,阻力大。流化床式反应器虽然混合效果好,但动力消耗大。

2. **酶促反应的动力学特征** 为了获得最大的反应速率,使酶与底物有效结合,酶与底物的混合方式与程度至关重要,其中搅拌罐式反应器、流化床式反应器、鼓泡式反应器混合效果最好。对于有底物浓度抑制的反应,可采用连续流反应器,用流加底物的方式控制其浓度来减少抑制作用。而对有产物抑制的反应,可采用膜反应器实现产物的在位分离,以减少产物抑制作用。

3. **酶(细胞)、底物、产物的理化性质和稳定性** 溶解性底物或产物适用于任何类型的反应器。但颗粒状和胶体状底物往往会堵塞填充床,可采用搅拌罐或流化床型反应器,利用搅拌速度或高的柱床流速可减少底物颗粒的集结、沉积与堵塞,使底物保持悬浮状态。

(二)常用酶反应器

1. **管式反应器** 对于使用游离酶的催化反应,可采用管式反应器(piston flow reactor, PFR),如发酵用淀粉原料的液化,其结构简单,操作、控制方便,可连续操作,效率高。

2. **搅拌罐反应器** 其基本结构类似于前述微生物培养的搅拌罐反应器,但由于过程不需要通气,以及较低的反应热,故结构更加简单,需要的冷却面积小,无须内置的冷却盘管。该反应器适合游离酶和固定化酶,可获得较高的反应转化率,操作方式更加灵活,是使用最多的酶促反应器。另外,通过补料分批方式可减少底物抑制现象;而与膜分离联合使用可实现产物在位分离,用于有产物抑制的酶促反应。

3. 固定床反应器 固定床反应器适用于固定化酶和固定化细胞催化的反应,使反应物料连续通过静止的固定化生物催化剂床层,可分为上行和下行两种方式。其优点是:①它可以实现连续或重复使用生物催化剂,提高了生产效率;②利于产物的下游分离纯化;③单位反应器体积固定化生物催化剂装填密度高,因而具有较高的反应速率和转化率。同时,固定床对固定化催化剂具有较低的剪切力,并且反应器结构简单、易放大(如图2-5)。

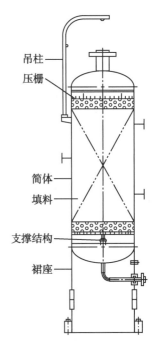

图2-5 固定床反应器结构图

其不足是:①由于液体流速较慢,使其传递速率较低,床层阻力较大,特别是当固定化生物催化剂颗粒较小时,则易产生压密和堵塞现象,导致床层压降急剧上升;②反应过程中床层温度、pH不易控制,底物和产物存在轴向浓度分布;③径向可能存在不均一流速分布,易产生沟流等。

由于酶促反应速率高,底物浓度高,一般不需要大型设备即可获得较高产量。固定化L-Asp酶生产L-Asp的反应底物浓度可达到1mol/L,一般小于10m³的固定化细胞柱即可满足L-天冬氨酸生产要求。

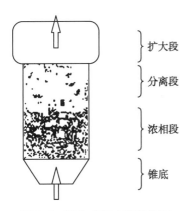

图2-6 流化床反应器结构图

4. 流化床反应器 流化床反应器(fluidized bed reactor, FBR)结构与固定床反应器类似,通常为一个直立的圆筒形容器,容器下部一般设有分布板,细颗粒状的固体物料装填在容器内,流体向上通过颗粒层,当流速足够大时,颗粒浮起,呈现流化状态。由于气固流化床内通常出现气泡相和乳化相,状似液体沸腾,因而流化床反应器亦称为沸腾床反应器(图2-6)。

流态化的主要特征:固体颗粒与流体的均一混合物可作为拟流体处理;流体的混合程度介于全混流与平推流之间;主要操作参数则是流体的流速。

与固定床反应器相比,流化床反应器的优点是:①可以实现固体物料的连续输入和输出;②流体和颗粒的运动使床层具有良好的传质、传热性能,床层内部温度均匀,而且易于控制,特别适用于强放热反应;③床层不易堵塞。然而,由于流态化技术的固有特性以及流化过程影响因素的多样性,对于反应器来说,流化床又存在很明显的局限性:①由于固体颗粒和气泡在连续流动过程中的剧烈循环和搅动,无论气相或固相都存在着相当广的停留时间分布,导致不适当的产品分布,降低了目的产物的收率;②由于固体催化剂在流动过程中的剧烈撞击和摩擦,使催化剂加速粉化;③床层内的复杂流体力学、传递现象,操作稳定性差,难以揭示其统一的规律，也难以脱离经验放大、经验操作。

此类反应器更多地被应用在制药企业污水的厌氧和好氧处理方面，体积为 $100\sim200m^3$，可减少占地面积，提升有机废水的处理效率，处理量可达到几十至几百 kg COD/（$m^3 \cdot d$）。

（三）酶反应器的操作及注意事项

酶反应工程要解决的主要问题是如何降低酶催化过程的成本，即能以最少量的酶、最短的时间完成最大量的反应。要完成这个任务，除了要选择恰当的酶应用形式、选择和设计合适的酶反应器，还要确定适合该反应器的合理的反应操作条件，才能最大程度地发挥反应器的效能。酶反应器的操作中，应该注意如下几个方面。

1. 酶反应器中的流动状态控制 - 传质问题　酶反应器在操作运转中，反应器中流动状态会影响酶与底物的接触，造成传质速率变化，影响反应器生产能力。另外，由于流动方式的改变，造成返混程度的变化，更容易发生副反应，造成收率降低并影响下游分离纯化。同时，膜反应器和填充床反应器操作中膜的阻塞和柱床短路引起的流动状态问题，也会严重影响反应器的效率。

2. 酶反应器恒定生产能力的控制——酶反应器的稳定性　酶反应器恒定生产能力与反应器的类型、特点有关，同时，酶的使用形式和稳定性是酶反应器稳定性的关键。

搅拌罐型反应器是均相催化反应，反应较易控制，填充床型等反应器类型是非均相催化反应，要维持恒定的生产能力，在操作上是不方便的，可采用若干不同时间和处于不同阶段的柱反应器串联，并与控制流速、提高温度等方法相结合，同时不断用新柱代替活性已耗尽的旧柱，掌握好换柱时间，使流速波动在达到预定转化水平时最小，虽然每个柱的生产能力不断递减，但总的固定化酶的量不随时间而变化，从而保证整个反应体系生产能力的平稳。

在酶促反应中，由于酶活的损失（酶的失活或流失），维持恒定的生产能力有时很难做到。固定化酶在反应器中催化活性的损失可能有如下三种原因：酶本身失效；酶从载体上脱落；载体肢解。在各种类型的反应器中，连续搅拌釜反应器（continuous stirred tank reactor，CSTR）最易引起这类损失。

保持酶反应器的稳定性，防止酶的变性或中毒失活，防止固定化酶的脱落或载体磨损造成酶的损失是最关键的问题。因此，酶固定化技术、固定化材料以及操作条件的控制是解决上述问题的关键。如磁性载体固定化酶的使用，既可以很容易地解决酶回收问题，又能减少材料损失导致的活性降低。

3. 酶反应器的微生物污染　酶反应器通常不必在完全无菌的条件下操作，但是如果底物是微生物生长所需的营养物，则易产生微生物污染，引起柱堵塞、底物或产物消耗、副产物或微生物代谢产物的产生、固定化酶载体降解等问题。当底物在反应器中存留时间长或反应器内有易滋生菌落的滞留区或粗糙表面时，更容易引起污染。特别是在制造食品和医药产品时，微生物的污染会带入致敏物质影响产品质量，因此，应在具备必要的卫生条件下进行操作，必要时能够做到无菌条件下操作，避免因微生物的污染对反应过程造成影响。

预防措施：①产物是抗生素、酒精、有机酸时，则其本身能抑制微生物生长；②在反应体系中加入杀菌剂、抑菌剂、有机溶剂（如有机相反应）；③将底物料液预先过滤或加热处理再进行反应;④反应过程控制在45℃以上或在酸性、碱性缓冲液中操作;⑤酶反应器在每次使用后,或在连续运转过程中应周期性地用适当试剂清洗处理。

三、动物细胞反应器

(一)动物细胞反应器特点和设计要求

动物细胞的培养与微生物发酵相比,在反应器类型、操作条件与操作方式上均有差别,其主要原因在于动物细胞与微生物细胞在性质及其培养方法上均有不同。反应器设计要根据细胞特性选择适宜的操作方式和反应器类型,除按照一般反应器设计要求外,还要根据动物细胞培养的特点满足如下的要求。

1. **生物相容性** 细胞培养反应器必须对动物细胞具有良好的生物相容性,这种相容性包括能为细胞提供体内培养的相似环境,与料液接触部分的材质要求是316L型不锈钢,其他为304型不锈钢,内壁抛光精度小于或等于0.4。

2. **传质效率与混合** 在满足传质、混合要求的基础上,尽量减少反应器中的流体剪切作用,必须选择合理的搅拌器类型,确定搅拌速度。

3. **高环境洁净性和无菌要求** 基于动物细胞培养对环境的高要求,生产用设备须满足一定的洁净性、无菌性要求,使得在位清洗对于大型生物反应器显得非常必要,不可或缺。在位清洗CIP(cleaning in place)和原位消毒SIP(sanitizing in place)系统分别提供了稳定可靠的清洗方法和灭菌方法,提高生产线的自动化水平和生产效率。

4. **细胞黏附的比表面积** 反应器的结构须有利于增大细胞贴壁所需的比表面积。

5. **抑制性副产物的去除** 营养物的流加操作和透析培养是解决此问题的有效手段。

随着研究和生产的需求的不断增加,大规模动物细胞培养生物反应器有了很大发展,种类越来越多,如搅拌式、气升式、中空纤维、一次性反应器等;同时生产规模也越来越大,目前已形成了1万升以上规模的动物细胞生物反应器用于疫苗、单克隆抗体等生产。以下介绍一些常见的细胞培养反应器。

(二)机械搅拌式生物反应器

机械搅拌式生物反应器结构类似于微生物的搅拌罐,既可以用于悬浮细胞培养,也适用于微载体贴壁细胞培养,操作简单,培养工艺容易放大,可以为细胞的生长和增殖提供均质的环境,产品质量稳定。为满足动物细胞培养的特殊要求,除符合一般搅拌反应器要求外,还对供氧方式、搅拌桨的形式及在反应器内加装辅件等做了改进。

1. **供氧方式的改进** 由于动物细胞对鼓泡的剪切也很敏感,所以人们在供氧方式的改进上做了许多工作。笼式供氧是在搅拌轴外装了一个锥形不锈钢丝网与搅拌轴一起转动,轴心处的鼓泡管在丝网内侧鼓泡,丝网外侧的细胞不与气泡直接接触,这样既能保证混合效果又有尽可能小的剪切力,以满足细胞生长的要求。同时采用由特殊金属粉末压制烧结成型的微孔型气泡分布器,这种结构可以对通过烧结层内部的气泡进行多次破碎,形成雾状的微泡以提升供氧水平并减少气泡的剪切力。

2. **搅拌桨的改进** 搅拌桨的形式对细胞生长的影响非常大,这方面的改进主要考虑如何减小细胞所受的剪切力。有人对搅拌桨的形式进行了改进,采用产生轴向流为主的螺旋桨叶或双螺旋带状搅拌桨,并在反应器内加装了辅件,减小了液面上的漩涡,使反应器维持了较小的剪切力。

搅拌桨反应器可用于多种动物细胞悬浮培养,如 BHK21、CHO、MDCK、MDBK、FS9 等细胞以及感染病毒细胞的培养。国内最大体积做到 10 000L,例如,已普遍采用 3 000~8 000L 的搅拌式反应器对 BHK21 细胞生产口蹄疫疫苗进行悬浮培养。采用搅拌式反应器大规模哺乳动物细胞培养是当今治疗性蛋白的主要生产方式,大部分的单克隆抗体都是由中国仓鼠卵巢(Chinese hamster ovary,CHO)细胞表达的。在商业化生产规模中,不锈钢或一次性反应器在单一批次的生产中就可以产出 10 千克级的抗体。

(三)气升式反应器

气升式反应器是在鼓泡反应器的基础上发展起来的,用于气液两相或气液固三相的生物反应的装置。气升反应器有两类(如图 2-7 所示):一类称为内循环式,上升管和下降管都在反应器内,循环在器内进行;另一类为外循环式,通常将下降管置于反应器外部,以便加强传热。多数内循环反应器内置同心轴导流筒,也有内置偏心导流筒或隔板的。导流筒的主要作用是将反应体系隔离为通气区和非通气区,以使反应器中的流体产生上下流动,增强流体的轴向循环;使流体沿一固定方向运动,以减少气泡的兼并,有利于提高氧传递速率,使反应器内剪切力分布更加均匀。气升式反应器具有结构简单、容易清洗、径向剪切力较低、能耗低等显著优点。通过加大生物反应器尺寸,已成功建立了 10 000L 规模的气升式生物反应器进行杂交瘤细胞培养以生产单克隆抗体。

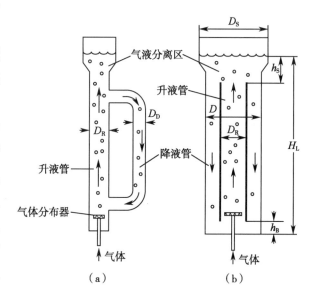

图 2-7 气升式反应器示意图
注:(a)为外循环式;(b)为内循环式。

(四)中空纤维细胞培养反应器

中空纤维生物反应器(图 2-8)是一个特制的圆筒,圆筒里面封装着一定数量的中空纤维,是纤维素、改性纤维素、醋酸纤维、聚丙烯、聚砜及其他聚合物材质制成的半透性多孔膜。纤维膜的孔径大小会影响细胞、营养成分及产物的渗透。中空纤维的外径一般为 100~500μm,管壁厚度为 50~75μm,截留分子质量分别为 10kDa、50kDa、100kDa 的 3 个规格。

因为纤维内外构成了两个空间,每根纤维的管内成为内室,可灌流无血清培养基供细胞生长,管与管之间的间隙,就成了外室,接种的细胞黏附在外室的管壁上,吸取内室渗透出来的营养,迅速生长繁殖。培养液中的血清也输入到外室,由于血清和细胞分泌的产物(如单克隆抗体)相对分子质量较大无法渗透到内室中去,只能被留在外室且不断地被浓缩。当需要收集这些产物时,只要打开管与管之间的外室的总出口,产物就能流出来。而氧与二氧化碳

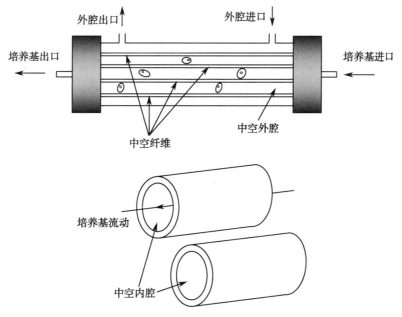

图 2-8　中空纤维反应器示意图

等小分子可以自由地透过膜双向扩散。细胞代谢废物,因为属于小分子物质,可以从外室渗入内室,从而避免对外室细胞的毒害作用。

中空纤维反应器支持贴壁细胞和悬浮细胞培养,主要用于杂交瘤细胞生产单抗,具有低剪切力和高传质的优点,由于该装置特点,细胞贴壁的比表面积较大,培养细胞的密度高(可达 $10^8 \sim 10^{10}$ 个 /ml),产物浓度也可达到比较高的水平,杂交瘤细胞制备单克隆抗体平均的抗体浓度在 0.71~11.1mg/ml。中空纤维反应器是一种成本较低的细胞培养反应器,并具有良好的生物相容性,在系统不受污染的情况下,还能用于连续培养过程。其缺点是:①放大困难,适用于年需求量小于 10g 的产品;②管外细胞培养区存在流动静止区,培养介质为非均相,物质传递和生长参数的控制受到限制,有害的细胞生长抑制物会积累。

(五)固定床反应器

目前商业化的固定床生物反应器主要有篮式反应器、潮汐式反应器、激流式反应器。可分为两种设计形式:一种是将片状载体固定填充于一个网状的篮筐里,并将篮筐沉浸于培养基中,通过特殊设计的搅拌系统,实现培养基在片状载体中的循环(如篮式反应器);另一种采用分体式设计,反应器分为固定床与储液罐两个单元,通过硅胶管连接两个单元并以蠕动泵或压力驱动培养基在两个单元间流动(如潮汐式反应器与激流式反应器)。

固定床反应器可放大至 150L,可应用于单抗的大规模生产,也可广泛应用于病毒性疫苗的大规模生产,如狂犬病病毒、口蹄疫病毒、逆转录病毒、乙型脑炎病毒等的疫苗。相较于传统搅拌式反应器,固定床反应器具有以下优势:①载体能够为细胞提供较高的表面积与体积比,最大细胞密度能够达 10^8 个 /ml;②多孔载体和聚酯片状载体为细胞提供较好的微环境,减少剪切力对细胞的伤害,与此同时,对于固定床反应器而言,搅拌桨和通气所产生的气泡均不直接与细胞接触,进一步减少了剪切力和气泡对细胞的伤害;③不需要细胞截留设备,能快速更换培养液,在灌流培养时,能保持较高的灌流速度而不造成过滤器的堵塞,既方便提供营养,又能够迅速排出代谢副产物,减少其对细胞的毒害,同时减少了许多下游处理;④在固定床反应器中,细胞的贴壁速度较快。

（六）一次性生物反应器

一次性生物反应器(disposable bioreactor)是由经认证的聚合材料代替不锈钢或玻璃培养容器制成的一次性生物反应器,是一种即装即用、不可重复利用的培养器。一次性反应器易操作,交叉污染风险低,可以快速地投入生产使用,进而缩短生产周期。

搅拌式一次性生物反应器的设计原理与传统不锈钢材质搅拌生物反应器相同;波浪混合式一次性生物反应器(图2-9)由摇动板替代搅拌桨,借助产生的波浪使细胞和颗粒物质离开底部并处于均匀悬浮状态,避免了传统搅拌式生物反应器搅拌桨叶端和鼓泡对细胞的损伤,且提供平和、低剪切力、高溶氧的细胞培养微环境,有利于改善细胞状态,提高细胞密度。波浪混合式一次性生物反应器应用十分广泛,主要应用于种子扩大培养、对剪切力敏感的哺乳动物细胞和昆虫细胞的培养。

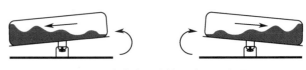

图2-9 波浪式一次性反应器示意图

一次性生物反应器是生物医药产业中生物反应器的最为突出的发展方向。用于大规模细胞(贴壁HEK293细胞、CHO细胞、Vero细胞)、病毒(慢病毒LV、腺病毒AV、腺相关病毒AAV)培养。悬浮细胞培养的搅拌式(stirred tank reactor,STR)一次性生物反应器的工作体积已经可以达到2 000L的规模;波浪式(wave cellbag)一次性生物反应器的体积也可以达到1 000L的规模;用于贴壁细胞培养的固定床式的一次性生物反应器体积也已达到500L的规模。

第三节 生物反应器的放大

一、生物反应器的设计原则

生物反应器设计的基本原则是将生物反应过程控制在最适条件下,以提高反应效率,提高产品质量和生产过程的经济技术水平。同时,作为生物医药产品的主要生产设备,需要符合GMP要求。

生物反应器设计应具备优良的传质/传热效果、优良的物料混合性能,较好地模拟细胞生长环境,符合细胞生长和过程反应动力学的要求,减少泡沫产生,降低剪切力。

生物反应器的材质要求:与培养基(包括补料物质)、发酵液(微生物、疫苗、细胞等)相接触的材质必须是无毒性、耐腐蚀、不吸收上述物质、不与上述物质发生化学反应的材料制成。经常选用的材料是316L型不锈钢、304型不锈钢。

生物反应器属于压力容器,所以在制作过程中应符合《压力容器》(GB/T 150—2024)、《压力容器焊接规程》(NB/T 47015—2023)、《承压设备无损检测》(NB/T 47013)以及《压力容器安全技术监察规程》等标准。同时,生物反应器尽可能采用全部焊接结构,内表面应光滑（粗糙度 Ra＜0.6μm）、无死角，防止沉积物料，发酵结束后易清洗灭菌；生物反应器及外接件应坚持"三个方便"，即安装拆卸、清洗灭菌与操作维修方便，并能承受高压蒸汽灭菌。

生物反应器在培养过程中涉及活性物质，因此须符合生物安全标准，既要做到防止一切外界微生物的污染，也要能防止反应器内的培养物质不污染周围环境。因而，生物反应器应该是一个密封性能良好的系统装置，其放空、排放罐内气体与液体等需要经过滤装置除去活性物质。可靠的参数检测和仪表控制，控制系统安全稳定，记录可追溯。

由于生物医药生产的特殊性，质量源于设计（quality by design，QbD）理念被不断推广和应用，反应器设计优先考虑生产过程的稳定性，最终产品的质量比产量更重要，在保证质量和产量前提下，尽量节省能源消耗。

在此原则下，生物反应器设计需要考虑如下内容。①反应器类型和操作方式的选择：综合考虑反应特点、生物催化剂应用形式、反应物的物理性质、反应动力学、催化剂的稳定性等多种因素，以确定反应器适合的操作方式、结构类型、能量传递和流体的流动方式。②反应器结构设计与确定各种结构参数：确定反应器内部结构及尺寸，如直径和高度，搅拌器类型、大小和转数，换热方式及换热面积等。③确定工艺参数以及控制方式和精度：如温度、通气量、pH、压力和物料流量等。

二、生物反应器的放大原理

从实验室到工业生产特别是大规模的生产，都要解决生物过程反应装置的放大问题。放大问题的本质在于明确反应器几何尺寸、操作条件和环境因素的关联性，把实验室设备的优化反应条件在工业化规模反应器中实现。

依据现有理论，放大过程中所遵循的最基本原则是相似性。这种相似性可分为五类：①反应器结构的几何相似；②流体力学条件的相似；③热力学性质和换热条件的相似；④质量传递特性与组分浓度及其变化的相似；⑤生物反应过程动力学性质的相似。

生物反应器放大时保持上述相似条件的实质是使细胞的生长与代谢环境保持不变。对于具体的一个生物反应过程，其过程微观动力学和热力学性质的要求是一致的，与反应器规模无关。不同大小的反应器中进行相同的生物反应时，生物反应器的传递和混合是非线性的，存在差别。因此，反应器的传递和混合特性的研究是生物反应器及其过程放大的核心问题。

影响生物过程的物理参数一般包括混合时间、剪切力、热量和质量传递。对常规的生物反应器进行放大设计时，主要选择对反应器操作性能影响较大的物理过程参数作为放大准则，这些参数多数归属于混合过程和质量传递过程。在放大过程中，需保持恒定的过程特性如下。

1. 反应器的几何特征　一般在反应器放大时不对结构作较大的变动。

2. 体积传氧系数 $K_L a$　氧传递问题是大多数微生物发酵过程的核心问题之一，故反应器放大时保持其基本不变非常重要。

3. **最大剪切力（对机械搅拌反应器，它等效于搅拌器叶端速度）** 对剪切敏感的动物细胞培养反应器放大至关重要，在大多数微生物反应器放大时重要性不高，仅对部分丝状真菌发酵需要作出一定估计。

4. **单位液体体积的功率输入** 单位液体体积的功率输入是机械搅拌反应器放大时的基本条件，当保持通气表观线速度恒定时，相同的搅拌功率消耗等同于体积传氧系数 $K_L a$ 恒定。

5. **单位液体体积的气体体积流量和通气表观线速度** 是气体分散的重要指标，也是反应器流动状态和混合效果的重要参数。表观气速过大，容易产生液泛现象。

6. **混合时间** 对于大型生物反应器，当混合时间过长，容易形成滞留区，溶氧传质效率会明显下降，也会使发酵罐中 pH 发生震荡，微生物遭受损伤。

依据上述原则，生物反应器设计放大及优化的最终目标是确定反应器结构尺寸，最优化操作条件以实现一致性的反应过程条件。生物过程放大实际上是一个综合了生物发酵特性理论和实践，以及过程流体动力学、传质和传热等方面的知识体系。经过长期研究和工业实践，虽然目前已建立了各种理论、半经验半理论和经验方法，但应用时各种方法有其长处，也有所不能解决的问题。

三、生物反应器的放大方法

目前生物反应器放大没有成熟和统一的方法，经常采用的放大方法有经验放大法和数学模拟法。

（一）经验放大法

依据相似性原理，基于生物反应器操作和设计的基础理论知识，选择对反应器操作性能影响较大的物理过程参数作为放大准则，是目前在通风机械搅拌罐放大中最常使用的一种方法。因为影响其操作性能的主要因素是流体的混合，因此，主要基于单位体积功率（P/V_L），体积传氧系数（$K_L a$），剪切速率（ND_i）等相似原则进行放大设计。

下面介绍以单位体积功率（P/V_L）相等和体积传氧系数（$K_L a$）相等为原则的两种常规放大方法。

1. **以 P/V_L 相等作为放大原则** 搅拌和通气方式供给系统的功率直接影响系统的流体力学行为和质量传递特征，P/V_L 值决定 Re 值，而 Re 值影响流体的湍流程度，进而影响质量传递系数，特别是气泡的传氧系数；另一方面，线性搅拌速率决定最大剪切力，影响气泡的稳定尺寸。以单位体积搅拌轴功率相同是一般通风搅拌反应器的放大原则，即

$$P/V_L = 常数 \qquad\qquad 式（2-1）$$

$$\left(\frac{P_g}{V_L}\right)_2 = \left(\frac{P_g}{V_L}\right)_1 \qquad\qquad 式（2-2）$$

$$\frac{P_g}{V_L} \propto \frac{n^{3.15} D_i^{2.346}}{u_g^{0.252}} \qquad\qquad 式（2-3）$$

根据通气时搅拌轴功率计算公式,得到

$$n_2 = n_1 \left(\frac{d_1}{d_2}\right)^{0.75} \left(\frac{u_{g_2}}{u_{g_1}}\right)^{0.08} \qquad 式(2-4)$$

$$p_{g_2} = p_{g_1} \left(\frac{d_2}{d_1}\right)^{2.77} \left(\frac{u_{g_2}}{u_{g_1}}\right)^{0.24} \qquad 式(2-5)$$

式中,n 是搅拌转数,d 是搅拌直径,u_g 是空气线速度。

青霉素发酵工厂的放大采用了此法。以发酵罐几何相似为基础,功率输入为 $2kW/m^3$,由此计算搅拌转速等参数。

2. 以 K_La 相等作为放大原则 在生物反应器的放大中,保持体积传氧系数(指由气泡向微生物传递)的恒定可以收到较好的结果,该方法也在需氧发酵的工业生产放大中得到证实。反应器的 K_La 值与操作条件及培养液的性质有关,在进行同一生物过程放大时培养液性质基本一致,可只考虑操作条件的影响。这些条件包括通气量 Q_G、液位高度 H_L、体积 V_L,与 K_La 值相关性如下并以此计算相关参数

$$K_La = 1.86(2+2.8m)(p_g/V_L)^{0.56}u_g^{0.7}n^{0.7} \qquad 式(2-6)$$

因此
$$K_La \propto (p_g/V_L)^{0.56}u_g^{0.7}n^{0.7} \qquad 式(2-7)$$

式中,m 是搅拌器层数。

以 $(p_g/V_L) \propto \dfrac{n^{3.15}d^{2.346}}{u_g^{0.252}}$ 代入上式,整理可得

$$K_La \propto n^{2.46}d^{1.31}u_g^{0.56} \qquad 式(2-8)$$

按 $[K_La]_1 = [K_La]_2$ 的原则放大,则

$$n_2 = n_1 \left(\frac{u_{g_1}}{u_{g_2}}\right)^{0.22} \left(\frac{d_1}{d_2}\right)^{0.53} \qquad 式(2-9)$$

$$p_2 = p_1 \left(\frac{u_{g_1}}{u_{g_2}}\right)^{0.681} \left(\frac{d_2}{d_1}\right)^{3.40} \qquad 式(2-10)$$

$$p_{g_2} = p_{g_1} \left(\frac{u_{g_2}}{u_{g_1}}\right)^{0.967} \left(\frac{d_2}{d_1}\right)^{3.667} \qquad 式(2-11)$$

式中,p、p_g 分别是无通气和通气条件下的搅拌功率。以发酵罐几何相似为基础,在 K_La 相同的条件下,由此计算确定搅拌转速、轴功率等参数。

以上有关放大的方法都是基于特定参数不变的准则进行放大计算的,反应器放大通常采用计算和经验相结合的方法。将几种放大方法进行比较,目前一般工业上仍以单位培养液体积通气功率相同的准则为主,放大后的搅拌功率和搅拌速度与实际经验较吻合。或使用合理的传氧系数计算式,在正确计算出通气表观线速度的条件下,两种方法所得计算结果相同。

除此之外,还有以剪切应力为依据的放大,特别是对于形成微胶粒的微生物,桨叶端速度

合适范围为 2.5~5m/s；也有考虑混合时间参数的放大，大型反应器混合时间长，易形成滞留区，造成反应器内浓度、温度、pH 的梯度而影响生物过程。按照不同准则的放大，其结果是反应器操作条件不一致，说明在放大中选用什么准则是非常重要的，需要根据体系的特点而确定。

（二）计算流体力学及其在生物反应器设计与放大中的应用

近年来，随着计算机技术的迅速发展，计算数学、计算机科学、流体力学、科学可视化等多学科综合形成了计算流体力学研究（computational fluid dynamics，CFD），为化工过程优化与放大进一步提供了依据，以生物过程研究为主体的生物反应器放大也开始运用 CFD 方法。借助此方法，以微型搅拌式生物反应器为研究对象，建立准确表征传质、剪切和混合等反应器工程参数的模型化研究方法，并通过实验对建立的模型进行验证。进而借助优化的 CFD 模型对不同类型的发酵体系（如剪切控制型、传质控制型和混合控制型生物发酵过程）在生产放大过程中存在的放大问题进行剖析并指导的放大研究，形成了基于计算流体力学与时间常数分析的生物发酵过程放大方法。目前反应器内单相流的 CFD 模拟已较为成熟，并可结合实验测定装置如激光粒子测速仪（PIV）或激光多普勒测速仪（LDA）等实现模拟结果的验证。

例如，在头孢菌素 C 发酵放大时，借助计算流体学模拟方法对 $160m^3$ 罐流场分布进行了研究，表明平叶涡流搅拌桨产生径向流，桨间流型相互干扰，底层搅拌到罐底形成迟滞区，造成混合时间长、分布不均、溶氧不足的问题，导致代谢异常，产量水平下降；通过增加搅拌桨叶长度，改进发酵液流场特性，提升了混合效率，发酵单位也达到了小试优化工艺水平，成功实现了发酵规模放大。

（三）动物细胞反应器放大中的问题

动物细胞反应器的放大在遵循一般放大原则的基础上，还要考虑动物细胞代谢的特点，区别于微生物细胞的反应器放大。

大规模细胞培养反应器工艺在放大过程中，氧气和二氧化碳的质量传递以及控制策略是至关重要的。溶解氧（dissolved oxygen，DO）是细胞代谢的基本要素，二氧化碳是细胞呼吸作用的主要副产物之一，同时起到调节反应器中 pH 和细胞内环境的作用，影响到抗体的糖基化以及电荷异质性和分子大小变异体。二氧化碳的积累是大规模细胞培养中长时间存在的一个难题。细胞培养放大需要考虑反应器中的气体传质平衡控制这两种气体在细胞培养液中的浓度。氧气供应和二氧化碳的去除需要寻找到一个非常微妙的平衡。

在培养规模放大的过程中，反应器内培养液的液体高度会明显增加，这会导致液体比表面积的降低，进而影响到反应器中的传质效率，使得气体的溶解更多依赖液面以下的通气效率，而液面以上的通气效率逐步降低。在大规模细胞培养中，搅拌速度和通气流速都是尽量保持在低水平来防止对细胞造成过大伤害。但也要防止氧气供应不足或者搅拌效果不理想造成二氧化碳的进一步积累。

传统的细胞培养规模扩大都是一个逐级放大的过程，在这个过程中不断调整工艺参数，吸取放大失败的经验教训，最终完成细胞培养工艺的放大，是一个不断试错的过程，非常消耗时间、人力以及物力。因此需要建立一种数学模型，对放大的过程进行指导，提高放大成功率，节省时间以及成本，确保放大后的抗体生产工艺与小试规模在抗体产量和抗体质量方面保持在同一水平。

第四节 生物反应器在线监测与自动控制

生物反应过程参数检测方法一般是在线监测（on line measurement），即将能够感应检测参数变化的传感器直接放到生物反应器中的测量点上，传感器将测量点的待测参数变化转化为电信号，经放大，送到显示系统和控制单元。在线监测反应迅速，可实现即时反馈调节，是主要的监测和调控方法。在生物反应器上有效使用的传感器应满足以下条件：①传感器结构应简单整洁，不能有清洗死角以免携带杂菌产生污染；②传感器应当有很高的可靠性和长时间的稳定性；③传感器应当能够耐受消毒蒸气的温度和压力；④对传感器的性能指标，如准确度（accuracy）、精确度（precision）、分辨率（resolution）、响应时间也有较高的要求以保证监测参数准确、反应灵敏快速。

在实际生产和研究过程中，生物反应器在线监测参数较多，以下介绍主要的参数监测原理及仪器。

一、温度传感与自动控制

反应器温度监测的方法很多，包括玻璃温度计、热电偶、半导体热敏电阻温度计、电阻温度计。生物反应器中对温度的检测较多使用热电阻检测器（resistance temperature detector，RTD）。RTD 实际上是一根特殊的导线，它的电阻随温度变化而变化。普遍使用的热电阻有两种：铂电阻和铜电阻。铂电阻的特点是精度高、稳定性好、性能可靠，但价格贵，其中Pt100 是最常用的热电阻，在 –50~150℃内对温度有较好的线性响应的电阻值。感温元件一般装在金属套管内，再插入反应液中或沿反应器罐壁固定式安装，但须保证反应器无菌状态。温度控制系统的控制器从热电偶或 RTD 等温度传感器接收输入信号后，将实际温度与所需控制温度或设定值进行比较，然后将输出信号提供给控制元件，实现温度自动控制。PID（proportion、integration、differential）控制器类型是最常使用的，精确性和稳定性最高。

二、溶氧浓度传感与自动控制

溶解氧的检测一般使用电化学电极检测方法。工业上使用的溶解氧检测电极有两种，一种是电流电极（galvanic electrode），另一种是极谱电极（polarographic electrode），他们具有基本相同的结构，区别在于测量原理及电解液和电极组成不同，他们的结构如图 2-10 所示。

由图可见，两种电极都是由阴极、阳极组成，在阴极和阳极之间有绝缘介质相隔，阴极和阳极都与电解液相接。在电极的头部有一层非常薄的薄膜将电解液与环境隔开，称为透氧膜。穿过透氧膜和电解液到达阳极的氧分子的多少决定了产生的电流或电压

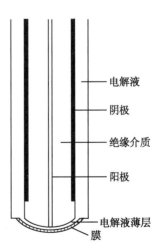

电解液
阴极
绝缘介质
阳极
电解液薄层膜

图 2-10　生物培养液测氧电极结构示意图

大小,从而建立了传感器产生的电流与培养液中溶解氧浓度的关系,达到测量目的。电极的寿命取决于阴极表面金属的消耗情况。实际使用时溶氧电极需要进行原位标定,测量值是一定条件下的相对氧饱和度。

小型反应器溶氧电极可直接插入反应液中,大型反应器电极用金属套管固定密封,沿反应器罐壁固定式安装,但须保证反应器无菌状态。

三、pH传感与自动控制

发酵过程中使用的pH检测电极是把测量电极和参比电极合为一体,构成复合pH电极。它的结构原理如图2-11所示。玻璃膜外面氢离子浓度发生改变时,玻璃膜内外电位差就发生改变。

pH电极使用前需要进行原位标定,反应过程中采用PID控制器进行控制,一般反应器通过酸或碱单向实现自动控制。

四、泡沫传感与自动控制

过度、持久的稳定性泡沫对生物培养过程造成一系列伤害,因此必须对泡沫进行控制。泡沫

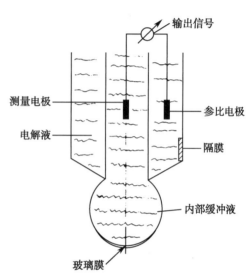

图2-11 玻璃电极结构原理示意图

的检测装置主要有电容探头、电阻探头、电热探头和超声探头四种。其中电阻探头是最常用的一种,其结构就是一根导线,这根导线的其他部分都由绝缘材料包裹,只剩头部裸露。它被安装在反应器顶部,并施加一定的电压。当泡沫产生时,泡沫浸没导线的头部形成回路产生电流,泡沫消失时回路断开,电流消失,与消泡剂开关联动可实现自动控制,但过多泡沫覆盖电极后即使泡沫消退也容易产生假信号。

五、压力传感与自动控制

在培养过程中为保证反应器内的无菌状态,必须保持一定的罐压。压力传感器安装在排气管道上,常采用隔离的硅油不锈钢膜片传压系统,不锈钢压力传感器低压端均采用隔离膜片保护,因此,两个压腔均可接触具有一定腐蚀性和导电性的流体介质,被测差压通过隔离膜片和充灌的硅油传递到硅压敏元件上,实现了差压的精确测量。压力信号通过PID控制器调节控制阀门控制罐压。

六、尾气传感

尾气组分,尤其是尾气中CO_2和O_2的变化,常用的仪器有尾气分析仪和尾气质谱仪。

尾气质谱仪采用的为质谱原理，尾气进入进样系统后被送入电子轰击型离子源（electron impact ion source，EI）内，EI可产生一定能量的电子，并在电离室中将发酵尾气电离形成分子离子碎片及碎片离子，由质量分析器筛选所需离子后按质荷比大小依次抵达检测器，信号经过放大获得定性定量结果。发酵尾气分析仪测定CO_2的原理为不分光红外线的方法，而O_2则采用顺磁的方法。

从以上原理可知，尾气质谱仪测定的组分无限制，可对发酵气体进行全组分的分析，如O_2、CO_2、N_2、H_2、乙醇、CO、Ar等气体及其他可挥发分子组分，还可得到$^{13}CO_2$、$^{13}C/^{12}C$用于^{13}C同位素胞内代谢途径通量的分析，其线性范围广、测量精度高，可对发酵尾气中0~100%浓度范围内的气体进行分析。而尾气分析仪则仅可测定发酵尾气中的O_2和CO_2，由于测定组分的限制，结合生物过程多参数在线监测软件，只能得到摄氧率、二氧化碳释放率和呼吸熵三个代谢参数，对于全面了解发酵过程具有一定的限制性，其测量的O_2和CO_2量程范围有一定限制，CO_2须在0~10%范围内，O_2须在0~30%范围内。

七、补料控制系统

在很多生物培养过程中需要中间过程补料，流加计量需要精确控制。目前应用的有杯式计量系统，采用适量的补料杯，自动进料阀、出料阀和液位传感组成一个系统，计算机输入补料量后，开启进料阀，达到液位后关闭，再开启出料阀补入，计算机计量总量。另外一种是流量计计量法，质量流量计是常用流量传感器，通过流量和补料时间计算补料量，此方法流量大，精度高，响应快，受温度、压力等因素影响小。

ER2-2　目标测试题

（王学东）

参考文献

[1] 张元兴，许学书. 生物反应器工程. 上海：华东理工大学出版社，2001.

[2] 戚以政，汪叔雄. 生物反应动力学与反应器. 北京：化学工业出版社，2007.

[3] 储炬，杨友荣. 现代生物工艺学. 上海：华东理工大学出版社，2007.

[4] 王永红，夏建业，唐寅，等. 生物反应器及其研究技术进展. 生物加工过程，2013，11（2）：14-23.

[5] 孙杨，聂简琪，刘秀霞，等. 生物过程工程研究在创新生物医药开发中应用的驱动力-生物反应器. 化工进展，2016，35（4）：971-980.

ER3-1 微生物
发酵制药工艺
（课件）

第三章　微生物发酵制药工艺

微生物（microbe，microorganism）的体积小，结构相对简单，分布广泛，种类繁多，但并不是所有的微生物都可用于制药，只有药物产生菌（drug producing microbe）才具备制药的潜力。微生物制药是人工控制微生物生长繁殖与新陈代谢，使之合成并积累药物，然后从培养物中分离提取、纯化精制，制备药品的工艺过程。本章主要针对发酵制药工艺的上游技术，内容包括制药微生物、微生物培养与育种的基本原理、操作技术和发酵过程控制。

第一节　概述

本节在简要介绍人类利用微生物进行制药历史的基础上，分析可应用制药的微生物及其药物类型和主要药物，概括出微生物制药的基本工艺过程。

一、微生物制药简史

（一）早期利用微生物制药

早在 18 世纪以前，人们虽然不知道微生物，却利用微生物进行生产和生活，如酿酒、制醋、发面、腌菜等工艺就是利用微生物的活动制造饮料和食品。17 世纪显微镜的发明，使人类发现了微生物，进入微生物的研究和利用的新时代。18 世纪的工业革命后，微生物制药技术得以起步。

在病毒发现之前，人们已经研制了基于免疫机制的治疗和预防病毒病的疫苗（vaccine）。998—1023 年就有记载人痘预防天花，即从轻微症状患者中采集，接种到健康儿童身上，使其轻微感染，获得免疫力。1567—1572 年有痘衣、痘浆、旱痘、水苗等方法预防天花。1796 年英国医师琴纳（Edward Jenner）成功地将挤奶员手上的牛痘溃疡接种于一名儿童臂上。该儿童没有全身发病，只是局部溃疡，证明使用种痘方法预防天花是可行的。1798 年医学界接受疫苗接种。

19 世纪 60 年代，法国科学家巴斯德（Louis Pasteur）利用曲颈瓶实验，否定了生命的自然发生论，并研究了牛羊炭疽病、鸡霍乱和人狂犬病等传染病的病因，建立了巴氏消毒微生物实验技术。德国科赫（Robert Koch）提出了细菌学原理和技术，改进了固体培养基配方，发现了多种病原微生物，创造了实验室纯种培养的方法，提出了鉴定微生物引起某一种特定疾病的准则——科赫准则，证明因果关系，分离并培养病原物，接种到健康动物身上，诱导出对应疾病,并详细研究了炭疽杆菌、结核分枝杆菌的生活周期、症状、作用机理等。巴斯德发现培养物保存一段时间,其毒力减弱甚至消失,首次使用低毒力培养物接种使鸡获得了免疫性,研制出防治鸡霍乱的方法。用同样技术,在 42~43℃中驯化炭疽杆菌,获得无毒菌株,即炭疽疫苗。1885 年巴斯德研制了狂犬病减毒活疫苗,首次在人体上实验,成功救治了一名被患狂犬病的狗咬伤的儿童。

(二)建立微生物发酵制药技术

20 世纪是微生物制药大发展的时期,建立了现代大规模工业化的发酵制药工艺。1928 年英国细菌学家 Alexander Fleming 发现了抗菌物质青霉素(penicillin)。在第二次世界大战期间,Howard Walter Florey 和 Ernst Boris Chain 从培养液中分离制备得到青霉素结晶,并被临床证实具有抗感染疗效,抗生素从此诞生。他们三人因此获得 1945 年诺贝尔生理学或医学奖。20 世纪 30—60 年代是从微生物中筛选发现抗生素的黄金时期,发现了大量在临床中广泛使用的抗感染和抗肿瘤药物。在有机溶剂和有机酸等化学品发酵技术的基础上,在菌株选育、深层发酵、提取技术和设备的研究方面取得了突破性进展,建立了以抗生素为代表的次级代谢产物的工业发酵,单罐发酵规模达到百吨级以上,20 世纪 60 年代,抗生素成为医药行业的独立门类,随后,氨基酸、维生素、甾体激素等微生物发酵技术相应建立起来。

二、微生物制药类型

微生物通常需要借助光学显微镜或电子显微镜才能清楚观察其形态。微生物形态多样,包括:①原核生物,如细菌、古细菌和放线菌;②真核生物,如真菌、藻类;③非细胞生物,如噬菌体和病毒。微生物分布广泛,存在于生物圈的所有地方,包括土壤、喷泉、海洋、大气层和岩石。微生物产生的活性化合物种类庞大,约 2.3 万个,其中 45% 由放线菌产生,38% 由真菌产生,17% 由单细胞细菌产生。微生物可生产生物制品(biological product),如疫苗(vaccine),也可生产化学药物,如氨基酸(amino acid)、维生素(vitamin)、核苷酸(nucleotide)、抗生素(antibiotic)等,这些微生物均来源于自然界。

(一)微生物制备疫苗

疫苗就是利用病原物生物制备的药物。目前已有针对 20 余种疾病的疫苗,其中半数以上是病毒性疫苗,有效预防了病毒感染和传播。

按病原微生物,疫苗分为细菌性疫苗和病毒性疫苗。细菌性疫苗通过直接培养病原微生物进行制备,而病毒性疫苗要通过转染动物细胞并进行培养,增殖病毒后制备,形成制剂。

(二)原核微生物制药

原核微生物包括细菌、古细菌、放线菌,主要用于生产氨基酸、维生素、核苷酸、抗生素,如谷氨酸棒杆菌、黄色短杆菌、乳糖发酵短杆菌、短芽孢杆菌等,用于产生 L- 谷氨酸及其他 10 余种氨基酸。氧化葡萄糖酸杆菌(*Gluconobacter oxydans*,俗称小菌)和巨大芽孢杆菌(*Bacillus megaterium*,俗称大菌)混合培养,两步发酵用于维生素 C 的生产。谢氏丙酸杆菌(*Propionibacterium shermanii*)、费氏丙酸杆菌(*P. freudenreichii*)、脱氮假单胞杆菌(*Pseudomonas denitrificans*)用于生产维生素 B$_{12}$。在甾体激素制药中,分枝杆菌用于将植物甾醇侧链断裂反应,生成雄烯酮。

放线菌主要产生各类抗生素,以链霉菌属(*Streptomyces*)最多,生产的抗生素主要有氨基糖苷类、四环类、大环内酯类和多烯大环内酯类,用于抗细菌性感染、抗肿瘤、预防器官移植后的排斥反应等(表3-1)。此外,糖多孢菌(*Saccharopolyspora erythraea*)产生大环内酯类红霉素,东方拟无枝酸菌(*Amycolatopsis orientalis*)产生糖肽类万古霉素,小单孢菌属(*Micromonospora*)产生庆大霉素和小诺霉素,假单胞杆菌(*Pseudomonas fluorescens*)产生莫匹罗星,芽孢杆菌产生杆菌肽等,黏细菌产生抗肿瘤药物埃博霉素。

表3-1 链霉菌合成的抗生素药物

药物类型	药物举例
抗细菌感染药物	链霉素,新霉素,氯霉素,卡那霉素,四环素,达托霉素,磷霉素,林可霉素,利福平,利福霉素,土霉素,乙酰螺旋霉素,麦白霉素,麦迪霉素,螺旋霉素,交沙霉素
抗真菌药物	两性霉素,制霉素,那他霉素
抗寄生虫药物	阿维菌素,伊维菌素
抗肿瘤药物	柔红霉素,阿柔比星,放线菌素 D,博来霉素,肉瘤霉素,多柔比星,链脲霉素,丝裂霉素 C
免疫抑制剂	环孢素,西罗莫司,他克莫司,吡美莫司

(三)真菌制药

相比较原核微生物,制药真菌的种类和数量较少,但其药物却占有非常重要的地位。青霉菌属(*Penicillium*)产生青霉素和灰黄霉素等,顶头孢霉(*Cephalosporium acremonium*)产生头孢菌素 C 等,这些 β- 内酰胺抗生素及其衍生物是抗细菌感染的主流药物。土曲霉菌(*Aspergillus terreus*)产生洛伐他汀(lovastatin),他汀类药物在治疗心血管疾病中起到重要作用。

近几年,以细胞壁合成酶为靶点,从真菌(*Glarea lozoyensis*)中筛选到产生脂肽结构的纽莫康定(pneumocandins),具有很强抗真菌活性,用于半合成棘球白素(echinocandin)类抗生素,如米卡芬净(micafungin)、阿尼芬净(anidulafungin)和卡泊芬净(caspofungin)已经被批准上市。侧耳菌(*Pleurotus mutilus*)生产三环二萜结构的妙林类抗生素——截短侧耳素(pleuromutilin),其衍生物,泰妙菌素(tiamulin)和沃尼妙林(valnemulin)为兽药,用于抗革兰氏阳性菌和支原体。

三、微生物发酵制药的基本过程

从工业企业的实际岗位看,微生物发酵制药的基本过程包括生产菌种选育、发酵培养和分离纯化三个基本工段(图3-1)。

(一)生产菌种选育

药物生产菌种选育是降低生产成本、提高发酵经济性的首要工作。药物的原始生产菌种来源于自然界,它与新药发现同步。在进行新药发现时,针对疾病机理或作用靶点建立筛选

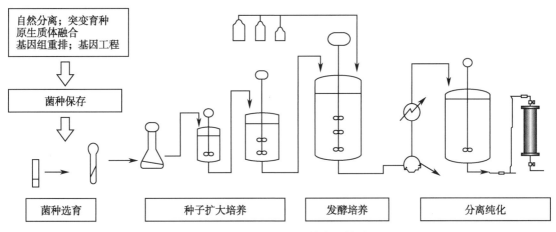

自然分离；突变育种 原生质体融合 基因组重排；基因工程			
菌种保存			
菌种选育	种子扩大培养	发酵培养	分离纯化

图 3-1　微生物发酵制药基本工艺过程

模型，从土壤、空气、岩石、海洋中分离并培养微生物，对代谢物进行筛选。一旦筛选获得新药，就同时建立了新药的生产菌种。原始的新药生产菌种往往效价很低，微克级的产量，难以进行发酵生产。对于现有的生产菌种，也需要不断地选育，以提高效价和减少杂质。因此，就需要采用各种选育技术，如物理诱变或化学诱变、原生质体融合等，针对高效利用发酵原辅料、产物耐受性、温度或抗生素的抗性，对出发菌种进行筛选，获得高产、高效、遗传性能稳定、适合于工业发酵的优良菌种，并采用相应的措施，对菌种进行妥善保存，保证工业生产连续稳定进行。

（二）微生物发酵培养

微生物发酵培养是从小份的生产菌种活化开始的，经历了不同级别的种子扩大培养，最后接种到生产罐中进行工业规模的发酵培养。由于保存的菌种处于生理不活动状态，同时菌种数量很少，不能直接用于发酵培养，因此需要活化菌种。活化菌种就是把保存菌种划线接种在固体培养基上，在适宜的温度下培养，使菌种复苏生长和繁殖，形成菌落或产生孢子。种子的扩大培养包括摇瓶、小种子罐、大种子罐级联液体培养，目的是通过加速生长和扩大繁殖，制备足够的用于发酵培养的种子。收集固体培养基上的菌落或孢子，接到摇瓶内，进行液体培养。对于大型发酵，发酵罐体积达百吨以上，往往需要二级种子罐扩大培养。发酵培养就是按一定比例将种子接到发酵罐，加入消泡剂，控制通气和搅拌，维持适宜的温度、pH 和罐压。微生物发酵周期较长，除了车间人工巡查和自控室监测外，还要定期取发酵样品，做无菌检查、生产菌种形态观察和产量测定，严防杂菌污染和发酵异常，确保发酵培养按预定工艺进行。

（三）药物分离纯化

微生物发酵产生的药物是其代谢产物，要么分泌到胞外的培养液中，要么存在于菌体细胞内。药物分离纯化就是把药物从发酵体系中提取出来，并达到相应的原料药物质量标准。药物分离纯化包括发酵液过滤或离心、提取、纯化、成品检验与包装。发酵体系中的药物含量较低，为了改善发酵液的理化性质，需要进行预处理，增加过滤流速或离心沉降，使菌体细胞与发酵液分离。如果药物存在于细胞内，则破碎菌体把药物释放到提取液中。进一步采用吸附、沉淀、溶媒萃取、离子交换等提取技术，把药物从提取液或滤液中分离出来。采用特异性的分离技术,除去杂质并制成产品就是精制。需要交叉使用多种技术,以提高提取效率和纯度。

经过性状及鉴别、酸碱度、效价、水分、灰分、热原与无菌试验等检验分析,对质量合格的成品进行包装,为原料药。

四、发酵制药的前沿技术

20世纪70年代以来,现代生物技术的发展引发了微生物菌种选育技术的革命,而计算和信息技术的发展,促使了发酵过程控制的自动化、智能化运行。

(一)微生物细胞工厂构建技术

随着基因组、转录组测序和代谢调控等组学数据的大量积累,微生物育种将越来越精准和高通量,突变育种、基因工程育种等传统技术将被细胞工厂构建技术取代。从目标产品出发,通过全基因组代谢网络模拟和设计,建立虚拟的代谢途径。采用 DNA 组装技术和基因组编辑技术,在底盘细胞内精准重构生物合成途径与调控线路,构建多样化的实体菌株库。经过高通量、自动化的平行检测与筛选,从中挑出有潜力的菌株,进入复筛,或者经过训练学习后进行下一轮有益性状的集成。这种基于"设计 - 构建 - 筛选 - 学习"循环模式的全自动化设备已经商业化,将为微生物菌种选育带来革命性进步。

(二)发酵过程的数字化与智能化控制技术

发酵过程的本质是控制操作参数,为微生物合成产物提供有利环境。以发酵动力学为基础的发酵过程控制软件,基本上实现了在线检测主要过程操作参数、稳定发酵运行,使发酵车间的操作人员数大大减少,而且提高了发酵控制的能力。未来,开发更多的原位在线传感器,灵敏感知发酵过程的多种物理、化学和生物学参数变化,设计新型数字化发酵罐。在提高信息自动化程度的基础上,对多个发酵参数及范围进行数字化编程,使发酵过程实时处于动态优化与多参数交互控制之中,实现发酵生产药物的智能化制造。

(三)节能减排与清洁生产技术

工业发酵的废水排放量大,几乎与发酵体积相同,化学需氧量高,还有微量抗生素等残留,对环境影响大。发酵固体废物(如菌渣)排放也很大,需要专门化处理。发酵尾气排放二氧化碳的同时,还有挥发性的气味小分子,给周围空气带来污染。蒸汽灭菌、无菌空气、冷却水控温和搅拌混合使发酵过程产生大量能耗。目前,管道化、封闭式的发酵生产车间设计,无害化处理"三废"的工艺技术已经成为发酵企业存活的基本条件。在未来,提高发酵行业产能的同时,需要进一步开发对环境友好、资源可再生利用的新工艺、新技术和工程措施,实现发酵产业的节能减排、高质量健康发展。

第二节　制药微生物培养技术与菌种选育

制药微生物最初是从自然界中筛选得到的,包括细菌、放线菌、真菌。细菌的形态和结构相对简单，主要用于生产氨基酸、核苷酸等初级代谢产物，其生物合成与代谢调控已在基础生物化学中学习。链霉菌和丝状真菌形态建成复杂，主要用于生产抗生素等次级代谢产物，生物合成途径多样，是菌株选育和发酵的理论基础。本节主要内容是链霉菌和真菌的形态特征、药物生物合成与调控机理、微生物培养技术与操作、微生物菌种选育原理与方法等。

一、制药微生物的形态与产物合成特征

（一）链霉菌

链霉菌（*Streptomyces*）是放线菌（*Actinomycetes*）中一类非常重要的丝状多核单细胞原核生物，革兰氏阳性菌，能形成孢子，其形态建成和抗生素生物合成调控复杂。在固体培养基上，营养菌丝体（又称初级菌丝体）在培养基中生长，具有吸收营养、排泄废物的功能。营养菌丝体不断裂，多分枝，横隔稀疏，直径为 0.5~1.0μm，能产生各种水溶性或脂溶性色素，使培养基或菌落出现相应的颜色，这与次级代谢产物的形成有关，可用于菌种鉴别。气生菌丝体（又称次级菌丝体）由营养菌丝体伸出培养基在上部空间伸长并分枝，发育良好，较粗壮，以无横隔的分枝菌丝方式生长。气生菌丝颜色较深，可产生色素。当营养耗竭时，激活孢子形成的条件，气生菌丝体成熟并分化成孢子菌丝（又称繁殖菌丝），进一步形成横隔，断裂形成孢子，即分生孢子。形成孢子后的菌落表层呈粉状、绒毛状或颗粒状，生成各种颜色。

（二）丝状真菌

丝状真菌或霉菌是菌丝体能分枝的真核细胞微生物，孢子萌发后伸长形成菌丝。菌丝生长分枝形成初级菌丝体，为单核或多核的单倍体细胞。在初级菌丝体基础上，不同性别菌丝体接合形成次级菌丝体，为二倍体细胞。在固体培养基上，形成基内菌丝和气生菌丝，菌落圆形，较大而疏松，不透明，呈现绒毛状、棉絮状、网索状等。产生色素或形成孢子后，出现相应的颜色，这是进行菌种分类的依据。真菌的细胞壁厚而坚韧，主要成分为几丁质。细胞质的亚细胞器分化完善，有线粒体、高尔基体、内质网等。根据有性生殖特点，用于制药真菌主要是子囊菌、担子菌、半知菌。青霉菌、顶头孢霉、土曲霉菌，菌丝体有分隔，产无性分生孢子，不产生有性孢子，属于半知菌。侧耳菌的菌丝有分割，产生有性担孢子，而酵母产生子囊孢子。

（三）次级代谢产物的生物合成

次级代谢产物是指微生物产生的一类对自身生长和繁殖无明显生理功能的化合物，如链霉菌和青霉菌生成的抗生素。次级代谢产物的结构是由其编码的基因簇决定，已发现最长的生物合成基因簇达 100kb 以上，包括结构基因、修饰基因、抗性基因和调节基因等。由于次级代谢途径中酶的底物特异性不强，酶催化反应步骤多，特别是后修饰的多样性，使代谢产物是一组活性差异较大的结构类似物。如红霉素（erythromycin）发酵产物中，除了主要成分红霉素 A 外，还有少量的红霉素 B、红霉素 C、红霉素 D、红霉素 E 和红霉素 F。由于糖基侧链修饰基团不同，形成不同的红霉素，具有的药用活性成分不同。红霉素 A 的抑菌活性最高，是上市药物的主要质量控制成分。

在链霉菌中，次级代谢产物的生成伴随着菌体形态的分化。生理学研究表明，微生物生长到一定阶段，当营养受限、水分、pH 等环境条件引起生理状态变化时，生成次级代谢产物。同时，菌体出现新的表型，发生相应的形态分化。次级代谢产物生物合成的调控复杂，包括全局调控、途径特异性调控。环境变化是全局调控的引发因素，抗生素的生成是这些基因协同表达的结果。途径特异性调控是比链霉菌次级代谢途径更直接和重要的调控方式，一般位于生物合成基因簇的内部，调控基因控制着结构基因的表达，决定了表达方式和程度。通过结构基因的转录激活或阻遏解除，从而开启次级代谢产物的合成、分泌和积累。抗生素生物合成基因簇的转录和调控、功能基因酶活性及其调控是菌种选育和发酵工艺控制的理论基础。

灰色链霉菌（*Streptomyces griseus*）产生链霉素，在其生物合成基因簇中有唯一途径调控基因 *strR*。*strR* 结合到其他基因的启动子区域，启动基因转录和链霉素的合成。但 *strR* 的转录受到细胞群体效应分子的调控。灰色链霉菌产生自诱导因子（autoregulatory factor）称为 A 因子（2-isocapryloyl-3R-hydroxymethyl-γ-butyrolactone，γ- 丁内酯衍生物），是群体效应分子，当其浓度仅为 10^{-9}mol/L 时启动链霉素产生和气生菌丝形成。质粒上的 Afs 催化合成 A 因子，随着菌体浓度的增加，A 因子合成增加，当达到一定阈值时，A 因子结合到其受体 ArpA 上，解除了 *adpA* 基因的抑制，从而转录、翻译合成 AdpA 蛋白，进而 AdpA 结合到 *strR* 基因的调控区（其特异性序列是 5′-TGGCSNGWWY-3′；S，G/C；W，A/T；Y，T/C；N，A/T/G/C），激活 *strR* 基因的转录，链霉素生物合成基因簇得以转录、翻译，实现了链霉素合成途径特异性的调控（图 3-2）。继灰色链霉菌中的 A 因子之后，到目前至少在 7 种其他链霉菌中发现了 A 因子的类似物，是抗生素生物合成的重要调控因子。

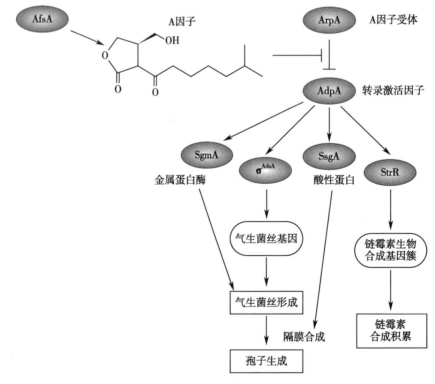

图 3-2　A 因子对链霉素合成的调控

有些抗生素的生物合成基因簇中没有途径特异性调控基因,如在红霉素生物合成基因簇中,没有发现编码调控因子。但有研究发现染色体上编码的转录因子 BldD 能结合红霉素合成基因簇中的所有启动子,启动基因簇转录,合成红霉素。BldD 属于正调控因子,它结合启动子的序列为 AGTGC(N)$_9$TCGAC。BldD 也结合自身的启动子,对红霉素生物合成进行调控。

二、制药微生物培养技术

(一)固体培养技术

固体培养技术是在固体培养基上培养微生物的技术。将菌种点种、穿刺、划线或涂布在固体培养基表面,或者将菌种与固体培养基混合,在适宜温度下培养。固体培养常用于菌种分离与鉴定、菌种活化、初级种子制备等。有些疫苗仍然使用固体培养技术生产。

实验室固体培养常用容器是试管、培养皿、板瓶等,为玻璃或塑料材质。瓶口用棉花、纱布、封口膜等封闭,起到过滤除菌、防污染但又通氧气的作用。常用琼脂粉为固化介质,制备固体培养基。对于固体平板培养,标签书写在背面,通常倒置放在培养箱内。

(二)液体培养技术

针对固体培养的缺点,人们开发了大规模工业化的液体培养技术。液体培养技术是在液体培养基中培养微生物的技术。把菌种接种在发酵容器中,进行游离悬浮培养。在液体培养过程中,通过搅拌和混合,增加传氧和传质,微生物生长快,效率高,是现代发酵制药的主流技术,用于种子制备和发酵生产。

在实验室培养中,试管、摇瓶、升级发酵罐是主要的培养容器。将活化后的菌种接入摇瓶的液体培养基中,进行扩大培养,即可制备摇瓶种子。把摇瓶种子转接到种子罐中,进行扩大培养,即可制备生产种子。

对于液体发酵,菌体干重达到 50g/L 以上的高密度培养是发展方向,特别有利于蛋白质药物生产,也适合于微生物转化生产医药中间体和氨基酸等产品。高密度培养的优点在于缩小发酵培养体积,增加产量,降低生产成本,提高生产效率。

三、制药菌种的选育

发酵生产药物,需要高产优质的菌种。自然界中的微生物趋向于快速生长和繁殖,而发酵工业还需要大量积累产物,因此菌种选育很重要。最早是利用自然变异,从中选择优良株系。随后采用物理因子(紫外线、X 射线、中子、激光等)、化学因子(烷化剂、碱基类似物等)和生物因子(噬菌体、抗生素)进行诱变育种。20 世纪 80 年代,采用杂交育种和基因工程育种,90 年代以后,出现了基因组重排育种。

(一)自然分离制药微生物新菌种

从微生物中分离具有药理活性的天然化合物是新药筛选的一个重要方面。因此从自然界分离制药微生物是与新药筛选相辅相成的过程。如果筛选到了新药,就意味着同时分离得到产生新药的菌种。从自然界分离制药微生物,包括四个基本步骤。

1. 样品的采集与处理 在土壤、岩石、湖泊、河流、沙漠、海洋中都有微生物存在,采集这些样品后,根据筛选药物类型和微生物的特性进行预处理。预处理的目的是富集目标微生物,减少其他微生物的干扰。如较高温度(40~60℃)、不同时间预处理,可分离得到不同种类的放线菌。为了减少样品中细菌数量,可用化学试剂(如 SDS、NaOH)处理。如果要去除真菌,可用乙酸乙酯、三氯甲烷、苯等处理样品。

2. 分离培养 首先选择适宜的培养基,既要满足目标微生物营养需要和 pH 条件,又要有利于合成活性物质,可考虑添加前体化合物。可添加抑菌剂,加强目标微生物筛选和富集。如加入抗真菌试剂和抗细菌抗生素,可以富集放线菌。一般采用稀释法,用无菌水、生理盐水等稀释样品后,涂布平板,确保形成单菌落。根据待分离的目标微生物,在所要求的温度下培养。由于绝大多数(据估计99%)环境微生物不可培养,分离微生物成了自然筛选新药的限制性瓶颈。可采用特殊技术,对不可培养微生物进行人工培养,增加分离稀缺资源微生物的可能性。

3. 活性药物筛选 活性药物筛选是通过测定培养物是否具有生物活性而确定的。通常以非致病菌为对象,采用琼脂扩散法测定微生物培养物的活性,可筛选抗生素。一旦具有较高活性后,再用耐药和超敏病原微生物为对象,进行筛选,这需要严格控制的特殊实验环境。筛选过程是活性跟踪的逐级分离过程,由培养物到组分分离、再到纯化单体化合物。对于抗肿瘤药物的筛选,可采用 96 孔平板培养,制备提取物,结合酶标仪,用不同细胞系进行抗肿瘤细胞活性测试。由于次级代谢产物的生成与培养环境密切相关,因此可使用不同培养基、不同培养条件,制备不同的培养物进行活性实验。使用靶向筛选、高通量筛选、高内涵筛选等方法,可大大加速新药筛选过程。对于沉默基因或基因簇,可采取基因组挖掘和激活表达技术,合成新产物。在测定活性中,应该包括阳性药物,只有比阳性药物活性高的化合物才值得深入研究。对此阶段获得的菌种要妥善保存,记录培养条件,可指导后期发酵工艺优化。详细记录活性化合物的分离纯化方法,归纳总结形成产物制备工艺。

4. 质的结构鉴定 对于经过筛选获得菌种,培养后,制备足够量的活性化合物,用高效液相色谱法(high performance liquid chromatography, HPLC)、液相色谱 - 质谱法(liquid chromatography-mass spectroscopy, LC-MS)、核磁共振(nuclear magnetic resonance, NMR)等分析,鉴定活性化合物的结构,研究其理化性质、药效、药理,进入新药研发轨迹。

随着越来越多的微生物基因组和宏基因组被测序,基因组挖掘和异源表达正成为新药筛选和不可培养微生物资源利用的有效途径。

(二)诱变育种

诱变育种是使用物理或化学诱变剂,使菌种的遗传物质基因的一级结构发生变异,从突变群体中筛选性状优良的个体的育种方法。诱变育种速度快、收效较大、方法相对简单,但缺乏定向性,需要大规模的筛选。诱变育种技术的核心有两点,第一是选择高效产生有益突变的方法,第二是建立筛选有益突变或淘汰有害突变的方法。单轮诱变育种很难奏效,需要反复多轮诱变和筛选(10~20 轮),才能获得具有优良性状的工业微生物菌种。因此,要注意诱变剂的选择与诱变效应的筛选。

常用的化学诱变剂有碱基类似物（如 5- 溴尿嘧啶, 2- 氨基嘌呤, 8- 氮鸟嘌呤）、烷化剂（如氮芥, 硫酸二乙酯, 丙酸内酯）和脱氨剂（如亚硝酸, 硝酸胍, 羟胺）、嵌合剂（如吖啶染料, 溴化乙锭）等, 其原理是化学诱变剂掺入复制过程的基因组中, 引起碱基错配, 从而发生突变。

常用的物理诱变剂有紫外线、快中子、X 射线、γ 射线、激光、太空射线等, 其原理在于通过热效应损伤 DNA, 或碱基交联形成二聚体, 从而使遗传密码发生突变。物理诱变需要使用特殊射线发生仪器。

以氦气为工作气体的常压室温等离子体源中, 具有多种活性粒子（OH⁻、氮分子、激发态氦原子、氢原子和氧原子）, 对 DNA 造成损伤, 在修复过程中, 产生错配, 引发后代遗传突变。

诱变剂的剂量和作用时间对诱变效应影响很大, 一般选择 80%~90% 的致死率, 同时要尽可能增加正突变率。由于不同微生物对各种诱变剂的敏感度不同, 需要对诱变剂剂量和时间进行优化, 以提高诱变效应。在实际工作中, 常常交叉使用化学和物理诱变剂, 进行合理组合诱变。

对于生产用菌种, 育种目标主要有主产物高产、副产物少、糖或淀粉利用迅速、抵抗高温、抵抗低 pH 逆境等。对于提高产量, 经常采用高产物浓度进行筛选。也可根据产物的作用机理, 采用产物类似物或相同作用机理抗生素作为筛选压力。对于底物利用, 如果是葡萄糖, 可采用其类似物 2- 脱氧葡萄糖进行筛选; 如果是淀粉或油脂, 可采用淀粉酶或脂肪酶的指示剂进行筛选。

（三）原生质体融合与基因组重排技术

1975 年美国科学家用番茄和马铃薯细胞融合, 培育了番茄薯, 由此原生质体融合技术广泛应用于微生物育种。

1. 原生质体融合技术 是指将两类不同性状的细胞原生质体, 通过物理或化学处理, 使之融合为一个细胞。

原生质体融合包括三个基本步骤: ①用去壁酶消化细胞壁, 制备由细胞膜包裹的两类不同性状的原生质体; ②用电融合仪或高渗透压处理, 促进原生质体发生融合, 获得融合子; ③在培养基上使融合子再生出细胞壁, 获得具体双亲性状的融合细胞。

根据微生物细胞壁的结构成分, 选择适宜的去壁酶。如细菌细胞壁主要成分是肽聚糖, 常选用溶菌酶。真菌细胞壁的主要成分是几丁质, 常选用蜗牛酶。经常采用多种酶, 按一定比例搭配, 提高细胞壁去除效率。为了有效制备原生质体, 在培养基中添加菌体生长抑制剂, 使细胞壁松弛, 并在对数期取样。另一个影响原生质体融合育种的因素是建立高效的细胞壁再生体系, 一般要求两个亲本菌种具有明显的性状遗传标记, 便于融合子的有效筛选。

2. 基因组重排技术（genome shuffling, GS） 将不同性状的细胞融合后, 其染色体发生交换、重组等遗传事件, 可把不同菌种优良性状集成在一个菌种中。

基因组重排的基本过程为: ①菌株库, 对亲本菌种进行诱变处理, 高通量筛选, 建立单个性状优良突变株库; ②多个优良菌株的原生质体融合, 基因组重排, 再生细胞壁, 形成融合库; ③发酵筛选, 获得优良融合菌种。

链霉菌的原生质体融合使基因组重排的效率很高。相比诱变育种, 基因组重排能加速筛选,缩短育种时限,在较短时间内能获得表型改进的预期效果。采用硝基胍诱变,筛选到性状不同的菌株。然后用两轮基因组重排,获得了高产泰乐菌素生产菌。1年内,经过24 000次分析,其效果与过去20年的诱变育种相当(图3-3)。

(四)基因工程技术育种

基因工程技术育种被广泛应用于抗生素、氨基酸、维生素发酵菌种的育种。采用基因工程技术,过量表达或抑制表达某一个或一组代谢途径基因,调控代谢过程,实现目标产物的高效表达。目前,基于基因工程技术的代谢工程,已经培育了多种高产初级和次级代谢产物药物的菌种,并在生产中得到应用。基因工程技术的原理见第六章。

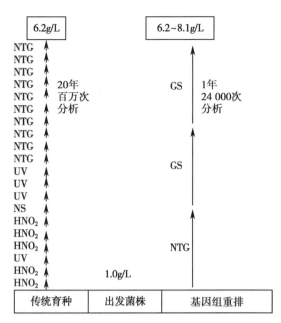

图3-3　突变育种与基因组重排育种的比较
注:UV,紫外线;NTG,硝基胍;GS,基因组重排。

四、制药生产菌种保存方法

由于微生物染色体上存在转座元件、重组酶,生产菌种在实际使用过程中,随着传代次数的增加,将产生变异,导致菌种退化,甚至丧失生产能力。因此,妥善保存菌种,保持菌种的遗传特性和生产性能是确保工业生产正常进行的前提和基础。菌种的保存原理是把微生物菌体放在人工环境中,使生长代谢过程降到最低,从而延长寿命时限。保存过程中,要防止污染和混杂,每个环节进行无菌验证和质量保证。

(一)低温保存

1. 培养物制备　划线接菌到固体斜面或培养皿的培养基上,或穿刺接种。在适宜温度下充分生长,获得健壮、无污染、具有优良生产特性的菌种。接种量适当,培养时间不宜过长。

2. 培养物预处理　可根据不同微生物的特性和保存目的,对培养物进行不同的预处理。对于短期保存,把旺盛期的斜面培养物,用封口膜封闭培养容器开口。对穿刺培养物,用灭菌的中性石蜡油封闭管口,隔氧保存。对于孢子培养物,使孢子吸附在沙土(黄砂:泥土为3:2或1:1)介质上,抽气干燥,制成可用无氧沙土管保存。

3. 保存时限　将预处理的培养物置于4~8℃的冰箱内,进行低温保存。对于短期保存,细菌一般为1个月,放线菌为3个月,酵母和丝状真菌为4~6个月。石蜡油保存,可达一年以上。沙土管保存分生孢子霉菌、放线菌和芽孢细菌,可达5~10年。

低温保存过程中,要防止培养基蒸发失水而变干。同时要监测菌种活性,在保存时限之前,及时定期转接,再次保存。

(二)冷冻干燥保藏

将细胞或孢子与脱脂奶粉等冷冻保护剂混合,制成悬液,在-45~-35℃(酒精或干冰)下预冻 15 分钟至 2 小时,使细胞冻结而结构不受破坏,保持细胞的完整性。低温真空干燥后,密封避光于 -80~-20℃下保存。用于制备疫苗的病原微生物,可使用明胶或血清等冷冻保护剂。保护剂的作用在于降低细胞的冰点,减少冰晶对细胞的伤害,有利于菌体的复苏。采用冷冻干燥保存时间长,一般 5~10 年,多达 15 年。

(三)液氮保藏

液氮的温度是 -196℃,将菌种放在液氮中保存是目前最可靠的长期保存方法,其保藏的基本过程如下。

1. 培养物的预处理　用新鲜培养基重悬孢子或单细胞微生物,加入终浓度为 10%~20% 的甘油或 5%~10% 的二甲基亚砜,制成悬液,浓度大于 10^8 个 /ml。分装小管,密封。

2. 冷冻　先降至 0℃,以 1℃/min 的速度降至 -35℃,然后置于液氮罐中保存。也可直接置于液氮中速冻,然后在液氮罐中保存。

液氮保存可用于细菌、链霉菌、酵母、霉菌孢子和动物细胞,是长期保存主种子批的主要方法。

第三节　微生物的培养基与灭菌工艺

制药微生物是化能异养微生物,其生长和药物合成需要营养物质和适宜的环境。制药微生物必须在没有杂菌存在的环境中生长繁殖,保证营养充分,才能有效合成和积累药物。本节重点是微生物培养基成分和种类、培养基和空气灭菌工艺。培养基制备和灭菌是发酵培养的两个基本技术。

一、微生物培养基的成分与作用

培养基是由人工配制的营养物质和非营养物质组成的混合物,其作用是满足制药微生物生长和产物合成,提供适宜的渗透压、pH 和稳定发酵工艺与控制。培养基的成分主要包括有机碳源、氮源、无机盐、生长因子等营养要素,还包括消沫剂、前体等。

(一)有机碳源

有机碳源是异养微生物生长的第一营养要素,其作用在于为细胞生长和繁殖提供能量 ATP 来源,也为细胞生理和代谢过程提供碳骨架。进入微生物细胞内的碳源,经过糖酵解、磷酸戊糖途径和三羧酸循环等分解途径,产生 NADPH 和 $NADH_2$,经线粒体的电子传递呼吸链,氧化磷酸化,释放出生物能 ATP,满足细胞的能量需求。分解代谢产生的中间产物,如有机酸、核糖等进一步代谢为脂肪酸、氨基酸和核苷酸等,聚合形成多糖、磷脂、蛋白质和核酸,同时合成初级代谢和次级代谢产物。

微生物发酵可利用的有机碳源包括糖类、醇类、脂肪等。在发酵工业中,常用有机碳源为葡萄糖、蔗糖、糊精、淀粉,来源于农副产品。微生物分泌的淀粉酶降解为单糖或寡糖后,再主动吸收利用。木糖是仅次于葡萄糖的自然界最丰富的碳源,但由于中心碳代谢阻遏效应,制药微生物对葡萄糖和木糖难以同步共利用。近年来,随着淀粉质碳源替代的开发,对木糖的利用越来越受到关注。已经研发了能同步利用葡萄糖和木糖的菌种,有望将来利用纤维素水解产物(主要成分为葡萄糖和木糖的混合物)为碳源进行发酵制药。甘油为生物柴油炼制的副产物,是常见醇类碳源。脂肪类碳源有豆油、棉籽油、玉米油和猪油,微生物分泌脂肪酶等降解为短链脂肪酸后,再吸收利用。

(二)氮源

氮源为制药微生物生长和药物合成提供氮素来源,在细胞内经过转氨作用合成氨基酸,进一步代谢为蛋白质、核苷和核酸及其他含氮物质。

制药微生物可利用的氮源包括有机氮源和无机氮源两类。常用有机氮源有黄豆饼粉、花生饼粉、棉籽饼粉、玉米浆、玉米蛋白粉、蛋白胨、酵母粉、鱼粉等,被微生物分泌的蛋白酶降解后,吸收利用。农副产品来源的有机氮源中含有少量无机盐、维生素、生长因子、前体等,有利于制药微生物发酵生产。另外,尿素也是可利用的有机氮源。

常用无机氮源有铵盐、氨水和硝酸盐。氨离子被细胞吸收后可直接利用,而硝酸根必须被硝酸还原酶体系催化还原为氨离子后才能利用。虽然根瘤菌具有固氮作用,但制药微生物不能利用空气中的无机氮元素。如果硝酸还原酶体系活性不强,微生物对硝酸根的利用就较差。与有机氮源相比,无机氮源是速效氮源,容易被优先利用。无机氮源中,氨离子比硝酸根离子更快被利用。

无机氮源被利用后,生理酸性物质和生理碱性物质。如(NH_4)$_2SO_4$的铵被利用后,产生硫酸,是生理酸性物质。硝酸钠中的氮被利用后,产生氢氧化钠,是生理碱性物质。在发酵工艺控制中,添加无机氮源具有双重作用,既能补充氮源,还能调节 pH。

(三)无机盐

无机盐包括磷、硫、钾、钙、镁、钠等大量元素和铁、铜、锌、锰、钼等微量元素的盐离子形态,为制药微生物生长代谢提供必需的矿物元素。这些矿物质通过主动运输进入细胞,既是细胞的组分,也对代谢起到重要的调节作用。硫是氨基酸和蛋白质的组成元素,钙参与细胞的信号传导过程。此外,矿物质还参与细胞结构的组成、酶的构成和活性、调节细胞渗透压、胞内氧化还原电势等,因此具有重要的生理功能。由于水和其他农副产品中含有的无机盐成分足以满足细胞的生长,一般情况下,在培养基中不单独添加无机盐。

磷酸是核苷酸和核酸、细胞膜的组成部分,磷酸化和去磷酸化是细胞内代谢、信号传导的重要生化反应。此外,磷含量可以调节微生物的生长与生产,对抗生素等次级代谢调控具有重要作用。已经发现多个磷调控蛋白,与抗生素的合成和产量有直接关联。可见控制磷酸盐浓度对制药发酵非常重要,磷在发酵培养中的作用应该值得重视。在发酵中采用磷酸或磷酸盐缓冲体系来调整酸碱度,提高了培养体系磷含量,必将影响微生物的生长与产物生成的分配。

(四)前体和促进剂

前体是产物生物合成途径的中间体,它构成产物分子的一部分。如在青霉素的发酵中,其直接前体半胱氨酸、缬氨酸和 α- 氨基己二酸(由赖氨酸衍生而来),聚合形成异青霉素 N,再与前体苯乙酸发生转移反应,异青霉素 N 的侧链被苯乙酰取代,则生成青霉素 G。丙酸、丁酸等是聚酮类抗生素的前体,如果发酵培养基里添加前体丙酸钠,则以乙酰形式被缩合进入大环结构中。

促进剂是促进微生物发酵产物合成的物质,但不是营养物,也不是前体的一类化合物。其作用机理可能有4种情况:①促进剂诱导产物生成,如氯化物有利于灰黄霉素、金霉素合成。②促进剂抑制中间副产物的形成,如金霉素链霉菌发酵生产四环素时,添加溴可抑制金霉素的形成;添加二乙巴比妥盐,有利于利福霉素B的合成,抑制其他利福霉素的生成。③促进剂加速产物向到胞外释放。④促进剂改善了发酵工艺,添加表面活性剂吐温、清洗剂、脂溶性小分子化合物等,将改变发酵液的物理状态,有利于溶解氧和搅拌等参数控制。

前体和促进剂虽然有利于目标产物的合成,但大量加入发酵液时往往有毒性。因此在发酵过程中,为了平衡生长和生产的关系,常采用少量多次的工艺,添加前体和促进剂。

(五)消沫剂

由于发酵过程中的搅拌和通气,使发酵体系产生很多泡沫。为了稳定发酵工艺,防止逃液,就要消除泡沫。培养基中加入消沫剂是一种行之有效的工业措施。

消沫剂是降低泡沫的液膜强度和表面黏度,使泡沫破裂的化合物,包括天然油脂和合成的高分子化合物。常用消沫剂包括聚醚类、硅酮类。聚氧乙烯氧丙烯甘油,又称泡敌,亲水性好,用量少,消泡能力强。二甲基硅油等硅酮类消沫剂,不溶于水,单独使用效果差,可与分散剂联合使用。

二、微生物培养基的种类

在微生物培养中,使用的培养基种类繁多,往往根据其物理状态、组成成分和具体用途等进行分类。按培养基物理状态,可分为固体培养基、半固体培养基、液体培养基,其区别在于所加固化剂的浓度不同。一般使用无营养作用、不影响pH的琼脂粉为凝固剂,它在较高温度下(60℃以上)是液体,低于40℃形成固体。不加凝固剂制备液体培养基。添加少量(0.5%~0.7%)凝固剂,可制备半固体培养基,添加足量(1.5%~2.0%)的固化剂可制备固体培养基。按培养基的组成成分,可分为合成培养基、天然培养基和半合成培养基。合成培养基是由成分明确的化学物质组成,天然培养基是由成分不完全明确的天然碳源或氮源组成,半合成培养基是由天然碳源或氮源和化学物质组成。通常情况下,按用途可分为繁殖培养基、种子培养基、发酵培养基、补料培养基等。

(一)繁殖培养基

一般情况繁殖培养是固体培养基,其作用是提供细胞生长和菌体繁殖。对于细菌和酵母的单细胞微生物,培养基的成分要丰富,含有各类营养物质,包括碳源、氮源、微量元素、生长因子等。对于链霉菌和菌丝状真菌,孢子的形成是形态分化的结果,培养基的营养成分要适量,以在生长后期能形成优质大量的孢子。要防止只有旺盛生长的菌丝体,而不分化产生孢子的现象。

(二)种子培养基

种子培养基是孢子发芽和菌体生长繁殖的液体培养基,包括摇瓶和一级、二级种子罐培养基。种子培养基的作用是扩大种子，获得足够数量的健壮种子。种子培养基的成分完全，碳源、氮源和无机盐等容易利用。由于种子培养时间较短，培养基中营养物质的浓度不宜过高。为了缩短发酵的延滞期，种子培养基要与发酵培养基相适应，主要成分应与发酵培养基接近。

（三）发酵培养基

发酵培养基是微生物发酵生产药物的液体培养基，既要满足菌体的生长和繁殖，还要满足药物的大量合成与积累。发酵培养基的组成应完整，包括碳源、氮源和无机盐、消沫剂等，营养物质浓度要适中。不同制药菌种和不同的药物产品，对培养基的要求差异大，要区别对待。

（四）补料培养基

补料培养基是发酵过程中补加的液体培养基。补料培养基的成分取决于补加的目的，为了增加营养物质，通常补加碳源、氮源等。为了提高产量，可补加前体、促进剂等。为了调节发酵 pH。通常补加无机酸或碱。消沫剂也通常通过补加方式使用。通常配制高浓度补料培养基，基于发酵过程的控制方式加入。

三、微生物培养基的灭菌

灭菌是指用物理或化学方法杀灭或除去物料或设备中所有活生物的操作或工艺过程。制药工业发酵是纯种发酵，只有生产菌的生长，不容许其他微生物的存在，由此必须对发酵罐、培养基、空气等直接接触的发酵物料、容器等进行灭菌。

（一）灭菌方法

在微生物培养中，常用的灭菌方法主要有化学灭菌、物理灭菌两类，其作用原理是使构成生物的蛋白质、酶、核酸和细胞膜变性、交联、降解、失去活性，导致细胞死亡。几种常见的灭菌方法的使用特点见表3-2。培养基常用高压蒸汽灭菌和过滤灭菌两种方法，可采用间歇操作和连续操作，进行物料和设备的灭菌。

表3-2　微生物培养过程中使用的几种灭菌方法

灭菌方法	举例	使用方法	应用范围
化学灭菌	75% 乙醇，甲醛，过氧化氢、漂白粉	擦涂，喷洒，熏蒸	皮肤表面、器具、无菌区域的台面、地面、墙壁及局部空间
辐射灭菌	紫外线、超声波	照射	器皿表面、无菌室、超净工作台等局部空间
高温灭菌	110℃以上高温	维持 115~170℃一定时间	培养皿、三角瓶、接种针、固定化载体、填料等
高压灭菌	约 0.1MPa	维持一定时间	培养基、发酵容器、器皿
过滤灭菌	棉花、纤维、滤膜	过滤	不耐热的培养基成分，空气

1. 高压蒸汽灭菌　高压蒸汽灭菌过程中，既是高压环境，也是高温环境，微生物死亡符合一级动力学，如式 3-1 所示。如果 X 为微生物浓度，t 为灭菌时间，k_d 为比死亡速率，那

么微生物浓度与灭菌时间成反比,物料中微生物浓度越高,灭菌时间越长。如果从零时刻($t=0$)、微生物浓度为X_0开始灭菌,在一定温度下,由积分式可得灭菌时间t与比死亡速率k_d的关系:

$$t=\frac{1}{k_d}\ln\left(\frac{X_0}{X}\right) \qquad\qquad 式(3-1)$$

k_d与微生物种类、生理状态和灭菌温度有关。k_d越大,灭菌时间越短,表明细胞越容易死亡。在发酵工业上,如果已知杂菌浓度,一般取X为0.001,即千分之一的灭菌失败率,就可计算出灭菌所需时间。微生物芽孢的耐热性很强,不易杀灭。因此在设计灭菌操作时,经常以杀死芽孢的温度和时间为指标。为了确保彻底灭菌,实际操作中往往增加50%的保险系数。

高压蒸汽灭菌的效果优于干热灭菌,高压使热蒸汽的穿透力增强,灭菌时间缩短。同时由于蒸汽制备方便,价格低廉,灭菌效果可靠,操作控制简便,因此高压蒸汽灭菌常用于培养基和设备容器的灭菌。实验室常用的小型灭菌锅就是采用高压蒸汽灭菌原理,与数显和电子信息相结合,现实全自动灭菌过程控制,基本条件为115~121℃,压力1×10^5Pa,维持15~30分钟。

2. 过滤灭菌 有些培养基成分受热容易分解破坏,如维生素、抗生素等,不能使用高压蒸汽灭菌,可采用过滤灭菌。常见的有蔡氏细菌过滤器、烧结玻璃细菌过滤器和纤维素微孔过滤器等,具有热稳定性和化学稳定性,孔径规格为0.1~0.5μm。一般选用0.22μm,对不耐热的培养基成分制备成浓缩溶液,进行过滤灭菌,加到已经灭菌的培养基中。

(二)培养基的分批灭菌操作

将培养基由配料灌输入发酵罐内,通入蒸汽加热,达到灭菌要求的温度和压力后,维持一段时间,再冷却至发酵温度,这一灭菌工艺过程称为分批灭菌或间歇灭菌。由于培养基与发酵罐一起灭菌,也称实罐灭菌或实罐实消。分批灭菌的特点是不需要其他的附属设备,操作简便,国内外常用。缺点是加热和冷却时间较长,营养成分有一定损失,发酵罐利用低,用于种子制备、中试等小型发酵。

培养基的分批灭菌过程包括加热升温、保温和降温冷却三个阶段,灭菌效果主要在保温阶段。通常以保温阶段的时间为灭菌时间,用温度、传热系数、培养基质量、比热、换热面积,进行蒸汽用量衡算。

升温是采用夹套、蛇管中通入蒸汽直接加热,或在培养基中直接通入蒸汽加热,或两种方法并用。总体完成灭菌的周期为3~5小时,空罐灭菌的消耗蒸汽体积为罐体积的4~6倍。

(三)培养基的连续灭菌操作

培养基连续经过加热器、温度维持器、降温设备,再输入到已灭菌发酵罐内的工艺过程,称为连续灭菌操作,或称为连消。加热器包括塔式加热器和喷射式加热器,以喷射式加热器使用较多,使培养基与蒸汽快速混合,达到灭菌温度130~140℃。保温设备包括维持罐和管式维持器,不直接通入蒸汽,维持一定的灭菌时间,一般数分钟。降温设备以喷淋式冷却器为主,还有板式换热器等。

与分批灭菌操作相比，连续灭菌操作的优点是高温快速灭菌，营养成分损失少；蒸汽连续利用，过程节能。连续灭菌操作的缺点是增加了设备及操作环节，要求高压力（一般为0.45~0.8MPa）。由于培养基物料的传输问题，黏度大或固形物含量高的培养基不适宜连续灭菌操作。

（四）灭菌工艺对培养基质量影响

高压蒸汽灭菌直接影响培养基的有效成分含量和pH。因为杀灭微生物的活化能高于营养物质分解活化能，较高温度下长时间灭菌，会破坏营养成分。同时，糖类的醛基与氨基反应，生成对发酵有害的棕色物质。磷酸盐与碳酸钙、镁盐、铵盐发生反应，生成沉淀或配位化合物，降低了对磷酸和铵离子的利用度。灭菌会引起培养基的pH变化，蛋白质类培养基灭菌后pH上升，而糖类培养基灭菌后pH下降。

四、空气过滤的灭菌

绝大多数的微生物制药属于好氧发酵，因此发酵过程必须有空气供应。然而空气是氧气、二氧化碳、氮气等的混合物，其中还有水汽及悬浮的尘埃，包括各种微粒、灰尘及微生物。这就需要对空气灭菌、除尘、除水才能使用。在发酵工业中，大多采用过滤介质灭菌方法制备无菌空气。

（一）发酵用空气的标准

发酵需要连续的、一定流量的压缩无菌空气。空气流量一般是每分钟通气量与料液体积的比值（即通气比，简称VVM）为0.1~2.0，压强为0.2~0.4MPa，克服下游阻力。空气质量要求相对湿度小于70%，温度比培养温度高10~30℃，洁净度100级。

（二）过滤灭菌的原理

过滤介质可以除去空气中游离的微生物和附着在其他物质上的微生物。当空气通过过滤介质时，其中的微粒在离心场产生沉降，惯性碰撞和静电引力使微粒聚集成大颗粒，颗粒在介质表面被直接截留。空气流速度越大，截留效果越好。

（三）空气灭菌的工艺过程

1. **预处理** 目的是提高空气的洁净度，保护压缩机，有利于后续工艺。在空压机房的屋顶上建设采风塔，高空取气。在空压机吸入口，前置过滤器，截留空气中较大的灰尘微粒，起到一定除菌作用。

2. **除去空气中油和水** 经过压缩机，空气温度达到120~150℃，需要降温除湿。一般采用分级冷却器。先采用30℃的水使空气降到40~50℃，然后采用9℃冷水或15~18℃地下水，使空气降到20~25℃。空气降温后，湿度为100%，处于露点以下，在冷却罐内空气中的油和水凝结成液滴，除去大油滴和水滴。再通入旋风分离器，利用离心沉降作用除去5μm以上的液滴。在丝网除沫器，利用惯性拦截除去5μm以下液滴。

3. **终端过滤** 除去油滴和水滴的空气，相对湿度仍然为100%，温度稍下降，就会产生水滴，使过滤介质吸潮和染菌。因此，将油水分离的空气通入加热器，空气温度到30~35℃，对湿度降到60%以下，然后经过总过滤器和分过滤器灭菌后，得到符合要求的无菌空气，最后通入发酵罐。

过滤介质除菌效率高,阻力小,成本低,易更换。常用介质棉花、玻璃纤维、活性炭等作为总过滤器,金属烧结管过滤器、膜过滤器为终端过滤器。

第四节　微生物发酵过程的工艺控制

微生物发酵离不开环境条件,菌体生长与产物合成是菌种遗传和工艺条件的综合结果。工艺参数作为外部环境因素,对发酵具有重要作用,往往可以改变生长状态、合成代谢过程及其强度。通过稳定生长期的环境因素保证营养生长适度进行,然后调节环境条件如降低或升高温度,保证产物的最大合成。本节介绍发酵工艺主要参数的影响及其控制策略。

一、发酵主要工艺参数与自动化控制

(一) 生产种子制备

生产种子来自生产种子批种子,经过摇瓶培养,逐级放大到种子罐。种子罐的作用是获得足够数量和优质的菌体,满足发酵罐对种子的需要。对于工业生产,种子培养主要是确定种子罐级数。种子罐级数是指制备种子需逐级扩大培养的次数,种子罐级数取决于菌种生长特性和菌体繁殖速度及发酵罐的体积。

车间制备种子一般可分为一级种子、二级种子。对于生长快的细菌,种子用量比例小,故种子罐级数相应也少。直接将种子接入发酵罐,为一级发酵,适合于生长快速的菌种。通过一级种子罐扩大培养种子,再接入发酵罐,为二级发酵,适合于生长较快的菌种,如某些氨基酸的发酵。通过二级种子罐扩大培养种子,再接入发酵罐,为三级发酵,适合于生长较慢的菌种,如青霉素的发酵。

种子罐的级数越少,越有利于简化工艺和控制,并可减少由于多次接种而带来的污染。虽然种子罐级数随产物的品种及生产规模而定,但也与所选用的工艺条件有关,如改变种子罐的培养条件加速菌体的繁殖,也可相应地减少种子罐的级数。

(二) 接种

发酵罐的接种需要考虑种龄和接种量。种龄是指种子罐中菌体的培养时间,即种子培养时间。接种量是指接入的种子液体积和接种后的培养液总体积之比。接种量的大小取决于生产菌种的生长繁殖速度,快速生长菌种,需要较少接种量,反之则需要较大接种量。根据不同的菌种选择合适的接种量,一般为5%~20%。在工业生产中,种子罐与发酵罐的规模是对应关系,以发酵罐体积为前提,确定种子罐的级数和体积,选择生长旺盛的对数期的菌种,从种子罐接种到发酵罐。

(三) 发酵过程参数

全面表征发酵过程,就是检测影响微生物生长和生产的生物学参数、物理参数和化学参数。生物学参数包括生产菌的形态特征、菌体浓度、基因表达与酶活性、细胞代谢,杂菌和噬菌体等；物理参数包括温度、搅拌、罐压、发酵体积、空气流量、补料流速等；化学参数包括pH、供氧、尾气成分、基质、前体、产物浓度等；主要的检测控制参数及其方法见表3-3。

表3-3　发酵过程中检测的主要参数及其方法

参数类型	参数名称	单位	检测方法	用途
生物学参数	菌体形态		离线检测，显微镜观察	菌种的真实性和污染
	菌体浓度	g/L；OD	离线检测，称量，吸光度	菌体生长
	细胞数目	个/ml	离线检测，显微镜计数	菌体生长
	杂菌		离线检测，肉眼和显微镜观察，划线培养	杂菌污染
	病毒		离线检测，电子显微镜，噬菌斑	病毒污染
物理参数	温度	℃	在线原位检测，传感器，铂或热敏电阻	生长与代谢控制
	泡沫		在线检测，传感器，电导或电容探头	控制发酵体积和发酵过程
	搅拌转速	r/min	在线检测，传感器，转速计	混合物料，供氧
	搅拌功率	kW	在线检测，传感器，功率计	混合物料，供氧
	通气量	m³/h	在线检测，传感器，转子流量计	供氧，排废气
	体积传氧系数	h⁻¹	间接计算；在线监测	供氧
	罐压	MPa	在线检测，压力表，隔膜或压敏电阻	维持正压，增加溶解氧
	流加速率	kg/h	在线检测，传感器	生长和代谢控制
化学参数	溶解氧浓度	μl/L；%	在线检测，传感器，覆膜氧电极	供氧
	摄氧速率	g/(L·h)	间接计算	耗氧速率
	尾气CO_2浓度	%	在线检测，传感器，红外吸收分析	菌体的呼吸
	尾气O_2浓度	%	在线检测，传感器，顺磁O_2分析	耗氧
	酸碱度	pH	在线原位检测，传感器，复合玻璃电极	代谢过程，培养液
	底物、中间体、前体浓度	g/ml	离线检测，取样分析	监测吸收、转化、利用
	产物浓度或效价	g/ml；IU	离线检测，取样分析	产物合成与积累

（四）自动化控制

微生物发酵的生产水平不仅取决于生产菌种的遗传特性，而且要赋以合适的环境才能使它的生产潜力充分表现出来。发酵过程是各种参数不断变化的过程，发酵过程的控制是基于过程参数及菌种生长生产的动力学。通过发酵罐上的检测器，实时测定发酵罐中的温度、

pH、溶氧、通气量、搅拌转速、尾气 CO_2 浓度、底物浓度、产物浓度、菌体浓度等参数的情况，通过传感器偶联过程动力学模型，对过程控制的信息进行集成，通过计算机有效控制发酵过程，使生产菌种处于产物合成的优化环境之中。

二、微生物形态与菌体浓度控制

生产菌体形态、菌体浓度、菌体活性是发酵过程检测的主要生物学参数，同时要严格监测和控制杂菌污染。根据发酵液的菌体量、溶解氧浓度、底物浓度、产物浓度等计算菌体比生长速率、氧比消耗速率、底物比消耗速率和产物比生产速率，这些参数是控制菌体代谢、决定补料和供氧等工艺条件的主要依据。

（一）微生物形态

在发酵过程中，制药微生物的形态变化是生理代谢过程变化的外在表征。菌体形态特征可用于菌种鉴别、衡量种子质量、区分发酵阶段、控制发酵过程的宏观依据。

（二）菌体浓度检测与控制

菌体浓度是单位体积发酵液内菌体细胞的含量，可用质量或细胞数目表示，经常简称为"菌浓"。可以实时在线测定菌体细胞数目，也可以取样后离线测定菌体质量浓度。对单细胞微生物如酵母、杆菌等也可以通过显微镜计数或测定光密度表示。只要在细胞数目与干重之间建立数学方程，则可方便地实现互换计算。

菌体浓度与生长速率有密切关系。细胞体积微小、结构和繁殖方式简单的生物生长快，菌体浓度高；反之，体积大、结构复杂的生物，生长缓慢。典型的细菌、酵母、真菌倍增时间分别为45分钟、90分钟、180分钟左右。

菌体浓度影响产物形成速率。氨基酸、有机酸、维生素等初级代谢产物的发酵，菌体浓度越高，产量越高。对次级代谢产物而言，比生长速率等于或大于临界生长速率时，也是如此。

发酵过程的菌体浓度应该控制在临界菌体浓度。临界菌体浓度是发酵罐氧传递速率和菌体摄氧速率平衡时的菌体浓度，是菌体遗传特性与发酵罐氧传递特性的综合反映。菌体浓度超过此值，产率会迅速下降。发酵过程中，控制菌体浓度是通过基质流加补料得以实现。同时控制通气量和搅拌速率，控制溶解氧量。工业生产中，根据菌体浓度决定适宜的补料量、供氧量等，以达到最佳生产水平。

（三）杂菌检测与污染控制

杂菌污染将严重影响发酵的产量和质量，甚至倒罐，防止杂菌是十分重要的工艺控制工作。显微镜观察和平板划线是检测杂菌的两种主要传统方法，显微镜检测方便快速及时，平板检测需要过夜培养，时间较长。对于经常出现的杂菌，要用鉴别培养基，进行特异性杂菌检测。对于噬菌体，还可采用分子生物技术，如 PCR、核酸杂交等方法。杂菌检测的原则是每个工序在一定时间内进行取样检测，确保下道工序无污染。

发酵罐中杂菌污染的原因复杂，主要有种子污染、发酵罐及其附件渗漏、培养基灭菌不彻底、空气携带杂菌、技术管理不善等方面。在生产中，根据实际情况和当地气候环境状况，及时总结经验教训,并采取相应的技术措施,建立标准操作规范,完善制度管理,污染是完全可以避免的。

三、发酵温度的控制

(一)温度对发酵的影响

温度对发酵的影响表现在三个方面。温度影响菌体生长,主要是对细胞酶催化活性、细胞膜的流动等的影响。高温下导致酶活性丧失,低温下则微生物生长会停止,只有在最适温度范围和最佳温度点下微生物生长最佳。温度对产物的生成和稳定性也有重要影响。温度影响药物合成代谢的方向,如金霉素链霉菌发酵四环素,30℃以下时合成的金霉素增多,35℃以上时只产四环素。温度还影响产物的稳定性,在发酵后期,蛋白质水解酶积累较多,降低温度是经常采用的可行措施。温度对发酵液的物理性质也有很大影响,直接影响下游的分离纯化效率。

由于微生物最适生长温度与最适生产温度往往不一致,一般生长阶段的温度较高,范围较大;而生产阶段的温度较低,范围较窄。因此,在生长阶段选择适宜的菌体生长温度,在生产阶段选择最适宜的产物生产温度,进行变温控制下的发酵,以期高产。

(二)发酵热

微生物发酵过程是一个放热过程,发酵温度将高于环境温度,需要通过冷却水循环实现发酵温度的控制。发酵热是产生热减去散失热,产生热包括生物热和搅拌热,散失热包括蒸发热、显热和辐射热。

生物热是菌体生长过程中直接释放到发酵罐内的热能,使发酵液温度升高。生物热与菌种、培养基和发酵阶段有密切关系。生物热与菌体的呼吸强度生长速度有对应关系,呼吸强度越大,生长越快,释放的生物热越多。不同的发酵阶段,生物热也不同。在延滞期,生物热较少;在对数生长期,生物热最多,并与细胞的生长量成正比,对数期之后又减少。对数期的生物热可作为发酵热平衡的主要依据。

搅拌热是搅拌器引起的液体之间和液体与设备之间的摩擦所产生的热量,它近似等于单位体积发酵液的消耗功率与热功当量的乘积。蒸发热是空气进入发酵罐后,引起水分蒸发所需的热能。发酵罐尾气排出时带走的热能为显热。辐射热是通过罐体辐射到大气中的部分热能。罐内外温差越大,辐射热越多。

综合测定以上几部分的热量,使发酵热与冷却热相等,可计算通入的冷却水用量和流速,从而把发酵控制在适宜的温度范围内。

四、溶解氧的控制

(一)微生物对溶解氧的需求

溶解氧(dissolved oxygen, DO)浓度是指溶解于发酵体系中的氧浓度,可以用绝对氧含量或相对饱和氧浓度表征。临界氧浓度是不影响呼吸或产物合成的最低溶解氧浓度。对于好氧发酵,发酵体系的溶解氧浓度要大于临界氧浓度,微生物才能正常生长。

发酵过程中溶解氧是不断变化的。在发酵前期,由于菌体的快速生长,溶解氧出现迅速下降,随后随着过程控制,溶解氧恢复并稳定在较高水平(图3-4)。

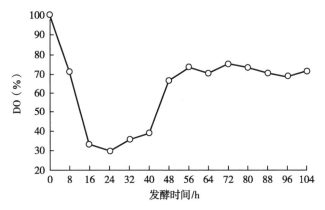

图3-4 抗生素发酵过程中溶解氧的变化

菌体吸收溶解氧的过程是耗氧过程,可用耗氧速率r_{O_2}[mmol/(L·h)]来表征,它主要取决于呼吸强度或比耗氧率Q_{O_2}[mmol/(g·h)]和菌体浓度X(g/L),可用下列式表示:

$$r_{O_2} = Q_{O_2} X$$ 式(3-2)

不同的微生物的耗氧速率是不同的,范围为25~100mmol/(L·h)。在发酵过程的不同阶段,耗氧速率也不同。在发酵前期,菌体生长繁殖旺盛,呼吸强度大,耗氧多,往往由于供氧不足,出现一个溶解氧低峰,耗氧速率同时出现一个低峰;在发酵中期,耗氧速率达到最大;发酵后期,菌体衰老自溶,耗氧减少,溶解氧浓度上升。

(二)发酵罐的供氧

供氧是指氧溶解于培养液的过程。氧是难溶于水的气体,在一个大气压25℃的纯水中,氧的溶解度为0.265mmol/L。氧从空气气泡扩散到培养液(物理传递),主要由溶解氧速率决定。氧溶解速率r_{DO}与体积传氧系数$K_L a$(h⁻¹)、氧饱和浓度C_1(mmol/L)、实测氧浓度C_2(mmol/L)的关系可用下式表示:

$$r_{DO} = \frac{dC}{dt} = K_L a (C_1 - C_2)$$ 式(3-3)

式中,r_{DO}为单位时间内培养液溶解氧浓度的变化,mmol/(L·h);K_L为分散气泡中氧传递到液相液膜的溶解氧系数或氧吸收系数,m/h;a为单位体积发酵液的传氧界面面积,气液比表面积,m²/m³。

$K_L a$与发酵罐大小、类型、鼓泡器、挡板、搅拌等有关,$K_L a$越大,设备的通气效果越好。($C_1 - C_2$)为氧分压或浓度差,是溶解氧的推动力。

(三)溶解氧控制

由于产物合成途径和细胞代谢还原力的差异,不同菌种对溶解氧浓度的需求是不同的。虽然氧浓度不足,会限制细胞生长和产物合成,但高氧浓度势必使细胞处于氧化状态,而产生活性氧的毒性。溶解氧浓度由发酵罐的供氧和微生物需氧两方面所决定,发酵过程中溶解氧速率必须大于或等于菌体耗氧速率，才能使发酵正常进行。溶解氧的控制就是使供氧与耗氧平衡，可用下式表示：

$$K_{L}a(C_1 - C_2) = Q_{O_2}X \qquad\qquad 式（3-4）$$

一方面从生化反应（包括物质代谢和能量代谢，特别关注氧化与还原力）的角度，分析菌种合成产物过程中对氧的需求程度，然后通过试验确定临界氧浓度和最适氧浓度，并采取相应措施，在发酵中维持最适氧浓度。

另一方面从反应工程角度，基于菌种和发酵产物特点，设计适宜搅拌系统，包括类型、叶片、直径、挡板及其位置等，满足菌种对供氧能力的需求。对于成型发酵罐，从式（3-4）可见，增加氧传递推动力如搅拌转速和通气速率等可直接提高溶解氧，而控制菌体浓度则是间接控制溶解氧的有效策略。

1. **增加氧推动力**　增加通气速率，加大通气流量，以维持良好的推动力，提高溶解氧。但通气太大会产生大量泡沫，影响发酵。仅增加通气量，维持原有搅拌功率，对提高溶解氧不是十分有效。通入纯氧，可增加氧分压，从而增加氧饱和浓度，但不具备工业的经济性。提高罐压，虽然能增加氧分压，但也增加了二氧化碳分压，不仅增加了动力消耗，同时影响微生物生长。增加搅拌强度，$K_{L}a$ 正比增加，则提高供氧能力，但转速很高时，不仅增加了动力消耗，而且机械剪切力使菌体损伤，特别是丝状微生物，会导致减产。对菌种进行遗传改良，使用透明颤菌的血红蛋白基因，已经在多种制药微生物中被证明，能增加菌体对低浓度氧的利用效率。

2. **控制菌体浓度**　耗氧率随菌体浓度增加而按比例增加，但氧传递速率随菌体浓度对数关系而减少。控制菌体的比生长速率处于比临界值稍高的水平，就能达到最适菌体浓度，从而维持溶解氧与耗氧的平衡。

3. **综合控制**　溶解氧的综合控制可采用反馈级联策略，把搅拌、通气、补料流加、菌体生长、pH 等多个变量联合起来，溶解氧为一级控制器，搅拌转速、空气流量等为二级控制器，实现多维一体控制。在实际工业过程，将通气与搅拌转速级联在一起，是行之有效的控制溶解氧策略。

五、发酵 pH 的控制

（一）微生物对 pH 的适应性

发酵液的 pH 为微生物生长和产物合成积累提供了一个适宜的环境，因此，pH 不当将严重影响菌体生长和产物合成。pH 对微生物的影响是广泛的，转录组研究表明，不同 pH 将引起大量基因的转录水平变化，这是一个全局性调控。从生理角度看，不同微生物的最适生长 pH 和最适生产 pH 是不同的。细菌生长适宜的 pH 偏碱性，而真菌生长适宜的 pH 偏酸性。链霉素发酵生产为中性偏碱（pH 6.8~7.3），pH 大于 7.5，合成受到抑制，产量下降。青霉素发酵生产中，pH 控制为偏酸性（pH 6.4~6.8）。可见，pH 对菌体和产物合成影响很大，维持最适 pH 已成为生产成功的关键因素之一。

发酵液的 pH 变化是菌体产酸和产碱代谢反应的综合结果,它与菌种、培养基和发酵条件有关。在发酵过程中,培养基成分利用后,往往产生有机酸,如乳酸、乙酸等积累,使 pH 下降。在林可霉素的发酵过程中,前期由于菌体快速生长和碳源的利用,出现 pH 下降低峰,随后稳定在适宜的水平(图 3-5)。

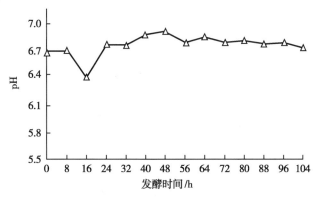

图 3-5　抗生素发酵过程中 pH 的变化

(二)发酵 pH 的控制策略

要根据试验结果来确定菌体生长最适 pH 和产物生产最适 pH,分不同阶段分别控制 pH,以达到最佳生产。在工业生产中,是以培养基为基础,直接流加酸或碱为主,同时配以补料,把 pH 控制在适宜范围内。

1. 培养基配方　在培养基配方研究和优化阶段,从碳氮比平衡的角度,就要考虑不同碳源和氮源利用的速度及其对发酵 pH 的影响。碳酸钙与细胞代谢的有机酸反应,能起到了缓冲和中和作用,一般工业发酵培养基中都含有碳酸钙,其用量要根据菌体产酸能力和种类,通过实验确定。

2. 酸碱调节　由于培养基中添加碳酸钙对 pH 的调节能力非常有限,直接补加硫酸或盐酸、氢氧化钠或氢氧化钾等酸和碱是非常有效和常用的方法。此外,可用生理酸性物质如硫酸铵和生理碱性物质氨水来控制,不仅调节了 pH,还补充了氮源。当 pH 和氮含量均低时,流加氨水;pH 较高但氮含量低时,流加硫酸铵。根据发酵 pH,确定流加的速度和浓度。

3. 补料流加　采用补料方法调节发酵 pH 是成功的,补料控制 pH 的原理在于,营养物质的供应程度影响了细胞的生长和有机酸代谢。营养物质越丰富,细胞生长和初级代谢越旺盛,有机酸积累越多,发酵 pH 降低;反之,细胞生长缓慢,生成有机酸少,发酵 pH 升高。因此,当 pH 升高时,可补料碳源糖类。在青霉素的发酵中,通过控制流加糖的速率来控制 pH。在氨基酸和抗生素发酵中,补料流加氮源控制 pH。

六、补料与发酵终点控制

(一)补料的作用

补料是补加一种或多种成分的新鲜培养基的操作过程。放料是发酵到一定时间,放出一部分培养物,又称带放。放料与补料往往同时进行,已被广泛应用于抗生素、氨基酸、维生素、激素、蛋白质类等药物的发酵工业生产中。

补料与放料是对基质和产物浓度进行控制的有效手段,补料碳源一般用速效碳源,如葡萄糖、淀粉糖化液等。补料氮源一般用有机氮源,如玉米浆、尿素等。用无机氮源补料,加氨水或$(NH_4)_2SO_4$,既可作为氮源,又能调节pH。补料磷酸盐能提高四环素、青霉素、林可霉素的产量。

补料的作用在于补充营养物质,避免高浓度基质对微生物生长的抑制作用。放料的作用在于解除产物反馈抑制和分解产物的阻遏抑制。另外,如前所述,补料还可调节培养液的pH,改善发酵液流变学性质,使微生物发酵处于适宜的环境中。

(二)发酵终点与控制

发酵终点是结束发酵的时间,应是最低成本获得最大生产能力的时间。对于分批式发酵,根据总生产周期,求得效益最大化的时间,终止发酵。

控制发酵终点,应该与发酵工艺研究相结合,计算相关的发酵参数,综合评价。如果产量增加有限,延长发酵时间使平均生产能力下降,而且增加动力消耗、管理费用支出、设备消耗等生产成本。发酵终点还应该考虑下游分离纯化工艺及末端处理的要求。残留过多营养物质不仅对分离纯化极其不利,而且会增加废水处理的难度。发酵时间太长,菌体自溶,释放出胞内蛋白酶,改变发酵液理化性质,增加分离的难度,也会引起不稳定产物的降解破坏。

临近放罐时,补料或消沫剂要慎用,其残留影响产物的分离,以允许的残量为标准。对于抗生素,放罐前16小时停止补料和消沫。

如遇到染菌、代谢异常等情况,采取相应措施,终止发酵,及时处理。

七、发酵原料药物质量控制

在发酵产物制备过程中,始终要以质量为核心,根据销售地区和产物的用途,以药典为标准,按规定的方法进行检验和质量控制。在中国境内使用,以《中国药典》(现行版)为标准;对于出口产品,以出口国或地区的药典为标准。对抗生素原料药质量制定更高标准,检测方法也发生变化,强化了组分和有关物质、溶剂残留、微量毒性杂质、晶型等控制,用专属性的HPLC取代传统的容量法和微生物检定法,用细菌内毒素代替热原检测。

(一)检查与鉴别

1. **性状** 药物的性状是指物理化学特性,包括外观、色泽、形状、嗅味、溶解度、熔点、旋光度、相对密度、干燥失重与水分、pH等。不同晶型的药物,物理性质不同,生物利用度和稳定性也不相同。对于多晶型药物,要指出特殊的晶体形态。

2. **鉴别** 鉴别是对产品进行鉴别其真伪的主要检测项目。不同药物具有不同基团,可用功能团专属性强的化学反应和薄层层析进行鉴别,也可采用红外和紫外吸收光谱、液相色谱、气相色谱等灵敏度高、重复性好的方法进行鉴别。对于抗生素原料药生产企业,根据药典标准,要以仪器分析鉴别为主,以颜色反应和薄层色谱法(thin layer chromatography,TLC)为辅。药物化学性质包括 pH、碘值、酸值、皂化值、羟值等。

3. 杂质检查 杂质检查包括一般杂质和有关物质、毒性杂质。一般杂质包括氯化物、硫酸盐、重金属、砷盐、炽灼残渣等检查，要在规定范围之内。有关物质是在生产工艺过程中带入的原料、中间体、降解物、光学异构体、聚合体、副反应产物和残留溶剂等。对于大于 0.1% 的杂质，要明确结构和来源，并严格控制限量。采用高效液相色谱梯度洗脱，对抗生素中的有关物质进行检查，结合杂质对照品、混合杂质对照品、保留时间和质谱图，对色谱图中的峰进行归属，定性定量控制杂质。对于微量高分子聚合毒性杂质，可采用凝胶色谱和高效凝胶色谱进行检查。对于微量残留溶剂，根据对人体和环境的危害程度，ICH 对 69 种有机溶剂制定了药物中的限量。要按照《中国药典》(现行版)的规定，按抗生素原料药生产工艺，严格检查步骤，进行残留溶剂检测。

（二）含量与效价测定

原料药品的含量测定是评价药品质量的主要指标之一，可用物理或化学方法测定药物含量。但对于抗生素，还可以用生物学方法测定药物的效价，以杀灭或抑制微生物的能力为标准，常用管碟法和浊度法。抗生素的生物检定是以抗生素对微生物的抗菌效力作为效价的衡量标准。

1. 管碟法测定效价 抗生素接在供试菌培养板上，它会向周围扩散，浓度逐渐降低。在最低抑制浓度以上的范围内，供试菌被抑制，不能生长，形成抑菌圈。抗生素浓度的对数值与抑菌圈直径的平方呈线性关系，从而计算出效价。该方法受到多种因素的影响，误差较大，不适合于多组分抗生素效价测定。

2. 浊度法测定效价 在液体供试菌培养液中，加入抗生素，抑制其生长。在 530nm 或 580nm 波长处测定培养物的吸光度，计算效价，与标准品的效价进行比较。供试菌种有金黄色葡萄球菌、大肠杆菌、白念珠菌等，用甲醛杀死试验细菌，作为空白对照。原料药效价测定一般需双份样品，平行测定。浊度法因在液体中进行，所以不受扩散因素的影响，因此不会像管碟法那样易受如钢圈的放置、向钢圈内滴液的速度、液面的高低、菌层厚薄等种种因素影响抗生素在琼脂表面扩散，而造成结果的差异或试验的失败，也就是说不受一切扩散因素的影响。同时，浊度法的优点是：①测定时间短，培养 3~4 小时就可测定，而管碟法需要 16~24 小时；②误差小，可自动化进行，易于规范化操作。

3. 组分控制 抗生素发酵产物往往是多组分，不同组分具有不同生物活性和毒性作用，要保证多组分抗生素产品要恒定比例，严格控制多组分中的小组分和无效组分。采用微生物检定法测定效价，不能反映组分比例的变化。因此要采用 HPLC 分析，确定各组分的含量，进行质量控制。如红霉素产品中，红霉素 A 组分不得少于 88.0%，红霉素 B 和红霉素 C 均不得超过 5%。在硫酸庆大霉素产品中，小组分占 20% 以上，要控制 C 组分的含量，对小诺霉素、西索米星及其他未知组分均需要控制。

（三）其他项目检测

其他检测项目包括内毒素检测、降压物质试验、无菌试验等，按照药典标准进行控制。

ER3-2　目标测试题

（赵广荣）

参考文献

[1] 赵临襄,赵广荣.制药工艺学.北京:人民卫生出版社,2015.

ER4-1 发酵动力学和发酵工艺计算（课件）

第四章 发酵动力学和发酵工艺计算

第一节 微生物细胞反应动力学模型

一、概述

（一）微生物细胞反应动力学的特点

微生物细胞反应动力学模型是指通过对细胞生长、底物消耗和产物生成过程的定量分析，建立反应过程速率与各种影响因素之间关系的数学模型，主要包括底物消耗动力学模型、细胞生长动力学模型和产物合成动力学模型。

微生物种类繁多，不同细胞具有不同的结构、组成、培养条件、代谢机制、反应介质和合成产物。同时，反应过程中，不仅细胞本身在生长，胞内外各种成分（如培养基、代谢产物、大中小分子）的含量也随着细胞分裂、生长、变异和衰亡等过程不断变化。另外，反应系统中细胞组成复杂的群体，细胞与细胞间存有差异。反应体系为气相、液相和固相组成的多相体系，且各相间存在复杂的传递现象。细胞反应体系这种非线性的复杂特征使得反应过程不能用简单的化学动力学模型描述，导致过程的优化与控制较为困难。

（二）细胞反应速率的定义

细胞既是生物催化剂，也是生长过程的产物，因此，细胞生长过程被认为是一种自催化化学反应。其特性表现为：在培养液的营养成分不限制细胞生长速率时，若培养液中细胞密度越高，则细胞反应速率越大。这种动力学特性是微生物发酵和生物反应器设计的基本依据之一。

细胞 X 催化关键底物 S 生成目标产物 P 的反应过程可表示为：

$$S \xrightarrow{\text{X}} P \qquad\qquad 式（4-1）$$

通常，细胞反应速率用体积速率和比速率两个指标表示。体积速率是指单位时间、单位培养液或反应器有效体积下的组分生成或消耗速率。设培养液的体积为 V_R，假定细胞生物质在溶液中为溶质，其浓度为[X]。对于细胞培养过程，细胞生长的体积速率 r_X、底物的体积消耗速率 r_S，产物的体积生成速率 r_P 分别按照以下公式计算：

$$r_X = \frac{1}{V_R} \times \frac{d([X]V_R)}{dt}, \quad r_S = -\frac{1}{V_R} \times \frac{d([S]V_R)}{dt}, \quad r_P = \frac{1}{V_R} \times \frac{d([P]V_R)}{dt} \qquad 式（4-2）$$

当培养液体积在反应过程中保持不变时，上述速率可分别表示为：

$$r_X = \frac{d[X]}{dt}, \quad r_S = -\frac{d[S]}{dt}, \quad r_P = \frac{d[P]}{dt} \qquad 式(4\text{-}3)$$

比速率是指单位时间、单位细胞质量下的组分生成或消耗速率,它在细胞反应动力学中的作用相当于酶反应动力学中的酶活性,即细胞的生理特性。因此,细胞生长的比速率 μ、底物消耗的比速率 q_S 和产物生成的比速率 q_P 在一般情况下可表示为:

$$\mu = \frac{1}{[X]V_R} \times \frac{d([X]V_R)}{dt}, \quad q_S = -\frac{1}{[X]V_R} \times \frac{d([S]V_R)}{dt}, \quad q_P = \frac{1}{[X]V_R} \times \frac{d([P]V_R)}{dt}$$

$$式(4\text{-}4)$$

当培养液体积不变时,式(4-4)可表示为:

$$\mu = \frac{1}{[X]} \times \frac{d[X]}{dt}, \quad q_S = -\frac{1}{[X]} \times \frac{d[S]}{dt}, \quad q_P = \frac{1}{[X]} \times \frac{d[P]}{dt} \qquad 式(4\text{-}5)$$

因此,比速率与体积速率之间具有以下关系:

$$r_X = \mu[X], \quad r_S = q_S[X], \quad r_P = q_P[X] \qquad 式(4\text{-}6)$$

工业生产中,细胞的最大比生长速率 μ_{max} 有很大意义。μ_{max} 随着微生物种类和培养条件的不同而不同,通常为 $0.09 \sim 0.64 h^{-1}$。一般来说,细菌的 μ_{max} 大于真菌。对于同一细菌,培养温度升高,μ_{max} 增大。营养物质改变,μ_{max} 也随之变化。通常容易被利用的营养物质,其 μ_{max} 较大,随着营养物质碳链的加长,μ_{max} 则逐渐变小。

二、底物消耗动力学模型

细胞消耗底物主要用于细胞生长、生理维持和产物合成,对于不同时期的细胞,其作用不完全相同。对于细胞生长,底物消耗主要用于合成新细胞物质。生理维持是与细胞物质净合成无关的一类细胞反应,包括细胞的运动、跨膜浓度和电势梯度的维持、无效循环、大分子周转等,此时,底物的主要作用是生成 ATP 以提供维持能。对于产物合成,底物在细胞内合成产物的模式与产物合成是否与能量代谢相偶联有关。

如果产物合成以产能途径进行(如底物的磷酸化),此时,底物主要用于细胞生长和生理维持,无单独底物进入细胞内用于产物合成[见图 4-1(a)]。此时,底物消耗的体积速率可表示为:

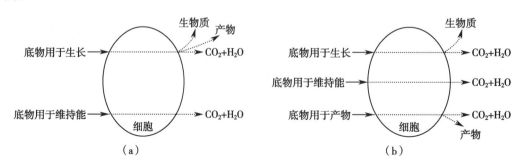

图 4-1　底物消耗与产物生成关系示意图

注:(a)底物消耗用于细胞生长和生理维持;(b)底物消耗用于细胞生长、生理维持和产物合成。

$$r_S = \frac{r_X}{Y_{XS}^m} + m_S[X] \qquad\qquad 式(4-7)$$

此外,对无胞外产物生成的细胞反应,如生产单细胞蛋白,其底物消耗动力学亦可用式(4-7)表示。

如果产物合成(如多糖、胞外酶和抗生素等)不与或仅部分与能量代谢相联系,则底物全部或部分以单独物流进入细胞内,主要用于细胞生长、产物合成和生理维持[见图4-1(b)]。此时,底物消耗的体积速率可表示为:

$$r_S = \frac{r_X}{Y_{XS}^m} + \frac{r_P}{Y_{PS}^m} + m_S[X] \qquad\qquad 式(4-8)$$

式(4-7)和式(4-8)中,Y_{XS}^m为细胞对底物的理论得率系数(也称最大细胞得率系数),表示在没有其他过程与细胞生长过程竞争消耗底物的条件下的细胞得率。同样,Y_{PS}^m为产物对底物的理论得率系数。m_S为维持系数[g底物/(g细胞·h)],表示维持过程底物消耗的比速率,它的大小与环境条件和细胞生长速率有关。对于微生物,m_S的范围为0.01~4h^{-1}。m_S的值越小,表示细胞的能量代谢效率越高。

三、细胞生长动力学模型

根据细胞生长过程的特点建立其生长动力学模型时,必须合理简化。简化程度取决于建立模型的目的和对细胞生长过程的了解程度,一般常从细胞水平和群体水平两方面进行。若从细胞水平(胞内的组成和结构)分析,可分为非结构模型与结构模型两类;若从细胞群体水平分析,可分为非分离模型和分离模型两类,具体介绍见数字资源ER4-2。

ER4-2 细胞生长动力学模型分类(文档)

根据不同目的,可选择不同的动力学模型。如果仅是模拟生长过程中细胞物质的总量或浓度随时间的变化,可采用相对简单的非结构模型;如果是模拟细胞内部的生长动态特性,则应选择结构模型;如果不考虑细胞个体之间差异对反应产生的影响,而将细胞群体视为完全均一的生物相,则应采用非分离模型;如果是研究不同细胞群体分布对细胞生长动力学的影响,则应选择分离模型。

基于上述模型的建模原理,可分别建立非结构非分离模型、非结构分离模型、结构非分离模型和结构分离模型(图4-2)。一般情况下,微生物细胞生长常采用非结构非分离模型模拟。其中,最为常见的是Monod方程。

依据细胞生长是否受底物、产物及其他培养基成分的抑制,细胞生长动力学模型可分为无抑制的细胞生长动力学模型与有抑制的细胞生长动力学模型两类。

(一)无抑制的细胞生长动力学模型

1. Monod方程 1942年,Monod在研究大肠杆菌在不同葡萄糖浓度下的生长速率时得到的方程。它属于非结构非分离模型,是表示细胞比生长速率(μ)与底物浓度[S]之间关系的最简单、应用最广泛的模型,适用于细胞生长较慢和细胞密度较低的条件。

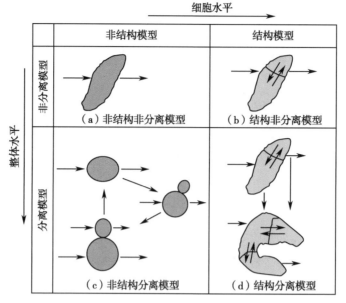

图 4-2 细胞生长动力学模型分类示意图

该模型的基本假设为：①细胞生长为典型的均衡生长，因此，可用细胞浓度的变化描述细胞的生长；②培养基中只有一种底物是细胞生长的限制性底物，其余组分均过量且它们的变化不影响细胞的生长；③细胞的生长视为单一反应过程，且细胞得率系数为常数。

当培养体系中温度和 pH 恒定时，细胞比生长速率（μ）随培养基组分浓度变化而变化。若针对某一特定培养基组分的浓度[S]，则 μ 与[S]之间的关系符合 Monod 方程（式 4-9），即

$$\mu = \mu_{max} \frac{[S]}{K_S + [S]} \qquad \text{式（4-9）}$$

式中，μ_{max} 为最大比生长速率，h^{-1}；K_S 为半饱和常数，其值等于比生长速率为最大比生长速率一半时的限制性底物的浓度，g/L；[S]为限制性底物浓度，g/L。

根据 Monod 方程，比生长速率 μ 和限制性底物浓度[S]的关系如图 4-3 所示。

从形式上，Monod 方程与酶动力学米氏方程（Michaelis-Menten equation）一致，但微生物细胞生长是细胞群体生命活动的综合表现，机理更为复杂，故很难像酶催化体系中米氏常数 K_m 一样明确 Monod 方程中参数 K_S 的确切含义。

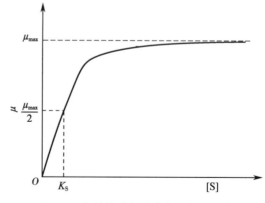

图 4-3 细胞比生长速率与限制性底物浓度之间的关系

此时，对应的底物消耗速率方程为：

$$q_S = q_{S,max} \frac{[S]}{K_S + [S]} \qquad \text{式（4-10）}$$

当[S]$\ll K_S$，细胞比生长速率与底物浓度符合一级动力学关系[式（4-11）]。随着限制性

底物浓度的增加，细胞的比生长速率增大。

$$\mu = \mu_{max} \frac{[S]}{K_S}$$ 式（4-11）

当$[S] \gg K_S$时，细胞比生长速率与底物浓度符合零级动力学关系，即限制性底物浓度的提高，细胞比生长速率基本保持不变，μ等于μ_{max}。

Monod方程中的参数μ_{max}可视为细胞在底物过量时的比生长速率，它的大小反映菌体在不同基质下的生长效率，可用于不同基质之间的比较，与微生物种类和环境条件有关。K_S是细胞对限制性底物亲和性的一种度量，K_S值越小，细胞越能有效地在低浓度限制性底物条件下快速生长。K_S值的大小与微生物的种类和底物的类型有关。

ER4-3 细胞比生长速率与限制性底物浓度之间的关系（文档）

Monod方程在理论上占有重要地位，但所描述的生长过程仅为底物转化为细胞物质的简单反应。事实上，不同情况下细胞生长与限制性底物消耗之间具有复杂的关系（具体介绍见数字资源ER4-3），应用时必须结合具体条件。

2. 其他的非结构模型　某些条件下Monod方程已不适用。因此，研究者又陆续提出了其他的非结构模型。

对于初始底物浓度过高而造成细胞生长过快的反应，可采用：

$$\mu = \mu_{max} \frac{[S]}{K_S + K_{S_0}[S_0] + [S]}$$ 式（4-12）

式中，$[S_0]$为底物初始浓度，g/L；K_{S_0}为无量纲初始饱和常数。此外，还有以下方程。

Tessier方程：　　　　　$$\mu = \mu_{max}(1 - e^{-K[S]})$$ 式（4-13）

Contois方程：　　　　　$$\mu = \mu_{max} \frac{[S]}{K_S[X] + [S]}$$ 式（4-14）

Moser方程：　　　　　$$\mu = \mu_{max} \frac{[S]^n}{K_S + [S]^n}$$ 式（4-15）

Logistic方程：　　　　$$\mu = \mu_{max} \left(1 - \frac{[X]}{[X_{max}]}\right)[X]$$ 式（4-16）

Blackman方程：当$[S] \gg 2K_S$时，$\mu = \mu_{max}$；当$[S] \ll 2K_S$时，$\mu = \mu_{max} \frac{[S]}{2K_S}$。其中，Tessier方程被认为是一个纯经验性的方程，有两个动力学参数（μ_{max}, K）。Contois方程适用于高细胞密度时的细胞生长，当$[X]$增大时，导致底物进入细胞的速率下降，细胞的μ值减小。Moser方程是描述细胞生长的常用方程，有3个参数（μ_{max}, K_S, n），其中，n为调节性参数，表示高反应级数的底物消耗，当$n=1$，即变为Monod方程。Logistic方程是描述细胞生长常用的方程，$[X_{max}]$为最大细胞浓度，它综合反映了细胞浓度、营养物匮乏以及有毒代谢物积累等因素对细胞生长速率的负面影响。Blackman方程则反映了除底物外，可能还存在其他的限制性因素。在实际数据拟合时，Blackman方程有时要比Monod方程更好，但不连续性限制了其应用。根据上述方程可以看出，细胞比生长速率随底物浓度下降而下降，有的还与细胞浓度呈反比。

上述动力学模型主要用于细菌、酵母等单细胞微生物在液体培养时的生长模拟。对于丝状微生物，如霉菌和放线菌，由于液体深层培养时形成球形的菌丝团，其生长动力学则有很大的不同，具体介绍见数字资源ER4-4。

ER4-4 丝状微生物的生长模型（文档）

（二）有抑制的细胞生长动力学模型

当培养液中底物或产物浓度过高，或存在抑制性的底物或代谢产物时，细胞的生长都会受到抑制。这些抑制作用或改变细胞中酶的活性，或影响酶的合成，或使细胞中的酶发生聚集和解离。因此，细胞生长的抑制模式常沿用酶的抑制模式和速率表达式。以下重点介绍底物抑制和产物抑制的细胞生长动力学模型。

1. 底物抑制的细胞生长动力学模型 当培养基中某种底物浓度高到一定程度后，细胞的比生长速率会出现随着底物浓度升高反而下降的现象，即底物抑制作用。如果将底物对细胞生长的抑制表示成与酶的抑制类似的速率方程，则有符合反竞争性抑制、非竞争性抑制和竞争性抑制的生长速率方程。最常用的底物抑制的模型是Andrews参照酶的抑制模式，根据连续培养中底物的抑制情况提出的反竞争性底物抑制模型，其生长速率方程为：

$$\mu = \mu_{max} \frac{1}{1 + K_S/[S] + [S]/K_{IS}}$$ 式（4-17）

式中，K_S为半饱和常数；K_{IS}为底物抑制常数，g/L，表示抑制程度，K_{IS}越小，抑制作用越大。

由图4-4可知，当底物浓度较低时，细胞比生长速率随着底物浓度的增大而增大，并达到最大比生长速率；继续增加底物浓度，比生长速率反而下降。

当$[S] \gg K_S$时，式（4-17）可变为：

$$\frac{1}{\mu} = \frac{1}{\mu_{max}} + \frac{1}{\mu_{max} K_{IS}}[S]$$ 式（4-18）

由该式可求得K_{IS}值。

非竞争性底物抑制模式下的生长速率方程为：

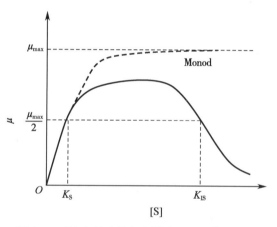

图4-4 反竞争性底物抑制模式下的μ-[S]曲线

$$\mu = \mu_{max} \frac{[S]}{K_S + [S]} \times \frac{K_{IS}}{K_{IS} + [S]}$$ 式（4-19）

竞争性底物抑制模式下的生长速率方程为：

$$\mu = \mu_{max} \frac{[S]}{K_S(1 + [S]/K_{IS}) + [S]}$$ 式（4-20）

此外，还有一些经验方程，如：

Aiba方程： $$\mu = \mu_{max} \frac{[S]}{K_S + [S]} \exp\left(-\frac{[S]}{K_{IS}}\right)$$ 式（4-21）

Teissier 方程：
$$\mu = \mu_{\max} \left[\exp\left(-\frac{[S]}{K_{IS}} \right) - \exp\left(-\frac{[S]}{K_S} \right) \right] \qquad 式（4-22）$$

上述各式中，K_S 为半饱和常数，K_{IS} 为底物抑制常数。

2. 产物抑制的细胞生长动力学模型　细胞生长过程中，某些代谢产物浓度较高时会抑制细胞的生长和代谢能力。如酵母在厌氧环境下产生的乙醇积累到一定浓度后（一般为 5% 以上）会抑制菌体的生长，乳酸菌产生的乳酸会抑制菌体的生长。对于产物抑制，同样可沿用酶的抑制模式和速率表达式。产物抑制动力学通常分为竞争性或非竞争性的模式，如酵母发酵葡萄糖生产乙醇时，乙醇对酵母生长的抑制即为非竞争性的产物抑制。

对于竞争性产物抑制，生长速率方程为：
$$\mu = \mu_{\max} \frac{[S]}{K_S(1+[P]/K_{IP})+[S]} \qquad 式（4-23）$$

对于非竞争性产物抑制，生长速率方程为：
$$\mu = \mu_{\max} \frac{[S]}{K_S+[S]} \times \frac{K_{IP}}{K_{IP}+[S]} \qquad 式（4-24）$$

当抑制机理未知时，亦可采用经验模型。典型的经验模型主要有：

Aiba 方程：$\mu = \mu_{\max} \dfrac{[S]}{K_S+[S]} \exp\left(-\dfrac{[P]}{K_{IP}} \right) \qquad 式（4-25）$

Levenspiel 方程：$\mu = \mu_{\max} \dfrac{[S]}{K_S+[S]} \exp\left(1-\dfrac{[P]}{[P_{\max}]} \right)^n \qquad 式（4-26）$

Hinshelwood 方程：$\mu = \mu_{\max} \dfrac{[S]}{K_S+[S]} (1-k[P]) \qquad 式（4-27）$

上式中，$[P]$ 为产物浓度，g/L；$[P_{\max}]$ 为细胞生长停止时的最大产物浓度；K_S 是半饱和常数；K_{IP} 为产物抑制常数，g/L；k 为动力学常数；n 为毒性指数。

四、产物合成动力学模型

根据产物合成和细胞生长的关系，产物合成动力学模型可分为生长偶联型、生长部分偶联型和非生长偶联型三种。

由图 4-5 可知：①对于生长偶联型，菌体生长与产物合成的变化趋势相同，两种过程同步进行。这类代谢产物一般为初级代谢产物，如醇类、乙酸、丙酮、乳酸、葡萄糖酸及其他厌氧发酵产物。②对于生长部分偶联型，菌体生长和产物合成过程部分关联。菌体生长初期产物少量生成，进入对数中后期后，产物大量合成，并在稳定期出现高峰。这类代谢产物通常是在能源代谢过程中间接生成的，代谢途径较为复杂，如柠檬酸、氨基酸及其相关产物。③对于非生长偶联型，细胞生长与产物生产分成两个独立的阶段，基本不相干。菌体先开始生长，此时几乎没有或很少有产物生成，然后进入菌体生长稳定期，产物开始大量合成，并出现高峰。

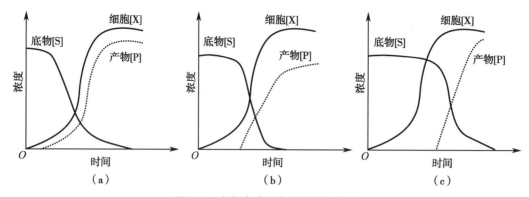

图 4-5 产物合成动力学模型示意图

注:(a)生长偶联型;(b)生长部分偶联型;(c)非生长偶联型。

这类代谢产物一般为次级代谢产物,如抗生素、生物碱、毒素、酶、维生素、多糖等次级代谢产物。

如果用 Luedeking-Piret 方程表示产物合成速率,则有:

$$\frac{d[P]}{dt} = \alpha \frac{d[X]}{dt} + \beta[X] = (\alpha\mu + \beta)[X] \qquad \text{式}(4\text{-}28)$$

或

$$q_P = \alpha\mu + \beta \qquad \text{式}(4\text{-}29)$$

式中,α 与 β 均为模型常数。

对于生长偶联型,$\alpha \neq 0$,$\beta = 0$。此时,产物的合成速率与细胞的生长速率可表示为:

$$\frac{d[P]}{dt} = \alpha \frac{d[X]}{dt} \qquad \text{式}(4\text{-}30)$$

对于生长部分偶联型,$\alpha \neq 0$,$\beta \neq 0$。此时,产物的合成速率与细胞的生长速率可用 Luedeking-Piret 方程表示,即:

$$\frac{d[P]}{dt} = \alpha \frac{d[X]}{dt} + \beta[X] \qquad \text{式}(4\text{-}31)$$

对于非生长偶联型,$\alpha = 0$,$\beta \neq 0$。此时,产物的合成速率与细胞的生长速率可表示为:

$$\frac{d[P]}{dt} = \beta[X] \qquad \text{式}(4\text{-}32)$$

除上述三种主要模型外,研究者还提出了其他形式的产物合成动力学模型,如下。

q_p 与 μ 为负相关模型:

$$\frac{d[P]}{dt} = (q_{P,max} - Y_{PX}\mu)[X] \qquad \text{式}(4\text{-}33)$$

当产物存在分解时,则有:

$$\frac{d[P]}{dt} = q_P[X] - K_P[P] \qquad \text{式}(4\text{-}34)$$

二次函数模型:

$$q_P = A\mu^2 + B\mu + C \qquad\qquad 式(4-35)$$

式中,A、B、C为常数。该式已用于酶和氨基酸的合成模拟。需要指出的是,在上述各q_P关系式中,α等同于Y_{PX}、β为经验参数。

第二节　批式发酵过程动力学

一、分批发酵过程动力学

(一)分批发酵操作方式

分批发酵又称间歇式发酵或不连续式发酵,也称原位发酵,是指培养液一次性装入发酵罐,灭菌消毒后接入一定量的种子液,在最佳条件下进行发酵培养。经过一段时间,完成菌体的生长和产物的合成后,取出全部培养物,结束发酵培养。然后清洗发酵罐、装料、灭菌后再进行下一轮分批操作。

典型分批发酵的具体操作如下:首先,种子罐用高压蒸汽进行空罐灭菌,灭菌后通入无菌空气维持罐压至一定值,而后投入已灭菌的培养基和摇瓶培养好的种子液。待种子培养达到一定菌体量时,泵入发酵罐进行发酵培养(对于大型发酵罐,一般不在罐内对培养基灭菌,而是利用专门的灭菌装置对培养基进行灭菌后再泵入发酵罐)。发酵过程中要控制温度和pH,对于好氧发酵还要进行搅拌和通气。发酵结束后进行放罐,并将发酵液送往提取和精制工段进行处理。最后,对发酵罐进行清洗,然后转入下一批次的生产。

分批发酵操作简单,发酵周期短,投资较少。反应器多为通用性较强的机械搅拌罐式反应器,因此,同一台设备可进行多品种的生产,也适用于多品种小批量的生产情况。对原料组成的要求较粗放。染菌机会少,且污染后容易终止操作。菌种退化率小,生产过程和产品质量容易掌握。因此,分批发酵在工业生产中占有重要地位。

分批发酵过程中无培养基加入和产物输出,发酵体系组成(基质、产物及细胞浓度)和微生物所处的环境随时间不断变化,整个发酵过程处于非衡态。发酵初期基质浓度很高,不适用于基质敏感的产物(如抗生素)。发酵中后期,细胞浓度和产物浓度逐步上升,其中一些有抑制作用的代谢副产物的积累不利于菌体生长和产物合成。此外,分批发酵的辅助操作时间(装料、灭菌、卸料、清洗)较长,生产效率较低。

(二)分批发酵中微生物的生长动力学模型

分批培养时,微生物生长一般经历延迟期(延滞期)、指数期(对数期)、减速期、平衡期(稳定期或静止期)和死亡期(衰亡期)五个阶段(图4-6)。下面对这5个阶段的生长动力学模型进行介绍。

1. 细胞生长指数期与减速期的动力学模型

(1)指数期的动力学模型:指数期时培养基中的营养物质较充分,没有抑制生长的代

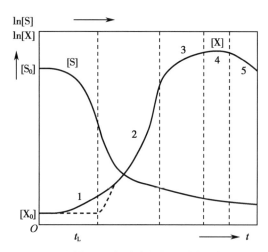

图 4-6　分批发酵中微生物各个生长时期菌体
浓度随时间的变化关系

注：1.延迟期，$t_L=$延迟时间，$\mu=0$；2.指数期，
$\mu=\mu_{max}$；3.减速期，$\mu=f(S)$；4.平衡期，$\mu=-k$（k为
比死亡速率）；5.死亡期，$k>0$。

谢物产生，细胞生长速率不受限制，细胞内各组分按比例增加，呈均衡生长状态，此时，细胞比生长速率 μ 可用 Monod 方程模拟，即 $\mu\approx\mu_{max}$。

若用细胞干重表示细胞密度，则指数期的细胞生长速率可表示为：

$$r_X=\frac{d[X]}{dt}=\mu_{max}[X]$$

式（4-36）

假定指数开始时间为 t_1，相应的细胞密度为 $[X_1]$，则指数生长期细胞浓度与时间的关系为：

$$[X]=[X_1]\exp[\mu_{max}(t-t_1)]$$

式（4-37）

或

$$\ln\frac{[X]}{[X_1]}=\mu_{max}(t-t_1)$$

式（4-38）

由上式可知，指数期细胞浓度增加一倍所需的时间，即细胞的平均传代时间或倍增时间 t_d 为：

$$t_d=\frac{\ln 2}{\mu_{max}}=\frac{0.693}{\mu_{max}}$$

式（4-39）

t_d 值因细胞种类而异。细菌为 0.25~1 小时，酵母为 2~4 小时，霉菌为 2~6.9 小时，哺乳动物细胞为 15~100 小时，植物细胞为 24~74 小时。

（2）减速期的动力学模型：减速期内细胞比生长速率受到底物限制，或受到产物抑制，此时，$\mu<\mu_{max}$。

需要特别说明的是，依据分批培养过程中细胞生长的实际情况，指数期与减速期的细胞生长动力学常采用 Monod 方程或其修正方程（如 Tessier 方程、Contois 方程、Moser 方程和 Logistic 方程）进行模拟。

2. 细胞生长延迟期、平衡期和死亡期的动力学模型

（1）延迟期的动力学模型：经过扩展，Monod 方程可用于建立细胞生长延迟期的动力学模型。当生长过程出现异常的延迟期时，简单的生长动力学 $\mu(S)$ 可扩展为 $\mu(S,t)$。此时，细胞浓度与时间的关系可定量表示为：

$$\mu(S,t)=\mu_{max}\frac{[S]}{K_S+[S]}(1-e^{-t/t_L})$$

式（4-40）

式中，t_L 可根据图 4-6 中菌体浓度随时间的变化关系确定得出。

（2）平衡期的动力学模型：微生物生长的指数或对数定律，即$r_X=\mu_{max}[X]$，经改进后可用于平衡期。改进后的形式为：

$$r_X = \frac{d[X]}{dt} = \alpha[X]\left(1 - \frac{[X]}{\beta}\right) \qquad 式（4-41）$$

式中，α和β为经验常数。

取$\alpha=\mu_{max}$和$\beta=[S_{max}]$，Motta将此方程应用于连续生长培养物的定量研究。尽管这一改进可以成功地拟合细胞生长曲线，但缺点是比生长速率和底物浓度没有明显的关系。不过，对于微生物生长停止时才出现产物形成的情况（如抗生素生产过程），式（4-41）具有较好的适用性。

（3）死亡期的动力学模型：随着培养时间的延长，活细胞由于内源代谢逐渐丧失而变为死细胞，死亡机会将逐渐增加。在Monod方程中引入比死亡速率$k（h^{-1}）$，可用于描述微生物死亡过程。k由下式定义：

$$k = -\frac{1}{[X]} \times \frac{d[X]}{dt} \qquad 式（4-42）$$

此时，细胞的生长速率可表示为：

$$r_X = (\mu-k)[X] \qquad 式（4-43）$$

使用双倒数作图法，若已知k值，可按下式（4-44）作图，求出正确的μ_{max}和K_S，式（4-44）为：

$$\frac{1}{\mu+k} = \frac{K_S}{\mu_{max}} \times \frac{1}{[S]} + \frac{1}{\mu_{max}} \qquad 式（4-44）$$

（三）分批发酵中底物消耗与产物合成动力学模型

分批发酵时，底物消耗动力学应首先考虑是否有产物合成。对于无产物合成的细胞反应，其底物消耗动力学可用式（4-7）来表示。对于有产物合成的细胞反应，根据产物合成是否与能量代谢过程偶联选择合适的模型，如是，则可用式（4-7）来表示；若否，则可用式（4-8）来描述。产物合成动力学通常采用Luedeking-Piret方程［式（4-28）］模拟。需要指出的是，上述有关底物消耗动力学的讨论都是建立在单一的限制性底物基础上。但对于实际的细胞反应过程，存在多种不同底物的情况，此时底物的消耗和转化机理，可表现为同时消耗、依次消耗和交叉消耗等多种情况，相应的动力学模型变得十分复杂，此处不进行介绍。

二、补料分批发酵动力学

（一）补料分批发酵操作方式

补料分批发酵又称流加式操作，是指在分批操作的基础上，间歇或连续地补加新鲜培养基，但不从发酵罐中间歇或连续取出培养液的操作方式。其特点是补加的营养物质与细胞消耗的营养物相等，随着时间推移，菌体的生物量增加但浓度保持不变，因此。整个发酵过程处于准恒定状态。

补料分批发酵避免了分批发酵中因一次性投料浓度过高造成细胞大量生长所引起的不良影响（如增大发酵液黏度、加剧供氧矛盾等）。维持较低的基质浓度，有利于解除快速利用基质造成的阻遏效应。避免中间有毒代谢物的积累。可在微生物生长期和产物合成期分别提供不同质和量的养分，有利于生长和生产分别保持适宜水平，延长产物合成周期，从而提高产量。尤其是对于非生长偶联型产物（如抗生素等次级代谢产物）的合成，效果明显。菌种染菌、老化、变异的概率相对较低。操作灵活，为自动控制和最优控制提供实验基础。目前，补料分批发酵已成功应用于甘油、有机酸、维生素、氨基酸、抗生素、核苷酸、酶及生长激素等产品的生产。

根据控制方式，补料分批发酵可分为无反馈控制和反馈控制。其中，无反馈控制是指定流量和定时间的补料。反馈控制是根据反应体系中限制性物质的浓度补料。此外，根据所补物料的成分，可分为单一组分（如简单的碳源、氮源、前体、酸碱物质等）和多组分补料。根据补料时间，可分为连续、不连续和多周期补料。根据补料速率，可分为快速、恒速、指数和变速补料。根据补料体积，可分为变体积和恒体积补料。根据反应器数目，可分为单级和多级补料。

（二）补料分批发酵的动力学计算

补料分批发酵是在分批发酵过程中加入新鲜的料液，整个发酵过程只有料液的输入，没有料液的流出，因此，发酵体积不断增加。假定[S_0]为开始时培养基中限制性营养物质的浓度，F为培养基的流速，V为培养基体积，F/V为稀释率[用D表示（h^{-1}）]，刚接种时培养液中的微生物细胞浓度为[X_0]。那么，某一瞬间培养液中微生物细胞浓度[X]表示为：

$$[X] = [X_0] + Y_{XS}([S_0] - [S]) \qquad 式（4-45）$$

由式（4-45）可知，当[S]=0时，微生物细胞的最终浓度为[X_{max}]，假如[X_{max}]$\gg$[X_0]，则：

$$[X_{max}] = Y_{XS}[S_0] \qquad 式（4-46）$$

如果在[X]=[X_0]时，以恒定的速率补加培养基，这时，稀释率D小于μ_{max}。随着补料的进行，发酵过程中所有限制性营养物质都很快被消耗掉，此时：

$$F[S_F] = \mu \frac{X}{Y_{XS}} \qquad 式（4-47）$$

式中，F为补料的培养基流速，L/h；[S_F]为补料的培养基浓度，g/L；X为培养液中微生物细胞的总量，X=[X]V，g；V为时间t时刻培养基的体积，L。

由方程（4-47）可知，补加的营养物质与细胞消耗掉的营养物质相等，因此，$\frac{d[S]}{dt} \approx 0$。随着时间延长，培养液中微生物细胞量增加，但细胞浓度却保持不变，即$\frac{d[X]}{dt} \approx 0$，因此，$\mu \approx D$。这种$\frac{d[S]}{dt} \approx 0$、$\frac{d[X]}{dt} \approx 0$、$\mu \approx D$时微生物细胞的培养状态称之为"准恒定状态"。

对式（4-47）进行积分，可得流加时间t时反应器内的细胞总量：

$$X = X_0 + FY_{XS}[S_F]t \qquad \text{式(4-48)}$$

对于底物浓度，由 $\mu=D$，根据 Monod 方程，则有：

$$[S] = \frac{DK_S}{\mu_{max}-D} \qquad \text{式(4-49)}$$

由于 D 随着流加时间的延长一直减小，因此 $[S]$ 一直减小，直至趋近于 0。

对于产物浓度，可用类似式(4-47)方法推导得出，即：

$$\frac{d([P]V_R)}{dt} = FY_{PS}[S_F] \qquad \text{式(4-50)}$$

ER4-5 pH 控制模式下短促生乳杆菌产生 γ-氨基丁酸的分批发酵动力学模型（文档）

因此，当 Y_{PS} 为定值时，产物的总量随时间的延长线性增加。

【例 4-1】 以 pH 控制模式下短促生乳杆菌产生 γ- 氨基丁酸的分批发酵动力学模型为例，进行具体介绍，相关内容见数字资源 ER4-5。

第三节　发酵工艺计算

一、物料衡算

（一）物料衡算的概述

物料衡算是指根据所设计项目的指标（如年产量），对全过程或单元操作或设备的物料进出情况进行定量计算，得到原料和辅助材料的用量和单耗指标（生产 1kg 或 1t 产品所需要消耗的原料）、产品和副产品的产量、输出过程中的物料损耗量以及"三废"生成量等。因此，物料衡算是车间工艺设计中最基础的内容之一。为保证物料衡算客观地反映出生产实际状况，一方面，需要全面深入地了解生产过程；另一方面，因为研究中需要对气体、液体和固体混合物中的各种化学成分进行定性和定量的分析，故还需要一套系统而严密的分析和求解方法。

物料衡算有两个基本要素，即计算对象和计算范围。按计算的对象，可分为总物料衡算和某组分物料衡算。例如，假如加入系统的物质有 a、b、c……，而出系统的物质为 Ⅰ、Ⅱ、Ⅲ……，则物料总衡算可用图 4-7(a)表示。假如这些物质中均含有组分 A，则对 A 组分的物料衡算可用图 4-7(b)表示。一般说来，总物料衡算较简单，某组分的物料衡算较复杂，需要将组分含量进行分析并表示出来。

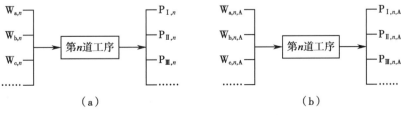

图 4-7　物料衡算计算对象的示意图

按计算范围,可分为全厂、全车间、全工段、某工序或某设备的物料衡算。计算时应先明确计算范围。

由图4-8可知,如果对整个系统进行物料衡算,即按I_a、I_b、I_c、I_d边界线范围进行,则该系统的物料平衡式为:

$$进料(F_1+F_2)=出料(p+v+w) \qquad 式(4-51)$$

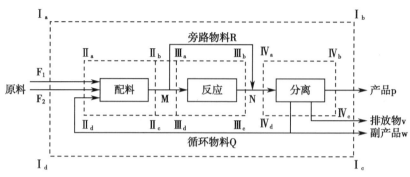

图4-8 物料衡算计算范围的示意图

为了求得系统内各设备单元间的物料流量,需要将有关单元分割出来作为衡算系统。例如,按边界III_a、III_b、III_c、III_d划分出来,其物料平衡式为:

$$配料M-旁路物料R=反应物N \qquad 式(4-52)$$

一个独立方程,可以解出一个未知数。若已知配料M和反应物N,则可求出旁路的物料量R。同样,可以把配料、分离工序单独分割作为衡算系统,若有必要,也可以把II_a、III_b、III_c、II_d包围的部分作为衡算范围。

物料衡算可分为操作型计算和设计型计算。操作型计算是对已建立的工厂、车间或单元操作及设备等进行计算。它主要是利用实际测定的数据检验生产过程的完善程度,如物料是否浪费、已有设备和装置的生产能力还有多大潜力,各设备生产能力之间是否平衡。另一方面,可计算出一些未知或不能直接测定的物料量,用于改进措施,提高生产效率。设计型计算是指对建立的新工厂、车间或单元操作及设备进行物料衡算,确定各工段所处理的物料量(各组分的成分、质量和体积),在此基础上,通过能量衡算确定设备或操作过程的热负荷或动力消耗定额,从而指导定型设备的选型(包括设备的台数、尺寸、容积、功率等)、非定型设备以及辅助和公共设施的设计(如水、电、汽、冷冻、真空及压缩空气等需求量)等。

物料衡算的基本目的包括:①制定物系且找出该物系物料衡算的界限;②解释开放与封闭物系之间的差异;③写出一般物料衡算中所用的相关内容,包括输入、输出等式,利用物料衡算确定各物质的进出量;④解释某一化合物进入物系的质量和该化合物离开物系的质量的情况。综上所述,物料衡算为物料审定、能量衡算、工艺设计、设备选型、管道和阀门设计等提供基础数据,在指导技术革新、过程改进、经济性提升等方面发挥着重要作用。

(二)物料衡算的理论基础

物料衡算以质量守恒定律为理论基础,认为在"一个特定的物系中,进入物系的全部物料量必须等于离开该系统的全部物料量加上消耗掉的和积累起来的物料质量之和"。其中,"物系"也称为体系或系统,是指人为规定的一个过程(或单元操作)的全部或某一部分。

依据质量守恒定律,对一个特定系统的底物和产物进行物料衡算时,其基本关系为:

$$\sum G_{进} = \sum G_{出} + \sum G_{损} + \sum G_{积}$$
式(4-53)

式中,$\sum G_{进}$为输入系统的物料总和;$\sum G_{出}$为离开系统的物料总和;$\sum G_{损}$为系统物料的总损失量;$\sum G_{积}$为系统物料的总累积量。

对于分批操作,当到达终点时,物料全部排出,系统物料的总积累量为零。对于稳定连续操作,系统物料的总累积量亦可为零。在这些情况下,上式可写为:

$$\sum G_{进} = \sum G_{出} + \sum G_{损}$$
式(4-54)

生化反应有时也以细胞作为衡算组分进行物料平衡,其基本关系为:

$$\sum G_{进料} = \sum G_{出料} + \sum G_{生长} + \sum G_{死亡} + \sum G_{积累}$$
式(4-55)

式中,$\sum G_{进料}$为进入该体积单元的细胞量;$\sum G_{出料}$为流出该体积单元的细胞量;$\sum G_{生长}$为体积单元内细胞生长量;$\sum G_{死亡}$为体积单元内细胞死亡量;$\sum G_{积累}$为体积单元内细胞积累量。

在固定常态下,即所有状态参数均不随时间变化时,衡算式中的累积项均为零,上式可写为:

$$\sum G_{进料} = \sum G_{出料} + \sum G_{生长} + \sum G_{死亡}$$
式(4-56)

(三)计算基准及每年设备工作时间

1. 计算基准 物料衡算必须选择一定的计算基准,恰当地选择计算基准可以简化计算过程和缩小计算误差。根据发酵过程的特点,物料衡算的计算基准大致分为四种。

(1)时间基准:以一段时间(如 1 小时、1 天等)的投料量或产量作为计算基准。这种基准可直接联系到生产规模和设备计算,但是由于考虑了时间,进出物料量就不一定是便于数字的运算,比如年产 5 000t 的 α-酮戊二酸,年操作时间为 330 天,那么每天平均产量为15.15t。

(2)质量基准:当对液相和固相物料进行衡算时,选择 1 年的原料或产品质量作为计算基准。若采用一定量的原料,常以 1kg、1t 等作为基准。若所用的原料或产品是单一化合物,或者是由已知组成百分数和组分分子量的多组分组成,则用物质的量(mol)作为基准更为方便。

(3)体积基准:当对气体物料进行衡算时,要把实际情况下的体积换算为标准状况(standard temperature and pressure, STP)下的体积,即以标准体积作为计算基准,用 m³(STP)表示。

(4)干湿基准:生产中的物料不论是气相、液相或固相,均含有一定的水分,尽管有的含量极少。因而,选用基准时需要考虑是否将水分计算在内的问题,若不计算水分在内称为干基,否则称为湿基。

2. 每年设备工作时间 车间设备每年正常开工生产的天数,一般以 330 天计算,余下的时间作为车间检修时间。对于工艺技术尚未成熟或腐蚀性大的车间一般以 300 天或更少时间计算。连续操作设备也可以按每年 7 000~8 000 小时为计算基准。如果设备腐蚀严重或在催化反应中催化剂活化时间较长,寿命较短,所需停工时间较多的,则应根据具体情况决定每年设备工作时间。

(四)基本方法和一般步骤

每个生产工艺流程常由多个工序组成且涉及多个设备。因此,进行各工序或设备的物料衡算时需要按照一定的顺序进行。目前,主要包括顺程法和返程法。前者是指从原料进入系统开始,沿着物料的走向,逐一计算。后者是指从最后的产品开始,按物料流程的逆向顺序进行。对于一些复杂的工艺流程,物料衡算需要同时应用顺程法和返程法才能完成。

不同类型工厂设计的物料衡算各有特点,要求不尽相同,但一般步骤相似,主要包括以下几个方面。

1. 工艺论证和分析 通过查阅资料和深入研究小试工艺,对生产放大工艺进行论证。重点关注以下内容。

(1)生产菌株:菌株是否容易污染杂菌或噬菌体;菌株的生长特性及其浓度对发酵液黏度的影响;菌株培养需求(如营养基质的需求)对操作方式(如分批、流加式操作)或特殊控制条件的要求。

(2)培养基:包括培养基的具体组成、用量(为物料衡算提供基础数据)和配制过程(为设备选型提供依据);物料的称量方式(人工或者自动称量)和投放次序。一般选择 1~2 个配料罐,总体积按照发酵罐体积的 5%~20% 设计。

(3)种子和发酵培养条件:需要关注的内容有如下三点。①pH:确定是否需要流加酸碱或底物,考虑其消耗速率。一般选择 1~2 个液氨储罐,总体积按照 7~15 天设计。②补料和消泡:确定种子和发酵过程中是否需要补料和消泡,采取何种方式以及如何控制。一般选择 2 个补料罐和 2 个泡敌罐。③工艺流程:主要确定种子罐和发酵罐的级数、发酵操作方式等。

2. 绘制物料衡算流程示意图 明确衡算的物系后,绘出物料衡算流程图。图中需要明确物料输入和输出的方向(一般用箭头表示)和所有的物料流向。物料流向包括主物料流向、辅助物料流向、次物料流向。通常主物料流向的箭头为左右方向,辅助和次物料流向的箭头为上下方向,并在箭头线上标明原始数据(如物料的种类、组成、质量、体积、温度、压力等),对于未知量也要用恰当符号标注。原始数据的标注需要反复核对,不能出现遗漏和差错。若物系不复杂,则整个系统可用一个方框和若干进、出箭头线表示(见图 4-9)。

3. 确定计算项目 根据工艺论证和物料衡算流程示意图,分析物料在每一个工序或设备中的数量、成分和品种发生了哪些变化,进一步明确已知项和待求项。根据已知项和待求项的数学关系,寻找简便的计算方法,以节省计算时间和减少错误发生率。

4. 收集计算所需的数据 确定计算项目后应尽可能多地收集足够的符合实际的原始数

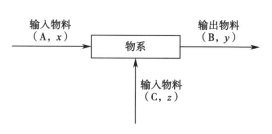

图 4-9 物料衡算流程图

注:A,B,C 分别表示物料的种类;x,y,z 分别表示物料的浓度。

据,主要包括工艺数据和物性数据。其中,工艺数据包括生产规模、生产时间,原料/辅料/中间产品/产品的规格、组成和质量,物料投料量,配料比,转化率,产率,选择性,总收率,回收套用量等。根据不同的目的,原始数据的收集依据各不相同。若进行生产工艺的设计性计算,原始数据主要依据设定值,如年生产规模和年生产天数。若进行生产过程的测定性计算,则须严格依据现场实际数据。当某些数据不能精确测定或欠缺时,可根据所用的生产方法、工艺流程和设备,对照同类型生产工厂的实际水平,在工程设计计算允许的范围内借用、推算或假定。但这些数据必须是适用的、可行的和先进的。物性数据可从工厂实际生产数据中获得,也可从专门的手册、书刊等资料查到。如果上述途径无法得到,则可通过估算方法求得或实验直接测定。

5. 选定计算基准 计算基准是工艺计算的出发点。目前工业生产上常用时间基准和质量基准,具体信息如下。

(1)以每批操作为基准,适用于间歇生产、标准或定型设备的物料衡算。《药品生产质量管理规范(2010 年修订)》的第十四章附则中明确规定批的划分原则:"经一个或若干加工过程生产的、具有预期均一质量和特性的一定数量的原辅料、包装材料或成品。为完成某些生产操作步骤,可能有必要将一批产品分成若干亚批,最终合并成一个均一的批。在连续生产情况下,批必须与生产中具有预期均一特性的确定数量的产品相对应,批量可以是固定数量或固定时间段内生产的产品量。"对于间歇生产,可将一定数量的产品经最后混合所得的在规定时间内均质产品设为一批。对于口服或外用的固体或半固体制剂,可将成型或分装前使用同一台混合设备一次混合所生产的均质产品设为一批;对于口服或外用的液体制剂,可将灌装(封)前经最后混合的药液所生产的均质产品设为一批。值得注意的是,计算过程中需要将各个量的单位统一为同一单位制,保持前后一致。

(2)以单位时间(每小时或每天)为基准,适用于连续生产或提取过程的物料衡算。

(3)以每千克或每吨产品为基准,便于确定原材料的消耗定额。

6. 物料计算 由已知数据进行物料衡算。根据物料衡算式和待求项的数目列出数学关系式,关系式数目应等于未知项数目;当关系式数目少于未知项数时,可用试差法求解。计算过程中,每一步要认真校核,做到及时发现差错,防止差错延续扩大而造成大量返工。

7. 整理和校核计算结果 将计算结果整理清楚,列成表格。表中要列出进入和离开的物料名称、数量、成分,并再做全面校核,直到计算完全正确为止。可以将计算数据补充到物料衡算流程图,该图能清楚表示出各种物料在流程或设备中的位置、相互关系以及变化情况等,常作为设计成果,编入设计文件。

一些生产过程常将未反应的原料再返回生产设备,使之继续反应,从而提高转化率,降低消耗定额,提高经济效益。这种有物料再循环的连续过程的物料衡算比较复杂,物料循环量要用循环系数法或解联立方程式的方法来计算。循环系数法是通过求取循环系数来确定循环的物料量。循环系数与循环物料量的关系如下式所示:

$$K_p = \frac{G_{新鲜} + G_{循环}}{G_{设备}} \qquad \text{式}(4\text{-}57)$$

式中，$G_{新鲜}$为加入设备的新鲜物料量；$G_{循环}$为返回设备的循环物料量；K_{p}为循环系数。

因为新鲜物料量可由产量求得，所以当循环系数 K_{p} 已知时，即可求得物料的循环量。

【例 4-2】 根据资料，完成年产 5 000 吨 α- 酮戊二酸的发酵车间的物料衡算，具体介绍见数字资源 ER4-6。

ER4-6　年产 5 000 吨 α- 酮戊二酸的发酵车间的物料衡算（文档）

二、能量衡算

发酵过程一般在规定压力、温度和时间等条件下进行，不仅包括物理和化学过程，而且伴随着能量变化，因此，必须进行能量衡算。

（一）能量衡算的概述

能量衡算是指对全过程或单元操作的能量进行定量计算，从而确定需要加入的或可供利用的能量。一般来说，能量衡算在物料衡算后进行，可以是单独进行，也可与设备选型与计算同时进行。其任务主要涉及以下内容。

1. 指导设备的选型　生产过程中所发生的物理状态变化和化学反应产生的热效应或冷效应会使物料温度上升或下降，为了保证生产过程在一定温度下进行，外界须对生产系统进行热量的加入或放出，该热量变化为设备的热负荷。根据设备热负荷的大小、所处理物料的性质及工艺要求，选择合适的传热方式，计算传热面积，确定传热设备的主要工艺尺寸；此外，还应根据工艺需要，指导泵、空压机等输送设备和搅拌、过滤等操作设备的选型。

2. 指导管道、阀门和其他辅助或公共工程（如给水）的设计。

3. 指导生产管理和成本优化　通过分析热的利用效率、余热分布情况和回收利用等信息，评价工程设计和设备操作中能量利用是否经济，进而制定合理的用能和节能措施，从而最大限度地节约能源、降低成本。

通过物料衡算可以粗算得到设备的台数、容积、尺寸等信息，但如果与能量衡算的结果相矛盾，则要重新选择设备或在设备中加上适当的附件，使其既满足物料衡算的要求又满足能量衡算。综上所述，能量衡算通过计算能耗指标，为工艺和设备的设计和改进、生产过程的管理和优化提供重要依据。

（二）能量衡算的依据和理论基础

能量衡算以物料衡算数据和所涉及物料的热力学物性数据为依据，以能量守恒定律为理论基础，其基本方程式为：

$$G_{输出} = G_{输入} + G_{生成} - G_{消耗} - G_{积累} \qquad 式（4-58）$$

发酵过程中的能量主要涉及电能、动能、热能、化学能等，各种形式的能量在一定条件下可以互相转化，但总能量是守恒的。系统与环境之间是通过物质传递、做功和传热 3 种方式进行能量传递。因为生产中一般无轴功存在或轴功相对来讲影响较小，因此，能量衡算多为热量衡算。

（三）热量衡算的平衡方程式

根据能量守恒基本方程式，一般的热量平衡方程式为：

$$Q_{进入} + Q_{传递} + Q_{过程} = Q_{离开} + Q_{消耗} + Q_{损失} \qquad 式（4-59）$$

式中，$Q_{进入}$为物料带入设备的热量，kJ；$Q_{传递}$为加热剂或冷却剂与设备或物料传递的热量，kJ；$Q_{过程}$为过程热效应（如生物热、搅拌热等），kJ，放热为正，吸热为负；$Q_{离开}$为物料离开设备带走的热量，kJ；$Q_{消耗}$为设备所消耗的热量，kJ；$Q_{损失}$为设备向环境散失的热量（热损失，如对流热和辐射热），kJ。

热量衡算的目的是计算出$Q_{传递}$，$Q_{传递}$按照下式计算：

$$Q_{传递} = Q_{离开} + Q_{消耗} + Q_{损失} - Q_{进入} - Q_{过程} \qquad 式（4-60）$$

$Q_{传递}$的计算可以确定加热剂或冷却剂的用量、设备的传热面积等，进而指导加热或冷却设备（如夹套、冷却盘管、冷却泵、冷机和循环水塔等）的选型。

1. 物料带入设备的热量$Q_{进入}$和物料离开设备带走的热量$Q_{离开}$ 可按下式计算：

$$Q_{进入}（Q_{离开}） = \sum G_i C_{ip}（t_i - t_{io}） \qquad 式（4-61）$$

式中，G_i为各物料的质量，kg；C_{ip}为各物料的比热容，kJ/（kg·℃）；t_i为各物料的温度，℃；t_{io}为各物料的计算基准温度，℃。G_i的数值可由物料衡算结果确定，t_i的数值由生产工艺确定，C_{ip}则可从手册中查得或用估算法得到。

2. 加热或冷却设备上消耗的热量$Q_{消耗}$ 可按下式计算：

$$Q_{消耗} = \sum G_i C_{ip}（t_{i2} - t_{i1}） \qquad 式（4-62）$$

式中，G_i为设备各部件的质量，kg；C_{ip}为设备各部件的比热容，kJ/（kg·℃）；t_{i1}为设备各部件的初温度，℃；t_{i2}为设备各部件的终温度，℃。

3. 设备向四周散失的热量$Q_{损失}$ 可按下式计算：

$$Q_{损失} = \sum A\alpha_t（t_{wz} - t_o）\tau \times 10^{-3} \qquad 式（4-63）$$

式中，A为设备散热表面积，m²；α_t为散热表面向周围介质的联合给热系数，W/（m²·℃）；t_{wz}为器壁向四周散热的表面温度，℃；t_o为周围介质温度，℃；τ为过程连续时间，s。

4. 过程热效应$Q_{过程}$ 可分为两类，一类是化学过程的热效应，即化学反应热效应；另一类是物理过程热效应，即物理状态变化热，如溶解、结晶、蒸发、冷凝、熔融、升华及浓度变化过程吸入或放出的热量。物料的纯物理过程无化学反应热效应，但经历化学变化时，应将物料状态变化热效应和化学反应热效应结合考虑，用下式计算：

$$Q_{过程} = Q_r + Q_p \qquad 式（4-64）$$

式中，Q_r为化学反应热效应，kJ；Q_p为物理过程热效应，kJ。以发酵过程中的冷却水用量计算为例，其热量平衡式为：

$$Q_I + Q_{II} = Q_{III} + Q_{IV} + Q_V \qquad\qquad 式（4-65）$$

式中，Q_I 为生物热（或发酵热），kJ，放热为正，吸热为负；Q_{II} 为搅拌热，kJ；Q_{III} 为冷却水带走的热量，kJ；Q_{IV} 为挥发热（发酵液挥发的热量），kJ；Q_V 为对流热和辐射热，kJ。

（四）热量衡算的一般步骤

热量衡算可分为设备热量衡算和系统热量衡算。其中，主要对单元设备进行热量衡算。通过热量衡算确定设备的有效热负荷，进而确定加热剂或冷却剂的用量和设备的传热面积等。下面以单元设备热量衡算为例，进行热量衡算一般步骤的介绍。

1. **工艺论证**

（1）生产菌株：主要包括菌株的生长特性、菌体浓度对放热强度的影响、菌株培养需求（主要是氧的需求）对搅拌方式或特殊控制条件的要求。

（2）培养基：培养基的灭菌情况（单独灭菌、混合灭菌等）和灭菌方案（连消灭菌、在位实消）均涉及蒸汽用量，需要考虑蒸汽的批次用量和峰值用量，为空压机的选型和管道阀门的设计提供指导依据。

（3）种子和发酵培养条件：①温度。需要详细了解种子和发酵过程的温度变化，并结合当地气温情况设计不同的控温方式（冷却或加热）。一般以夏季控温为标准，计算出温度冷却峰值，设计最大冷却量。同时，考虑各种控温设备的用电量。②pH。工业上常通过液氨罐或酸罐或补料罐进行流加，补料方式 95% 以上为压差补料，少量是泵补料。此外，需要考虑 pH 对设备、管道和阀门的影响。③溶解氧。需要详细了解种子和发酵过程的溶解氧变化，通过联动通风、排放、罐压、搅拌、补料进行溶解氧的控制；计算最大通风比、混合时间、车间通风的峰值和均值，为空压机、风处理设备（过滤、冷却、除雾、加热）、通风管道、总滤器、精滤器、管道和阀门的选型和设计提供依据。同时，可计算出空压机和搅拌电机等设备数和用电量。④补料和消泡。采取何种方式（泵流加还是压差流加）进行补料和消泡；需要对补料罐、泡敌罐、管道和阀门进行设计或计算；补料罐和泡敌罐需要蒸汽灭菌，要计算蒸汽用量的均值；采用搅拌消泡时，需要计算搅拌电机的用电量。⑤工艺。主要包括发酵罐的搅拌方式、操作方式和灭菌方式。其中，100t 以下的发酵罐采用在位实消，其蒸汽用量等于空消罐体和实消培养基（实消时还包括罐体、维持罐温散热、剩余体积填充等）的用量之和；100t 以上的发酵罐采用连消灭菌，其蒸汽用量等于空消罐体和培养基连消灭菌的用量之和。泡敌罐采用在位实消的灭菌方式等。

2. **绘制设备热平衡图** 在图上将进出设备的各种形式的热量标注出来。其他要求与物料衡算类似。

3. **确定热量衡算式** 根据能量守恒定律，结合热量传递的特点，按设备热平衡图中标注的各种形式的热量，列热量衡算式。

4. **收集计算所需的数据** 热量衡算涉及物料信息（如物料量、物料状态）、工艺条件和物性数据，如比热容、潜热、反应热、溶解热、稀释热和结晶热等。

5. **选定计算基准** 热量衡算的基准选择，主要考虑尽量减少计算的工作量。同一个计算中要选择同一个计算基准，一般选择流量、温度、压力、质量、含水量，也可与物料衡算相同,以批次、时间和原料为基准。一般来说,对于间歇生产,以每日或每批处理物料为基准,对于连续生产,以每小时为基准。但不管是间歇还是连续生产,在计算传热面积的热负荷时,必须以每小时做基准,而该时间必须是稳定传热时间。当以温度作为热量衡算的基准时,一般选择25℃或0℃,也可以进料温度为基准。

6. **热量计算**　根据热量衡算平衡方程式,求出式中的各种热量。具体运用的公式和程序可参阅物理化学的化学反应热计算及化工原理的传热计算等。对于复杂体系的热量衡算,一定要拟定计算程序,以免遗漏。最终求出单位产品的动力消耗定额,每小时最大用量、每天用量和年消耗量。

7. **整理和校核计算结果**　热量衡算完毕后,将所得结果汇总,列出热量平衡表,对衡算结果进行检查和分析。此项工作要结合设备计算及设备操作时间的安排进行(间歇操作中此项工作显得尤其重要)。在汇总每个设备的动力消耗量,求出产品总能耗量时,必须考虑一定的损耗(按照工厂设计的经验值,取各衡算量的系数,一般蒸汽为1.25,水为1.2,压缩空气为1.30,真空为1.30,冷冻盐水为1.20),最后得到能量消耗综合表。

(五)能量衡算的其他注意事项

蒸汽用量、空气用量和用电量是能量衡算时主要考虑的指标。其中,蒸汽主要用于各种发酵设备(如种子罐、发酵罐,根据工艺需要,有时涉及补料罐和泡敌罐)的灭菌过程(如空消、实消或连消)。根据工艺需要,有时还涉及液化、浓缩、干燥和加热空气等工段。需要注意的是,蒸汽用量计算时不能将所有发酵罐用的蒸汽量直接累加,而是应该模拟生产工况下同时最多运行几台设备计算。一般按照每个生产发酵批次(包括种子培养和发酵培养)计算批次蒸汽消耗,蒸汽峰值和均值。然后计算车间总量,为计算生产成本、锅炉选型和管道设计提供依据。空气主要指通入的无菌空气,根据工艺需要,也涉及干燥工段。用电量主要涉及各种发酵设备(如种子罐、发酵罐,根据工艺需要,有时涉及补料罐和泡敌罐)的搅拌电机用电量,以及空压机、制冷剂、循环水泵等设备的用电量。一般需要计算出批次用电量、电功率峰值和均值,常在设备选型完成后再计算,为设备选型、管道和阀门的选择和设计提供依据。用水量也是物料衡算和能量衡算时应重点考虑的内容,主要包括各种工艺用水(如培养基配制、脱色洗水等)、蒸汽用水、洗涤用水[如洗膜水、洗罐用水(一般为发酵罐体积的3%~5%)]、冷却循环水(指灭菌和发酵过程中冷却所需的水)和冷却补充水(冷却过程中损失的水,一般占冷却用水量的3%)。通过这些指标的计算,可获得每吨产品的消耗定额、每小时的最大用量、每昼夜或每小时的消耗量、年消耗总量等,为生产过程的动态调控和运营成本的管理控制提供指导。

ER4-7　年产5 000吨α-酮戊二酸的种子罐和发酵罐的冷却循环水、蒸汽、无菌空气用量的计算(文档)

【例4-3】　以年产α-酮戊二酸5 000吨为例,该发酵工段的能量衡算主要包括搅拌电机和循环水泵的用电量、冷却水量、蒸汽量和无菌空气量。因为搅拌电机和循环水泵的用电量涉及设备选型,较为复杂,此处不进行说明。下面主要介绍发酵罐和种子罐的冷却循环水、蒸汽、无菌空气用量的计算过程,具体介绍见数字资源ER4-7。

ER4-8　目标测试题

（骆健美）

参考文献

[1] 周锡坤,周丽莉.生物制药设备.北京:中国医药科技出版社,2005.

[2] 蔡功禄.发酵工厂设计概论.北京:中国轻工业出版社,2000.

[3] 元英进,赵广荣,孙铁民.制药工艺学.北京:化学工业出版社,2007.

[4] 姚汝华.微生物工程工艺原理.广州:华南理工大学出版社,1996.

[5] 熊宗贵,白秀峰,徐亲民,等.发酵工艺原理.北京:中国医药科技出版社,1995.

[6] 宋如,李永霞.化工原理.成都:电子科技大学出版社,2017.

[7] 梅进义.260m³发酵罐空消耗用蒸汽量计算.发酵科技通讯,2000,29(3):34.

ER5-1　微生物
发酵工艺优化
（课件）

第五章　微生物发酵工艺优化

发酵工艺优化是指在已获得高产菌种的基础上，通过培养基成分或培养条件的单独或组合优化，利用建立的动力学模型求解获得关键变量的控制曲线，并运用到实际过程中，从而最大程度地提高生产效率。本章主要以发酵工艺优化为例，介绍实验设计方法和工艺的经济性评价。这些方法，同样适用动物细胞培养制药工艺的优化。

第一节　质量源于设计

一、质量源于设计的定义

质量源于设计（quality by design，QbD）是一种系统的产品开发和工艺过程实施方法，可实现始终如一的产品质量。这个概念最早由 Joseph M. Juran 博士提出，20 世纪 70 年代，丰田汽车率先实践了这一概念。2002 年，美国食品药品管理局（Food and Drug Administration，FDA）将 QbD 引入药品的研发与生产，认为它是《动态药品生产管理规范》（cGMP）的基本组成部分，是科学的、基于风险和全面主动的药物开发方法，从产品概念到工业化均精心设计，是对产品属性、生产工艺与产品性能之间的透彻理解。ICH 发布的 Q8 指南指出：QbD 是在可靠的科学和质量风险管理基础之上的，预先定义好目标，强调对产品与工艺的理解及过程控制的一种系统的研发方法。这些定义都明确表明，QbD 不同于传统的"质量源于检验"和"质量源于生产"的理念，而是将质量控制点前移到药物的设计和开发阶段，并贯穿于整个生命周期，这样减少了药物及其生产工艺设计不合理而可能给产品质量带来的不利影响，节约了时间和资源。

二、质量源于设计的要素

1. **目标产品质量概况**（quality target product profile，QTPP）　目标产品质量概况是QbD 方法的基本元素，并构成工艺设计的基础。是指理论上可以达到的、将药品的安全性和有效性考虑在内的关于药品理想质量特性的前瞻性概述。主要包括剂型、作用机制、给药途径、规格、稳定性、含量、有关物质、溶出、包装体系等。

2. **关键质量属性**（critical quality attributes，CQAs）　关键质量属性是指包括成品在内的输出物料的物理、化学、生物或微生物性质或特性应在适当的限度、范围或分布之内，以确保所需的产品质量。CQAs 通常来源于 QTPP 和 / 或先验知识,通过风险评估识别,用于指导产品和工艺开发。其确定的标准是基于药品在不符合该质量属性时对患者所造成危害(安全性和有效性)的严重程度。如口服固体剂型常见的关键质量属性包括影响产品纯度、效能、稳定性和药物释放的属性,吸入剂的空气动力学性质,非肠道用药的无菌性,透皮贴剂的黏附力等。

3. **关联关键质量属性相关的物料属性和工艺参数的风险评估** 风险评估是基于 QbD 方法的关键活动,由风险识别和风险分析两部分组成。可根据以前的知识、初始实验数据或数学工具确定对 CQAs 有影响的物料属性和工艺参数,并对其进行排序。初始确定的参数可能很广泛,但通过进一步的研究可以对这些参数加以调整和优化,明确各个变量的重要性及其潜在的相互作用。

4. **设计空间** 设计空间是指通过风险评估或实验研究得到的能保证产品质量的合理工艺参数和质量标准参数的范围。合理的设计空间有助于描述原材料属性、过程参数与关键质量属性之间的关系。在设计空间内的变动,监管上不被视为变更。一旦超出设计空间,则视为变更。

5. **控制策略** 控制策略是指基于对现有产品和工艺的理解,用于保证工艺性能和产品质量的方法。常见的控制方法有:物料属性控制、产品质量标准、工艺控制、替代成品检验的过程控制或实时放行检验等。与传统控制策略相比,QbD 控制策略是一种动态策略,能确保物料和工艺过程在预期的区间内。通常包括两个控制层次:第一层次是实时自动控制,监控 CQAs 并自动调整过程参数;第二层次包括减少对最终产品的测试,并在设计空间内灵活调整关键工艺参数(critical process parameters, CPPs)和 CQAs。各关键参数的设置应位于设计空间范围内,这样可认为生产得到的产品质量是稳健的。过程分析技术(process analytical technology, PAT)是及时测量这些参数和属性的重要工具。

6. **产品生命周期的管理和持续改进** 产品的整个生命周期中,企业都有机会通过评估和创新方法不断改进产品质量。通过工艺性能的监控,确保得到的设计空间可预测产品质量属性。在获得新的工艺资料的基础上,可对设计空间进行扩大、减少或再定义。

三、质量源于设计的工具

QbD 常规使用的工具包括先验知识、风险评估、实验设计、过程分析技术等。

1. **先验知识** 源自以往经验知识而非公开的文献,是研究者通过以往的研究获得的专有信息、经验或技能。

2. **风险评估** 质量风险管理是 QbD 系统的核心策略,风险评估是其重要步骤,包括了风险的识别、分析和判定。风险评估的 3 大核心要素为风险概率、危害程度及可检出率。目前风险评估方法有多种,如失效模式与影响分析(failure mode and effects analysis, FMEA)、故障树分析(fault tree analysis, FTA)、危害源可操作性分析、风险评级等。风险评估是为了提前识别潜在的高风险的质量隐患和对其有显著影响的工艺参数,从选定目标找出关键影响因素,设计出实施方案,加深工艺理解并建立设计空间,将质量管理有效应用于药品整个生命周期。

3. 实验设计 实验设计(design of experiment, DOE)是系统按照预定的设计操作的工具,是探究对产品关键质量属性有显著影响的物料属性、工艺参数及其设计空间的最有效途径。

4. 过程分析技术 过程分析技术(process analytical technology, PAT)是通过对原材料和处于加工中材料的关键质量品质和性能特征的及时测量,来设计、分析和控制生产加工的过程。相比传统的分析技术,PAT 具有减少生产周期时间、实时放行、减少人为错误、提高能源和材料的利用率等优势。

四、质量源于设计的应用

药品注册前期,许多公司在工艺研发阶段投入了大量的精力和资金。其目的是在研究中形成建立"设计空间"所需的科学基础,并从中找出存在于物料和生产工艺中的一系列变量,使得工艺参数由"固定的"转变为"可变的"。对工艺参数成功优化和提升的关键是对工艺的深入和透彻理解,这样可以减少药品生产的质量风险,降低生产成本,缩短投资回报时间。

第二节 正交实验设计

正交实验设计是研究多因子的一种常用方法,其实质就是选择适当的正交表,合理安排实验方案以及分析实验结果。利用该方法得出的结果可能与单因素法的结果一致,但是,正交实验在考察因素及水平时分布更均匀、设计更合理,且不需要重复实验即可计算误差。特别是在实验因素和水平较多的情况下,优势更为明显。如在一个四因素三水平的实验中,采用单因素实验需要进行 $4^3=64$ 次实验,而采用正交实验只需要进行 9 次实验。

一、正交表

正交表是一整套规则的设计表格,是进行正交设计安排实验必需的工具。常用的正交表已由数学工作者制定出来,实验时只需要根据实验因素数与水平数套用相应的正交表即可。现以正交表 $L_9(3^4)$ 为例,说明正交表符号 $L_k(m^i)$ 的意义及使用方法。

正交表符号 $L_k(m^i)$ 中,L 表示正交表;i 表示最多能安排的实验因素数目;m 表示每个实验因素具有的水平数;k 表示所需做的水平组合(处理)数目。如 $L_9(3^4)$ 表示这张正交表最多可以安排 4 个因素(A,B,C,D 四列),每个因素要有 3 个水平(每列内排有 1、2、3 三种数字),共需做 9 个水平组合(处理)(见表 5-1)。

表 5-1   四因素三水平 $L_9(3^4)$ 正交设计表

实验号	因素				水平组合
	A	B	C	D	
I	1	1	1	1	$A_1B_1C_1D_1$
II	1	2	2	2	$A_1B_2C_2D_2$
III	1	3	3	3	$A_1B_3C_3D_3$
IV	2	1	2	3	$A_2B_1C_2D_3$
V	2	2	3	1	$A_2B_2C_3D_1$
VI	2	3	1	2	$A_2B_3C_1D_2$
VII	3	1	3	2	$A_3B_1C_3D_2$
VIII	3	2	1	3	$A_3B_2C_1D_3$
IX	3	3	2	1	$A_3B_3C_2D_1$

二、正交实验的特性

正交表具有正交性,即在表的任意两列中,各水平号搭配出现的次数相同,该特性使得正交实验具有"均匀分散"和"整齐可比"的特点。其中,"均匀分散"是指实验条件能均衡分散在配合完成的水平组合中,每个实验点具有充分的代表性。"整齐可比"是指在每一因素的各水平实验结果中,其他各因素的各个水平出现次数是相同的,这保证了各个因素的结果中最大限度地排除了其他因素的干扰,从而能最有效地进行比较。正是这两个特性,使正交实验能在多个实验条件中,通过较少的实验次数,筛选出最优条件。

三、正交实验的一般步骤

1. 确定实验因素和实验水平,列出因素水平表   由于正交实验具有安排多因素及筛选主要因素的功能,且有时增加几个因素并不增加实验次数,因此,可以研究尽量多的因素。但因素的多少和每个因素选用的水平需要根据实验的难易程度和实际情况确定。因素水平选择好后,列出因素水平表。

2. 选用合适的正交表   选用正交表的原则是既能安排研究的全部因素及水平,又要使实验处理数最小。选用正交表时,一般是先看水平,通常先保证正交表的水平数和设计水平数相同;再看因素,选择正交表的因素数要等于或大于设计因素数(包括交互作用),可以留有空列用以估计实验误差;最后看实验处理数,在满足以上两项要求的条件下,一般则选用实验处理数少的正交表。若实验要求精度高,可选用实验处理数较多的正交表。

3. 表头设计   表头设计是把实验中挑选的各因素放在正交表表头的列号下,若不考虑因素间的交互作用,哪一个因素放在哪一列,原则上可任意放置,只要每一因素占一列即可。

4. 列出实验方案表 表头设计好以后，把各列中的水平号换成该列因素的具体水平，即得到实验方案表。

5. 按照设计做实验，得到实验结果 正交表的每一行代表一种水平组合，对每一水平组合做一次实验，得到实验数据。

6. 实验结果的分析和最优组合的验证 根据实验结果，求出每个水平各次实验结果的均值，均值较大者即为该因素的最优水平，确定每个因素的最优水平即可获得最优水平组合。最后，对最优组合进行实验验证。

四、正交实验数据处理方法

正交实验结果可用多种方法进行数据处理，主要包括以下几种。

1. 极差（range）分析法 极差是实验中各个因素平均值的最大值与最小值之差，反映了同一因素取不同水平对实验结果的影响程度。极差越大，说明该因素对实验结果的影响越大。因此，通过对不同因素的极差分析就可以找到影响实验结果的主要因素，并帮助找到最优组合。具体做法如下。

首先计算各因素每个水平的平均效果和极差。一般用大写 K 表示平均效果，用大写 R 表示极差，因素用角标表示。比如 K_{A1} 表示因素 A 取水平 1 时的实验结果平均值，K_{A2} 表示因素 A 取水平 2 时的实验结果平均值，若在结果平均值中，K_{A1} 最大，K_{A2} 最小，那么，因素 A 的极差按照下式计算：$R_A = K_{A1} - K_{A2}$。

2. 方差分析法（analysis of variance，ANOVA） 又称变异数分析，是用于两种及两种以上样本均数差别的显著性检验方法。方差分析是用组内均方除以组间均方得到的商（即 F 值）与 1 进行比较，目的是推断两组或多组资料的总体均数是否相同，检验两个或多个样本均数的差异是否有统计学意义。若 F 值接近 1，则说明各组均数间的差异没有统计学意义；若 F 值远大于 1，则说明各组均数间的差异有统计学意义。实际应用中检验假设成立条件下 F 值大于特定值的概率可通过查阅 F 界值表（方差分析用）获得。

3. 回归分析法 回归分析是确定两种或两种以上变量间相互依赖的定量关系的一种统计分析方法。该方法利用数据统计原理，对大量数据进行数学处理，并确定因变量与某些自变量的相互关系，建立一个相关性较好的回归方程（函数表达式），并加以外推，用于预测今后的因变量的变化。多元回归分析是研究多个变量之间关系的回归分析方法，按因变量和自变量的数量对应关系，可分为一个因变量对多个自变量的回归分析（简称为"一对多"回归分析）和多个因变量对多个自变量的回归分析（简称为"多对多"回归分析）。按回归模型的类型，可分为线性回归分析和非线性回归分析。

五、正交实验需要注意的问题

1. 选择的因素要具有可比性 一次正交实验时不可能容纳全部因素，由于工序不同，应该把可比因素放在一次实验中，而不能把不可比且属于下一道工序的因素放进来，换句话说，不可比因素不能安排在同一个正交表中。

2. 注意因素间的交互作用　交互作用是指一个因素不同水平间的效应受到另一因素的影响。如果一个因素的不同水平间的效应差因为另外一个因素水平的影响而呈现较大幅度的增加,其差别在统计学上有显著意义,则认为两因素有协同交互作用;若一个因素的不同水平间的效应差因为另外一个因素水平影响而呈现较大幅度的下降,其差别在统计学上有显著意义,则认为两因素有拮抗交互作用;如果一个因素在另一因素不同水平的影响下,其不同水平效应差呈现等幅增加或降低,则认为两个因素之间不存在交互作用。

六、正交设计的优缺点

1. 正交设计的优点　①高效快速,所需实验次数较少,可节省人力、物力和时间;②实验效果好,既可找出各因素中的最佳水平,又可分析因素间交互作用的影响;③实验的均衡性好;④方法简便,容易掌握。

2. 正交设计的缺点　在多因素、多水平的实验中,如果要考虑因素间的交互作用,表头设计就变得比较复杂,有时难于避免交互作用列与因素间列的混杂。因此,要求实验人员具有丰富的专业化知识,在实验之前能初步了解实验因素,并确定哪些因素间的交互作用应该考虑,哪些因素间的交互作用无须考虑。正交设计时,一般对三因素以上的交互作用都不予考虑,这样做有时不符合实际情况。此外,有时为了照顾"整齐可比",未能充分做到"均匀分散",实验点较多,正交实验的次数至少与水平数的平方成正比。

ER5-2　γ-聚谷氨酸发酵条件的正交优化(文档)

【例 5-1】　以 γ-聚谷氨酸发酵条件的正交优化为例进行具体介绍,相关内容见数字资源 ER5-2。

第三节　均匀设计

发酵工艺优化时常需要对因素的多个水平进行考察才能获得最优值。用正交设计安排实验时,实验次数是水平数平方的整数倍。如,水平数为 3,次数是 9;水平数为 10,次数是100。因此,正交设计不适合水平数较多的实验。特别是对于一些使用价格昂贵或环境友好性差的原料或试剂的工艺,实验次数需要严格控制。1978 年,我国方开泰研究员和王元院士将数论和多元统计相结合,提出了均匀设计的方法。其基本思想是重点照顾均匀分散性,放弃整齐可比性,但实验数据必须用统计软件进行处理,得出指标与各因素之间的多元回归方程,再根据方程中各项回归系数值与符号进行实验结果的分析与解释,明确各因素与指标的关系,从而优化工艺条件。与正交设计法相比,均匀设计法中每个因素每个水平只做一次实验,且实验次数与水平数相等。如采用均匀设计法进行三因素七水平实验时,只做 7 次实验,但如果用正交实验,至少要做 $7^2=49$ 次实验。因此,均匀设计法能节省大量的时间、人力和财力,具有明显优势。

一、均匀设计表

均匀设计实验需要根据一种与正交设计表结构相似的表格选择各因素的水平。每个均匀设计表都有一个代号，等水平均匀设计表可用 $U_n(r^i)$ 或 $U_n*(r^i)$，其中，U 表示均匀表代号；n 表示均匀表横行数（需要做的实验次数）；r 表示因素水平数，与 n 相等；i 表示均匀表纵列数。代号 U 右上角加"*"和不加"*"代表两种不同的均匀设计表，通常加"*"的均匀设计表有更好的均匀性，应优先选用。表 5-2 给出了三因素五水平的均匀设计表，记为 $U_5(5^3)$，3 个列表示最多可安排 3 个因素，5 个行表示有 5 个水平，总共需要做 5 次实验。

表 5-2　三因素五水平 $U_5(5^3)$ 均匀设计表

实验号	因素		
	A	B	C
Ⅰ	5	3	3
Ⅱ	4	4	5
Ⅲ	3	1	1
Ⅳ	2	5	2
Ⅴ	1	2	4

二、均匀设计的一般步骤

1. **明确实验目的，确定实验指标**　如果实验要考察多个指标，须将各指标进行综合分析。

2. **确定因素及其水平**　根据先验知识和预实验结果，挑选出对实验指标影响较大的因素及其取值范围，然后在这个范围内取适当的水平。

3. **选择均匀设计表**　这是均匀设计的关键步骤，一般根据实验的因素数和水平数选择。由于均匀设计实验结果多采用多元回归分析法。在选表时还应注意均匀表的实验次数与回归分析的关系。

4. **表头设计**　根据实验的因素数和该均匀表对应的使用表，将各因素安排在均匀表相应的列中，如果是混合水平的均匀表，则可省去表头设计这一步。需要指出的是，均匀表中的空列，既不能安排交互作用，也不能用来估计实验误差，所以在分析实验结果时不用列出。

5. **明确实验方案，进行实验**　实验方案的确定与正交实验设计类似。

6. **实验结果统计分析**　由于均匀表没有整齐可比性，实验结果不能用方差分析法，可采用直观分析法和回归分析方法。

7. **优化条件的实验验证**　计算得出的优化条件需要通过实验验证。

8. 缩小实验范围进行更精确的实验，寻找更好的实验条件，直至达到实验目的。

三、均匀设计数据处理方法

1. **直观分析法**　如果实验目的只是寻找一个可行的实验方案或确定适宜的实验范围，可以采用直观分析法，直接对所得到的几个实验结果进行比较，从中挑出实验指标最好的实验点。由于均匀设计的实验点分布均匀,用上述方法找到的实验点一般距离最佳实验点也不会很远,所以是一种非常有效的方法。

2. 回归分析法 均匀设计的回归分析一般为多元回归分析,通过回归分析可以确定实验指标与影响因素之间的数学模型,确定因素的主次顺序和最优方案等。但直接根据实验数据推导数学模型,计算量很大,一般需要借助相关软件进行计算分析,如 SPASS、EViews 等。

四、均匀设计需要注意的问题

由于均匀设计表的特殊性,使用时需要注意以下问题。

1. 水平循环排列 将一个因素的原水平序列首尾相连,然后逆向或顺向转动若干步,得到新的水平序列,这种操作称为"水平循环排列"。由实验表确定的实验方案是依赖于因素水平表的。正交设计的因素水平表中每个因素的水平排列次序是可以任意改变的,对于同一个实验表,改变一下水平排列,就可以得到另一个新的实验方案,然后做出适当选择。但在均匀实验中,改变水平次序受一定限制,只能用循环排列的方法。

2. 拟水平 所谓拟水平就是重复利用现有水平。对于因素数目一定的实验,均匀设计的实验次数和水平数相同。当实际工作中需要更多的信息,就需要增加实验次数,此时就要增加水平数,而有些实际情况不容许增加新的水平,这时就可以采用拟水平的方法。

五、均匀设计的优缺点

1. 均匀设计的优点 ①每个因素每个水平只做一次实验,且实验次数与水平数相等,而正交设计实验次数是水平数平方的整数倍;②水平数增加时,实验次数随水平数的增加而增加,如水平数由 3 增到 4,实验次数也相应从 3 增到 4,而正交设计实验次数则须从 9 增到 16;③可以适当地避免高档水平相遇,以防实验中发生意外,尤其适用于在反应剧烈的情况下考察条件;④可用计算机给出定量的方程式,便于分析反应条件对产率的影响。

2. 均匀设计的缺点 由于均匀设计是非正交设计,所以它不可能估计出方差分析模型中的主效应和交互效应,但是它可以估出回归模型中因素的主效应和交互效应。

【例 5-2】 以小诺米星发酵条件的均匀设计优化为例进行具体介绍,相关内容见数字资源 ER5-3。

ER5-3 小诺米星发酵条件的均匀设计优化(文档)

第四节 响应面设计

一、响应面设计的概述

近年来,应用统计手段辅助实验进行工艺优化的研究越来越受到重视,特别是随着计算机的普及和统计软件的发展,研究者可以借用统计专家精心构建的高效设计进行实验,并用诸如 SAS、SPASS、STATISTIC 等统计软件对实验结果进行数学模拟和预测,从而以最经济的方式高效、准确地得到优化结果。

响应面分析法(response surface methodology,RSM)是一种综合实验设计和数学建模的优化方法,通过具有代表性的局部各点的实验,把多因素实验中因素与实验结果(响应值)的相互关系近似地函数化。通过对函数的分析,研究因素与因素之间、因素与响应值之间的相互关系,并利用数学方法求解最优值。该方法具有实验次数少,充分考察各因素间交互作用、精密度高、能进行预报和控制等特点。

二、响应面模型的建立和分析

响应面模型是在实验设计基础上建立的描述响应变量(因变量)和自变量(实验因素)的函数关系。其中,二阶响应面模型的应用最为广泛,该模型是非线性的,即响应值与实验因素间的关系可近似为以下的二次多项式函数。

$$y=\beta_0+\sum_{i=1}^{k}\beta_i X_i+\sum_{i=1}^{j-1}\sum_{j=1}^{k}\beta_{ij}X_i X_j+\sum_{i=1}^{k}\beta_{ii}X_i^2 \qquad 式(5\text{-}1)$$

式(5-1)中,y 为预测响应值,β_0、β_i、β_{ii} 分别是偏移项、线性偏移和二阶偏移,β_{ij} 是交互作用系数,X_i 为自变量编码值。

将二次多项式函数改写成矩阵形式:

$$y=\beta_0+\mathrm{X}^{\mathrm{T}}b+\mathrm{X}^{\mathrm{T}}\mathrm{BX} \qquad 式(5\text{-}2)$$

式(5-2)中,$\mathrm{X}=[X_1,X_2,\ldots,X_k]^{\mathrm{T}}$;$b=[\beta_1,\beta_2,\ldots,\beta_k]^{\mathrm{T}}$;$\mathrm{B}=\begin{pmatrix}\beta_{11}&\cdots&\beta_{1k/2}\\\vdots&\ddots&\vdots\\\beta_{1k/2}&\cdots&\beta_{kk}\end{pmatrix}$ 为一个对称矩阵。

求解方程组:

$$\frac{\partial x}{\partial y}=\left[\frac{\partial x}{\partial y},\frac{\partial y}{\partial X_2},\cdots,\frac{\partial y}{\partial X_k}\right]=0$$

即可求得响应曲面函数的驻点。

求解方程:

$$|\mathrm{B}-\lambda_i|=0$$

可得到响应曲面函数二次项系数矩阵的特征值 λ_i,通过特征值的符号可以判断驻点处函数的性状,从而确定最优的实验点。如果 $\{\lambda_i\}$ 都是正的,则驻点为响应的最小值点;如果 $\{\lambda_i\}$ 都是负的,则驻点为响应的最大值点;当 $\{\lambda_i\}$ 有不同的符号时,驻点为鞍点。

三、响应面设计的一般步骤

1. 利用合适的设计方法对诸多影响因素进行考察和评价，筛选得到重要的影响因素，常见的方法包括单因素法和Plackett-Burman法。

2. 采用最陡爬坡法粗选筛选得到重要因素的取值范围。

3. 采用合适的响应面设计方法进行实验，通过拟合实验数据建立响应面模型，对模型进行数学处理，确定最优的实验点，常用的方法是中心旋转组合设计CCRD法（central composite rotatable design）和BBD法（box-behnken design）。

4. 对最优实验点进行实验验证。

四、响应面设计多指标数据处理

响应指标都应化为绝对值不超过1的"归一值"，并且计算几何平均值达到总评归一值。当响应指标较多时，需要在每个指标优选的条件之间达成妥协，使所有指标综合为一个值。

五、响应面设计的优缺点

1. **响应面设计的优点**　①考虑了实验随机误差；②将复杂的未知的函数关系在小区域内用简单的一次或二次多项式模型拟合，计算较简单，是解决实际问题的有效手段；③所获得的预测模型是连续的，可在实验条件寻优过程中，连续地对实验的各个水平进行分析。而正交实验只能对一个个孤立的实验点进行分析。与均匀设计相比，响应面设计法得到的回归方程精度更高，能够分析多因素间的交互作用。

2. **响应面设计的缺点**　①如果将因素水平选得太宽或选的关键因素不全，会导致响应面出现吊兜或鞍点。因此，事先必须进行充分的调研，查询和论证，或通过其他实验设计确定主要影响因素。②通过回归分析得到的结果只能对该类实验进行估计。③当回归数据用于预测时，只能在因素所限的范围内进行。

ER5-4　纳他霉素的发酵培养基和发酵条件的响应面优化（文档）

【例5-3】　以纳他霉素的发酵培养基和发酵条件的响应面优化为例，进行具体介绍，相关内容见数字资源ER5-4。

第五节　发酵工艺经济性评价

工艺经济性是指在工艺方案实施过程中，根据各种生产要素的投入和产出的对比结果追求最大的经济效益，即要用尽可能少的投资和费用（消耗），生产出尽可能多的、符合需要的产品（成果）。

一、产品成本经济分析

产品成本由可变的费用与不变的费用来构成的。前者通称为变动成本,后者通称为固定成本。其表达式为:产品成本＝变动成本＋固定成本。

1. **固定成本** 又称非生产成本或间接生产成本。这类成本不随或很少随工厂开工程度的高低和产出的多少而变化。也就是说,无论工厂开工还是停工、有没有产品生产出来,它总是要发生的;也不管开工程度多高、生产多少产品,它的数额差不多总是固定不变的。固定成本主要包括:①固定资产折旧;②贷款利息;③税金;④销售费用;⑤研究与发展;⑥工资的大部分或全部;⑦企业一般管理费(包括行政管理、人事管理、财务管理、安全、保卫、消防、食堂、医疗、教育与培训、园林、清洁等费用)。

2. **变动成本** 又称直接生产成本,是与生产过程直接关联的成本。它随生产过程中产出的多少而变化,也就是说,产品越多,这类成本的投入越大,反之则越小。变动成本主要包括:①原材料费(包括贮运费用);②动力费(包括电力、蒸汽、煤气或天然气、燃油或煤炭、水等费用);③奖金浮动工资及加班费;④维修费;⑤实验费;⑥排污及废水、废渣处理费;⑦产品包装、储运及销售费;⑧直接生产管理费。其中,动力和维修项中的非生产性动力消耗和非生产性维修(外部维修)所发生的费用应计入固定成本。

二、过程经济学评价和控制

发酵经济学(fermentation economics)是对一项技术上成功的发酵技术在实现产业化,即建立一个完整的生产工厂的过程中进行成本及其预期经济效益的分析。

1. **评价工艺过程的技术经济指标** 一个新菌种、新工艺、新材料或新设备,在发酵生产中有没有推广和应用价值,主要看它的技术经济指标是否先进。主要的技术经济指标包括以下内容。

(1)产量(titer):产量代表菌种和发酵水平的高低。一般以产物在发酵液中的浓度表示,单位可以是 g/L 或 kg/m^3,也可以是百分数或体积比。对于抗生素,通常采用发酵单位或发酵效价(U)表示,该定义由国际学术组织约定,但不同产品的内涵不同。例如,0.6μg 青霉素钠被定义为 1U,而 1μg 土霉素碱和四环素碱被定义为 1U 土霉素和四环素,1μg 金霉素的盐酸盐被定义为 1U 金霉素。当 μg 与 U 等价时,一般用 μg 表示,而不写作 U。

对于发酵周期和放罐发酵液体积相同的两个工艺,产量高的工艺的时间效率和发酵罐容积效率越高。在萃取、沉淀、结晶、离子交换等分离操作单元中,提取废液中产物的残余量往往是不变的。因此,较高的产量有利于获得高的提取收(得)率,减轻提取和分离工序的操作负荷,减少原材料、能源消耗和废水的排放量。因此,很长时间内,产量成为发酵工艺追求的主要指标,但这一指标不能很好地体现发酵周期、物料和能量消耗,以及发酵液质量之间的相互关系。因为虽然可以通过采用丰富培养基、大的通气量、高的菌体浓度和长的周期增加目标产物的产量,但这种有限的提高未必能弥补各种物料和能量消耗的增加,而且高浓度的培养基容易造成中间代谢物积累,发酵周期延长会增加产物的降解,进而增大产物回收的难度,降低产品得率和质量。因此，片面追求高产量是不可取的。对于一些高附加值的产品，除了产量，纯度（以 % 表示）也非常重要。

（2）发酵批产量：发酵批产量是产物浓度与收获的发酵液体积或滤液体积的乘积，前者适用于收获菌体的发酵过程，后者适用于收获滤液的发酵过程。如果包含在菌体内的发酵产物最终被转移到液相中回收，那么，应采用后一种表示方法。这是因为前一种产物浓度是整个发酵液中的浓度，而后一种产物浓度是滤液中的浓度。如果用发酵液体积去计算后者的批产量，由于计入了一个无效体积——滤渣体积，计算结果显然偏大。滤渣体积越大，偏差越大。

如果单位产量发酵成本不上升，那么，发酵批产量越高，批效益也越高。但批效益不等于年效益，因为延长发酵周期虽然可以达到最高批效益，但会导致年生产批数的减少，使得年效益下降。当批产量的提高伴随着单位产量发酵成本上升时，批效益在经历了一个高峰之后将下降。

（3）转化率（yield）：发酵过程中基质的消耗主要用于细胞生长、维持能耗、合成包括目标产物在内的代谢产物。转化率是指发酵工艺中所使用的主要基质（一般指碳源 - 能源或其他成本较高的基质）向目的产物转化的百分数，常以 g/kg 或 % 表示。该指标主要体现原料的使用效率，尤其是在使用价格昂贵或对环境存在严重污染的原料时，应尽可能地提高转化率。

原材料在发酵成本中占据首位，因此，转化率的高低直接反映了原材料的成本效益。工业上主要通过合理控制微生物细胞的生长水平和代谢副产物的生成提高基质转化率。其中，菌种选育与改造以及发酵过程优化是控制代谢副产物生成的主要方法。值得注意的是，不同碳能源中碳元素和化学能的含量不同，为了使这类基质的转化率有一个共同的可以比较的计算基准，将它们按表示碳元素相对含量的碳密度或表示化学能相对含量的能量密度折算成葡萄糖，称为葡萄糖当量。表 5-3 列出了一些常用的碳源 - 能源的碳密度和能量密度，可供选用时参考。当表中所列基质作为碳源时，应使用由碳密度折算的葡萄糖当量；当所列基质作为发酵代谢的能源时，则采用由能量密度折算的葡萄糖当量。如果有 2 种以上碳源 - 能源存在，则用它们的葡萄糖当量之和计算。

（4）产率：单位发酵基质消耗所获得的产物量（产物 g/ 消耗的原料 kg）。

（5）生产强度（productivity）：又称发酵产率、产物体积生产速率（volumetric productivity）或时空产率。是指单位操作时间（如每年或每月或每小时）内单位发酵罐容积（如每立方米）生产的产物量。根据具体情况可分为两种：①操作时间只涉及发酵罐的有效运转时间时，生产强度是指发酵过程中单位时间内单位发酵体积所产生的产物量，以 $kg/(m^3 \cdot h)$ 或 $g/(L \cdot h)$ 表示；②操作时间不仅包含发酵罐的有效运转时间，而且计入了辅助和维修操作时间（如放罐、清洗、检修、配料、灭菌、冷却等）并考虑装罐系数，那么，生产强度是指在一定时间内单位发酵罐容积所产生的产物量，以 $kg/(m^3 \cdot y)$ 表示。因此，后者是更能全面反映生产效率的综合性技术经济指标。在固定资产和投入劳动不变，即具有同等单位时间固定成本的情况下，年（月）生产强度越高，固定成本效益越高。但固定成本效益并不能代表总体经济效益，因为如果生产强度的提高是以更多的原材料和动力消耗为代价的话，那么，固定成本效益的提高有可能被可变成本效益的下降所抵消。综上所述，需要对包括固定成本和可变成本在内的总成

表 5-3　发酵常用的碳源 - 能源的碳密度和能量密度

碳源 - 能源	碳密度		能量密度	
	kg/kg	葡萄糖当量	kJ/kg	葡萄糖当量
葡萄糖	0.40	1	15 640	1
蔗糖	0.42	1.05	16 470	1.06
乳糖	0.42	1.05	16 470	1.06
淀粉	0.44	1.11	17 380	1.11
酶解糖 *	0.40	1	15 640	1
水解纤维素 *	0.40	1	15 640	1
大麦	0.29	0.72	11 340	0.73
大麦芽	0.30	0.74	11 730	0.75
玉米	0.31	0.73	12 540	0.80
燕麦	0.35	0.63	10 210	0.85
小麦	0.29	0.73	11 540	0.74
大米	0.28	0.69	10 950	0.70
酒精	0.52	1.30	29 770	1.90
软脂酸甘油三酯	0.77	1.93	39 650	2.53
豆油	0.76	1.9	39 150	2.5
上等高温油	0.76	1.9	39 150	2.5

注: * 折纯葡萄糖计。

本随生产强度的变化进行综合分析,得出总体经济效益高的最佳年(月)生产强度。

（6）单位产品的能耗: 是指生产每吨产品所消耗的水、电、蒸汽、空气等。在某一发酵过程中应以消耗的总费用作为最终评价指标。

（7）单位产量发酵成本: 发酵产生单位数量产物所投放的固定成本与可变成本之和,叫作单位产量发酵成本。从经济角度衡量,单位产量发酵成本是最重要的一项指标,能更全面、更直接地评价发酵过程的经济性。单位产量发酵成本越低,发酵产生的每千克产品中包含的利润就越大。

值得注意的是,有些情况下这些指标不能同时取得最优值,提高某一项指标往往需要牺牲其他指标。因此,应根据实际需要有所侧重。如,对于反应液为大体积、产物是低价值的过程,例如乳酸、工业酶制剂和单细胞蛋白等的过程,因为工程可行性对过程的经济性发挥关键作用,一般需要综合考虑产量、转化率、生产强度这三项指标。对于反应液为小体积、产物是高价值的过程,例如治疗性蛋白质的过程,产品的质量和纯度是否符合药检规定至关重要,且该类产物的下游纯化费用占总成本的 90% 以上。因此,主要考虑产物产量,而较少考虑转化率和生产强度。

2. 影响发酵成本的主要因素及其控制方法　影响发酵成本的主要因素包括菌种性能、原材料、培养方式、无菌空气与搅拌、动力费、产物的后处理工艺、发酵规模、清洁生产费用等。

（1）菌种性能：一般来说，菌种选育占生产成本的 20%~60%，应选用比生产率高（即以较短时间及较少基质和能量消耗获得较高的发酵产量）、适应性强、稳定性好的优良生产菌株。

（2）原材料：工业发酵中，为了降低成本，应当在不影响产率和产品质量的前提下，尽量选用廉价原材料。通常能够使用工业级的决不使用试剂级，能够用粗制品时决不用精制品。一些廉价粗制原材料（特别是农副产品和工业副产品）由于含有各种微量元素和生长刺激因子，往往比高价精制原材料更有利于发酵过程。当然，也要注意某些粗制原材料中含有的一些有害杂质及色素，可能降低发酵产率或增加产品提炼工序的困难。例如，利用糖蜜生产酒精，可以省去蒸煮、制曲、糖化等工序，生产成本低，设备简单，生产周期短，工艺操作简便。但是因为糖蜜中存在大量的非糖成分，特别是盐类与重金属离子的存在，抑制了酵母的繁殖与乙醇的生成，故在发酵前要对糖蜜进行处理。此外，原材料还应来源广泛、利用率高，有替代品。

培养基是原材料的重要组成部分，根据不同的产品种类，它们占生产成本的 38%~73%。其中，碳源用量最多。对碳源来说，应当关注其中的可发酵性碳含量（称为碳密度）和化学能拥有量（称为能量密度），只有当价格/碳密度比或价格/能量密度比较低时，才是真正的廉价碳源。对于氮源来说，需要关注其中的可发酵性氮含量，以价格/氮含量比低者较为经济。

目前，降低培养基成本的主要办法：一是筛选发酵产量较高的培养基配方；二是选用价格较低的碳源和氮源组分。除了注重发酵效果、价格、有效成分含量、杂质影响等因素外，还应当考虑价格和供应的稳定性，运输、贮存、装卸、管理和预处理的费用及安全性，溶液的流变学性质（如黏度）及表面张力等。目前，淀粉和糖蜜等农副产品是工业上碳源的主要来源，其价格主要受到种植面积、收获情况以及市场需求量的影响。天然的碳源是季节性很强的产品，需要有一定的贮备量。这不仅需要大容量的仓库，而且占用大量的流动资金，影响资金的周转。另外，大量贮存原料还容易发生变质，这将延长发酵周期，降低得率，影响工厂的经济效益。甘蔗、甜菜不仅含有较多的杂质和色素，而且只能季节性供应，故虽然价格低廉，在发酵中却很少采用。淀粉是一种比葡萄糖价廉的碳源 - 能源，但贮运当中要求防爆，使用前须进行液化处理，液化后的溶液黏度亦偏高，因而，综合成本性能未必优于葡萄糖。另外，高黏度的基质增加了发酵过程的传质和传热阻力，加大了通风量和搅拌功率等动力消耗，高表面张力的基质降低了空气泡的分散度，增加泡沫的稳定性，致使通气效率和发酵罐容积利用率下降，这些都是选用时不可忽视的因素。

各种工业废料是有潜力的廉价碳源，然而目前利用它们的经济效益不如采用传统原料高。这主要是因为工业废料性状多变，杂质多，提取困难，含水率高，输送费用大，难以大量而持久地供应（季节性原因），而且受到地理位置的限制等。但工业废料的利用，对发挥社会效益（环境保护）是十分有利的。

无机盐的质量也应予以重视。原材料中矿物质（无机盐）所占的比重一般较小，对单细胞蛋白（single cell protein, SCP）生产来说，占培养基总成本的 4%~14%。无机盐中价格较贵的是磷酸盐，而且供培养基用的磷酸盐要求是食用级的而不是肥料级的，因为前者所含的铁、砷、氟等杂质较少。此外，培养基用的钾、镁、锌、铁盐，应采用它们的硫酸盐而不是氯化物，因为后者对不锈钢设备的腐蚀性较大。

（3）培养方式：培养方式对生产成本具有重大影响。合理的培养方式应尽量提高设备的利用率和劳动生产率，充分发挥菌种的生产能力，降低原材料和动力消耗，从而减少发酵成本。如，对于分批培养方式，可增大接种量，接种时接入处于生长旺盛期的种子，缩短辅助操作时间或采用补料等。

（4）无菌空气与搅拌。

1）无菌空气：需氧发酵时需供应大量的灭菌空气，虽然可以通过加热的办法获得无菌空气，但耗能太大（包括加热与冷却），不适合工业生产。

目前，空气除菌的最好方式是将压缩空气通过纤维或颗粒物质进行深层过滤，利用压缩热进行空气的热灭菌。空气过滤器的总操作费用首先需要考虑过滤器大小与动力费的关系。过滤器直径较大时投资费虽然增加，但压强降可以降低，因而，可以节省动力消耗操作费。其次，确定过滤器直径时，需要考虑工艺上要有合适的空气流速，以确保空气过滤器的除菌效率。此外，过滤介质的选择和更换以及日常的维修费，都是不能忽视的成本因素。

2）搅拌：对于需氧量较高的发酵，必须有适当功率的搅拌以保持均一的发酵环境，并分散引入的空气流。

通气与搅拌是相互联系的。对于相同的氧传递量来说，增加通气量，搅拌功率可以减少，相反地，加快搅拌转速，通气量亦可相应减小。因此、最佳的通气比和搅拌转速应在工艺允许的范围内，以两者合计的动力费和设备维修费为最低来确定。在分批培养的不同时期，需氧量有所不同，最适通气比与搅拌转速亦会有所不同。为此，可以分别计算不同培养时期的最佳通气比和搅拌转速，以使整个过程的运转费用最低。

（5）动力费：主要指发酵过程中加热与冷却的费用。发酵过程中需要加热与冷却的工序包括：①培养基的加热灭菌（或淀粉质原料的蒸煮糊化），然后冷却到接种温度；②发酵罐及其辅助设备的加热灭菌以及冷却；③发酵过程中放出的生物反应热，需要冷却水处理，使温度保持在微生物生长的适宜范围，维持发酵温度的恒定；④产物提炼与纯化过程的蒸发、蒸馏、结晶、干燥等也都需要加热或冷却，有时还需要冷冻。因此，应充分利用动力和热量，最大限度降低单位能耗。

（6）产物的后处理工艺：后处理工艺（如提取、分离和纯化）的优劣对成本影响很大。主要表现在：①影响产品最终收得率。②过程自身要消耗较多的动力及设备维修费。③过程要耗用大量的溶剂、吸附剂、中和剂等辅助材料。④设备投资大，折旧费高。不少后处理工艺中的设备结构复杂，材质大都采用不锈钢，体积庞大，投资大，有的已占到全厂设备总投资额的80%，或是发酵设备投资额的5~6倍。因此，要尽量使用简便、快速的产物回收和纯化方法。不同发酵产物的收得率差别很大。例如：柠檬酸的提取收得率为92%左右，青霉素 G 在转化成钾盐之前的提取收得率为96%左右，谷氨酸钠的提取收得率为76%~87%（视提取方法不同而异）。

（7）发酵规模：从理论上说，发酵规模越大越经济。具体确定生产规模时，还应全面考虑下列因素。①设备可获得的最大通气能力和冷却能力；②加工制造水平和运输安装；③设备对不同的发酵产品有一定的通用能力和抗风险能力；④水、电、汽（煤）的配套或供应问题；

⑤预留一定的发展余地。目前较理想的发酵罐容积为 100~200m³；对于染菌风险较小的产业，也有超过 1 000m³ 的。

（8）清洁生产费用：生产过程产生的排放物的种类和浓度应尽量少，这样可减少清洁处理的开支，主要包括发酵过程中水的消耗和废弃物的处理等。同时注意三废的综合利用与循环使用等。

三、基建投资费用经济分析

产品成本的节省多与先进的工艺方法和设备流程组合，与厂房建筑、设备安装、仪表控制等有关，这些关联因素都表现在基建项目投资费用上。所以，对基建投资费用进行经济分析，具有同等重要的经济意义。

基建投资费用的指标包括投资总额和投资单位费用。后者是投资总额分摊到单位产品（或单位生产能力）的投资费用。一般情况下，投资总额较大而生产效率较高的方案，有可能是经济合理的方案。在分析基建投资时，除对方案本身的投资数量进行分析，还需要对投资费用的构成项目等进行分析，如厂房建筑费、设备购置费、设备安装工程费以及其他费用，比较各项投资费用占投资总额的百分数，以便找出降低投资费用的相应措施。

四、经济效果综合分析

工艺经济性评价采用两种基本方法：一是确定方案的绝对经济效益，即通过方案本身的效益与费用的计算与比较，评价和选择方案；二是确定方案的相对经济效益，即仅就方案不同部分的经济效益进行计算与比较，确定方案。前者是筛选方案，后者是优选方案。在技术经济评价中，这两种方法是相辅相成的。

ER5-5　绝对经济效益评价指标（文档）

1. **绝对经济效益评价指标**　主要包括投资回收期、投资收益率、净现值、净现值率、内部收益率、投资利税率、资本金利润率等，具体介绍见数字资源 ER5-5。

2. **相对经济效益评价指标**　主要包括费用现值、差额净现值、差额投资回收期、差额投资收益率、差额投资内部收益率等，具体介绍见数字资源 ER5-6。

ER5-6　相对经济效益评价指标（文档）

ER5-7　目标测试题

（骆健美）

[1] 张平.JMP软件在富马酸替诺福韦二吡呋酯片处方与工艺优化中的应用.杭州:浙江工业大学,2019.

[2] 王笑笑,王君吉,赵源,等.质量源于设计(QbD)理念在脂质体开发中的应用.中国医药工业杂志,2018,49(12):1635-1643.

[3] 张莉燕,宋金春."质量源于设计"在制备 N- 乙酰半胱氨酸注射液中的应用.药学实践杂志,2019,37(06):552-558.

[4] 宋素芳,赵聘.生物统计附实验设计.2版.河南:河南科技技术出版社,2013.

[5] 程敬丽,郑敏,楼建晴.常见的实验优化设计方法对比.实验室研究与探索,2012,31(07):7-11.

[6] 江元翔,高淑红,陈长华,等.响应面设计法优化腺苷发酵培养基.华东理工大学学报,2005,31(3):309-313.

[7] 骆健美.纳他霉素高产菌株选育、发酵条件优化、发酵动力学及溶解度的研究.杭州:浙江大学,2005.

第六章　基因工程制药工艺

ER6-1　基因工程
制药工艺（课件）

　　基因工程技术不仅可以生产重组蛋白质、多肽或核酸等药物，还可用于提高抗生素、维生素、氨基酸、辅酶、甾体激素等药物的微生物生产能力。有些小分子化学药物可采用类似方法进行工程微生物制药。本章以重组蛋白质药物为例，主要内容包括基因工程菌构建、工程菌的发酵工艺、药物的分离纯化和质量控制。

第一节　概述

　　基因工程首先在制药行业实现了产业化，推动了生物技术的实质性发展。本节主要内容是基因工程技术的简史及基因工程制药的基本工艺过程。

一、基因工程技术的简史

　　基因工程或重组 DNA 技术是对生物的遗传物质基因进行扩增、酶切、与适宜的载体连接，构成完整的基因表达载体，然后导入宿主生物细胞内，整合到基因组上或以质粒形式存在于细胞质中，使基因工程生物表现出新功能或新性状。20 世纪 70 年代建立了基因工程技术，人类首次在分子水平改造生物，是人类生物技术史上的里程碑。基因工程技术的核心工具是DNA 限制性内切酶、连接酶、载体。

（一）基因的科学发现

　　1. 基因的化学本质　　1865 年，奥地利遗传学家 G. Mendel 利用豌豆杂交实验，发现了生物性状的独立分配规律和自由组合规律，由此提出了性状是由遗传因子控制的。1909 年，丹麦遗传学家 W. L. Johansen 提出术语基因，其来源于希腊语，意思是"生"，由此遗传因子被基因所取代。1915 年，遗传学家 T. H. Morgen 通过果蝇实验，发现了伴性遗传规律，基因在染色体上呈线性排列，提出了基因定位在染色体上。1928 年，英国的细菌学家 F. Greiffith 通过肺炎链球菌转化小鼠致病实验，表明了转化因子可以从一种微生物进入另一种微生物细胞，是可遗传的。1944 年，美国 O. Avery、C. Macleod 及 M. Mccarty 等进一步对转化的本质进行研究，使用提取的 DNA、RNA、蛋白质和荚膜多糖与活菌混合后进行实验，表明 DNA 是遗传转化因子。1952 年，美国 A. Hershy 和 M. Chase 使用同位素标记的噬菌体外壳蛋白质、同位素 P 标记的噬菌体 DNA 进行转染大肠杆菌实验，发现只有 DNA 才能进入细菌细胞、被遗传，而蛋白质不能进入细胞。经历近百年的科学探索，终于从分子水平上确定了遗传物质基因的本质是 DNA,而不是蛋白质。

2. **DNA 双螺旋结构和中心法则** 1953 年,美国 J. D. Watson 和 F. Crick 通过 DNA 的碱基组成、配对特点和 X 射线衍射分析实验,建立了 DNA 双螺旋结构模型并提出了半保留复制模式。1957 年,F. Crick 提出了遗传信息传递的中心法则,即 DNA 复制、RNA 转录和蛋白质翻译的流动方向。1958 年,M. Meselson 和 F. Stahl 用同位素 N 实验证实了双链 DNA 的半保留复制,即亲代的两条 DNA 单链是新链复制的模板,子代双链 DNA 分子中一条链来自亲代,另一条为新合成的链。1961 年,F. Crick 用 T4 噬菌体 DNA 缺失碱基的实验证实了 3 碱基编码一个氨基酸。1963 年,M. W. Nienberg 用无细胞体系,破译了第一个遗传密码 UUU 编码苯丙氨酸。1966 年,G. Khorana 用实验证实了遗传密码,64 种遗传密码全部破译。由于双螺旋结构和中心法则的重大科学发现,多位科学家因此获得诺贝尔奖。

(二)基因工程的技术发明

1. **限制性核酸内切酶的发现** W. Arber 从理论上预见了限制性酶,1970 年,H. O. Smith 分离得到第一个限制性酶,D. Nathans 用限制性梅切割得到 SV40 病毒 DNA 的片段。他们因此获得 1978 年诺贝尔生理学或医学奖。

2. **核酸连接酶的发现** 1967 年,多个实验室几乎同时发现了 DNA 连接酶,1970 年,Khorana 发现了 T4 DNA 连接酶。

3. **重组技术的发明** 1972 年,P. Berg 对体外 SV40 的 DNA 和噬菌体 DNA 分别用 EcoRI 酶切,然后用 T4 DNA 连接酶连接起来,导入大肠杆菌增殖,获得了 SV40 和噬菌体 DNA 的重组分子。这是世界上第一次实现 DNA 体外重组实验,获得了 1980 年的诺贝尔化学奖。

1973 年,S. Cohen 和 H. Boyer 将卡那霉素抗性基因质粒和四环素抗性基因质粒酶切 - 连接后,导入大肠杆菌,首次获得到具有双抗性功能的质粒,获得 1986 年诺贝尔生理学或医学奖。

20 世纪 70 年代后,基因工程技术进入应用阶段。在大肠杆菌中表达出的人生长素、胰岛素等药物相继上市,转基因动物、转基因植物的研究蓬勃发展起来。

二、基因工程制药的基本过程

基因工程制备蛋白质药物的基本过程包括工程菌种的构建、工程菌的发酵、蛋白质产物的分离纯化和质量控制(图 6-1)。到目前为止,生物技术产业的主流仍然是制药领域。

1. **基因工程菌的构建** 基因工程菌是把含有目标基因的载体导入宿主菌中,能合成重组蛋白质药物的微生物。通过 PCR 制备目标蛋白质药物的编码

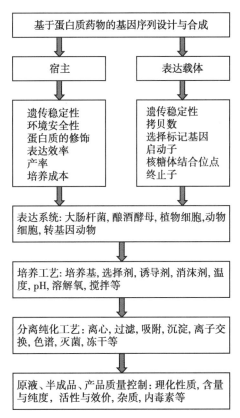

图 6-1　基因工程制药的基本过程

基因和质粒载体,经过限制性内切酶酶切和连接酶催化,得到表达载体,转化宿主微生物,筛选得到基因工程菌种。在启动子的驱动下,目标基因转录并翻译,则可实现在微生物中表达出目标蛋白药物。

2. 工程菌的发酵 基因工程菌的发酵过程与普通微生物的发酵相似,在发酵罐中进行,需要控制温度、pH、溶解氧等,只是由于菌种不同,培养基、发酵条件及其控制工艺就不同。重点是防止表达载体的丢失和变异、控制重组蛋白质药物的适时表达合成。

3. 重组蛋白质药物的分离纯化 重组蛋白质药物的分离纯化包括对发酵液进行初级分离和精制纯化,获得原液。在发酵体系中,重组蛋白质药物的含量比小分子发酵药物更低。要根据重组蛋白质药物的结构、活性等特点,选择特异性的方法,建立适宜的分离和纯化工艺,并对原液进行质量控制。对于胞内形成的包含体,则要采用变性和复性工艺,重折叠为具有生物活性的产品。重组蛋白质药物原料药与成品药物制剂生产往往不分离,由同一家企业完成。目前重组蛋白质药物仍然以专利药物为主,仿制生物制品很有限。

4. 制剂过程 原液经过稀释、配制和除菌过滤,成为半成品。半成品分装、密封在最终容器后,经过目检、贴签、包装,并经过全面检定合格的产品,为成品。

对重组蛋白质药物的检定与化学药品完全不同,以生物分析方法为主,对原液、半成品和成品进行检验和质量控制。

第二节　基因工程菌构建

外源基因表达载体和宿主菌构成了基因工程菌表达系统,表达载体与宿主菌要适配。基因工程菌的构建包括目标基因的设计与合成、表达载体的构建和工程菌的建库与保存。

一、基因工程制药的表达系统

(一)表达系统的选择

无论是制备重组蛋白质药物,还是进行代谢工程改造宿主微生物,都涉及异源蛋白质的功能性表达问题。选择适宜的异源宿主,以满足工业过程,对于实现重组蛋白质稳定表达至关重要。虽然已经研究和开发了多种用于基因表达的异源宿主细胞,但到目前为止还没有一种适合所有蛋白质表达的通用宿主细胞。药物生产的宿主细胞应该符合法规的安全标准要求,如美国 FDA 颁布的安全标准(generally regarded as safe, GRAS)。因此要根据不同目标蛋白质,以效率和质量为判别标准,选择适宜的宿主系统(表6-1)。

成功表达异源蛋白质是选择表达系统的第一步。考虑蛋白质的天然宿主、存在场所和结构特征等,与相似的成功实例进行比较,推测适宜的氧化还原环境。原核生物可用于表达无翻译后修饰的功能蛋白质,而真核生物表达系统可用于表达糖基化、酰基化等修饰的蛋白质。

对于重组蛋白质药物而言,表达产品的质量是第一位的,即表达的蛋白质药物必须均一,

表 6-1　常用蛋白质药物表达系统的特点

宿主系统	细胞生长（倍增时间）	表达水平	蛋白质药物	应用	工艺优点	工艺缺点
大肠杆菌	快（30分钟）	胞内表达为主,高	折叠受限,无糖基化	多肽或非糖基化药物	容易放大,容易操作,培养基简单,低成本	蛋白质包含体,有热原,分离纯化较复杂
酵母	较快（90分钟）	分泌表达,低-高	能折叠,高甘露糖基化	多肽或蛋白质,疫苗	容易放大,容易操作,培养基简单,低成本	蛋白质的糖基化受限
哺乳动物细胞	慢（11～24小时）	分泌表达,低-中等	能折叠,糖基化完全,接近天然产物结构	蛋白质,抗体,疫苗	活性高,分离纯化操作较简单	放大较难,培养要求严格,工艺控制复杂,高成本
植物细胞	慢	低	能	蛋白质,抗体,疫苗	培养基简单,低成本	放大较难

尽可能降低表达系统或生产过程引起的微观不均一性。对于制备功能酶而言,在高效表达、正确折叠、活性稳定的前提下,降低内源酶的背景,提高生产效率。

（二）原核生物表达系统

大肠杆菌(*Escherichia coli*)、芽孢杆菌、假单胞杆菌、链霉菌等原核生物,通过基因工程技术,可用于蛋白质药物与疫苗等生物制品、氨基酸与抗生素等化学药物及其衍生物,基因工程微生物还可用于生产催化剂生物酶,用于生物转化制备抗生素、手性对映体的拆分。

1. **大肠杆菌的形态**　属于革兰氏阴性菌,杆状,进行裂殖,在平板上形成白色至黄白色光滑的菌落。大肠杆菌细胞由外到内依次是外膜、细胞壁、细胞膜、细胞质和拟核区。大肠杆菌的外膜为双层磷脂,细胞壁与细胞膜之间的部分为周质。细胞外周有鞭毛,较长,使细胞游动。有些菌株有菌毛或纤毛,较细而且短,使细胞附着在其他物体上。细胞壁由肽聚糖构成,较薄,起保护和防御功能。细胞死亡后,外膜中的脂多糖游离出来,形成内毒素,产生热原。细胞膜紧靠细胞壁,是由含蛋白质的磷脂双分子层组成,具有选择通透性,起调节胞内外物质交换、物质运输和排出废物的功能。细胞质呈浆状,含有各种生物大分子,如酶、mRNA、tRNA、核糖体,并含有代谢产物等小分子物质,是细胞生化反应的主要场所。大肠杆菌缺乏亚细胞结构,细胞膜向内折叠形成间体,含有核糖体,扩大了生化反应面积。大肠杆菌基因组DNA是双链环状,浓缩在拟核区,无核膜包裹,故属于原核生物。

2. **大肠杆菌的遗传**　大肠杆菌具有一条环形染色体,于1997年完成了基因组测序,大小为4.6Mb,开放阅读框架4 288个,编码3 000多种蛋白质。有高、中、低拷贝数的质粒、成熟的遗传转化方法和基因编辑工具。实验室常用菌株是BL21(蛋白酶缺陷型)和K-12及其改进的衍生菌株。已经开发了适应不同蛋白、稀有遗传密码、辅助折叠的菌株,可根据具体情况选择使用。

3. **大肠杆菌的生理生化**　大肠杆菌能利用碳水化合物和氮、磷及微量元素,兼性厌氧生长,在液体培养基中发酵糖,产气产酸。在好氧条件下生长迅速,容易实现高密度(>100g 细胞干重 /L)发酵。外源基因表达水平高,目标蛋白占总蛋白量的20%~40%,培养周期短,抗污染能力强。

4. 表达蛋白质产物的三种存在形式　在细胞质中的表达质粒，被转录、翻译，生成细胞质蛋白质是表达蛋白质产物的三种存在形式。如果微观条件适宜，这些蛋白质折叠形成可溶性蛋白，即可溶性表达。如果采用信号肽引导外源蛋白向胞外分泌，则可运输分泌到周质，或释放到胞外，进入培养液。周质表达有利于减少蛋白的降解和下游分离纯化，避免 N 端附加蛋氨酸（由起始密码 ATG 编码），但由于不完全转运而显著降低了产率。如果分泌到培养液，则产率进一步下降。尽管大肠杆菌已经实现了分泌周质和胞外表达，但技术的成熟度有待进一步提高。如果细胞内微观环境不适或表达速度太快，则形成在显微镜下可见的不溶性蛋白包含体。包含体蛋白的优点是分离相对容易，但必须经过变性、复性等工艺过程，增加了工艺复杂度，而且不是所有的产物都能完全均一恢复活性，产品质量不易控制。

5. 大肠杆菌的应用　已经成功用于重组蛋白质药物生产，包括重组人胰岛素、重组人生长素、重组人干扰素、重组人粒细胞集落刺激因子、白喉毒素 -IL-2 融合蛋白等 30 余种药物上市。大肠杆菌也应用于氨基酸、有机酸、天然产物的合成与生产中。

（三）真核生物表达系统

真核生物表达系统包括酵母、丝状真菌、植物细胞、昆虫细胞、哺乳动物细胞和动物，它们都能对蛋白质进行翻译后修饰和折叠，能分泌到胞外。这里仅对酵母系统和植物细胞系统进行介绍，动物细胞表达系统见第八章。

1. 酿酒酵母的形态与生化特征　酿酒酵母是最简单的真核单细胞生物，呈球形、椭圆形、卵形或香肠形，细胞壁由甘露聚糖和磷酸甘露聚糖、蛋白质、葡聚糖及少量脂类和几丁质组成。酿酒酵母（*Saccharomyces cerevisiae*）自古以来被应用于食品工业，是安全、无毒的表达系统。酿酒酵母生长繁殖迅速，兼性厌氧生长，倍增期约 2 小时。酵母的培养条件简单而且大规模培养技术成熟，有亚细胞器分化，能进行蛋白质的翻译后的修饰和加工，并具有良好的蛋白质分泌能力。

2. 酿酒酵母遗传　它以芽殖方式进行无性繁殖，以子囊孢子方式进行有性繁殖。在特定条件下营养细胞才产生子囊孢子。孢子萌发产生单倍体细胞，两个性别不同的单倍体细胞接合形成二倍体接合子。酿酒酵母的遗传背景相当清楚，有 16 条染色体，于 1996 年完成其全基因组测序，基因组为 12Mb，开放阅读框架 5 887 个，编码约 6 000 个基因。已经开发了五种类型的载体和多种营养缺陷型，遗传操作容易。能对酵母的基因组进行编程，已经人工全合成了 15 条酿酒酵母染色体。

3. 酿酒酵母表达系统的应用　1981 年 Hitzman 等在酵母中实现了人干扰素的表达，FDA 批准的酿酒酵母表达的第一个基因工程疫苗就是乙肝疫苗，上市的其他基因工程药物有重组人胰岛素、重组人粒细胞集落刺激因子、重组人血小板生长因子、水蛭素、胰高血糖素等。酿酒酵母也可用于天然产物、蛋白质、油脂的生产。酵母表达系统的缺点是过度糖基化而会导致引物免疫反应，天然酿酒酵母不能利用五碳糖，产生的乙醇制约了高密度发酵。酿酒酵母具有良好的同源重组功能，是基因和代谢途径、基因组组装的理想系统，已经实现了用寡核苷酸组装基因，用基因组装抗生素合成基因簇，组装支原体的基因组。

4. 植物细胞表达系统　植物细胞培养是建立在细胞学说的基础上的，细胞的全能性是培养技术的基础。植物细胞培养的发展与植物营养、植物激素的发现密切相关,到20世纪30年代,利用组织培养可以使高度分化细胞发育成完整植株。20世纪70年代,出现了植物细胞培养生产有机化合物的专利,大规模细胞培养技术逐渐发展起来。人参、长春花、红豆杉等细胞培养成为研究药用活性成分生物合成机理的良好材料,红豆杉细胞培养生产紫杉醇技术曾获得美国总统绿色化学挑战奖,利用形成层细胞培养合成紫杉醇受到人们的重视。2012年FDA批准利用胡萝卜细胞系生产人葡萄糖脑苷脂酶,这预示着植物细胞培养制药时代的到来。

二、目标基因的设计

(一)基因的化学组成与性质

目标基因是指编码重组蛋白质药物的脱氧核糖核苷酸序列,核苷酸之间由磷酸二酯键连接。脱氧核糖核苷酸是由胸腺嘧啶(T)、胞嘧啶(C)、腺嘌呤(A)、鸟嘌呤(G)、脱氧核糖和磷酸组成(图6-2),不同基因具有相同的脱氧核糖和磷酸基团,其差别是碱基的排列顺序不同,因此通常用碱基的顺序表示基因序列。基因转录后生成mRNA,是由尿嘧啶(U)、胞嘧啶(C)、鸟嘌呤(G)、胸腺嘧啶(T)、核糖和磷酸组成。依据密码,RNA被翻译生成相应的蛋白质。

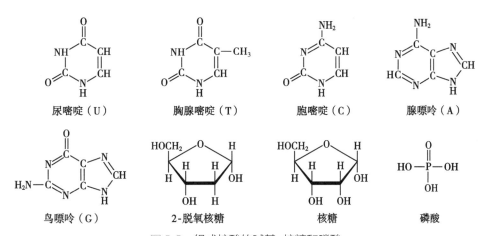

尿嘧啶(U)　　胸腺嘧啶(T)　　胞嘧啶(C)　　腺嘌呤(A)

鸟嘌呤(G)　　2-脱氧核糖　　核糖　　磷酸

图6-2　组成核酸的碱基、核糖和磷酸

(二)目标基因的设计要点

对于宿主细胞的基因组而言,编码重组蛋白质药物的目标基因来自其他生物,因此也常常被称为外源基因。随着大量生物基因组的测序,一方面,大数据时代提供了虚拟的基因序列。另一方面,合成寡核苷酸的成本大大降低。因此获得目标基因的策略是合成和组装,而非传统的克隆,基因序列设计成为先决条件。目标基因设计的目的是在宿主细胞中有效表达,包括高效转录和翻译成蛋白质,但同时要减少包含体的形成。

1. 密码子选择　对于原核生物而言,mRNA的二级结构和密码子的使用频率是影响基因表达的核心因素。虽然遗传密码在生物界是通用的,但不同生物具有不同的密码子偏好性。以宿主细胞的密码子偏好性为基础,对目标基因的序列进行设计,消除特殊的二级结构障碍转录，可降低稀有密码子的翻译低效性。从目前大肠杆菌中表达外源基因的实践来看，采用偏好密码，将形成大量的包含体，这无疑对重组蛋白质药物的生产是十分不利的。如何合理选择密码子的使用，特别是稀有密码子，成为目标基因功能化表达的关键。目标基因设计要基于分子生物学知识，采用生物信息学软件，如 Optimizer、GeneDesign、Gene Designer、GenoCAD 等，对密码子进行优化、去除 mRNA 二级结构、检查序列。为了方便目标基因的组装和连接等，在设计阶段还要消除序列内部的限制性内切酶切位点的干扰。

2. 终止密码子选择 在三个终止密码子中，TAA 是真核和原核中广泛使用的高效终止密码子，其次是 TGA，而 TAG 使用频率很低，可优先选择高频终止密码子。同时，为了防止翻译通读，在 TAA 后再增加一个碱基，形成四联终止密码子，如 TAAT，TAAG、TAAA 和 TAAC，也可两个终止密码子串联。

3. 大肠杆菌表达人干扰素 α2b 序列设计 人干扰素 α2b 基因的 GC 含量为 47%，而大肠杆菌基因组的 GC 含量为 51.54%。人干扰素 α2b 中存在稀有密码，AGG（使用频率为 0.03）/AGA（0.05），CTA（0.04），ATA（0.1），分别需要替换为高频密码 CGT（0.36）/CGC（0.37），CTG（0.49），ATT（0.50）。其中 AGGAGG 与大肠杆菌基因的核糖体结合位点相似，不利于翻译，需要消除（图 6-3）。

```
CTTTGTGATCTGCCTCAAACCCACAGCCTGGGTAGCAGGAGGACCTTGATGCTCCTGGCACAGATGAGGAGAATCTCTCTTTTCTCCTGCTTGAAGGACAGACATGACTTTGGATTTCCCCAGGAG 126
ATGTGTGATCTGCCTCAAACCCACAGCCTGGGTAGCCGCCGCACCTTGATGCTCCTGGCACAGATGCGCCGCATCTCTCTTTTCTCCTGCTTGAAGGACCGCCATGACTTTGGATTTCCCCAGGAG 126
M C D L P Q T H S L G S R R T L M L L A Q M R R I S L F S C L K D R H D F G F F Q E 42
GAGTTTGGCAACCAGTTCCAAAAGGCTGAAACCATCCCTGTCCTCCATGAGATGATCCAGCAGATCTTCAATCTCTTCAGCACAAAGGACTCATCTGCTGCTTGGGATGAGACCCTCCTAGACAAA 252
GAGTTTGGCAACCAGTTCCAAAAGGCTGAAACCATCCCTGTCCTCCATGAGATGATCCAGCAGATCTTCAATCTCTTCAGCACAAAGGACTCATCTGCTGCTTGGGATGAGACCCTCCTAGACAAA 252
E F G N Q F Q K A E T I P V L H E M I Q Q I F N L F S T K D S S A A W D E T L L D K 84
TTCTACACTGAACTCTACCAGCAGCTGAATGACCTGGAAGCCTGTGTGGAGATGGGGGAGGGGGTGACAGAGACTCCCCTGATGAAGGAGGACTCCATTCTGGCTGTGAGGAAATACTTCCAAAGA 378
TTCTACACTGAACTCTACCAGCAGCTGAATGACCTGGAAGCCTGTGTGGAGATGGGGGAGGGGGTGACAGAGACTCCCCTGATGAAGGAGGACTCCATTCTGGCTGTGAGGAAATACTTCCAACGC 378
F Y T E L Y Q Q L N D L E A C V I Q G V G V T E T F L M K E D S I L A V R K Y F Q R 126
ATCACTCTCTATCTGAAAGAGAAGAAATACAGCCCTTGTGCCTGGGAGGTTGTCAGAGCAGAAATCATGAGATCTTTTTCTTTGTCAACAAACTTGGAAGAAAGTTTAAGAAGTAAGGAATGA 501
ATCACTCTCTATCTGAAAGAGAAGAAATACAGCCCTTGTGCCTGGGAGGTTGTCAGAGCAGAAATCATGCGCTCTTTTTCTTTGTCAACAAACTTGGAAGAAAGTTTACGCAGTAAGGAATAATAA 504
I T L Y L K E K K Y S P C A W E V V R A E I M R S F S L S T N L Q E S L R S K E * * 166
```

图 6-3 大肠杆菌表达人干扰素 α2b 基因序列的设计

注：第 1 行为人源的核苷酸序列，第 2 行为新设计核苷酸序列，第 3 行为编码的氨基酸序列。在表达设计中，成熟人干扰素的第一个三联体密码子（CUU，编码亮氨酸）被起始密码子（AUG，编码蛋氨酸）取代。下划线为高频密码子取代稀有密码子，方框内为终止密码子，新设计两个终止密码子串联。

三、目标基因的合成

（一）PCR 组装

1. PCR 反应体系组成 对已完成设计的目标基因序列，需要分割为短片段（通常 500~700bp），再分割为寡核苷酸（40~70bp），相邻寡核苷酸的 5′ 和 3′ 两端有 20bp 左右的互补序列，中间有 10~30bp 的间隔序列。用化学合成的这些寡核苷酸，通过聚合酶链式反应（polymerase chain reaction，PCR）（表 6-2）进行组装，可获得全长基因。

2. PCR 的基本过程 PCR 是细胞复制 DNA 过程的体外形式，经过多轮循环反应，扩增模板基因的拷贝数（图 6-4）。典型 PCR 的每轮延伸反应经过 4 个阶段：①高温（94~96℃）使双链 DNA 变性，打开二级结构，解离为单链。②降低温度（50~60℃），使模板与引物通过碱

表 6-2　标准 PCR 反应体系的组成与作用

成分	作用
缓冲液: 50mmol/L KCl, 10mmo/L Tris-HCl, pH 8.3	提供合适离子浓度和反应环境
4 种 dNTP 混合液	等量混合, 反应的底物
正向引物	决定基因扩增的起始点
反向引物	决定基因扩增的终止点
DNA 聚合酶	催化底物聚合功能, 具有热稳定性
MgCl$_2$	Mg^{2+} 是辅酶
模板 DNA	含有目标基因序列, 双链或单链

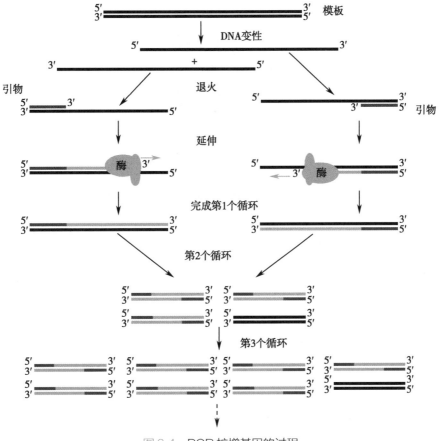

图 6-4　PCR 扩增基因的过程

基间的氢键配对结合, 即退火。③提高温度(72℃), 由 DNA 聚合酶催化底物聚合, 合成模板链的互补链。在 PCR 过程中, 随着循环数增加, 扩增产物量呈几何级数的增加, 一般 30~40 个循环达到平台。为了提高模板 DNA 的变性效果, 通常第一变性反应需要 3~5 分钟, 然后进入循环反应。④最后一个循环在 72℃下 5~7 分钟, 使延伸反应完全。PCR 结束后, 产物可在 4℃暂时保存。

3. PCR 的参数　DNA 的变性温度和延伸温度几乎不变, 而退火温度与引物长度和序列特征有关, 引物越长, GC 含量越高, 退火温度越高。各阶段的时间, 取决于基因的长度和聚合酶的活性, 基因越长, 变性和延伸时间越长, 聚合酶活性越高, 延伸时间越短。已有 PCR 参数分析的生物信息学软件,可辅助进行参数的优化。PCR仪是温度变化的热循环仪,只要设置了参数和程序,可自动运行,完成扩增反应。为了检测PCR的结果和过程控制,PCR实验应该包括正、负对照,无模板、引物、聚合酶等对照。

对于由寡核苷酸组装基因而言,以一条引物为模板(3′至5′方向),从另一条引物的3′末端开始延伸,沿5′至3′方向合成两个寡核苷酸之间的序列。再以基因的末端寡核苷酸为引物,合成整个基因片段(图6-5)。

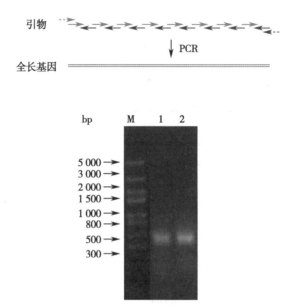

图6-5　PCR组装人α干扰素全长基因的示意图(上)及PCR产物的琼脂糖电泳(下)
注:M为标准DNA分子量;泳道1和2为两个重复PCR产物。

4. DNA聚合酶的选择　取决于扩增产物的长度和保真性要求。常用的DNA聚合酶为 *Taq* DNA聚合酶,来源于嗜热微生物(*Thermus aquaticus*)。*Taq* DNA聚合酶只有5′→3′外切酶活性,无3′→5′外切酶活性,错误率为(20~100)×10⁻⁶,对错配碱基无矫正功能,半衰期为97℃下7分钟,延伸速度约为2 000个碱基/min,所以*Taq*酶的保真性不够高,热稳定性较低,但效率较高。*Taq* DNA聚合酶的特点是在扩增的产物3′端会多一个碱基(一般为A),形成突出的黏性末端,对于基因克隆而言,可连接到相应的T载体上,使得连接反应容易进行,但不适合于重组蛋白质编码基因的合成。

Pfu DNA聚合酶来源于热栖原始菌(*Pyrococcus furiosus*),无5′→3′外切酶活性,具有3′→5′外切酶活性,错误率为1.6×10⁻⁶,对于错配碱基有矫正功能,半衰期为97.5℃下180分钟,延伸速度约为600个碱基/min,扩增产物为平端,具有较高的保真性和热稳定性,但效率较低。Fast *Pfu*聚合酶改进了*Pfu*酶的缺点,延伸速度大大提高,为2~3kb/min,同时具有高保真性。多种聚合酶组成的复合聚合酶,如*Taq*和*Pfu*的复合酶,也能显著提高扩增效率,特别是长目标基因。

在PCR组装中,要高保真DNA聚合酶,如*Pfu*聚合酶,降低PCR过程中的碱基错配率,提高DNA组装的效率。一般情况下,1次PCR能有效组装500~700bp,可满足人α干扰素基因的合成。如果基因较长,可先组装短片段,再用数个短片段(它们末端应该有重叠序列),通过重叠延伸PCR组装出全长基因(图6-6)。

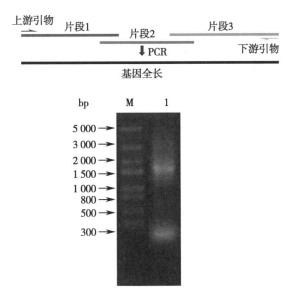

图 6-6　重叠延伸 PCR 组装全长基因的示意图（上）及 PCR 产物的琼脂糖电泳（下）

注：M 为标准 DNA 分子量；泳道 1 为重叠延伸 PCR 产物。

（二）同源重组组装

除了离体 PCR 组装基因外，还可用细胞的同源重组系统，在体内进行组装。同源重组是在同源重组酶的催化下，具有同源臂（具有相同的侧翼序列）的基因之间发生双交换，从而重组在一起。酿酒酵母具有很高的同源重组能力，把单链寡核苷酸和载体转化酿酒酵母原生质体，可在细胞内完成目标基因的组装（图 6-7）。筛选到阳性克隆后，提取重组质粒，进行鉴定。单链寡核苷酸的长度要在 60bp 以上，越长越有利于同源重组。寡核苷酸之间可以是完全重叠，也可以有 40bp 以上的间隔，酵母细胞能用自身的聚合酶将间隔填充。

图 6-7　寡核苷酸（实线）与载体（虚线部分）在酵母体内同源重组示意图

酵母细胞内同源重组的优点是将基因组装与表达载体构建相结合，一次性完成了目标基因的组装，同时实现了与载体的连接。如果重组外源蛋白在酵母中表达，则省去了在大肠杆菌中的构建过程，方便省时。酵母细胞组装 DNA 是十分有用和强大的技术，目前人工合成细菌和酵母染色体都采用了该方法。对于蛋白质药物的表达而言，酵母组装很适合于构建长基因的组装，如编码抗体基因。

四、表达载体的构建

（一）表达载体的结构与特征

质粒是存在于微生物细胞质中能独立于染色体 DNA 而自主复制的共价、闭环或线性双链 DNA 分子,一般几十 kb 至几百 kb 不等。基因工程使用的载体(注意与药物制剂中的载体区别)是由天然质粒改造而来,表达载体是外源基因能在宿主细胞中高效表达、合成产物的质粒(图6-8),具有以下基本特征。

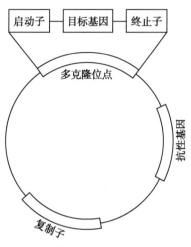

图 6-8　基因工程表达载体的结构

1. 质粒的自主复制性　表达载体含有复制起始点以及控制复制频率的调控元件,即复制子,不受宿主染色体复制系统的调控而进行自主复制。具有相同或相似复制子结构及特征的两种不同载体不能稳定地存在于同一宿主细胞内。复制子决定载体在细胞内的拷贝数,如大肠杆菌中,含有 pSC101 复制子的载体拷贝数只有几个,属于严紧型载体;pMB1 复制子载体的拷贝数为 15~25 个,pUC 复制子的载体为 500~700 个,属于松弛型载体。

2. 选择标记基因　表达载体上具有选择标记基因,用于筛选遗传转化体。细菌中最常用抗生素抗性基因,酵母中常用氨基酸缺陷型,作为选择标记。

3. 多克隆位点　是限制性内切酶识别和切割的位点序列,用于外源基因插入载体。如果在外源基因上游有启动子,下游有终止子,就构成了基因表达盒。

4. 可遗传转化性　表达载体可以在同种宿主细胞之间转化,也可在不同宿主之间转化。能在两种不同种属的宿主细胞中复制并存在的载体为穿梭载体,如大肠杆菌—酿酒酵母穿梭载体。

不同生物的表达载体基本结构相同,但其序列具有种属特异性(表6-3)。大肠杆菌的表达载体在酵母细胞中不能生成产物,反之亦然。

表 6-3　不同微生物表达载体的主要元件(举例)

元件	大肠杆菌	酿酒酵母
复制子	pSC101,pMB1,pUC	2μ,自主复制序列,着丝粒
选择标记基因	*amp*,*tet*,*str*,*kan*	*URA3*,*HIS3*,*LEU2*,*TRP1*,*LYS2*
启动子	P_{lac},P_{tac},P_{trc},P_{T7},P_L	P_{GAL},P_{GPD},P_{PKG},P_{ADH}
外源基因	编码药物或功能蛋白质	编码药物或功能蛋白质
终止子	T_{T7},T_{rrn},T_{lac}	T_{CYCL},T_{GPD},T_{PKG},T_{ADH}
表达方式	游离	游离或整合基因组

(二)外源基因表达盒的结构与功能

外源基因表达盒是由启动子、目标基因和终止子三部分构成,是表达载体构建的核心。

1. 启动子　是 RNA 聚合酶结合的一段 DNA 序列,作用是启动目标基因的转录,它决定着基因表达的类型和产量。基因工程大肠杆菌中使用两类启动子:一类来源于大肠杆菌;另一类来源于噬菌体,可以是组成型或诱导型启动子。一般在重组蛋白质药物生产中采用诱导型,而在代谢工程生产其他小分子药物时,可采用组成型启动子。由于宿主大肠杆菌

［如 BL21（DE3）］染色体上有 T7 RNA 聚合酶，可采用 *T7* 启动子与 *lac* 操纵子组合的诱导型启动子（图 6-9）。

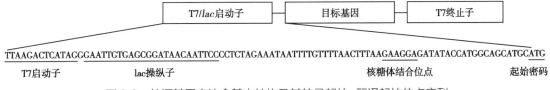

TTAAGACTCATAGGGAATTGTGAGCGGATAACAATTCCCCTCTAGAAATAATTTTGTTTTAACTTTAAGAAGGAGATATACCATGGCAGCATGCATG

| T7 启动子 | lac 操纵子 | 核糖体结合位点 | 起始密码 |

图 6-9　外源基因表达盒基本结构及其转录起始、翻译起始位点序列

正常情况下，阻遏蛋白 LacI 结合在 *lac* 操纵子上，妨碍了 T7 RNA 聚合酶的移动，外源基因不能转录。在外加诱导剂半乳糖类似物异丙基 -*β*-D- 硫代半乳糖苷（isopropylthio-*β*-D-galactoside，IPTG）时，IPTG 与阻遏蛋白 LacI 结合，使 LacI 从操纵子上脱离，T7 聚合酶启动转录。

2. 核糖体结合位点　由于原核生物的转录和翻译是同步进行的，启动子序列之后、翻译起始密码子之前是核糖体结合位点，它与 16S rRNA 互补，对翻译速度有重要影响。为了有效表达外源蛋白质药物，启动子强度要与核糖体结合位点序列相匹配。

3. 终止子　在目标基因的下游是一段反向重复序列和 T 串组成的终止子，反向重复序列使转录物形成发卡，转录物与非模板链 T 串形成弱 rU-dA 碱基对，使 RNA 聚合酶停止移动，转录物解离，完成基因转录。

（三）外源基因的重组

外源基因重组包括酶切、连接、转化和筛选鉴定，涉及基因工程的核心操作技术。

1. DNA 的限制性酶切反应　用限制性内切酶对 DNA 进行切割，产生所需的 DNA 片段。

在基因工程操作中，Ⅱ 型限制性核酸内切酶最常用，它的命名由酶来源生物的拉丁文名称缩写构成。以生物属名的第一个大写字母和种名的前两个小写字母构成酶的基本名称，斜体书写。如果酶存在于一种特殊的菌株中，则将株名的一个大写字母加在基本名称之后。如果酶的编码基因位于噬菌体（病毒）或质粒上，则还需要一个大写字母表示这些非染色体的遗传物质。酶名称的最后部分为罗马数字，表示该生物中发现此酶的先后次序，如 *Hind*Ⅲ 则是在 *Haemophilus influenzae* d 株中发现的第三个酶，而 *Eco*R Ⅰ 则表示其基因位于 *Escherichia coli* 中的抗药性 R 质粒上。

Ⅱ 型限制性核酸内切酶的识别位点与切割位点相同，大多数为 6 个碱基对，并且具有 180° 旋转对称的回文结构（图 6-10）。它催化双链 DNA 分子的两个磷酸二酯键断裂，属于水解反应，形成两个 DNA 片段，其 3' 端的游离基团为羟基，5' 端游离基团为磷酸。酶切割后产生 3 种末端类型（图 6-10），*Hind*Ⅲ、*Eco*R Ⅰ、*Bam*H Ⅰ 和 *Xba* Ⅰ 等酶切产物为 5' 突出端，*Kpn* Ⅰ、*Pst* Ⅰ 和 *Sph* Ⅰ 等酶切产物为 3' 突出端，而 *Sma* Ⅰ 和 *Eco*R Ⅴ 等产生平末端。

如果载体上有启动子、终止子，对目标基因与载体建立相同酶切反应体系，使双链载体开环线性化，目标基因末端与载体末端匹配，形成可连接片段。对于目标基因片段的酶切，在识别位点两侧应该有保护碱基，一般需要 2~3 个碱基，才能被完全切割。没有保护碱基时，不能被酶切，所以要在目标基因组装时把酶切位点及其保护碱基设计在内。

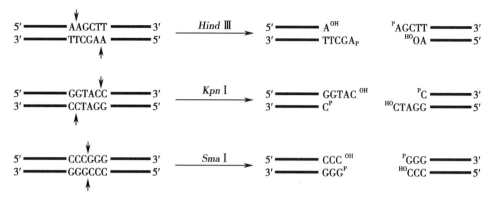

图 6-10　限制性内切酶切割双链 DNA 反应产物类型

酶切体系由目标基因或载体、限制性内切酶、缓冲液组成,缓冲液包括氯化镁、氯化钠或氯化钾、Tris-HCl、巯基乙醇或二硫苏糖醇以及牛血清白蛋白等,提供反应介质。酶切一般在 37℃ 空气浴的环境下反应 0.5~1 小时。反应结束后,75℃ 加热或加 EDTA,终止酶切反应,可也加入 1/10 的电泳上样缓冲液,直接琼脂糖凝胶电泳。彻底酶切非常重要,因为只有末端完全匹配的目标基因片段与载体片段才能实现正确连接,不完全酶切会大大降低连接效率。

对于酶切反应,要注意载体是否被甲基化。如果从具有 DNA 甲基化酶的宿主菌(如大肠杆菌 JM109)中分离提取的载体和质粒,GATC 和 CC(A/T)GG 分别形成甲基化产物 $G^{6m}ATC$ 和 $C^{5m}C(A/T)GG$,影响了酶的识别和切割能力,甚至不能切割。因此要在非甲基化的大肠杆菌中保存繁殖载体和质粒。

2. DNA 的连接反应　连接酶催化一条 DNA 链上 3'-羟基和另一条 DNA 链上 5'-磷酸基团共价结合,形成 3,5-磷酸二酯键。

DNA 连接反应可以看成是酶切反应的逆反应。分别纯化回收酶切的目标基因和载体片段,加入 DNA 连接酶和缓冲液,建立连接反应体系,反应 0.5 小时以上,使目标基因与载体片段连接。常用大肠杆菌 DNA 连接酶和 T4 DNA 连接酶(表 6-4)。

表 6-4　双链 DNA 连接酶特性

连接酶	分子量/kDa	活性形式	还原剂	辅酶	底物类型	反应温度/℃
T4 DNA 连接酶	62	单体	DTT	ATP, Mg^{2+}	平末端或突出端	37
大肠杆菌 DNA 连接酶	77	聚体	—	NAD^+, Mg^{2+}	突出端	16

大肠杆菌的 DNA 连接酶在催化连接反应时,需要烟酰胺腺嘌呤二核苷酸(NAD^+)作为辅助因子,NAD^+ 与酶赖氨酸的氨基形成酶-AMP 复合物,同时释放出烟酰胺单核苷酸(NMN)。活化后的酶复合物结合在 DNA 的缺口处,修复磷酸二酯键,并释放 AMP(图 6-11)。大肠杆菌 DNA 连接酶只能用于具有突出末端 DNA 片段之间的连接。

T4 DNA 连接酶由 T4 噬菌体基因编码,目前已经用基因工程大肠杆菌生产。T4 DNA

连接酶以 ATP 作为辅助因子,它在与酶形成复合物的同时释放出焦磷酸基团(图 6-11)。T4 DNA 连接酶与大肠杆菌连接酶相比具有更广泛的底物适应性,可用于突出末端和平末端的连接。T4 DNA 连接酶的连接速度随末端碱基序列变化,由高到低依次为 *Hind*Ⅲ>*Pst*Ⅰ>*Eco*RⅠ>*Bam*HⅠ>*Sal*Ⅰ。为了提高平末端 DNA 分子的连接效率,可加一价阳离子(如 150~200mmol/L NaCl)和 5% PEG4000。

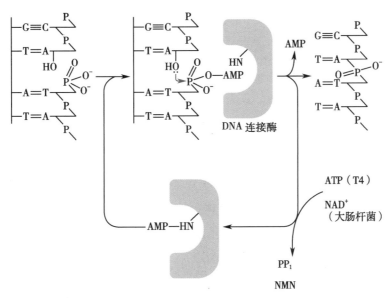

图 6-11　DNA 连接酶的反应机理

(四)遗传转化与筛选

1. **遗传转化**　是将重组 DNA 分子导入到微生物细胞的过程(在基因工程操作中常常简称为"转化",注意要与化合物的化学转化、生物转化等术语区别)。对于大肠杆菌,最常用 $CaCl_2$ 制备的感受态,加入连接产物,在 42℃下热击处理 90 秒,可将外源 DNA 导入细胞。

电转化也是实验室常用的方法,它是在电转仪中进行,宿主细胞受电场脉冲作用,细胞壁形成微通道,使外源 DNA 分子进入细胞。电转化是高效转化方法,可用于大肠杆菌、酵母等多种微生物转化。

将连接产物体系转化大肠杆菌后,需要加入无抗生素的 LB 液体培养基,在 37℃培养 45 分钟至 1 小时,进行增殖,然后涂布在含有抗生素的 LB 固体培养基上。倒置 37℃培养过夜,使单细胞生长形成单菌落。

2. **筛选**　是将目标重组分子筛选出来。连接产物体系转化宿主细胞后,产生的后代有以下几种情况:①非转化子,没有导入载体或重组分子(目标基因连接到载体上)的宿主细胞;②非重组子,导入载体片段的细胞;③重组子,导入重组 DNA 分子的细胞;④期望重组子,导入目标基因连接正确的重组子。

外源基因与载体的连接效率低,对宿主细胞的转化率也很低,一般为百万分之几。为了排除非转化子、非重组子及其不正确重组子,必须使用各种手段进行筛选,并鉴定(表 6-5)。

表6-5　遗传转化细胞的主要筛选鉴定方法

方法	原理	特点
抗生素筛选	载体有抗性标记基因,培养基中添加相应抗生素	简便,肉眼可见,筛选量大,可排除非转化子,主要用于细菌
营养缺陷筛选	载体有氨基酸或核苷酸的生物合成基因,培养基中缺陷相应氨基酸、核苷酸	简便,肉眼可见,筛选量大,可排除非转化子,主要用于酿酒酵母
蓝白斑筛选	外源基因插入使载体中 lacZ 基因失活,菌落呈白斑。反之,呈蓝斑	方便快速,筛选量大,可排除非重组子,有一定假阳性,用于克隆筛选
PCR	扩增出目标基因	较快,能确定重组子,但不能确定连接方向
限制性酶切图谱	限制性内切酶酶切,根据电泳图谱分析重组分子及其外源基因的大小	较快,能确定外源基因大小和连接方向
DNA 序列分析	Sanger 酶法测序	费时,成本最高,精确界定外源基因的边界,获得目标基因序列

　　首先是对菌落进行抗生素抗生初筛,然后进行菌落 PCR。对候选克隆,提取载体,采用合适的限制性内切酶,进行酶切鉴定。人干扰素基因大小约为 0.5kb,载体片段约为 3kb。把基因片段、载体片段及其表达载体的酶切产物,一起进行琼脂糖凝胶电泳(图 6-12)。利用载体上的已知酶切位点,建立表达载体的酶切图谱,并与已知图谱进行比较,进而确定正确的候选重组子。在此阶段,应该根据载体上的酶切位点,选择多种酶进行反应,建立表达载体的限制性内切酶图谱,可用于以后载体的质量控制。

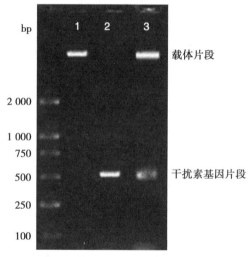

图 6-12　重组人干扰素表达载体的酶切鉴定

注: 泳道 1 为载体酶切片段; 泳道 2 为干扰素片段; 泳道 3 为表达载体双酶切。

　　对酶切正确的表达载体,用 Sanger 酶法进行双向测序。确证外源基因的序列正确,与启动子、终止子之间的连接无误,就完成了表达载体的构建。

五、重组蛋白质的表达

　　把表达载体转化到《生物制品技术指南》中规定的微生物中,就获得了基因工程菌。该工程菌只是具有表达外源基因的潜力,能否表达及其表达条件、产品特征仍然需要试验确定。

（一）蛋白质样品制备

1. 外源基因的诱导表达　取基因工程菌单菌落，在含抗生素的液体 LB 培养基中过夜培养。经过扩大培养，加入 IPTG 进行基因的诱导表达，继续培养 3~5 小时后，每隔一段时间，取样。离心收集的菌体，洗涤除去培养基等杂质，于 −20℃ 保存备用。

2. 外源蛋白质的电泳分析　将菌体样品用变性裂解液处理，置沸水浴中煮 5 分钟，裂解细胞，离心，上清液含有总蛋白质，在 SDS- 聚丙烯酰胺凝胶上，恒压电泳。当溴酚蓝接近底部时，结束电泳。用考马斯亮蓝 R-250 染色，用凝胶成像系统照相并扫描，得到菌体总蛋白质的电泳图谱。用灰度软件分析，计算重组蛋白质的分子量及相对含量。

（二）不同基因序列的表达差异

基因序列设计是有效表达所必需的，特别是稀有密码子和起始密码子。对 α 干扰素基因中的 5 个稀有精氨酸密码子（AGA、AGG），与核糖体结合位点（CGGAGG）非常相似，影响了起始翻译。用高频密码子 CGC 取代 AGA 或 AGG（图 6-13），α 干扰素表达量提高了 11 倍。

对人 α 干扰素基因的 5′ 端序列进行设计，减少自由能，使 mRNA 的起始密码子 AUG（对应基因 ATG）从颈环中释放出来，极大提高了基因表达水平（图 6-13）。

5′– AGAAGGAATTGCCCTTATGTGTGATCTGCCTCAAACCCACAGCCTGGGTAGCAGGAGGACCTTGATGCTCCTG –3′
5′– AGAAGGAATTGCCCTTATGTGTGATTTACCTCAAACTCATAGTTTAGGT AGTCGTCGT ACTTTAATGTTATTA –3′

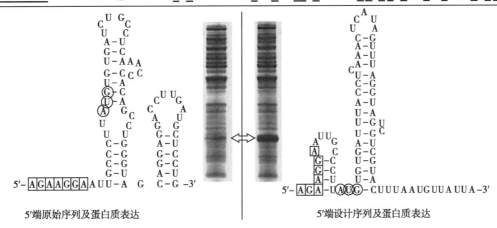

图 6-13　人 α 干扰素基因 5′ 端序列对表达的影响

注：上部为 5′ 端基因序列，带下划线的序列为设计的碱基（不改变氨基酸）。下图左侧为原始 5′ 端 mRNA 和原始基因表达的蛋白质电泳，右图为设计的 5′ 端 mRNA 和设计序列表达的总蛋白质电泳，箭头所示为人 α 干扰素。

（三）宿主菌筛选

由于遗传背景的差异，不同宿主菌株表达外源基因的能力是不同的。如重组人 α 干扰素在大肠杆菌 BL21（DE3）中无表达，这是人干扰素基因中稀有密码子所致。在含有过表达稀有密码子 tRNA 的 BL21Condon plus（RIL）中，干扰素基因高效表达，形成了包含体。诱导后 1 小时，可见蛋白质表达。随着诱导时间的延长，蛋白质表达量显著增加，但 5 小时后增加不明显。

（四）重组蛋白质的表达条件

在工程菌构建中，必须对菌体浓度、诱导时间、诱导剂浓度、诱导温度等进行试验，从而建立外源基因表达条件。对于 *lac* 启动子，诱导时间是在大肠杆菌的对数期之后，菌体浓度 OD$_{600}$ 从 0.4~2.0 不等。诱导剂 IPTG 浓度为 0.01~2mmol/L，培养基中的碳源（包括葡萄糖）对 IPTG 诱导浓度的效应有很大影响。对于温度诱导，可选择较高菌体密度进行实验。如果需要，还要对培养基组成及其添加物等进行优化，作为工艺控制的重要参数。

六、工程菌建库与保存

按照生物制品生产检定用菌毒种管理规程和 GMP 要求，生产重组蛋白质药物的基因工程菌按第四类病原微生物（在通常情况下不会引起人类或动物疾病）进行管理，实施种子批系统管理，建立各级种子库，并进行检定，确保菌种的稳定、无污染，保证药品生产正常有序进行。为了确保工程菌构建的有效性，做好菌种构建的记录和质量管理，保存方法见第三章。

（一）宿主细胞与工程菌

对于宿主菌，由国家检定机构认可，并建立原始菌种库。宿主细胞的资料包括菌株名称、来源、传代历史、鉴定结果及基本生物学特性等，详细说明载体导入宿主细胞的方法及载体在宿主细胞内的状态，是否整合到染色体内，拷贝数情况。对导入载体的工程菌，有遗传稳定性资料及基因在细胞中的表达方法和表达水平。

（二）菌种库建立

实施种子批系统管理，建立生产用菌毒种的原始种子批、主种子批和工作种子批。原始种子批应验明其记录、历史、来源和生物学特性。主种子批由含表达载体的宿主细胞经过扩大繁殖和保存而建立。由主种子批繁殖扩大后保存为工作种子批，用于生产。做好相关记录和文件处理，工作菌种库必须与主菌种库完全一致，并进行质量控制。由实验室制备放大进行规模生产时，必须进行质量控制试验和产品质量的考查。如果在基因工程菌中，有非目标基因的表达，就可能引起蛋白质产物的改变。这种改变可能导致产量降低，存在杂质，从而使产品的质量和数量产生差别。

（三）表达载体与目标基因序列

对于表达载体，应详细记录表达载体的构建、结构和遗传特性，载体各部分包括目标基因，复制子，启动子和终止子，抗性基因的来源、克隆、功能和鉴定，酶切位点及其图谱。对于 PCR 技术，记录扩增的模板、引物、酶及反应条件等。

对于目标基因序列及其表达载体两端控制区侧翼核苷酸序列，以及所有与表达有关的序列，做到序列清楚。DNA 测序分析确认目标基因结构的正确，目标基因序列与目标蛋白质的氨基酸序列一一对应，没有任何差错。对改造过的基因，应说明被修改的密码子、被切除的肽段（如内含子或信号肽等）及拼接方式。详细叙述在生产过程中，启动和控制目标基因在宿主细胞中的表达所采用的方法及表达水平。

（四）菌种检定内容

工程菌种库的质量控制要素是菌种真实性和生产能力。种子批系统应有菌毒种的原始来源、特征鉴定、传代谱系、是否为单一纯微生物、生产和培养特征、制备方式、最适保存条件等完整资料。详细记述种子材料的来源、方式、保存及预计使用寿命，以及在保存和复苏条件下基因工程菌的稳定性。采用新的种子批时,重新进行全面检定,内容包括平板上的菌落形态、光学显微镜染色检查、电子显微镜的细胞形态、抗生素抗性和生化特征、表达载体图谱和目标基因核酸序列,目标基因的表达量、产物和效价。保管过程中,详细记录菌种学名、株名、历史、来源、特性、用途、批号、传代次数、分发等,做到可追溯。

(五)菌种库管理

建立菌种库,要制定相应的操作规程,对实验室、人员及其环境提出要求。在建立主子批的过程中,在同一实验室工作区内,不得同时操作两种不同菌种;一个工作人员亦不得同时操作两种不同菌种。生产的种子批,应在规定条件贮存下,专库存放,并只允许指定的人员进入。

第三节　基因工程菌发酵工艺控制

基因工程菌的发酵培养方法和工艺控制原理与微生物发酵基本相同,都涉及培养基制备与灭菌、接种与扩大培养、温度、溶解氧与 pH 等控制,这里仅介绍特殊性,共性部分见第三章。

一、培养基

基因工程菌的培养基是以其生长和生产为基础,包括碳源、氮源、无机盐、生长因子等营养要素,以及满足生产工艺要求的消沫剂、选择剂和诱导剂。

(一)营养性成分

1. 碳源　主要有糖类、甘油等速效碳源,酪蛋白水解物等迟效碳源。基因工程大肠杆菌常用 LB 基础培养基,主要成分是蛋白胨、酵母粉和氯化钠。酿酒酵母只能利用葡萄糖、半乳糖等单糖类物质。

2. 氮源　包括铵盐、氨基酸和有机氮源。常用酵母粉等作为基因工程大肠杆菌的氮源,基因工程酵母需要使用氨基酸和酵母粉为氮源。在含有无机盐的极限培养基中,需要足量的矿物质,同时还要添加维生素等生长因子。

3. 培养基基础性成分对表达载体的稳定性影响　复合培养基营养较丰富,表达载体稳定性一般高于合成培养基。培养基中添加酵母提取物和谷氨酸等有利于表达载体的稳定性。在基因工程大肠杆菌发酵中,葡萄糖首先被利用,往往成为限制性基质,对不同类型表达载体的稳定性有较大影响。对于 lac 启动子系统,葡萄糖对诱导剂的诱导效果也不相同,要针对表达载体和菌株特性,合理组配培养基。对于酵母,极限培养基比丰富培养基更有利于维持质粒稳定性。

(二)表达载体稳定性成分

为了确保工程菌的纯正性和质粒的稳定性,需要添加相应的抗生素或缺陷相应的氨基酸。在基因工程大肠杆菌培养中,种子培养基可用卡那霉素、链霉素、氯霉素等抗生素作为选择剂,但不得使用 β- 内酰胺类抗生素。对于发酵培养基,可在确保产品质量的前提下,不使用抗生素。如果使用了抗生素,在后续工艺中必须去除,并进行残留抗生素活性的检测。对于营养缺陷型的基因工程酿酒酵母,培养基中缺少亮氨酸、组氨酸、赖氨酸等。选择剂的使用量是很低的(10~100mg/L),在能维持工程菌稳定性的前提下,尽量降低使用浓度。

(三)目标产物表达的诱导性成分

对于诱导表达型的基因工程菌,达到一定细胞生物量时,必须添加诱导剂,以解除目标基因的抑制状态,进行转录,翻译生成重组蛋白质产物。

二、发酵工艺控制

(一)发酵工艺控制的基本原则

进行工程菌发酵工艺参数控制,至少要考虑以下3个方面原则:①以菌体的生长为基础,以表达载体的产物合成为目标,协调生长和生产的关系;②防止表达载体的丢失,确保菌种的遗传稳定性和蛋白质药物结构的均一性;③既要提高重组蛋白质的合成产量,也要降低产物的降解,同时兼顾产物的积累形式。

由于表达载体对工程菌是一种额外负担,往往会引起生长速率下降,而产物重组蛋白质可能对菌体有毒性。因此,在多数情况下,较常采用两段工艺进行工程菌的发酵控制,发酵前期主要进行菌体生长,在对数中后期,调整工艺参数,进行产物合成和积累。

(二)发酵温度控制

温度对工程菌生长的影响与对宿主菌的影响相同,存在最适生长温度,如大肠杆菌为37℃,酿酒酵母为30℃。低于或高于最适生长温度,生长都会减慢。温度对外源蛋白质药物合成的影响,主要体现在蛋白质产物合成速度和积累形式。对于基因工程大肠杆菌,温度越高,产量越高,但越容易形成包含体。在较高温度下,细胞的蛋白酶活性强,对产物的降解严重,特别是对蛋白酶敏感的产物,更是如此。另外,随着发酵温度升高,表达载体的稳定性在下降。对于基因工程大肠杆菌往往在30℃左右质粒稳定性最好。对于温敏启动子控制的基因工程大肠杆菌,升高温度是外源基因转录和产物合成的必要条件。

(三)发酵液 pH 控制

pH 对基因工程菌发酵的影响与温度影响类似,菌体生长、产物合成、质粒稳定性对 pH 的要求不尽相同。细菌喜欢偏碱性环境,大肠杆菌适宜 pH 为 6.5~7.5,pH 高于 9.0 和低于 4.5 则不能生长。真菌喜欢微酸性环境,酵母的适宜 pH 为 5.0~6.0,pH 高于 10.0 和低于 3.0 不能生长。基因工程人干扰素是在酸性发酵条件下相对稳定,而在碱性条件下容易降解。在 pH 6.0 时,基因工程酵母表达乙肝表面抗原的质粒最稳定,在 pH 5.0 时,质粒最不稳定。

(四)溶解氧控制

目前用于生产蛋白质药物的基因工程菌是好氧微生物,生长和生产过程需要充足供氧。发酵罐中溶解氧较高时,生长速率较高,有利于表达载体的复制。供氧不足,将增加碳源无效消耗,产生有机酸,降低 pH,表达载体稳定性也差,对细胞生长和蛋白质药物产物合成极为不利。搅拌对表达载体稳定性有明显影响,随搅拌强度提高而表达载体稳定性下降,温和的搅拌速率有利于保持质粒的稳定性。根据需氧与供氧之间的平衡原理,控制在临界氧浓度以上。

三、发酵培养的物料管理

重组蛋白质药物应严格按照国家药品监督管理部门批准的工艺方法生产,严格审核基因工程菌培养、传代及保存方法和使用材料的详细记录,对质粒稳定性进行考核。重组蛋白质药物发酵培养的物料包括培养基、辅料、菌种等,涉及物料的采购、贮存、发放使用的管理,物料要符合质量标准。菌毒种的验收、贮存、保管、使用、销毁应按原卫生部颁发的《中国医学微生物菌种保藏管理办法》执行。表达载体和宿主细胞的验收、储存、保管、使用、销毁等应执行生物制品生产检定用菌毒种管理规定。这里主要介绍原辅料和发酵过程表达载体的丢失率检查。

(一)原料

重组蛋白质药物生产用物料须向合法和符合质量标准、有保证的供方采购,签订较固定供需合同,以确保物料的质量和稳定性。避免使用抗青霉素类抗性标记,最好使用无抗性标记的 DNA 载体,若需要抗性标记,则可使用抗卡那霉素或新霉素的抗性标记。动物源性的原材料使用时要详细记录,内容至少包括动物来源、动物繁殖和饲养条件、动物的健康情况。生产用注射用水应在制备后 6 小时内使用;注射用水的贮存可采用 80℃以上保温、65℃以上保温循环或 4℃以下存放。按照规定的质量标准及生物制品检定规程购进原料、辅料及包装材料。并按规定检查合格后,方可使用。

(二)工程菌的生产管理

基因工程菌为有限代次生产,详细记录用于培养和诱导基因产物的材料和方法。从培养过程到收获,要有灵敏的检测措施,控制微生物污染。记录培养生长浓度和产量恒定性方面的数据,确立废弃一批培养物的指标。根据宿主细胞 - 载体系统的稳定性资料,确定在生产过程中允许的最高细胞倍增数或传代次,记录培养条件。在生产周期结束时,监测宿主细胞 - 载体系统的特性,例如质粒拷贝数、宿主细胞中表达载体稳定性程度、含插入基因的载体的酶切图谱。一般情况下,用来自一个原始细胞库的全部培养物,必要时应做一次编码表达产物的基因序列分析。

对于连续培养生产,提供经长期培养后所表达基因的分子完整性资料,以及宿主细胞的表型和基因型特征,每批培养的产量变化应在规定范围内,确定可以进行后处理及应废弃的培养物的指标。对于长时间连续培养,根据宿主 - 载体稳定性及产物特性和稳定性,间隔不同时间进行全面检定,规定连续培养的时间。

(三)表达载体稳定性与丢失率检查

通常采用平板稀释计数和平板点种法,以菌种的选择性是否存在来判断表达载体稳定性。平板计数法是把基因工程菌在有选择剂的培养液中生长到对数期,然后在非选择性培养液中连续培养,在不同时间(即繁殖一定代数)取菌液稀释后,涂布在固体选择性和非选择性培养基上,倒置培养,菌落计数,选择性菌落数除以非选择性菌落数,计算出表达的丢失率,评价载体的稳定性。

平板点种法是将菌液涂布在非选择性培养基上,长出菌落后,再接种到选择性培养基上,验证表达载体的丢失。平板点种法是《中国药典》(2020 年版)规定的质粒丢失率检查方法,可用于在生产过程中,定期对发酵液取样,考查表达载体的丢失情况。对于基因工程大肠杆菌,稀释发酵液,涂布在无抗生素的固体培养基上,37℃培养过夜。调取100个以上的单菌落,分别点种到有抗生素和无抗生素的固体培养基上,过夜培养。要求重复2次以上,菌落计数,计算表达载体的丢失率。在生产工艺验证中,表达载体的丢失率应在许可的范围内。

四、重组蛋白质药物质量控制

(一)分离纯化质量管理

基因工程菌生产的重组蛋白质药物,分子量大,结构复杂,很难或无法采用分析小分子化学药物的手段表征其纯度、含量和结构。要对原液、半成品、成品进行检定(表6-6),采取分离纯化质量管理。详细记述收获、分离和纯化的方法,特别注意核酸以及有害抗原性物质的去除。如采用亲和层析技术,例如用单克隆抗体,应有检测可能污染此类外源性物质的方法,不应含有可测出的异种免疫球蛋白。对整个纯化工艺应进行全面研究,包括能够去除宿主细胞蛋白、核酸、糖、病毒或其他杂质以及在纯化过程中加入的有害的化学物质等。关于纯度的要求可视制品的用途和用法而确定,仅使用一次或需反复多次使用。

表6-6　基因工程菌生产注射用重组蛋白质药物的检定项目

检测项目	原液	半成品	成品	主要方法
生物学活性	+		+	
蛋白质含量(mg/g)	+			双缩脲法等
比活性(IU/mg)	+			
纯度(%)	+			液相色谱或电泳
分子量(kDa)	+			还原型SDS-聚丙烯酰胺凝胶电泳
外源DNA残留量	+			
宿主蛋白质残留量	+			
残余抗生素活性	+			
细菌内毒素	+	+	+	
紫外光谱	+			紫外分光光度计
等电点	+			等电点聚焦电泳
肽图	+			液相色谱
N端序列	+			氨基酸测序仪
鉴别试验			+	免疫杂交
无菌检查		+	+	
物理检查			+	
化学检定			+	
异常毒性			+	

(二)物理性质

1. 分子量测定　用还原型SDS-聚丙烯酰胺凝胶电泳是测定重组蛋白质药物分子量,分离胶浓度15%,上样量不低于1.0μg。用适宜的分子量标记物作为参比,用考马斯亮蓝、银染和荧光染料染色,测定的分子量与理论值基本一致,误差 5%~10%。如重组人干扰素 α1b 的分子量应为(19.4±1.9)kDa,重组人 γ 干扰素的分子量应为(16.8±1.7)kDa,重组人白介素 -2 的分子量应为(15.5±1.6)kDa。也可用 Sephadex 系列(G-75、G-100)凝胶过滤、质谱测定蛋白质分子量。

2. 等电点测定 用等电点聚焦电泳测定重组蛋白质药物的等电点。蛋白质药物的等电点经常不均一,即不是一个等电点,而是出现多条区带、多个等电点。如重组人干扰素 α1b 的主区带应为 4.0~6.5,重组人干扰素 α2a 的主区带应为 5.5~6.8,重组人干扰素 α2b 的主区应为 4.0~6.7,并且与对照品一致。对于同一个产品来说,不同批次之间应有良好的一致性和重现性,则表明质量均一和工艺稳定。

3. 物理图谱 重组蛋白质药物有紫外吸收,可用紫外吸收光谱测定。对同一种蛋白质,最大吸收波长是相对稳定和固定的,每批次之间紫外扫描图谱应该是一致的。在 230~360nm 内扫描,重组人干扰素 α2b 的最大吸收波长应为(278±3)nm,重组人 γ 干扰素的最大吸收波长应为(280±3)nm。

肽质量指纹图谱(简称"肽图谱"或"肽图")是指用酶解(如胰蛋白酶)或化学(如溴化氰)降解蛋白质后,对生成的肽段进行分离,形成特征性的指纹图谱。胰蛋白酶在精氨酸或赖氨酸的羧基端降解肽键,形成肽段,用反相高效液相色谱分离,梯度洗脱,214nm 检测。溴化氰降解蛋氨酸的羧基端,专一性强,切点少,产量高,获得大片段。

(三)化学结构

测定蛋白质的一级结构,包括氨基酸组成分析、末端氨基酸序列分析,最终可确定其一级结构。

1. 氨基酸组成分析 可在氨基酸自动分析仪上进行。以酸水解为主,辅以碱水解,混合氨基酸通过离子交换树脂,进行色谱分离,氨基酸与茚三酮反应,测定并计算氨基酸含量,确定组成,并与目标蛋白的氨基酸组成进行比较。如果某氨基酸含量偏差较大,表明基因工程菌可能发生变异导致蛋白结构改变或纯化过程中出现异常,混进了其他杂质。

2. 氨基酸序列分析 可用氨基酸测序仪进行。利用 Edman 降解原理和程序,于 1967 年实现了自动化测序,可测 50~60 个氨基酸残基。放射性同位素、荧光或有色 Edman 试剂等的使用,提高了灵敏度,达到皮摩尔(微克)级,能在线检测和直接读出数。

末端序列分析用于鉴别 N 端和 C 端氨基酸的性质和同质性。在实际蛋白质药物质量控制中,常用 N 端 15~16 个氨基酸残基序列为检定标准,至少每年检测 1 次。若发现目标产品的末端氨基酸发生改变,要分析变异体及其数量,并与对照品的序列进行比较。

(四)纯度与含量检测

1. 蛋白质含量测定 测定方法有凯氏定氮、双缩脲、考马斯亮蓝、荧光、Folin- 酚和紫外分光光度计分析等,《中国药典》(2020 年版)规定了凯氏定氮法、Lowry 法、双缩脲法(表 6-7)。与标准蛋白质溶液或回归曲线比较,可计算出重组蛋白质药物的含量。含量测定方法学的选择取决于对敏感性和干扰杂质影响的要求,用 280nm 紫外分析和考马斯亮蓝法,比较方便又不损耗蛋白质样品。

表6-7　蛋白质含量测定方法的比较

方法	灵敏度/(μg·ml⁻¹)	检测原理	优点	缺点
凯氏定氮法		测定总氮,乘以常数6.25(1g氮相当于6.25g蛋白质)	简单	灵敏度低,准确度低
双缩脲法（540nm）	1 000~10 000	碱性铜试剂与肽键反应,形成紫色络合物	试剂低廉,容易操作	很不敏感
Lowry法（650nm）	30~150	碱性铜试剂与蛋白质形成复合物,再与酚试剂反应,生成蓝色化合物	敏感度比双缩脲法高	费力,去污剂和螯合剂干扰分析

2. 重组蛋白质药物纯度测定　凝胶电泳、毛细管电泳、高效液相色谱、凝胶过滤色谱、离子交换色谱、疏水色谱、质谱等都可用于重组蛋白质药物纯度测定,《中国药典》(2020年版)规定了用非还原型(变性)SDS-聚丙烯酰胺凝胶电泳和高效液相色谱方法(表6-8)。采用变性SDS-聚丙烯酰胺凝胶电泳,银染或考马斯亮蓝染色,扫描计算含量,检定重组蛋白质药物纯度。采用高效液相色谱时,根据待检测的蛋白质的大小,要选择适宜色谱填料柱,在280nm下检测,计算纯度。如果产品分子构型均一,则只出现一个峰,总纯度要达95%以上。在鉴定蛋白质纯度时,至少应该用两种以上的方法,而且两种方法的分离机理应当不同,这样才能得出比较可靠的结果。

表6-8　蛋白质纯度鉴定的方法

方法	所需时间	样品体积/μl	灵敏度	特点
SDS-PAGE	数小时	1~50	ng~pg	准确性较高,分辨率好,但人力操作多
HPLC	10~120分钟	10~50	ng~pg	准确性高,分辨率好,可自动化分析
毛细管电泳	10~30分钟	1~50	pg	准确性高,分辨率好,可自动化,微量级样品制备

(五)杂质检测与控制

根据来源,可把杂质分为工艺相关杂质和产品相关杂质。工艺相关杂质来源于微生物、培养基、分离纯化工艺。来源于微生物的杂质包括源于宿主的蛋白质、核酸、多糖、外源DNA等,来源于培养基的杂质包括诱导剂、抗生素及其他培养基组分,来源于下游工艺的杂质包括酶、化学和生化处理试剂(如溴化氰、胍、氧化剂和还原剂)、无机盐、溶剂、载体、配基(如亲和纯化中的IgG)及其他可滤过性物质。

对于宿主细胞蛋白,用细胞粗提物制备多克隆抗体,进行免疫检测。如用兔抗大肠杆菌菌体蛋白质抗体,对大肠杆菌生产的重组蛋白质药物进行酶联免疫反应,测定大肠杆菌菌体蛋白质的残留量,应不高于蛋白质总量的0.10%。

在重组蛋白质药物的生产过程中,所使用的各种表达体系中都含有大量外源质粒DNA。世界各国的药品管理机构都对重组蛋白质药物中所允许的DNA残留量严加限定,世界卫生组织(World Health Organization, WHO)和FDA的限量定为100pg/剂量,中国的限量为10ng/剂量。采用Southern杂交技术和荧光染色检测外源DNA残留量。也可使用更灵敏的技术,如PCR对特殊的DNA序列进行扩增,以检测是否存在某种特定的DNA杂质,检测出的基线更低。

通过培养基内抗生素对微生物生长的抑制作用,检测重组蛋白质药物中的抗生素残留量。《中国药典》(2020年版)给了定性规定,制品中不应有抗生素残留。如果比对照品的抑菌圈小,结果判定抗生素残留为阴性,否则为阳性。

(六)生物学测定

1. 鉴别试验 用重组蛋白质药物与特异性抗体进行免疫印迹(即 Western 杂交),用生物素标记的二抗,进行显色。如果呈现明显杂交带为阳性,不显色为阴性。

2. 生物学活性与比活性测定 重组蛋白质药物的生物学活性用效价或效力表示,采用国际或国家标准品或参考品,以体内或体外法测定制品的生物学活性,按国际单位(IU)或折算为国际单位。

根据重组蛋白质药物的生物学功能建立合适的生物模型,测定体内生物学活性。对于测定生长素的活性,以切除脑垂体的大鼠为实验动物模型,再注射生长素,应具有促进生长、增加体重的功能。或用未成年去垂体大鼠,观察其胫骨骨骺软骨增宽来测定生长素的生物学活性。

根据重组蛋白质药物的生物学治疗机理,用适宜的细胞模型,测定体外生物学活性。干扰素具有保护人羊膜细胞免受水疱性口炎病毒破坏的作用,故采用细胞病变抑制法测定干扰素的抗病毒生物学活性。重组乙肝疫苗的活性成分是乙肝病毒表面抗原,采用酶联免疫测定其含量,以参考品为标准,可计算体外相对效价。

在测定生物学活性和蛋白质含量的基础上,计算其特异比活性,用活性单位/质量表示,每毫克蛋白质的生物学活性,即 IU/mg。比活性不仅是含量指标,又是纯度指标,比活性不符合要求的原料药,不能用于生产制剂。

(七)其他检测

进行无菌试验、内毒素、异常毒性等试验。根据产品剂型,应有外观(如固体、液体、色泽、澄明度等方面的描述)、水分、pH、装量等方面的规定,参照《中国药典》(现行版)有关规定进行。

ER6-2 目标测试题

(赵广荣)

参考文献

[1] 赵临襄,赵广荣.制药工艺学.北京:人民卫生出版社,2015.

[2] 赵广荣,杨冬,财音青格乐,等.现代生命科学与生物技术.天津:天津大学出版社,2008.

[3] 吴乃虎.基因工程原理.2版.北京:科学出版社,2005.

[4] 国家药典委员会.中华人民共和国药典:2020年版.三部.北京:中国医药科技出版社,2020.

第七章 代谢工程制药工艺

ER7-1 代谢工程
制药工艺（课件）

第一节 概述

一、代谢工程

（一）代谢工程的定义

代谢工程是利用重组 DNA 技术对特定的生化反应进行修饰，或引入新的反应以定向改进产物的生成或细胞性质的学科。代谢工程研究过程通常包括分析、合成、表征 3 个循环过程，通过对细胞进行工程操作，从而达到改进细胞性能的目的。代谢工程改造往往包括以下几个步骤：①利用代谢的数学模型识别代谢工程靶标，通过基因工程导入特定的遗传修饰；②通过控制发酵条件对新构建的菌株进行表征，或在明确定义的筛选条件下对构建的菌株文库进行筛选；③利用分析技术量化菌株的性能；④将定量分析结果与数学模型集成，以识别第二轮的代谢工程靶标，进而进一步改进菌株性能。

（二）代谢工程的原理

代谢工程是利用重组 DNA 技术、基因和基因组编辑等技术，对细菌、酵母或植物等生物体的代谢、基因调控、信号网络等进行细胞网络定向修饰和改造。通过优化现有的生化反应和代谢途径，引入外源代谢途径，甚至创建自然界不存在的代谢途径，来实现和提高氨基酸、有机酸、化工醇、抗生素、维生素、化学原料药以及其他生物技术产品的生物合成与制造能力。究其本质，是对宿主的代谢网络进行改造，从而实现目标化合物的高效合成或细胞性能的改善。

（三）代谢工程的发展

1. 代谢工程的历史 1991 年，代谢工程领域先驱、美国学者 James Bailey 及 *Metabolic Engineering* 杂志创刊主编 Gregory Stephanopoulos 教授于 *Science* 期刊分别发表 *Toward a science of metabolic engineering* 和 *Network rigidity engineering in metabolite overproduction* 两篇论文，将 20 世纪 80 年代以来科研工作者对生物反应系统的设计与操作进行了系统总结，标志着代谢工程的正式诞生。代谢工程在诞生之初是一个与分子生物学交叉融合的学科，在随后的发展中，代谢工程的重点聚焦于通过代谢控制分析和代谢通量分析确定产物合成途径的关键节点和优化靶点，然后通过重组 DNA 技术对微生物菌株进行定向改造。20 世纪 90 年代中期，随着功能基因组学和系统生物学的发展，微生物全基因组测序的成熟和基因功能的解析注释为基因组代谢网络的构建奠定了基础。研究者可以在系统水平上研究微生物的代谢网络特征、模拟优化代谢途径。与此同时，转录组学、蛋白质组学、代谢物组学和通量组学等各种高通量组学分析技术的涌现使得从多个层次系统地解析微生物的代谢特征成为可能。这些系统生物学的研究工具显著提高了代谢工程代谢网络的分析、表征能力和对目标靶点改造的准确度。代谢工程研究是支撑生物技术与生物产业的重要领域。作为一个交叉前沿领域，代谢工程在研究方式上有生物科学、物质科学和工程科学紧密合作的特色，这种密切交叉体现了现代技术科学的活力与优势。多学科交叉渗透与集成创新已成为代谢工程发展的新方向。

2. 代谢工程的现状　该学科建立30年以来，先后与分子生物学、系统生物学、合成生物学发生深度交叉融合，并在此基础上获得飞速发展，极大地促进生物技术产业的进步和升级。系统生物学方法包括基因组尺度代谢网络模型（GEnome-scale Metabolic model, GEM）的构建与模拟分析，转录组学、蛋白质组学以及至目前所提出的通量组学等多层次组学方法。它们的应用能进一步拓展研究者对生物系统的认知，还能分析确定一些和代谢途径没有直接关联或难以通过直觉发现的潜在改进靶点。近10年来，代谢工程与合成生物学的深度交叉融合又为其发展提供了新的推动力。DNA组装、基因元件和基因调控线路的设计、基因组编辑、蛋白支架等合成生物学技术的发展极大地丰富了代谢工程改造微生物细胞的策略和工具，尤其是显著提高了代谢工程循环步骤中的合成能力。代谢工程正以前所未有的深度和广度促进生物技术产业的升级和进步。合成生物学的多项使能技术也极大地推动了代谢工程对微生物细胞的改造与构建。在过去的20年里，代谢工程借助于合成生物学和系统生物学工具发生了革命性的变化，在提高产品的浓度、生产速率和得率方面有了极大的提升。此外，在2019年的代谢工程国际会议上为表彰赵学明教授对中国代谢工程发展所作出的突出贡献，国际代谢工程学会特设立"赵学明代谢工程讲座奖"。

3. 代谢工程的未来　近10年来，系统生物学和合成生物学方法与代谢工程的组合策略具有很多成功的例子，但也面临着一些问题和挑战。在系统生物学的应用方面，虽然各种组学的研究产生了大量的数据集，但是大部分应用还是描述性的表征，精确预测靶点进而改进细胞性能的研究相对而言较少。其中主要原因是多组学数据整合及有效数据挖掘仍然是一个难题，通过数据驱动的机器学习算法从数据集中挖掘重要代谢信息是今后应对该挑战的主要方向。系统生物学方法预测出的潜在靶点仍然需要大量的鉴定测试（例如测试转录组学分析得到的数目众多的差异表达基因、通过微调优化靶点的表达水平等），除了少数几种模式微生物之外，在其他物种中进行大规模的遗传扰动测试仍然具有很大的挑战，而随着合成生物技术的发展，开发适合于更多微生物物种的表达元件和使能技术将在很大程度上解决这一问题。工程菌株的鲁棒性是影响代谢工程菌株成功进行商业化生产的一个重要因素。因此，开发更多天然适合于某类化学品生产的非模式底盘菌株和避免其对鲁棒性的负面影响是未来代谢工程改造的重要方向，通过基因表达的精细调控平衡细胞代谢、通过基因组编辑技术提高遗传稳定性、通过进化工程等方法提高细胞的抗逆性能等策略都可以显著改善工程菌株的鲁棒性，这些策略在代谢工程中的应用将促进更多的微生物细胞工厂走向实用化。

二、代谢工程中的模式微生物

大肠杆菌(*Escherichia coli*)与酿酒酵母(*Saccharomyces cerevisiae*)等代谢相对清晰、遗传操作技术成熟的模式生物被广泛地用作代谢工程宿主相关研究。

（一）酿酒酵母细胞工厂的优良特质

酿酒酵母(*Saccharomyces cerevisiae*, *S. cerevisiae*)因其具有诸多优点而在工业生物技术中作为微生物细胞工厂被广泛应用：①是一株基因组测序较早的菌株，具有较为清楚的遗传背景；②酿酒酵母遗传操作相关的工具成熟且近年来发展迅速，可以较为容易地实现基因敲除、导入外源基因、基因过表达、基因抑制等，有助于对菌株进行快速改造；③具有高尔基体、内质网等翻译后修饰系统，表达植物源蛋白具有一定优势；④具有细胞器结构，能够较为容易地实现区室化表达关键酶，降低某些酶的表达对菌株造成的毒性；⑤酿酒酵母是从食品中分离得到的菌株，是一株被认为安全的菌株(GRAS)；⑥能够耐受较低的 pH 条件、能够耐受噬菌体，有利于大规模发酵，现在已经被广泛地应用于食品、药品以及能源生产等领域。一般来讲，代谢途径所涉及的一些调控机制非常复杂，目前的研究还未解释透彻，存在的级联调节的情况更是模棱两可，要搞清楚这些代谢相关的调节因子的作用是极其困难的。并且天然产物的转录调节机制和代谢调控机制是否可以根据目标产物的合成途径而进行精细且自由地调控也是目前存在的问题之一。因此，合理地设计显得尤为重要。

（二）大肠杆菌细胞工厂的优良特质

大肠杆菌是目前多种学科研究中最典型的原核生物。在微生物学、生物化学与分子生物学以及合成生物学中具有广泛的应用：①大肠杆菌是一种能够好氧和兼性厌氧生长的革兰氏阴性菌株，能够利用多种碳源进行代谢、生长速率较快(代时为 20~30 分钟)、具有较宽的生长温度(16~37℃)和 pH 范围。②大肠杆菌在厌氧条件下生长速率相对较慢，可进行混合酸发酵产生乙酸、乳酸、琥珀酸、甲酸等有机酸和醇类。③大肠杆菌可维持较长的稳定期和衰亡期，菌体降解速度慢。④在基础遗传资源方面，日本研究人员构建了总容量为 3 985 个基因的大肠杆菌非必需基因突变体 Keio 文库，这为大肠杆菌基因功能的开发和应用提供了一种可参考的工具。此外，还有大量的如 NCBI、Xbase、RegulonDB 等大肠杆菌相关信息数据库可供使用。⑤在分子遗传操作工具方面。基于 I-Sec I 介导的 λ-Red 同源重组技术、基于 CRISPR-Cas9 及其衍生的基因组编辑技术等新型技术在大肠杆菌中已经具有成熟且丰富的实践应用。

（三）酿酒酵母在代谢工程中的应用

酿酒酵母作为代谢工程的首选底盘细胞之一，已被广泛应用于大宗化学品和新型高附加值生物活性物质的生物制造，在能源、医药和环境等领域取得了巨大的突破。近年来，随着合成生物学、生物信息学以及机器学习等相关技术的日趋成熟，极大地促进了代谢工程的技术发展和应用。传统的代谢工程先从酿酒酵母的代谢途径出发，寻找影响整个代谢途径的限速步骤，再进行遗传改造以优化整个代谢途径。例如，基于组合转录工程的代谢途径定制优化(customized optimization of metabolic pathways by combinatorial transcriptional engineering, COMPACTER)方法是通过创建一系列不同强度的启动子突变体，并将得到的启动子突变体用于同时调控目标途径中多个基因表达水平，通过 DNA 组装产生具有多种表达水平的途径突变文库,进而实现组合途径优化。利用该方法获得的最优突变菌株的纤维二糖消耗速率提高了 5.4 倍,乙醇生产率提高了 5.3 倍;另外,通过将木糖代谢途径引入到酿酒酵母中并利用进化工程,获得了可以将木糖厌氧发酵成乙醇的酿酒酵母工程菌株,并产生了 76g/L 的乙醇。在脂肪酸生产方面,通过代谢改造提高细胞质内的乙酰辅酶 A 含量,酵母可以生成 25.4mg/L 的脂肪酸乙酯(fatty acid ethyl ester, FAEE)。利用系统化的工程方法,番茄红素在酵母中实现了 56.2mg/g 细胞干重(dry cell weight, DCW)的较高水平生产;之后通过过表达与脂肪酸合成和 Tag 生产相关的关键基因,使得番茄红素产量分别达到 2.37g/L 和 73.3mg/g DCW。结合蛋白质工程和动态代谢,科学家还构建了高效产虾青素的酿酒酵母菌株,将虾青素的产量提高到了 235mg/L。661.2mg/L 和 528mg/L 的山扁豆酸和大黄素也可通过对生物合成路径的重塑和异源表达多种外源酶得以实现。近年来,在酵母中还成功实现了以(R)- 牛心果碱为底物生产吗啡,归功于来源于罂粟的 SalSyn(salutaridine synthase), SalR(salutaridine reductase), SalAT(salutaridinol acetyltransferase)基因在酵母中的功能性表达。本章第三节和第四节将对代谢工程在红景天苷和青蒿素的生物合成中的应用进行重点介绍。

（四）大肠杆菌在代谢工程中的应用

目前,通过代谢工程构建大肠杆菌细胞工厂能够实现合成的异源产物非常多,涵盖了多种蛋白质与酶类、烃类、高分子聚物、平台化合物、分支长链醇类以及天然产物等。例如通过构建启动子文库,融合表达烟草中的 *Nt4CL* 和 *VvSTS* 基因,使得白藜芦醇的产量提升到 20.38mg/L。此外,通过将 T7 启动子换为大肠杆菌内源组成型 *gap* 启动子,使用高达 500 拷贝数的质粒进行基因表达,并添加前体物质对香豆酸,实现了白藜芦醇克级的生产水平。在大肠杆菌中进行人工生物合成途径的设计和构建,可用于从廉价碳源从头生产对乙酰氨基酚,科学家使用启动子 P_R/P_L 和 CI857 阻遏物组成的温度依赖型调节系统来调节 *nhoA* 的表达。该系统在 30℃时可以遏制 *nhoA* 的表达,而在 42℃时则可以正常表达。从而使得大量的对氨基苯甲酸转化为对氨基苯酚,同时减少了副产物乙酰氨基苯甲酸的产生,最终将对乙酰氨基酚的产量提高到了 120.03mg/L。

第二节　代谢工程构建菌种的主要技术

一、途径重组技术

途径重组技术是指将一种生物体(供体)的基因与载体在体外进行拼接重组,然后转入另一种生物体(受体)内,按照人们的意愿稳定遗传并表达出新产物或新性状的 DNA 体外操作程序,也称为分子克隆技术。基于 DNA 组装技术的途径重组技术是合成生物学和代谢工程学最重要的基础技术之一。高效、高保真、模块化、流程简单、成本低廉的 DNA 组装技术在快速构建 DNA 元件、模块或途径库及长合成途径的组装方面具有重要用途。

（一）途径重组技术的组装机制

途径重组技术根据组装机制不同,可分为限制性酶依赖的组装技术(BioBrickTM、

BglBrick、epathBrick、MASTER 和 Golden Gate 等）和同源序列依赖的拼接技术（OE-PCR、SLiCE、Gibson 恒温组装和 TPA 等）（表 7-1）。

表 7-1　途径重组技术

方法名称	方法描述	克隆能力	方法局限
Cosmid/Fosmid	①gDNA 提取；②部分消化或片段化；③连接和转化；④目标克隆筛选	约 40kb	耗费时间，工作量大
BAC		>90kb	耗费时间，工作量大
TAR	①gDNA 提取；②酵母转化和体内重组；③质粒提取后转大肠杆菌	67kb	酵母生长相对慢且需将组装好的酵母质粒转至大肠，高 GC 或重复序列容易引起错配，PCR 可能造成突变
YA	①PCR 制备 DNA 片段；②PCR 产物转入酵母体内重组；③质粒提取后转入大肠杆菌	>200kb	
RecET LLHR	①gDNA 提取；②特定限制酶消化基因组；③转化 RecET 重组系统	约 50kb	高 GC 或重复序列容易引起错配，限制酶的选择可能受限，可能需要构建亚克隆
ExoCET	①gDNA 提取；②特定限制酶或 Cas9 消化基因组后进行连接反应；③转化 RecET 重组系统	106kb	高 GC 或重复序列容易引起错配
GA	①PCR 制备 DNA 片段；②Gbison 组装；③转化	72kb	PCR 可能造成突变，高 GC 或重复序列容易引起错配
CATCH	①gDNA 提取；②Cas9 消化基因组；③GA 连接；④转化	约 100kb	高 GC 或重复序列容易引起错配
Cas9, λ 包裹	①gDNA 提取；②Cas9 消化基因组；③体外 λ 包裹和连接；④转化	约 40kb	对大基因簇的克隆能力有限
CAT-FISHING	①gDNA 提取；②Cas12a 消化基因组；③A 连接；④转化	87kb	高 GC 含量或重复序列容易引起错配
CAPTURE	①gDNA 提取；②Cas12a 消化基因组；③T4 连接酶连接；④转化	113kb	

1. 限制性酶依赖的组装技术　Golden Gate 是一种只需 5 分钟的限制性连接即可在一个试管中一步获得接近 100% 正确重组质粒的新型克隆策略。它是利用 IIS 型限制性内切酶切割位点在识别序列外部的特点，通过切割后的悬挂序列的互补性来实现 DNA 片段的无缝顺序拼接（图 7-1）。

2. 同源序列依赖的拼接技术　Gibson 恒温组装中两个相邻 DNA 片段共享末端序列重叠，T5 核酸外切酶从双链 DNA 分子的 5′ 末端去除核苷酸，互补的单链 DNA 突出端退火，DNA 聚合填补空白，并由 Taq 连接酶密封缺口（图 7-2）。Gibson 组装摆脱了以往基因拼接中

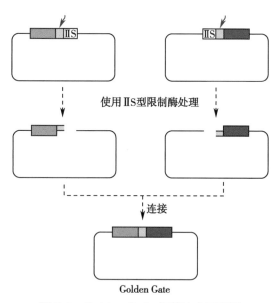

图 7-1　Golden Gate 组装技术示意图

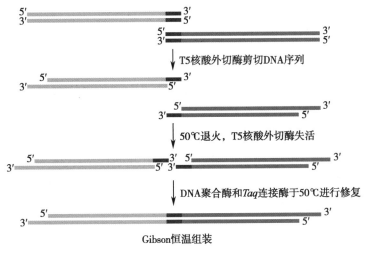

↓ T5核酸外切酶剪切DNA序列

↓ 50℃退火，T5核酸外切酶失活

↓ DNA聚合酶和*Taq*连接酶于50℃进行修复

Gibson恒温组装

图 7-2　Gibson 组装技术示意图

对限制性酶切位点的依赖，可实现 DNA 片段的无缝拼接。该技术目前主要应用于大片段、多片段组装。

3. 组装技术的优势　上述两种途径重组技术的组装机制均可一步实现转录单元的高效组装，有利于节省后续对转录单元的元件组成进行优化替换的时间，且可克服多克隆位点的限制，在多基因途径的组装中使用越来越广泛。

（二）途径重组技术的应用

酿酒酵母(*S. cerevisiae*)具有高效的同源重组特性，并在此基础上发展了许多克隆技术，这使得重构复杂的异源代谢途径成为可能。利用酵母重组，在质粒或染色体上组装酵母中的复杂途径，这种方法被称为"DNA 组装器"。例如，Christina D. Smolke 课题组将阿片类药物蒂巴因和氢可酮合成途径的相关基因(21 个异源基因和 2 个酵母基因)用 Gibson 和 DNA assembler 技术组装成数个模块后插入酵母染色体上或质粒上表达，成功构建了合成上述两种药物的工程菌株。在酵母基因组中组装复杂的异源途径时，除了启动子和终止子，还需要多个特征良好的整合位点。除了诸如 *ur*3、*his*3、*leu*2 和 *trp*1 等营养缺陷型标记的位点外，已经检查和验证了多个整合位点，用于在不影响酵母生长的情况下对异源基因进行基因组整合。整合效率是基于 CRISPR/Cas9 的组装系统能够在酵母中进行高效、无标记途径组装的关键考虑因素。为了结合多拷贝质粒高水平表达和染色体稳定表达的优点，最近发展了多拷贝染色体整合策略。酿酒酵母基因组上分布着超过 100 个 δ 序列，该序列已发展成为重组位点，通过将 CRISPR/Cas 系统与 δ 整合相结合，建立了 Di-CRISPR(δ-Integration CRISPR-Cas)平台。

二、途径调控技术

代谢调控是构建微生物细胞工厂的重要技术手段。随着合成生物学技术的不断突破，挖掘和人工设计的高质量调控元件大幅度提升了对细胞代谢网络的改造能力，代谢调控研究也已从单基因的静态调控发展到系统水平上的智能精确动态调控，为最终实现细胞生长和产物

第七章　代谢工程制药工艺　|　133

合成达到平衡的理想状态。

代谢途径的优化一般是在转录水平和翻译水平上进行,包括启动子、RNA 调控元件、蛋白质水平等的优化。优化代谢路径的策略包括静态调控和动态调控。静态调控包括调节启动子强度、核糖体结合位点(ribosomal binding site,RBS)或载体拷贝数,以实现路径反应通量平衡和消除瓶颈,从而提高产品产量。这是非常经典的调控策略和方法。天然元件的挖掘和人工元件的理性或半理性设计让代谢调控的内容不断丰富。反义 RNA(asRNA)、小 RNA(sRNA)以及 *CRISPR-dCas9* 等基因表达调控技术可以同时调控代谢途径中多个基因的表达水平以实现通量优化,并通过对调控序列的设计实现表达水平的微调,比直接更换启动子和RBS 等元件要更为便捷和高效。

1. 转录调控 在转录水平上有很多复杂的调控,其中一些尚未完全阐明。真核生物利用全局调控因子以非特异性的方式调控整个氨基酸的生物合成。与细菌相比,酵母菌和真菌细胞内的氨基酸含量更高,相应的生物合成基因以高水平表达,因此被称为"基础对照"。在氨基酸饥饿条件下,涉及多种氨基酸生物合成途径的 30 多个基因表达增强,并且涉及的基因并不是与缺失的氨基酸相对应的途径。这种交叉途径调节是由全局转录调控因子通过"一般控制机制"进行的。在酿酒酵母中,转录调控因子 GCN4 介导的一般调控是氨基酸生物合成网络中最具特征性的系统。GCN4 识别位点的共同序列是 5′-ATGA(C/G)TCAT-3′。

尽管静态调控相当稳健,但菌株生长往往受到一定削弱,其产物生产速率也会降低。另外,若涉及细胞生长必需基因,对其进行静态调控有相当大的难度,甚至会导致细胞死亡。因此,更先进的优化策略涉及蛋白质按需表达的动态调控。例如基于外界环境条件诱导,使用可诱导启动子的动态调控使生长期与生产期分离,允许细胞在引导资源形成所需化合物之前先积累足够的生物量;基于代谢物浓度传感器或依赖于细胞密度的群体感应自主诱导的动态调控系统,当宿主或环境条件发生变化时,通过感知关键中间产物来调节蛋白质表达水平可使细胞实时调整其代谢流量。

2. 翻译调控 除了转录调控外,翻译调控也被用在真核生物中。在真核生物中,全局氨基酸生物合成调控因子 GCN4 的表达受氨基酸在翻译水平上的调控。该转录调控因子由 281 个氨基酸组成,但其 mRNA 长度超过 1 500 个核苷酸。在起始密码子 AUG 的上游区域,发现了另外 4 个短开放阅读框架,每个框架只由 2~3 个有义密码子组成,后面跟着 1 个终止密码子。在该前导序列中删除或引入突变会导致 GCN4 表达增强,这些翻译起始信号抑制了核糖体在实际的 GCN4ORF 处重新启动翻译的能力,这是一种在酿酒酵母中很少使用但在哺乳动物中相当普遍的调节机制。

三、基因编辑技术

基因编辑技术对后基因组时代的基因功能研究和菌株的代谢工程改造起着关键作用。在较新型的基因组编辑技术中,CRISPR-Cas 系统在操作便捷性、编辑效率、成本和通用性等方面具有明显的优势,已成为目前主流的基因编辑方法(表 7-2)。但其脱靶效应、多位点共编

表 7-2　CRISPR-Cas 系统基本性质比较

特点	Cas9	Cas12a	Cas13a
蛋白质大小	大	小	小
性质	DNA 内切酶活性	DNA、RNA 内切酶活性	RNA 内切酶活性
功能结构域	RuvC 结构域和 HNH 结构域	RuvC 结构域	2 个 HEPN 结构域
Guide RNA	TracrRNA，crRNA	crRNA	crRNA
DNA 识别位点	前间隔序列 3′ 端的 PAM 序列	前间隔序列 5′ 端的 PAM 序列	靶点 3′ 端 PFS
剪切位点	PAM 上游 3 位核苷酸外侧	PAM 下游靶 DNA 链 23 位和非靶链 18 位	特定的 RNA 剪切
切割后末端	平末端	黏性末端	—
多基因标记效率	低	高	—
脱靶率	高	低	低

辑效率偏低是尚需解决的问题。

（一）CRISPR-Cas 系统

CRISPR-Cas 系统是细菌和古生菌在进化过程中形成的抵御外来核酸并进行自我保护的一种免疫防御机制。根据干扰靶基因的效应蛋白数量，将 CRISPR-Cas 系统分为 1 类（包括 Ⅰ、Ⅲ 和 Ⅳ 型）和 2 类（Ⅱ、Ⅴ 和 Ⅵ 型）。其中结构比较简单的 Ⅱ 型 CRISPR-Cas 系统则是应用最广泛的基因编辑工具之一。如图 7-3 所示，CRISPR-Cas9 系统由 Cas 相关蛋白和 CRISPR 序列组成，CRISPR 序列由前导区（leader）、重复序列区（repeat）和间隔区（spacer）三部分构

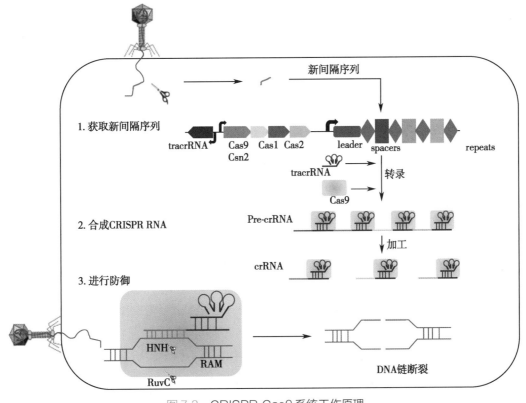

图 7-3　CRISPR-Cas9 系统工作原理

成。间隔区将相邻重复序列分隔开，间隔区可能是来自进化过程中所插入的外源入侵 DNA 片段。CRISPR 序列的转录加工产物称为 crRNA，与反式激活 CRISPR RNA（tracrRNA）通过碱基配对形成双链 RNA 结构，称为向导 RNA。向导 RNA 既能和 Cas9 结合，又能通过碱基互补配对与外源 DNA 结合起到定位作用，并介导 Cas9 核酸酶对外源核酸进行切割降解，从而阻止外源质粒或噬菌体的基因表达。在外源 DNA 序列的间隔序列的下游存在一个序列保守的特殊结构，被称为 PAM 序列（protospacer adjacent motif），又叫"前间区邻近基序"。

（二）CRISPR/Cas9 系统的应用

CRISPR/Cas9 系统被广泛应用于代谢工程研究中。例如，Jay D. Keasling 课题组利用开发的 CRISPR/Cas9 系统针对甲羟戊酸合成途径中的 5 个相关基因进行共编辑（4 个敲除和 1 个下调表达），一次性得到含有 5 个修饰位点全排列组合的 31 个菌株，并从中筛选到甲羟戊酸产量比野生型提高 41 倍的突变株。使用优化 CRISPR/Cas9 系统，在大肠杆菌中针对 β- 胡萝卜素合成途径、MEP 途径和中心碳代谢途径 3 个模块中的 33 个基因靶点进行了迭代组合测试，从构建的 103 株具有不同靶点组合的菌株中得到的最优菌株，在流加发酵中可产 2.0g/L 的 β- 胡萝卜素。在链霉菌、谷氨酸棒状杆菌等菌株中表达 Cas9 时会带来较大的毒性而影响编辑效果，而表达其他类型的 Cas 蛋白可以避免这种影响（如 Cas12a），提高编辑效率。

第三节　工程酿酒酵母发酵生产红景天苷

一、红景天苷

（一）红景天苷的理化性质

红景天苷（$C_{14}H_{20}O_7$，salidroside）化学名称为酪醇 8- 葡萄糖苷，是酪醇的一种糖基化形式，红景天苷化学结构式见图 7-4。红景天苷是浅棕红色至白色结晶性粉末，气清香，味苦涩。熔点为 159~160℃，沸点为（549.5±50.0）℃，味甜，极易溶于水，易溶于甲醇，溶于乙醇，难溶于乙醚。

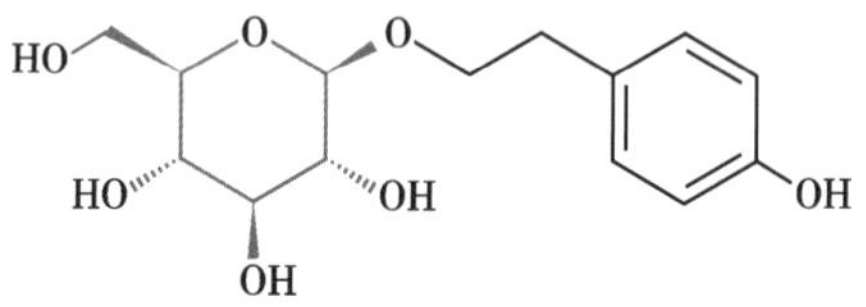

图 7-4　红景天苷的化学结构式

（二）红景天苷的应用

红景天属于景天科红景天属，是一种多年生草本植物，也是一种沿用千年的传统草药，主要生长于高寒等恶劣环境，俗称"高原人参"。红景天苷是红景天中的重要活性成分，具有抗炎、抗氧化、抗病毒、抗肿瘤、抗骨质疏松、调节血糖、神经保护、心血管保护等生物活性，也能够缓解紫外线对皮肤的损伤。除此之外，红景天苷还有一定的抗衰老和抗疲劳的作用。以红景天苷为主要活性成分的红景天植物在国内作为保健品应用于抗高原反应、提高缺氧耐受力。此外原国家食品药品监督管理局也批准了红景天提取物（红景天苷为主要活性成分之一）

为药品,如用于高山反应的红景天口服液、用于治疗冠心病稳定型劳累性心绞痛的大株红景天注射液等。红景天苷制剂还用于运动医学及航天医学,用于在各种特殊环境条件下工作人员的健康防护。

(三)红景天苷的生产方式

红景天苷主要从红景天属(Rhodiola)植物的根茎(rhizome)和块茎(tuber)中提取。红景天属植物中红景天苷的含量只有 0.5%~0.8%,且红景天属植物生长周期长,通常需要生长 7~8 年,从植物中提取红景天苷严重受限于植物资源。化学/半化学合成红景天苷在一定程度上解决了从植物中提取的问题,但化学/半化学合成红景天苷存在着底物昂贵,催化剂昂贵,需要用到的有机、金属试剂对环境不友好等问题。代谢工程和合成生物学的快速发展为红景天苷的可持续生产提供了另一种新的策略。

二、红景天苷的生物合成路径

(一)红景天苷的合成

在大肠杆菌、酿酒酵母和植物体内,以分支酸为起始底物生成下游的芳香族氨基酸及其衍生物的路径也不同。如图 7-5,在植物体内,分支酸在分支酸变位酶的催化下发生异构化生成预苯酸(prephenate),预苯酸在植物体内更倾向于在转氨酶作用下先生成阿罗酸(arogenate),然后再脱羧生成 L-酪氨酸。此外,预苯酸也可在预苯酸脱氢酶催化作用下生成 4-羟基苯丙酮酸(4HPP),然后在转氨酶的作用下生成 L-酪氨酸。L-酪氨酸在 4-羟基苯乙醛(4HPAA)合酶的催化作用下生成 4HPAA,最后被体内的还原酶还原成酪醇。在酿酒酵母体内,分支酸在分支酸变位酶和预苯酸脱氢酶的催化作用下生成 4-羟基苯丙酮酸,进一步被其体内的转氨酶催化生成 L-酪氨酸。与植物不同的是,在酿酒酵母体内,4-羟基苯丙酮酸在苯丙酮酸脱羧酶的作用下生成 4-羟基苯乙醛(4HPAA),紧接着被乙醇脱氢酶还原生成终产物酪醇。与植物和酿酒酵母不同的是,在大肠杆菌中,分支酸在双功能酶 tyrA(分支酸变位酶-预苯酸脱氢酶)的催化下直接生成 4-羟基苯丙酮酸,4-羟基苯丙酮酸在转氨酶催化作用下生成 L-酪氨酸。大肠杆菌虽然合成 4-羟基苯丙酮酸和 L-酪氨酸,由于体内缺乏苯丙酮酸脱羧酶和 4-羟基苯乙醛合酶,大肠杆菌自身不能合成酪醇。研究人员可通过代谢工程手段引入异源酶(如来源于酵母的苯丙酮酸脱羧酶 Aro10 或来源于植物的 4-羟基苯乙醛合酶 4HPAAS)以 4-羟基苯丙酮酸或 L-酪氨酸为底物合成酪醇。

(二)红景天苷的生物合成途径

红景天苷的生物合成可分为三部分:分支酸的生成,酪醇的合成以及酪醇的糖基化。

1. 分支酸的生成 苯乙醇类化合物都是莽草酸途径的代谢产物。莽草酸途径的起始化合物是由磷酸戊糖途径的产物磷酸烯醇式丙酮酸(PEP)和糖酵解途径的产物赤藓糖-4 磷酸(E4P)经催化缩合得到的 3-脱氧-d-阿拉伯庚酮糖-7-磷酸(DAHP)。DAHP 经过一系列连续催化生成 5-烯醇丙酮莽草酸-3-磷酸(EPSP)。在酿酒酵母中,DAHP 被体内的一个五功能芳香合酶 Aro1 连续催化。而在大肠杆菌中,催化 DAHP 合成 EPSP 这一步骤是由连续

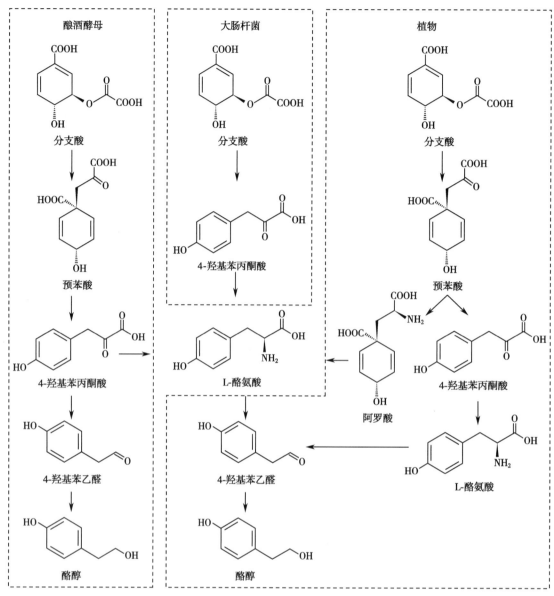

图 7-5 酪醇的生物合成途径

的五类单功能酶：脱氢奎尼酸合成酶（dehydroquinate synthase，AroB），3-脱氢奎尼酸脱水酶
（3-dehydroquinic acid dehydratase，AroD），莽草酸脱水酶（shikimic acid dehydrogenase，AroE）；
莽草酸激酶Ⅰ/Ⅱ（shikimic acid kinase Ⅰ/shikimic acid kinase Ⅱ，AroK/AroL）和5-烯醇丙酮
莽草酸-3-磷酸合酶（EPSP synthase，AroA）连续催化的产物。最后5-烯醇丙酮莽草酸-3-磷
酸在分支酸合酶的催化作用下生成分支酸（chorismate）。

　　2. **酪醇的生成**　酪醇是酪氨酸途径的衍生物。如图7-6所示，分支酸在分支酸变位酶的
催化作用下生成预苯酸，随后预苯酸脱氢酶催化预苯酸脱羧生成4-羟基苯丙酮酸（4HPP）。
4HPP在苯丙酮酸脱羧酶Aro10的作用下生成4-羟基苯乙醛（4HPAA），紧接着被体内的乙醇
脱氢酶还原生成终产物酪醇。

　　3. **酪醇的糖基化**　红景天苷是酪醇的C-8位羟基葡萄糖基化的产物，这一反应由"糖基
转移酶"催化。糖基转移酶（glycosyltransferase，GT）是能够催化活化的带有糖基供体的分

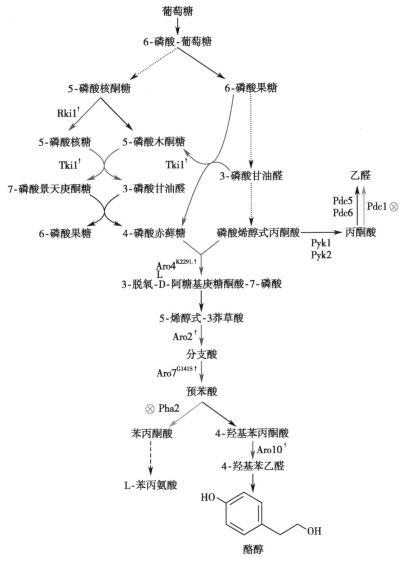

图 7-6　代谢工程改造酿酒酵母高产酪醇

子将其糖基转移至特定受体分子形成糖苷键的一类酶。这是存在于自然界的一大类酶,在
CAZy 数据库中显示目前发现了超过 790 666 个糖基转移酶,分成了超过 114 种超家族。目
前所发现催化酪醇 C-8 位羟基糖基化的酶是一类利用尿苷二磷酸葡萄糖(UDP-glucose)的糖
基转移酶——尿苷二磷酸葡萄糖转移酶(uridine diphosphate glycosyltransferase,UGT),属于
GT1 家族。

三、红景天苷生产菌的设计与构建

微生物合成红景天苷就是在特异的糖基转移酶催化下将微生物合成的酪醇葡萄糖基化。
因此高产红景天苷菌株的构建需要解决两个问题:①构建高产酪醇底盘;②筛选特异、高效的
糖基转移酶将酪醇转化为红景天苷。下面以构建高产红景天苷的酿酒酵母工程菌为例介绍
红景天苷生产菌株的设计与构建。

1. 酪醇高产菌株的构建 以酿酒酵母合成红景天苷为例,虽然酿酒酵母自身可以合成酪醇,但野生型酵母中酪醇的产量非常低,远达不到工业生产的要求。根据已有报道,对酿酒酵母中酪醇的合成通路分析得知酿酒酵母中合成酪醇存在以下几点限制:①合成路径长,涉及影响因素多;②前体代谢产物产量不平衡,E4P 远小于 PEP,反应摩尔比却是 1∶1;③中间代谢产物的竞争途径多;④合成通路关键酶受中间产物的反馈抑制;⑤合成通路关键酶表达强度不够。如图 7-6 所示,利用"开源节流"的策略可以系统地优化在酿酒酵母中生产高滴度酪醇和红景天苷的途径。通过提高目标代谢物的碳通量的方式称为代谢工程中的"开源",减少目标代谢物竞争途径的方式在代谢工程中称之为"节流"。首先,利用途径重组技术在基因组上表达了 $Aro4^{K229L}$ 和 $Aro7^{G141S}$,分别编码反馈不敏感的突变酶 3- 脱氧 -D- 阿拉伯 - 庚磺酸钠 -7- 磷酸(DAHP)合成酶和分支酸变位酶,采用不同的组合策略,为进一步提高目标化合物的产量提供了可供选择的组合。然后,利用基因编辑技术过表达了 $Rki1$ 和 $Tkl1$ 以增加前体 4- 磷酸赤藓糖的供应。此外,通过对不同物种的莽草酸途径和酪氨酸途径的基因进行正交过表达,利用途径重组技术实现了将碳流导向酪醇的目的。以上解除下游产物的反馈抑制、平衡前体代谢通量和过表达代谢通路的关键酶都属于代谢工程中"开源"策略。为了进一步提高酪醇的产量,继而在酿酒酵母中阻断了竞争通路($Pha2$ 和 $Pdc1$ 的敲除即为"节流"策略)。

2. 高效糖基转移酶的筛选 为了生产红景天苷,不同的 UDP- 糖基转移酶被选取进行了测试,并试图增加了 UDP- 葡萄糖的供应,密码子优化的 RrU8GT33^{opt} 的异源表达是酪醇糖基化的优化策略。最后,将这些优化设计相结合,最终得到了高效价的酪醇高产菌株 YL1579 和红景天苷高产菌株 YL1742,在 50ml YPD 液体的 250ml 锥形瓶中,发酵 72 小时,分别产酪醇 700mg/L 和红景天苷 1 500mg/L。

四、红景天苷发酵生产工艺

(一)红景天苷的发酵生产工艺过程

以目前利用酵母转化葡萄糖生成红景天苷的流程为例,进行红景天苷转化工艺过程的介绍(图 7-7)。

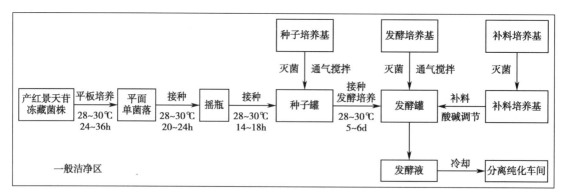

图 7-7 红景天苷的发酵生产工艺流程图

1. 培养基

（1）固体 YPD 培养基：葡萄糖 20g/L、酵母粉 10g/L、蛋白胨 20g/L、琼脂 20g/L，超纯水定容，pH 5.5~6.0。

（2）种子培养基和发酵培养基组成相同，为液体 YPD 培养基：葡萄糖 20g/L、酵母粉 10g/L、蛋白胨 20g/L，超纯水定容，pH 5.5~6.0。

2. 菌种活化及种子培养

（1）平板菌落的活化：用接种环取保存工程菌种一环，涂布于固体 YPD 培养基上，30℃培养活化。

（2）种子培养：取活化的基因工程菌，接种到装有 50ml YPD 培养基的三角瓶中，30℃，220r/min，振荡培养 24 小时，得到一级种子液。

（3）转接：将一级种子液按 1% 接种量接入种子罐培养基中，30℃，400r/min，控制通气比为 0.5~0.75vvm，生长 16 小时左右得到二级种子液。

（4）发酵培养：将二级种子液以 10% 接种量接种至发酵罐中，发酵 196 小时。

3. 发酵过程

红景天苷的发酵生产主要分为三个阶段：第一阶段即在 0~48 小时，主要维持酵母生长，尽量少产乙醇。每隔 1 小时或 2 小时测量葡萄糖浓度、乙醇浓度、OD_{600}、产物浓度，当葡萄糖浓度降到 2g/L 时，开始补糖，补糖速度尽量使糖浓度控制在 0~2g/L，同时检测乙醇浓度。酵母提取物以批式补料的方式添加，每 12 小时补充酵母提取物浓缩母液 400g/L 至发酵罐中终浓度为 10g/L。第二阶段即在 49~120 小时，当菌体生物量不再增长时，此时乙醇浓度应比较高，不再补糖。菌体经过短暂的适应，开始以乙醇作为碳源进行生长。氮源同时按照第一阶段量继续补充。每隔 4 小时测量葡萄糖浓度、乙醇浓度、OD_{600}、产物浓度。第三阶段即在 121~196 小时，当 OD 增长缓慢时，继续补加葡萄糖，以 7.5g/(L·h)速率补加，氮源按照第一阶段继续补充，OD 持续增长，当 OD 增长缓慢甚至有下降时，停止发酵。分别采用 HPLC-RI 测量葡萄糖和乙醇浓度，紫外分光光度计测量菌体量，HPLC-UV 测量产物浓度。

（二）红景天苷分离纯化工艺过程

1. 大孔树脂分离纯化　以上样流速为 0.5~4.0BV/h 通过装有大孔吸附树脂的层析柱吸附，达饱和吸附时停止上样。用 1~3 倍柱床体积的去离子水顶洗杂质，然后用质量百分浓度的乙醇 0~30%、30%~80% 进行解吸，解吸体积分别为 1~6BV、1~8BV，收集 0~30% 的乙醇洗脱物。

2. 大孔树脂分离纯化　将上述乙醇洗脱物浓缩干燥，去除乙醇后加水稀释成红景天苷澄清液。将澄清液上样流速为 0.5~4.0BV/h 通过装有大孔吸附树脂的层析柱吸附，当处理量为 0.5~3BV 时停止上样，然后用质量百分浓度的乙醇 0~15%、15%~30%、30%~60% 进行解吸，解吸体积分别为 1~6BV、1~6BV 和 1~8BV，收集 15%~30% 乙醇洗脱物。

3. 减压浓缩　将上述乙醇洗脱物在真空度为 0.05~0.1MPa、温度为 50~80℃的条件下减压浓缩至干，得到红景天苷粗品。

4. 结晶纯化　取红景天苷粗品用无水乙醇结晶得到红景天苷纯品。

第四节 发酵-化学合成生产青蒿素

一、青蒿素

（一）青蒿素的理化性质

青蒿素晶体在常温下呈无色针状，无臭，易溶于三氯甲烷、丙酮，不溶于水。青蒿素的化学式为 $C_5H_{22}O_5$，如图 7-8 所示。1975 年，其立体结构被阐明，高分辨质谱分析表明该化合物为倍半萜，红外光谱及其与三苯基膦的定量反应表明该化合物中存在特殊的过氧化物基团，利用核磁共振技术和 X 射线衍射技术，确定了青蒿素的结构及其相对构型，通过旋光色散技术得到了内酯环的绝对构型。青蒿素具有过氧键和内酯环，还有一个包括过氧桥在内的 1，2，4- 三噁结构单元。正是过氧桥赋予了青蒿素及其类似物抗疟的作用，青蒿素及其衍生物的化学结构。青蒿素的过氧桥在亚铁离子的作用下被还原成氧自由基，后者可以使疟原虫的线粒体膜电位去极化，进而激活含有半胱氨酸的天冬氨酸蛋白水解酶，后者促使 DNA 片段化使得疟原虫细胞凋亡，实现抗疟作用。由此，青蒿素独特的结构和出色的抗疟活性引发了科学界的持续关注和研究。

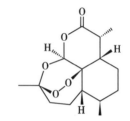

图 7-8　青蒿素的化学结构

（二）青蒿素的应用

青蒿素，英文名为 qinghaosu 或者 artemisinin，是一种具有抗疟疾功效的天然倍半萜内酯类化合物。在过去数十年里，青蒿素及其衍生物（包括双氢青蒿素、青蒿琥酯、蒿甲醚等）在人类抗击疟疾的斗争中一直扮演着非常重要的角色。WHO 认为，青蒿素是治疗疟疾耐药性效果最好的药物，以青蒿素类药物为主的联合疗法（Artemisinin-based combination therapy，ACT），也是当下治疗疟疾的最有效最重要手段。但是随着研究的深入，青蒿素的其他作用也越来越多被发现和应用研究，如抗肿瘤、治疗肺动脉高压、抗糖尿病、胚胎毒性、抗真菌、免疫调节等。

（三）青蒿素的生产方法

如何高效获得青蒿素一直是国际研究热点，在化学合成方面，主要有两个限速步骤：①倍半萜母核的折叠和环化；②含过氧桥的倍半萜内酯的形成。早在 1983 年瑞士科学家 Schmid 和 Hofheinz 就提出了青蒿素的化学全合成方案，以（﹣）-2- 异薄勒醇为原料，利用光氧化反应引进氧基得到中间体，再经过环合反应合成了最终产物。1986 年，我国科学家周维善以 R-（＋）- 香茅醛为原料合成了青蒿素，但总收率较低，甚至不到 1%，尚未实现工业化的可行性。化学合成青蒿素的反应步骤多、条件苛刻、试剂昂贵、得率低。在合成生物学方面，由于青蒿素的最终合成需要特殊的油性氧化环境，在酵母中难以实现，因此目前较为成熟的方法仍为生物合成青蒿酸。随着青蒿素临床治疗应用的开发，其市场需求会进一步加大，如何廉价可持续性地获得高产量的青蒿素成为当前研究的热点。

二、青蒿素的生物合成路径

目前植物中青蒿素的生物合成并不完全清楚,但至少可以分为四个阶段,如图 7-9 所示。

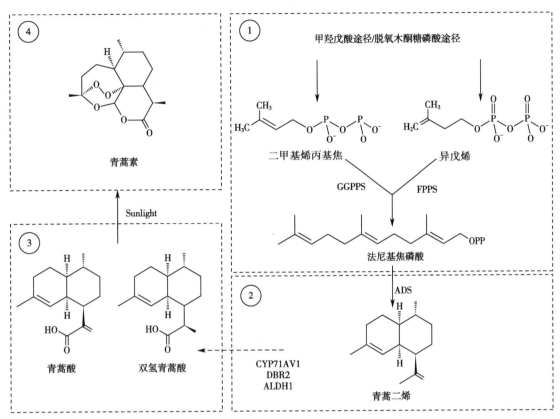

图 7-9　青蒿素的生物合成路径

(一)异戊烯焦硫酸的合成

第一个阶段是经过甲羟戊酸途径(mevalonate pathway, MEV)或脱氧木酮糖磷酸途径(1-deoxy-d-xylulose 5-phosphate pathway, DXP pathway)生成法尼基焦磷酸(farnesyl diphosphate, FPP)。植物中光合作用生成的碳源经过体内代谢生成乙酰辅酶 A,乙酰辅酶 A 在甲羟戊酸途径的多个酶催化下生成异戊烯焦磷酸(isopentenyl diphosphate, IPP),IPP 在 IPP 异构酶的作用下可以与其同分异构体二甲基烯丙基焦磷酸(dimethylallyl diphosphate, DMAPP)互相转化。随后 IPP 和 DMAPP 在法尼基焦磷酸合酶(farnesyl diphosphate synthase, FPS)催化下缩合成法尼基焦磷酸。另一条途径是以丙酮酸和 3- 磷酸甘油醛为底物经过 DXP 途径的一系列催化生成 IPP 和 DMAPP,同样地在 FPS 催化作用下生成 FPP。

(二)青蒿二烯的合成

第二个阶段是青蒿二烯合酶(amorpha-4, 11-diene synthase, ADS)催化 FPP 环化生成青蒿二烯(amorphadiene)。同时,通过进一步过表达酿酒酵母 MVA 路径基因并抑制鲨烯合酶的表达,可以实现青蒿二烯的大量合成。

（三）青蒿酸的合成

青蒿二烯由细胞色素 P450 和其他氧化还原酶经 3 步氧化，生成中间产物青蒿醇、青蒿醛，最终生成青蒿素前体青蒿酸（artemisinic acid）和双氢青蒿酸（dihydroartemisinic acid）是青蒿素合成的第三个阶段。

（四）青蒿素的合成

最后一个阶段是青蒿酸或双氢青蒿酸在植物中经光照条件下变成青蒿素。目前青蒿素前体的合成阐释得较为清楚，而青蒿酸转化为青蒿素目前主要有 2 种观点：一种是青蒿醛在青蒿醛双键还原酶［artemisinic aldehydedelta-11（13）reductase，DBR2］的作用下生成双氢青蒿醛，然后在醛脱氢酶 1（aldehyde dehydrogenase 1，ALDH1）催化下形成双氢青蒿酸（dihydroartemisinic acid，DHAA），DHAA 为青蒿素的直接前体，在光氧化的作用下，最终生成青蒿素；另一种是青蒿酸经光氧化反应生成青蒿素 B，再进一步生成双氢青蒿素 B，最终形成青蒿素。但是目前这些猜想还没有实验论证。在微生物合成青蒿素的前体青蒿酸后经过简单的化学催化得到青蒿素，也具有极大的工业应用价值。

三、青蒿酸生产菌的设计与构建

（一）青蒿酸前体的积累

采用代谢工程的"开源节流"策略对酿酒酵母进行代谢工程改造，如图 7-10 所示，通过增加拷贝、更换原始启动子为强启动子等代谢工程手段强化酵母内源的甲羟戊酸途径，增加 FPP 的通量（开源）。同时为了减弱法尼基焦磷酸（FPP）进入角鲨烯的竞争途径，利用弱启动子替换了 ERG9 基因的原始启动子，减少了角鲨烯的碳通量（节流）。经过这一系列"开源节流"的策略，实现了合成青蒿酸前体 FPP 的积累。

（二）青蒿酸的合成

为了合成青蒿酸，在酿酒酵母菌株中还引入了密码子优化后的青蒿二烯合酶（ADS），P450 及其还原酶体系（CYP7AV1，CPR1，CYB5），青蒿醇脱氢酶 1（ADH1）和青蒿醛脱氢酶 1（ALDH1）这 6 个酶。最后经过发酵优化，最终青蒿酸的产量可以达到 25g/L。

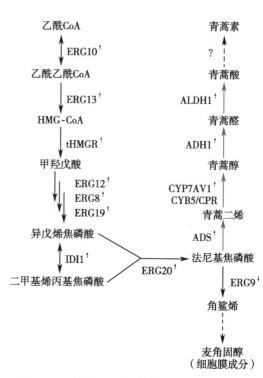

图 7-10 代谢工程改造酿酒酵母生产青蒿酸

四、青蒿素的生产工艺

（一）青蒿酸的发酵生产工艺过程

青蒿酸的发酵生产工艺流程如图 7-11 所示。

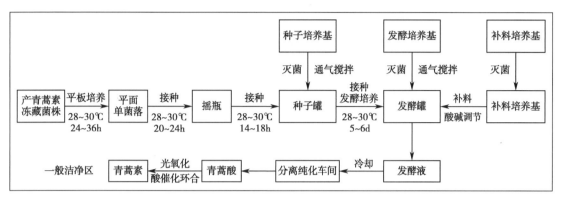

图 7-11　青蒿酸的生产工艺流程图

1. 培养基

（1）固体 YPD 培养基，用于活化菌种。

（2）种子 YPD 培养基，用于制备种子。

（3）发酵培养基：葡萄糖 20g/L、硫酸铵 15g/L、磷酸二氢钾 8g/L，七水硫酸镁 6.2g/L，维生素溶液 12ml/L，微量金属溶液 10ml/L，超纯水定容，pH 5.5~6.0。维生素溶液含有：生物素 0.05g/L，泛酸钙 1g/L，烟酸 1g/L，肌醇 25g/L，盐酸硫胺 1g/L，盐酸吡哆醛 1g/L，对氨基苯甲酸 0.2g/L。微量金属溶液含有：七水硫酸锌 5.75g/L，四水氯化锰 0.32g/L，六水氯化钴 0.47g/L，两水氧化钼二钠 0.48g/L，两水氯化钙 2.9g/L，七水硫酸铁 2.8g/L，pH 8，0.5M EDTA 80ml/L。

2. 发酵培养与工艺控制

工程酵母菌种的活化和二级种子的制备过程，与红景天苷工程酵母菌种相似。

将二级种子液以 10% 接种量接种至发酵罐中，发酵 144 小时。

发酵 30℃，搅拌转速 400r/min，前 20 小时通气比控制在 0.5vvm，然后将通气比控制在 1.25vvm。通过补加含有 386g/L 葡萄糖，9g/L 磷酸二氢钾，5.12g/L 七水硫酸镁，3.5g/L 硫酸钾，0.28g/L 硫酸钠和 237ml/L 乙醇（95% V/V）。添加肉豆蔻酸异丙酯油的边发酵边萃取的两相发酵方法，结合对发酵培养基和发酵条件的优化（溶氧大于 40%，每隔一段时间补料乙醇 10g/L），青蒿酸的产量得到了极大的提升。

经过对发酵液的碱处理、提取和酸处理，青蒿酸的回收率约为 93%（纯度为 96%~98%）。

（二）青蒿酸分离纯化工艺过程

将发酵液进行过滤并分离纯化得到青蒿酸纯品。

（三）青蒿素的化学合成工艺

将青蒿酸溶于有机溶剂的光反应器中，再加入光敏剂和酸催化剂，打开光源，利用光源产生的光线使青蒿酸光氧化为青蒿酸的过氧醇，并酸催化进行 Hock 切断，氧化关环生成去氢青蒿素。然后在上述反应液中加入氢化催化剂，提供氢源，将去氢青蒿素进行催化氢化，反应生成青蒿素。

经洗涤、干燥、浓缩后，再用有机溶剂重结晶纯化，得到青蒿素产品。

（四）质量控制

根据《中国药典》（2020 年版）一部中青蒿素质量标准进行检测。

ER7-2　目标测试题

（罗云孜）

参考文献

［1］江丽红，董昌，黄磊，等.酿酒酵母代谢工程技术.生物工程学报，2021，37（5）：25.

［2］黄丽娜，刘欢，张奋强，等.红景天苷生物合成机制及其基因工程研究进展.生物技术进展，2017，7（02）：106-110.

［3］LIU H，TIAN Y，ZHOU Y，et al. Multi-modular engineering of saccharomyces cerevisiae for high-titre production of tyrosol and salidroside. Microb Biotechnol，2020，12（6）：2605-2616.

［4］于德鑫，刘乃仲，何帅，等.青蒿素的合成与应用研究综述.山东化工，2019，48（20）：3.

［5］PADDON C J，WESTFALL P J，PITERA D J，et al. High-level semi-synthetic production of the potent antimalarial artemisinin. Nature，2013，496（7446）：528-532.

第八章　酶工程制药工艺

第一节　概述

一、酶的分类与制药工业应用

根据国际生物化学与分子生物学联盟（International Union of Biochemistry and Molecular Biology，IUBMB）命名委员会的分类系统，同时结合酶催化反应类型的不同，可将酶分为七大类型。酶的系统编号采用四码编号方法，其中第一个号码表示该酶属于七种类型中的某一大类，第二个号码表示该大类中的某一亚类，第三个号码表示该亚类中的某一小类，第四个号码表示这一具体的酶在该小类中的序号。每个号码之间用圆点（.）分开，如氧化还原酶的系统编号为（EC 1.X.X.X），其中 EC 表示国际酶学委员会（Enzyme Commission），1 代表氧化还原酶大类。

（一）氧化还原酶与应用

催化氧化还原反应的酶称为氧化还原反应酶，其反应通式为：

$$AH_2+B=A+BH_2$$

被氧化的底物（AH_2）为氢或电子供体，被还原的底物（B）为氢或电子受体。氧化还原酶类在体内主要参与产能、解毒及部分生理活性物质的合成过程，包括脱氢酶、氧化酶、过氧化物酶、氧合酶等。

烯醇还原酶（EC 1.6.99.1）是一类可以利用 NAD(P)H 对 α,β- 不饱和 C＝C 双键进行反式加氢的氧化还原酶，其在加氢的同时可以引进一个或两个手性中心，因此烯醇还原酶可催化不对称还原烯烃化合物合成手性化合物。

维生素 E 又名生育酚，是一种重要的抗氧化剂，因含有三个手性中心，故利用化学方法合成维生素 E 时存在较大的困难。目前，维生素 E 主要以生物合成法为主。以 5- 苯基戊 -2,4- 二烯醛衍生物为底物，利用产烯醇还原酶的酵母细胞作为生物催化剂选择性还原 5- 苯基戊 -2,4- 二烯醛中的一对碳碳双键，同时利用胞内醇脱氢酶将羰基进一步还原成羟基，可完成维生素 E 合成中最难的一步。

自然界中，酮还原酶（EC 1.1.1.X）是一类能够还原羰基类化合物，如芳基酮、脂肪酮、醌和醛等，并得到相应手性醇的氧化还原酶。根据酶的结构与酶序列的长短，酮还原酶大致可分为三类：短链脱氢酶／还原酶家族、中链脱氢酶／还原酶家族以及醛酮还原酶。手性醇类化合物在生物活性小分子以及药物活性成分中占有很大比例，如降胆固醇药物阿托伐他汀钙（atorvastatin calcium, 商品名 Lipitor）和血小板聚集抑制剂氯吡格雷（clopidogrel, 商品名 Plavix）等。Codexis 公司通过对辅酶Ⅱ（NADPH）依赖型酮还原酶进行改造, 实现了阿托伐他汀关键中间体的酶法合成。

（二）转移酶与应用

转移酶是一类能够催化某基团从供体化合物转移到受体化合物上的酶的总称, 包括各种催化功能基团转移的酶类。其反应通式为:

$$AB+C=A+BC$$

转移酶在体内的主要作用是使基团从一个化合物转移到另一个化合物, 从而调节糖类、脂肪、蛋白质和核酸的代谢及合成, 如酰基转移酶、糖苷转移酶、酮酰基转移酶、磷酸基转移酶、氨基转移酶、巯基转移酶等。

ω- 转氨酶（EC 2.6.1.X）是一种重要的氨基转移酶, 其具有底物范围广、立体选择性高和反应活性强等特性, 在手性胺类药物的合成中展现出广阔的应用前景。西格列汀（商品名 Januvia）是一种由默克公司研发的抗 2 型糖尿病药物, 于 2006 年 10 月获美国食品药品管理局（FDA）批准上市。西格列汀原有生产工艺需要在高压氢化过程中使用手性铑催化剂进行反应, 产物 $e.e.$ 值达 97%。Savile 等利用定向进化技术对源自节杆菌（$Arthrobacter$）的 ω- 转氨酶 ATA117 进行结构改造, 通过筛选获得具有工业化应用价值的突变体, 相比于原有工艺路线产率提高 10%~13%, 废物减少 19%, 产物 $e.e.$ 值达到 99.95%。

（三）水解酶与应用

水解酶是一类能够催化水解反应或水解反应逆反应的酶类。其反应通式为:

$$AB+H_2O=AOH+BH$$

水解酶作为单体蛋白质, 一般分子量较小, 在体内起着降解某种或某类有机物的作用, 如糖苷酶、肽酶及脂肪酶等。

扁桃酸在医药领域具有重要应用, 可用于合成头孢菌素、血管紧张素转化酶抑制剂、抗肥胖药物及抗肿瘤药物等。由于单一构型的扁桃酸与外消旋扁桃酸相比药效更高、副作用更低以及市场前景更广阔, 因此采用高立体选择性的腈水解酶（EC 3.5.5.1）拆分外消旋的扁桃腈, 合成单一对映体扁桃酸, 此方法受到了广泛关注。

以正丁腈为诱导剂培养的粪产碱菌（$Alcaligenes\ faecalis$）ATCC 8750 所产腈水解酶对扁桃腈具有较高特异性, 利用游离细胞作为催化剂选择性催化外消旋扁桃腈可生成相应（R）- 扁桃酸, 产物收率为 91%, $e.e.$ 值可达 100%。Banerjee 等对恶臭假单胞菌（$Pseudomonas\ putida$）MTCC 5110 腈水解酶基因在大肠杆菌中进行了重组表达, 并对产酶条件进行了系统优化, 重组酶对扁桃腈表现出较高的腈水解酶活力, 最终转化结果表明（R）- 扁桃酸的收率及 $e.e.$ 值分别达到 87% 和 99.99%。

（四）裂合酶与应用

裂合酶是一类催化一个化合物裂解成为两个较小的化合物及其逆反应的酶, 包括催化底物通过非水解性、非氧化性分解，达到 H_2O、NH_3、CO_2 等分子基团的脱除或加入的酶类。其反应通式为：

$$AB=A+B$$

裂合酶在体内可脱去底物上的某一基团并形成双键，如醛缩酶、水化酶、脱氨酶等。

腈水合酶（EC 4.2.1.84）是一类含有 Fe^{3+} 或 Co^{3+} 的裂合酶，能生成酰胺。在丙烯酰胺聚合生成聚丙烯酰胺中，使用全细胞生物催化体系，利用 *Rhodococcus rhodochrous* J1 静息细胞中的腈水合酶催化丙烯腈水合生成丙烯酰胺。

谷氨酸脱羧酶（EC 4.1.1.15）是利用生物法制备 γ- 氨基丁酸的关键酶。辅酶磷酸吡哆醛存在时，谷氨酸脱羧酶可专一性地催化 L- 谷氨酸脱去 α- 羧基生成 γ- 氨基丁酸和 CO_2。

（五）异构酶与应用

异构酶是一类催化分子内部基团位置或构象转移的酶，包括催化各种分子异构化。其反应通式为：

$$A=B$$

异构酶在体内主要使活性分子异构化，进而进行外消旋、差向异构、顺反异构、酮醛异构等反应，如消旋酶、变位酶、顺反异构酶等。

葡萄糖 -6- 磷酸异构酶（EC 5.3.1.9）是催化葡萄糖 -6- 磷酸异构化生成果糖 -6- 磷酸的异构酶。葡萄糖 -6- 磷酸异构酶及其联合抗环瓜氨酸肽抗体和抗角蛋白抗体在自身类风湿关节炎的检测诊断方面具有重要应用价值。

（六）连接酶与应用

连接酶又称合成酶，是一类能够催化两个分子连接成一个分子或把一个分子的首尾相连接的酶。连接催化过程与 ATP 的分解反应相偶联，即在把两分子相连接的同时发生三磷酸腺苷（ATP）的高能磷酸键的断裂。其反应通式为：

$$A+B+ATP=AB+ADP+Pi \text{ 或（} AB+AMP+PPi）$$

连接酶或合成酶，能够催化 C—C、C—O、C—N 以及 C—S 等键的形成反应，如酪氨酸 -tRNA 连接酶、谷氨酰胺 -tRNA 连接酶、天冬酰胺 -tRNA 连接酶、DNA 连接酶、精氨基琥珀酸合成酶等。

谷氨酰胺合成酶（EC 6.3.1.2）是用于合成 L- 谷氨酰胺过程中的关键酶。L- 谷氨酰胺占人体游离氨基酸总量的 61%，是人体不可缺乏的非必需氨基酸，其与胃肠道疾病和癌症等都有密切关系，已经成为新药研发、临床医疗、运动员体能营养保健的重要材料。

（七）易位酶与应用

易位酶是一类主要催化离子或分子跨膜转运或在细胞膜内易位反应的酶，包括催化质子、无机阳离子及其螯合物、无机阴离子、氨基酸、肽、糖及其衍生物等的转运。常见的易位酶包括泛醇氧化酶（EC 7.1.1.3）、抗坏血酸铁还原酶（EC 7.2.1.3）、ABC- 型硫酸转运体（EC 7.3.4.3）、线粒体蛋白质转运 ATP 酶（EC 7.4.2.3）等。

二、酶工程研究历程

人类对酶的利用已经有几千年的历史,如中国古代的酿造技术以及欧洲早期用小牛胃凝乳酶生产奶酪等,然而有目的地生产和应用酶则始于 19 世纪。1894 年,从米曲霉(*Aspergillus oryzae*)中提取出高峰淀粉酶,用于治疗消化不良。1908 年,将胰酶(胰蛋白酶、胰淀粉酶和胰脂肪酶的混合物)用于制革,并开发成洗涤剂。1917 年,将枯草杆菌(*Bacillus subtilis*)产生的热稳定良好的淀粉酶用于纺织品的退浆。在此后的近半个世纪内,酶的生产应用一直停留在从动植物和微生物的组织或细胞中提取的方式上。这种生产方式不仅工艺复杂,而且原料有限,所以很难进行大规模的工业生产。随着生物催化技术的不断进步和人们对酶资源的不断被挖掘,酶催化的反应过程工艺不断得到完善,如图 8-1 汇总了 1970 年以来酶的种类以及生物催化技术的发展历程。

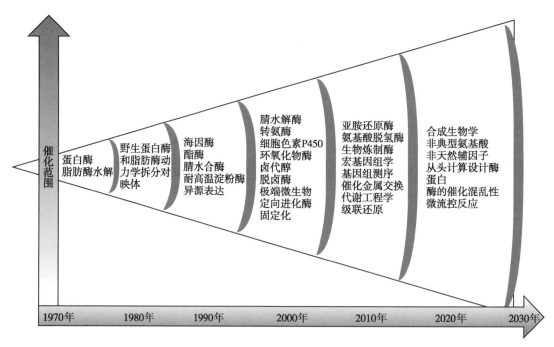

图 8-1 生物催化剂与生物催化技术的发展历程

1833 年,淀粉酶最早被发现,随后其他水解酶被发现,例如胃蛋白酶和蔗糖酶,但"enzyme"这一词是在 1877 年被提出。1926 年,第一种酶(脲酶)的晶体结构被获得,并确认它是一种蛋白质。随后,John H. Northrop 还结晶出了胃蛋白酶、胰蛋白酶和胰凝乳蛋白酶,并于 1946 年与 Sumner 共同获得诺贝尔化学奖。Sumner 在诺贝尔奖获奖演讲中指出:有机化学家从未能够合成蔗糖,而生物化学家利用酶不仅可以合成蔗糖,还可以合成葡聚糖胶、左旋胶、淀粉和糖原。

实际上,生物工业应用中的一些酶制剂早已被开发出来。自 1911 年,人们将纯化的蛋白酶用于澄清啤酒,采用来自各种真菌或麦芽的果胶酶澄清果汁和葡萄酒。1934 年,一项酵母细胞催化乙醛(由葡萄糖原位产生)与苯甲醛缩合生产 L- 苯乙酰甲醇的专利获得授权,此法得到的 L- 苯乙酰甲醇进一步反应可生成 L- 麻黄碱(麻醉中使用的一种兴奋剂,用作充血剂；也是甲基苯丙胺等非法药物的前体），该方法至今仍在使用，突显了高效生物催化过程的强大功能。1949 年，柠檬酸的生产几乎都是由黑曲霉催化而来。20 世纪 50 年代初期，利用真菌进行类固醇的区域选择性羟基化反应来生产可的松，这在当时的化学合成上是难以实现的。

20 世纪 80 年代以后，酶工程与基因工程、蛋白质工程、细胞工程和发酵工程等学科相互融合发展，成为生物工程的重要组成部分。基因工程对酶工程的发展起到了巨大的推动和变革作用，如运用基因工程技术构建能表达目标酶的工程菌使许多酶得以大规模工业化生产。运用蛋白质工程改善原有酶的各种性能，如增加酶的稳定性、提高酶在有机溶剂中的反应效率、使酶在后续提取工艺和应用过程中操作更容易等。通过易错 PCR（error-prone PCR）和 DNA 改组（DNA shuffling）等方法发展起来的酶体外定向进化技术，为酶的分子改造提供了一种全新的策略，从而可以发展更优良的新酶或新功能酶。人们利用酶的区域、位点和立体选择性特点，开展了酶法转化、拆分、合成手性药物及精细化学品。生化工程的发展推动了酶发酵过程的优化、高密度培养、代谢网络控制、新型反应器的研究和开发以及产品的分离。酶工程发展的重要事件如图 8-2 所示。

1894年-锁钥模型

1905年-第一个辅因子发现

1934年-不对称微生物法合成
　　　　L-苯乙酰甲醇
1950年-蛋白质的首次固定化

1953年-揭示DNA结构

1958年-诱导拟合模型

1966年-遗传密码获解

1972年-固定化青霉素酰化酶生
　　　　产半合成抗生素

1977年-DNA测序

1978年-定点突变

1985年-聚合酶链式反应

1997年-脂肪酶工艺生产手性胺

2016年-工程化的C—Si键形成酶

1833年-发现第一个酶

1897年-发现胞外发酵

1926年-揭示酶是蛋白质

1951年-确定胰岛素序列

1952年-发现质粒

1958年-报道了第一个蛋白质结构

1968年-限制性内切酶

1972年-DNA重组技术

20世纪70年代-固定化葡萄糖异构酶
　　　　　　生产高果糖浆

1978年-胰岛素

1979年-重组表达青霉素乙酰化酶

1991年-定向进化

2010年-西格列汀合成转氨酶的工程

2020年-九酶链反应法用于制造
　　　　HIV长效药物islatravir

图 8-2　酶工程发展的重要事件

三、酶工程前沿技术

21 世纪，作为生物技术重要组成部分的酶工程技术，其应用范围已遍及工业、医药、农业、化学分析、环境保护、能源开发和生命科学理论研究等多个方面。目前，美国、欧盟国家和日本在酶工程产业方面发展迅速，居于领先地位。新酶的研发、酶的优化生产及酶的高效应用是当今酶工程发展的主题。国际酶工程研究领域的热点和前沿课题包括蛋白质工程、人工合成酶和模拟酶、核酸酶和抗体酶、酶的定向固定化技术、非水相酶学、糖基转移酶、酶标志物、极端环境微生物和不可培养微生物的新酶种，以及酶在环境保护方面的应用等。

随着分子生物学、结构生物学的发展，通过阐明酶促机制、分析酶结构特征，以及开发用于DNA操作的强大工具，工程化酶在不断被开发并用于复杂的化学合成中。但是，适用于工业化酶的开发依然存在重大挑战。首先，酶的进化非常耗时，尽管通过不同技术手段已经改造出许多性能优良的突变体酶，但不是所有酶都能成功地被改造。其次，虽然国内外科学家在蛋白质折叠研究和预测突变方面取得了重大进展，但是仍然要依赖Frances Arnold提出的定向进化原理来对酶进行改造。此外，为了提高酶的可预测性，有必要对酶的性质做更深入的研究。

使用机器学习来分析已知功能的序列大数据集（野生型序列或突变体序列）是一种新兴且具有应用前景的方法。随着基因合成技术的进步以及DNA测序技术的不断改进，探索更大的序列平台已成为可能。蛋白质的创新设计为自然界中未知的全新蛋白质序列提供了一个突破口，除了能开发新型生物催化剂外，也为对蛋白质折叠的研究以及影响催化效率的因素的理解提供新的思路与方法。将遗传密码扩展到自然界未被发现的带有功能基团的非自然氨基酸中，可能会进一步提高酶的性能，并开启目前生物催化范围之外的新反应。

此外，酶的蛋白质表达水平通常很难预测。大肠杆菌是首选用于酶表达的宿主，但仍存在着某些蛋白质无法以高水平或可溶形式表达且低水平内毒素会引起免疫反应等问题。因此，需要其他表达系统，例如真菌和极端古细菌，以表达与大肠杆菌不相容的蛋白质并避免潜在的毒性。

另外，将生物催化过程引入市场仍然极具难度。与最佳的非均相催化剂相比，即使是经过精心设计改造的酶，在时空产率上也达不到工业化生产要求。另外，开发生物催化方法需要大量的时间和金钱投入。因此，需要进行更多的研究来解决这些问题，学术界与行业之间更紧密的互动可以进一步加快此过程。

第二节　固定化酶制药工艺

一、固定化方法

（一）固定化酶的概念

固定化酶指通过化学或物理的手段将酶制剂固定或限制在一定的相对密闭空间里，使之不但能够连续地进行反应，而且反应后的酶又可以被反复使用。固定化酶的特点是既具有生物催化剂的功能，又有固相催化剂的特性。固定化酶与游离酶液相比还具有以下优点：①可多次使用,而且在多数情况下,可以提高酶的稳定性;②反应后,酶与底物和产物易于分开,产物中无残留酶,易于纯化,产品质量高;③反应条件易于控制,可实现转化反应的连续和自动控制;④酶的利用效率高,单位催化的底物量增加,用酶量减少;⑤比水溶性酶更适合于多酶反应。

(二)固定化酶的制备方法

固定化酶的方法比较多,总体上可以划分为吸附法、共价结合法、包埋法、微胶囊法和交联法五种(图8-3)。

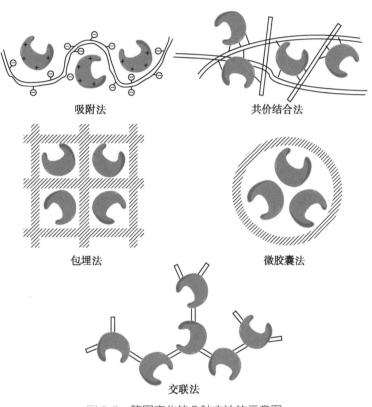

吸附法　　　　　　　　共价结合法

包埋法　　　　　　　　微胶囊法

交联法

图8-3　酶固定化的5种方法的示意图

1. 吸附法　通过各种固体吸附载体利用物理吸附或离子结合的原理,将酶吸附在其表面而实现酶固定化的方法。吸附法具有对酶的活性中心和结构的影响较小、操作简易方便、条件温和等优点。但存在由于吸附力弱而导致所固定的酶与载体的结合较弱,并容易受到pH的影响而易于脱离的缺点,从而使得吸附法的应用受到一定的限制。常见的物理吸附材料包括活性炭、多孔玻璃、酸性白土、漂白土、高岭石、氧化铝、硅胶、膨润土、羟基磷灰石、磷酸钙、金属氧化物等无机载体和淀粉、谷蛋白等天然高分子载体;此外,还有大孔型合成树脂、陶瓷、具有疏水基的载体(如丁基或己基 - 葡聚糖凝胶)以及以单宁作为配基的纤维素衍生物等载体。吸附法的工艺比较简单,只需要将酶溶液和载体混合一定时间后,洗脱未吸附的酶即可。

2. 共价结合法　选择合适的载体,使之通过共价键或离子键与酶结合在一起的固定化技术称为结合固定化技术。根据酶与载体之间结合的化学键不同,结合固定化技术可分为离子键结合法和共价键结合法。

通过离子键使酶与载体结合的固定化方法称之为离子键结合法。所使用的载体是某些不溶于水的离子交换剂，常用的有DEAE-纤维素、DEAE-葡聚糖凝胶等。例如，将处理成—OH型的DEAE-葡聚糖凝胶加至含有氨基酰化酶的0.1mol/L的pH 7.0磷酸缓冲液中，在37℃下搅拌5小时，氨基酰化酶就可以与DEAE-葡聚糖凝胶通过离子键结合，制成固定化氨基酰化酶，可用于拆分乙酰-DL-氨基酸，生产L-氨基酸。用离子键结合法制备的固定化酶，活力损失较少。但由于通过离子键结合，结合力较弱，酶与载体的结合不牢固，在pH和离子强度等条件改变时，酶易脱落。所以用离子键结合法制备的固定化酶，在使用时一定要严格控制好pH、离子强度和温度等操作条件。

通过共价结合力将酶与载体联结的固定化方法称为共价键结合法。与吸附法相比，共价结合法通常由载体骨架表面的功能基团与酶氨基酸残基的功能基团形成共价键，酶固定化后具有结合牢固、结合程度受外界影响较小的优点。但是由于共价结合法的反应条件一般较激烈，反应步骤较复杂，容易对酶的结构甚至活性中心造成破坏，从而影响酶的活性、底物专一性等性质。通过共价键结合酶与载体的固定化方法首先是通过化学方法，在载体上引入活泼基团或使得载体上的相关基团活化，然后再使得这些活泼基团与酶分子侧链上的有关基团产生偶联反应，形成共价键结合。共价键结合法所采用的载体主要有纤维素、琼脂糖凝胶、葡聚糖凝胶、氨基酸共聚物、甲基丙烯醇共聚物等。酶分子中可以形成共价键的基团主要有氨基、羧基、羟基、酚基和咪唑基等。要使载体与酶形成共价键，首先必须使载体活化，即借助某种方法在载体上引入一个活泼基团。使载体活化的方法主要有重氮法、溴化氢法和烷基化法。现在已有活化载体的商品出售，商品名为偶联凝胶（coupling gel）。偶联凝胶有多种型号，如溴化氰活化的琼脂糖凝胶4B，活化羧基琼脂糖凝胶4B等，在实际应用时，选择适宜的偶联凝胶可免去载体活化的步骤而很简单地制备固定化酶。

3. 包埋法　将酶或细胞通过物理学方法固定在高分子凝胶细微网格中使酶固定化的方法称为包埋法。与吸附法和共价结合法不同，被包埋的酶分子或细胞在溶液中是游离态的，只是被凝胶网格结构限制在一定大小的范围内运动。包埋法一般不需要酶蛋白的氨基酸残基参与反应，具有很少改变酶的高级结构、反应条件温和、酶活性回收率较高、固定化时保护剂和稳定剂的存在不影响酶的包埋产率等优点。因此，包埋法可以应用于大多数酶、粗酶制剂、微生物细胞的固定化。但包埋法只适合于小分子底物和产物的酶固定化，对大分子底物和产物的酶，由于其通过多孔载体的扩散阻力过大，会导致其酶的催化活力降低，因此包埋法适宜于催化小分子底物和产物的酶固定化。

4. 微胶囊法　微胶囊法又称半透膜包埋法，是用直径几十到几百微米的半透膜形成的球状体将酶分子进行包埋固定化的方法。与包埋法相似，酶分子在微胶囊内是游离的，但被限制在高分子半透膜中的一定空间内。例如，将酶及亲水性单体（如己二胺等）溶于水制成水溶液，另外，将疏水性单体（如癸二酰氯等）溶于有机溶剂中，然后将这两种不相溶的液体混合在一起，加入乳化剂（如司盘-85等）进行乳化，使酶液分散成小液滴，此时亲水性的己二胺与疏水性的癸二酰氯就在两相的界面上聚合成半透膜，将酶包埋在小球之内，再加入吐温-20，使乳化破坏，用离心分离即得到半透膜包埋的微胶囊固定化酶。

5. 交联法 交联法是利用双功能或多功能试剂在酶分子间、酶分子与惰性蛋白间进行交联反应以共价键制备固定化酶的方法。例如,戊二醛有两个醛基,这两个醛基都可与酶或蛋白质的游离氨基反应,形成希夫碱(Schiff base),从而使酶或菌体蛋白交联,制成固定化酶。

各种固定化酶方法的比较见表8-1。

表8-1 固定化酶方法的主要优缺点的比较

方法	优点	缺点
吸附法	制作条件温和、方法简便,成本低,载体可再生、可反复使用	结合力较弱,对 pH、离子强度、温度等因素敏感,酶易脱落,酶装载容量一般较小
共价结合法	载体与偶联方法可选择性大;酶的结合力强,非常稳定	偶联条件剧烈,易引起酶失效,成本高,某些偶联试剂有一定的毒性
包埋法	固定化酶的适用面广,包埋条件温和	仅可用于低分子量的底物,常有扩散限制问题,不是所有单体材料与溶剂都适用于酶的包埋
微胶囊法	可进行大规模的固定化;包埋膜可选用生物相容性材料,并可做成任意大小	制备技术较复杂,成囊时间较长,对包埋物质的生物活性有一定的影响
交联法	可用的交联试剂多,技术简易;酶的结合力强,稳定性高	交联条件较剧烈,机械性能较差

二、固定化青霉素酰化酶生产6-氨基青霉烷酸

(一)青霉素酰化酶

青霉素酰胺酶或青霉素氨基水解酶,是生产半合成抗生素的一种重要水解酶,可催化青霉素水解生成 6- 氨基青霉烷酸(6-APA)或催化头孢霉素生成 7- 氨基头烷酸(7-ACA),其生化反应式如图8-4。

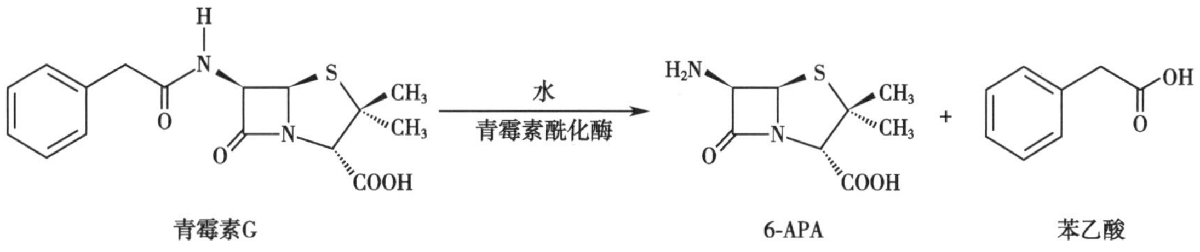

图 8-4 青霉素酰化酶催化青霉素水解生成6-APA的反应式

(二)固定化青霉素酰化酶生产6-APA的工艺流程

固定化青霉素酰化酶全细胞是在医药工业上广泛应用的一种全细胞固定化催化剂,其催化生产6- 氨基青霉烷酸工艺路线如图8-5所示。

(三)大肠杆菌工程菌的培养工艺

1. 培养基 斜面培养基为普通肉汁琼脂培养基,发酵培养基的成分为蛋白胨 1%,NaCl 1%,0.5% 酵母提取物,自来水配制。用 2mol/L NaOH 溶液调 pH 至 7.0,高压蒸汽灭菌 30 分钟后备用。

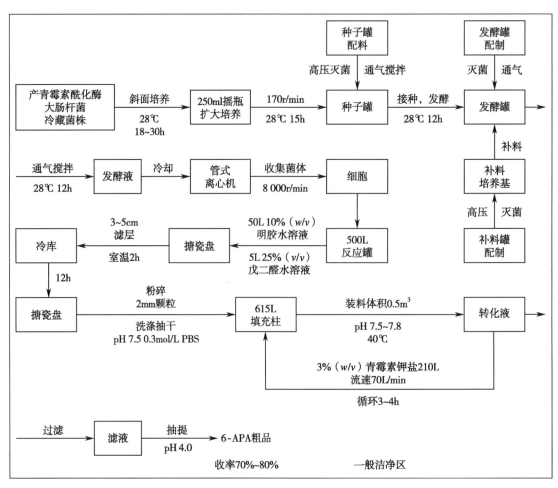

图 8-5　青霉素酰化酶催化青霉素水解生成 6-APA 的工艺路线

2. 培养过程　在 250ml 三角烧瓶中加入发酵培养基(培养基成分为 10g/L NaCl, 10g/L 蛋白胨, 5g/L 酵母提取物)50ml, 将斜面接种后培养 18~30 小时的工程大肠杆菌 D8816(产青霉素酰化酶), 用 15ml 无菌水制成菌悬液, 取 1ml 接种至装有 50ml 发酵培养基的三角瓶中, 28℃, 170r/min 振荡培养 15 小时, 如此依次扩大培养, 直至接种至 1 000~2 000L 规模通气搅拌式发酵罐培养, 实时监测发酵液的 OD_{600}, 待发酵液 OD_{600} 值达到 20.0 时结束培养, 培养结束后的发酵液用高速管式离心机离心收集菌体, 备用。

(四) 固定化工艺

取湿菌体 100kg(换算成干重约为 20kg), 通过包埋与交联组合方法固定工程大肠杆菌。首先将工程大肠杆菌置于 500L 反应罐中, 在搅拌下加入质量浓度为 100g/L 的明胶水溶液 50L, 搅拌均匀后加入体积分数为 12% 的戊二醛, 再转移至搪瓷盘中, 使之成为 3~5cm 厚的液层, 室温放置 2 小时, 再转移至 4℃冷库过夜, 待形成固体凝胶块后, 通过粉碎和过筛, 使其成为直径为 2mm 左右的颗粒状固定化工程大肠杆菌细胞, 用蒸馏水及 pH 7.5、0.3mol/L 磷酸缓冲液先后充分洗涤, 抽干, 备用。

将上述充分洗涤后的固定化工程大肠杆菌细胞(产青霉素酰化酶)装填于带保温夹套的填充床式反应器(装料体积为 0.5m³)中, 即成为固定化工程大肠杆菌反应堆, 反应器规格为 70cm 直径 ×160cm 高度。

（五）转化工艺

取 20kg 青霉素 G（或 V）钾盐，加到 1 000L 配料罐中，用 pH 7.5、0.03mol/L 的磷酸缓冲液溶解，并使青霉素钾盐质量浓度为 0.03kg/L，再用 2mol/L NaOH 溶液调 pH 至 7.5~7.8，然后将 615L 填充柱及 pH 调节罐中反应液温度升到 40℃，维持反应体系的 pH 在 7.5~7.8 范围内，以 70L/min 流速使青霉素钾盐溶液从底端通过固定化工程大肠杆菌填充床，顶端输出反应液进行连续循环转化，直至转化液 pH 不变为止。循环时间一般为 3~4 小时，通过高效液相色谱实时监测原料的减少量与产物的生成量，当原料未被检测到时，终止反应。反应结束后，放出转化液，再进入下一批反应。

（六）6-APA 的提取工艺

上述转化液经过滤澄清后，滤液用薄膜浓缩器减压浓缩至 100L 左右；冷却至室温后，于 250L 搅拌罐中加入 50L 醋酸丁酯，充分搅拌提取 10~15 分钟；静置分层后，取下层水相，在其中加质量浓度为 1.5kg/L 的活性炭，在 70℃下搅拌脱色 30 分钟，滤除活性炭；滤液用 6mol/L 的 HCl 调节 pH 至 4.0 左右，5℃放置结晶过夜；次日滤取结晶，用少量冷水洗涤，抽干，115℃下烘 2~3 小时，得成品 6-APA。按青霉素 G 计，整个工艺的收率一般为 70%~80%。

三、固定化酶拆分 DL- 氨基酸工艺

（一）酶法拆分的原理

工业上生产 L- 氨基酸的一种方法是化学合成法，但是由化学合成法得到的氨基酸都是无光学活性的 DL- 外消旋混合物。外消旋氨基酸拆分的方法有物理化学法、酶法等，其中以酶法最为有效，能够产生纯度较高的 L- 氨基酸。酶法生产 L- 氨基酸的反应式（图 8-6）如下。

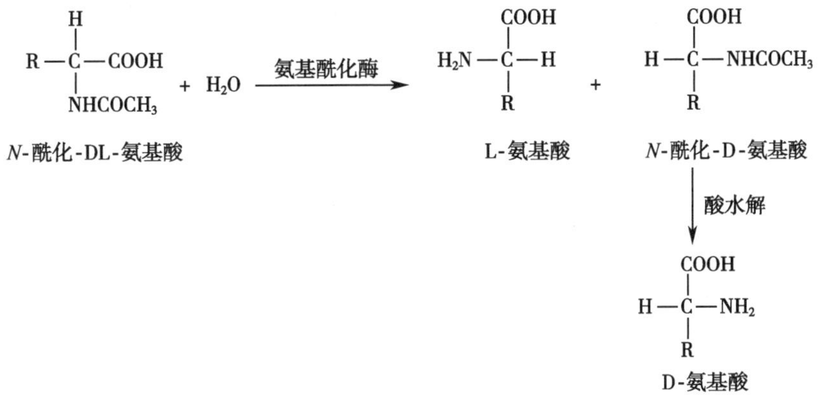

图 8-6　氨基酰化酶拆分 DL- 氨基酸的反应式

N- 酰化 DL- 氨基酸经过氨基酰化酶的水解得到 L- 氨基酸和未水解的 *N*- 酰化 D- 氨基酸，这两种产物的溶解度不同，因而容易分离。未水解的 *N*- 酰化 -D- 氨基酸经过外消旋作用后又成为 DL- 型，可再次进行拆分。

（二）DL- 甲硫氨酸拆分生产工艺过程

通过米曲霉发酵提取分离得到氨基酰化酶，然后以 DEAE- 葡聚糖凝胶为载体采用离子

结合法制成固定化酶,连续拆分 DL- 乙酰甲硫氨酸生成 L- 甲硫氨酸,剩余的 D- 乙酰甲硫氨酸经过消旋化重新生成 DL- 乙酰甲硫氨酸,再进行拆分。酶法生产 L- 甲硫氨酸的工艺如图 8-7 所示。

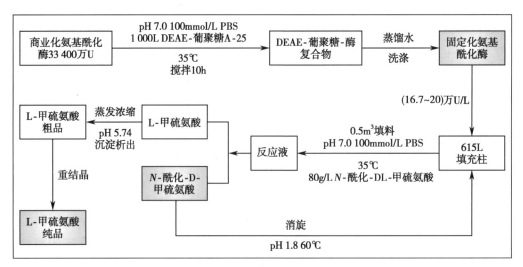

图 8-7 氨基酰化酶拆分 DL- 甲硫氨酸的工艺

（三）固定化氨基酰化酶的制备

将预先用 pH 7.0、0.1mol/L 的磷酸缓冲溶液处理 DEAE- 葡聚糖 A-25 溶液 1 000L,在 35℃下与 1 100~1 700L 的天然氨基酰化酶水溶液（内含约 33 400 万 U 的酶）一起搅拌 10 小时,过滤后得到 DEAE- 葡聚糖 - 酶的复合物,用水洗涤,制得活性为（16.7~20）万 U/L 的固定化氨基酰化酶,活性收率为 50%~60%。

（四）固定化酶拆分 DL- 甲硫氨酸

将上述固定化氨基酰化酶装于柱子上,作为固定床反应器连续拆分 DL- 甲硫氨酸。在长期使用之后,酶柱上的酶可能有部分脱落,但由于是用离子交换法固定化氨基酰化酶,因此再生十分容易,只要加入一定量的游离氨基酰化酶,酶柱便能完全活化。

（五）L- 甲硫氨酸的分离和纯化

将经过酶柱反应拆分的流出液蒸发浓缩,调节 pH,使 L- 甲硫氨酸在等电点条件下沉淀析出,通过离心分离后,可收集得到 L- 甲硫氨酸粗品和母液。粗品 L- 甲硫氨酸可用重结晶法进一步纯化,制得 L- 甲硫氨酸。

（六）N- 酰化 -D- 甲硫氨酸的外消旋化

在上述母液中加入适量的乙酐,加热到 60℃,其中未反应的 N- 酰化 D- 甲硫氨酸发生外消旋反应,产生 N- 酰化 -DL- 甲硫氨酸混合物,并在酸性条件下（pH 1.8 左右）析出外消旋混合物,收集后可重新作为底物进入酶柱进行拆分。

（七）质量控制

甲硫氨酸按照《中国药典》（现行版）进行检测,本品为 L-2- 氨基 -4-（甲硫基）丁酸,按干燥品计算,$C_5H_{11}NO_2S$ 含量不得少于 98.5%。

四、固定化羰基还原酶制备 6-氰基-(3R,5R)-2-羟基己酸叔丁酯

(一)酶法合成 6-氰基-(3R,5R)-2-羟基己酸叔丁酯的原理

6-氰基-(3R,5R)-2-羟基己酸叔丁酯是阿托伐他汀的重要手性中间体。羰基还原酶是手性合成 6-氰基-(3R,5R)-2-羟基己酸叔丁酯的关键酶。采用交联法对羰基还原酶和葡萄糖脱氢酶双酶共表达的工程大肠杆菌菌株进行了全细胞固定化,并用固定化细胞催化合成 6-氰基-(3R,5R)-2-羟基己酸叔丁酯。反应如图8-8所示。

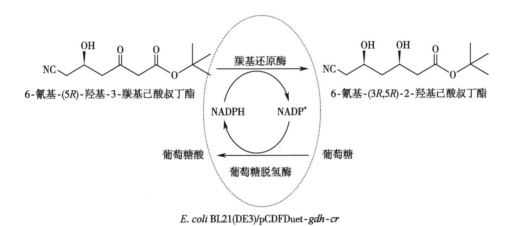

图8-8 共表达菌株催化合成 6-氰基-(3R,5R)-2-羟基己酸叔丁酯

(二)生产工艺流程

固定化羰基还原酶制备 6-氰基-(3R,5R)-2-羟基己酸叔丁酯的生产工艺流程图如8-9所示。

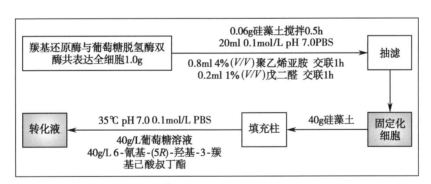

图8-9 固定化羰基还原酶制备 6-氰基-(3R,5R)-2-羟基己酸叔丁酯的工艺流程

(三)固定化羰基还原酶与葡萄糖脱氢酶共表达全细胞的制备

取 50.0g 湿菌体,重新悬浮于 1L pH 7.0 的磷酸盐缓冲液(100mmol/L)中,加入 3.0g 硅藻土,搅拌 0.5 小时后加入 40ml 体积分数为 4%(V/V)的聚乙烯亚胺水溶液,交联 1 小时,再加入 10ml 体积分数为 1%(V/V)的戊二醛水溶液,交联 1 小时后抽滤回收,用缓冲液清洗三次,储存备用。

(四)固定化细胞在填充床中还原工艺

称取 40g 硅藻土固定化细胞,填充至填充床反应器中。填充柱内部封闭,400ml 反应液[包含 360ml K_2HPO_4-KH_2PO_4 缓冲液,40g 葡萄糖和 40g 6-氰基-(5R)-羟基-3-羰基己

酸叔丁酯]。通过循环蠕动泵从下端加入,流经固定化细胞反应后,从顶部流出,回到反应液储藏容器中,通过储藏容器中搅拌子的轻微搅动,使得反应液混合均匀;然后再次通过蠕动泵回到反应器。填充柱外部有一层夹套,通入35℃温水保持反应器温度在35℃左右。

第三节　有机相酶制药工艺

由于固定化酶具有高活性、高立体选择性,制备的单一手性化合物光学纯度高等一系列优点,在非水相中拆分与合成手性化合物领域已受到普遍重视,并呈现出良好的工业化应用前景。

一、布洛芬的酶法拆分工艺

(一)布洛芬

布洛芬是一种非选择性的非甾体抗炎药,具有消炎、镇痛、解热的作用,临床上广泛用于治疗类风湿关节炎、风湿性关节炎等。布洛芬分子在β位有一个手性碳原子,存在一对光学异构体——S-(+)和R-(-)两种对映体,只有S-(+)构型具有生理活性或药理作用,而R-(-)构型活性低或无生理活性;虽然其在体内可通过体内酶的转化形成辅酶A硫脂中间体,从而发生构型反转形成(S)-布洛芬,但考虑到患者机体差异对这种转化的影响,近年来多以单一对映体纯的(S)-布洛芬上市销售。

(二)酶法拆分原理

化学合成的布洛芬是等量的一对对映体混合物(外消旋体),利用手性试剂拆分过程较繁杂,且手性试剂昂贵。利用脂肪酶催化布洛芬外消旋体拆分反应具有成本较低、对映体选择性较高等优点(图8-10)。酶法拆分是布洛芬等手性药物拆分较为有效、便捷的途径。

(三)有机相酶法拆分工艺

在有机溶剂中对布洛芬进行酶促酯化反应时加入少量的极性溶剂可使酶的选择性明显

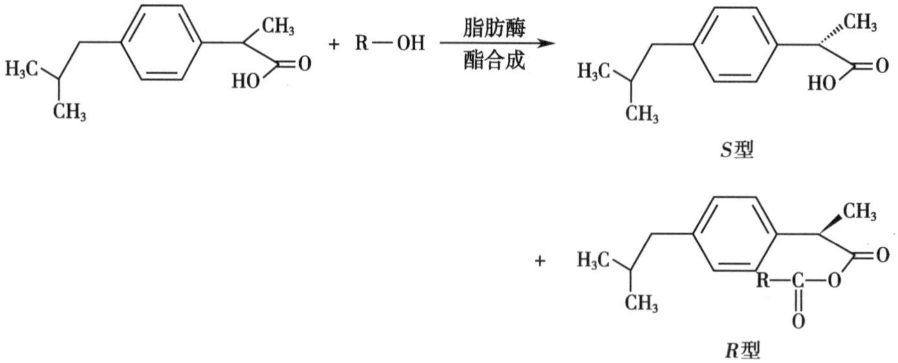

图 8-10　布洛芬的酶法拆分

提高,如加入 0.05%(v/v)N, N- 二甲基甲酰胺后,最后得到(S)- 布洛芬的 $e.e.$ 值从 57.5% 增加到 91%。加入苯并 -18- 冠 -6 醚或四苯基卟啉等后,均能提高产率,对映体选择性没有受大的影响。

布洛芬按照《中国药典》（2020 年版）进行检测,本品为 α- 甲基 -4-（2- 甲基丙基）苯乙酸,按干燥品计算,含 $C_{13}H_{18}O_2$ 不得少于 98.5%。

二、普萘洛尔的酶法拆分工艺

（一）普萘洛尔

（S）- 普萘洛尔是一类重要的 β 受体拮抗剂,用于治疗高血压和心肌梗死疾病。在现有的合成（S）- 普萘洛尔的各种方案中,以对外消旋普萘洛尔生产工艺的中间体 1- 氯 -3-（1- 萘氧）-2- 丙醇（简称"萘氧氯丙醇"）进行拆分较为合理经济。

（二）拆分工艺

利用假单胞菌脂肪酶在有机溶剂中可对外消旋的萘氧氯丙醇酯进行水解,得到（s）- 萘氧氯丙醇, $e.e.$ 值大于 95%（图 8-11）。

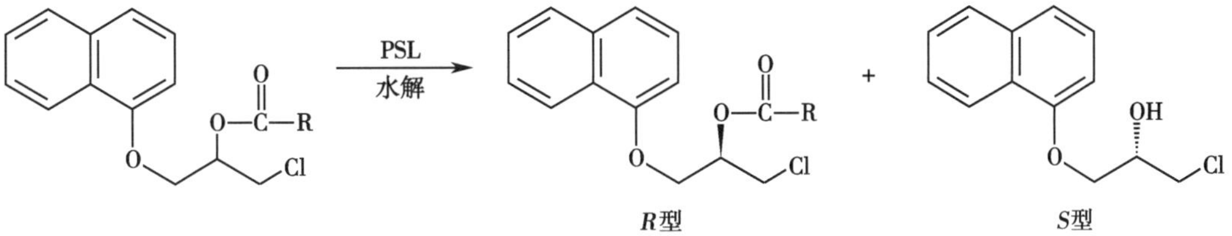

R 型   S 型

图 8-11 脂肪酶水解外消旋的萘氧氯丙醇

盐酸普萘洛尔按照《中国药典》（2020 年版）进行检测,本品为 1- 异丙氨基 -3-（1- 萘氧基）-2- 丙醇盐酸盐,按干燥品计算,含 $C_{16}H_{21}NO_2 \cdot HCl$ 不得少于 99.0%。

ER8-2 目标测试题

（黄 俊）

参考文献

[1] 郭勇. 酶工程. 4 版. 北京:科学出版社, 2016.
[2] 许建和, 郁惠蕾. 生物催化剂工程:原理及应用. 北京:化学工业出版社, 2016.
[3] 梅乐和, 姚善泾, 林东强. 生化生产工艺学. 2 版. 北京:科学出版社, 2010.
[4] 袁勤生, 赵健. 酶与酶工程. 上海:华东理工大学出版社, 2007.
[5] 国家药典委员会. 中华人民共和国药典:2020 年版. 北京:中国医药科技出版社, 2020.
[6] 何建勇. 生物制药工艺学. 北京:人民卫生出版社, 2007.
[7] 葛驰宇, 肖怀秋. 生物制药工艺学. 北京:化学工业出版社, 2019.

第九章　动物细胞工程制药工艺

ER9-1　动物细胞
工程制药工艺（课件）

第一节　概述

动物细胞工程是根据细胞生物学、分子生物学及工程学原理等理论和技术,有目的地精心设计、定向改变动物的遗传特性,从而改良或产生新品种或细胞产品的技术。动物细胞工程制药的显著优点就在于表达产物方面,尤其是转录后修饰和产物的细胞外分泌高效表达,这是传统微生物发酵工程技术所不具备的。目前通过动物细胞工程可生产单克隆抗体、酶、病毒性疫苗(如口蹄疫、狂犬病、乙型肝炎疫苗等)、非抗体免疫调节剂(如干扰素、白介素、集落刺激因子等)、多肽生长因子(如神经生长因子、血清扩展因子、表皮生长因子等)和激素等。这些产品对临床诊断、疾病的治疗和预防有着重要意义,其中已有一些被批准应用于临床,成为许多国家的一个重要新兴产业。

一、体外培养的动物细胞分类及特点

动物细胞属于真核细胞,由细胞膜、细胞质和细胞核三个基本部分组成,细胞质内有核糖体、内质网、溶酶体、高尔基体等细胞器,通过膜系统行使着各自独特的生理功能。

动物细胞的化学组成主要有无机成分(如水和无机盐)和有机成分(如蛋白质、糖类、脂质和核酸)。动物细胞吸收营养后进行糖、脂肪和蛋白质的代谢,分为三个降解阶段:大分子降解为小分子,小分子代谢产生三个主要的中间产物,中间产物进入三羧酸循环。

(一)体外培养细胞的生长特点及分类

体外培养的细胞形态结构等基本生物学特性与体内细胞相同,在培养环境良好时能反映细胞本身特性。但随着生活环境及培养方式的不同,有些特点也会发生变异,形态与体内生长的细胞有一定的差异。

1. **细胞活性**　在细胞群体中总有一些细胞因各种原因而死亡,活细胞占总细胞数的百分比叫作细胞活力。组织中分离细胞一般要检查活力,以了解分离的过程对细胞是否有损伤作用;复苏后的细胞也要检查活力,了解冻存和复苏的效果。一般采用细胞显微镜下观察和染色法来检测细胞活性。

生长状态良好的细胞轮廓清晰,细胞质均匀透明,折光度好;细胞活力受损时,细胞常暗淡无光,折光率差,形态常呈不规则改变,细胞质中常出现空泡、颗粒状物。

为了区别细胞的死活,计数前可进行细胞染色。常用的染色液有台盼蓝等。用台盼蓝染

色,死亡的细胞呈蓝色,活细胞不被染色。MTT 法与 CCK-8 试剂盒检测法可间接反映活细胞数量。用血球计数板计数,或进行分光光度计比色分析,即可确定反应器中的细胞数目;近红外线传感器可把细胞计数和活性的控制结合在一起。

细胞死亡有两种形式,即凋亡和坏死,其形态学和生化变化完全不同。

坏死:细胞受到严重伤害时快速膨胀,染色质凝聚而死亡,细胞直接裂解,坏死过程不受细胞自主控制。

凋亡:细胞对环境变化作出的有计划的、执行预定程序的死亡应答过程。细胞凋亡是能量依赖的细胞内死亡程序活化而致的细胞自杀,由基因控制的细胞自主有序的主动死亡过程。其特征是细胞收缩,细胞核和 DNA 断裂,细胞膜完整但出现发泡现象,细胞凋亡晚期可见凋亡小体,在体内,凋亡小体被临近细胞或巨噬细胞所吞噬。

在动物细胞培养中,细胞凋亡是很普遍的现象。培养基内缺乏促生长因子时,生长因子依赖性细胞系就发生凋亡。改变培养基条件,缺乏锌元素,细胞密度过高,以及细胞毒素都会引起细胞凋亡。Annexin-V 与 PI 匹配使用,就可以将凋亡早晚期的细胞以及死细胞区分开来。磷脂酰丝氨酸(phosphatidylserine, PS)正常位于细胞膜的内侧,但在细胞凋亡的早期,PS 可从细胞膜的内侧翻转到细胞膜的表面,暴露在细胞外;碘化丙啶(propidine iodide, PI)是一种核酸染料,它不能透过完整的细胞膜,但对于凋亡中晚期的细胞和死细胞,PI 能够透过细胞膜而使细胞核红染。

2. 体外培养细胞的基本类别　体外培养细胞依据细胞的生长特性、在培养基中生长方式的不同,可分为悬浮细胞、贴壁细胞及兼性细胞。

大多数培养细胞必须贴附于支持物表面生存和生长,属于贴壁依赖性细胞,依靠自身分泌的或培养基中提供的贴附因子才能在固体表面上生长。

细胞开始生长时呈圆形,当贴附于支持物生长后,逐渐恢复至原来的细胞形态。因细胞来源不同,一般具有两种形态:①来源于中胚层的细胞呈现成纤维细胞样(梭形或不规则形,中央有圆形核,细胞质向外伸出 2~3 个突起),如纤维细胞,心肌细胞、平滑肌细胞、成骨细胞等;②来源于外胚层和内胚层细胞则恢复上皮细胞样(呈扁平的不规则多角形,中间有圆形核,生长时彼此紧密连接成单层细胞片),如皮肤细胞、肠管上皮细胞等。

悬浮细胞可悬浮于培养基中生长,不依赖于支持物。某些贴壁细胞经过适应选择也可用悬浮生长培养。但是,还有很多细胞不能悬浮生长,尤其是正常细胞。

悬浮细胞有较大的生存空间,易于传代培养,可提供大量的细胞,易于收获,获得稳定的性状。增加悬浮培养规模相对比较简单,只要增大培养体系就可以了。需要注意的是若培养液深度超过 5mm,需要搅动培养基;超过 10cm,还需要深层通入 CO_2 和空气,以保证足够的气体交换。

有些细胞并不严格地依赖支持物,它们既可以贴附于支持物表面生长,又可以在培养基中悬浮生长。例如 CHO 细胞、L929 细胞,贴壁生长时呈上皮或纤维细胞的状态,悬浮生长时呈圆形,但是有时它们又可以相互支持贴附在一起生长。

(二)体外培养细胞的生理特点

1. 体外培养细胞龄　体外培养细胞龄指的是细胞在体外培养条件下持续增殖和生长的

时间。体外培养细胞分裂次数有限,具有一定的生存期限,时间长短决定于细胞来源,人胚成纤维细胞约可培养50代,鸡胚可培养30代,小鼠可培养8代。

每一代培养细胞群体都会经过潜伏期、对数生长期、稳定期和衰亡期四个生长阶段。传代的频率与细胞培养液的性质、接种细胞的数量和细胞增殖速度有关。细胞活力最好的时期是对数生长期,是进行实验的最佳阶段。

二倍体细胞龄以细胞群体倍增(cell population doubling)计算,以每个培养容器细胞群体细胞数为基础,每增加一倍作为一世代,生产用细胞龄限制在细胞寿命期限的前2/3内。传代细胞系则以一定稀释倍数进行传代,每传一次为一代。

二倍体细胞是指在体外具有有限生命周期的细胞,通过原代细胞体外传代培养获得(如MRC-5、2BS、KMB17及WI-38细胞),其染色体具有二倍体性且具有与来源物种一致的染色体核型特征。细胞体外倍增一定水平后会进入衰老期,即细胞停止增殖,但仍存活且有代谢活动。连续传代细胞是指体外具有无限增殖能力的细胞,但不具有来源组织的细胞核型特征和细胞接触抑制特性。有些传代细胞系是通过原代细胞在体外传代过程中自发突变产生的,如Vero细胞。

2. 细胞周期时间长　一个细胞分裂形成两个子细胞的过程称为细胞周期。与微生物相比,动物细胞的细胞周期明显,时间较长,一般为12~48小时,分为间期(G_1+S+G_2)和分裂期(M期)。分裂期很短,细胞大部分处于间期。同一类细胞的周期时间是一定的,但不同种属的细胞周期时间不同,同一种属、不同部位的细胞也不同,差异主要在于G_1期。凡细胞无增殖活动时都滞留在G_1期,在此期间为DNA合成准备,主要完成DNA聚合酶、RNA的合成等。

3. 细胞生长大多需贴附于基质,有接触抑制现象　除少数细胞悬浮生长外,大多数正常二倍体细胞的生长都需要贴附于固体表面上,伸展后才能生长增殖,其机制可能与电荷、钙离子、镁离子以及许多贴附因子的作用有关。

当正常细胞在贴附表面分裂增殖,逐渐汇合成片,细胞之间发生相互接触时,细胞的运动被抑制,细胞停止增殖,这个现象被称为接触抑制。而恶性细胞无接触抑制现象,细胞可以多层堆积生长,细胞密度进一步增大,当细胞营养枯竭、代谢产物增多导致细胞停止分裂增殖,这个现象被称为密度抑制。如发生抑制作用,需要及时传代分离培养。

4. 动物细胞蛋白质的合成途径和修饰功能与细菌不同　动物细胞产品分泌于细胞外,收集纯化方便。动物细胞内较完善的翻译后修饰,特别是糖基化,使得产品与天然产品一致,更适合临床应用。细胞的许多生理功能如细胞识别、表面受体、胞内消化和外排分泌等,都与蛋白质的糖基化密切相关。如非糖基化的红细胞生成素在体内就无生物活性,这就决定了有些生物药品不能用原核细胞表达,或者需要后续的加工修饰。

动物细胞的蛋白质合成场所为游离的核糖体以及粗面内质网上的结合核糖体,前者合成的蛋白质都用于细胞质基质内,后者合成的蛋白质是分泌性的和膜中的整合蛋白,多数为糖蛋白。蛋白质上的寡糖链有的在内质网上加接,有的在高尔基体中加接。在内质网中加接的是 N- 链寡糖,即在天冬酰胺残基的侧链上连接 N- 乙酰葡糖胺、甘露糖和葡萄糖等糖基;在高尔基体中内加接的是 O- 链寡糖,即寡糖链结合在丝氨酸、苏氨酸或酪氨酸的—OH 基上。糖链有助于蛋白质的溶解,防止蛋白聚集沉淀,能帮助蛋白折叠成正确的构象,从而使糖蛋白分泌到细胞外。

5. 动物细胞对周围环境比较敏感 动物细胞无细胞壁的保护,因而外界的物理化学因素很容易对其产生影响,如动物细胞对 pH、剪切力、渗透压、离子浓度、温度、微量元素等的变化耐受力均很弱,所以比细菌培养难度要大得多。

6. 动物细胞对营养的要求高 与细菌不同,动物细胞对培养基的要求高,需要 12 种必需氨基酸、8 种以上的维生素、多种无机盐和微量元素、作为主要碳源的葡萄糖以及多种细胞生长因子和贴附因子,且不同种类细胞要求又有所不同。

总之,动物细胞产品与天然产品一致,且胞外分泌利于分离纯化是动物细胞工程制药的典型优点,但动物细胞培养条件高、成本高、产量低,也是限制其推广应用的弊端和需要改良的方向。

二、动物细胞工程制药的基本过程

本节以哺乳动物细胞表达系统(CHO 细胞)为例介绍动物细胞制药工程的基本过程。

(一)细胞系建立

分别建立主细胞库、工作细胞库的两级管理细胞库。一般情况下主细胞库来自细胞种子,工作细胞库来自主细胞库。主细胞库和工作细胞库均应有详细的制备过程、检定情况及管理规定,并应符合《中国药典》(2020 年版)中"生物制品生产检定用动物细胞基质制备及检定规程"和"人用重组 DNA 蛋白制品总论"的相关要求。

中国仓鼠卵巢细胞(Chinese hamster ovary cell, CHO cell)是最具代表性的动物细胞表达系统,被广泛应用于生物制药领域。它建株于 1957 年,由美国科罗拉多大学 Theodore T. Puck 从一只成年雌性中国仓鼠卵巢中分离得到,是一种连续细胞系。下面以 CHO 细胞为例讲授如何建立细胞系。首先了解确定细胞特性,避免污染并质量鉴定。

1. 明确遗传特性,评价细胞遗传稳定性 该细胞存在遗传缺陷,无脯氨酸合成基因,不能将谷氨酸转变为谷氨酸 -γ- 半醛,培养过程中需要在培养基中添加 L- 脯氨酸才能生长。并且由于该细胞已经霍乱毒素适应,形态学有所改变。最初细胞为贴壁型细胞,经多次传代筛选后,也可悬浮生长。CHO 细胞容易发生基因突变,也较易进行基因转染,是良好的哺乳动物基因表达宿主细胞。

2. 历史渊源清晰,细胞类型、生物特性、培养方法等资料齐全 CHO 细胞虽可像微生物细胞一样,在人工控制条件的生物反应器中进行大规模培养,但其细胞结构和培养特性与微生物细胞相比,有显著差别:①动物细胞比微生物细胞大得多,无细胞壁,机械强度低,对剪切力敏感,适应环境能力差。②倍增时间长,生长缓慢,易受微生物污染,培养时须用抗生素。③培养过程需氧量少(氧传质系数 K_La 大于 $10h^{-1}$ 即可满足每毫升 10^7 个细胞的生长)。④培养过程中细胞相互粘连以集群形式存在;原代培养细胞一般繁殖 50 代即退化死亡。⑤代谢产物具有生物活性,生产成本高,但附加值也高。该细胞具有不死性,可以传代百代以上,是生物工程上广泛使用的细胞。另外 CHO 细胞还有一个优点,它本身很少分泌内源蛋白,因此对目标蛋白分离纯化工作十分有利。可形成有活性的二聚体(如白介素 2),具有糖基化的功能(如 EPO),CHO 为表达复杂生物大分子的理想宿主。

3. 避免污染,评价潜在风险性 潜在风险包括携带病毒、残余 DNA 和蛋白质。培养中的可能污染 CHO 细胞培养过程中有可能发生外源性病毒污染,各国药监机构要求临床试验前和生产阶段前的申报材料中,纯化工艺必须经过病毒清除/灭活验证,以确保无论是临床试验患者注射用,还是推向市场的产品,均不会出现病毒污染,以免酿成重大医疗事故。

4. 质量鉴定 所谓细胞系鉴定即通过短串联重复序列(short tandem repeat,STR)图谱所建立细胞系的遗传特征。一株细胞系的遗传特征确立后,细胞系可以通过定期的检测,以防止出现细胞系被误认或交叉污染的情况。细胞系鉴定目前主要基于国际身份认证委员会的标准。依据该标准,可以通过多重荧光 PCR 技术,对人源 8 个 STR 位点以及 1 个性别决定位点进行检测。

(二)细胞培养

细胞培养和收获可采用限定细胞传代至与其稳定性相符的最高代次后,单次收获产物的方式;也可采用限定细胞培养时间连续传代培养并多次收获的方式。在整个培养过程中,两种方式均需要监测细胞的生长状况,并根据生产系统的特点确定监测频率及检测指标。应根据生产过程中培养、增殖和表达量一致性的研究资料,确定终止培养、废弃培养物以及摒弃收获物的技术参数。以 CHO 细胞为例,简述培养工艺控制如下。

(1)反应器连续培养,将反应器接入主机,连接气体,校正电极,排出 PBS 缓冲液。加含有小牛血清的 DMEM 培养基,接种。控制条件 pH 7.0,搅拌转速<50r/min,37℃,DO 50%~80%,进行贴壁培养。

(2)转速提高到 80~100r/min,继续扩增培养 10 天。

(3)更换为无血清合成培养基,由软件控制温度、溶氧、pH 等培养条件,进行连续灌流培养。

(4)收获培养物,4~8℃保存。

每次收获后均应检测抗体含量、细菌内毒素及支原体。应根据生产过程及所用材料的特点,在合适的阶段进行常规或特定的外源病毒污染检查。除另有规定外,应对限定细胞传代次数的生产方式,采用适当的体外方法至少对 3 次收获物进行外源病毒检测。

应明确进入下一步工艺的收获液接收标准,并与监测步骤关联。如检测到任何外源病毒,应停止收获并废弃同一细胞培养的前期收获液,追溯并确定污染的来源。

(三)提取和纯化

可将多次收获的产物合并后进行纯化。制品的提取、纯化主要依赖于各种蛋白质分离技术。采用的分离纯化方法或技术,应能适用于规模化生产并保持稳定。

纯化工艺应经验证,以证明能够有效去除/灭活可能存在的感染性因子,并能将制品相关杂质与工艺相关杂质去除或降低至可接受的水平。如验证结果证明工艺相关杂质已得到有效的控制或去除,并达到可接受的水平,相关残留物的检定项目可不列入成品的常规放行检定中。应对工艺过程中微生物污染进行监控(如微生物限度、细菌内毒素检查等)。对于人和动物源的细胞基质,病毒去除/灭活工艺均应充分显示能去除/灭活任何可能污染的病毒,确保原液的安全性。灭活工艺应经验证并符合要求。

应对纯化工艺中可能残存的有害物质进行严格检测,这些组分包括固定相或者流动相中的化学试剂、各类亲和色谱柱的脱落抗体或配基以及可能对目标制品关键质量属性造成影响的各种物质等。

采用细胞培养等真核表达系统时,其蛋白质产物多为分泌性蛋白质,通常只需要去除细胞即可初步获得较高纯度的目的蛋白。纯化工艺应保证对制品中的一些特定工艺杂质,包括来自表达载体的核酸、宿主细胞蛋白质、病毒等外源因子污染,细菌内毒素以及源自培养液的各种其他残留物,必要时可采用特定的工艺将其去除或降低至可接受的水平。

生产工艺的优化应考虑残留宿主DNA片段的大小、残留量和对生物活性的影响。应采用适宜的方式将残留宿主DNA总量降至可接受的水平,并就降低残留宿主DNA片段的大小或者灭活DNA活性的方式进行说明。

(四)原液

收获液经提取、纯化分装于中间贮藏容器中即为原液。如需要加入稳定剂或赋形剂,应不影响质量检定,否则应在添加辅料前取样进行原液检定。

原液的检测项目取决于工艺的验证、一致性的确认和预期产品相关杂质与工艺相关杂质的水平。应采用适当方法对原液质量进行检测,必要时应与参比品进行比较。原液的贮藏应考虑原液与容器的相容性、原液的稳定性及保存时间,应通过验证确定贮藏条件和有效期。

(五)制剂

制备成品前,如需要对原液进行稀释或加入其他辅料制成半成品,应确定半成品的质量控制要求,包括检定项目和可接受的标准。

原液或半成品经除菌过滤后分装于无菌终容器中并经包装后即为成品。

(六)制品检定与包装

1. 制品检定　根据制品关键质量属性、对制品和工艺理解认识的积累和风险评估的原则,制定相应质量控制策略。制品检定采用的检测方法应经验证并符合要求。纳入质量标准的检定项目、可接受标准限度,应结合来自临床前和/或临床研究时多批样品的数据、用于证明生产一致性批次的数据、稳定性等研究数据来综合确定。

2. 包装及密闭容器系统　应对原液和成品与容器的相容性、容器吸附、制品和包装材料之间的浸出进行检测和确认,以避免蛋白质和制剂辅料和/或容器包装系统发生相互作用,导致给制品的安全性和有效性带来潜在风险。此外,应采用适宜方法对容器完整性进行检测,防止容器泄漏导致产品无菌状态的破坏。

3. 贮藏、有效期和标签　制品贮藏应符合《中国药典》(2020年版)"生物制品分包装及贮运管理"规定,成品应在适合的环境条件下贮藏和运输。自生产之日起,按批准的有效期执行。

标签应符合《中国药典》(2020年版)"生物制品分包装及贮运管理"规定和国家相关规定。

第二节　动物细胞的培养技术

动物细胞工程的实施首先得使动物细胞在体外能生长繁殖，也就是细胞的体外培养。简单地说就是把来自机体的组织细胞块分散成为单个细胞，置于类似内环境的条件中生存，使其不断生长、繁殖或传代。动物细胞无细胞壁保护，对物理化学因素耐受力很弱，容易受伤害。与细菌和植物细胞相比，动物细胞培养条件要求苛刻，对周围环境十分敏感。一些基本条件必须得到保证，动物细胞在体外培养才能成功。

一、动物细胞的培养条件

（一）无菌、无毒害环境和设备

无毒、无菌是体外培养细胞的首要条件。体外生长的细胞没有了体内的防御系统的保护，对微生物及一些有害有毒物质没有抵抗能力，一旦污染或有害物质入侵，可导致细胞死亡，前功尽弃。根据各工序不同的要求，采用不同的空气洁净度等级，依据工序要求确定洁净级别和洁净区等级。药品生产空气洁净度划分为四个等级，细胞培养需要在 A 级净化环境下进行操作。具体区域划分及要求参照《药品生产质量管理规范（2010 年修订）》中制剂和原料药工艺内容及环境区域划分而定。

污染是指培养环境中混入了对细胞生存有害的成分和造成细胞不纯、变异的异物。一般包括物理性污染、化学性污染及微生物等生物性污染。避免污染是体外培养成功的关键因素之一。

1. **物理性污染**　物理性污染通过影响细胞培养体系中的生化成分，从而影响细胞的代谢。培养环境中的物理因素，如温度、放射线、振动、辐射（紫外线或荧光）会对细胞产生影响。细胞、培养液或其他培养试剂暴露在放射线、辐射或过冷过热的温度中，可以引起细胞代谢发生改变，如细胞同步化、细胞生长受抑制，甚至细胞死亡。其常被忽视或被笼统地归为化学性污染。

对物理性污染，通过实验室的合理设计及建立规范的操作规程，减少环境中物理因素对细胞的影响。培养箱应放在恒温的环境中，培养液及试剂应放在固定的位置，而且要注意避光等。

2. **化学性污染**　培养环境中许多化学物质都能引起细胞的污染。化学物质并不总是抑制细胞的生长，某些化学物质（如激素）就能促进细胞的生长。未纯化的物质、试剂、水、血清、生长辅助因子及储存试剂的容器都可能成为化学性污染的来源。细胞培养的必需养分（如氨基酸）若浓度超过了合理的范围，也会对细胞产生毒性。培养液、培养附加成分、试剂都可能成为化学性污染的来源，玻璃制品在清洗过程中残留的变性剂或肥皂是最常见的化学性污染。

针对化学污染的来源及性质，应采取以下措施来控制污染。细胞培养使用的所有物质都应是高纯度的，采取标准的操作步骤配制和储存培养液及试剂，避免液体体积计算错误、混用类似化合物等错误。

3. 生物性污染　外界的微生物如细菌、霉菌、病毒、支原体等和其他类型的细胞都可能侵入培养环境引起污染。发生污染的可能性取决于操作方法和培养室的无菌环境以及实验室的规章制度。生物性污染对细胞代谢的影响,可因污染源和细胞的种类不同而表现各异。

细菌和真菌的污染较易被发现并能及时清除,污染细菌后细胞会发生病理改变,细胞内颗粒增多、增粗、变圆,最终脱落死亡。

支原体污染培养细胞后,敏感细胞会出现细胞生长增殖减慢;一些细胞形体改变,从瓶壁脱落。但多数细胞无明显变化,外观上给人以正常的感觉,实际上细胞已发生不同程度的病变;如果继续使用这种已被支原体污染的细胞做试验或生产,会严重影响结果。支原体污染的来源包括工作环境的污染、操作者本身的污染、培养液的污染、被污染细胞造成的交叉污染及实验器材的污染等。细胞培养时要尽量避免污染,细致观察实验,还可利用电镜观察,及时发现污染,尽早处理。目前有检测支原体的试剂盒可以帮助尽快发现支原体污染。

细胞培养过程中引起污染的因素很多,要从多方面来预防和控制生物污染。为了防止支原体及其他微生物污染,必须建立规范的无菌操作程序及各种规章制度,并严格执行。控制环境污染,同时注意无菌服的洁净和无菌,杜绝人为的因素造成环境污染,保证细胞培养基和器材无菌。

一般情况下,细胞一经污染,多数难以处理。若被污染细胞的价值不是很大,可以直接放弃再进行彻底消毒操作。但若污染的细胞价值比较大,又不能立刻重新取得的,可以采用以下办法控制。在细菌污染早期,细胞污染不严重时,可采用抗生素,但其使用应受生物制品生产规程的严格限制。将被支原体污染的细胞培养物先辅以药物处理,再进行升温41℃处理,效果会更佳。使用5%的兔支原体免疫血清可以特异地去除支原体,但不如抗生素方便、经济。可以采用降低微生物污染程度的同时,将高度稀释细胞与巨噬细胞共培养,利用巨噬细胞的特性清除污染,支持细胞生长。

所需器皿需要经过浸泡刷洗,泡酸冲洗,消毒后使用。培养系统所有与细胞接触的设备管道、器材和溶液,都必须保持绝对无菌,无微生物的污染(如细菌、真菌、支原体、病毒等),无化学物质污染,没有对细胞有毒害的生物活性物质(如抗体、补体、内毒素等)的污染。清洗和消毒工作必然成为细胞培养的一个重要环节。

（二）氧气和二氧化碳

氧气是细胞赖以生存的必要条件之一,因此必须给予培养基内充足的无菌氧气。体外培养细胞的理想的气体环境含有5% CO_2,氧浓度为21%。CO_2既是细胞代谢的产物,又是细胞生长必需的成分。低于1%对细胞有损,CO_2增加将使pH下降。当采用生物反应器进行大规模培养生产时,则需通气,当前生产中常常采用不同比例的O_2、N_2、CO_2和空气,以避免过高的氧对细胞产生不利影响或毒害。

（三）稳定pH

动物细胞内酶的活性和有些蛋白质的功能与pH密切相关。细胞培养的最适pH为7.2~7.4,低于6.8或高于7.6时都会对细胞产生不利影响,严重时可引起细胞退变甚至死亡。

细胞代谢会造成 pH 变化，可用缓冲体系来稳定细胞所处环境的 pH。为了保持培养基的稳定性，必须加入缓冲系统，最常用的是 $NaH_2PO_4/Na_2H_2PO_4$ 缓冲系统、$NaHCO_3/H_2CO_3$ 缓冲系统。细胞培养用液也具有一定的缓冲能力，如 HEPES。

（四）恒定温度

哺乳动物细胞最佳培养温度为（37 ± 0.5）℃，昆虫细胞为 25~28℃，而鸡细胞为 39℃。细胞耐受低温的能力比耐热的能力强。温度过低，细胞的代谢活力降低和生长速度减慢，从而影响细胞产物的产量。一般不低于 0℃时虽影响细胞代谢，但无伤害作用；当温度回升，其生长速度和产物产量仍可恢复。

温度过高，则容易导致细胞退变甚至死亡，因此体外培养细胞时一定要避免高温。

（五）稳定渗透压

细胞需要保持在等渗的环境中，不同的细胞对渗透压波动的耐受性不同。在细胞培养操作中，为保持合适的渗透压和 pH，一般都使用平衡盐溶液（balanced salt solution，BSS），由无机盐和葡萄糖组成。为调整培养液的渗透压，一般采用加减 NaCl 的方法：1mg/ml NaCl 的渗透压约为 32mOsm/kg。动物细胞培养最理想的渗透压为 290~300mOsm/kg。

（六）充足营养

体外培养细胞必须有足够的营养供应，绝对不可存在有害的物质，即使是极微量的有害离子也应避免掺入。

营养物质只有溶于水才易被细胞吸收。动物细胞培养对水质有严格的要求，细胞培养的水必须去除微生物、有毒元素、金属离子、热原等物质才能使用。细胞培养用水要经 3 次蒸馏或者用离子交换、反渗透、中空纤维过滤等方法处理。

细胞生长所必需的糖，氨基酸，维生素，微量元素和钠、钾、镁等无机离子均需要在培养基中添加。另外，细胞培养时，需要随时清除细胞代谢中产生的有害产物；及时分种，保持合适的细胞密度；保持合适的搅拌或容器转动速度。

二、动物细胞培养基的组成与配制

动物细胞培养基是动物细胞体外生长的液相基质，提供维持体外细胞生长所需的营养物质，给予细胞最适的生存环境与物质基础。不同细胞种系对培养基的要求有所差异，使其尽可能接近细胞生存的体内环境；且体外培养的细胞不能直接利用多糖和蛋白质等化合物，只能利用单体化合物；故而培养基的成分复杂且昂贵，是细胞工程制药高成本的因素之一。

（一）动物细胞培养基的组成

培养基中主要包括糖类、氨基酸、维生素、无机盐等成分。

1. **糖类** 糖类提供细胞生长所需的碳源和能源，培养基中的糖类包括葡萄糖、核糖、脱氧核糖等。培养基中主要碳源是葡萄糖和谷氨酰胺。细胞可以利用葡萄糖进行有氧与无氧酵解，此外六碳糖也是合成某些氨基酸、脂肪、核酸的原料。

2. **氨基酸** 氨基酸是蛋白质合成的原料。细胞只能利用 L 型同分异构体，培养基中至少要有细胞生长都需要的 12 种必需 L 型氨基酸：缬氨酸、亮氨酸、异亮氨酸、苏氨酸、赖氨酸、色氨酸、苯丙氨酸、蛋氨酸、组氨酸、酪氨酸、精氨酸、胱氨酸。没有 L 型，用 DL 混合型代替时，用量需加倍。

非必需氨基酸的添加可使很多细胞生长得更好，而非必需氨基酸的缺乏增加了细胞对必需氨基酸的需求，如 CHO 衍生的细胞系是脯氨酸营养缺陷型。

细胞培养还需要谷氨酰胺。谷氨酰胺是体外培养细胞的重要的碳源和氮源，在细胞代谢过程中有重要作用，所含的氮是核酸中嘌呤和嘧啶合成的来源。如果缺少，细胞会生长不良甚至死亡。

3. 维生素 维生素主要作用是形成酶的辅酶、辅基，参与构成酶的活性基团，维持细胞生命活动的低分子活性物质。很多维生素，细胞自身不能合成或合成不足，必须从培养基中供给。

脂溶性维生素（维生素 A、维生素 D、维生素 E、维生素 K）、水溶性维生素（维生素 C、维生素 B_1、维生素 B_2、维生素 B_{12}、生物素、叶酸、胆碱）等都是常用的成分。维生素 A 是细胞合成糖蛋白时寡糖基的载体，对细胞的贴壁及上皮细胞的维护有重要作用。维生素 D 参与调节钙的吸收。维生素 E 是抗氧剂，可防止组成生物膜的磷脂中不饱和脂肪酸被氧化。维生素 K 缺乏会引起低凝血酶原及凝血时间延长。胆碱对细胞膜的完整性有重要作用，当其缺少时细胞变圆，以致死亡。

4. 无机盐 无机盐是细胞代谢所需酶的辅基，具有保持细胞的渗透压、缓冲 pH 的变化的作用。细胞生长除需要 Na、K、Ca、Mg、N、P 等基本元素，还需要 Fe、Cu、Zn、Mn 等微量元素等。

体外培养为细胞提供充足的无机离子是基本条件，培养基中一般包括氯化钠、氯化钾、硫酸镁、碳酸氢钠等。另外在培养基内常加有硫酸亚铁、硫酸铜等，它们对细胞代谢有促进作用。细胞用液均应为等渗透溶液，如 0.9% NaCl 为生理盐水。

5. 其他成分 为了细胞更好地生长，有些培养基中还加有激素（如胰岛素及其类似物等）、细胞因子（如生长因子、贴附因子胶原等）、次黄嘌呤、胸腺嘧啶和抗氧化剂（如谷胱甘肽）等。对于杂交瘤细胞等较难培养的细胞，还可加入细胞刺激生长剂 β- 巯基乙醇等。

为使细胞很好地贴壁生长、增殖，培养基中一般都需要加入一定量的动物血清，最常添加的是 5%~10% 的小牛血清。杂交瘤细胞的培养中，对血清的要求更高，常用 10%~20% 的胎牛血清。血清中含有各种血浆蛋白、多肽、脂肪、碳水化合物、生长因子、激素、无机物等，具有良好的 pH 缓冲系统。血清能提供有利于细胞贴壁所需的贴附因子和伸展因子，有利于细胞生长增殖所需的各种生长因子和激素，可识别金属、激素、维生素和脂质的结合蛋白和细胞生长所必需的脂肪酸和微量元素等。

（二）动物细胞培养基的种类

动物细胞培养基大致可分为三类，即天然培养基、合成培养基和无血清培养基。

1. 天然培养基 天然培养基是直接取自于动物组织提取液或体液等天然的材料，如淋巴液、血清、腹水、胚胎浸出液以及羊水等。早期的细胞培养是利用天然培养基，营养价值高，但成分复杂，组分不清楚，难以质控；并且来源有限而昂贵；不适于大规模培养和生产使用。

天然培养基的污染主要来源于取材过程及生物材料本身,应当严格选材操作。

目前常用的天然培养基是血清和水解乳蛋白,已有产品出售,不需要自制。血清是天然培养基中最有效和常用的培养基,来源有胎牛(取自剖宫产的胎牛,血清中所含的抗体、补体等有害成分最少)血清、新生牛或小牛血清、马血清、鸡血清等,最广泛应用的为胎牛血清和新生牛血清。

2. 合成培养基 天然培养基来源有限,要进行大量的细胞培养,需发展利用合成培养基。合成培养基是人工设计的、用化学成分明确的试剂配制的培养基,组分稳定,可大量供应生产,目前合成培养基已经成为一种标准化的商品。

因为血清有特殊作用,合成培养基中添加 5%~10% 的小牛血清,才能使细胞很好地贴壁生长、增殖,血清的添加对培养非常有效;但对培养产物的分离纯化和检测会造成一定的不便。

3. 无血清培养基 无血清培养基是不加血清的,全部用已知成分配制的合成培养基。为维持细胞的功能,保证细胞良好生长,培养基内一般会添加替代血清作用的物质,如促细胞生长因子、结合蛋白(铁传递蛋白和白蛋白)、酶抑制剂和微量元素等。无血清培养基组分稳定,可大量配制。为了便于纯化,有时可用硫酸亚铁、柠檬酸铁、葡萄糖酸铁代替铁传递蛋白。现在已有商品化的无血清培养基,如杂交瘤细胞无血清培养基、淋巴细胞无血清培养基、内皮细胞无血清培养基等。

利用无血清培养基进行细胞培养能够减少微生物及毒素污染,避免血清批次之间质量差异带来的影响,提高了实验重复性;减少了产品生物测定的干扰,而且细胞产品也易于纯化。因此,无血清培养基是制药生产最适用的培养基。

但因为缺少必需的贴附和伸展因子,目前真正能用以培养贴壁细胞的无血清培养基很少,也很贵。多数无血清培养基只适用于悬浮细胞的培养。

实际应用中,常根据细胞种系的特点、实验的需要来选择培养基;在细胞培养中,观察细胞生长状态,生长曲线、集落形成率等指标,根据实验结果选择最佳培养基。

(三)动物细胞培养基的配制

对于合成培养基,污染主要来源于配制过程,要严格操作规程。目前国内市场上的培养基主要是干粉型,只有正确配制,才能保证培养基的质量。

1. 配制前准备 高压灭菌过滤器等设备,达到无菌要求。

2. 配制过程 为了避免金属离子、有机分子、细胞内毒素等物质对水的污染,在配制培养基时必须使用不含杂质的超纯水。用水质量需要达到制药用水要求,一般有专门制水车间制备,定时检测电阻值等质控。将培养基成分充分溶解,调节 pH 为 7.0 左右,加水至终体积。在无菌室内对溶液进行过滤除菌,分装入无菌瓶中,封好瓶口后在 4℃冰箱贮藏。过滤后要检查滤膜是否完好无损。

3. 血清的处理 血清在细胞培养中常用,但又是潜在的生物或化学污染源。为了保证实验的可重复性,最好选用同一批次的血清,进行预实验确定血清质量。

新批次血清在使用前最好进行筛选观测,掌握血清的质量,避免支原体等微生物污染细胞。市场上出售的血清一般已做灭菌处理,但在使用前还应做热灭活处理(放置 56℃水浴 30 分钟破坏补体)。

三、动物细胞培养基本技术

（一）原代细胞培养

原代细胞是指直接取自健康动物的组织或器官，是建立细胞系的第一步，又叫初始培养。原代细胞的离体时间很短，形态结构和生物学特性与来源组织或器官相似，多呈二倍体核型，适用于药物敏感性实验、细胞分化等研究。疫苗生产时应只限于使用原始培养的细胞或有限传代的细胞（原始细胞传代一般不超过 5 代）。常见的原代细胞有鸡胚细胞、鼠肾细胞、淋巴细胞等。

原代培养的基本过程包括取材、制备组织块或细胞和接种培养。即在无菌条件下，把组织（或器官）从动物体内取出，经粉碎及酶消化处理，使分散成单个细胞，然后在人工条件下培养，使其不断地生长和繁殖。

取材时一般选择来源丰富的动物如小鼠；采用动物幼年或胚胎组织，这个阶段的细胞分化程度低，增殖能力强，有利于细胞体外培养。

原代培养方法很多，最常用的是组织块培养法和分散细胞培养法。组织块培养法是取材后将组织剪成小块后接种培养；分散细胞培养法是指取材后用机械和酶消化法将组织分离成单个细胞，再进行培养。常用的消化酶为胰蛋白酶和胶原蛋白酶；胰蛋白酶主要用于消化细胞间质较少的软组织，如肝肾、胚胎组织和传代细胞等；胶原蛋白酶适用于纤维组织、上皮组织、癌组织等；此外还有透明质酸酶。两种或三种酶可以联合应用，效果更好。

获取同一种群的目标组织或器官并在同一容器内消化制成均一悬液分装于多个细胞培养器皿培养获得的细胞为一个细胞消化批。源自同一批动物，于同一天制备的多个细胞消化批可用于一批病毒原液的制备。生产病毒性疫苗的鸡胚细胞应来自 SPF 鸡群。源自同一批鸡胚的多个细胞消化批可为一个细胞批，用于一批病毒原液的制备。

（二）传代细胞培养

传代培养（subculture）是由于细胞具有接触抑制或密度抑制现象，体外培养的原代细胞或细胞株要持续地培养就必须传代，以便获得稳定的细胞株或得到大量细胞，并维持细胞种的延续。一般来说，二倍体只能传 40~50 代，而异倍体细胞可无限制地进行传代。培养的细胞以 1 : 2 或 1 : 3 以上的比率分到另外的器皿中进行新一轮培养，即为传代培养，也称继代培养。所谓细胞"一代"，即从细胞接种到分离再培养的一段时间。在一代中，细胞倍增 3~6 次。如某一细胞系为 30 代即该细胞已传代 30 次。

每次传代时应采用固定的培养时间、接种量或传代比率，通过细胞倍增时间的变化或传代水平，确定细胞在该条件下的最高传代水平；并结合细胞的生长特性、成瘤性/致瘤性及对病毒的敏感性、生产工艺及生产能力等参数，分别确定主细胞库、工作细胞库、生产代次及生产限定代次。通常，二倍体细胞应至少传代至衰老期，并计算其最高群体倍增水平，其最高使用代次应限定在该细胞在该培养条件下细胞群体倍增水平的前 2/3 内。传代细胞（如 Vero 细胞），用于疫苗生产的细胞代次应限定在细胞未出现致瘤性的安全代次内。

根据细胞的生长特点，细胞传代的方法有悬浮生长细胞传代、贴壁生长细胞传代法。细胞刚刚全部汇合是传代最佳时期。悬浮细胞的传代一般只需要加入新鲜培养基然后分种传代即可。贴壁生长细胞需要经消化液消化后再分种传代,关键技术在于掌握好酶消化处理的时间,不同细胞对酶处理的反应有差异,注意消化程度要恰当。常用的消化液有 0.25% 的胰蛋白酶液,加入消化液量要适当,以摇动时能覆盖整个瓶底为准;消化时间要适宜,以防对细胞产生损伤。

细胞传代后,一般经过游离期、潜伏期、对数生长期和停滞期。游离期细胞呈圆球形悬浮在培养基中,24 小时内细胞开始贴附底物。经过 6~24 小时没有增殖的潜伏期生长,进入细胞增殖最旺盛的对数生长期,一般用细胞分裂指数(mitotic index, MI)表示,即细胞群中每 1 000 个细胞中的分裂相数。对数生长期一般持续 3~5 天,细胞数随时间变化成倍增长,活力最佳,最适合进行实验研究。随后,细胞因代谢产物积累,pH 下降停止增殖,进入停滞期。在此时应及时传代,否则因细胞中毒受损而大量死亡,至少再传 1~2 代后,细胞才能恢复。

(三)细胞分离计数

1. 细胞的分离　为了进行细胞培养,首先要从生物体中取材进行原代细胞培养,常用的细胞分离方法有离心分离法和消化分离法两种。

离心分离法主要用于从含有细胞的体液,如血液、羊水、胸腹水中分离细胞,800~1 000r/min 离心 5~10 分钟。

消化分离法用于取材进行原代培养时是将生物体取来的组织块剪碎,将组织块消化解离形成细胞悬液;传代培养时将贴壁细胞从瓶壁上消化下来。然后用缓冲液洗涤、离心、去除残留的消化液而获得所需的细胞。常用的消化液有胰蛋白酶、乙二胺四乙酸(EDTA)、胰酶-柠檬酸盐、胰酶-EDTA、胶原酶、链酶蛋白酶、木瓜蛋白酶等。

2. 细胞的计数　一般条件下,培养的细胞要求有一定的密度才能生长良好,所以细胞分离制成悬液准备接种前都要进行细胞计数,然后按需要量接种于培养瓶或反应器中。结果以每毫升细胞数表示。细胞接种数不能过多,否则细胞很快进入增殖稳定期,短期内即需要传代;也不能太少,细胞太少适应期太长;一般以 7~10 天能长满且不发生接触抑制为宜。

目前常用的计数法有自动细胞计数器计数、血球计数板计数、结晶紫染色细胞核计数、MTT 染色或 CCK-8 试剂盒检测计数。

(四)冻存与复苏

细胞低温冷冻贮藏是细胞室的常规工作。细胞冻存可以减少细胞因传代培养而引起的遗传变异和细胞生物学特性变化,保存种子细胞,以便随时取用;减少细胞污染,避免有限细胞系出现衰老或恶性转变。细胞的冻存和融化要遵循"缓冻速融"的原则。

1. 细胞的冻存　采取适当的方法将生物材料降至超低温,降低细胞的代谢,使生命活动固定在某一阶段而不衰老死亡。目前为了保存细胞,采用的都是液氮低温(-196℃)冻存的方法。此方法可保存几年甚至几十年。

(1)冷冻保存要点:冻存过程要缓慢。冻存细胞最好处在对数生长期,活力大于90%,无污染。

(2)细胞冻存的一般步骤如下:缓慢冷冻可使细胞逐步脱水,细胞内不致产生大的冰晶;

相反,则会造成细胞膜、细胞器的损伤和破裂。

在细胞冻存时需要加入低温保护剂,最常用的是二甲基亚砜(DMSO)和甘油。其中DMSO毒性较小而常用。DMSO是一种渗透性保护剂,既能降低细胞的新陈代谢,又可迅速透入细胞,提高细胞膜对水的通透性,降低冰点,延缓冻结过程,能使细胞内水分在冻结前透出细胞外,减少冰晶对细胞的损伤。DMSO不适合高压灭菌或滤膜过滤。新买的DMSO应立即无菌分装,事先配制使用。

(1)预先配制冻存液:含DMSO(5%~10%),血清(20%~30%)的培养液。

(2)取对数生长期细胞,加入适量冻存液,制备细胞悬液[(1~5)×10^6 个/ml]。

(3)加入1ml细胞悬液于冻存管中,密封后标记细胞名称和冷冻日期。

为保证细胞冻存效果需要注意:冻存最好选用对数生长期细胞,用新配制的培养液;在冻存前一天最好换一次培养液。操作要规范,避免低温损伤。原则上细胞在液氮中可贮藏多年,但为了稳妥起见,应定期复苏培养,再继续冻存。

2. 细胞的复苏 细胞的复苏就是当以适当的方法将冻存的生物材料恢复至常温时,使其内部的生化反应恢复正常。复苏的基本原则是快速解冻,操作动作要轻。

复苏细胞应采用快速融化的方法以保证细胞外结晶在很短的时间内即融化,避免由于缓慢融化使水分渗入细胞内形成胞内再结晶对细胞造成损伤。一般从液氮容器中取出冻存管,直接放入37℃水浴中,注意避免污染。

在常温下,DMSO对细胞的毒副作较大,因此,必须在1~2分钟内使冻存液完全融化。然后迅速加入十倍以上培养液稀释其浓度,减少对细胞的损伤。离心收取细胞用培养基重悬,接种到培养瓶中即可,起始密度不低于3×10^5/ml。复苏后细胞存活率一般可达80%~90%。

四、动物细胞大规模培养的技术

动物细胞大规模培养技术是指在人工条件下高密度大量培养动物细胞以生产生物制品的技术。随着对单克隆抗体、疫苗、生长激素等生物制品需求的增加,传统技术已经无法满足需求,通过大规模体外培养动物细胞是生产生物制品的有效方法。如何完善细胞培养技术,提高动物细胞大规模培养的产率,一直是国内外研究的热点之一。在实际生产过程中大规模培养技术主要有悬浮培养,贴壁培养,固定化培养三种。

(一)悬浮培养

悬浮培养指让细胞自由地悬浮于培养基里生长繁殖。主要适用于非贴壁依赖性细胞(悬浮细胞),如杂交瘤细胞。

悬浮培养操作简便,培养条件比较单一,传质和传氧较好,细胞收率高,容易扩大培养规模。在培养设备的设计和实际操作中可借鉴细菌发酵的经验;可连续收集部分细胞进行继代培养,传代时无须酶消化分散,避免了酶对细胞的损伤作用。它的缺点是细胞体积较小,较难采用灌流培养,因此细胞密度较低。

培养过程中,为确保细胞呈均匀悬浮状态,需要采用搅拌或气升式反应器。在低速搅拌下定速通入含5% CO_2的无菌空气,可保持细胞悬浮状态并维持培养液溶解氧和pH。

不同细胞悬浮条件不同。为使细胞不凝集、成团或沉淀，在配制培养基的基础盐溶液中不加钙离子和镁离子。间歇或连续更换部分培养液，可维持 pH，若使用 Hepes 缓冲盐溶液可不必连续通入含 5% CO_2 的空气。

（二）贴壁培养

贴壁培养是必须让细胞贴附在某种固体支持表面上生长繁殖的培养方法。适用于贴壁依赖性细胞，也适用于兼性贴壁细胞。贴壁培养与悬浮培养的不同之处在于传代或扩大培养时，需要用酶将细胞从基质上消化下来，分离成单个细胞。

贴壁培养适用的细胞种类广，容易采用灌流培养使细胞达到高密度。但是操作较麻烦，需要合适的贴附材料和足够的表面积，传代或扩大培养时需要先消化，培养条件不易均一，传质和传氧较差。

常用设备是固定床式生物反应器。大规模培养常用容器主要有转瓶，早期常采用，现在疫苗生产中仍有使用。

（三）固定化培养

固定化培养是将动物细胞与载体结合起来在生物反应器中进行大规模培养的方法。可以有效地提高细胞生长密度，且易与产物分开，利于分离纯化。

1. 包埋和微囊培养　包埋法就是将细胞包埋于琼脂、琼脂糖、胶原及血纤维等海绵状基质中；微囊法是由包埋法衍生而来，将包埋的颗粒经液化处理而成为微囊。

包埋和微囊培养的优点在于被包埋在载体或微囊内的细胞可获得保护，避免机械损害；可以获得较高的细胞密度，一般都在 $10^7 \sim 10^8$ 个 /ml 以上。

微囊培养系统是用一层亲水的半透膜将细胞包围在微囊内，小分子物质及营养物质可自由出入。通过控制微囊膜的孔径可使产品浓缩在微囊内，有利于下游产物的纯化，比如在单克隆抗体制备中，微囊膜将抗体截留在微囊内，与培养基中蛋白质分开，培养结束收取微囊，破囊纯化即可获得抗体。

包埋细胞的载体材料主要有三类：糖类（如琼脂、卡拉胶、海藻酸钙、壳聚糖、纤维素等）、蛋白质类（如胶原、纤维蛋白等）和人工合成的高分子聚合物（聚丙烯酰胺、环氧树脂、聚氨基甲酸酯等）。可采用多种生物反应器进行大规模培养，如搅拌罐式生物反应器、气升式反应器等。

2. 微载体与结团培养　微载体培养是利用固体小颗粒作为载体，在培养液中进行悬浮培养，使细胞贴附于微载体表面单层生长的培养方法，又称微珠培养法。结团培养是利用细胞本身作为基质，相互贴附后，再用悬浮的方法培养，可获得高密度的细胞。这种培养方式操作简便，节省了微载体部分的成本。在实际应用中，可在培养基内加入一些较小的微粒来加速细胞的结团，促使细胞先附着其上，再相互附着。这两种方法兼具悬浮培养和贴壁培养两者优点，也称假悬浮培养。

微载体极大增加了细胞贴附生长的表面积，充分利用生长空间和营养液，提高了细胞的生长效率和产量。由于载体体积很小，比重较轻，在低速连续搅拌下即可携带细胞悬浮于培养液中，并形成单层细胞生长、繁殖。微载体充分发挥了悬浮培养的优点，细胞生长环境较均匀，在生产应用中能较好地被检测和控制。

从固体微载体发展到多孔微载体或大孔微球,极大增加了供细胞贴附的比表面积,同时适用于悬浮细胞的固定化连续灌流培养。细胞在孔内生长,受到保护,剪切损伤小;细胞呈三维生长,细胞密度是实心微载体的几倍甚至几十倍,适合蛋白质生产。制备微载体的材料主要有葡聚糖、玻璃、聚苯乙烯、胶原、明胶、纤维素等;可用于搅拌罐式生物反应器、气升式生物反应器,或在载体内加入钛等金属,使比重增加,用于流化床反应器(大规模生产t-PA)等。

理想的微载体材料选择质地柔软,碰撞摩擦轻的,无毒性的惰性材料;原料价格低廉,来源丰富;材料能灭菌处理,可反复使用;溶胀后粒径为60~250μm,大小均一;具有好的光学透明性,利于观察细胞生长情况;微载体表面与细胞有良好的相容性,利于细胞贴附生长;为提高细胞贴壁能力,还可用血清或多聚赖氨酸处理材料表面。

动物细胞培养的操作方式与微生物发酵的基本相同,一般分为分批式操作、流加式操作、半连续式操作、连续式操作和灌流式操作。灌流式操作是目前最理想的一种操作方式,常用于动物细胞生产药物。

第三节　制药用动物细胞系的构建

制药用动物细胞系的构建是动物细胞工程制药的关键技术,本节从制药对动物细胞系的要求讲起,介绍杂交瘤细胞及基因工程细胞系的构建及常用生产用细胞系的特性。

生产非重组制品所用的细胞基质,系指来源于未经修饰的用于制备其主细胞库的细胞系/株和原代细胞。生产重组制品的细胞基质,系指含所需序列的、从单个前体细胞克隆的转染细胞。生产的细胞基质,系指通过亲本骨髓瘤细胞系与另一亲本细胞融合的杂交瘤细胞系。

一、对生产用细胞库细胞的要求

用于生产的细胞系/株均须通过全面检定,须具有如下相应资料,并经国务院药品监督管理部门批准。

(一)细胞系/株历史资料的要求

应具有细胞系/株来源的相关资料,如细胞系/株制备机构的名称,细胞系/株来源的种属、年龄、性别和健康状况的资料。这些资料最好从细胞来源实验室获得,也可引用正式发表文献。

人源细胞系/株须具有细胞系/株的组织或器官来源、种族及地域来源、年龄、性别及生理状况的相关资料。动物来源的细胞系/株须具有动物种属、种系、饲养条件、组织或器官来源、地域来源、年龄、性别、病原体检测结果及供体的一般生理状况的相关资料。如采用已建株的细胞系/株,应从具有一定资质的细胞保藏中心获取细胞,且应提供该细胞在保藏中心的详细传代过程,包括培养过程中所使用的原材料的相关信息,具有细胞来源的证明资料。

细胞系/株培养历史的资料还应包含以下内容。

具有细胞分离方法、细胞体外培养过程及建立细胞系/株过程的相关资料，包括所使用的物理、化学或生物学手段，是否有外源添加序列，以及细胞生长特征、生长液成分、选择细胞所进行的任何遗传操作或选择方法等。同时还应具有细胞鉴别、检定、内源及外源因子检查结果的相关资料。

细胞培养液的详细成分，如使用人或动物源成分，如血清、胰蛋白酶、水解蛋白或其他生物学活性的物质，应具有这些成分的来源、制备方法及质量控制、检测结果和质量保证的相关资料。

（二）细胞库的建立

细胞库的建立可为生产提供细胞质量相同的、能持续稳定传代的细胞种子。

1. 原材料的选择　建立细胞库的各种类型细胞的供体均应符合相关规定。神经系统来源的细胞不得用于生物制品生产。细胞培养液中不得使用人血清，如需使用人血白蛋白，则须使用有批准文号的合格制品。消化细胞用胰蛋白酶应进行检测，证明其无细菌、真菌、支原体或病毒污染。特别应检测胰蛋白酶来源的动物可能携带的病毒，如细小病毒等。用于生物制品生产的培养物中不得使用青霉素或β-内酰胺（β-lactam）类抗生素。配制各种溶液的化学药品应符合《中国药典》（现行版）或其他相关国家标准的要求。

2. 细胞操作的环境要求　细胞培养的操作应符合中国《药品生产质量管理规范（2010年修订）》的要求。生产人员应定期检查身体。在生产区内不得进行非生产制品用细胞或微生物的操作；在同一工作日进行细胞操作前，不得操作或接触有感染性的微生物或动物。

3. 建立细胞库　细胞库为三级管理，即原始细胞库、主细胞库及工作细胞库。如为引进的细胞，可采用主细胞库和工作细胞库组成的二级细胞库管理。在某些特殊情况下，也可使用 MCB 一级库，但须得到国务院药品监督管理部门的批准。

（1）原始细胞库（primary cell bank，PCB）：由一个原始细胞群体发展成传代稳定的细胞群体，或经过克隆培养而形成的均一细胞群体，通过检定证明适用于生物制品生产或检定。在特定条件下，将一定数量、成分均一的细胞悬液，定量均匀分装于安瓿，于液氮或 –130℃以下冻存，即为原始细胞库，供建立主细胞库用。

（2）主细胞库（master cell bank，MCB）：取原始细胞库细胞，通过一定方式进行传代、增殖后均匀混合成一批，定量分装，保存于液氮或 –130℃以下。这些细胞必须按其特定的质控要求进行全面检定，应合格。主细胞库是由含目的基因表达载体转化的细胞种子经传代扩增制成的均一悬液，分装于单独容器中用于贮藏；用于工作细胞的制备，每个生产企业的主细胞库最多不得超过两个细胞代次。

（3）工作细胞库（working cell bank，WCB）：工作细胞库是从主细胞库经有限传代扩增制成的均一悬液，并分装于单独容器中用于贮藏。由 MCB 的细胞经传代增殖，达到一定代次水平的细胞，合并后制成一批均质细胞悬液，定量分装于安瓿或适宜的细胞冻存管，保存于液氮或 –130℃以下备用，即为工作细胞库。每个生产企业的工作细胞库必须限定为一个细胞代次。冻存时细胞的传代水平须确保细胞复苏后传代增殖的细胞数量能满足生产一批或一个亚批制品。复苏后细胞的传代的水平应不超过批准的该细胞用于生产限制最高限定代次。所制备的 WCB 必须经检定合格后，方可用于生产。

4. 细胞库的管理 主细胞库和工作细胞库分别存放。非生产用细胞应与生产用细胞严格分开存放。每种细胞库均应分别建立台账,记录放置位置、容器编号、分装及冻存数量、取用记录等。细胞库中的每支细胞安瓿或细胞冻存管均应注明细胞系／株名、代次、批号、编号、冻存日期、储存容器的编号等。冻存前细胞活力应在 90% 以上,复苏后细胞存活率应不低于 85%。冻存后的细胞,应至少进行一次复苏培养并连续传代至衰老期,检查不同传代水平的细胞生长情况。

所有的贮藏容器应在相同条件下妥善保管,一旦取出使用,不得再返回库内保存。应详细记录细胞库类型、容量、预期使用频率下的寿命、保存容器、冻存剂、培养基、冷冻保存步骤和贮藏条件等信息,并提供库存细胞稳定性的证据。

(三)细胞检定

细胞检定主要包括以下几个方面:细胞鉴别、外源因子和内源因子的检查、致瘤性检查、遗传稳定性等。必要时还须进行细胞染色体核型检查。这些检测内容对于 MCB 细胞和 WCB 细胞及生产限定代次细胞均适用。细胞库建立后应至少对 MCB 细胞及生产终末细胞进行一次全面检定。每次从 MCB 建立一个新的 WCB,均应按规定项目进行检定。

1. 入库细胞要求检测登记

(1)培养简历:组织来源日期、物种、组织起源、性别、年龄、健康状态、细胞传代数等。

(2)细胞建立者:建立者和检测者姓名。

(3)冻存液:培养基和防冻液名称。

(4)培养液:培养基种类和名称(一般要求不含抗生素)、血清来源和含量。

(5)物种检测:检测同工酶,以证明细胞有否交叉污染以及反转录酶检测。

(6)细胞形态:类型,如为上皮或成纤维细胞等;复苏后细胞生长特性。

(7)细胞活力:复苏前后细胞接种存活率和生长特性。

(8)核型:二倍体或多倍体,标记染色体的有无。

(9)无污染检测:包括细菌、真菌、支原体、原虫和病毒等。

(10)免疫检测:1~2 种血清学检测。

还应描述宿主细胞和表达载体的起源、来源、遗传背景,包括克隆基因的来源和特性、构建和鉴别情况,以及表达载体遗传特性和结构等详细资料,同时应说明表达载体来源和各部分的功能。还应详细描述表达载体扩增、对宿主细胞的转化方法、生产用细胞克隆的筛选标准及其在宿主细胞中的位置、物理状态和遗传稳定性资料。应明确克隆基因、表达载体控制区及其两侧、与表达或产品质量相关的核苷酸序列,以及在生产过程中控制、提高表达水平的各种措施。

对主细胞库的表型和基因型标记进行鉴定。应采用分子生物学或其他适合的技术对表达载体基因拷贝数、基因插入或缺失、整合位点数量等情况进行分析。核苷酸序列应与表达载体一致,并与所预期的表达蛋白质的序列吻合。

基于宿主细胞经长时间培养后表达产物分子的完整性,以及细胞基质表型和基因型特征的综合情况,确定生产用细胞的最高限定代次,评估细胞基质的稳定性。长期发酵的多次收获物会导致一些质量属性的漂移,例如糖基化等。出现的"新"的变体可能会影响制品的质量、安全和有效性。这类漂移应在工艺验证的研究中充分鉴定并明确控制策略。

对细胞库进行支原体、外源病毒因子等相关微生物污染的检测,并确认细胞基质没有被污染。已知携带内源逆转录病毒的啮齿类细胞株,如 CHO 细胞等,已被广泛用于生产中,应采取风险控制策略,在工艺中采用物理、化学等手段对其进行去除/灭活。

主细胞库应进行全面检定,并符合要求;工作细胞库根据主细胞库的检定情况确定应检定的项目,并符合要求。

2. 生产过程细胞培养检查

(1)染色体检查:可根据制品特性及生产工艺,确定是否进行生产过程中细胞培养的染色体检查。通常含有活细胞的制品或下游纯化工艺不足的制品,应对所用细胞培养进行染色体检查及评价。但如采用已建株的人二倍体细胞生产,则不要求进行染色体核型检查。

(2)细胞鉴别试验:按"生物制品生产检定用动物细胞基质制备及质量控制"中细胞鉴别试验进行。对于每个制品生产用细胞每年应至少进行一次该项检定。

(3)细菌及支原体检查:依法检查,符合规定[《中国药典》(2020 年版)通则 1101 和 3301]。

(4)正常细胞外源病毒因子检测:制备病毒类制品时,于接种病毒的当天或在连续传代的最后一次接种病毒时,留取此批细胞的 5%(或不少于 500ml)不接种病毒,换维持液作为正常细胞对照。与接种病毒的细胞在相同条件下培养,并生产用细胞外源因子检查项进行检测。

二、杂交瘤细胞系的建立

产生抗体的细胞与骨髓瘤细胞融合而形成的杂交瘤细胞,制备单克隆抗体(monoclonal antibody),应用于疾病的分子分型、诊断与治疗。

(一)细胞融合

细胞融合和融合细胞的筛选是杂交瘤技术的基础。细胞融合技术可以用于生产单克隆抗体、抗肿瘤疫苗、致瘤性分析、核移植、动物克隆和基础研究。细胞融合又称细胞杂交,是指两个或两个以上来源相同或不同的细胞融合形成一个细胞的过程,常用来生产特殊生物制品、分化再生新物种或新品种的技术。

(二)细胞融合的原理和方法

诱导动物细胞融合的方法有物理法、化学法和生物法。细胞融合的关键步骤是两亲本细胞的质膜发生融合形成同一质膜。诱导融合的方法均可造成膜脂分子排列的改变,去掉作用因素之后,质膜恢复原来的有序结构,在恢复过程中便可诱导相接触的细胞发生融合形成融合体。膜融合的分子机制有大量的研究结果,其中典型的就是高尔基体产生的转运泡与质膜的识别和融合。

1. 物理法 物理法有离心、震动和电刺激融合法。常用的是电刺激融合法,由 Scheurich 和 Zimmermann 于 1981 年发明,是将细胞置于两电极间呈串珠状排列,在短时程、高强度的直流电脉冲作用下,细胞膜发生可逆性的电击穿,使相邻细胞的细胞膜发生继发性融合,简称"电融合"。方法操作简单,参数易控制,对细胞毒性小,融合效率高,还可在显微镜下直接观察或录像融合过程、诱导过程,可控性强。需要注意的因为细胞表面电荷特性有差异,需要预实验确定融合的最佳技术参数。

2. 化学法 化学法主要是聚乙二醇(PEG)融合法,常用于单克隆抗体的杂交瘤细胞的制备。PEG 带有大量的负电荷,和原生质体表面的负电荷在钙离子的连接下,形成静电键,促使异源的原生质体间的黏着和结合,在高 pH、高钙离子的溶液的作用下,将钙离子和与质膜结合的 PEG 分子洗脱,导致电荷平衡失调并重新分配,使两种原生质体上的正负电荷连接起来,进而形成具有共同质膜的融合体。

1975 年,Pontecorvo 在高国楠等用 PEG 融合植物原生质体的基础上成功融合动物细胞;方法简便、融合效率高、不需要特殊设备,很快就取代病毒法成为诱导细胞融合的主要方法。需要注意的是 PEG 有一定的毒性。

一般选用平均相对分子质量为 1 000~4 000,使用浓度 30%~50% 的 PEG 溶液作融合剂,逐滴加到细胞中,作用期间要不断振摇以防细胞结团。若选用相对分子质量较小的 PEG 以 55% 浓度为宜,融合时细胞浓度不要太大。PEG 溶于 PBS 或 Hanks 液中调整 pH 为 7.5~7.8 后可提高融合率。融合时要考虑分子质量、浓度、作用时间和 pH 等因素,才能获得最佳融合效果。

3. 生物法 某些病毒如副黏病毒科的仙台病毒、副流感病毒、新城鸡瘟病毒和疱疹病毒等的被膜中有融合蛋白(fusion protein),可介导病毒同宿主细胞融合,也可介导细胞与细胞的融合,因此可以用紫外线灭活的丧失感染活性的病毒诱导细胞融合。应用最广泛的仙台病毒,其囊膜上有具凝血活性和唾液酸苷酶活性的刺突,可与细胞膜上的糖蛋白作用,使细胞相互凝集,再分子重排从而打开质膜,导致细胞融合。

这种融合方法建立较早,但融合效率较低,重复性不高,操作繁杂,近年很少使用。但病毒膜融合蛋白的作用机理等仍然是研究的热点。研究者进行了多种细胞的融合研究,如利用人纤维瘤细胞和小鼠畸胎瘤细胞融合,成功培育出含人染色体的人造小鼠;人类基因组作图工作也得益于人类和小鼠细胞的融合。

(三)杂交瘤细胞的建立与保存

杂交瘤是指肿瘤细胞与正常细胞的融合,现在专指淋巴细胞杂交瘤。现在已培育建立了许多具有很高实用价值的杂交瘤细胞株系,它们能分泌产生在诊断和治疗病症方面发挥重要作用的单克隆抗体。

对已经建立的杂交瘤细胞系要及时冻存,防止污染和变异,使其能稳定遗传、稳定表达、稳定分泌特异抗体。如果没有原始细胞的冻存,则可因上述意外而前功尽弃。细胞冻存液为 50% 小牛血清、40% 不完全培养液和 10% DMSO(二甲基亚砜)。冻存细胞要定期复苏,检查细胞的活性和分泌抗体的稳定性,在液氮中细胞可保存数年或更长时间。

杂交瘤的复苏有常规复苏和体内复苏法。冻存细胞状态良好、数量较多时一般采用常规复苏法,操作简便。如果难以复苏,可采用体内复苏法拯救。将杂交瘤细胞接种于小鼠皮下或腹腔,操作与单克隆抗体制备类似。

三、基因工程细胞系的构建

在制药生产中应用更多的、更有前景的是采用基因工程手段构建的各种工程细胞。

（一）基因工程细胞的构建

目前常被用以构建工程细胞的动物细胞主要有 CHO-dhfr⁻、BHK-21 和 Vero 等细胞。表达载体构建技术详见"第六章　基因工程制药工艺"。

真核细胞基因表达载体的构建完成后，将其导入动物细胞；筛选出高效表达的工程细胞。首先根据构建载体内的选择标记采用相应的筛选系统，进行选择培养，筛选分离转化细胞。如用 HAT（次黄嘌呤 - 氨基蝶呤 - 胸腺嘧啶）选择系统，筛选 TK^+、$HGPRT^+$ 的转化细胞；用 G418（geneticin）选择系统，筛选 $NEOR$ 的转化细胞；用 MTX 选择系统，筛选 $DHFR^+$ 的转化细胞。然后对选出的细胞进行克隆和亚克隆使其纯化，鉴定单克隆的产物生物活性和表达量等。多数情况下需要利用扩增系统，不断增加基因拷贝数。从而建立高效表达而稳定的工程细胞株，并妥善保存。

（二）细胞库的建立与检定

重组细胞系是通过 DNA 重组技术获得的含有特定基因序列的细胞系，因此重组细胞系的建立应具有细胞基质构建方法的相关资料，如细胞融合、转染、筛选、集落分离、克隆、基因扩增及培养条件或培养液的适应性等方面的资料。细胞库细胞的检查应按《生物制品生产检定用动物细胞基质制备及质量控制》"细胞的检定"的规定进行，但还应进行下述检查。

1. **细胞基质的稳定性**　生产者须具有该细胞用于生产的目的基因的稳定性资料，包括：重组细胞的遗传稳定性、目的基因表达稳定性、目的产品持续生产的稳定性，以及一定条件下保存时细胞生产目的产品能力的稳定性等资料。

2. **鉴别试验**　除按本规程"细胞鉴别试验"进行外，还应通过检测目的蛋白基因或蛋白进行鉴别试验。

3. **重组细胞产物的外源病毒因子检测**　应按《生物制品生产检定用动物细胞基质制备及质量控制》中"细胞形态观察及红细胞吸附试验"和"不同细胞传代培养法检病毒因子"的要求对细胞裂解物或收获液及生产用培养基进行外源病毒因子的检测。

四、常用生产用细胞系的特性

常用生产用动物细胞系分为人源细胞株系、哺乳动物细胞株系和昆虫细胞株系。

（一）人源细胞株系

（1）WI-38：1961 年来源于女性高加索人正常胚肺组织的二倍体细胞系，是最早的被认为安全的传代细胞，该细胞是成纤维细胞，贴附型生长，能产生胶原，培养基用 BME（Eagle's basal medium）加小牛血清，pH 控制在 7.2。细胞的倍增时间为 24 小时，有限寿命为 50 代，在 20 世纪 60 年代第一个被用于疫苗制备。

（2）MRC-5：从正常男性肺组织中获得的人二倍体细胞系。正常的成纤维细胞，生长较 WI-38 快，对不良环境敏感性较低，被广泛用于人体疫苗的生产。

（3）Namalwa：1972 年从肯尼亚淋巴瘤患者中分离获得的类淋巴母细胞，非整体核型，2.8% 的高倍体率，2n=（12~14），单 X 染色体，无 Y 染色体。表达 IgM，悬浮生长。外源基因的表达水平较高，可用无血清培养基高密度培养。已成功地表达了 rhEPO、rhG-CSF、tPA 等，已用于大规模生产干扰素。

（二）哺乳动物细胞株系

（1）CHO：中国仓鼠卵巢（Chinese hamster ovary，CHO）细胞，1957 年，美国科罗拉多大学 Dr. Theodore T. Puck 从一只成年雌性仓鼠卵巢中分离获得，为上皮贴壁型细胞，对剪切力和渗透压有较高的忍受能力，分泌内源蛋白少，是生物工程上广泛使用的细胞系。蛋白质翻译后的修饰准确，表达产物的结构、性质和生物活性接近天然，是药物生产应用常用的主要细胞系，有多个衍生突变株用于药物生产，由于该细胞存在遗传缺陷，无脯氨酸合成基因，不能将谷氨酸转变为谷氨酸 -γ- 半醛，培养时需要加入脯氨酸。最初细胞为贴壁型细胞，经多次传代筛选后，也可悬浮生长。工业生产上应用较多的是 CHO-K1 细胞，为转化细胞系，细胞染色体分布频率是 2n=22，系亚二倍体细胞。ATCC 保存 CHO-K1 细胞株，编号为 CCL-61，被广泛地用于重组 DNA 蛋白的表达。当前被广泛用于构建工程菌的是一株缺乏二氢叶酸还原酶的营养缺陷突变株 CHO-dhfr⁻。

（2）Vero：1962 年来源于正常的成年非洲绿猴肾，贴壁依赖型的成纤维细胞，多倍体核型，2n=60，高倍体率为 1.7%，可持续地进行培养。支持多种病毒的增殖，包括脊髓灰质炎、狂犬病病毒等，用来生产疫苗，已被批准用于人体。通常用的培养基为 199 培养基，添加 5% 胎牛血清。

多次传代（160 代以内）不会引起致瘤性，与作为疫苗生产的原代细胞和二倍体细胞相比，Vero 细胞具有以下特点：①来源方便，生长速度快，易于培养，对多种病毒的感染敏感，病毒增殖滴度高；②遗传性状稳定，恶性转化程度低，可用于生物制品的生产；③可通过微载体和悬浮培养方式进行规模化培养。ATCC 将 113 代 Vero 细胞传代至 121 代，建库保存。人用疫苗生产使用的 Vero 细胞代次基本在 130~140 代之间。用 Vero 细胞生产疫苗明显提高了发展中国家的疫苗生产能力，这也是世界卫生组织的一个重要目标。

（3）BHK-21：1961 年，从 5 只生长 1 天的地鼠幼鼠的肾脏中分离得到。现在广泛采用的是 1963 年用单细胞分离的方法经 13 次克隆的细胞。成纤维细胞，2n=44。通常用的培养基为 DMEM 培养基，添加胎牛血清。BHK-21 细胞具有可悬浮培养、生长速度快、病毒敏感谱广等优点；被广泛应用于多种病毒的增殖，包括多瘤病毒、口蹄疫病毒和狂犬疫苗，现在已被用于构建工程细胞，制备疫苗和重组蛋白如治疗血友病的凝血因子Ⅷ等。

（4）杂交瘤细胞：从小鼠脾细胞与骨髓瘤细胞的融合细胞中分离获得杂交瘤细胞系，有 SP2/0、J558L 和 NSO 等。能在无血清培养基中高密度悬浮生长，能进行多肽糖基化等加工修饰，实现大量分泌和高效地表达。

（5）SP2/0-Ag14：由 Shulman 于 1978 年建立的骨髓瘤细胞系，用于单克隆抗体杂交瘤细胞的制备和抗体的生产。细胞不分泌免疫球蛋白，对 20μg/ml 的 8- 氮鸟嘌呤有抗性；在 HAT 培养液中不能存活；与脾细胞的融合率高，故适于制作分泌单克隆抗体的杂交瘤细胞株，正被开发为生产其他药品的高表达宿主细胞。

（三）昆虫细胞株系

（1）TN-5B1-4：从粉纹夜蛾（*Trichoplusia ni*，TN）卵细胞分离得到，可以无血清培养，快速倍增。分泌表达重组蛋白的能力比 Sf9 高 20 多倍，能适应悬浮培养。

（2）Sf21：从秋黏虫卵巢细胞中分离得到，细胞较大，能高效表达外源基因。

（3）Sf9：从秋黏虫 Sf21 中分离得到，最常用的昆虫表达细胞。倍增时间为 18~24 小时，对苜蓿尺蠖核型多角体病毒和其他杆状病毒高度敏感。用于高效表达外源基因。

第四节　动物细胞培养过程的工艺控制

生产工艺应稳定可控，并有明确的过程控制参数，以确保制品安全有效、质量可控。生产工艺的确定应建立在对目标制品的质量属性、生产工艺的深入理解和全面设计的基础上。应根据研发早期到规模化生产的整个工艺周期的相关信息，确定原液和成品生产的关键步骤并制定可接受标准进行控制，同时对其他确保工艺一致性的环节进行控制。适当的工艺过程控制能够减少对原液和/或成品常规检测的需求。检测系统和控制系统是现代生物反应器所不可缺失的，检测的全面性和精确性代表了反应器本身的水平和性能。通过一系列参数的检测，可以精确掌握反应器的运行状态，如细胞是否处于最佳生长状态、有无污染、产物的积累情况等，采取相应的措施，调控反应过程，实现高效生产。

一、过程控制及基本类型

（一）基本概念

大规模动物细胞培养中，由于大量细胞代谢，细胞培养环境改变迅速，在线过程监控非常重要。但是需检测的物化参数有很多，许多关键变量的值不能够直接在线测得，而离线取样测定不能及时指导生物反应器有关参数的控制和细胞培养环境的优化，而且频繁取样容易造成污染，增加费用。因此在线测定生物反应器中培养条件、代谢产物和目的产物浓度等大量数据，对测定结果进行分析处理，及时对培养系统进行反馈控制是成功进行大规模动物细胞培养的保证。

过程控制就是利用过程监测所提供的信息按照既定方案进行调整，以使培养过程向更好的方向发展。基本任务之一即利用直接测得的变量值去估算间接变量的值，即状态估计。

过程变量估计问题大致可以分为两类：状态估计和参数估计，所谓状态变量即是指表示系统动态过程的性态所需的一组最少数目的变量，它是描述过程内在本质的，不一定是物理上可测的变量；而参数一般即指数学模型方程中待定的未知系数。状态和参数的基本区别在于前者随时间变化，而后者随时间保持不变或缓慢变化。

对细胞培养过程所处的状态进行分析时，最直接的方法就是通过在线测量获得数据，再将其代入已有的过程模型中，从而得到关键状态变量（如细胞密度、代谢速率、产物浓度等）的估计值。细胞在培养过程中，对环境的微小变化也是极为敏感的，因此状态估计所用的模型参数也处于不断变化之中。故而状态估计的问题就在于如何从一个运行中的培养系统内不断获得必需状态参数的修正值,从而利用在线测得的直接数据正确地分析培养过程所处的状态。

用于状态估计的技术按照其性质及在实践中的应用可分为许多类型。例如对系统本身及检测数据时产生的随机干扰噪声采用的滤波技术,及针对动态系统特性发展出的"推广卡尔曼滤波"技术;应用非线性动态系统模型以直接检测数据推算不能够直接检测变量的技术;应用状态观测器以动力学模型推测不能够直接检测变量的技术;应用连续参数估算器不断调整过程模型中的参数以适应实际观测数据,从而对状态作出估计的技术等。

（二）过程控制的基本类型

控制系统在对培养参数进行调整时可以采用许多模式。总体上可分为开环(open-loop)控制系统与闭环(close-loop)控制系统。

1. 开环控制系统 若系统的控制器与被控对象之间只有顺向作用,没有反向作用,即系统的输出量对控制作用没有影响,则称该系统为开环控制系统。

以细胞培养过程为例,这种控制模式的中心思想是在维持常规参数(温度、搅拌、DO、pH等)稳定的同时,通过已建立的数学模型预测某一时间点细胞的生长代谢状态,估算氨基酸代谢通路和流量以及ATP的消耗,并以此作为培养基补加策略及成分调整的依据,在细胞状态发生改变之前进行调整。在这方面,关于杂交瘤生长和单抗生成的多种数学模型已经建立。系统化、结构化的补料策略也有了相当快的发展。但由于这种模式要求对细胞生长和代谢的每一个细节都很清楚,在目前对生物体复杂的内在机理认识不足的情况下,理论预测与培养实践仍有很大差距,这使得理论模型应用于实际生产受到了很大限制。

2. 闭环控制系统 系统的输出量或状态变量对控制作用有直接影响的系统称为闭环控制系统。

闭环模式相对于开环模式主要的区别是不需要建立模型去预测细胞和微环境将来的变化,而是通过在线(on-line)和/或离线(off-line)检测手段获得状态数据,由人工或控制软件根据当前值的变化及时调整培养设定参数,使培养系统始终处于最佳状态。这种模式是在细胞状态发生改变之后进行调整,也称为反馈控制模式。细胞培养过程中温度、pH及溶解氧浓度等基本变量的控制都是采用闭环模式进行的。同时由于控制的目的是减小实测值与设定值间的差距,因此属于负反馈控制。

针对动物细胞培养,当前研究的方向有:利用摄氧速率(oxygen uptake rate,OUR)与底物消耗速率、副产物生成速率等参数综合估算的结果来反馈调整营养物的流加及培养基的灌流;利用葡萄糖、谷氨酰胺等物质的消耗速率及预先设定的浓度变化点来反馈调整营养物流加速率;利用培养过程中各种相关物质浓度间的比值设计出"软探针",并以此反馈控制培养过程。

3. PID(proportional integral derivative)控制模型 在培养实践中,一些状态变量如温度,只需要控制在37℃或其他固定的点上就可以满足要求,则其控制采用"三点控制模式"即可。具体控制过程是首先以设定点为基准设置上、下限,当温度高于/低于设定上限时启动/关闭冷却系统,当温度低于/高于设定下限时启动/关闭加热系统,如此使温度保持恒定。但在对更多的状态变量（如 pH，补料速率）进行闭环控制时，采用这种简单的方法会导致状态变量不断地围绕设定值波动，对细胞的生长与代谢产生不良影响。

二、温度与 pH 控制

在培养过程中对于过程监测与控制具有重要意义同时又可在线测量的参数主要包括：温度、pH、O_2、搅拌速率、补料速率、罐压以及排出气体中 O_2 和 CO_2 的分压等等。因此，在工业上应用生物反应器进行动物细胞培养时，这些参数都是被在线测量的对象。温度与 pH 这两个参数对于细胞而言是最基本的影响因素，而在控制时往往与其他参数相独立。

温度的测量通常在生物反应器内部采用热敏电阻检测器（如 Pt100 热电阻）进行。pH 则多用复合式玻璃电极测量。此类检测元件都已成为生物反应器的标准配置。

（一）温度控制

动物细胞对温度的变化很敏感，对温度控制要求十分严格。采用高灵敏的温度计来在线检测，通过温控仪自动开关，将温度误差控制在 ±0.5℃范围内，根据温度探针，进行反馈控制。

预加热培养基，或加热反应器的水套层，使温度恒定。对于循环流动水套层，水温度略高于反应器的温度 1~3℃。对于小体积反应器，如 10L，外用电子加热片，反应器内部设有冷却水管，可维持细胞的最适温度。

（二）pH 的控制

动物细胞培养基呈偏碱性，加入微量酚红，根据颜色的变化显示 pH 变化。开始时，培养液的 pH 为 7.4。在培养过程中，随着细胞浓度的增加，产生较多的二氧化碳和乳酸，pH 会下降，但不能低于 pH 7.0。精确控制 pH 非常重要，一般为 6.7~7.9，其波动范围为 0.05~0.9。

大规模培养中，有 pH 计能随时检测。直接加盐酸或氢氧化钠不适合动物细胞培养。磷酸盐缓冲液中的磷酸及高 HEPES 对细胞有不良影响。常用碳酸氢盐缓冲剂，加入二氧化碳可降低 pH，加入碳酸氢盐可提高 pH。碳酸氢盐缓冲液的缓冲能力弱。安全的做法是通过控制溶氧量间直接控制 pH。增加溶氧量会使培养基中二氧化碳被置换出来，导致 pH 升高。因此应该合理配置，从而达到控制的目的。

三、搅拌转速的检测与控制

搅拌转速的检测一般是通过应用磁感应式，光感应式或测速发电机来实现的。磁感应式和光感应式检测器是通过计测脉冲数来测量转速的。安装在搅拌轴或电机轴上的切片切割磁场或光束而产生脉冲电讯号，则脉冲频率就反映了搅拌转速的大小。而测速发电机是安装在搅拌轴或电机轴上的小型发电机，它的输出电压和转速间有良好的线性关系。

搅拌混合为生物反应器提供了均相环境，提高氧气及其他营养物质的传递速率，但是搅拌产生的剪切力会对细胞造成损伤。细胞内 LDH 是一个常数，通过检测 LDH 的细胞外释放可评价不同搅拌对细胞损伤程度。不同类型细胞对流体力应答不同，应注意细胞的特性。搅拌速度与细胞损伤之间的关系是和反应器的结构相关联的,如搅拌速度、叶轮顶部速度、综合剪切因素及 Kolmogorov 漩涡尺寸等。细胞能承受的机械应力取决于搅拌桨的形状及其直径和转速、罐体及其直径以及液相比例。根据搅拌转速对细胞的损伤的影响,可确定培养基保护添加剂和搅拌桨的伤害作用等。如果不存在气体夹带,计算 Kolmogorov 漩涡尺寸,可预测搅拌速度对细胞的损伤。

在微载体培养中,要尽可能使用最大的搅拌速度进行混合,以提高微孔内外营养和代谢产物的传递,但如果搅拌强度高,则细胞不能在微珠外表面生长。微载体培养的最大搅拌强度要远远低于悬浮培养。开始培养时,搅拌速率应该能保证微载体悬浮。如果剪切作用太大,细胞会从微载体表面脱离,脱落速度随着搅拌强度的增加而增加。使用微载体之前最好用各种搅拌混合强度检测,并在显微镜下检查微载体的机械损伤程度。

在搅拌和鼓泡式或气升式反应器中,使用剪切保护剂,可在高速搅拌或剧烈混合时保护细胞。实验表明,合成的添加剂 PEG、PVA 具有和血清一样好的机械保护作用。混合分子量的 PVP 能保护鼓泡式反应器内杂交瘤的剪切损伤。在通气或搅拌反应器中,聚乙烯乙二醇和 PVA 对细胞没有任何毒害作用,0.1% 的 F-68 和 F-88 以及各种 PEG 和 PVA 就足够提供机械保护作用。

剪切保护剂有血清和聚醚类非离子表面活性剂、纤维素衍生物和淀粉、细胞提取物和蛋白质等。添加血清使药物蛋白的纯化变得复杂,还可能刺激生物应答反应及病毒污染,因此,应避免使用血清。在众多的蛋白质添加剂中,牛血清蛋白是唯一的值得推荐的剪切保护剂。

悬浮培养游离细胞时保护剂聚乙二醇和非离子表面活性剂 F-68 和 F-88 的效果较好,减轻流体的剪切力,研究最广泛,在绝大多数情况下为首选。PVA 研究并不广泛,但效果也很好。

在微载体培养基中,使用葡聚糖为培养基添加剂时,能增大培养基黏度,从而保护微载体培养中细胞不受机械损伤,这是一个纯粹的物理保护机制。当培养基黏度增大时,漩涡尺寸也随之增大,为此有可能提高搅拌速度,而细胞不受损伤。

四、溶解氧与通气流量的检测与控制

溶解氧电极在线测定反应器内培养液中的溶解氧,用二氧化碳电极测定 CO_2 浓度。不同细胞类型的最适溶氧水平不同,20%~80% 是一个可选范围。较大氧压范围(20%~80%)内细胞生长良好。不同细胞系要求不同,要注意细胞特殊性。

影响氧气的传递因素是通入气体中的氧浓度、搅拌速率和气液接触面。直接鼓泡空气或氧,可增加气液接触面积。通过增加纯氧,氧浓度随氧压增加而升高。如果更希望得到较低的氧浓度,在空气中混合氮气,可降低氧传递动力。

对于鼓泡式生物反应器,具有很高的氧传递速率,但动物细胞易受到伤害,而且容易产生泡沫。为防止泡沫形成,可用硅消泡剂。微载体鼓泡培养要采用保守方法,如低气流速率、小气泡直径,以利于氧传递,低搅拌强度并使用消泡剂。

膜通气是无气泡供氧,优点是氧传递更为有效,剪切力小,泡沫形成量小。对于大规模的反应器系统,膜通气有其局限性,主要是由于设计的复杂性和需要面积较大的膜,运行过程中难于对膜反应器进行清洗和灭菌。

在大规模生产中,反应器设计都有溶氧检测装置,Clark 覆膜氧电极是其中最常用的检测元件。根据不同细胞类型的最适溶解氧水平不同进行控制。通过向培养液中加入不同比例的氧气、空气或氮气或二氧化碳来控制溶氧量,溶氧量的控制通常与 pH 的控制结合在一起,根据需要进行调节。

在高密度培养时,必须对供氧系统进行很好的平衡设计。动物细胞对搅拌引起的剪切力和气泡很敏感,要保持所需的溶解氧较难,常采用加大通气流量,适当提高转速,在反应器外通气,适当提高罐压,加入血红蛋白和改变进气的组成,采用不同比例的 O_2、N_2、CO_2 和空气等措施。

对于通气流量测定有多种不同的方法。根据作用原理,流量计可分成两大类型:体积流量型和质量流量型。体积流量型是根据流体动能的转换以及流体流动类型的改变而设计的测量装置。它会引起流体能量的不同程度的损失,而且测量值受到温度和压力变化的影响。其主要形式有同心孔板压差式流量计和转子流量计。质量流量型是根据流体的固有性质,如质量、导电性、电磁感应性、离子化、热传导性能等进行设计的流量计。如利用热传导性能对空气进行测量时没有能量损失,也不受温度和压力的影响。在对尾气中 O_2 与 CO_2 浓度的测量中可以利用质谱仪进行,但实际生产与实验中常利用 O_2 的顺磁性和 CO_2 的红外吸收特性进行测定。

五、基质利用与流加控制

在细胞培养的过程中,营养物质逐渐被消耗,代谢废物不断增加,使得细胞培养环境越来越恶劣,需要更新新鲜培养基以使细胞保持稳定生长、高效生产目的产物。

(一)基质的利用及产物生成

营养的消耗可以用葡萄糖的减少为指标,而产物的积累可以用乳酸和铵的增加作为指标,动态检测这两种物质的变化,判别细胞的生长状态是否良好。近红外测量技术可实现葡萄糖的在线测定。

固定化和中空纤维反应器,用 NMR 分析培养空间的成分鉴定和定量分析代谢产物,也可以区分出增殖细胞。分批培养中,葡萄糖的起始浓度一般为 5~25mmol/L,谷氨酰胺的起始浓度为 2~6mmol/L,乳酸约低于 60mmol/L。

过量葡萄糖,会增加乳酸。过量谷氨酰胺会导致铵离子、丙氨酸或天冬氨酸的积累。葡萄糖限量,能减少乳酸量,增加葡萄糖的产量系数。谷氨酰胺限量:减少铵盐和氨基酸的生成。进行双控制(同时控制葡萄糖和谷氨酰胺),乳酸和铵离子将同时减少,使细胞代谢更有效。在生产工艺中,优化二者之间的关系,使之协调起来,把细胞活力、ATP、DNA 和蛋白质的含量与生物量或细胞计数、底物和产物代谢变化相结合,评价代谢过程,建立调控模型,进行有效控制。

目前代谢控制主要是采用多种复杂参数，包括生长速率、吸收速率、产率和细胞内的代谢产物，是根据基础参数和生物化学参数计算而来。可用于培养过程的快速控制。

对目标产物进行跟踪检测。产物并非100%具有生物活性，它依赖于糖基化完整性和蛋白酶的降解程度。

仅根据细胞密度值和流加速率计算生长速率，意义并非很大。因为两次测定时间间隔较长，数据本身滞后，可靠性较差。对于生长速率恒定的连续培养，细胞内ATP含量与生长速率相关，自动取样后，用相关试剂盒对ATP的总量进行在线分析，由在线传感器和计算模型得到实际的细胞数目。这样，通过营养控制或温度调节可维持连续培养的恒定生长速率。

氨基酸的比吸收速率和比生成速率、细胞内酶（如乳酸脱氢酶，谷氨酸草酰乙酸转氨酶）的比释放速率，都可作为培养过程的瞬间参数和控制节点的阈值。如果能自动检测产物并计算产率，可通过计算机程序可使过程自动优化。多元参数分析的计算程序，能改变所有的相关参数，最终找到一个最佳的生产条件。这些新方法要用于过程培养分析，还需要进一步发展和完善。

（二）流加控制

流加控制的总原则是维持细胞生长在相对稳定、适宜的培养环境，依据细胞生长过程中培养基中营养物消耗速率和代谢产物对细胞生存的抑制情况进行调节控制。

流加控制的关键是流加浓缩营养培养基的控制。通常在细胞衰退期之前，添加高浓度的营养物质。可使用脉冲式添加，也可以根据具体需要使用低速率缓慢添加，但后者使用得更多，因为可以维持相对稳定的营养环境。

补料速率直接影响培养基中营养物质的浓度，它的值多由输送液体所用泵的单位流量与输送时间来计算，而泵的单位流量需要在培养开始前用补料管道进行实际校准。如果不断对补料瓶内的剩余体积进行监测，则可以得到足够精确的补料数据来计算其他参数。

蠕动泵或其他无计量泵不能有效控制流加液体；可用磁感应或热电原理检测流量，利用节点控制环组和电子流量计来补偿。对于微量流加操作，可以使用自动阀门与电子天平相连，再与计算机偶联来控制。

高密度细胞连续培养过程中，必须精确控制培养基的流量及液位。流加速率变化大，可降低细胞的活性。液位变化可影响液体的流动方式及氧的传递速率。液位的测定的方法有多种，传统方法是使用液位传感器，受泡沫的影响较大。在反应器顶部和底部安装压电传感器，检测流体静力学压力，其压差对应于液位高度；还可以用超声波装置检测液位。在细胞培养的过程中，由于细胞代谢的结果，细胞悬浮的摩尔渗透压浓度增加。目前，用冰点渗透压计进行离线测量，为了稳定渗透压，需要安装蒸馏水进口系统，根据样品读数，对系统进行调节。

通过在线测量获得数据代入已有的过程模型中，可得到细胞密度、代谢速率、产物浓度等关键变量，分析细胞生长状态。细胞在培养过程中，对环境的微小变化极为敏感的，因此状态估计所用的模型参数也处于不断变化之中；如何通过运行的培养系统在线数据做出正确的分析很关键。

六、细胞生长状态检测与控制

动物细胞工程制药工艺首先需要确认的是细胞的生长状态、活性以及密度等指标;控制细胞凋亡,延长细胞生长生产期,降低生产成本。

（一）细胞生长状态检测与控制

1. 细胞数目与活性检测　在线分析:近红外线传感器,细胞活性分析仪可把细胞计数和活性检测结合在一起。也可离线分析,检测细胞形态变化、活性高低、密度大小等指标。

2. 细胞凋亡检测　形态观察,流式细胞仪检测,生化分析。

（二）细胞凋亡的控制

1. 细胞凋亡控制的意义　反应器中细胞的死亡以凋亡为主(80%)。受到外界刺激时,大规模培养的杂交瘤细胞、骨髓瘤和 CHO 细胞等工程细胞主要以凋亡方式死亡。控制细胞凋亡发生,提高细胞抗凋亡能力,维持细胞高活性和高密度,延长培养周期,从而提高药物的生产能力。

2. 方法

（1）添加营养物:培养基营养(如血清、糖及特殊氨基酸等)的耗竭或特殊生长因子的缺乏会引起细胞凋亡;因此可采取添加氨基酸或其他关键成分等措施。

（2）生化过程:凋亡是细胞的信号转导过程;可采取的措施有加入还原剂,例如乙酰半胱氨酸、吡咯烷二硫氨基甲酸酯、相关酶抑制剂 Caspase 抑制剂等。

（3）基因工程手段:破坏诱导凋亡基因,构建新型抗凋亡细胞系;过表达抗凋亡基因 *bcl*-2;延长灌流培养时间,增加细胞密度;抗营养及血清受限,抗有毒及代谢废物的积累,抗氧耗尽、流体力学应激引起的凋亡。CHO 细胞过表达 *bcl*-2 基因,延长培养时间,抗体终浓度可提高 3 倍。

ER9-2　目标测试题

（张　静）

参考文献

[1] 赵临襄,赵广荣.制药工艺学.北京:人民卫生出版社,2015.

第十章 抗生素发酵生产工艺

第一节 概述

抗生素是由微生物、植物或动物产生的(或化学合成方法获得),能在低浓度下选择性抑制或杀灭其他生物的有机物质。目前主要采用微生物发酵法生产抗生素,如青霉素和链霉素等;对发酵获得的抗生素进行结构修饰和改造可以获得新的化合物,这些化合物也被称为半合成抗生素,如氨苄西林和阿米卡星等。

一、抗生素的种类与应用

抗生素的种类繁多,仅微生物来源的抗生素就达到了 3 000 种以上。根据抗生素的化学结构进行分类,主要分为以下八类,抗生素的重要代表性化合物结构如图 10-1 所示。

(一)β- 内酰胺类抗生素

β- 内酰胺类抗生素分子结构中都有一个 β- 内酰胺的四元环,β- 内酰胺环也是发挥生物活性的必需基团。β- 内酰胺类抗生素的作用机制是通过抑制细菌细胞壁中肽聚糖的合成,使细菌失去屏障而死亡。该类抗生素包括青霉素(阿莫西林、氨苄西林等)、头孢菌素、碳青霉烯类、单内酰环类以及 β- 内酰酶抑制剂等。β- 内酰胺类抗生素对大多数革兰氏阳性菌和部分革兰氏阴性菌有效,临床上主要使用 β- 内酰胺类抗生素冻干粉针注射剂,用于治疗敏感金黄色葡萄球菌、链球菌、肺炎双球菌、脑膜炎双球菌以及螺旋体引起的感染。

(二)氨基糖苷类抗生素

氨基糖苷类抗生素分子结构中都有一个氨基环醇环和一个或多个氨基糖,由配糖键相连接。氨基糖苷类抗生素的作用机制是抑制细菌蛋白质的合成。该类抗生素包括链霉素、卡那霉素、新霉素、庆大霉素、妥布霉素及西索米星等。临床上主要使用氨基糖苷类抗生素冻干粉针剂。氨基糖苷类抗生素主要对敏感金黄色葡萄球菌、铜绿假单胞菌等有较强的抗菌作用,对沙雷菌属、产碱杆菌属、痢疾杆菌及结核分枝杆菌等亦有抗菌作用;与 β- 内酰胺类抗生素有协同作用。

(三)大环内酯类抗生素

大环内酯类抗生素分子结构中都有一个 12~16 碳内酯环。大环内酯类抗生素的作用机制是抑制细菌蛋白质的合成。该类抗生素包括 14 元环的红霉素、克拉霉素和罗红霉素,15 元环的阿奇霉素,16 元环的交沙霉素和螺旋霉素等。目前,在临床上,14 元环和 15 元环的大环内酯类抗生素应用较为广泛,使用的剂型为注射剂和口服制剂,其对革兰氏阳性菌和革兰氏

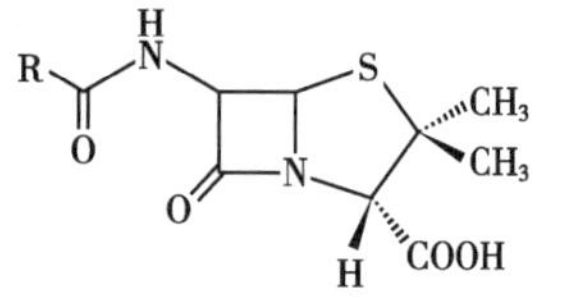

青霉素

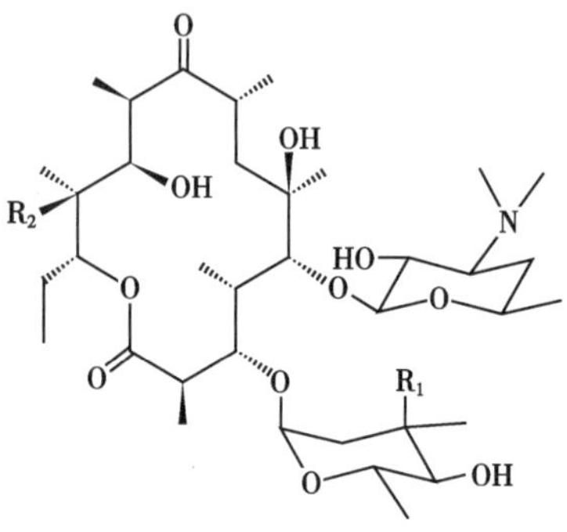

红霉素

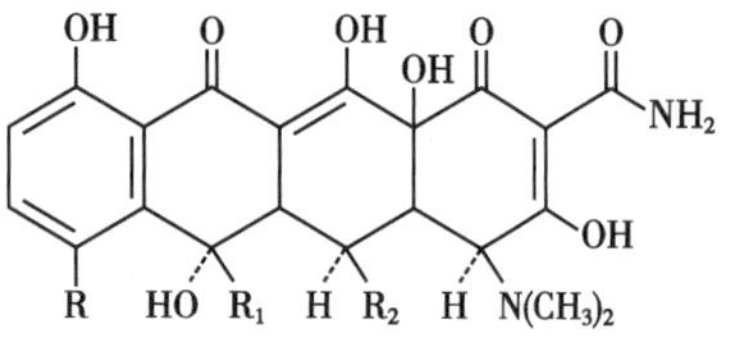

四环素

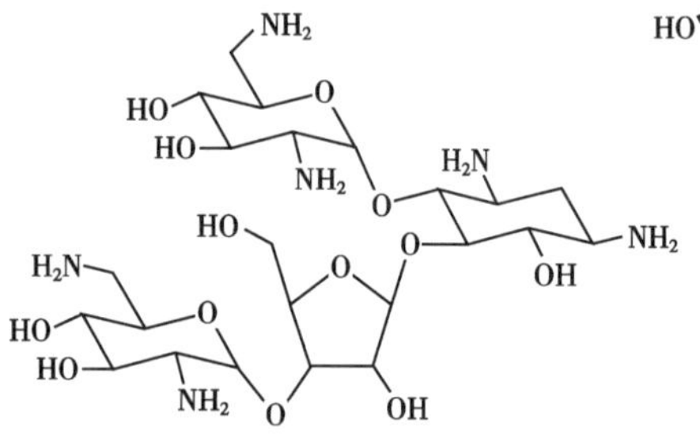

新霉素

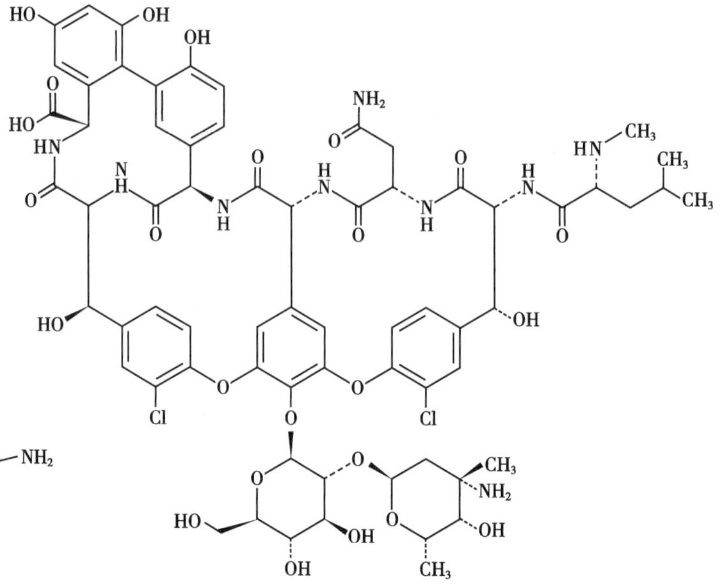

万古霉素

图 10-1 重要抗生素的代表性化合物的结构

阴性菌均有效，尤其对支原体、衣原体、军团菌、螺旋体和立克次体有较强的抗菌作用。

（四）四环类抗生素

四环类抗生素的结构特点是有一个四并苯的母核。四环类抗生素的作用机制是抑制细菌蛋白质的合成。该类抗生素包括金霉素、土霉素和四环素等。四环类抗生素抗菌谱广，对常见的革兰氏阳性菌、革兰氏阴性菌以及厌氧菌，立克次体、螺旋体、支原体、衣原体及某些原虫等均有抗菌作用。

（五）糖肽类抗生素

糖肽类抗生素在结构上具有高度修饰的七肽骨架。糖肽类抗生素的作用机制是抑制细菌细胞壁的合成。该类抗生素包括万古霉素和替考拉宁等。糖肽类抗生素主要用于治疗耐药革兰氏阳性菌所致的严重感染，氨苄西林耐药肠球菌属及青霉素耐药肺炎链球菌所致的严重感染。

（六）林可酰胺类抗生素

林可酰胺类抗生素是一类窄谱抑菌抗菌药物。林可酰胺类抗生素的作用机制是抑制细菌蛋白质的合成。该类抗生素包括克林霉素和林可霉素等。克林霉素及林可霉素适用于敏感厌氧菌及需氧菌的感染。

（七）酰胺醇类抗生素

酰胺醇类抗生素也称为氯霉素类抗生素。这类抗生素的化学结构中均含有对硝基苯基团、丙二醇和二氯乙酰氨基。酰胺醇类抗生素的作用机制是抑制细菌蛋白质的合成。该类抗生素包括氯霉素、甲砜霉素等。

（八）多磷类抗生素

多磷类抗生素的作用机制是抑制细菌细胞壁的合成。临床上常用的是磷霉素。

二、抗生素生产工艺的研究历程

抗生素最早是在微生物的代谢产物中发现的，同时由于抗生素分子结构复杂，采用化学合成法生产抗生素存在步骤多、污染大、副产物多、反应条件苛刻等问题，而微生物发酵法生产抗生素则可避免上述问题。最早采用固体表面培养法生产青霉素，即将菌株和固体培养基混合，放在表面皿中在室温条件下发酵，发酵结束后，用水将青霉素从固体培养基中冲洗出来，再制成干粉。显然这种生产方法存在许多问题，如需要大量的培养设备、易被污染，发酵水平很低，而且成本很高等。

研究新的抗生素发酵生产方法尤为迫切，Flory和Chain与美国制药企业合作，将青霉素发酵工艺由原来的固体表面培养改进为液体深层培养。所谓液体深层培养（liquid submerged culture）是把菌株接种到发酵罐中，使菌体细胞游离悬浮在液体培养基中，并进行生长的一种培养方法。液体深层培养也称为液体深层发酵法，是目前发酵工业最常用的发酵方法。在发酵过程中，根据需要还可以进行补料，使微生物的生长代谢达到极致，显著提高生产效率。

目前采用微生物发酵法生产常用抗生素的水平见表10-1。

表10-1　微生物发酵法生产抗生素的水平

抗生素	菌株	技术手段	发酵水平
青霉素	产黄青霉B	诱变选育工艺优化	140 000U/ml
新霉素	弗氏链霉菌	加强表达NeoN	14 150U/ml
	弗氏链霉菌	发酵工艺优化	13 000U/ml
	弗氏链霉菌	诱变选育工艺优化	30 000U/ml
红霉素	红色糖多孢菌	分批补料	7 938U/ml
	红色糖多孢菌	培养基优化	8 196U/ml
金霉素	金色链霉菌	ARTP诱变及抗性筛选	28 936μg/ml
	金色链霉菌	返回式卫星诱变	28 000μg/ml
	金色链霉菌	多重诱变结合工艺优化	23 200μg/ml
万古霉素	东方拟无枝酸菌	发酵工艺优化	14 117U/ml
	东方拟无枝酸菌	发酵工艺优化	8 500U/ml

三、抗生素研发生产的前沿技术

基因重组技术可以实现菌株的定向改造,且能集多个菌株的优良性状于一株,最终实现简化工艺、提高产品质量和产量的目的。因此,采用现代生物技术,加速传统抗生素发酵工业的改造,提高生产技术水平,节约能源和原料,减少污染,是抗生素发酵产业的重要任务。

(一)基因工程技术在抗生素育种中的应用

为获得更多特性优良的抗生素产生菌,研究者将重组 DNA 技术应用于结构比较复杂的抗生素的生物合成。随着链霉菌分子生物学的深入研究和发展,利用重组 DNA 技术对链霉菌的代谢改造已取得一定进展;基因工程技术改造抗生素菌株的常用策略如下。

(1)改变调节基因的表达水平,即加强表达正调节基因或失活负调节基因。

(2)生物合成基因簇的异源表达。

(3)生物合成基因簇中关键限速酶的加强表达。

(4)增加抗性基因。

(5)生物合成基因簇的多拷贝。

(6)通过异源表达透明颤菌血红蛋白,改善溶氧情况,促进放线菌的菌体生长和抗生素合成。

随着对一些抗生素的生物合成途径、基因和抗性基因的结构、功能、表达和调控等的深入了解,构建重组微生物提高抗生素的产量成为研究热点。

(二)酶工程技术在抗生素育种中的应用

酶工程技术具备效能高、污染低、安全性高等优势。将酶工程应用于抗生素生产中具有重要作用。如采取固定化酶技术(固定了酰化酶)生产抗生素重要中间体 6- 氨基青霉烷酸和 7- 氨基头孢烷酸等。采用 DNA 重组技术改造产酶菌株,抗生素生产水平将有进一步的提高。

(三)细胞工程在抗生素育种中的应用

通过原生质体融合提高抗生素的产量已经成为常用的育种方法之一。例如将巴龙霉素产生菌与新霉素高产突变菌株进行种间原生质体融合,获得了巴龙霉素单位产量提高 5~6 倍的重组体。将柔红霉素产生菌和四环素产生菌进行种间原生质体融合,最后获得了柔红霉素产量显著提升的菌株。

(四)组学技术在抗生素育种中的应用

组学技术主要包括基因组学、转录组学、蛋白质组学及代谢组学等,组学技术的出现,为抗生素育种提供了新的途径。如通过对天蓝色链霉菌基因组中抗生素合成基因簇进行截短,获得的突变体放线紫红素的产量显著提高。通过分析井冈霉素产生菌在不同温度下的转录组差异,获得差异表达基因,为下一步高产菌株改造奠定基础。通过异源基因重组将井冈霉素必需生物合成基因减少为 8 个,对其中 3 个基因进行了功能分析并改造,获得了只积累井冈胺的工程菌。

(五)基因编辑工具 CRISPR 在抗生素育种的应用

利用基因编辑工具 CRISPR 对抗生素生产菌株进行编辑修饰,采用这种方法可以对抗生素产生菌产黄青霉进行有标记和无标记的基因修饰,提高菌株的生产水平。在链霉菌中建立了群体感应和 CRISPRi 新型多靶点动态调控系统,通过设计构建了一种新型的动态调控系统 EQCi,其采用 γ- 丁内酯信号分子响应的启动子启动 dCas9 基因的表达,将 CRISPRi 与内源性群体感应系统进行偶联,利用 EQCi 系统重构了雷帕霉素工业菌株,使得雷帕霉素效价显著提高。另外在天蓝色链霉菌中采用 EQCi 系统动态调控菌株的三羧酸循环,大幅提高了放线紫红素的产量。

（六）合成生物学在抗生素育种中的应用

合成生物学技术是按照人们的预想设计组装各种元件建立人工生物体系,并完成各种生物学功能的技术。将该技术应用于抗生素生产领域,就是对宿主菌及抗生素生物合成途径进行"设计"和"重设计",模拟预测和人工合成以创造新的生物系统和功能。荷兰帝斯曼公司采用合成生物学技术改良了头孢菌素 Ⅳ 的生产工艺,以青霉素生产菌株为出发菌株,导入并优化的扩环酶和酰基转移酶的编码基因,直接获得合成己二酰化 7- 氨基 -3- 去乙酰氧基头孢烷酸(adipoyl-7-ADCA),然后再经两步反应生成头孢菌素 Ⅳ,取代了原来的十三步化学反应,显著节省了生产成本。

（七）抗生素发酵工艺的优化策略

随着统计学的发展,越来越多的统计学方法应用于发酵工艺优化,借助功能强大的数据统计软件对实验数据进行系统化分析。目前,常用于发酵优化的方法有响应面法、均匀设计以及神经网络法等。随着各学科之间的交叉渗透,微生物学家们开始利用发酵动力学、数学模型、化工原理和计算机技术对发酵过程进行综合研究,使得对发酵过程的控制更加科学合理,明显提升了生产效率,同时抗生素的发酵水平也有很大的提升。如研究者采用单因素优化结合正交试验优化新霉素发酵条件,优化后新霉素发酵单位提高了 50% 以上;采用响应面法对金色链霉菌发酵产金霉素的培养基进行优化,优化前后金霉素发酵单位提高了 17%。

ER10-2　新型抗生素的发现（文档）

第二节　青霉素的发酵生产工艺

青霉素(penicillin,音译为"盘尼西林")是人类发现的第一种抗生素,也是制备其他各种半合成抗生素的原料。青霉素为 6- 氨基青霉烷酸(6-aminopenicilanic acid, 6-APA)的苯乙酰衍生物(图 10-2),6- 氨基青霉烷酸的侧链基团不同,形成不同的青霉素。青霉素是有机酸,易溶于醇、酸、醚及酯类,在水中的溶解度较小,而且会很快失去活性。

通常青霉素发酵液中含有青霉素 F、青霉素 G、青霉素 X、青霉素 K、青霉素 F 和青霉素 V 等,在临床上应用最为广泛的是青霉素 G(苄基青霉素),主要形式为青霉素钾或青霉素钠的注射剂,主要用于治疗革兰氏阳性细菌(如敏感金黄色葡萄球菌、链球菌、肺炎双球菌等)引起的感染。青霉素盐为白色结晶性粉末,在水中极易溶解,在乙醇中略溶,在脂肪油或液状石蜡中不溶。

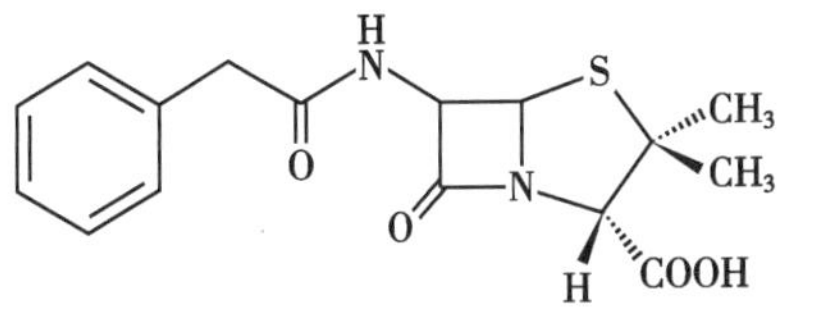

图 10-2　青霉素 G 结构式

注:(2S, 5R, 6R)-3, 3- 二甲基 -6-(2- 苯乙酰氨基)-7- 氧代 -4- 硫杂 -1- 氮杂双环 [3.2.0] 庚烷 -2- 甲酸。

青霉素盐无臭或微有特异性臭,有引湿性,遇酸、碱或氧化剂等即迅速失效,水溶液在室温放置易失效。因此,在临床上青霉素要"现配现用",不宜溶解后存放,以保证药效,减少致敏物质的产生。下面主要介绍青霉素的生物合成代谢途径、高产菌株的选育、发酵生产工艺过程、分离纯化以及质量控制。

一、青霉素生物合成代谢途径

产黄青霉(*Penicillium chrysogenum*)属无性型真菌,包括弗莱明发现的点青霉和野生型产黄青霉 NRRL 1951 等;其最适生长温度为 20~30℃。产黄青霉可在查氏酵母膏琼脂培养基中生长,25℃时 7 天生长至直径 21~25mm;其具辐射状皱纹,边缘菌丝体呈白色,绒状质地,大量分生孢子结构。野生型产黄青霉 NRRL 1951 基因组大小约为 32.19Mb,编码 12 943 种蛋白质,G+C 含量约为 49%。目前工业生产青霉素的菌株多是野生型产黄青霉 NRRL 1951 的突变株。

青霉素生物合成代谢途径如图 10-3,包括三个步骤。

1. 氨基酸前体 L-α- 氨基己二酸、L- 半胱氨酸和 L- 缬氨酸在 *pcbAB* 基因编码的三肽合成酶(ACVS)的作用下催化形成 L-α- 氨基己二酸 -L- 半胱氨酸 -D 缬氨酸三肽(ACV)。

2. 线性的 ACV 三肽在 *pcbC* 基因编码的异青霉素 N 合成酶(IPNS)的催化下环化形成具有双环结构的异青霉素 N(IPN),其中 A 环为 β- 内酰胺环,B 环为四氢噻唑环。这一步反应形成的异青霉素 N 具有微弱的抗菌活性,它是青霉素和头孢菌素合成途径中的第一个具有生物活性的中间体,同时也是青霉素和头孢菌素生物合成途径的分支点。ACVS 存在于液泡的膜表面或高尔基体中,IPNS 存在于细胞质基质中,因此这 1 和 2 两步反应位于细胞质中。

3. 青霉素生物合成的最后一步由 *penDE* 基因编码的异青霉素 N 酰基转移酶(IAT)催化,只在真菌中发现这个反应。IAT 催化的反应分为两步进行,第一步,IPN 去酰基化形成 6-APA,第二步是苯乙酰辅酶 A 衍生物和 6-APA 酰化生成青霉素。

二、青霉素高产菌株的选育

最早产黄青霉(*Penicillium chrysogenum*)生产青霉素约为 100U/ml,在此基础上,经过不断地诱变选育和发酵工艺优化,青霉素发酵水平显著提高,产黄青霉成为最为重要的工业化生产青霉素的丝状真菌。目前国内的工厂大都采用产黄青霉或其突变株,如华北制药集团的产黄青霉 NCPC 10086,生产水平已经达到了 66 000~70 000U/ml。本章节重点介绍产黄青霉菌株选育及其发酵生产青霉素的工艺。青霉素高产菌株选育策略主要包括传统诱变和基因工程改造,下面分别介绍这两种种育种策略。

1. **传统诱变** 传统诱变在青霉素生产菌株的选育中应用有数十年的历史。各种诱变方法如紫外、氮离子注入法、化学诱变等都已经成功地应用于青霉素高产菌株的选育中,并且都取得了不错的效果。

2. **基因工程改造** 在丝状真菌中,青霉素合成基因位于同一个基因簇中,研究发现,高

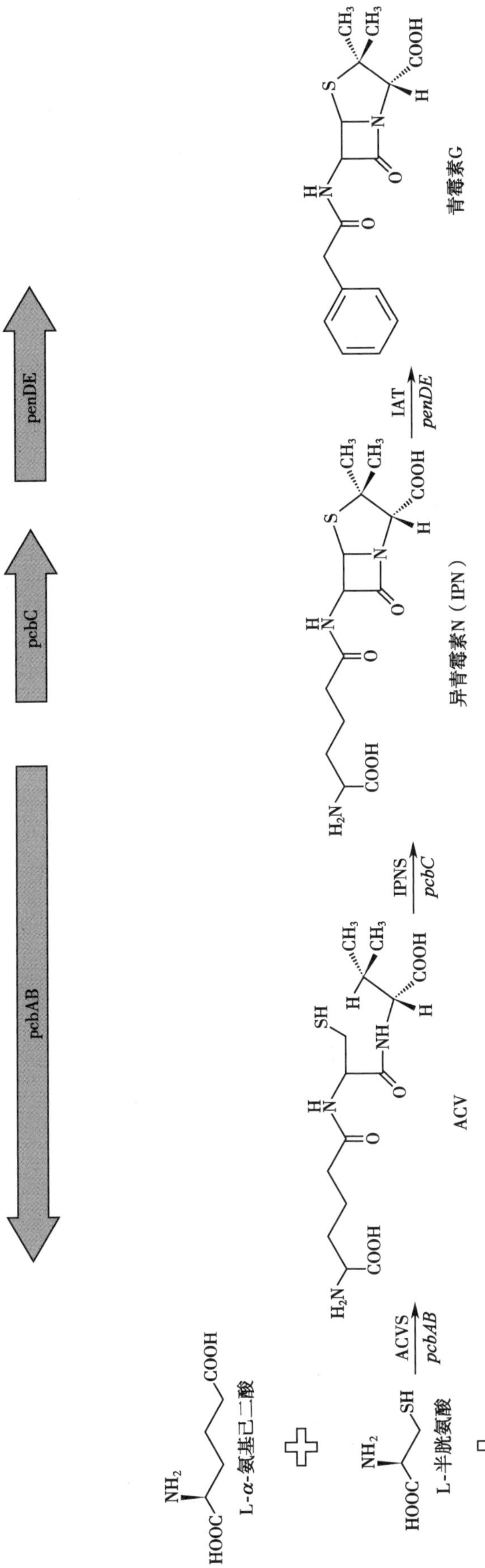

图 10-3 青霉素生物合成途径

产菌株往往含有多个拷贝的青霉素合成酶基因,这可能是因为基因拷贝数的增加能表达出更多的酶,从而有利于青霉素的合成。在青霉素合成过程中,第一步三肽的合成是限速步骤,采用强启动子提高肽聚酶 $PcbAB$ 的表达水平,青霉素的产量可提高 30 倍。青霉素的合成是一个高耗氧的过程,通常在高溶氧条件下青霉素的产量比较高。透明颤菌血红蛋白可改变细胞内氧传递功能,在青霉素生产菌株中引入透明颤菌血红蛋白表达基因是提高青霉素产量的策略之一,研究者将透明颤菌血红蛋白表达基因整合到产黄青霉 HY876 基因组中,发酵结果表明,透明颤菌血红蛋白的表达量与其在染色体上的整合位点和整合拷贝数有关,最终青霉素产量提高了 39%。

三、青霉素发酵生产工艺过程

青霉素的发酵生产工艺流程如图 10-4 所示。

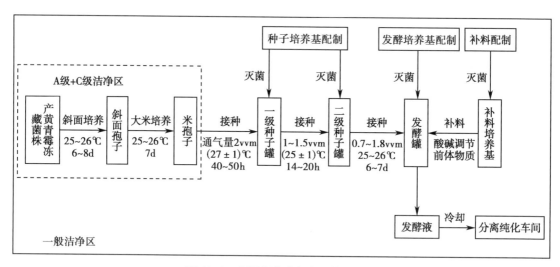

图 10-4　青霉素发酵生产工艺流程图

(一)青霉素发酵工艺过程

1. 生产孢子的制备　将沙土孢子在无菌水中震荡均匀,涂布于由甘油、葡萄糖及蛋白胨组成的斜面培养基中,25~26℃培养 6~8 天,形成斜面孢子。

将孢子制成悬液,接种至大米固体培养基上,25~26℃培养 7 天,制备成米孢子,每批孢子必须检测杂菌情况。

2. 种子培养　青霉素发酵种子需要形成健壮的菌丝体,因此培养基中要有丰富的碳源和氮源。首先,将米孢子接种到以葡萄糖、玉米浆等为培养基的一级种子罐内,通气量为2.0vvm,于(27±1)℃培养 40~50 小时,菌丝浓度达 40% 以上。

然后按照 10% 接种量接种到二级种子罐中,大量繁殖菌体。培养基包括葡萄糖、玉米浆等,pH 自然。通气量为 1~1.5vvm,于(25±1)℃培养 14~20 小时;菌丝浓度达 40% 以上,无杂菌,为合格种子。

3. 发酵培养　培养基成分主要包括葡萄糖、花生饼粉、麸质粉、玉米浆、尿素、硫酸铵、硫代硫酸钠、苯乙酰胺、碳酸钙等。一般接种量为 15%~20%，100m³ 发酵罐中装料 80m³。通气量为 0.7~1.8vvm，罐压 0.04~0.05MPa。发酵温度控制在 25~26℃。根据残糖量和发酵过程中 pH 进行适当补加糖、氮源和前体物质。发酵前 60 小时控制 pH 为 5.7~6.3，后续控制 pH 为 6.3~6.6，发酵周期为 6~7 天。

工业发酵青霉素常用的发酵罐体积为 100m³ 左右，种子罐的大小取决于发酵罐的体积和接种量。通常一级种子罐的装料系数为 60%~65%，二级种子罐的装料系数为 60%~70%，发酵罐的装料系数为 70%~80%。青霉素工业发酵通常采用二级种子培养，属于三级发酵。发酵过程中必须检测杂菌情况，杂菌检测使用肉汤和斜面无菌检验培养基，种子罐每 4 小时取样一次，发酵罐每 8 小时取样一次，放置于 35℃ 恒温培养间培养，定期检测，观察无杂菌生长。

（二）发酵过程控制

影响青霉素产量的参数主要包括发酵温度、pH、基质浓度和溶氧等，所以在发酵过程中要严格控制这些工艺参数。在青霉素发酵过程中，培养基中的营养仅够菌株前 40 小时的生长需求，在发酵 40 小时后，通过流加葡萄糖、硫酸铵和苯乙酸盐等，延长青霉素的合成时间，提高青霉素的产量。

1. **基质浓度** 在分批发酵过程中，通常前期基质浓度过高，会对青霉素生物合成酶系产生抑制作用，同时还会抑制菌株的生长，如葡萄糖的阻遏或抑制作用，前体苯乙酸也会对菌株生长产生抑制作用；而后期基质浓度过低，导致菌株生长和青霉素合成所需营养不足；所以在青霉素发酵过程中常采用分批补料的方法解决这一问题。

青霉素发酵可以选择的碳源种类有很多，在实际生产中一般采用葡萄糖作为碳源，需要注意的是，葡萄糖浓度过低会导致抗生素合成速度下降，浓度过高会导致菌体自溶；在发酵过程中可根据 pH、溶氧或 CO_2 释放率进行补糖。

玉米浆是青霉素发酵的最适氮源，其含有多种氨基酸及前体物质，但要注意玉米浆质量稳定性的问题。无机盐包括硫、磷、镁、钾等对青霉素发酵均有影响，特别是三价铁离子对青霉素合成影响显著，须控制在 30μg/ml 以下。

青霉素合成的前体有苯乙酸及其衍生物如苯乙酰胺、苯乙胺等，这些前体物质的添加均利于青霉素的合成，但前体浓度过高也会对菌体产生毒性；因此前体物质的添加需要低浓度流加，其供应速率应略高于青霉素合成的需要。

2. **温度** 青霉素产生菌最适生长温度与青霉素最适合成温度并不完全一致，因此生产上可采用变温控制，在菌株生长阶段温度控制在 26℃ 左右，可以提高生长速率，而在青霉素合成阶段温度控制在 24℃，这样可加快青霉素的合成速率。

3. **pH** 青霉素合成的最适 pH 为 6.4~6.6，如果 pH 超过 7.0，青霉素则容易发生水解。在发酵过程中可通过流加糖或氨水控制 pH，如 pH 下降则意味着补糖速率过高。

4. **溶氧** 当溶氧低于 30% 时，青霉素产量显著下降，当溶氧低于 10% 时，会造成不可逆的损失。同时溶氧过高也不利于菌株生长。

5. **菌丝形态、浓度和生长速度** 在青霉素发酵过程中，控制菌丝形态避免结球是青霉素高产的关键之一，另外控制菌丝浓度不超过临界菌体浓度，在青霉素合成阶段控制合适的生长速率也非常重要。

四、青霉素分离纯化工艺过程

青霉素(以青霉素钾为例)分离纯化工艺流程如图10-5所示。

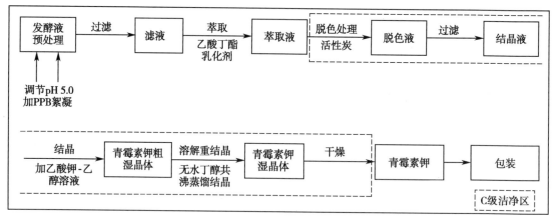

图10-5　青霉素分离纯化工艺流程图

目前提取青霉素的方法多采用溶剂萃取法。青霉素盐在水中的溶解度很大,而青霉素游离酸则易溶于有机溶剂中。溶剂萃取法就是利用青霉素这一性质,将青霉素在酸性溶液中转到有机试剂中,反复几次就可以到达分离提纯的效果。由于青霉素性质不稳定,发酵液的预处理、提纯和精制过程都要条件温和、快速。

（1）发酵液预处理:首先采用板框过滤的方法除去青霉素发酵液中的菌丝体和大部分的蛋白。然后采用 10% 硫酸调节滤液 pH 为 4.5~5.0,加入 0.07% 絮凝剂溴代十五烷吡啶(PPB),同时加入 0.7% 的硅藻土作为助滤剂,再采用板框过滤或鼓式过滤,滤液进行下一步的萃取。

（2）萃取:工业上多在萃取塔中采用乙酸丁酯和乙酸戊酯为溶剂进行萃取,一般萃取 2~3 次。滤液用 10% 硫酸调节 pH 为 2.0~3.0,加入 1/3 体积的乙酸丁酯,同时加入 0.05%~0.1% 的 PPB 作为乳化剂防止乳化。

乙酸丁酯反萃取到水时,为了避免 pH 大幅度波动,一般采用碳酸氢钠缓冲液。萃取过程应该在 10℃ 进行,且尽量缩短萃取时间,减少对青霉素的破坏。几次萃取后,浓缩 10 倍基本可以达到结晶要求。

（3）脱色:向萃取液中加入活性炭除去色素和热原,最后采用板框过滤机过滤除去活性炭。

（4）结晶:在含搅拌控温的反应罐中进行结晶,两次萃取液中青霉素的纯度只有 50%~70%,通过结晶青霉素的最终纯度可达到 90% 以上。

青霉素钾在乙酸丁酯中的溶解度很小,所以在萃取液中直接加入乙酸钾乙醇溶液,青霉素钾可直接析出(加乙酸钠可得到青霉素钠)。这样得到的钾盐可再经过重结晶,除去微量乙酸钾。一般采用将乙酸钾溶于氢氧化钾中,调 pH 至中性,然后加入无水丁醇,进行共沸蒸馏结晶。

（5）干燥（包装）。

五、青霉素的质量控制

青霉素主要用于治疗革兰氏阳性细菌如敏感金黄色葡萄球菌、链球菌、肺炎双球菌等引起的感染。以青霉素钾为例，介绍其质量控制。根据《中国药典》（2020 年版）二部中青霉素钾质量标准要求，按干燥品计算，含 $C_{16}H_{17}KN_2O_4S$ 不得少于 96.0%，青霉素聚合物不得超过 0.08%，干燥失重不得超过 0.5%，细菌内毒素应小于 0.10EU/1 000 青霉素单位（供注射用），有关物质的色谱峰面积之和不得大于 1.0%。按照《中国药典》（2020 年版）中所示方法对青霉素钾进行性状、鉴别、检查[包括可见异物、不溶性微粒、有关物质、青霉素聚合物、结晶性、酸碱度、溶液的澄清度与颜色、干燥失重、细菌内毒素（供注射用）与无菌（供无菌分装用）]的检测，以及对其进行含量测定。

第三节　新霉素的发酵生产工艺

新霉素（neomycin）是氨基糖苷类抗生素，1949 年，Waksman 等从弗氏链霉菌的发酵产物中分离纯化得到。新霉素的分子式 $C_{23}H_{48}N_6O_{17}S$，结构式如图 10-6 所示，其为白色或类白色粉末，无臭，极易引湿，在水中极易溶解，在乙醇、乙醚或丙酮中几乎不溶。

新霉素的组分主要为 A、B、C 三种，其中新霉素 B 的抑菌活性最高；新霉素 C 是新霉素生物合成的最终产物，与新霉素 B 分子式相同，但生物活性比 B 低，且对人体有毒性；A 组分是新霉素 B 和 C 的降解产物，几乎无活性。

新霉素全身用药有显著肾毒性和耳毒性，故仅限于口服或局部应用。目前临床上常用制剂有硫酸新霉素片、硫酸新霉素滴眼液和复方新霉素软膏。新霉素对结核分枝杆菌有强大抗菌作用，同时对许多革兰氏阴性杆菌（如大肠埃希菌、变形杆菌属、克雷伯菌属、肠杆菌属淋病奈瑟菌和脑膜炎奈瑟菌等）亦具有抗菌作用。

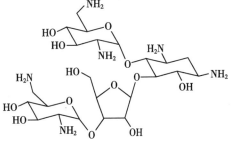

图 10-6　新霉素结构式

注：2- 脱氧 -4-O-（2，6- 二氨基 -2，6- 二脱氧 -α-D- 吡喃葡萄糖基）-5-O-[3-O-（2，6- 二氨基 -2，6- 二脱氧 -β-L- 吡喃艾杜糖基）-β-D- 呋喃核糖基]-D- 链霉胺。

一、新霉素生物合成代谢途径

目前卡那霉素、链霉素和庆大霉素氨基糖苷类抗生素的生物合成基因簇已基本确定，推测的新霉素生物合成基因簇如图 10-7 所示。

图 10-7 新霉素生物合成基因簇

新霉素生物合成代谢途径如图 10-8 所示。

（1）首先，葡萄糖 -6- 磷酸（G6P）在 2-DOI 合成酶（Neo7）的催化下生成了 2- 脱氧蟹肌醇（2-DOI）。

（2）随后 2-DOI 在 2DOI 转氨酶（Neo6）的催化下被转化成 2- 脱氧蟹肌醇胺（2-DOIA）。2-DOIA 又在脱氢酶（Neo5）的催化下在 C-1 位发生脱氢反应生成 3- 氨基脱氧蟹肌醇（Amino-DOI）。

（3）最后，3- 氨基脱氧蟹肌醇再次被转氨酶（Neo6）催化转化为中心环 2- 脱氧链霉胺（2-DOS），其为氨基糖苷类抗生素合成途径中的关键的中间产物。

（4）2-DOS 在由糖基供体（UDP-GlcNA）和糖基转移酶（Neo8）的参与作用下发生糖基化反应生成 2- 氨基 - 乙酰巴龙霉胺，2- 氨基 - 乙酰巴龙霉胺在脱乙酰基酶（Neo16）的催化作用下最终生成巴龙霉胺。

（5）巴龙霉胺的 C-6′ 位上的羟基在脱氢酶（Neo11）和转氨酶（Neo18）的催化下替换为氨基从而得到新霉素 A，其为新霉素 B、新霉素 C 生物合成中的第二个重要的中间产物。

（6）新霉素 A 在核糖基转移酶（Neo17）和磷酸水解酶（Neo13）的催化下与糖基供体（s- 磷酸核糖 -1- 焦磷酸）发生反应生成核糖霉素。

（7）核糖霉素在以糖基供体（UDP-GlcNA）和糖基转移酶（Neo15）以及脱乙酰基酶（Neo16）的作用下生成新霉素 Y2。

（8）新霉素 Y2 在脱氢酶（Neo11）和转氨酶（Neo18）的催化下生成新霉素 B，新霉素 B 在差向异构酶的作用下最终生成新霉素 C。

二、新霉素高产菌株的选育

发酵生产新霉素的主要菌株为费氏链霉菌（Streptomyces fradiae），弗氏链霉菌属于放线菌目链霉菌科原核生物，是一类具有丝状分枝细胞的革兰氏阳性菌。弗氏链霉菌气丝呈粉色，基丝无色或微黄色，在高氏合成 1 号琼脂中气丝呈荷花白色。目前工业高产菌株选育策略主要包括传统诱变以及基因工程改造。

1. 传统诱变　诱变育种在新霉素生产菌株的选育中得到了广泛的应用。NTG 诱变、紫外线诱变、微波以及 ARTP（常压室温等离子体诱变），都已经被用于新霉素高产菌株的选育上且都取得了不错的效果。

2. 基因工程改造　随着基因工程的发展和对费氏链霉菌基因组功能的不断探究，新霉素生物合成相关的基因簇已逐渐清晰，这为通过调控费氏链霉菌关键酶基因的表达来提高新霉素产量奠定了基础。

目前已报道费氏链霉菌新霉素合成途径中有 11 种关键酶，但可能的限速步骤及限速酶尚属未知。对其中 5 种关键酶基因 neoC，neoD，neoF，neoM，neoN 的研究结果表明，基因 neoN 对新霉素产量影响较大，在此基础上构建的重组菌株新霉素效价提高了 13.91%，说明调

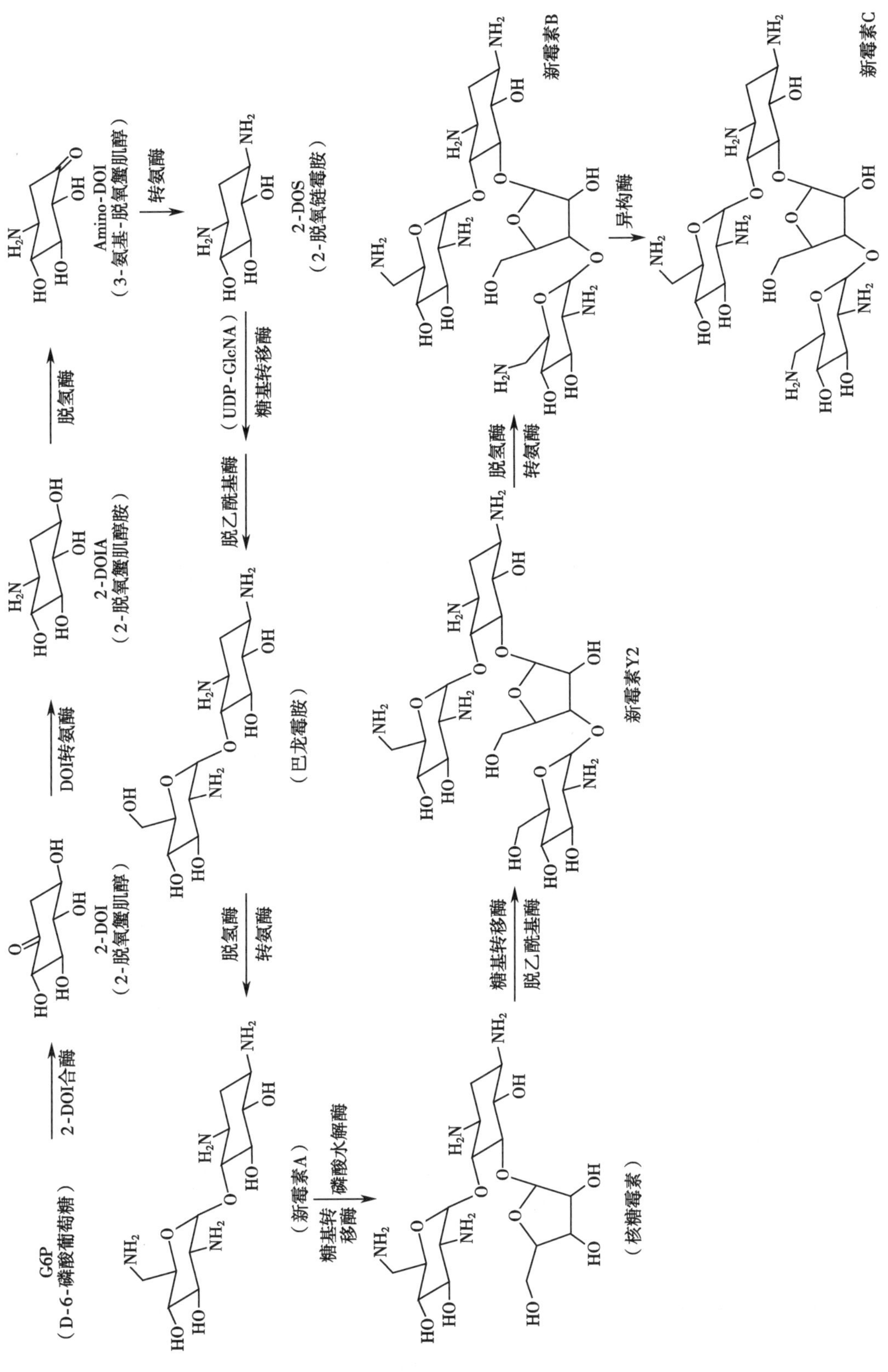

图 10-8 新霉素生物合成代谢途径

控抗生素关键酶基因可以实现其高产。

考虑到次级代谢产物抗生素的生物合成代谢途径的复杂性以及可能存在多个限速步骤，而且调节基因、结构基因和抗生素耐药性基因等与抗生素生物合成相关的基因通常都聚集在一起，也可以将整个生物合成基因簇进行扩增表达以提高新霉素产量。相较于传统的诱变育种，通过基因工程定向分子改造可以高效、快速地获得新霉素高产菌株。

三、新霉素发酵生产工艺过程

新霉素的发酵生产工艺流程如图 10-9 所示。

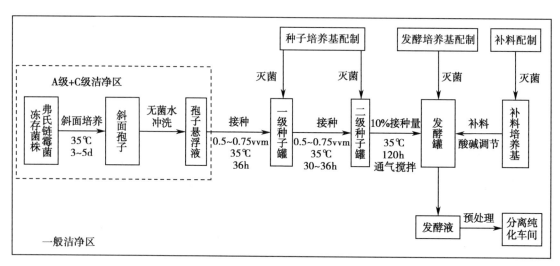

图 10-9　新霉素发酵生产工艺流程图

1. 培养基

（1）斜面培养基：麦芽浸粉 0.1g/L，葡萄糖 1g/L，酵母粉 0.5g/L，蛋白胨 0.4g/L，琼脂 20g/L，超纯水定容，pH 7.2~7.8。

（2）种子培养基：玉米淀粉 2g/L，酵母粉 5g/L，花生饼粉 1g/L，硫酸铵 0.5g/L，葡萄糖 5g/L，玉米浆 2g/L，蛋白胨 0.5g/L，磷酸氢二钠 0.2g/L，碳酸钙 1g/L，pH 7.0~7.3。

（3）发酵培养基：液化后玉米淀粉 70g/L，玉米浆 2.5g/L，花生饼粉 20g/L，酵母粉 6g/L，硫酸铵 6g/L，葡萄糖 20g/L，蛋白胨 10g/L，中温豆饼粉 6g/L，氯化钠 5g/L，高温淀粉酶 0.2g/L，磷酸氢二钠 0.5g/L，碳酸钙 5g/L，pH 6.8~7.3。

2. 菌株活化及发酵准备

（1）斜面孢子的制备：用接种针刮取少许沙土孢子于无菌水中震荡均匀，涂布于固体斜面培养基中，于 35℃培养 3~5 天。

（2）孢子悬浮液的制备：采用 20ml 无菌生理盐水洗出斜面内孢子，震荡混匀，用八层纱布过滤，滤液于 4℃冰箱保存。

（3）火焰法将孢子悬浮液接入种子罐培养基中，35℃，400r/min，控制通气量为 0.5~0.75vvm，生长 36 小时左右，以 10% 接种量接种至种子罐中，发酵 120 小时，然后接种发酵罐。

3. 发酵过程 采用 10m³ 发酵罐(装液量为 7m³)进行发酵培养,罐压控制 0.04~0.05MPa,发酵温度 35℃,搅拌转速 350r/min,前 20 小时通气量控制在 0.5vvm,然后将通气量控制在 1.25vvm;通过补加硫酸铵和液化淀粉,控制还原糖的浓度为 10~13g/L,控制氨氮浓度为 8~10g/L。

四、新霉素分离纯化工艺过程

加入珍珠岩,对发酵液进行过滤或离心后按图 10-10 所示工艺分离纯化。

(1)第一步碱化,采用 NaOH 溶液将发酵液 pH 调至 6.0,搅拌 30 分钟,加入适量的阳离子交换树脂,吸附完成,得饱和树脂。

(2)第二步洗脱,首先采用 4 倍柱体积 0.2mol/L 的 HCl 溶液和 0.5mol/L 的 NH₄Cl 溶液配制的混合液洗涤树脂柱,然后水洗至 pH 6.0,通入 0.1mol/L 氨水冲洗饱和树脂,最后通入 3mol/L 氨水进行解吸。

(3)第三步浓缩,不高于 70℃进行蒸汽浓缩。

(4)第四步为脱色处理,一般加入活性炭吸附或者脱色树脂进行脱色,最后一步为喷雾干燥,得到新霉素精制产品。

(5)干燥(包装)。

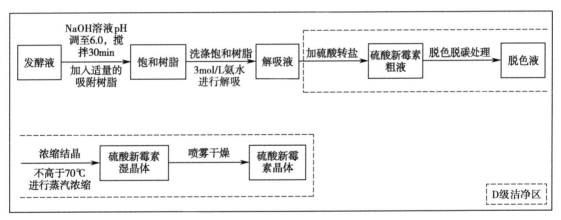

图 10-10 新霉素分离纯化工艺流程

五、新霉素的质量控制

新霉素对结核分枝杆菌有强大抗菌作用。根据《中国药典》(2020 年版)二部中硫酸新霉素质量标准要求,硫酸新霉素按干燥品计算,每 1mg 的效价不得少于 650 新霉素单位;干燥失重不得超过 6.0%。

第四节　红霉素的发酵生产工艺

红霉素(erythromycin，Er)是大环内酯类抗生素，由红色糖多孢菌(*Saccharopolyspora erythraea*)产生。在红霉素发酵液中含有红霉素 A、红霉素 B、红霉素 C、红霉素 D、红霉素 E 和红霉素 F 多组分同系物。其中红霉素 A 是临床上最常用的药用活性成分，其结构式如图 10-11 所示；而红霉素 B、红霉素 C、红霉素 D 组分是红霉素 A 合成过程的中间产物，其抗菌活性只有红霉素 A 的 30%~60%；红霉素 E 和红霉素 F 的含量非常低，抗菌活性也很低。

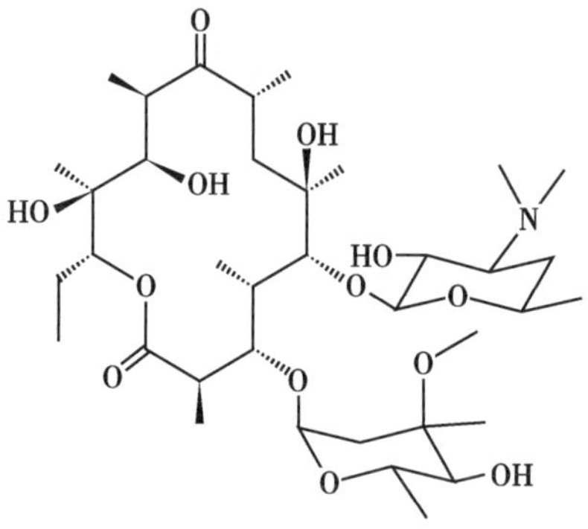

图 10-11　红霉素 A 结构式

红霉素的作用机制是干扰细菌蛋白质的合成，进而杀死病原菌。临床上常用红霉素肠溶片、红霉素肠溶胶囊、红霉素软膏以及红霉素眼膏，主要应用于治疗肺炎支原体、幽门螺杆菌感染和耐药性金黄色葡萄球菌感染。

一、红霉素生物合成代谢途径

红霉素生物合成基因簇全长约为 56kb，各个基因的转录方向和位置如图 10-12 所示。

图 10-12　红霉素生物合成基因簇

红霉素分子结构包括三部分，分别是红霉内酯环(erythronolide，EB)、红霉糖(cladinose)和去氧糖胺(desosamine)。

红霉素生物合成的第一组是 6- 脱氧红霉内酯 B 的生物合成，具体反应是聚酮结构的组装，这个过程是由 1 分子丙酰 -CoA 和 6 分子甲基丙二酰 -CoA 在红霉素聚酮合酶的催化下，经过聚合、还原和脱水等系列反应生成红霉内酯环(6- 脱氧红霉内酯 B，6-deoxyerythronolide B，6-dEB)，其生物合成过程如图 10-13 所示。

红霉素生物合成的第二组反应如图 10-14，是 6-dEB 在羟化酶的作用下 C-6 位进行羟基化反应，生成红霉内酯 B(EB)。在糖基转移酶作用下红霉糖和去氧糖胺相继连接到 EB 上，生成红霉素生物合成过程中第一个具有生物活性的中间体红霉素 D(ErD)。

红霉素 D 是一个关键中间产物，它可以通过两条途径转化成红霉素 A：①在红霉素内酯的 C-12 位进行羟基化反应，生成红霉素 C，再在红霉糖的 C-3 位羟基进行甲基化，生成红霉素 A。②先在红霉糖的 C-3 位羟基进行甲基化，生成红霉素 B，然后在内脂环的 C-12 位进行羟基化反应，从而生成红霉素 A。该途径合成效率较低，为红霉素 A 合成的副途径。

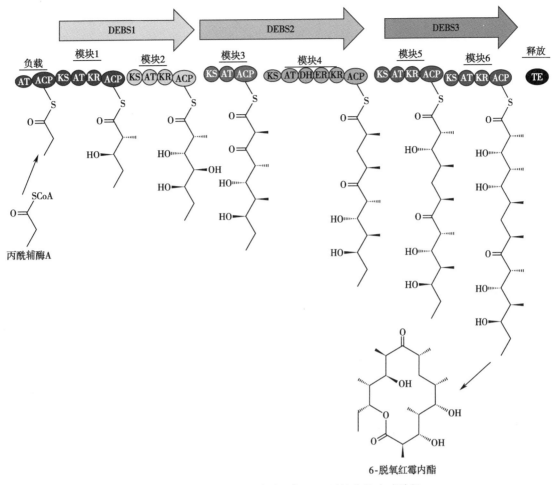

图 10-13　6- 脱氧红霉内酯 B（6-dEB）的生物合成途径

二、红霉素高产菌株的选育

目前主要采用红色糖多孢菌（*Saccharopolyspora erythraea*）工业化生产红霉素。发酵生产红霉素的菌株选育主要有两种策略，一种是基于传统诱变方法筛选高产菌株，一种是基于基因工程改造构建理想的高产菌株，下面分别介绍这两种育种方法。

1. **传统诱变**　通过传统物理化学方法诱变获得高产菌株是一种常见的育种方法，传统的 NTG、紫外以及新兴的常压室温等离子体诱变（ARTP）都已经成功地应用于红霉素高产菌株的选育。以刺糖多孢菌为出发菌株，经过 NTG 诱变，筛选获得一株突变菌株，其生产水平比原始菌株提高 43.93%，并且具有良好的遗传稳定性。利用 LiCl 与紫外复合诱变获得一株比出发菌株产量提高 29.1% 的突变株。

2. **基因工程改造**　基因工程技术也应用于红霉素生产菌株的改造。在研究了透明颤菌血红蛋白基因与染色体整合的方式，将透明颤菌血红蛋白基因导入红色糖多孢菌中，重组菌株红霉素的产量比原始菌株提高了 60%。敲除红色糖多孢菌染色体上甲基丙二酰 -CoA 变位酶基因，红霉素产量比野生菌株提高了 126%。将来源于大观链霉菌的 *S*- 腺苷甲硫氨酸（SAM-S）基因替换到红色糖多孢菌 E2 中，重组红色糖多孢菌 SAM 产量提高，同时红霉素 A 产量提高了 132%，且主要副产物红霉素 B 下降了 30%。通过增加原始菌株中 *EryK*、*EryG* 基

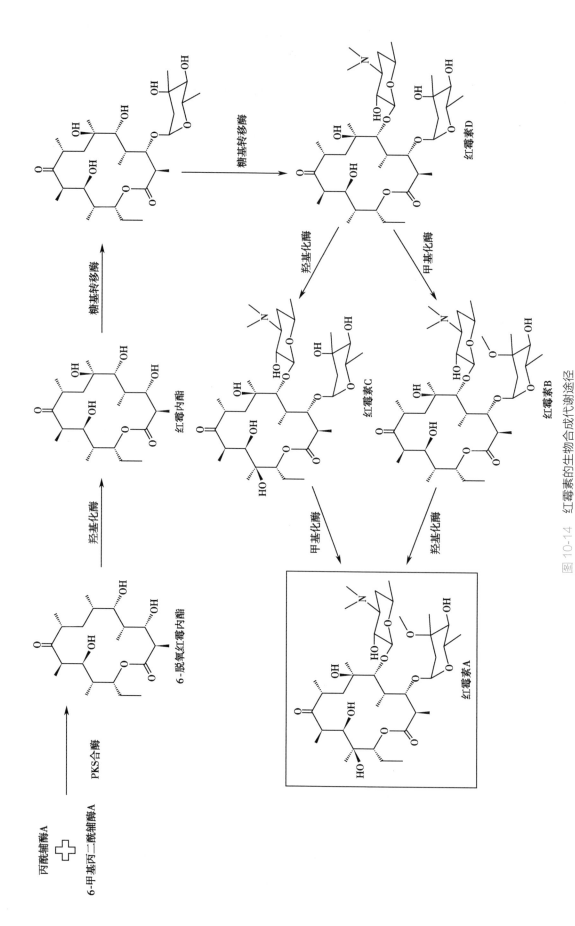

图 10-14　红霉素的生物合成代谢途径

因拷贝数,同时强化羟基化酶和甲基化酶的表达,促进红霉素合成过程中由红霉素 D 向红霉素 A 的转化,最终获得的重组菌株红霉素 A 产量提高了 27.8%,并且红霉素 B、红霉素 C 组分的含量显著低于出发菌株。

三、红霉素发酵生产工艺过程

红霉素的发酵生产工艺流程如图 10-15 所示。

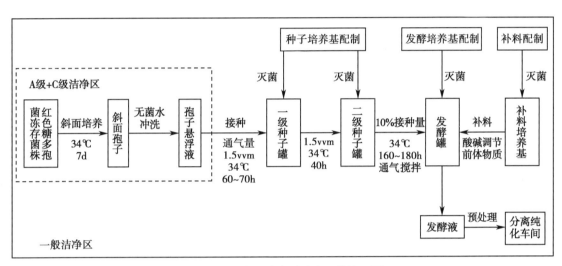

图 10-15 红霉素发酵生产工艺流程图

1. 培养基

(1)斜面培养基:淀粉 15g/L,硫酸铵 2g/L,氯化钠 3g/L,玉米浆 2g/L,碳酸钙 2.5g/L,琼脂 20g/L。

(2)种子培养基:玉米淀粉 40g/L,麦芽糊精 9g/L,黄豆饼粉 20g/L,硫酸铵 1.5g/L,葡萄糖 10g/L,玉米浆 2g/L,磷酸二氢钾 1g/L,碳酸钙 18g/L,豆油 1g/L。

(3)发酵培养基:玉米淀粉 120g/L,玉米浆 5g/L,黄豆饼粉 90g/L,硫酸铵 6g/L,氯化钠 2g/L,磷酸二氢钾 1g/L,硫酸镁 0.2g/L,碳酸钙 20g/L,豆油 3g/L。

2. 菌株活化及发酵培养

(1)斜面孢子的制备:将新鲜孢子接种至新配制的斜面培养基中,于 34℃培养 7 天。

(2)孢子悬浮液的制备:采用无菌水洗出斜面内孢子,保存于 4℃冰箱。

(3)种子和发酵培养:孢子悬浮液接种到一级种子罐,34℃,通气量为 1.5vvm,培养 60~70 小时,获得一级种子。将一级种子接种到二级种子罐中,于 34℃培养 40 小时,获得二级种子。以 10% 接种量将二级种子接种至 50m³ 发酵罐中,装液量为 35m³,于 34℃培养 168~180 小时。发酵过程中在线监控 pH、溶氧等参数变化。每隔 12 小时取样,检测残余葡萄糖和效价等参数。可以采用生物传感仪测定葡萄糖浓度,抗生素效价则可采用《中国药典》(2020 年版)中的抗生素微生物检定法。

工业生产红霉素常采用的发酵罐体积为 10~100m³,二级种子培养,属于三级发酵。

3. 发酵过程监测与控制　　将种子培养液接种至发酵罐中，34℃，pH 6.7~6.9，通过控制通气量和搅拌速度使得溶氧浓度在 20% 以上，发酵过程中还需要流加葡萄糖、氮源或红霉素合成的前体丙醇，发酵结束前 12~18 小时停止补料。

红霉素产量的因素主要包括培养基组成和发酵条件。

（1）培养基：红霉素发酵是最适碳源是蔗糖，其次是葡萄糖和淀粉的混合碳源。因为糖是合成红霉素的前体之一，所以在发酵过程中补糖是较好的策略之一。黄豆饼粉是较常用的氮源，其质量对红霉素产量影响很大，因此严格控制氮源的质量也是提高红霉素产量的关键；在无机盐的选择中，铁离子的选择和控制尤为重要，当铁离子高于 400μg/L 时，几乎不产红霉素。

（2）发酵条件：红霉素生产菌对温度比较敏感，控制合适的温度对红霉素生产较为重要。红霉素合成最适 pH 为 6.7~6.9，低于 6.5 红霉素合成减少，高于 7.2 会发生菌体自溶，因此在发酵过程中要保证 pH 在最适范围内。

四、红霉素分离纯化工艺过程

从发酵液中提取红霉素多采用溶剂萃取法和大孔树脂吸附法。这里主要介绍树脂吸附法结合一步溶剂萃取法提取红霉素，具体流程如图 10-16 所示。

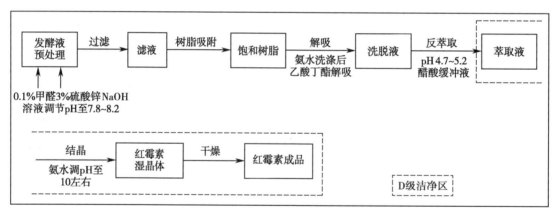

图 10-16　红霉素分离纯化工艺流程图

（1）发酵液预处理：先用 0.1% 甲醛、3% 硫酸锌沉淀蛋白质，促使菌丝结团，为防止红霉素被破坏，用 NaOH 溶液调节 pH 至 7.8~8.2，过滤。

（2）树脂吸附：红霉素在碱性条件下可以被树脂吸附。

（3）洗涤，解吸：饱和树脂用氨水洗涤后再用乙酸丁酯解吸附。

（4）反萃取：红霉素在酸性条件下易溶于水，利用醋酸缓冲液进行反萃取，可以达到进一步浓缩提纯的目的。

（5）结晶：将溶液用氨水调节 pH 至 10 左右可以降低红霉素在水中的溶解度，红霉素结晶析出。

（6）干燥（包装）。

五、红霉素的质量控制

根据《中国药典》(2020年版)二部中红霉素质量标准要求,红霉素按无水物计算,其中红霉素A($C_{37}H_{67}NO_{13}$)不得少于93.0%;红霉素B和红霉素C均不得超过3.0%,水分不得超过6.0%。

第五节 金霉素的发酵生产工艺

金霉素(chlortetracycline)是金色链霉菌(*Streptomyces aureofaciens*)发酵产生的次级代谢产物,是四环素(tetracyclines)家族中第一个被发现的成员,又名氯四环素,具有四并苯(tetracene)核心结构,其结构式如图10-17所示。其常用产品形式盐酸金霉素($C_{22}H_{23}ClN_2O_8 \cdot HCl$),为金黄色或黄色结晶,无臭,遇光色渐变暗。本品在水或乙醇中微溶,在丙酮或乙醚中几乎不溶。

金霉素的作用机制是抑制细菌蛋白质合成,从而发挥抗菌作用;对多数革兰氏阳性菌和阴性菌均有抗菌作用,对立克次体、支原体和衣原体等亦有作用。常用剂型为盐酸金霉素软膏和盐酸金霉素眼膏。

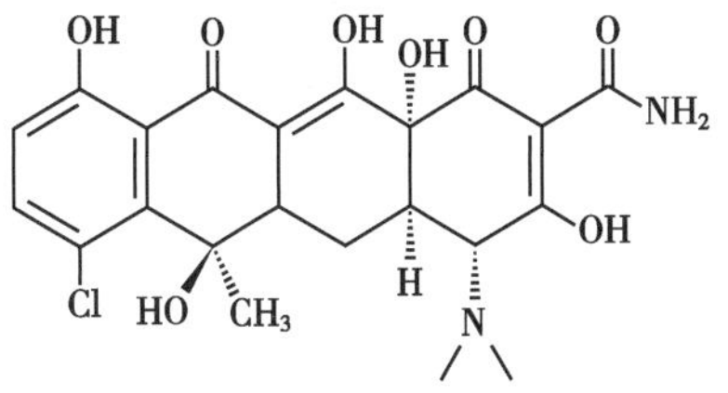

图10-17 金霉素结构式

注:6-甲基-4-(二甲氨基)-3,6,10,12,12a-五羟基-1,11-二氧代-7-氯-1,4,4a,5,5a,6,11,12a-八氢-2-并四苯甲酰胺。

一、金霉素生物合成代谢途径

目前报道的金霉素生物合成途径关键基因的位置和转录方向如图10-18所示。

图10-18 金霉素生物合成基因簇

目前研究表明,四环素类抗生素生物合成主要包括四个部分:四环素类抗生素聚酮链骨架的合成、聚酮链骨架的环化、脱水四环素(ATC)的合成及最后四环素类抗生素的合成。

虽然金霉素的发现早于土霉素,但对金霉素生物合成途径的研究却远落后于土霉素。与土霉素生物合成途径相比,在金霉素合成过程中无须对C-5位进行羟化,但需要对C-7位进行氯化,预测的金霉素生物合成代谢途径如图10-19所示,该生物合成途径中许多步骤仍停留在理论推测阶段,需要进一步的实验验证。金霉素的生物合成属于Ⅱ型聚酮合酶(PKS)催化的聚酮体合成反应。

(1)金霉素合成的起始单元是丙二酰-CoA,首先,丙二酰-CoA在氨基转移酶OxyD催化下生成丙二酰胺-CoA。

(2)丙二酰胺-CoA再与酰基载体蛋白(ACP)结合,形成丙二酰胺-ACP;8个丙二

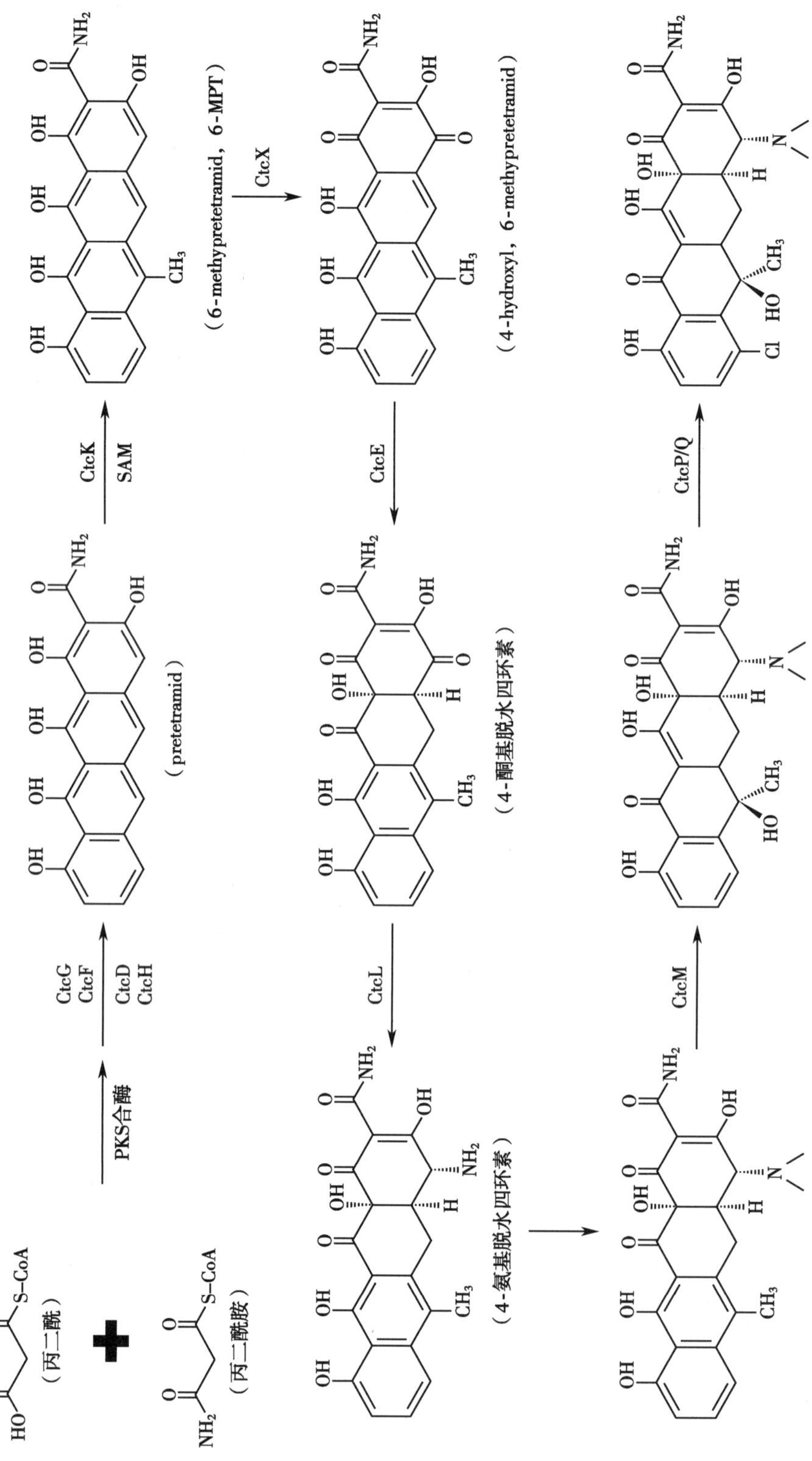

图10-19 金霉素生物合成代谢途径

酰 -CoA 在酮基合酶链延长因子（KS-CLF）作用下进行碳链延伸反应，生成 19 碳的四环骨架。

（3）四环骨架形成后即开始环化反应，目前推测有些环的形成需要酶的催化，有些环是自发形成，最后生成四环素生物合成途径中关键中间体四环酰胺（pretetramid）。

（4）四环酰胺 C-6 位进行甲基化反应生成 6- 甲基四环酰胺（6-methylpretetramid，6-MPT），然后 6-MPT 经羟基化及二甲氨基化反应生成脱水四环素（ATC）。

（5）最后 ATC 经 CtcN 催化的 C-11 位羟基化反应、CtcM 催化的还原反应、卤化酶 CtcP 和辅酶 CtcQ 催化的 C-7 位氯化反应后生成金霉素。

二、金霉素高产菌株的选育

1948 年，杜加尔从土壤中的微生物金色链霉菌（*Streptomyces aureofaciens*）首次分离获得金霉素。金色链霉菌属于革兰氏阳性菌链霉菌中的一种，广泛分布于自然界中。金色链霉菌菌丝呈多分枝状，无横隔也不断裂。其基丝可产金黄色色素，基丝生长到一定时期可长出气丝，气丝为灰色或灰褐色。孢子呈卵圆形至柱形，表面光滑，成熟时颜色较深。目前工业上也多采用金色链霉菌发酵生产金霉素，主要采用以下两种策略提高金霉素产量。

1. 传统诱变　可采用多种诱变方法提高金霉素产量，如紫外、高能电子流、氮离子束以及多重复合诱变等方法。

2. 基因工程改造　在金色链霉菌中异源表达了透明颤菌血红蛋白基因，促进了金色链霉菌株生长、菌丝活力和金霉素的合成，金霉素产量可以提高 11.4%。将催化氯化反应一步关键酶基因的启动子替换成强启动子，获得金霉素产量提高的重组菌。从高产金霉素工业生产菌株金色链霉菌 F3 中克隆了其生物合成关键基因簇，进一步研究表明调控基因 *ctcS*、*ctcB* 和 *ctcA* 作为正调控因子参与金霉素的生物合成。后期可通过对调控基因进行修饰改造提高金霉素的产量。

三、金霉素发酵生产工艺过程

金霉素的发酵生产工艺流程如图 10-20 所示。

1. 培养基　金霉素发酵培养基中的主要碳源为玉米淀粉，氮源为黄豆饼粉、玉米浆、硫酸铵和氨水等。在发酵过程中要保持一定的温度、压力及溶氧。根据发酵过程中底物浓度的变化，采取补料工艺以保持一定的营养及 pH。

（1）斜面培养基：麸皮 30g/L，磷酸二氢钾 0.2g/L，磷酸氢二铵 0.3g/L，硫酸镁 0.2g/L，琼脂 20g/L。

（2）种子培养基：黄豆饼粉 20g/L，玉米淀粉 40g/L，花生饼粉 10g/L，酵母粉 6g/L，蛋白胨 3g/L，硫酸铵 0.3g/L，氯化镁 0.5g/L，氯化钠 2g/L，磷酸二氢钾 0.2g/L，碳酸钙 5g/L，淀粉酶 0.1g/L，豆油 2g/L。

（3）发酵培养基：玉米淀粉 80g/L，黄豆饼粉 20g/L，玉米浆 10g/L，花生饼粉 20g/L，酵母

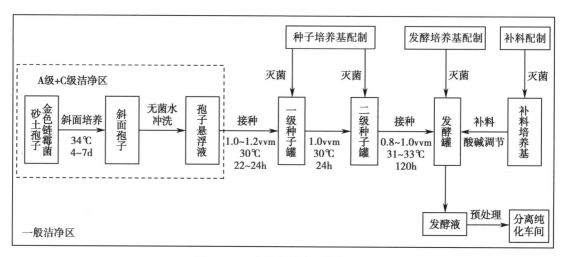

图 10-20　金霉素发酵工艺流程图

粉 6g/L，硫酸铵 5g/L，硫酸镁 0.2g/L，氯化钠 2g/L，磷酸二氢钾 0.2g/L，碳酸钙 10g/L，淀粉酶 0.3g/L，豆油 3g/L。

2. 发酵工艺流程

（1）斜面孢子的制备：取沙土孢子，与无菌水混匀后，涂布于斜面培养基上，34℃、湿度 50% 条件下培养 4~7 天。

（2）种子培养：将孢子悬浮液接种到一级种子罐内，种子培养温度为 30℃、通气量为 1.0~1.2vvm、罐压为 0.03~0.05MPa、培养时间为 22~24 小时；然后按照 10% 接种量接种到 1m³ 二级种子罐中，装液量为 0.6m³，大量繁殖菌体。当菌丝浓度达 20% 以上，无杂菌，为合格种子。

（3）发酵培养：将新鲜二级种子液以 15% 的接种量接种于 10m³ 发酵罐中，装液量为 7m³，培养温度为 31~33℃，控制通气量为 0.8~1.0vvm，罐压为 0.02~0.05MPa，控制 pH 为 5.6~6.2，发酵时间约为 120 小时，每 8 小时取样测定相关发酵参数。

四、金霉素分离纯化工艺过程

发酵液首先采用草酸酸化，加蛋白凝结剂硫酸锌除去蛋白，再利用金霉素钙镁盐易溶于有机溶剂醋酸丁酯、丁醇的性质加以提纯。利用其与盐酸形成的盐难溶于有机溶剂的特性，加入盐酸后析出结晶，最后经洗涤干燥得到成品，其分离纯化流程如图 10-21 所示。分离纯化的操作过程主要有浓缩、转盐、过滤和干燥。浓缩所用的主要设备是升式薄膜蒸发器，过滤采用板框过滤，干燥则采用喷雾干燥塔。

五、金霉素的质量控制

根据《中国药典》（2020 年版）二部中金霉素质量标准要求，按干燥品计算，盐酸金霉素（$C_{22}H_{23}ClN_2O_8 \cdot HCl$）不得少于 91.0%，含 4- 差向金霉素不得过 4.0%，含盐酸四环素不得过 8.0%；其他杂质的总量按外标法以 4- 差向金霉素计算，不得过 1.5%；干燥失重，减失重量不得超过 1.0%。

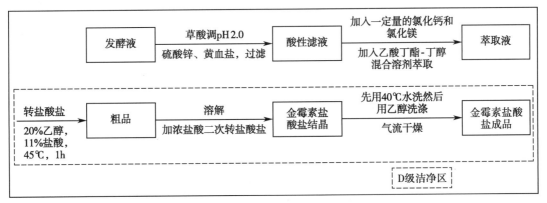

图 10-21　金霉素分离纯化工艺流程图

第六节　万古霉素的发酵生产工艺

万古霉素(vancomycin)是一种极为重要的抗革兰氏阳性菌的糖肽类抗生素,这类抗生素均具有高度修饰的七肽骨架,通过与细菌细胞壁五肽末端丙氨酰丙氧酸残基结合产生抗菌活性;是治疗由耐甲氧西林金黄色葡萄球菌(methicillin resistant Staphylococcus aureus, MRSA)引起的严重感染类疾病的首选药物。

临床上通常使用万古霉素盐酸盐(vancomycin hydrochloride)的注射剂,万古霉素盐酸盐分子式为$C_{66}H_{75}C_{12}N_9O_{24} \cdot HCl$,分子量为1 486;万古霉素盐酸盐为白色固体,水溶性大于100mg/ml,可溶于甲醇水溶液,但不溶于高级醇类、丙酮或乙酸中。万古霉素分子由2个基本结构组成,即糖基部分的氨基糖、葡萄糖和肽基部分的中心七肽骨架;其结构式见图10-22所示。

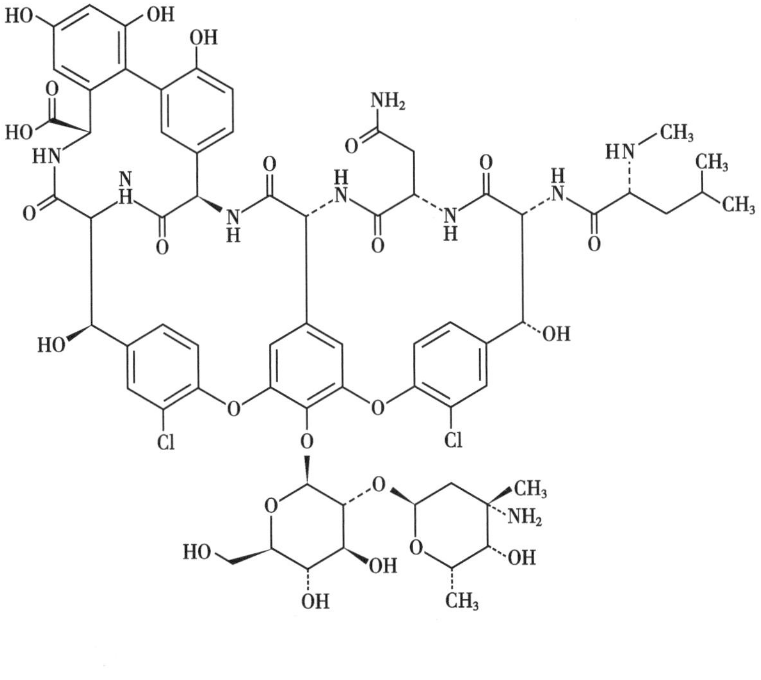

图 10-22　万古霉素结构式

注:(Sa)-(3S, 6R, 7R, 22R, 23S, 26S, 36R, 38aR)-44-[[2-O-(3-氨基-2,3,6-三脱氧-3-C-甲基-a-L-来苏-己吡喃糖基)-β-D-葡吡喃糖基]氧]-3-(氨基甲酰基甲基)-10, 19-二氯-2, 3, 4, 5, 6, 7, 23, 24, 25, 26, 36, 37, 38, 38a-十四氢-7, 22, 28, 30, 32-五羟基-6-[(2R)-4-甲基-2-(甲氨基)戊酰氨基]-2, 5, 24, 38, 39-五氧代-22H-8, 11:18, 21-二亚乙烯基-23, 36-(亚氨基亚甲基)-13, 16:31, 35-二亚甲基-1H, 16H-[1, 6, 9]氧杂二氮杂环十六烷并[4, 5-m][10, 2, 16]苯并氧杂二氮杂环二十四烷-26-羧酸。

一、万古霉素生物合成代谢途径

糖肽类抗生素的生物合成代谢途径是一个非核糖体生物合成肽类途径（NRPS）。研究表明，天然的万古霉素生物合成共有 35 步。Sussmuth 等利用逆向合成分析技术，将万古霉素的生物合成代谢途径归纳为 3 个阶段（图 10-23）。

（1）小分子的准备阶段：即在各种酶的催化下合成万古霉素所需的非蛋白氨基酸和 TDP-L- 表万古胺。万古霉素的中心七肽骨架由两个间 - 氯 -β- 羟基酪氨酸（CHT）、一个 3，5- 二羟基苯甘氨酸（DPG）、一个 N- 甲基亮氨酸、两个 4- 羟基苯甘氨酸（HPG）和一个天冬氨酸组成，一种多酶复合体（包括肽合成酶 CepA，CepB 和 CepC）负责组装构成万古霉素的七肽结构。万古糖胺是由五个酶催化 TDP-4- 酮基 -6- 脱氧 -D- 葡萄糖得到，这五个酶分别为 NDP- 己糖脱水酶、C3- 氨基转移酶、C3- 甲基转移酶、差向异构酶及 C4- 酮基还原酶。

（2）装配阶段：七个氨基酸在 NRPS 的三个亚基中各个模块的作用下装配成线形七肽骨架。

（3）装配后修饰阶段：在氧化酶及糖基转移酶的作用下得到含糖基和环合七肽骨架的化合物。此阶段往往还包括由卤化酶催化的卤化反应和由 N- 甲基转移酶催化的 N- 甲基化反应。

二、万古霉素高产菌株的选育

1956 年，McCormick 从东方拟无枝酸菌（*Amycolatopsis orientalis*，东方链霉菌 *Streptomyces orientialis* 或东方诺卡氏菌 *Nocardia orientalis*）发酵液中分离获得万古霉素。目前仍采用东方拟无枝酸菌发酵生产万古霉素，东方拟无枝酸菌属于放线菌属微生物，因遗传操作体系不完善，目前主要采用传统诱变的方法提高万古霉素产量。对万古霉素产生菌东方拟无枝酸菌进行诱变，结合卡那霉素、万古霉素和甘油选择平板筛选，可获得生产能力提高的突变株。其中紫外诱变选育过程如下。

1. 诱变处理　将东方拟无枝酸菌新鲜斜面孢子制成单孢子悬浮液，吸取 5ml 于无菌平板中，置于波长 253.7nm，功率 30W 的紫外条件下恒温振荡照射 50 秒。

2. 高产突变株的选育　将东方拟无枝酸菌经紫外线诱变后的存活孢子涂布于卡那霉素、万古霉素和甘油选择平板的分离培养基中，筛选抗性突变株。

通过以上策略获得万古霉素高产菌株 V1，然后进行发酵、分离纯化及质量研究等。

三、万古霉素发酵生产工艺过程

万古霉素发酵生产工艺流程如图 10-24 所示。

影响万古霉素发酵水平的因素主要有碳源、氮源、溶解氧、无机盐、前体（酪氨酸或乙酸盐）以及发酵温度、pH 等。可以通过单因素试验或响应面分析优化东方拟无枝酸菌的发酵培

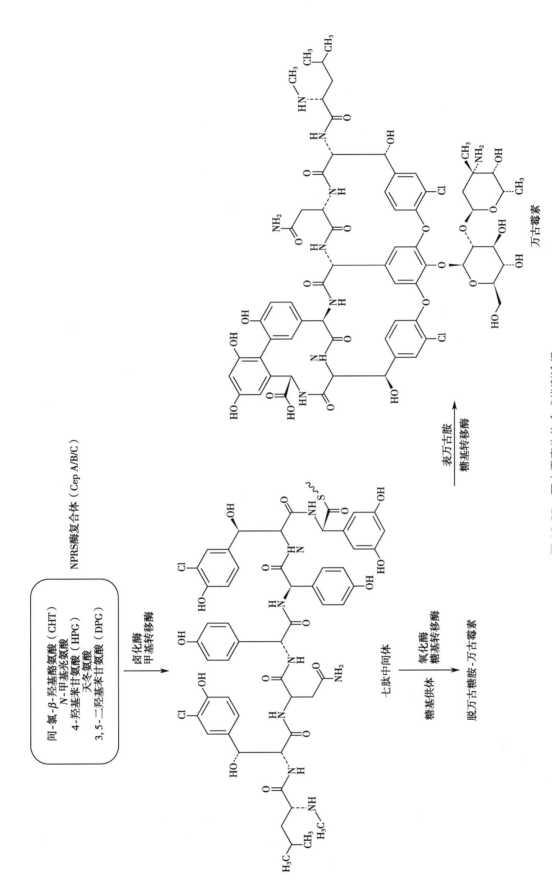

图10-23　万古霉素生物合成代谢途径

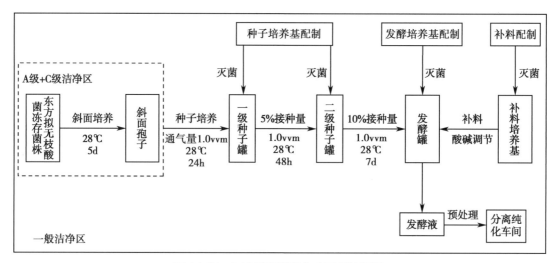

图 10-24　万古霉素发酵生产工艺流程图

养基和培养条件,以期提高万古霉素的产量。

（1）菌株培养与发酵斜面培养:冷冻管菌株经分离纯化后接种于斜面培养基,28℃培养 5 天。斜面培养基含有葡萄糖 10g/L、麦芽抽提物 5g/L、酵母粉 3g/L、蛋白胨 15g/L、琼脂 20g/L,pH 7.2,121℃灭菌 20 分钟。

（2）一级种子培养:培养基含有酵母粉 3g/L、麦芽抽提物 6g/L、蛋白胨 15g/L、葡萄糖 20g/L,pH 7.5,121℃灭菌 20 分钟。取斜面菌株接种至一级种子培养基中,28℃,220r/min 培养 24 小时。

（3）二级种子培养:培养基含有豆粕 8g/L、大豆粉 5g/L、碳酸钙 3g/L、淀粉 30g/L,pH 7.7,121℃灭菌 20 分钟。将一级种子培养液以 5% 接种量接种至二级种子罐中,28℃,220r/min 培养 48 小时。

（4）发酵培养:培养基含有大豆粉 26g/L、豆粕 18g/L、氯化钠 2g/L、碳酸钙 5g/L、葡萄糖 25g/L、淀粉 30g/L、pH 7.5,121℃灭菌 20 分钟。按照 10% 接种量,将二级种子培养液接种至发酵罐中,于 28℃,通气量 1.0vvm,搅拌速度 220r/min 培养 7 天。每间隔 12 小时取样,进行发酵参数测定。

工业生产万古霉素常采用的发酵罐体积为 5~20m³,种子罐的大小取决于发酵罐的体积和接种量,通常采用的装料系数为一级种子罐 60%~65%,二级种子罐 60%~70%,发酵罐 70%~80%。万古霉素工业发酵通常采用二级种子培养,属于三级发酵。

四、万古霉素分离纯化工艺过程

目前,主要采用吸附法、萃取法或离子交换法等方法对糖肽类抗生素进行分离纯化。分离纯化基本过程为发酵液预处理、离子交换吸附以及精制等工艺过程,浓缩所用的主要设备是升式薄膜蒸发器,过滤采用板框过滤或膜过滤,冷冻干燥采用冻干机。其分离纯化工艺流程如图 10-25 所示。

（1）发酵液预处理:无论是胞内产物还是胞外产物,在分离纯化目的产物之前,首先要对

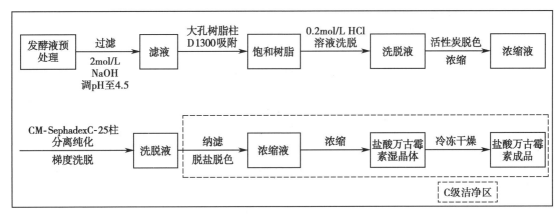

图 10-25　万古霉素分离纯化工艺流程图

发酵液进行预处理,将固相、液相分离后,才能对目标产物进行进一步的分离纯化。通常采用过滤、离心的方法进行固液分离。微生物发酵法生产的万古霉素属于胞外产物,发酵结束后,采用 2mol/L HCl 将发酵液调至 pH 3.0~3.5,然后过滤,滤液使用 2mol/L NaOH 调 pH 至 4.5,备用。

（2）离子交换:预处理后的发酵液先通过大孔树脂柱 D 1300 进行吸附,采用 0.2mol/L HCl 溶液洗脱,洗脱液用 2mol/L NaOH 调 pH 至 2.0~2.5,活性炭脱色,浓缩,再采用 CM-SephadexC-25 柱进行分离纯化,采用 0~1mol/L 的 NH_4HCO_3 及 0~1mol/L 的（NH_4）$_2CO_3$ 进行梯度洗脱,收集积分面积比超过 95% 的部分,备用。

（3）精制:离子交换层析完毕后,对料液进行纳滤、脱盐脱色、浓缩、过滤除菌,最后冷冻干燥可得产品,万古霉素的纯度可达到 90% 以上,总回收率达 60% 以上。

（4）干燥（包装）。

五、万古霉素的质量控制

临床上盐酸万古霉素是治疗由耐甲氧西林金黄色葡萄球菌（MRSA）引起的严重感染类疾病的首选药物。根据《中国药典》（2020 年版）二部中盐酸万古霉素质量标准要求,按无水物计算,含 $C_{66}H_{75}C_{12}N_9O_{24} \cdot HCl$ 不得少于 93.0%;水分含量不得过 5.0%,1mg 万古霉素中含内毒素的量应小于 0.25EU（供注射用）;单个杂质不得过 4.0%,杂质总量不得过 7.0%。

ER10-3　目标测试题

（张晓梅）

［1］ WENCEWICZ T A. Crossroads of antibiotic resistance and biosynthesis. Journal of molecular biology, 2019, 431（18）: 3370-3399.

［2］ WEI J H, HE L, NIU G Q. Regulation of antibiotic biosynthesis in Actinomycetes: perspectives and challenges. Synth Syst Biotechnol, 2018, 3（4）: 229-235.

［3］ 周亮, 冯涛, 黎亮. 响应面法优化青霉素发酵培养基. 中国医药工业杂志, 2013, 44（11）: 1101-1105.

［4］ 廖建国, 洪铭, 储炬. 运用高通量筛选技术优化红霉素 A 发酵的合成培养基. 中国抗生素杂志, 2018, 43（1）: 51-58.

［5］ FUMITAKA K, SHOTA H, TAIKI K, et al. Characterization of a radical S-adenosyl-L-methionine epimerase, NeoN, in the last step of neomycin B biosynthesis. J Am Chem Soc, 2014, 136（39）: 13909-13915.

［6］ 余飞, 孙俊峰, 刘鹏飞, 等. 弗氏链霉菌产硫酸新霉素高通量选育模型的建立及优化. 食品与发酵工业, 2019, 45（8）: 162-166.

［7］ LU F J, HOU Y Y, ZHANG H M, et al. Regulatory genes and their roles for improvement of antibiotic biosynthesis in Streptomyces. 3 Biotech, 2017, 7（4）: 250.

［8］ 韩鹏军, 李冰, 李书至, 等. 重离子束辐照诱变及高通量筛选金霉素高产菌株. 中国抗生素杂志, 2018, 43（8）: 1031-1033.

［9］ 蔡玉凤. 多重复合诱变选育金霉素高产菌株. 福建农业科技, 2020,（6）: 1-6.

［10］ 王会会, 姜明星, 戴梦, 等. 东方拟无枝酸菌产万古霉素发酵工艺优化. 化学与生物工程, 2021, 38（6）: 40-43.

［11］ 牛海滨, 郑玉林, 万平, 等. 万古霉素产生菌发酵培养基及发酵条件的优化. 微生物学杂志, 2013, 33（01）: 58-62.

［12］ 国家药典委员会. 中华人民共和国药典: 2020 年版. 北京: 中国医药科技出版社, 2020.

第十一章　氨基酸发酵生产工艺

第一节　概述

一、氨基酸的分类与应用

氨基酸是构成蛋白质的基本组成单位，蛋白质的生物功能都与其组成单位氨基酸的种类、数量和排列顺序关系密切；同时氨基酸对维持机体生物功能具有极其重要的作用。组成蛋白质的常见氨基酸有二十种，另外还有两种稀有氨基酸，即硒代半胱氨酸和吡咯赖氨酸；这些从自然界存在的蛋白质中发现的氨基酸称为"天然氨基酸"。而"非天然氨基酸"大多是天然氨基酸的衍生物，如酪氨酸、L-苯丙氨酸、丙氨酸或者 L-丝氨酸的衍生物等。一系列非天然氨基酸已经被用在细菌、酵母和哺乳动物细胞中进行蛋白质的修饰。

（一）氨基酸的分类

通常氨基酸的分类方法有四种：①根据氨基酸在 pH 5.5 溶液中的带电情况，将其分为酸性、中性及碱性氨基酸三大类；②根据氨基酸侧链的化学结构，将其分为芳香族氨基酸、脂肪族氨基酸、亚氨基酸和杂环族氨基酸四大类；③根据氨基酸侧链是否有极性，将其分为非极性氨基酸和极性氨基酸；④根据氨基酸对人体生理功能的重要性和人体内能否合成，将其分为必需氨基酸和非必需氨基酸。

（二）氨基酸的应用

在生命活动中，人和动物吸收氨基酸转化为蛋白质，维持机体功能。而且许多氨基酸还具有药理作用，如 L-谷氨酸、L-精氨酸、L-多巴等氨基酸可以治疗肝病、消化道疾病、脑病等。此外，氨基酸衍生物也可能在癌症治疗中有着重要作用。氨基酸在临床方面的应用总结如下。

（1）复方氨基酸输液：主要用作外科手术前后、烫伤、骨折、癌、肝病、消化道溃疡等患者的营养补给输液，还常用于改善患者的营养情况，促进康复。

（2）治疗消化道疾病的氨基酸及其衍生物：主要有 L-谷氨酸及其盐酸盐、L-谷氨酰胺、甘氨酸及其铝盐、硫酸甘氨酸铁和 L-组氨酸盐酸盐等。

（3）治疗肝病的氨基酸及其衍生物：如 L-鸟氨酸、L-精氨酸盐酸盐、L-谷氨酸钠、L-天冬氨酸等。

（4）治疗脑及神经系统疾病的氨基酸：L-谷氨酸钙盐和镁盐可治疗神经衰弱、脑外伤及癫痫；γ-酪氨酸治疗记忆及语言障碍；L-色氨酸可治疗神经分裂症、酒精中毒和抑郁症等。

（5）氨基酸及其衍生物在抗肿瘤治疗中的应用：氨基酸衍生物替代肿瘤细胞生长所需氨

基酸,人体服用后可达到抗肿瘤的目的,利用如 S- 氨甲酰 -L- 半胱氨酸等。

二、氨基酸生产工艺的研究历程

（一）氨基酸发酵生产的历史

ER11-2　发酵生产氨基酸的研究进展

1820 年,Braconnot 首次采用蛋白质酸水解法生产甘氨酸;1866 年,德国化学家瑞特豪森利用硫酸水解小麦面筋生产 L- 谷氨酸;1953 年,采用水解法已经能够生产绝大多数氨基酸。利用微生物发酵法生产的第一个氨基酸是 L- 谷氨酸,1956 年,日本协和公司开始选育可以将糖质原料转化 L- 谷氨酸的菌株,他们分离筛选获得一株可以产 L- 谷氨酸的谷氨酸棒杆菌,通过发酵放大实验,使得微生物发酵法工业化生产 L- 谷氨酸获得成功。日本协和公司进一步选育了能够积累 L- 赖氨酸、L- 鸟氨酸和 L- 缬氨酸的突变株,实现了发酵法生产 L- 赖氨酸、L- 鸟氨酸和 L- 缬氨酸。

我国从 1965 年开始生产味精,逐渐形成世界上规模最大的氨基酸发酵产业。我国 L- 谷氨酸、L- 赖氨酸等大品种氨基酸生产技术进步迅速,但是对高附加值的小品种氨基酸(L- 丝氨酸、L- 半胱氨酸等)的研究相对较少,产品开发也相对落后。新技术应用和新产品开发是我国氨基酸产业今后发展的关键。

（二）发酵法生产氨基酸的微生物

微生物发酵法生产氨基酸的核心在于生产菌株。随着分子生物学的快速发展,氨基酸的研究、开发和应用方面均取得重大进展,利用微生物发酵法可以生产许多常用氨基酸品种,如 L- 谷氨酸、L- 赖氨酸、L- 苏氨酸和 L- 苯丙氨酸等。微生物发酵法生产各种氨基酸的菌株及发酵水平见表 11-1。

表 11-1　微生物发酵法生产各种氨基酸的菌株及发酵水平

氨基酸品种	菌株	育种策略	最高发酵水平
L- 精氨酸	钝齿棒杆菌	代谢工程、高通量筛选	95.5g/L
L- 半胱氨酸	大肠杆菌	合成、降解等途径改造	8.34g/L
L- 谷氨酸	谷氨酸棒杆菌	诱变筛选、生物素亚适量控制工艺、温度敏感突变株发酵工艺	220g/L
L- 谷氨酰胺	谷氨酸棒杆菌	DES 诱变	41.5g/L
L- 苏氨酸	大肠杆菌 TRFC	代谢改造、发酵优化	124.57g/L
L- 赖氨酸	谷氨酸棒杆菌	代谢改造、发酵优化	240g/L
L- 组氨酸	大肠杆菌	基因工程改造	66.5g/L
L- 酪氨酸	大肠杆菌	敲除 *pheA*	55.54g/L
L- 亮氨酸	谷氨酸棒杆菌	加强表达 *leuA*、*leuCD*	39.8g/L
L- 异亮氨酸	大肠杆菌	敲除 *ilvA*、*lacI*,加强表达 *ilvBN^{mut}*、*ilvCED*、*ygaZH*、*lrp*	60.70g/L
L- 缬氨酸	谷氨酸棒杆菌	敲除 *ldhA*,厌氧培养	227.2g/L

氨基酸品种	菌株	育种策略	最高发酵水平
L-苯丙氨酸	大肠杆菌	敲除 *tyrR*，突变 *aroF*	72.9g/L
L-色氨酸	大肠杆菌	敲除 *pta*、*tnaA*	48.68g/L
L-蛋氨酸	希利短杆菌 BhL T27	诱变筛选，发酵优化	25.5g/L
L-脯氨酸	谷氨酸棒杆菌 ZQJY-9	解除反馈抑制、减少副产物合成、发酵罐生产	120.81g/L
L-丝氨酸	谷氨酸棒杆菌	解除反馈抑制、减少副产物合成、强化转运	43.9g/L
L-丝氨酸	大肠杆菌	翻译起始区域文库筛选、上罐补料分批发酵	50g/L

三、氨基酸研发生产中的前沿技术

自从发酵法生产 L-谷氨酸获得成功后，各种氨基酸生产的新菌种、新工艺和新技术成为研发热点，为氨基酸产业的迅猛发展奠定了坚实的基础。氨基酸发酵是典型的代谢控制发酵，所谓代谢控制发酵就是利用分子生物学的技术手段和方法，在分子水平改变和调控微生物的代谢途径，最终促使目标产物大量合成。而早期主要采用传统诱变手段提高氨基酸生产菌株的产量，与野生菌株相比，诱变获得的突变株往往生长较慢、营养缺陷，同时抗逆性较差。随着生物技术的迅猛发展，应用代谢工程、系统生物学方法及基因表达调控育种技术定向选育氨基酸生产菌株成为研究热点。

（一）代谢工程育种技术

包括正向代谢工程、反向代谢工程及进化代谢工程三种类型。

（1）正向代谢工程：利用重组 DNA 技术对特定的生化反应进行修饰，或引入新的代谢途径以达到提高产物合成的目的。正向代谢工程以"进、通、节、堵、出"代谢控制策略为基础，对基因转录、蛋白表达和代谢途径等过程进行优化，其中包括增强表达限速酶、抑制或敲除降解途径关键酶基因、解除产物反馈抑制、截断竞争代谢途径、改造转运系统、提高菌株对产物耐受能力以及调控还原力等。通过代谢工程改造获得的工程菌，其基因组与野生菌具有相似的生理特性。1980 年，产 L-苏氨酸的重组大肠杆菌首次构建成功，目前，越来越多的工程菌被应用于工业化生产各种氨基酸产品，如 L-谷氨酸、L-赖氨酸、L-苏氨酸、L-丙氨酸、芳香族氨基酸和支链氨基酸等。

（2）反向代谢工程：是一种采用逆向思维方式进行代谢设计的新型代谢工程技术。是指在异源生物或相关模型系统中，通过推理或计算确定期望的表型，挖掘该表型的决定性因素，再通过基因改造或环境变化使该表型在特定的细胞中表达。反向代谢工程也称逆代谢工程，在生物体代谢中起着不可或缺的作用。这种策略已被应用于 L-赖氨酸、L-缬氨酸等高产菌株的改造。

（3）进化代谢工程：是指通过模拟自然进化中的变异和选择过程，人为添加选择压力实现微生物的进化；再从进化的菌群中筛选获得性状优异的目的菌株。作为一种全基因组水平育种技术，进化工程并不依赖微生物的遗传背景，所以这种技术手段尤其适合改造遗传背景和生理特性不清晰的菌种。进化工程也被称为适应性实验进化(adaptive laboratory evolution)、代谢进化(metabolic evolution)、进化适应(evolutionary adaptation)等。采用进化工程的方法对菌株进行改造,还可激活菌株潜在的代谢途径,使细胞能够利用新的底物或提高底物的利用效率。例如丹麦研究者采用进化工程技术构建高产 L- 丝氨酸的大肠杆菌,通过持续的适应性进化和筛选,可以在短期内获得 L- 丝氨酸生产效率更高的子代。相似的策略也已被应用于 L- 赖氨酸、甲硫氨酸和 L- 缬氨酸等高产菌株的筛选。氨基酸代谢工程育种技术、策略及方法如表 11-2 所示。

表 11-2　氨基酸代谢工程育种技术、策略及方法

技术	策略	方法
基于理性设计的代谢工程育种	基于一定的理性设计原则,从宿主菌株出发,进行目标合成途径构建与强化、前体物供应强化、旁路代谢阻断与弱化、辅因子平衡优化、目标产物输出系统强化等	限制途径关键酶加强表达、抑制基因敲除、解除产物反馈抑制、合成代谢优化、切断竞争代谢途径、启动子优化、核糖体结合位点优化、合成途径上多基因表达强度的组合优化等
基于比较组学分析的反向代谢工程育种	随着生物信息学与计算机模拟技术的不断发展,基于组学分析获得的潜在改造靶点,利用计算机模拟进行代谢预测,再进行实验室代谢工程改造	高效突变与筛选、系统生物学分析、转录表达调整等
基于高通量筛选的进化代谢工程育种	将目标基因型的筛选与容易识别的表型(如生长偶联、抗性偶联等)或易于识别的信号(如荧光信号等)相关联,实现了理性与随机策略的结合,可通过高通量筛选,以提高筛选效率	基于转录调控因子的生物传感器、基于核糖开关的生物传感器

(二)系统生物学方法育种技术

系统生物学方法包括基因组尺度代谢网络模型(genome-scale metabolic model, GEM)的构建以及多组学分析方法,既可以单独使用这些方法,也可以将其相互整合分析确定和代谢途径没有直接关联或难以发现的潜在改进靶点,再应用于代谢工程菌株改造中。

(1)GEM:是指导代谢工程进行理性设计的有力工具,在预测细胞生理和表型关系、代谢工程靶点及优化设计生物合成途径等方面发挥着重要的作用。其可应用于途径分析,以确定产物合成效率最优或次优的生物合成途径;另外可应用于预测有利于产物合成的基因敲除或过表达的靶点。研究者通过大肠杆菌 iML1515 模型模拟预测出提高赖氨酸合成效率,再对菌株进行改造,提高了赖氨酸产量。

(2)转录组学:是研究转录组的产生和调控规律的科学。与基因组相比,转录组是动态的,同一细胞的转录组在不同生长时期、不同环境条件下也是变化的。细胞的功能从基因表达开始,而转录组研究可高通量地获得基因表达的相关信息,从而将基因表达与生命现象相关联。这种策略已经成功应用于改造谷氨酸棒杆菌提高了赖氨酸产量等。

(3)蛋白质组学:是指微生物基因组表达的全部蛋白质。蛋白质组具有动态性的特征,其随微生物所处环境变化而变化,而特定微生物的基因组则不变。蛋白质组学以蛋白质为研究对象,通过分析细胞内动态变化过程中蛋白质的组成、表达水平与修饰状态,揭示蛋白质之间

的相互作用关系与调控规律。借助蛋白质组研究可以确定产物合成途径中众多关键酶的表达量,并从中找出影响产物合成的限速反应,这种策略已经成功应用于提高菌株生产L-鸟氨酸的能力等。

(4)代谢组学:利用代谢组学的方法可以定性、定量分析胞内代谢物,可以监测胞内某个反应的动力学模型以及代谢途径中反应的调控机制,为代谢工程改造菌株提供新的靶位点以及发现新的调控机制。通过代谢组学研究分析可能会发现新的代谢产物或新的代谢途径,了解细胞内外环境对细胞的生理效应,从而促进代谢工程的发展。代谢物组研究揭示各种代谢物响应环境或遗传扰动的规律,由于代谢物浓度和细胞的代谢活性直接关联,因此通过分析菌株中某一途径的代谢物水平的变化趋势可以确定途径中的限速反应。目前,代谢组学研究已经成功应用于酪氨酸等产品的菌株改进,以及增强菌株的底物利用能力等。

目前采用转录组学技术、蛋白组学技术与代谢组学技术构建各种氨基酸菌株,提高氨基酸的生产效率正成为研究的热点,随着生物信息学与计算机模拟技术的快速发展,通过各种组学技术分析获得的潜在改造靶点,可先通过计算机模拟进行结果预测,再进行代谢工程改造,这样的代谢工程改造更加有方向性、更加高效。

(三)基因表达调控技术

反义RNA(antisense RNA, asRNA)、小RNA(small RNA, sRNA)以及CRISPR-dCas9等基因表达调控技术同时调控代谢途径中多个基因的表达水平,从而实现代谢通量优化;同时通过对调控序列的设计实现基因表达水平的精细调控,比启动子和RBS等表达元件的直接替换更为高效。针对谷氨酸棒杆菌开发了基于合成的sRNA的基因敲弱策略,构建的重组菌谷氨酸产量提高了近3倍。

(1)asRNA技术及应用:asRNA指的是与特定DNA或RNA互补结合的RNA片段,天然的asRNA广泛存在于原核和真核微生物中,可以在转录、RNA编辑、翻译等多方面调控基因的表达。asRNA技术是利用基因重组技术,根据碱基互补原理,人工合成特定RNA片段达到抑制靶基因的表达,通过优化asRNA的长度、结构和浓度等调节基因的表达效率。近年,asRNA技术在大肠杆菌等微生物中得到广泛应用。

(2)CRISPR/Cas基因编辑技术:基因编辑技术对基因功能研究和菌株的代谢工程改造起着关键作用。在众多基因组编辑技术中,CRISPR/Cas系统具有操作便捷、编辑效率和通用性较高等优点,已成为目前基因编辑重要的手段。基于CRISPR/Cas9系统开发的CRISPRa和CRISPRi技术,可用于基因表达的激活和抑制。而CRISPRi在dCas9上连接了一个来自转录沉默子的结构域,从而使DNA难以转录,大大改善了CRISPRi的抑制效率。CRISPR在L-赖氨酸、L-谷氨酸等产品的代谢工程菌株构建中均有成功的应用。

(3)小RNA技术及应用:小RNA(sRNA)是一种天然存在于细菌中的基因表达调控元件,通过靶标mRNA的碱基互补配对结合来抑制或激活其靶标基因的表达。研究者基于天然sRNA的结构设计构建了合成的sRNA用于抑制靶标基因的表达水平,其序列包括靶标mRNA结合域和伴侣蛋白Hfq的结合域,Hfq和sRNA结合后进一步促使RNase E降解与sRNA结合的靶标mRNA。人工合成的sRNA调控技术在谷氨酸棒杆菌、枯草芽孢杆菌等多种模式微生物中得到运用,成功优化了氨基酸等产品的合成途径。

（4）动态调控及应用：根据响应机制可将动态调控分为代谢物依赖型和非代谢物依赖型动态调控。近年来，除单向动态调控外，双向动态调控也在代谢工程育种中发挥着重要的作用。另外，动态调控与其他代谢工程改造方法的组合也有利于细胞工厂在产物合成中产量、产率和转化率的进一步提高。目前，动态调控元件种类少、特异性强、响应阈值低和调控范围小等问题仍制约着其在代谢工程中的应用，但随着合成生物学、计算机模拟技术和蛋白质工程等学科的发展，一定会极大地促进动态调控策略的应用。这种策略已经成功应用于提高菌株生产支链氨基酸的能力等。

（四）氨基酸发酵过程的智能优化与自动控制

氨基酸发酵过程的优化控制分为过程模型和控制策略。发酵过程可通过建模实现优化，控制策略可通过人工智能技术的优化实现等。随着计算机和统计软件的高速发展，研究者开始采用数学建模的方法来对实验结果进行系统分析和优化。基于人工智能技术的优化控制是利用计算机科学技术结合人工智能理论对发酵过程进行优化控制，氨基酸生产过程的定量化、模型化和最优化已成为发酵研究的重要方向，通过在线检测和控制对溶氧、pH 等参数进行反馈及控制；但更多高效的生物传感器及在线检测工具仍需要开发研究。另外快速采集和处理反应器中细胞生理生化数据，获取直接信息的变化等都十分关键。通过技术集成，实现发酵过程中多种工艺参数的采集，同时建立高精度的反馈控制系统，实现发酵工艺参数的设定与更改、发酵过程参数的动态变化、发酵结果预测与工艺优化、在线故障诊断，最终实现发酵过程的智能优化与自动控制，是今后氨基酸发酵过程控制与优化的研究重点。

（五）新型氨基酸分离纯化技术

氨基酸分离纯化是氨基酸生产过程中极其重要的工序，分离纯化成本通常可占总成本的 50% 以上。传统的氨基酸提取方法有等电点沉淀、离子交换等。这些分离纯化方法虽然简便，但存在技术含量偏低，产品纯度不够高以及提取收率偏低等问题，同时提取过程造成的环境污染也较为严重。因此，减少环境污染、提高提取效率及产品质量，是氨基酸产品分离纯化的关键。新型的分离纯化技术如微滤、超滤、纳滤、工业色谱和连续结晶技术等，已逐渐应用在氨基酸产品的分离纯化中。与传统分离纯化方法相比，新型的分离纯化技术对设备要求较高，研究开发氨基酸产品分离纯化设备，也是氨基酸产品分离纯化研究的方向。

第二节　L-谷氨酸发酵生产工艺

L-谷氨酸（L-glutamic acid，L-Glu）为目前产量最大的氨基酸品种，分子式为 $C_5H_9NO_4$，分子量 147.13，化学名为 L-2-氨基戊二酸，结构式如图 11-1 所示。L-谷氨酸为白色结晶性粉末、几乎无臭，在热水中溶解，在水中微溶，在乙醇、丙酮或乙醚中不溶，在稀盐酸或 1mol/L 氢氧化钠溶液中易溶。

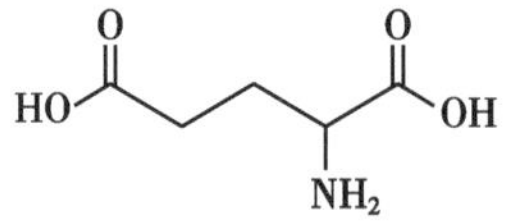

图 11-1　L-谷氨酸的结构式

L-谷氨酸是氨基酸类药物，在临床上主要用于治疗血氨过多所致的肝性昏迷、脑病及其他精神症状。临床常用剂型为谷氨酸片剂及谷氨酸钠注射液、谷氨酸钾注射液。过去生产 L-

谷氨酸通常采用小麦面筋(谷蛋白)水解法,目前可采用微生物发酵法工业化生产L-谷氨酸,即以糖类物质为原料经过微生物发酵生产L-谷氨酸,然后再采用"等电点提取"及"离子交换树脂"分离纯化,最后获得L-谷氨酸纯品。

一、L-谷氨酸生物合成代谢途径

微生物以糖为原料发酵生产L-谷氨酸时,葡萄糖经糖酵解(EMP途径)或己糖磷酸支路(HMP途径)生成丙酮酸;其中一部分丙酮酸在丙酮酸脱氢酶系的作用下生成乙酰辅酶A;另一部分经CO_2固定反应生成草酰乙酸或苹果酸;草酰乙酸与乙酰辅酶A在柠檬酸合酶催化下生成柠檬酸,进入三羧酸循环(TCA循环);柠檬酸在顺乌头酸酶的作用下生成异柠檬酸,再在异柠檬酸脱氢酶的作用下生成α-酮戊二酸。α-酮戊二酸在L-谷氨酸脱氢酶的催化下经还原氨化生成L-谷氨酸(图11-2),谷氨酸对L-谷氨酸脱氢酶存在反馈抑制和反馈阻遏作用。

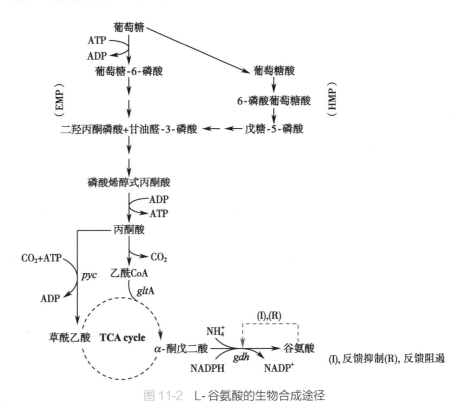

图11-2　L-谷氨酸的生物合成途径

二、L-谷氨酸生产菌株的选育

目前主要采用棒杆菌属(*Corynebacterium*)、短杆菌属(*Brevibaterium*)等微生物发酵生产L-谷氨酸。其中最重要的生产菌株为谷氨酸棒杆菌,其为革兰氏阳性菌,生长需氧,G+C含量为50%~65%。1988年开始对谷氨酸棒杆菌进行全基因组测序,谷氨酸棒杆菌模式菌株ATCC 13032基因组序列已经发表(Gene Bank Accession No.: NC-003450),其基因组的染色体为环状,包含3 282 708个碱基对(3.282 708Mb),G+C含量为53.8%。谷氨酸棒杆菌是第一个基因组被完整测序的革兰氏阳性菌,它是FDA认可的生产药品安全的菌株(GRAS),因此，建立完全注释的谷氨酸棒杆菌基因组序列对于解析该菌株的生物学特性意义重大，这也是氨基酸代谢工程研究的基础。

从自然界分离得到的谷氨酸棒杆菌生产水平往往产量不高，需要对菌种进行改造，提高其发酵产酸水平。目前通常采用诱变育种和基因工程育种提高菌株的生产性能。

1. 诱变育种 可采用常压室温等离子体等离子诱变（atmospheric room temperature plasma，ARTP）等离子诱变方法提高谷氨酸棒杆菌发酵生产 L- 谷氨酸的水平，以产 L- 谷氨酸的谷氨酸棒杆菌为出发菌株，采用 10.0mg/ml 的溶菌酶酶解 90 分钟制备原生质体，在考虑致死率及菌落数的条件下，利用 ARTP 处理 40 秒，获得突变株，再经 96 微孔板初筛及摇瓶复筛，获得 L- 谷氨酸产量明显提高的优良突变株。

2. 基因工程育种 L- 谷氨酸生物合成的直接前体是 α- 酮戊二酸，提高 L- 谷氨酸前体物质 α- 酮戊二酸的量，是 L- 谷氨酸过量合成的关键。其生物合成受到多个酶的控制。可以采用的策略包括以下几个方面。

（1）控制分支代谢，通过基因敲除或者弱化表达控制向其他产物代谢的分支途径，如调控磷酸烯醇式丙酮酸羧化酶、柠檬酸合成酶、异柠檬酸脱氢酶以及 α- 酮戊二酸脱氢酶的活力。

（2）提高 L- 谷氨酸前体物质 α- 酮戊二酸的量，加强表达磷酸甘油酸激酶编码基因 *pgk* 可以提高胞内 3- 磷酸甘油酸的量，而 3- 磷酸甘油酸会抑制异柠檬酸脱氢酶磷酸化，从而增加异柠檬酸脱氢酶的酶活力，为 L- 谷氨酸合成提供更多的前体物质 α- 酮戊二酸，进一步提高 L- 谷氨酸产量。

（3）解除终产物 L- 谷氨酸的反馈抑制与阻遏作用。

（4）提高终产物 L- 谷氨酸的外泌能力，包括控制细胞渗透性、改造 L- 谷氨酸外泌蛋白等，进而提高 L- 谷氨酸的产量。

（5）对糖代谢（如加强表达糖酵解途径主要限速酶 1- 磷酸果糖激酶 *pfkA*）以及能量代谢等进行调控。

三、L- 谷氨酸发酵生产工艺过程

L- 谷氨酸生产工艺流程如图 11-3 所示。

（1）种子培养：种子培养基成分是葡萄糖 25g/L，酵母粉 10g/L，玉米浆 20g/L，硫酸镁 0.4g/L，尿素 10g/L，硫酸亚铁 0.02g/L，硫酸锰 0.01g/L，生物素 0.5mg/L，维生素 B_1 0.2mg/L，pH 7.0，121℃灭菌 20 分钟。将冻存菌株接种至平板培养，然后从平板上挑取单菌落接种至斜面培养，再接种至装有 200ml 种子培养基的 1 000ml 三角瓶中培养，30℃，220r/min 培养 16~18 小时。

摇瓶培养的种子作为一级种子，以 5% 接种量接入二级种子罐中，再将 10% 的二级种子接种至 10~100m³ 发酵罐中。

（2）发酵培养基：葡萄糖 100g/L，玉米浆 35g/L，糖蜜 10g/L，甜菜碱 1.2g/L，尿素 6.0g/L，硫酸镁 1.6g/L，磷酸二氢钾 12.5g/L，L- 苏氨酸 0.015g/L，L- 赖氨酸 0.015g/L，L- 甲硫氨酸

0.05g/L、L- 天冬氨酸 0.12g/L，FeSO$_4$·7H$_2$O 0.8mg/L，MnSO$_4$·3H$_2$O 0.6mg/L，生物素 0.08mg/L，维生素 B$_1$ 0.03mg/L，维生素 B$_{12}$ 2.5μg/L，pH 7.0。

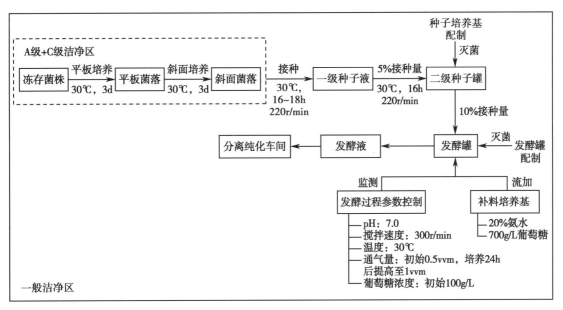

图 11-3　L- 谷氨酸生产工艺流程

（3）发酵工艺过程：发酵罐罐压一般控制在 0.05MPa 左右，初始通气量 0.5vvm，培养 24 小时后提高至 1vvm，发酵温度为 30℃；初始搅拌速度 300r/min，初始葡萄糖浓度为 100g/L，初始 pH 7.0，每隔 2 小时取样检测生物量（OD$_{562}$）、L- 谷氨酸含量及残糖，根据耗糖速率确定补料量。流加 20% 的氨水控制 pH 为 6.8~7.0，控制发酵过程溶氧（DO）为 20% 左右，流加 700g/L 葡萄糖，发酵结束前 2~4 小时停止补料，发酵时间约 36 小时。

L- 谷氨酸发酵是典型的代谢控制发酵，即人为打破微生物正常代谢的反馈机制，从而大量积累 L- 谷氨酸。供氧充足时，L- 谷氨酸产量最高，L- 谷氨酸生产菌株对氧有高依赖性，氧分压应该在 0.01×10^{5}Pa 以上。低氧分压下，生产受阻。类似的氨基酸有谷氨酰胺、脯氨酸和精氨酸等。谷氨酸产生菌大多为生物素缺陷型，在 L- 谷氨酸发酵过程中，生物素控制在亚适量对 L- 谷氨酸积累有利。发酵结束时，pH 近中性，浅黄色，L- 谷氨酸以盐的形式存在于发酵液中。湿菌体占发酵液的 5%~8%，其他各种氨基酸含量低于 1%，铵离子含量为 0.6%~0.8%，残糖含量低于 1%。

四、L- 谷氨酸分离纯化工艺过程

L- 谷氨酸的分离纯化工艺流程如图 11-4 所示。采用等电点沉淀法直接从发酵液中提取，可以分离菌体、浓缩或者带菌体进行操作，在 pH 3.22，L- 谷氨酸以过饱和结晶析出。

（1）将发酵液（带菌或采用离心过滤除菌）用盐酸调节 pH 至 4.0~4.5，以出现晶核为准，育晶 2 小时，再加盐酸调节 pH 至 3.5~3.8，育晶 2 小时。缓慢加酸调节 pH 至 3.0~3.2，育晶 2 小时，冷却降温，搅拌 16~20 小时，使结晶沉淀，下层沉淀即为粗 L- 谷氨酸。等电沉淀的温度控制适宜，一次沉淀收率达 80% 以上。

（2）进一步对粗 L- 谷氨酸进行精制，将其溶于适量水，采用活性炭脱色，加热水洗涤，收集 L- 谷氨酸。也可采用离子交换树脂进行精制。脱色和精制后得到 L- 谷氨酸纯品。

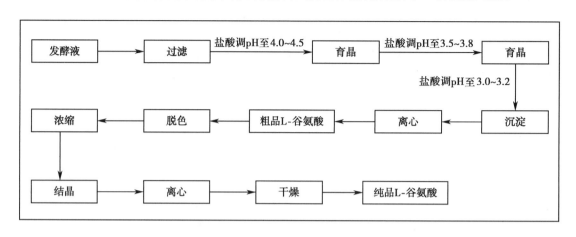

图 11-4　L- 谷氨酸分离纯化工艺流程

五、L- 谷氨酸的质量控制

根据《中国药典》（2020 年版）二部中 L- 谷氨酸质量标准要求，L- 谷氨酸按干燥品计算，含 $C_5H_9NO_4$ 不得少于 98.5%，含重金属不得过百万分之十，干燥失重不得超过 0.5%，谷氨酸钠注射液和谷氨酸钾注射液还应检测热原。

第三节　L- 苯丙氨酸发酵生产工艺

L- 苯丙氨酸（L-phenylalanine，L-Phe）、L- 酪氨酸和 L- 色氨酸同属于芳香族氨基酸，是人体必需氨基酸，只能由植物和微生物合成。L- 苯丙氨酸分子式为 $C_9H_{11}NO_2$，分子量为 165.19；化学名为 L-2- 氨基 -3- 苯基丙酸，结构式如图 11-5 所示。L- 苯丙氨酸常温下为白色结晶或结晶性粉末，在热水中溶解，在水中略溶，在乙醇中不溶，在稀酸或氢氧化钠试液中易溶。

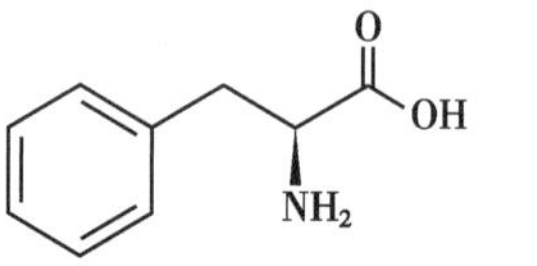

图 11-5　L- 苯丙氨酸的结构式

L- 苯丙氨酸是人体必需氨基酸，是复方氨基酸注射液的主要成分之一，也是重要的食品添加剂 —— 甜味剂的主要原料。目前主要采用化学合成法、酶法或微生物发酵法生产 L- 苯丙氨酸。其中，微生物发酵法具有原料易得、环境友好等优点，已成为国内外工业化生产 L- 苯丙氨酸的主要方法。

一、L-苯丙氨酸生物合成代谢途径

在微生物中,以葡萄糖为底物的 L-苯丙氨酸的生物合成途径如图 11-6 所示。

(1)在 L-苯丙氨酸的合成过程中,磷酸烯醇式丙酮酸(PEP)和赤藓糖 -4-磷酸(E4P)在 3-脱氧 -α-阿拉伯庚酮糖酸 -7-磷酸(DAHP)合成酶(编码基因 *aroF*, *aroH*, *aroG*)作用下生成 DAHP。

(2)DAHP 在脱氢奎宁酸合成酶(编码基因 *aroB*)催化下生成 3-脱氢奎宁酸。

(3)3-脱氢奎宁酸在脱氢奎宁酸脱水酶(编码基因 *aroD*)作用下生成 3-脱氢莽草酸。

(4)3-脱氢莽草酸在莽草酸脱氢酶(编码基因 *aroE*)催化下生成莽草酸,也称为莽草酸途径。

(5)在大肠杆菌中,莽草酸在莽草酸激酶(编码基因 *aroK*, *aroL*)催化下生成 3-磷酸莽草酸;随后 3-磷酸莽草酸和磷酸烯醇式丙酮酸在 5-烯醇式丙酮酰 -莽草酸 -3-磷酸(EPSP)合成酶(编码基因 *aroA*)催化下生成 EPSP,EPSP 在分支酸合成酶(编码基因 *aroC*)催化下生成分支酸。

(6)分支酸是芳香族氨基酸生物合成途径中的分支节点,其在分支酸变位酶 -P-预苯酸脱水酶(编码基因 *pheA*)的作用下生成预苯酸,预苯酸在同一个酶的催化下生成苯丙酮酸。

(7)苯丙酮酸与 L-谷氨酸在转氨酶(编码基因 *tyrB*)作用下生成 L-苯丙氨酸。

L-苯丙氨酸对 DAHP 合成酶和分支酸变位酶 -P-预苯酸脱水酶均存在反馈抑制作用,TyrR 起反馈阻遏作用。

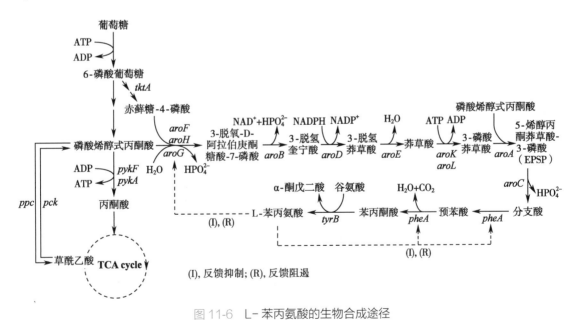

图 11-6　L-苯丙氨酸的生物合成途径

二、L-苯丙氨酸生产菌株的选育

目前主要采用大肠杆菌(*Escherichia coli*)、谷氨酸棒杆菌(*Corynebacterium glutamicum*)等微生物发酵生产 L-苯丙氨酸。下面介绍采用代谢工程手段选育 L-苯丙氨酸高产菌株的策略。

（1）通过截断或减弱支路代谢从而减少副产物的合成：选育邻氨基苯甲酸或色氨酸缺陷突变株，切断由分支酸合成色氨酸等支路。酪氨酸比 L- 苯丙氨酸优先合成，酪氨酸合成过量后才会激活分支酸变位酶 -P- 预苯酸脱水酶，从而合成 L- 苯丙氨酸；若想使菌株高产 L- 苯丙氨酸，必须切断或减弱酪氨酸的合成支路，故可选育酪氨酸缺陷或渗漏突变株。选育 CoQ 缺陷或维生素 K 缺陷突变株切断由分支酸合成 CoQ 或维生素 K 的支路。

（2）解除自身反馈调节：L- 苯丙氨酸合成过量后就会抑制分支酸变位酶 -P- 预苯酸脱水酶，与酪氨酸一起对 DAHP 合成酶产生协同反馈抑制作用。选育 L- 苯丙氨酸结构类似物抗性突变株，可解除 L- 苯丙氨酸对这些关键酶的反馈抑制，从而高产 L- 苯丙氨酸。

（3）增加前体物的合成：PEP 和 E4P 是芳香族氨基酸合成过程中的两个重要中间体，它们的供应量决定着中心代谢碳流能否有效地流向 DAHP 的合成，为芳香族氨基酸的合成提供充足的前体。

（4）利用基因工程技术构建 L- 苯丙氨酸工程菌株：通过将分支酸变位酶 -P- 预苯酸脱水酶编码基因 pheA 克隆到载体质粒 pSC101 上，获得带有 pheA 基因的重组质粒，将该重组质粒转化 L- 苯丙氨酸产生菌中，L- 苯丙氨酸产量可以提高 2.3 倍。

根据上述策略，构建高产 L- 苯丙氨酸的重组菌 P1，然后进行发酵及分离纯化。

三、L- 苯丙氨酸发酵生产工艺过程

L- 苯丙氨酸生产工艺流程如图 11-7 所示。

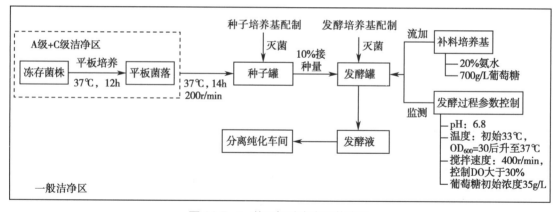

图 11-7　L- 苯丙氨酸生产工艺流程

（1）种子培养采用 LB 培养基：挑取单菌落接种至种子培养基中（200ml/1 000ml），pH 7.0。37℃，200r/min 培养 10~14 小时。

（2）发酵罐发酵采用的培养基：葡萄糖 35g/L，$(NH_4)_2SO_4$ 5g/L，KH_2PO_4 3g/L，$MgSO_4 \cdot 7H_2O$ 3g/L，NaCl 1g/L，柠檬酸钠 1.5g/L，$CaCl_2 \cdot 2H_2O$ 0.015g/L，$FeSO_4 \cdot 7H_2O$ 0.1g/L，维生素 B_1 7×10^{-4}g/L，L- 酪氨酸 0.4g/L，蛋白胨 4g/L，酵母粉 2g/L，微量元素营养液（TES）1.5ml/L，pH 6.8。

流加 20% 的氨水控制 pH 在 6.8 左右，培养温度为 33℃，待菌体浓度达到 $OD_{600}=30$ 以后，

升温至 37ºC。初始转速为 400r/min，通过提高转速或通气量维持溶氧为 30% 以上，当培养基中葡萄糖耗尽时，进行分批补料培养。

四、L- 苯丙氨酸分离纯化工艺过程

将 L- 苯丙氨酸发酵液酸化 pH 至 4~5；然后进行陶瓷膜过滤；滤液蒸发浓缩得到质量浓度为 10%~15% 的 L- 苯丙氨酸浓缩液；再经过离子交换、浓缩以及脱色干燥得到 L- 苯丙氨酸成品。分离纯化过程如图 11-8 所示。

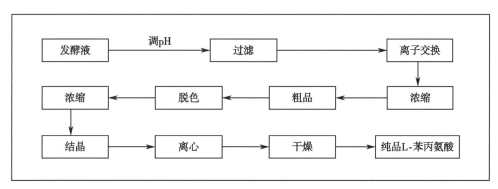

图 11-8　L- 苯丙氨酸分离纯化流程

五、L- 苯丙氨酸的质量控制

L- 苯丙氨酸是人体必需氨基酸，是氨基酸输液的主要成分之一。根据《中国药典》（2020 年版）二部中 L- 苯丙氨酸质量标准要求，L- 苯丙氨酸按干燥品计算，含 $C_9H_{11}NO_2$ 不得少于 98.5%，含重金属不得过百万分之十，干燥失重不得超过 0.2%，每 1g L- 苯丙氨酸中含内毒素的量应小于 25EU（供注射用）。

第四节　L- 缬氨酸发酵生产工艺

L- 缬氨酸（L-valine，L-Val）是人体必需氨基酸，分子式为 $C_5H_{11}NO_2$，分子量 117.15，化学名为 L-2- 氨基 -3- 甲基丁酸，结构式如图 11-9 所示；其与 L- 亮氨酸和 L- 异亮氨酸同属于支链氨基酸（BCAA）。L- 缬氨酸为白色结晶或结晶性粉末，无臭，味苦，在水中溶解，在乙醇中几乎不溶。

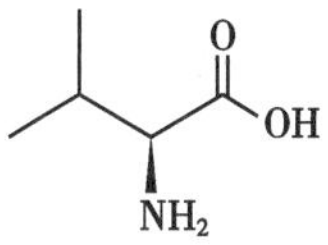

图 11-9　L- 缬氨酸的结构式

L- 缬氨酸是复方氨基酸注射液的主要成分之一。提取法存在环境污染以及过敏原等问题，化学合成法同时生成 D- 缬氨酸，需要进行旋光拆分才能获得 L- 缬氨酸；微生物发酵法则具有原料成本低、反应条件温和及环境友好等优势，是目前工业化生产 L- 缬氨酸的主要方法。

一、L-缬氨酸生物合成代谢途径

目前主要采用谷氨酸棒杆菌（*Corynebacterium glutamicum*）发酵生产 L-缬氨酸, 谷氨酸棒杆菌是美国 FDA 认可的生产食品和药品安全的菌株, 被广泛应用于工业化生产氨基酸。

谷氨酸棒杆菌中 L-缬氨酸的生物合成途径如图 11-10 所示, 丙酮酸经四步反应转化为 L-缬氨酸。

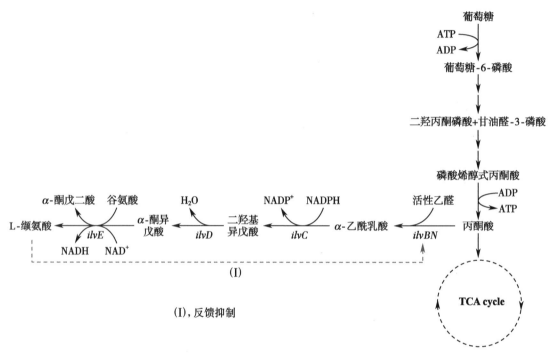

图 11-10　L-缬氨酸生物合成代谢途径

（1）首先, 乙酰羟酸合酶（AHAS, 又称乙酰乳酸合成酶, ALS; EC 2.2.1.6, 编码基因 *ilvB* 和 *ilvN*）将两个丙酮酸分子缩合形成 α-乙酰乳酸, 此反应不仅需要辅因子硫胺素二磷酸、黄素腺嘌呤二核苷酸, 还与环境中氧化还原水平有关。同时 L-缬氨酸对乙酰羟酸合酶存在反馈抑制作用。

（2）α-乙酰乳酸在乙酰羟酸异构还原酶（AHAIR, *ilvC* 编码）催化下生成 α,β-二羟基异戊酸, 这个反应需要辅因子 NADPH 提供还原力, 同时也需要 Mg^{2+} 离子。

（3）α,β-二羟基异戊酸在二羟酸脱水酶（DHAD, *ilvD* 编码）催化下生成 α-酮异戊酸。

（4）最后, α-酮异戊酸与 L-谷氨酸在支链氨基酸氨基转移酶（TA, *ilvE* 编码）催化下生成 L-缬氨酸。

L-缬氨酸与细胞其他主要代谢物的生物合成途径相互交叉。L-缬氨酸合成的关键前体之一是丙酮酸, 丙酮酸也是合成 L-丙氨酸、乙酰辅酶 A 和草酰乙酸等众多重要物质的前体。L-缬氨酸生物合成的另一关键前体是 α-酮异戊酸, α-酮异戊酸是合成 L-亮氨酸和 D-泛酸等重要物质的前体。减少关键前体的消耗是提高 L-缬氨酸产量的重要策略之一。

在 L- 缬氨酸生物合成过程中,另外一个限速步骤是细胞对支链氨基酸的外泌能力,在谷氨酸棒杆菌中,由外泌蛋白 BrnFE 负责将 L- 缬氨酸运输到胞外,BrnFE 属于 LIV-E 转运蛋白家族,分别由 *brnF* 和 *brnE* 编码合成,强化转运蛋白的表达也是提高 L- 缬氨酸产量的策略之一。

二、L- 缬氨酸生产菌株的选育

目前主要采用谷氨酸棒杆菌(*Corynebacterium glutacium*)等发酵生产 L- 缬氨酸。提高L- 缬氨酸发酵水平的策略之一是对菌株进行传统诱变,但采用传统诱变获得的突变株存在遗传背景不清晰、稳定性不好等问题。随着代谢工程及合成生物学技术的快速发展,采用代谢工程技术手段改造 L- 缬氨酸生产菌株,提高 L- 缬氨酸产量已经成为目前的研究热点,一般主要采用以下策略改造 L- 缬氨酸高产菌株。

(1)截断或改变平行途径:三种支链氨基酸 L- 缬氨酸、L- 亮氨酸和 L- 异亮氨酸的生物合成共用三种酶(乙酰乳酸合成酶、乙酰乳酸异构还原酶和二羟基脱水酶),选育 L- 亮氨酸和L- 异亮氨酸营养缺陷型菌株,可使得三种公用酶系完全用于 L- 缬氨酸的合成。同时 α- 酮异戊酸是合成 L- 缬氨酸和 L- 亮氨酸的共用前体,截断 L- 亮氨酸的合成途径可以使碳代谢流流向 L- 缬氨酸的合成,解除 L- 亮氨酸对 L- 缬氨酸合成酶系的反馈抑制,继而提高 L- 缬氨酸的产量。

(2)解除关键酶的反馈抑制:乙酰乳酸合成酶是 L- 缬氨酸生物合成途径中的第一个限速酶,L- 缬氨酸对其存在反馈抑制。同时 L- 缬氨酸和异亮氨酸的合成酶系受支链氨基酸的阻遏作用,因此,解除反馈抑制和阻遏作用均将提高 L- 缬氨酸的产量。由此,选育 L- 缬氨酸结构类似物抗性突变株可以解除 L- 缬氨酸的反馈抑制。常用的 L- 缬氨酸结构类似物有 2- 噻唑丙氨酸(2-TA), α- 氨基丁酸(α-AB)和 L- 正缬氨酸等。

(3)增加前体物质的供应:L- 缬氨酸生物合成的关键前体之一为丙酮酸,提高前体物质丙酮酸的积累量是提高 L- 缬氨酸产量的重要策略之一,因此,可以选育以琥珀酸为唯一碳源、丙氨酸缺陷型以及氟丙酮敏感突变株来达到这个目的。

(4)截断 L- 缬氨酸降解途径:如果要提高 L- 缬氨酸积累量,需要截断或减弱 L- 缬氨酸降解代谢途径,使积累的 L- 缬氨酸不再消耗,因此,可以通过选育不能以 L- 缬氨酸为唯一碳源生长的菌株,即丧失 L- 缬氨酸降解能力的突变株来实现这一目的。

三、L- 缬氨酸发酵生产工艺过程

以高产 L- 缬氨酸的重组谷氨酸棒杆菌 V1 为出发菌株,三级发酵生产。按一定比例配制营养丰富且均衡的发酵培养基;在发酵过程中,通过调节发酵罐搅拌转速和通风量将溶氧控制在适当的水平,通过流加液氨水控制 pH,并通过流加葡萄糖将残糖控制在一定水平,发酵至 60 小时结束。发酵工艺流程如图 11-11 所示。

(1)种子培养:采用的培养基包含葡萄糖 30g/L,(NH$_4$)$_2$SO$_4$ 5g/L,尿素 5g/L,KH$_2$PO$_4$ 1g/L,

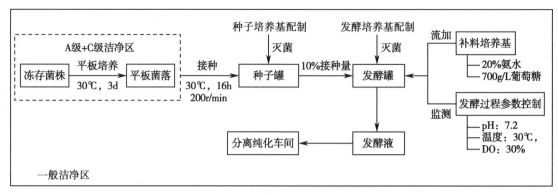

图 11-11　L-缬氨酸生产工艺流程

$FeSO_4$ 0.04g/L, $MnSO_4$ 0.07g/L, $MgSO_4$ 0.1g/L, 甲硫氨酸 0.7g/L, 生物素 0.2g/L, VB_1 0.05g/L, 大豆浸出汁 60g/L。取新鲜菌落接种于种子培养基中（200ml/1 000ml），培养温度为30℃、摇床转速为200r/min,培养时间约为16小时。

摇瓶培养为一级种子，5%接种量制各二级种子，10%接种量至发酵培养基中。

（2）发酵罐发酵采用的培养基：葡萄糖 100g/L,（NH_4）$_2SO_4$ 5g/L, KH_2PO_4 4.5g/L, $MgSO_4$ 0.5g/L, $FeSO_4$ 0.01g/L, $MnSO_4$ 0.01g/L, 生物素 $1×10^{-4}$g/L, 硫胺素 $2×10^{-4}$g/L, pH 6.8~7.0。

在发酵过程中，通过流加20%的氨水控制发酵培养基 pH 为7.2,通过夹套加热和循环冷水控制温度为30℃,通过控制搅拌转速和通气量的偶联控制，使溶氧水平保持30%左右。流加葡萄糖浓度700g/L,进行补料分批发酵。

四、L-缬氨酸分离纯化工艺过程

将 L-缬氨酸发酵液进行陶瓷膜过滤，调节滤液 pH 为7.0,然后再先后经过阳、阴离子树脂吸附，一次浓缩结晶后再进行纳滤，纳滤滤清液脱色后二次浓缩结晶即得。L-缬氨酸分离纯化工艺过程如图11-12所示。

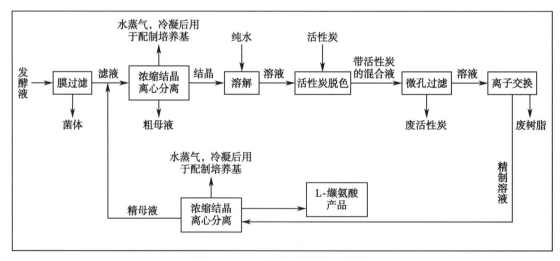

图 11-12　L-缬氨酸分离纯化流程

五、L- 缬氨酸的质量控制

根据《中国药典》(2020 年版)二部中 L- 缬氨酸质量标准要求,L- 缬氨酸按干燥品计算,含 $C_5H_{11}NO_2$ 不得少于 98.5%,含重金属不得过百万分之十,干燥失重不得超过 0.2%,每 1g L- 缬氨酸中含内毒素的量应小于 20EU(供注射用)。

ER11-3　目标测试题

（张晓梅）

参考文献

[1] WENDISCH V F. Metabolic engineering advances and prospects for amino acid production. Metabolic Engineering,2020,58:17-34.

[2] WANG Y,CAO G,XU D,et al. A novel L-glutamate exporter of Corynebacterium glutamicum. Applied and Environmental Microbiology,2018,84(6):15.

[3] 梁玲,黄钦耿,翁雪清,等.产 L- 谷氨酸工程菌株的诱变选育及其发酵效率.生物技术通报,2020,36(6):143-149.

[4] 乔郐钠,徐美娟,龙梦飞,等.TCA 循环关键节点对 L- 谷氨酸合成的影响.生物工程学报,2020,36(10):2113-2125.

[5] 白长胜,韩隽,王刚,等.亚适量法 L- 谷氨酸发酵培养基的优化.中国调味品,2016,41(8):87-90.

[6] 张海灵,李颜颜,王小元.代谢工程改造谷氨酸棒杆菌合成及分泌途径生产 L- 缬氨酸.生物工程学报,2018,34(10):1606-1619.

[7] 杜丽红,熊海波,徐达,等.利用谷氨酸棒杆菌 CRISPRi 系统构建 L- 缬氨酸高产菌株.食品与发酵工业,2020,46(17):1-8.

[8] 陈诚,李颜颜,尹良鸿,等.全局调控因子 *Lrp* 的表达强化谷氨酸棒杆菌发酵生产 L- 缬氨酸.食品与生物技术学报,2016,35(09):920-927.

[9] 门佳轩,熊博,郝亚男,等.代谢工程优化大肠杆菌高效合成 L- 苯丙氨酸.食品科学,2021,42(02):114-120.

[10] LIU Y F,XU Y R,DING D Q,et al. Genetic engineering of Escherichia coli to improve L-phenylalanine production. BMC Biotechnology,2018,18(1):5.

[11] 张清华,李莎,廉政,等.利用 DNA 重组技术生产 L- 苯丙氨酸的研究.天津农学院学报,2020,27(2):38-43.

[12] 陈宁.氨基酸工艺学.北京:中国轻工业出版社,2016.

[13] 国家药典委员会.中华人民共和国药典:2020 年版.北京:中国医药科技出版社,2020.

第十二章　维生素及辅酶发酵生产工艺

ER 12-1　维生素及辅酶发酵生产工艺（课件）

第一节　概述

一、维生素的概述

（一）维生素的定义与发现

维生素是一类必需的微量有机物质，在机体的生长、代谢和发育过程中发挥着重要的作用。维生素在机体内是一类调节物质，在物质代谢中起重要作用，但不是构成机体组织的原料，也不能提供能量。多种维生素在人和动物体内不能合成而必须从食物中获得。

ER12-2　维生素的发现（文档）

维生素的发现：从 1906 年 Eijkman 提出一种抗多发性神经炎因子开始，直到 1948 年维生素 B_{12} 有效形式的分离及已知维生素的鉴定，仅仅用了 42 年时间，其中有 11 项工作获得了诺贝尔奖。

（二）维生素的分类

现在被列为维生素的物质有 30 多种，其中已知的与生物体健康和发育有关的维生素有 20 多种。各类维生素在化学结构上和生理功能差异很大甚至毫无关联。维生素通常根据其溶解性能进行分类，可分为脂溶性维生素（如维生素 A、维生素 D、维生素 E、维生素 K 等）和水溶性维生素（如维生素 C、维生素 B_1、维生素 B_2、维生素 B_6、维生素 B_{12}、泛酸、PP、生物素、叶酸、胆碱等）两大类。水溶性维生素易溶于水而不易溶有机溶剂，被吸收后在体内的储存很少，过量的水溶性维生素多数会从尿中排除；脂溶性维生素则不易溶于水而易溶于有机溶剂，可伴随脂肪为人体吸收并在体内进行储积，因此其排泄率并不高。

（三）维生素的功能与应用

维生素的功能及在疾病治疗方面的应用：维生素 A 与皮肤正常角化关系密切，其缺乏时会引起皮肤干燥、角层增厚、毛孔为小角栓堵塞，严重时会影响皮脂分泌，维生素 A 主要用来治疗夜盲症、角膜干燥症、皮肤干燥、脱屑。维生素 B_1 能增进食欲，维持神经正常活动等，主要用来治疗神经炎、脚气病、食欲减退、消化不良、生长迟缓。维生素 B_2 则与能量的产生直接相关，可以促进生长发育和细胞的再生，增进视力，主要用来治疗口腔溃疡、皮炎、口角炎、舌炎、唇裂症、角膜炎等。维生素 B_{12} 可以保持健康的神经系统，用于红细胞的形成，抗脂肪肝，促进维生素 A 在肝中的贮存，促进细胞发育成熟和机体代谢，主要用来治疗巨幼红细胞性贫血。维生素 C 可以减少致癌物质亚硝胺在体内聚集，极大地降低食管癌和胃癌的发病率，主要用来治疗坏血病、抵抗力下降。维生素 D 主要用来治疗儿童的佝偻病、成人的骨质疏松症等。维生素 E 可以促进皮肤血液循环和肉芽组织生长，使毛发皮肤光润，并使皱纹展平，及提高身体免疫能力，抑制致癌物形成，主要预防流产、治疗不育、肌肉性萎缩等。

（四）维生素的生产方法

维生素的生产方法主要有提取法、化学合成法、生物发酵法和酶法等。由于天然维生素受原料和提取技术的限制，大多产量低、成本高，因此化学合成法居主导地位，占维生素总产量的 80% 左右。目前，维生素 A、维生素 B_1、维生素 B_6 等主要是通过化学合成法制备；维生素 B_2、维生素 B_{12}、维生素 C、维生素 D 主要是通过微生物发酵法或酶法进行生产。

二、辅酶的概述

（一）辅酶的定义

辅酶（coenzyme）是一大类有机辅助因子的总称，可以将化学基团从一个酶转移到另一个酶上，与酶的结合较为疏松，对于特定酶的活性发挥是必需的，是某些特定酶催化氧化还原反应、基团转移和异构反应的必需辅因子。它们在酶催化反应中的作用是传递电子、转移原子或基团。在催化反应发生时，辅酶发生的化学变化与底物正好相反，因此辅酶也被称为第二底物。

在细胞内，反应后的辅酶可以再生，以维持其胞内浓度处于稳定水平。例如，NADPH 的再生通常是通过磷酸戊糖途径和 S- 腺苷甲硫氨酸合成途径。由于辅酶的再生对于维持酶反应体系的稳定是必要的，因此，辅酶再生系统获得了大量的实验室以及工业应用。

ER12-3 维生素与辅酶的关系（文档）

（二）辅酶的分类

在生物体内维生素多以辅酶和辅基形式存在。

B 族维生素组成了大部分重要的辅酶，此外，在生物化学上重要的还有辅酶 Q、辅酶 I、辅酶 A、谷胱甘肽、尿苷二磷酸葡糖（UDPG）、维生素 K 族等。

辅酶 I（coenzyme I，CoI）又称烟酰胺腺嘌呤二核苷酸（NAD^+），其结构式中含有烟酰胺、D- 核糖及磷酸，是脱氢酶的辅酶，在生物氧化反应中作为氢的受体或供体，起到递氢的作用，可加强体内物质的氧化并供给能量。其作为生物催化反应必不可少的辅酶，参与上千种代谢反应，在糖酵解、糖异生、三羧酸循环、脂肪 β 氧化等生理代谢过程中发挥着独一无二的作用，在糖、脂肪、氨基酸等营养物质的代谢利用过程中具有重要意义。

辅酶 Q（coenzyme Q，CoQ）也称泛醌（ubiquinone），是生物体内广泛存在于细胞膜上的脂溶性醌类化合物的总称，辅酶 Q 的来源不同其侧链异戊烯单位的数目也不同，根据侧链 n 值的不同有 CoQ_1、CoQ_5、CoQ_6、CoQ_7、CoQ_8、CoQ_9、CoQ_{10} 等，在人类及哺乳动物中仅含有 CoQ_{10}。辅酶 Q 在呼吸链的质子转移及电子传递中起到重要作用，它是细胞呼吸和细胞代谢的激活剂，也是重要的抗氧化剂和非特异性免疫增强剂，可作为呼吸链的重要辅因子参与 ATP 合成，具有抗氧化、保护心血管、免疫调节和抗炎症等作用。

辅酶 A（coenzyme A，CoA）的结构式中含有 β- 巯基乙胺、4- 磷酸泛酸和 3，5- 二磷酸腺苷。其广泛存在于多种生物中，是一种含有泛酸的辅酶，是乙酰化酶类的辅酶，在物质代谢中起着传递酰基的作用，主要参与脂肪酸以及丙酮酸的代谢。辅酶 A 是体内 70 多种酶反应的辅因子，包括糖类的分解、脂肪酸的氧化、氨基酸的分解、丙酮酸的降解、激发三羧酸循环等。辅酶 A 参与机体大量必需物质的合成；支持机体免疫系统对有害物质的解毒，激活白细胞，促进血红蛋白的合成，参与抗体的合成；促进结缔组织成分硫酸软骨素和透明质酸的合成，对软骨的形成、保护和修复起重要作用；增加机体对辅酶 Q_{10} 和辅酶 I 的利用，减轻抗生素及其他药物引起的毒副作用。

（三）辅酶的生产方法

辅酶 I 广泛存在于动植物中，如酵母、谷类、豆类、肉类、动物肝脏等，制备时用酵母作为原料，经过提取、分离、纯化等流程制备产品。目前工业化采用葡萄糖或烟酰胺作为底物，以酶催化的工艺来制备辅酶 I。工业上生产辅酶 Q_{10} 主要通过微生物发酵法生产。制取辅酶 A 有用动物肝、心、酵母等作原料的提取法、酶法和微生物发酵法等。

三、维生素和辅酶生产工艺的前沿技术

目前，维生素或辅酶的生产均是利用具有自身合成维生素或辅酶能力的菌株，但是，这些菌种有许多缺点，如生长缓慢、发酵周期长、遗传操作难、遗传背景复杂、产量提升困难等。因此，在易于遗传操作、生长速度快、遗传背景清晰的模式菌株中从头构建维生素或辅酶的异源合成途径也是一种有前景的策略。其中，具有代表性的工作就是在大肠杆菌中实现维生素 B_{12} 和辅酶 Q_{10} 的从头合成。

（一）大肠杆菌中维生素 B_{12} 的从头合成

通过将维生素 B_{12} 合成途径划分成 5 个模块，在大肠杆菌中引入来源于 *Rhodobacter capsulatus* 等 5 种细菌中的 28 个基因，实现了维生素 B_{12} 在大肠杆菌中的从头合成，虽然目前产量很低，但大肠杆菌菌种的发酵周期仅为目前维生素 B_{12} 工业生产菌株的 1/10，且大肠杆菌为模式菌株，研究广泛，有潜力成为新一代维生素 B_{12} 工业菌株。

（二）大肠杆菌中辅酶 Q_{10} 的从头合成

大肠杆菌中通过引入异源的类球红细菌 *dps* 基因（编码癸烯焦磷酸合酶），就能实现辅酶 Q_{10} 的合成。此外，再通过优化大肠杆菌自身的莽草酸途径和 MEP 途径来增加辅酶 Q_{10} 前体的合成，获得了具有辅酶 Q_{10} 生产能力的大肠杆菌工程菌，但是改造效果都不理想，辅酶 Q_{10} 产量无法达到天然产辅酶 Q_{10} 菌株的生产能力。

第二节　维生素 B_2 发酵生产工艺

一、维生素 B_2 生物合成代谢途径

（一）维生素 B_2 的理化性质与功能

维生素 B_2，化学名 7, 8- 二甲基 -10-（D- 核糖醇基）- 异咯嗪，其又名核黄素（化学结构

式见图 12-1 ），维生素 B_2 熔点为 290℃，不溶于有机溶剂，在 20℃下可在水中溶解度小于 100mg/L，易溶于碱性溶液，一般用稀的氢氧化钠溶液就可以溶解，但在光照条件会分解。在 223nm、267nm、374nm 和 444nm 等波长处具有吸收峰。通常可通过测定维生素 B_2 溶液在 444nm 处的光吸收强度来计算维生素 B_2 溶液的浓度。目前维生素 B_2 被人们广泛应用于临床医学、药品、食品、化妆品以及饲料添加剂等领域。维生素 B_2 作为一种辅酶可用于机体内一些重要的氧化还原反

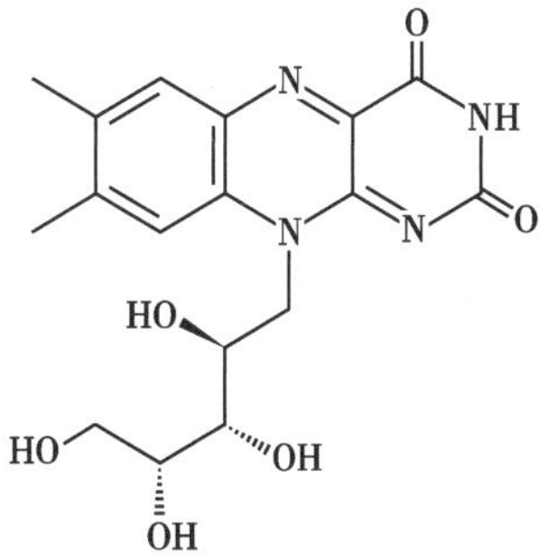

图 12-1　维生素 B_2 的结构式

应，起到传递氢离子的作用，通常的存在形式是黄素腺嘌呤二核苷酸（FAD）和黄素单核苷酸（FMN）。在人和动物进行生命活动的过程中，糖、蛋白质、脂肪的代谢都涉及氧化还原反应，因而维生素 B_2 是不可缺少的，若其缺乏或不足，会影响机体的抗氧化能力。维生素 B_2 可以用作辅助药物，其可以用于口角炎、偏头痛、贫血等疾病的治疗。其制剂类型包括速释片、口服液、肠溶微丸。在饲料中添加适量的维生素 B_2 可以促进动物的生长、发育和繁殖。

（二）维生素 B_2 的前体合成途径与调控机制

维生素 B_2 属于次级代谢产物，但与细胞的初级代谢紧密联系。生物体中，细胞通常是以两个前体——核酮糖 -5- 磷酸和鸟苷三磷酸合成维生素 B_2 的。这两个前体分别由戊糖磷酸途径和嘌呤合成途径生成。戊糖磷酸途径是糖代谢的重要途径。该途径提供的还原性 NADPH 是细胞中一些合成反应所必需的，并且其还承担着六碳糖、七碳糖、五碳糖、四碳糖以及三碳糖之间的互变功能。而嘌呤代谢途径可以提供 DNA、RNA 等重要大分子物质的前体。因此只有细胞生长旺盛的时候才具有相关前体的合成需求。

枯草芽孢杆菌中维生素 B_2 的合成途径如图 12-2 所示。在两个前体中，鸟苷三磷酸的合成途径更长、更复杂。嘌呤核苷酸的从头合成途径是细胞合成腺嘌呤核苷三磷酸和鸟嘌呤核苷三磷酸的途径之一。5- 磷酸核糖 -1- 焦磷酸（PRPP）是嘌呤从头合成途径的第一个前体，它经过 11 步反应生成中间产物次黄嘌呤核苷一磷酸，该途径的中间产物也参与到维生素 B_1 与组氨酸的合成当中。从次黄嘌呤核苷一磷酸可以经由黄嘌呤核苷一磷酸生成鸟嘌呤核苷一磷酸（鸟苷一磷酸），或经过腺苷酸基琥珀酸生成腺嘌呤核苷一磷酸。鸟苷一磷酸可以经由各自的嘌呤核苷酸激酶的催化生成鸟苷二磷酸，再经由嘌呤核苷二磷酸激酶的催化生成鸟苷三磷酸。

由于嘌呤核苷酸代谢途径的重要性，从头合成途径具有多重的调控机制。嘌呤操纵子基因上游具有一段重复序列。转录调控因子 PurR 蛋白可与之结合，削弱嘌呤基因的转录水平，调控嘌呤核苷酸的合成。PRPP 可以抑制 PurR 与嘌呤基因的结合，进而解除 PurR 对嘌呤途径的部分阻遏效应。当细胞内有较高浓度的 PRPP 时，有利于对阻遏的解除，而当 PRPP 浓度过低时，对 PurR 的结合不足，嘌呤操纵子基因的转录处于较低的水平。另一方面，胞内的腺嘌呤水平也会对 PurR 的阻遏效应产生影响，若腺嘌呤浓度过度则会抑制 PRPP 的合成。此外，pur 操纵子 5′- 非翻译区含有鸟嘌呤感应核糖开关，其通过结合鸟嘌呤也可以调控嘌呤操纵子的转录。嘌呤从头合成途径还受到很多酶水平上的抑制。在枯草芽孢杆菌中，prs 编码

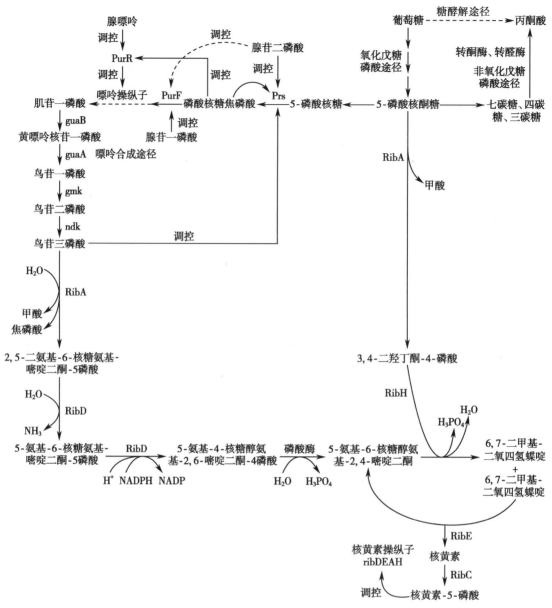

图 12-2 枯草芽孢杆菌维生素 B$_2$ 的合成途径

的 PRPP 合成酶受腺苷二磷酸和鸟苷二磷酸的反馈抑制以及核糖 -5- 磷酸的前馈激活。*purF* 编码的 PRPP 氨基转移酶受到多种核苷一磷酸、核苷二磷酸、核苷三磷酸的反馈抑制，其中腺苷一磷酸和腺苷二磷酸对 PRPP 氨基转移酶的反馈抑制程度较深，而其余核苷酸对其的抑制程度较弱。

（三）维生素 B$_2$ 的末端合成途径

核酮糖 -5- 磷酸经过 3,4- 二羟丁酮 -4- 磷酸合成酶（RibA）的催化生成 3,4- 二羟丁酮 -4- 磷酸。而鸟苷三磷酸在鸟苷三磷酸开环水解酶 II（RibA）的催化下生成 2,5- 二氨基 -6- 核糖氨基 - 嘧啶二酮 -5 磷酸。2,5- 二氨基 -6- 核糖氨基 - 嘧啶二酮 -5 磷酸再经由连续的脱氨和还原反应（RibD，2,5- 二氨基 -6- 核糖氨基 - 嘧啶二酮 -5 磷酸脱氨酶 /5- 氨基 -4- 核糖醇氨基 -2,6- 嘧啶二酮 -4 磷酸还原酶）生成 5- 氨基 -4 核糖醇氨基 -2,6- 嘧啶二酮 -4 磷酸。在细菌中，还原反应先于脱氨反应发生，而在真菌中，脱氨反应发生在还原反应之前。而无论反应的先后顺序，催化这两步反应的酶通常是以融合蛋白的形式存在的。5-氨基-4核糖醇氨基-2,6-嘧啶二酮-4磷酸经过细胞内的底物非特异性磷酸酶的催化生成5-氨基-6核糖醇氨基-2,4-嘧啶二酮。5-氨基-6核糖醇氨基-2,4-嘧啶二酮经过6,7-二甲基-二氧四氢蝶啶合成酶（RibH）的催化生成6,7-二甲基-二氧四氢蝶啶。最后两分子6,7-二甲基-二氧四氢蝶啶在维生素B_2合成酶（RibE）的催化下生成一分子维生素B_2和一分子5-氨基-6核糖醇氨基-2,4-嘧啶二酮。

ER12-4 枯草芽孢杆菌维生素B_2合成途径中的酶注释（文档）

二、维生素B_2生产菌种的选育

微生物发酵法生产维生素B_2为工业上的主要方法。通常采用枯草芽孢杆菌（*Bacillus subtilis*）作为生产菌株。枯草芽孢杆菌具有培养基成分简单、发酵周期短、维生素B_2产量高的特点，其经过40小时左右的连续补料发酵可以生产20~30g/L的维生素B_2。菌种的选育方法可分为非理性筛选和理性代谢改造两种。

（一）维生素B_2菌种的非理性筛选

由于过量合成维生素B_2的菌落会在平板上呈现黄色（维生素B_2本身的颜色）因此可以通过黄色的深浅初步判断菌株的产量，作为高产菌株初步筛选的标准。此外，由于维生素B_2分子在445nm/535nm分别具有激发/发射光谱，因而可以匹配很多高通量筛选设备的检测器，如流式细胞仪、液滴微流控等。化学诱变可以制造筛选压力，通常将维生素B_2或其前体的结构类似物作为诱变剂，常见的诱变剂包括玫瑰黄素、8-氮鸟嘌呤、8-氮腺嘌呤、巯基鸟嘌呤、德夸菌素、甲硫氨酸亚砜、磺胺类药等。其中玫瑰黄素是维生素B_2的结构类似物。在枯草芽孢杆菌中，玫瑰黄素的抗性突变株通常包含 *ribO* 突变或 *ribC* 突变。微生物基因组中可以形成二级结构以调控下游基因表达的序列被称为核糖开关。*ribO* 为维生素B_2操纵子的调控区序列，其转录后可以形成终止子-抗终止子的二级结构。其结合维生素B_2-5-磷酸（riboflavin-5-phosphate，FMN）后可以行使终止子功能，造成转录的提前终止，而不结合FMN的时候则可以促进转录。*ribO* 突变后，终止子的茎环结构不能正确形成，即使细胞内有大量FMN，维生素B_2操纵子的转录也不会减少，即维生素B_2操纵子的表达不再受到FMN的调控。而 *ribC* 在枯草芽孢杆菌中编码维生素B_2激酶/FAD合成酶双功能酶。两个酶将维生素B_2连续催化为FMN和黄素腺嘌呤二核苷酸（flavin adenine dinucleotide，FAD）。*ribC* 的突变体中，820位核苷酸突变为A，其编码的酶只具有野生型的1%的活性，因而即使产生大量维生素B_2，细胞内的FMN浓度也较低，维生素B_2的核糖开关同样处于开启状态，不会降低维生素B_2操纵子的转录水平。此外，通过紫外诱变和常压室温等离子体（ARTP）诱变分别可以造成DNA的单碱基突变和大片段突变。这些方法也被广泛用于维生素B_2高产菌株的选育。

（二）维生素B_2菌种的理性改造

以代谢工程为首的理性改造方法已经在维生素B_2高产菌株的构建中得以应用。其又可

以分为纯理性设计改造和逆向代谢工程改造。维生素 B₂ 的纯理性改造主要可以划分为三个策略：①通过表达氧化戊糖磷酸途径基因增加前体供应，如过表达氧化戊糖磷酸途径的葡萄糖 -6- 磷酸脱氢酶和 6- 磷酸 - 葡萄糖酸脱氢酶可以增加前体核酮糖 -5- 磷酸的合成。②敲除非氧化戊糖磷酸途径基因削弱支路途径。解除维生素 B₂ 合成途径酶表达的反馈抑制增强末端合成反应。增强前体鸟苷三磷酸的合成，可以敲除嘌呤合成转录调控因子 *purR*，以激活嘌呤从头合成途径。突变腺苷琥珀酸合成酶，可以减少嘌呤中间体 - 次黄嘌呤核苷酸向腺嘌呤核苷酸的合成。③过表达维生素 B₂ 操纵子或接触其转录调控抑制，可以提高从核酮糖 -5- 磷酸和鸟苷三磷酸两个前体到维生素 B₂ 的合成。

三、维生素 B₂ 发酵工艺过程

现阶段枯草芽孢杆菌生产维生素 B₂ 的水平为 20g/L 左右（5t 发酵罐），转化率为 0.08~0.1g 维生素 B₂/g 葡萄糖。其发酵工艺过程如图 12-3 所示。

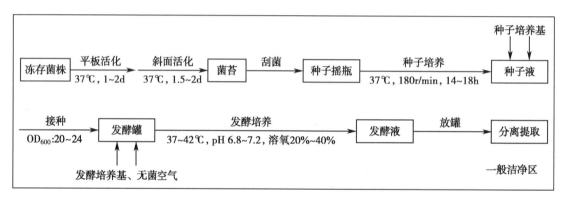

图 12-3　维生素 B₂ 发酵工艺流程图

维生素 B₂ 的发酵需要经过菌株平板活化、斜面活化、摇瓶种子培养、发酵罐发酵等步骤（如图 12-3 所示）。维生素 B₂ 发酵工艺控制如下。

1. **平板活化**　-80℃ 保藏的菌株迅速融化，以无菌水进行稀释，将稀释后的菌液涂布在培养平板上：酵母提取物 5g/L，胰蛋白胨 10g/L，氯化钠 5g/L，琼脂 2g/L，121℃ 高压蒸汽灭菌 20 分钟冷却后使用。由平板上的菌落太多则会使单菌落过小，而菌落太少则不利于挑选（活化 1~2 天，菌落直径 4~6mm）。因此平板上的菌落数量以 20~50 个为宜。

2. **斜面活化**　经过平板培养后挑选大小适中，黄色较深的菌落接种到斜面培养基上培养 1.5~2 天（斜面培养基的成分与平板培养基相同）。由于斜面培养基不容易干燥，更有利于优秀种子的备份保存。如果不需要以斜面进行备份而以摇瓶中的菌株进行备份，则也可以使用液体培养的试管代替斜面。

3. **摇瓶种子培养**　当斜面上的菌苔生长到足够的厚度，就可以刮取适量的菌苔进行摇瓶培养基的接种。接种到摇瓶的种子培养基中：蔗糖 40g/L，玉米浆 15g/L，硫酸铵 5g/L，酵母提取物 5g/L，硫酸镁 5g/L，磷酸二氢钾 1g/L，磷酸氢二钾 3g/L。蔗糖在 115℃ 下高压蒸汽灭菌 20 分钟，其他成分 121℃ 灭菌 30 分钟冷却后使用，使用摇床在 37℃ 的条件下，180r/min 震荡培养

14~18 小时。在此过程中需要间断地检测菌株的生物量与维生素 B_2 的产量。一般会选取多个平行摇瓶中产量最高的几瓶进行接种。每一个发酵罐接种的种子也都会进行相对应的保存。

4. 发酵罐发酵培养 将处于对数期的种子液进行测定,直到 OD_{600} 达到 20~24。然后以 15% 的接种量接种到 10L 的发酵罐中(发酵培养基的配方:玉米浆 30g/L,酵母粉 5g/L,硫酸镁 0.5g/L,磷酸二氢钾 0.5g/L,磷酸氢二钾 1.5g/L,甜菜碱 1.7g/L,硫酸锌 0.002g/L,121℃灭菌 40 分钟冷却后使用)。其中,甜菜碱有维持渗透压与作为代谢中甲基供体的作用,而锌离子为 GTP 环水解酶Ⅱ的辅因子。在发酵过程中 pH、温度、溶氧、残糖和总氮的监控十分重要,一般在发酵过程中,pH 需要维持在 6.8~7.2 之间,温度维持在 37~42℃之间,初始搅拌速度为 400~600r/min,通气比为(1∶1)~(1∶2)。而由于维生素 B_2 的发酵为好氧发酵,因此需要将溶氧与转速和通气耦联,控制过程中溶氧为 20%~40%。溶氧低于限度会导致副产物的增加,或菌株生长的停止。残糖的控制也十分重要,通过流加 50% 的葡萄糖,控制发酵罐中葡萄糖浓度为 5~10g/L。残糖过低会导致菌株的死亡,而残糖过高,也会导致代谢副产物的增加,降低葡萄糖的转化率,并且过高的残糖也会在一定程度上抑制菌株的生长。发酵过程中还需要通过显微镜观察是否有染菌和有芽孢产生。发酵周期为 40~60 小时,直到维生素 B_2 产量和维生素 B_2/ 葡萄糖的转化率不再增加为止。

四、维生素 B_2 分离纯化工艺过程

(一) 维生素 B_2 分离纯化工艺与设备

维生素 B_2 的分离纯化方法有 Morehouse 法、酸解法、滗析分离法、絮凝法、微膜过滤法、碱溶法等。而碱溶法为工业生产中现行的维生素 B_2 分离纯化的主要方法,所有操作都可以在碱溶罐中进行,具体流程见图 12-4。

(二) 维生素 B_2 分离纯化步骤

利用碱溶罐分离纯化维生素 B_2 的工艺流程图见图 12-5,主要步骤如下。

(1) 碱溶:发酵液使用饱和氢氧化钠调节 pH 到 11.5~12.2 之间,温度控制在 35℃以下,以溶解所有的维生素 B_2。发酵液上层为油状物,下层的不溶物为菌体和培养基残渣,中层为维生素 B_2 溶液。

(2) 分离:利用碱溶罐可以进行固液分离。

(3) 氧化:得到的溶液首先加入过氧化氢,使维生素 B_2 处于氧化状态。

(4) 酸化沉淀:逐步加入盐酸,使溶液 pH 降低到 6.9,维生素 B_2 的溶解度很低,形成悬浮液。

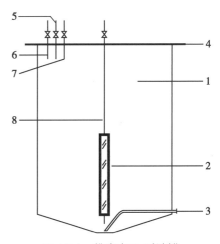

图 12-4 维生素 B_2 碱溶罐

注:1 为罐体;2 为罐体上的板式液位计;3 为出料管;4 为罐体上部的带开孔盖板;5 为进料管;6 为液碱进料管;7 为稀释水进料管;8 为设置在盖板上的压缩空气管。盖板 4 为 PVC 开孔板,罐体 1 的材料选取 Q235A,内壁进行喷砂处理、再喷涂环氧树脂涂层。发酵液经过碱溶后分层排出,底层清液进入氧化工序,上层稠液进入机械分离设施进行分离。清液和稠液排出公用出料管 3,分时段出料。

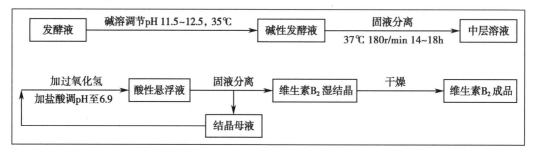

图 12-5　维生素 B₂ 分离纯化工艺流程图

（5）悬浮液固液分离：悬浮液经过固液分离得到结晶母液和维生素 B₂ 湿晶体。

（6）干燥：晶体可以通过干燥成为成品，而结晶母液可以浓缩得到高浓度结晶母液，再重复结晶。

碱溶法操作比较方便，产生的污染物少，通常用于获得 98% 维生素 B₂。但是碱溶法易产生 A 杂质。工业生产对投入物料需求较大，并且期望过滤时长越短越好。但这样获得的维生素 B₂ 中 A 杂质一般是偏多的，通常不容易达到《欧洲药典》(EP 11.0)标准。该问题是碱溶工艺所固有的，因此工业上就需要严格控制，找到投料、过滤时长的最佳指标。另一种维生素 B₂ 的纯化方法为酸溶法，大致需要经过加热、离心、酸处理、过滤、洗脱五步。帝斯曼公司使用该方法提纯维生素 B₂，酸溶法对于 A 杂质的产生具有较好的控制作用，得到的维生素 B₂ 产品具有较好的纯净度，但是该方法会增加 D 杂质的含量，严重时会超过产品标准。在控制成本的过程中，不同分离纯化方法产生不同杂质是不可避免的，因此其分离纯化方法还存在很多的优化方案。

五、维生素 B₂ 产品质量控制

1. 国内标准　原卫生部制定了《食品安全国家标准　食品添加剂　维生素 B₂（核黄素）》，(GB14752—2010)。目前，该标准为国内应用于药品级维生素 B₂（含量大于 98%）的主要标准。维生素 B₂ 片（C₁₇H₂₀N₄O₆）应为标示量的 90.0%~110.0%。维生素 B₂ 注射液（C₁₇H₂₀N₄O₆）应为标示量的 90.0%~115.0%。

2. 欧洲标准　其中 EP 11.0 中要求，维生素 B₂ 含量大于 98.0%，A 杂质（光色素）<0.025%；B 杂质（维生素 B₂ 3′, 5′- 二磷酸酯）<0.2%；C 杂质（6, 7- 二甲基核糖基 2, 4- 二羟基蝶啶）<0.2%；D 杂质（羟甲基维生素 B₂）<0.2%；单一未知杂质<0.1%；总杂质量<0.5%。

维生素 B₂ 产品的其他技术指标包括：比旋度为 –115° 至 –135°，干燥失重≤1.5%，炽灼残渣≤0.3%，铅含量≤10mg/kg，砷含量≤3mg/kg。

第三节 维生素 B₁₂ 发酵生产工艺

一、维生素 B₁₂ 生物合成代谢途径

（一）维生素 B₁₂ 的理化性质与功能

维生素 B₁₂ 又叫钴胺素，属于咕啉类化合物，是唯一含金属元素的维生素类化合物，是 B 族维生素发现最晚的大分子有机化合物。维生素 B₁₂ 为红色结晶粉末，无臭无味，微溶于水和乙醇，在 pH 4.5~5.0 弱酸条件下最稳定，在强酸（pH<2）或碱性溶液中易分解，遇热可有一定程度的破坏。高等动植物不能制造维生素 B₁₂，自然界中的维生素 B₁₂ 都是微生物合成的。维生素 B₁₂ 含有上配基和下配基。根据咕啉环上方的配基（R 基团）种类不同，维生素 B₁₂ 可分为氰基钴胺素、羟基钴胺素、脱氧腺苷钴胺素和甲基钴胺素（图 12-6）。维生素 B₁₂ 在生物体内以脱氧腺苷钴胺素（辅酶 B₁₂）或甲基钴胺素的活性形式存在。工业上生产的产品是氰基钴胺素。维生素 B₁₂ 参与了大量的生理化学反应，包括 DNA 的合成和调控、脂肪酸的合成、氨基酸的代谢及能量的产生。目前，维生素 B₁₂ 主要用来治疗恶性贫血和末梢神经炎。

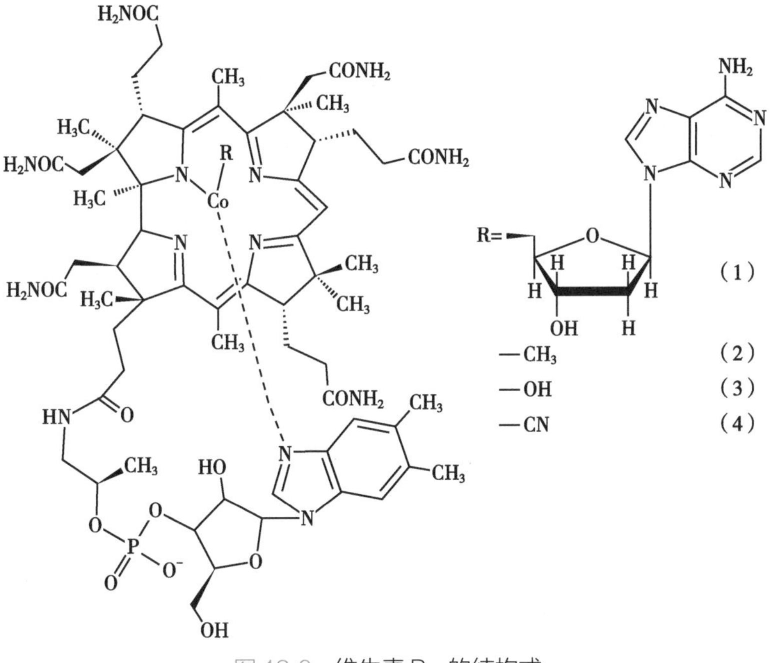

图 12-6 维生素 B₁₂ 的结构式

（二）维生素 B₁₂ 的发现与研究历史

美国病理学家惠普尔在 1920 年发现用肝做成饲料可以促进狗的血红蛋白再生。1926 年，波士顿的医师迈诺特和墨菲提出抗贫血病的肝脏疗法，经试验确认并分离出了有效成分，命名为维生素 B₁₂。惠普尔、迈诺特和墨菲三位科学家共同获得了 1934 年的诺贝尔生理学或医学奖。英国化学家霍奇金（D. C. Hodgkin）对维生素 B₁₂ 进行了详细的生物分子结构 X 射线衍射测定，1964 年获得了诺贝尔化学奖。1965 年，美国有机化学家伍德沃德组织了来自 14 个国家的 110 位化学家协同攻关，探索维生素 B₁₂ 的人工合成问题，该项工作耗时 11 年，共做了近千个复杂的有机合成实验才得以完成。然而，由于维生素 B₁₂ 分子结构复杂，化学法合成步

骤多,成本高,合成过程中对操作人员的要求高。微生物发酵法是目前生产维生素B_{12}最廉价的方法。

(三)维生素B_{12}的生物合成途径

维生素B_{12}的大规模工业生产的主要生产菌种有脱氮假单胞菌、谢氏丙酸杆菌、苜蓿中华根瘤菌等。根据钴螯合的时间和分子氧的需求,可以通过两种合成途径(好氧途径和厌氧途径)在原核生物中从头合成腺苷钴胺素。好氧途径中钴螯合反应用CobNST复合物,底物为氢咕啉酸-a,c-二酰胺(hydrogenobyrinic a, c-diamide),并且需要氧来促进四吡咯环的缩合;厌氧途径中钴螯合反应用CbiK,底物为前咕啉-2,不需要氧来促进环的缩合。图12-7中腺苷钴胺素生物合成途径中显示的酶来自脱氮假单胞菌或鼠伤寒沙门(氏)杆菌,它们分别使用好氧途径或厌氧途径。5-氨基乙酰丙酸(ALA)是合成维生素B_{12}的前体。微生物中ALA可以通过C_4或C_5途径合成。C_4途径中,由甘氨酸和琥珀酰CoA在ALA合成酶(HemA)的催化下聚合生成ALA。C_5途径中谷氨酸作为底物,在谷氨酰-tRNA合成酶(GltX)的催化下,结合到tRNA分子,生成谷氨酰-tRNA。谷氨酰-tRNA在谷氨酰-tRNA还原酶(HemA)的作用下,还原成谷氨醛,再经谷氨醛氨基转移酶(HemL)的催化生成ALA。

从ALA到尿卟啉原Ⅲ(uroporphyrinogen Ⅲ, Urogen Ⅲ)的生物合成是好氧途径和厌氧途径共有的步骤,2个ALA分子在ALA脱水酶(HemB)催化下聚合生成胆色素原(porphobilinogen)。4个胆色素原分子在胆色素原脱氨酶(HemC)和尿卟啉原Ⅲ合成酶(HemD)的催化下聚合环化生成Urogen Ⅲ。Urogen Ⅲ通过一步反应在C-2和C-7位发生甲基化反应生成前咕啉-2。

好氧和厌氧途径在前咕啉-2处分开,在钴(Ⅱ)啉酸a,c-二酰胺处汇合。这一过程涉及甲基化、四吡咯环收缩、还原、脱羧、甲基重排、酰胺化和钴螯合反应,是好氧途径和厌氧途径主要的区别所在。在钴胺素从头合成过程中,好氧和厌氧途径中中间产物尿卟啉原Ⅲ(uroporphyrinogen Ⅲ, Urogen Ⅲ)的侧链都发生了8次甲基化反应。许多参与这些反应的甲基转移酶表现出高度的序列相似性。

从钴(Ⅱ)啉酸a,c-二酰胺之后,好氧和厌氧途径又重新趋于一致,只是利用的催化酶有所差异。钴(Ⅱ)啉酸a,c-二酰胺经过钴啉环还原,然后才能发生腺苷化。腺苷钴啉酸a,c-二酰胺,接着在b、d、e和g位发生酰胺化生成腺苷钴啉胺酸。好氧与厌氧途径都以(R)-1-氨基-2-丙醇-O-2-磷酸作为支路前体与腺苷钴啉胺酸聚合生成腺苷咕啉醇酰胺磷酸。(R)-1-氨基-2-丙醇-O-2-磷酸由L-苏氨酸合成。它在PduX的作用下磷酸化,再在CobD的作用下脱氨生成(R)-1-氨基-2-丙醇-O-2-磷酸。腺苷咕啉醇酰胺磷酸在CobU的催化下结合GMP生成腺苷咕啉醇酰胺-GDP,再经过两步反应结合下配体(DMB:5,6-二甲基苯并咪唑),最终得到腺苷钴胺素。

补救合成途径是细菌和古细菌中一种节省能量的合成钴胺素的方式。在革兰氏阴性菌中,胞外钴啉化合物通过ATP-binding cassette(ABC)转运系统运输到胞内。这个转运系统包括分别是膜透过酶BtuC、ATP酶BtuD和周质结合蛋白BtuF。BtuB位于外膜上,是一种TonB依赖的转运蛋白,它将钴啉类化合物传递到周质中钴啉类结合蛋白BtuF上。然后,BtuF将钴啉类化合

ER12-5 四吡咯化合物的生物合成途径中的酶注释(文档)

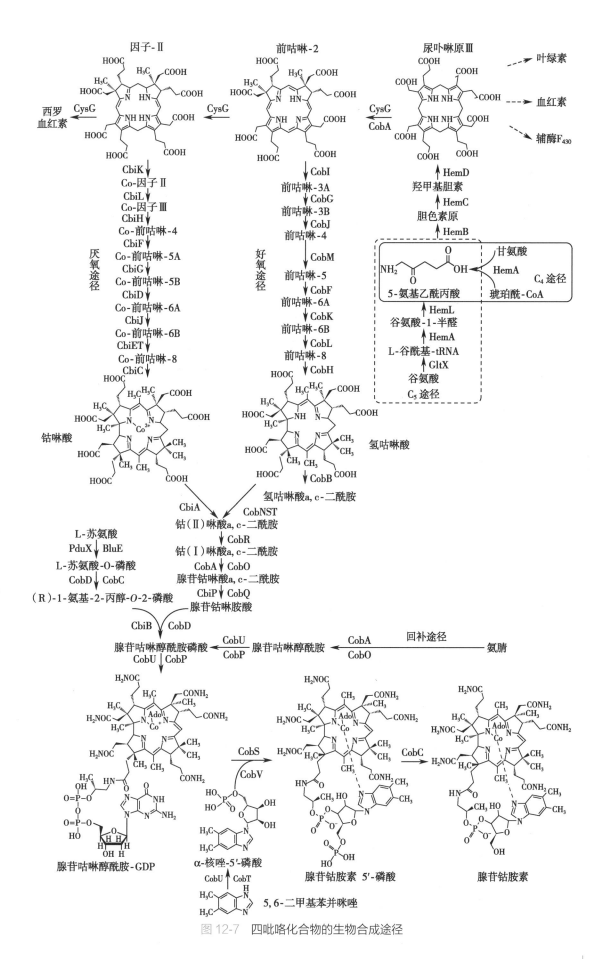

图 12-7　四吡咯化合物的生物合成途径

物传递给位于内膜的 BtuCD 复合体。与从头合成途径相同，补救合成途径也经过两步反应将下配体 DMBI 转移到腺苷咕啉醇酰胺 -GDP 上生成腺苷钴胺素。

二、维生素 B₁₂ 生产菌种的选育

目前，工业上生产维生素 B$_{12}$ 主要通过微生物好氧发酵法生产，常用菌种为脱氮假单胞菌（*Pseudomonas denitrificans*）。脱氮假单胞菌因发酵工艺简便，并且其在生长过程中不产生内毒素和外毒素，可安全地应用于医药食品等领域而备受关注，全球 80% 以上的维生素 B$_{12}$ 产出量来自该菌种发酵。

（一）传统育种方法

传统的提高维生素 B$_{12}$ 产量的策略是随机突变。例如紫外、化学诱变都能用来处理微生物，然后从中筛选特定的表型，比如高产量、遗传稳定性高、生长快或能耐受高浓度的有毒的中间产物。随机突变后可以通过高通量筛选，按照特定的信号，比如存活率和荧光来筛选特定的突变体。维生素 B$_{12}$ 核糖开关结合高灵敏度的比色、荧光或发光的报告基因能感知胞内的维生素 B$_{12}$ 浓度，已经被用来研究维生素 B$_{12}$ 合成及运输。有研究团队通过结合常压室温等离子体（ARTP）诱变脱氮假单胞菌、流式细胞仪及核糖开关（riboswitch）感应元件检测其荧光值建立了完整的高通量筛选体系。通过 4 轮 ARTP 诱变后，筛选得到的突变株较初始菌株的维生素 B$_{12}$ 产量提高了 43.8%，且遗传性状稳定。

（二）生产菌种的代谢工程改造

目前，维生素 B$_{12}$ 生产菌种由于基因重组效率低，遗传改造工具缺乏，菌种的遗传改造困难，相关菌种代谢改造的研究较少，主要是将维生素 B$_{12}$ 生物合成途径的基因作为靶点。法国的 RPR 公司发现提高脱氮假单胞菌中内源 *cobA* 基因的拷贝数，有助于提高维生素 B$_{12}$ 的产量。研究发现，在维生素 B$_{12}$ 生产菌株脱氮假单胞菌中过表达荚膜红细菌来源的 *RCcobA1*，*RCcobA2* 和脱氮假单胞菌来源的 *PDcobA*，均有利于维生素 B$_{12}$ 产量的提高。

^{13}C 代谢流分析被用来测定脱氮假单胞菌响应在氧气不足和特定的氧气吸收速率条件下的中心碳代谢流。代谢流分析揭示了葡萄糖主要被 Entner-Doudoroff 和磷酸戊糖途径消耗。较高的氧气吸收率能加快前体、甲基和 NADPH 供给，从而提高维生素 B$_{12}$ 的产量。施慧琳等通过在脱氮假单胞菌基因组上表达单拷贝的透明颤菌血红蛋白基因 *vgb*，在同样供氧条件下，*vgb* 重组菌株比出发菌的比生长速率和比产物合成速率都更高。

三、维生素 B₁₂ 发酵工艺过程

脱氮假单胞菌的好氧发酵流程包括菌种斜面活化，一级种子培养，二级种子培养，发酵罐发酵等，具体流程见图 12-8。维生素 B$_{12}$ 发酵工艺控制如下。

1. 斜面活化 –80℃保藏的菌株迅速融化，用接种环蘸取适量菌液，在试管斜面划线后，斜面培养基上 32℃培养 4~5 天。由于斜面培养基不容易干燥，更有利于优秀种子的备份保

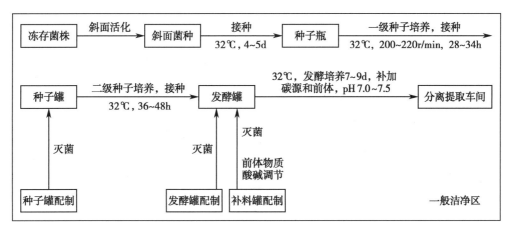

图 12-8　维生素 B₁₂ 发酵工艺流程图

存。斜面培养基配方：蔗糖 40g/L，玉米浆 20g/L，甜菜碱 5g/L，$(NH_4)_2SO_4$ 1g/L，$(NH_4)_2HPO_4$ 2g/L，$MnSO_4 \cdot H_2O$ 0.8g/L，$CoCl_2 \cdot 6H_2O$ 0.02g/L，MgO 0.3g/L，DMBI 0.01g/L，$ZnSO_4 \cdot 7H_2O$ 0.01g/L，$CaCO_3$ 1.5g/L，pH 通过 NaOH 控制在 7.0~7.4。

2. 一级种子培养　培养基同斜面培养基，刮取斜面上的菌种接种到 250ml 摇瓶（30ml 培养基），32℃，200~220r/min，培养 28~34 小时。

3. 二级种子培养　培养基同斜面培养基，将多个摇瓶种子液按照 10% 接种量接种到 5L 种子罐中，32℃，30% 溶氧，培养 36~48 小时。

4. 发酵罐发酵　发酵培养基配方：蔗糖 50~60g/L，玉米浆 20~30g/L，甜菜碱 15~30g/L，$(NH_4)_2SO_4$ 2g/L，$MgSO_4$ 1.5g/L，K_2HPO_4 0.75g/L，$CoCl_2 \cdot 6H_2O$ 0.14g/L，DMBI 0.075g/L，$ZnSO_4 \cdot 7H_2O$ 0.08g/L，$CaCO_3$ 1~2g/L。发酵过程中，用氨水调节维持 pH 在 7.0~7.5，温度维持在 32℃ 左右，温度过高会影响菌体生长。溶氧一般控制在 20%~40%，溶氧低于限度会导致乳酸等有机酸类副产物的增加，会对菌株生长造成影响并且会使维生素 B₁₂ 产量降低。发酵过程中，通过传感器在线测定发酵罐中的培养温度、pH、溶解氧等参数的情况，并进行定时取样测定发酵液中的菌体浓度，碳源、氮源、前体的消耗及产物浓度，并及时进行碳源和前体物的补加。

碳源主要以葡萄糖和蔗糖为主，为了减少培养基和发酵成本，廉价的碳源比如麦芽糖浆能替代蔗糖。氮源一般是玉米浆、硫酸铵等。在培养基中添加维生素 B₁₂ 合成的前体，例如钴离子、ALA、DMB、甘氨酸、苏氨酸、甜菜碱或胆碱经常能起到促进作用。氯化钴一般来提供钴离子，钴离子是合成维生素 B₁₂ 必需的金属离子。ALA、甘氨酸、苏氨酸这 3 个前体细胞本身能够合成，若适量添加会促进维生素 B₁₂ 合成，添加量过大也会对细胞产生毒性。DMB 是维生素 B₁₂ 的下配体，虽然菌体自身能够合成一定量的 DMB，但是其合成的维生素 B₁₂ 仅够菌体自身生长的需求。要生产额外的维生素 B₁₂ 需要外源添加更多的 DMB，但是需要注意的是，过多的 DMB 亦会对细胞生长产生抑制。甜菜碱是生成甲硫氨酸的一种重要的甲基供体，它能在甲硫氨酸腺苷转移酶作用下进一步转化为 SAM，而 SAM 是钴啉环合成过程的重要甲基供体。虽然甜菜碱能延缓细胞生长，但发酵过程中适量添加甜菜碱被证明能提高维生素 B₁₂ 产量，并能调节渗透压，对细胞起到一定的保护作用。

四、维生素 B₁₂ 分离纯化工艺过程

发酵结束后，由于维生素 B_{12} 存在于细胞内和细胞外，需要将发酵液加热水解，释放出胞内的维生素 B_{12}，经过两次膜过滤固液分离后，除去滤液中的蛋白，纳滤膜浓缩后进行氰化钠转化得到维生素 B_{12} 的氰钴胺盐，然后进行结晶，具体工艺流程见图12-9。

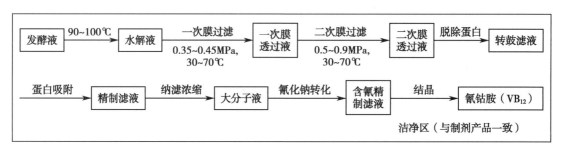

图 12-9　维生素 B_{12} 分离纯化工艺流程图

具体工艺过程如下。

（1）水解：将维生素 B_{12} 发酵液导入反应釜中，加入与发酵液相同质量的水，加热至90~100℃进行水解，释放出细胞内的维生素 B_{12}，得到水解液。

（2）一次膜过滤：用金属膜或陶瓷膜系统对水解液进行过滤，除去蛋白、菌丝体等，当透过液滤出速度明显下降时，向膜系统中继续加入水进行过滤，直到水解液中维生素 B_{12} 含量低于5μg/L 时，则停止加水，收集一次膜透过液和一次膜浓缩液，一次膜过滤结束。

（3）二次膜过滤：用截留分子量为10 000~80 000 的超滤膜系统对一次膜透过液进行过滤除杂，当透过液滤出速度明显下降时，向膜系统中继续加入水进行过滤，直到水解液中维生素 B_{12} 含量低于5μg/L 时，则停止加水，收集二次膜透过液和二次膜浓缩液，二次膜过滤结束。

（4）预涂转鼓脱蛋白：用立式预涂转鼓离心机对二次膜透过液脱除蛋白，当蛋白积累至一定厚度后用刮刀刮下，收集被刮下的无助滤剂蛋白，当脱蛋白结束时，调节刮刀间距，刮下少量的有助滤剂蛋白并收集，并收集转鼓滤液。

（5）蛋白吸附：用蛋白吸附树脂柱吸附转鼓滤液中的蛋白杂质，制得精制滤液，然后用酸液或碱液或次氯酸钠对蛋白吸附树脂柱进行解吸附，并收集蛋白。

（6）纳滤浓缩：用纳滤膜对精制滤液进行浓缩，分别获得大分子液和小分子液，将一部分小分子液送入一次膜过滤工序（步骤2），剩余小分子液送入二次膜过滤工序（步骤3）。

（7）氰化钠转化：向纳滤浓缩工序（步骤6）得到的大分子液中加入适量氰化钠进而得到含氰精制滤液。

（8）三级吸附柱除杂结晶：将含氰精制滤液进行三级吸附树脂柱除杂并进行结晶，最终获得纯品氰钴胺（维生素 B_{12}）。

（9）将一次膜过滤工序（步骤2）收集到的一次膜浓缩液和二次膜过滤工序（步骤3）收集到的二次膜浓缩液混合后进行分离，分离出的清液送入水解工序（步骤1），浓渣无助滤剂菌丝体与预涂转鼓脱蛋白工序（步骤4）得到的无助滤剂蛋白和蛋白吸附工序（步骤5）得到的蛋白一起收集，用于深加工。

（10）将预涂转鼓脱蛋白工序（步骤4）得到的无助滤剂蛋白进行焚烧处理。

工艺参数控制：在一次膜过滤工序中，膜的过滤精度为 30~200nm，过滤压力为 0.35~0.45MPa，温度为 30~70℃；在二次膜过滤工序中，过滤压力增加到 0.5~0.9MPa，温度保持在 30~70℃；在预涂转鼓脱蛋白工序中，立式预涂转鼓离心机的滤布过滤精度为 400~1 000 目。

五、维生素 B_{12} 产品质量控制

药品级的维生素 B_{12} 所遵循的标准主要是《中国药典》（2020 年版）二部中规定的标准，具体要求如下。①产品性状：为深红色结晶或结晶性粉末；无臭；引湿性强。在水或乙醇中略溶，在丙酮、三氯甲烷或乙醚中不溶。②产品鉴别：在 278nm、361nm 与 550nm 的波长处有最大吸收，361nm 波长处的吸光度与 278nm 波长处的吸光度的比值应为 1.70~1.88，361nm 波长处的吸光度与 550nm 波长处的吸光度的比值应为 3.15~3.45。红外光吸收图谱应与对照的图谱一致。③产品质量：干燥失重不得过 12.0%。

第四节　辅酶 Q_{10} 发酵生产工艺

一、辅酶 Q_{10} 生物合成代谢途径

（一）辅酶 Q_{10} 的理化性质与功能

辅酶 Q_{10} 又名泛醌 10，即其醌环母核六位上的侧链——聚异戊烯基的聚合度为 10，是一种广泛存在于细胞膜上的脂溶性醌类化合物，为黄色至橙黄色结晶性粉末，无臭无味，遇光易分解。辅酶 Q_{10} 的结构可以分为醌环母核部分和类异戊二烯侧链部分（图 12-10）。辅酶 Q_{10} 是细胞天然产生的抗氧化剂和细胞代谢激活剂，以极低的含量广泛存在于动物、植物、微生物等细胞内，并能在所有的机体组织中合成，其生物活性主要来自醌环母核的氧化还原特性和类异戊二烯侧链的理化性质。辅酶 Q_{10} 作为生成 ATP 的必需辅酶，负责呼吸链中质子转移和电子传递，促进氧化磷酸化反应和能量合成，是维持机体正常代谢和生理功能所必需的营养素；此外，辅酶 Q_{10} 作为天然的抗氧化剂，能阻止脂质、蛋白质和 DNA 的过氧化，维护生物膜结构完

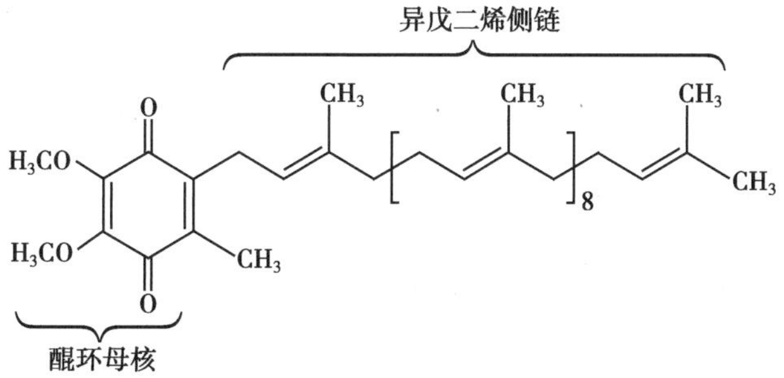

图 12-10　辅酶 Q_{10} 的结构式

整和功能稳定。辅酶Q_{10}是人类生命不可缺少的重要元素之一，具有重要的生理功能：有助于为心肌提供充足氧气，预防突发性心脏病；有效防止皮肤衰老，减少眼周围皱纹；促进能量转化、增强人体免疫系统功能等。因此，辅酶Q_{10}被广泛应用于医药、保健、化妆品和食品等行业。

（二）辅酶Q_{10}的生产方法

辅酶Q_{10}的生产方法主要有化学合成法和微生物发酵法。化学合成法生产工艺复杂，产物为顺反异构体混合物，分离纯化成本高。微生物发酵法具有原料来源丰富、生产成本低、发酵条件温和、产物单一、生物活性好、工艺流程易于控制的优点，是一种最具前景的高效经济且易于实现大规模工业化生产的方法，并且通过菌种选育及发酵调控技术，可定向提高菌株的单位产量，已完全取代化学合成法成为辅酶Q_{10}的主要生产方法。

（三）辅酶Q_{10}的生产菌株

自然界中天然生产辅酶Q_{10}的菌株主要有红螺菌属、土壤杆菌属、副球菌属、假单胞菌属、假丝酵母属等，红螺菌科的类球红细菌通过循环光合磷酸化获得能量进行细胞繁殖，胞内需要产生大量的辅酶Q_{10}来消减光合作用产生的自由基，是目前用来大规模发酵生产辅酶Q_{10}的主要生产菌株之一。

（四）辅酶Q_{10}的生物合成途径

泛醌生物合成途径可以细分为三个模块（图12-11）：①莽草酸途径——合成醌环母核；②侧链合成途径（细菌MEP途径、真菌MVA途径）——合成类异戊二烯侧链；③泛醌途径——将两个前体物质进行缩合并对其中的苯环进行多步修饰。

（1）莽草酸途径——合成醌环母核：辅酶Q_{10}分子的芳香核心源自莽草酸途径，该途径起始于非氧化磷酸戊糖途径产生的4-磷酸赤藓糖（E4P）和糖酵解途径产生的磷酸烯醇式丙酮酸（PEP）的缩合。莽草酸途径产生的分支酸是胞内合成几种基本芳香分子（芳香氨基酸和叶酸）的前体。分支酸在ubiC基因编码的分支酸裂解酶的催化下生成对羟基苯甲酸（PHB）——泛醌生物合成的第一个直接前体物。

（2）侧链合成途径（细菌MEP途径、真菌MVA途径）——合成类异戊二烯侧链：辅酶Q_{10}的侧链为萜类物质——类异戊二烯，其在原核细胞和真核细胞中的合成途径不同。在原核细胞中，经过2-C-甲基-d-赤藓糖醇-4-磷酸（MEP）途径生成两个类异戊二烯结构单元——异戊烯焦磷酸（IPP）和二甲基丙烯基焦磷酸（DMAPP）。在真核细胞中是通过甲羟戊酸（MVA）途径生成IPP和DMAPP。原核生物中，MEP途径利用丙酮酸和3-磷酸甘油醛为起始底物合成IPP和DMAPP。然后，以DMAPP为骨架，在法尼基焦磷酸（FPP）合酶IspA的催化下将15个碳的类异戊二烯延伸，IspA依次将两分子IPP单体缩合形成FPP。FPP是聚异戊二烯焦磷酸合酶IspB/DPS的底物，它进一步缩合IPP单体拉长类异戊二烯链，最终形成泛醌合成的类异戊二烯侧链成分。大肠杆菌内源性表达一种八异戊二烯焦磷酸（OPP）合酶IspB，导致OPP的形成，并最终形成辅酶Q_8。大肠杆菌中通过引入异源的类球红细菌dps基因（编码癸烯焦磷酸合酶），导致DPP的形成，并最终形成辅酶Q_{10}。这样，由给定的聚异戊二烯合酶催化产物的形成决定了每个生物体中产生的泛醌的链长。因为辅酶Q_{10}的侧链合成结构单元之一的IPP为萜类、半萜类和多萜类物质（异戊二烯、类胡萝卜素及叶绿素）的共同前体，所以这些萜类物质及其衍生物的合成途径是辅酶Q_{10}合成的竞争途径。

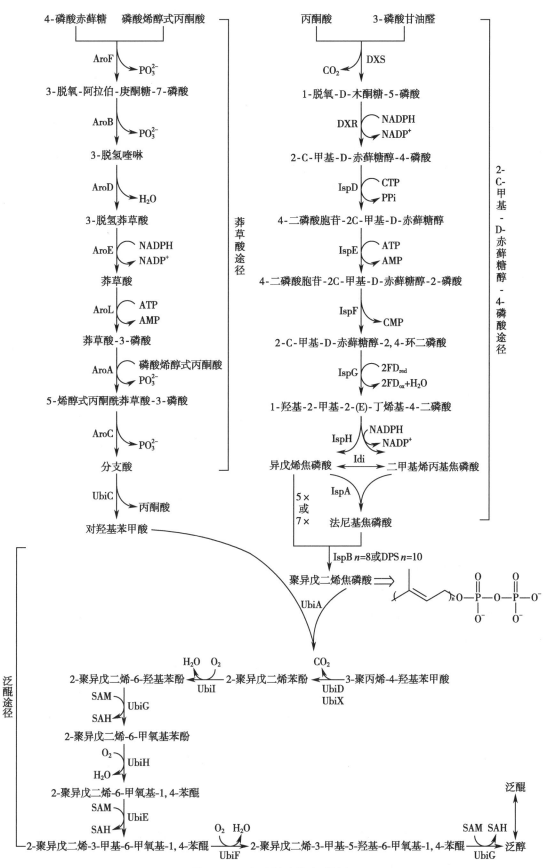

图 12-11　泛醌的生物合成途径

（3）泛醌途径——将两个前体物质进行缩合并对其中的苯环进行多步修饰：对羟基苯甲酸（PHB）的异戊二烯化是由完整的膜蛋白 UbiA 进行催化的，PHB 和聚异戊二烯焦磷酸侧链在 UbiA 的作用下缩合形成醌中间体 3- 聚异戊二烯基 -4- 羟基苯甲酸，然后进入泛醌合成途径。在大肠杆菌中，UbiA 与 MenA 竞争 OPP，后者引导 OPP 进行甲基萘醌的生物合成。泛醌合成途径主要为醌环的多步修饰反应，3- 聚异戊二烯基 -4- 羟基苯甲酸经过 UbiD 和 UbiX 催化的脱羧反应生成中间体 2- 聚异戊二烯苯酚，2- 聚异戊二烯苯酚经过一系列的羟基化反应和甲基化反应最终导致泛醌的形成。

ER12-6 泛醌的生物合成途径的酶注释（文档）

总体而言，辅酶 Q_{10} 的生物合成途径长、代谢节点多、代谢调控复杂，包含从中央代谢的不同分支产生的前体，需要大量同步工作的酶和无数基因，这些基因的及时表达对于该途径的正确展开至关重要。

二、辅酶 Q_{10} 生产菌种的选育

目前，工业上生产辅酶 Q_{10} 主要通过微生物发酵法生产，类球红细菌（*Rhodobacter sphaeroides*）因发酵工艺简便、生产成本低、活性成分含量高，是目前工业上发酵法生产辅酶 Q_{10} 的主要菌株。

发酵法生产辅酶 Q_{10} 的关键在于构建有市场竞争力的高产菌株。根据构建辅酶 Q_{10} 生产菌种策略的不同，将构建方法分成传统诱变育种和代谢工程育种两类。

（一）诱变育种

诱变育种主要采取物理诱变或化学诱变的方法使辅酶 Q_{10} 生产菌株产生随机突变，然后利用与辅酶 Q_{10} 代谢或功能相关的筛选压力从中筛选到高产辅酶 Q_{10} 的突变菌株，是一种非理性的方法。通过诱变筛选的方法获得了很多辅酶 Q_{10} 产量提高的阳性菌株，如通过化学诱变的方法处理类球红细菌菌株 KY-8598 使辅酶的产量提高到 770mg/L。

高产辅酶 Q_{10} 突变菌株的筛选还可以基于间接的表型。高产辅酶 Q_{10} 突变菌株的筛选通常利用与辅酶 Q_{10} 代谢或功能相关的筛选压力来进行筛选，基本原理为通过添加代谢通路或呼吸链抑制剂来筛选辅酶 Q_{10} 高产菌株，如辅酶 Q_{10} 结构类似物正定霉素和甲萘醌、甲硫氨酸的结构类似物 L- 乙硫氨基酪酸。在筛选高产辅酶 Q_{10} 的类球红细菌突变体时，还可以根据色素变化这一直接表型来筛选。突变株的颜色变浅，说明类胡萝卜素的产量减少，其竞争辅酶 Q_{10} 合成所需的前体类异戊二烯的能力降低，辅酶 Q_{10} 的产量从而得以提高；也有可能是基于类胡萝卜素和辅酶 Q_{10} 共有的抗氧化功能，类胡萝卜素产量下降导致抗氧化能力减弱，辅酶 Q_{10} 作为替代的抗氧化剂其产量得到提升，以使抗氧化能力保持平衡，从而保护菌体免受氧化破坏。

（二）代谢工程育种

代谢工程育种方法主要是通过对辅酶 Q_{10} 合成途径及其相关代谢途径进行全局分析，然后通过代谢工程技术过表达辅酶 Q_{10} 合成途径基因、敲除或弱化支路或竞争性途径基因，以及调控整个代谢网络的平衡等策略得到高产辅酶 Q_{10} 的菌株，是一种理性的方法。代谢工程构建辅酶 Q_{10} 生产菌种有以下几个思路。

1. 增加辅酶 Q_{10} 前体的产量,包括优化莽草酸途径增加 PHB 的量、优化 MEP 途径增加类异戊二烯的量。

2. 优化辅酶 Q_{10} 的泛醌合成途径,包括途径基因的过表达、高结合活性和高催化活性酶的筛选等。

3. 综合优化合成辅酶 Q_{10} 的多个途径之间的平衡。

4. 优化中心代谢途径,提高还原力水平促进辅酶 Q_{10} 的合成。

5. 优化发酵培养基组分和发酵条件提高辅酶 Q_{10} 的产量。

三、辅酶 Q_{10} 发酵工艺过程

利用微生物发酵法生产辅酶 Q_{10} 具有原料来源丰富、生产成本低、发酵条件温和、活性成分含量高、副产物少以及生产工艺相对简单的优点,被国内外公认为是最具前途的辅酶 Q_{10} 生产工艺技术路线。类球红细菌发酵生产辅酶 Q_{10} 的工艺一般包括菌种活化、传代培养、一级种子培养、二级种子培养、发酵罐发酵等,具体流程(见图 12-12)及控制要点如下。

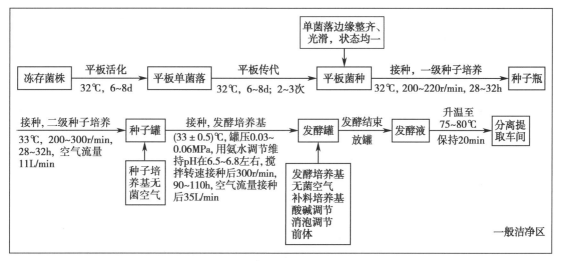

图 12-12 辅酶 Q_{10} 发酵工艺流程图

1. **菌种活化及传代** 平板培养基:酵母粉 15g/L,磷酸氢二钾 1g/L,氯化钠 2g/L,七水硫酸镁 0.5g/L,氯化钴 0.003g/L,维生素 B_1 0.01g/L,维生素 B_2 0.01g/L,维生素 B_6 0.001g/L,烟酰胺 0.01g/L,琼脂粉 18g/L。

将冻存菌株在平板上进行活化及传代,以获得活力强的平板菌种。于 32℃培养 6~8 天,此时,平板上会长出菌落边缘整齐、光滑、状态均一的单菌落,供制备种子用。

2. **种子培养** 种子培养基:酵母粉 1g/L,无水葡萄糖 2g/L,硫酸铵 2.5g/L,玉米浆 1g/L,磷酸氢二钾 0.5g/L,磷酸二氢钾 0.5g/L,七水硫酸镁 2g/L,氯化钠 2g/L,氯化钴 0.003g/L,碳酸钙 5g/L,维生素 B_1 0.01g/L,维生素 B_2 0.01g/L,维生素 B_6 0.001g/L,烟酰胺 0.01g/L。

种子培养包括一级种子培养和二级种子培养,刮取单菌落于种子瓶中,在 32℃条件下200~220r/min 振荡培养 28~32 小时后,按照 2%~4% 的接种量转接至种子罐,相关参数控制为罐温 33℃,搅拌转速 200~300r/min,空气流量 11L/min,培养 28~32 小时后取样做镜检。

3. 发酵培养 发酵培养基:硫酸铵 7g/L,无水葡萄糖 40g/L,玉米浆 8g/L,磷酸二氢钾 1.5g/L,七水硫酸镁 8g/L,氯化钠 3g/L,氯化钴 0.003g/L,碳酸钙 10g/L,维生素 B_1 0.01g/L,维生素 B_2 0.01g/L,维生素 B_6 0.001g/L,烟酰胺 0.01g/L。

将验证合格的种子培养液以 20% 的接种量转接至含有 40L 底料的 100L 发酵罐中,罐温 (33±0.5)℃,罐压 0.03~0.06MPa,用氨水调节维持 pH 在 6.5~6.8 左右,搅拌转速接种后 300r/min,空气流量接种后 35L/min,溶氧一般控制在 20%~40%。发酵过程中,采用传感器测定发酵罐中的培养温度、pH、溶解氧等参数的情况,并定时取样测定发酵液中的菌体浓度,糖、氮消耗及产物浓度,及时进行碳源和前体物的补加,使生产菌种处于产物合成的优化环境之中。发酵 90~110 小时后结束发酵,发酵液升温至 75~80℃后保持 20 分钟,进入分离纯化工序。

四、辅酶 Q_{10} 分离纯化工艺过程

辅酶 Q_{10} 的提取方法主要有研磨细胞破碎提取法、超声波细胞破碎提取法、皂化提取法、有机溶剂搅拌破碎细胞提取法、硅胶吸附法等。目前,辅酶 Q_{10} 的主要分离纯化精制方法为硅胶吸附法:生物发酵干燥后的辅酶 Q_{10} 原料,先经二氧化碳超临界萃取,将所得流动膏体溶解后经硅胶吸附混匀,再利用超临界态 CO_2 作为硅胶吸附混合物的洗脱剂,从而实现辅酶 Q_{10} 的提纯。该方法具有分离效率高、分离速度快、有机溶剂使用量低等优点,产品纯度可达 99% 以上,同时,可实现硅胶的重复利用。辅酶 Q_{10} 分离纯化流程(见图 12-13)及控制要点如下。

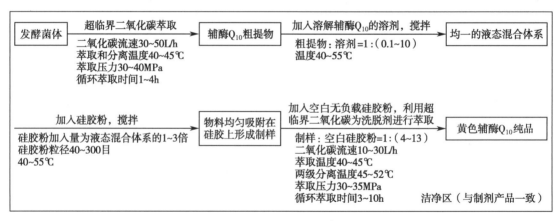

图 12-13　辅酶 Q_{10} 分离纯化工艺流程图

1. 粗提 将微生物发酵法制得的辅酶 Q_{10} 菌体经初提处理,得辅酶 Q_{10} 粗提物。初提处理方法为超临界二氧化碳萃取分离法,超临界二氧化碳萃取的压力范围为 30~40MPa,萃取和分离温度范围为 40~45℃,控制二氧化碳流速为 30~50L/h,循环萃取时间选择为 1~4 小时。

2. 溶解 向辅酶 Q_{10} 粗提物中加入溶解辅酶 Q_{10} 的溶剂,升温至 40~55℃并搅拌使其呈均一的液态混合体系。溶解辅酶 Q_{10} 的溶剂为丙酮、正己烷、乙酸乙酯、三氯甲烷或乙醇中的任一种或任意两者或任意三者的溶剂组合,加入粗提物与溶剂的质量比范围为 1:(0.1~10)。

3. 精制 继续保持上述的体系温度,向液态混合体系中加入 1~3 倍液态混合物质量的

硅胶粉(硅胶粉的粒径范围为40~300目),充分搅拌使物料均匀吸附在硅胶上形成制样。将所得制样平铺于萃取釜下端,以制样∶空白硅胶粉=1∶(4~13)的质量比在萃取釜上端的2~3cm处加入空白无负载硅胶粉,利用超临界态二氧化碳为洗脱剂进行萃取,经两级分离制得黄色辅酶Q_{10}纯品。超临界萃取的压力范围为30~35MPa,萃取温度范围选择为40~45℃,两级分离温度范围选择为45~52℃,二氧化碳流速选择为10~30L/h,循环萃取时间为3~10小时。

五、辅酶Q_{10}产品质量控制

药品级的辅酶Q_{10}所遵循的标准主要是《中国药典》(2020年版)二部中规定的标准,具体要求如下。

1. 产品性状 本品为黄色至橙黄色结晶性粉末;无臭无味;遇光易分解。本品在正己烷中易溶,在丙酮中溶解,在乙醇中极微溶解,在水中不溶。熔点本品的熔点(通则0612)为48~52℃。

2. 产品鉴别

(1)取含量测定项下的供试品溶液,加硼氢化钠50mg,摇匀,溶液黄色消失。

(2)在含量测定项下记录的色谱图中,供试品溶液主峰的保留时间应与对照品溶液主峰的保留时间一致。

(3)本品的红外光吸收图谱应与对照的图谱(光谱集1046图)一致。

3. 产品检查 有关物质(避光操作):取本品20mg,精密称定,加无水乙醇约40ml,在50℃水浴中振摇溶解,放冷后,移至100ml量瓶中,用无水乙醇稀释至刻度,摇匀,作为供试品溶液;精密量取1ml,置100ml量瓶中,用无水乙醇稀释至刻度,摇匀,作为对照溶液;取辅酶Q_{10}对照品和辅酶Q_9对照品适量,用无水乙醇溶解并稀释制成每1ml中各约含0.2mg的混合溶液,作为系统适用性溶液;精密量取对照溶液1ml,置20ml量瓶中,用无水乙醇稀释至刻度,摇匀,作为灵敏度溶液。用十八烷基硅烷键合硅胶为填充剂;以甲醇-无水乙醇(1∶1)为流动相;柱温35℃;检测波长为275nm;进样体积20μl。系统适用性溶液色谱图中,辅酶Q_9峰与辅酶Q_{10}峰之间的分离度应大于6.5,理论板数按辅酶Q_{10}峰计算不低于3 000;灵敏度溶液色谱图中,主成分色谱峰高的信噪比不小于10。精密量取供试品溶液与对照溶液各,分别注入液相色谱仪,记录色谱图至主成分峰保留时间的2倍。供试品溶液色谱图中如有杂质峰,单个杂质峰面积不得大于对照溶液主峰面积的0.5倍(0.5%),各杂质峰面积的和不得大于对照溶液的主峰面积(1.0%),小于灵敏度溶液主峰面积的峰忽略不计。

水分:取本品,以三氯甲烷为溶剂,照水分测定法(通则0832 第一法)测定,含水分不得过0.2%。

炽灼残渣:取本品1.0g,依法检查(通则0841),遗留残渣不得过0.1%。

重金属:取炽灼残渣项下遗留的残渣,依法检查(通则0821),含重金属不得过百万分之二十。

4. 制剂类型 ①辅酶Q_{10}片;②辅酶Q_{10}软胶囊;③辅酶Q_{10}注射液;④辅酶Q_{10}胶囊。

ER 12-7　目标测试题

（张大伟）

参考文献

[1] AVERIANOVA L A, BALAANOVA L A, SON O M, et al. Production of vitamin B_2（riboflavin）by microorganisms: An overview. Front Bioeng Biotechnol, 2020, 12（8）: 570828.

[2] LIU S, HU W, WANG Z, et al. Production of riboflavin and related cofactors by biotechnological processes. Microb Cell Fact, 2020, 19（1）: 31.

[3] HU J, LEI P, MOHSIN A, et al. Mixomics analysis of *Bacillus subtilis*: effect of oxygen availability on riboflavin production. Microb Cell Fact, 2017, 16（1）: 150.

[4] 广济药业（孟州）有限公司. 一种提取核黄素的碱溶罐: CN201220377396.8.2012-08-01.

[5] FANG H, KANG J, ZHANG D. Microbial production of vitamin B_{12}: a review and future perspectives. Microb Cell Fact, 2017, 16（1）: 15.

[6] 蔡莹瀛, 夏苗苗, 董会娜, 等. 常压室温等离子体（ARTP）诱变及高通量筛选维生素 B_{12} 高产菌株. 天津科技大学学报, 2017, 33（2）: 20-26.

[7] BLANCHE F, CAMERON B, CROUZET J, et al. Biosynthesis method enabling the preparation of Cobalamins: US6156545A.2000-12-05.

[8] 程立芳, 康洁, 房欢, 等. 不同来源的尿卟啉原 III 转甲基酶在脱氮假单胞菌中的表达及其对生产维生素 B_{12} 的影响. 工业微生物, 2017, 47（3）: 1-8.

[9] WANG Z J, WANG P, LIU Y W, et al. Metabolic flux analysis of the central carbon metabolism of the industrial vitamin B_{12} producing strain *Pseudomonas denitrificans* using ^{13}C-labeled glucose. J Taiwan Inst Chem E, 2012, 43（2）: 181-187.

[10] 施慧琳, 王泽建, 吴杰群, 等. 透明颤菌 *vgb* 基因在脱氮假单胞菌中的表达及对维生素 B_{12} 合成的碳中心代谢流分析. 中国生物工程杂志, 2016, 36（9）: 21-30.

[11] 河北美邦工程科技股份有限公司. 一种维生素 B_{12} 的制备方法: CN201510432980.7A.2015-07-22.

[12] BURGARDT A, MOUSTAFA A, PERSICKE M, et al. Coenzyme Q_{10} Biosynthesis Established in the Non-Ubiquinone Containing *Corynebacterium glutamicum* by Metabolic Engineering. Front Bioeng Biotechnol, 2021, 9: 1-18.

[13] SAKATO K, TANAKA H, SHIBATA S, et al. Agitation-aeration studies on coenzyme Q_{10} production using *Rhodopseudomonas spheroides*. Biotechnol Appl Bioc, 1992, 16: 19-28.

[14] CLUIS C P, BURJA A M, MARTIN V J. Current prospects for the production of coenzyme Q_{10} in microbes. Trends Biotechnol, 2007, 25（11）: 514-521.

[15] YOSHIDA H, KOTANI Y, OCHIAI K, et al. Production of ubiquinone-10 using bacteria. J Gen Appl Microbiol, 1998, 44（1）: 19-26.

[16] 山东泰和水处理科技股份有限公司. 一种辅酶 Q_{10} 的提纯方法: 202011354515.3.2021-02-05.

第十三章　甾体激素药物生产工艺

第一节　概述

一、甾体激素药物

（一）甾体激素药物的结构

甾体激素药物（steroid hormone drug）是指分子结构中含有甾体结构的激素类药物。目前，国内外已上市的甾体激素类药物达 400 余种，2023 年全球市场销售额约 1 500 亿美元，是仅次于抗生素的第二大类药物。我国是世界上最大的甾体激素药物及其中间体的生产国。

甾体化合物（steroid），亦称类固醇，是一种多元环萜脂类的有机小分子，含有环戊烷多氢菲（C17）的母核结构。由图 13-1 可知，该结构由三个六元环（A 到 C）、一个五元环（D）以及一系列不同官能团或取代基构成。如，第 10 位和第 13 位上有角甲基（—CH_3），第 3 位、第 11 位和第 17 位可能为羟基（—OH）或羰基（—C=O），第 17 位有长短不一的侧链，A、B 环中可能有双键。这些母核上取代基、双键位置或立体构型的差异，赋予了甾体化合物独特丰富的生理功能。

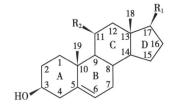

图 13-1　甾体化合物的结构

（二）甾体激素药物的分类及应用

根据不同的生理功能，可将甾体激素药物分为三类。

1. **肾上腺皮质激素（adrenocortical hormone）**　肾上腺皮质激素是由肾上腺皮质分泌产生的甾体激素的总称，其结构特征为：C-17 具有 2 个 C 原子侧链；C-3 具有一个共轭的羰基；C-17α 具有一个 α-OH；C-21 有一个羟基或酯基；C-11 有 β-OH 或羰基。按功能可分为两类：盐皮质激素和糖皮质激素。盐皮质激素主要有醛固酮（aldosterone）和脱氧皮质酮（deoxycorticosterone），其主要功能为调节血液中循环的电解质浓度，例如醛固酮通过靶向肾脏来提高血钠水平和降低血钾水平。糖皮质激素主要有可的松（cortisone）、氢化可的松（hydrocortisone）、泼尼松（prednisone）、地塞米松（dexamethasone）和倍他米松（betamethasone）等，其主要功能包括抗炎、解毒、抗过敏。

此外，对风湿性关节炎、类风湿关节炎、红斑狼疮等胶原病，哮喘，支气管炎，严重皮炎，阿狄森内分泌疾病和过敏性休克也有明显的疗效。

2. **性激素（sex hormone）**　性激素是指由动物体的性腺、胎盘、肾上腺皮质网状带等组织合成的甾体激素，具有刺激性器官发育成熟、维持第二性征、增进两性生殖细胞结合和孕育能力、调节代谢等重要生理功能。临床上主要用于两性机能不全所致的各种病症、妇科疾病和抗肿瘤等。性激素主要包括雄激素、雌激素和孕激素，其中睾酮、雌二醇和孕酮是最重要的人类性激素。

3. 同化激素（anabolic hormone） 也称蛋白同化激素、合成代谢雄激素类固醇，是一类从甾体雄激素睾酮衍生物中分化出来的药物，具有促进蛋白质合成和抑制蛋白质异化、加速骨组织钙化和生长、刺激骨髓造血功能、促进组织新生和肉芽形成、降低血胆甾醇等生理功能。蛋白同化激素主要包括 17α- 甲基去氢睾丸素（17α-methldehydro-testosterone）和苯丙酸诺龙（nandrolone phenylpropionate）等。一些常见甾体激素药物的临床功效和制剂类型，见数字资源 ER 13-2。

ER13-2 常见甾体激素药物的临床功效和制剂类型（文档）

二、甾体激素药物生产工艺

甾体激素药物的发现和生产是 20 世纪全球医药工业化生产最为成功的案例之一，其生产工艺主要包括以下几种。

（一）生物体组织提取法

受动物腺体提取物可用于内分泌、心血管等疾病治疗的启发，人们推测其内容物可能含有强大的生理和药理活性。1929 年，美国化学家 Butenandt 分离得到了第一个性激素化合物——雌甾酚酮。20 世纪 30 年代初，Mayo 基金会的 Edward C. K. 以动物的性腺为原料，首次分离得到可的松，并确定了该化合物的结构。之后，科学家们陆续从动物组织中分离得到了雌酚酮、雌二醇、雌三醇、睾丸素、皮质酮等甾体激素成分。其中，Wieland、Windaus 和 Butenandt 这三位德国科学家分别完成了胆酸、胆固醇、维生素 D、雌甾酮、雄甾酮、孕甾酮等性激素活性成分的鉴定，从而分别获得 1927 年、1928 年和 1939 年的诺贝尔化学奖。但以动物组织为原料提取甾体激素药物的方法存在原料收集困难、成分复杂且有效成分含量低等问题，这导致甾体激素药物的供应种类有限且价格高昂，从动物腺体提取的孕酮，单价曾高达 1 000 美元 /g，远超黄金价格。

（二）化学合成法

随着化学制药工业的兴起，人们开始尝试化学法合成此类物质。1937 年，巴塞尔大学的 Tadeus Reichstein 以化学法成功合成了第一种肾上腺皮质激素 - 去氧皮质酮（desoxycorticosterone）。20 世纪 30 年代中期，日本研究者冢本赳夫、藤井胜也等从山薖薢中分离得到薯芋皂素。1940 年，宾夕法尼亚州立大学的 Russel Marker 从薯蓣属植物中发现了一种甾体皂苷元（俗称薯蓣皂素），以此为原料经三步降解即可生成孕烯酮醇，孕烯酮醇进一步氧化高效合成孕酮（又称 Marker 三步降解）。随后，Marker 在墨西哥找到了富含薯蓣皂素的小穗花薯蓣，解决了原料来源问题。此后，以薯蓣皂素为原料，经 Marker 三步降解获得甾体药物的生产方法得到了蓬勃发展，形成了"薯蓣皂素 - 双烯"半合成体系（见图 13-2）。

尽管薯蓣皂素资源分布广泛，但适合开发且含量高的品种却十分有限。早期，甾体原料依赖于墨西哥供应，生产技术被欧美垄断。后来，甾体制药工业的快速发展导致原料的需求日益增加，人们对野生薯蓣皂素资源的野蛮开采使其日趋枯竭。为解决此问题，我国于 1984 年

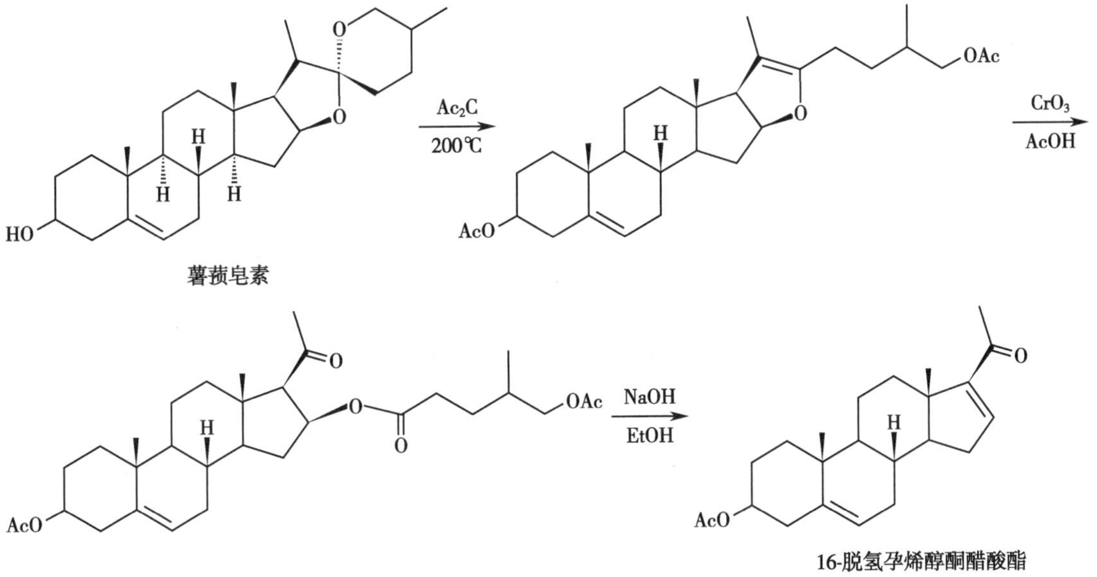

图 13-2 "薯蓣皂素 - 双烯"半合成体系

首先实现了野生薯蓣植物黄姜的人工栽培,高峰时期我国的种植面积高达 4 000 万亩,年产薯蓣皂素约 5 000 吨,可满足全球的生产需求。至此,甾体制药工业彻底摆脱了对野生资源的依赖,产业发展趋于健康平衡,基于"薯蓣皂素 - 双烯"的工业体系也随之走向成熟。

1946 年,美国 Merck 公司的 Sarett 等以 1 270 磅的脱氧胆酸作为原料,历时两年,经过 32 步化学合成反应,生产出 938mg 的醋酸可的松(cortisone acetate)。尽管收率仅为 0.15%,成本很高,但这仍成为甾体激素药物化学合成的标志性事件。同年,Mayo 基金会的 Philip 和 Hench 宣布,可的松在治疗风湿性关节炎和急性风湿热具有显著效果,这一发现震惊医学界。此后,全球掀起了甾体激素药物合成的研究热潮,其中,美国 Merck 公司成功实现了工业规模甾体激素药物的化学合成。同一时期,美国 Upjohn 公司开创了以豆甾醇为起始原料(植物甾醇中分离得到)生产甾体激素药物的工艺路线,即通过化学法切断豆甾醇 C-22 双键,再经结构修饰合成包含四大基础皮质激素在内的多种甾体激素药物。上述工艺路线的推广应用和创新改进,极大地推动了甾体激素药物的产业发展,但仍存在一些弊端。如化学法在 C-11 位加氧和 C-1,2 位引入双键时存在物料毒性大、环境污染严重、收率低、副产物多等问题。更值得注意的是,化学法难以或无法在一些特定位点实现特定基团的引入,如 C-11 位、C-7 位和 C-15 位引入羟基等,而这些特定基团的引入可能是改善药物活性所必需的,为下一步合成提供基础。

(三)生物转化和化学相结合的半合成法

1937 年,研究者利用棒状杆菌(Corynebacterium)和酵母将脱氢表雄甾酮(dehydroe-piandrosterone)成功转化为甾酮,这是甾体化合物微生物转化的首次报道。20 世纪 40 年代末期,德国生化学家利用肾上腺素的组织匀浆将脱氧皮质酮成功转化成可的松,证明了直接将氧原子引入到甾体 C-11 位上的反应可由生物酶完成。在此基础上,1952 年,美国 Upjohn 公司的研究者利用黑根霉(Rhizopus nigricans)将孕酮经一步转化成了 11α- 羟基孕酮,转化率达 80% 以上。该转化反应具有极强的专一性,获得了化学法无法比拟的高效率,成为了甾体激素药物微生物转化新途径的标志性事件。该方法使得孕酮等价格急剧下降,推动了其广泛应用。1955 年,研究者以 11- 脱氧皮质醇为底物,利用新月弯孢霉(Curvularia lunata)的 11β-

羟基化作用生成了皮质醇。1958年，我国著名的有机化学家、甾体激素药物工业的奠基人黄鸣龙教授利用薯蓣皂苷元为原料，通过黑根霉在甾体C-11位引入11α-羟基，然后利用氧化钙-碘-醋酸钾试剂在C-21位引入乙酰基，实现了7步合成可的松，使中国可的松的合成方法跨进了世界先进行列。同时，在黄鸣龙教授的领导下，我国也在20世纪60年代陆续实现甲地孕酮、炔诺酮和氯地孕酮等口服避孕药的合成，因此，他还被称为"中国口服避孕药之父"（具体信息见数字资源ER13-3）。20世纪60年代初，我国开始使用蓝色犁头霉（*Absidia coerulea*）将孕甾-4-烯-17α，21-二醇-3，20-二酮-21-醋酸酯（RSA）转化生成氢化可的松。

ER 13-3 黄鸣龙发明的可的松的7步合成法（文档）

植物甾醇是一类从植物油脂中提取的天然活性物质，主要包括菜籽甾醇、菜油甾醇、豆甾醇和β-谷甾醇。植物甾醇与甾体药物的主体结构均是甾核，不同的只是侧链与双键上的差异，因此，植物甾醇可以作为甾体激素药物半合成的原料。但长期以来，这些廉价的天然植物甾醇物质只是作为油脂加工废料未能充分利用。直到20世纪80年代末，德国先令制药公司才开始综合利用植物甾醇生产甾体激素药物，我国则是在2010年左右取得突破，并迅速完成了对"薯蓣皂素-双烯"体系的取代。该工艺主要是利用植物甾醇为原料，通过微生物转化，生产雄甾-4-烯-3，17-二酮（AD）、雄甾-1，4-二烯-3，17-二酮（ADD）、9α-羟基-4-雄甾烯-3，17-二酮（9α-OH-AD）、21-羟基-20-甲基孕甾-4-烯-3-酮（BNA）、22-羟基-23，24-二降胆-4-烯-3-酮（4-HBC）等关键中间体，再经化学修饰生产目标药物。与其他生产工艺相比，以生物转化和化学相结合的半合成法具有原料来源稳定、反应路线短、收率高、生产成本低、资源再利用、环境污染小等优势，特别是能实现某些化学方法难以完成的反应。值得注意的是，基于合成生物学的甾体激素药物微生物全合成技术也在此期间开始萌芽。

三、甾体激素药物生产前沿技术

（一）葡萄糖-甾体从头合成技术

目前，利用合成生物学技术，以简单碳源为原料从头合成是甾体激素领域的前沿热点。酿酒酵母（*Saccharomyces cerevisiae*）拥有麦角甾醇的合成能力，因此，常作为从头合成甾体的良好底盘。1998年，研究者首次以酿酒酵母为底盘，实现了孕烯醇酮的微生物全合成。随后，创建了从简单碳源到孕酮的人工从头合成途径，进入了利用微生物从头合成甾体激素药物活性成分的新阶段。2003年，研究者向酿酒酵母中引入十余个基因，改变了内源的麦角甾醇合成路线，实现了氢化可的松的从头合成。这两项工作有力证实了合成生物学技术在甾体激素药物从头合成上的可行性，开启了甾体绿色生物制造的新局面。然而，此后十余年，此方面的进展十分缓慢，这主要是因为甾体合成路线较长、调控关系复杂、涉及的电子传递系统异源高效表达难度较大。2018年，研究者通过*P450scc*、*ADX*、*P450c11*和*3β-HSD*等功能基因的多拷贝基因整合表达，成功将氢化可的松的产量提升到了120mg/L，这也是目前欧洲生产氢化可的松的主要路线。

近年来，国内在甾体微生物从头合成领域也取得了一系列重要进展。以酿酒酵母为底盘，天津大学的元英进院士团队和浙江工业大学的郑裕国院士团队采用不同的构建策略，实现了葡萄糖到7-DHC（合成维生素 D_3 的重要前体）的从头合成。此外，研究者通过各种酶的挖掘、改造并结合元器件的适配优化策略,在解脂耶氏酵母(*Yarrowia lipolytica*)里建立了以葵花籽油为碳源合成菜油甾醇或孕烯醇酮的途径。

(二)关键酶的发现与改造技术

当前,甾体制药工业具有重要应用价值的反应类型分别是立体选择性羟基化、区域选择性脱氢和酮基不对称还原。由于均为氧化还原反应,涉及复杂的电子传递系统,异源高效表达难度较大,因此,工业上长期采用微生物转化的方式。负责催化反应的关键酶的发现和改造成为研究者关注的热点,目前主要聚焦在羟化酶和脱氢酶。

11α 羟化酶是制备依普利酮和脱氧孕烯等药物的重要催化酶。研究者已从黑根霉、蓝色犁头霉(*Absidia coerulea*)、赭曲霉(*Aspergillus ochraceus*)等中筛选鉴定出多个能转化 16α,17α- 环氧孕酮的 11α 羟化酶,这些酶的表达受到甾体底物的诱导并表现出不同的底物谱。11β 羟化酶是制备氢化可的松、地塞米松、倍他米松等糖皮质激素药物的关键催化酶。2019年,研究者首次在月状旋孢腔菌(*Cochliobolus lunatus*)中鉴定了一个 11β 羟化酶 CYP103168 及其还原酶 CPR64795。二者在谷氨酸棒杆菌中的异源表达能够使 11- 脱氧皮质醇发生 C-11β- 羟化反应生成氢化可的松,并显著减少了 C-14α- 羟化副产物的生成。随后,研究者从蓝色犁头霉鉴定了另一个 11β 羟化酶 CYP5311B2 及其还原酶。将 CYP5311B2 在酿酒酵母中进行异源表达,发现该酶在催化 11- 脱氧皮质醇进行 11β- 羟化的过程中,会生成 20% 的C-11α 羟化副产物。利用定点突变的方法对 CYP5311B2 进行改造,最终获得了活性提升约 3倍的羟化酶优良突变体。在此基础上,通过敲除副反应相关的甘油脱氢酶 GCY1 和醛酮还原酶 YPR1 的基因、将羟化酶 CYP5311B2 和还原酶进行共表达以及将原有的 *PGK1* 启动子替换为更高强度的启动子 *TDH3* 等手段对菌株进行改造,最终得到一株可高效转化 11- 脱氧皮质醇生成氢化可的松的酿酒酵母工程菌株。

双键是大部分甾体药物的必需官能团,如 1(2)双键、4(5)双键、5(6)双键、7(8)双键和9(11)双键等。在甾体的半合成中,选用薯蓣皂素或甾醇为原料的原因之一在于这类分子具有 5(6)位双键,而该双键很容易易位到 4(5)位,因此,省去了在 4(5)位或 5(6)位引入双键的复杂步骤。工业上常借助微生物转化的方法在甾核上引入双键,其中以 C-1,2 位的脱氢最为重要。负责催化 C-1,2 位脱氢反应的酶是 3- 甾酮 -Δ¹- 脱氢酶(KsdD)。近年来,研究者已从简单节杆菌(*Arthrobacter simplex*)和新金分枝杆菌(*Mycolicibacterium neoaurum*)等工业菌株中鉴定得到了 KsdD 的同工酶,并通过分子对接和定点饱和突变,有效扩大了酶与底物的结合口袋,减轻了空间位阻,提高了酶的催化效率。近年来,随着对 KstD 的不断挖掘和异源高效表达技术的发展,采用酶催化实现脱氢正在逐步替代微生物发酵转化的脱氢技术。

7(8)位双键是蜕皮激素等甾体药物的重要基团,也是维生素 D₃ 前体 7- 脱氢胆固醇的关键结构。然而,对甾体进行 7(8)脱氢十分困难,往往需要经过曲折复杂的化学转化才能实现。2011 年,研究者在解析蜕皮激素合成路线的过程中,发现了一种在无脊椎动物高度保守的 Rieske 型 7(8)位脱氢酶,该酶在昆虫中被称为 neverland,在线虫中被称为 DAF-36。在还原伴侣蛋白的作用下,neverland/DAF-36(简称 NVD)可直接催化胆固醇生成 7- 脱氢胆固醇,这与脊椎动物体内的合成路线完全不同。该发现意味着如能在微生物中实现该酶的异源表达,将极大地提高维生素 D₃ 等相关化合物的生产效率。2019 年,研究者分别在昆虫卵巢细胞

Sf9 和大肠杆菌中实现了果蝇来源 NVD 的异源表达。然而，由于该酶发挥功能所需的还原伴侣蛋白尚未鉴定，NVD 在大肠杆菌的表达主要以包含体形式存在。随后，通过在 N 末端添加麦芽糖结合蛋白可溶性标签，提高了蛋白的可溶性表达和热稳定性。

尽管取得了不少进展，但甾体激素药物从头合成的工作仍然任重道远。未来的研究方向主要包括完整清晰的合成途径及其关键酶催化机理的解析、优良甾体转化元器件的挖掘和改造，尤其是一些可以缩短反应步骤或取代化学法的新酶、一些可以取代难以表达的真核来源 P450 酶的酶。此外，各种使能技术也急需建立，如异源表达技术、多酶组装、传感器实时监控、代谢状态精准分析、转录开关精细调控、途径组装和调控技术、基因编辑技术等。

第二节　雄烯二酮的生产工艺

一、雄烯二酮的理化性质与应用

雄烯二酮（androstenedione，AD），化学名称为雄甾 -4- 烯 -3，17- 二酮（androst-4-ene-3，17-dione），分子式为 $C_{19}H_{26}O_2$，分子量为 286.41，其化学结构式如图 13-3。雄烯二酮是从精巢或尿液中提取得到的具有雄性激素作用的一种甾类化合物，为白色或类白色结晶性粉末，熔点 171℃，几乎不溶于水，易溶于甲醇和乙酯等有机溶剂。比旋度 D30°+199°（在三氯甲烷中）。9α- 羟基 -4- 雄甾烯 -3，17- 二酮（9α-hydroxyl-androstenedione，简称 9α- 羟基雄烯二酮或 9α-OH-AD）是 AD 的重要衍生物之一，主要通过微生物转化在 AD 的 C-9 位连上 α 羟基。9α- 羟基雄烯二酮为白色粉末，熔点 222℃，几乎不溶于水，易溶于甲醇和乙酯等有机溶剂。AD 和 9α-OH-AD 是甾体激素类药物不可替代的中间体，以它们为原料几乎可合成所有甾体激素药物及其中间体，具体信息见数字资源 ER 13-4。

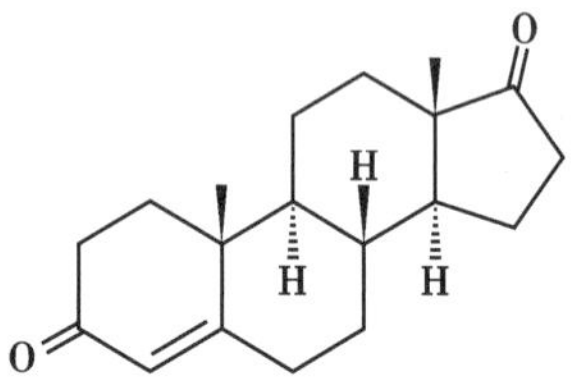

图 13-3　雄烯二酮的化学结构式

ER 13-4　AD 和 9α-OH-AD 可合成的部分甾体激素药物及其中间体（文档）

二、雄烯二酮的生物合成途径

目前，工业上制备雄烯二酮及其衍生物的方法是利用微生物选择性侧链降解植物甾醇，该方法具有产品纯度高、生产成本低、周期短等特点。自然界中许多微生物都能将一些甾醇类化合物作为碳源利用，从而使其部分或完全降解。如，诺卡氏菌（*Nocardia*）、红球菌（*Rhodococcus*）、分枝杆菌（*Mycobacterium*）、节杆菌（*Arthrobacter*）、棒状杆菌（*Corynebacterium*）和短杆菌（*Brevibacterium*）等。由于能够高效地积累甾体药物关键中间体 AD、ADD 或 9α-OH-AD 等，分枝杆菌属和红球菌受到研究者的广泛关注。目前，对分枝杆菌的甾醇侧链降解过程研究较为透彻，普遍认为这是一种涉及多酶催化的有氧代谢过程（图 13-4），主要包括甾醇母核初步氧化、甾醇侧链降解、甾体母核氧化和甾体母核断裂四个步骤。

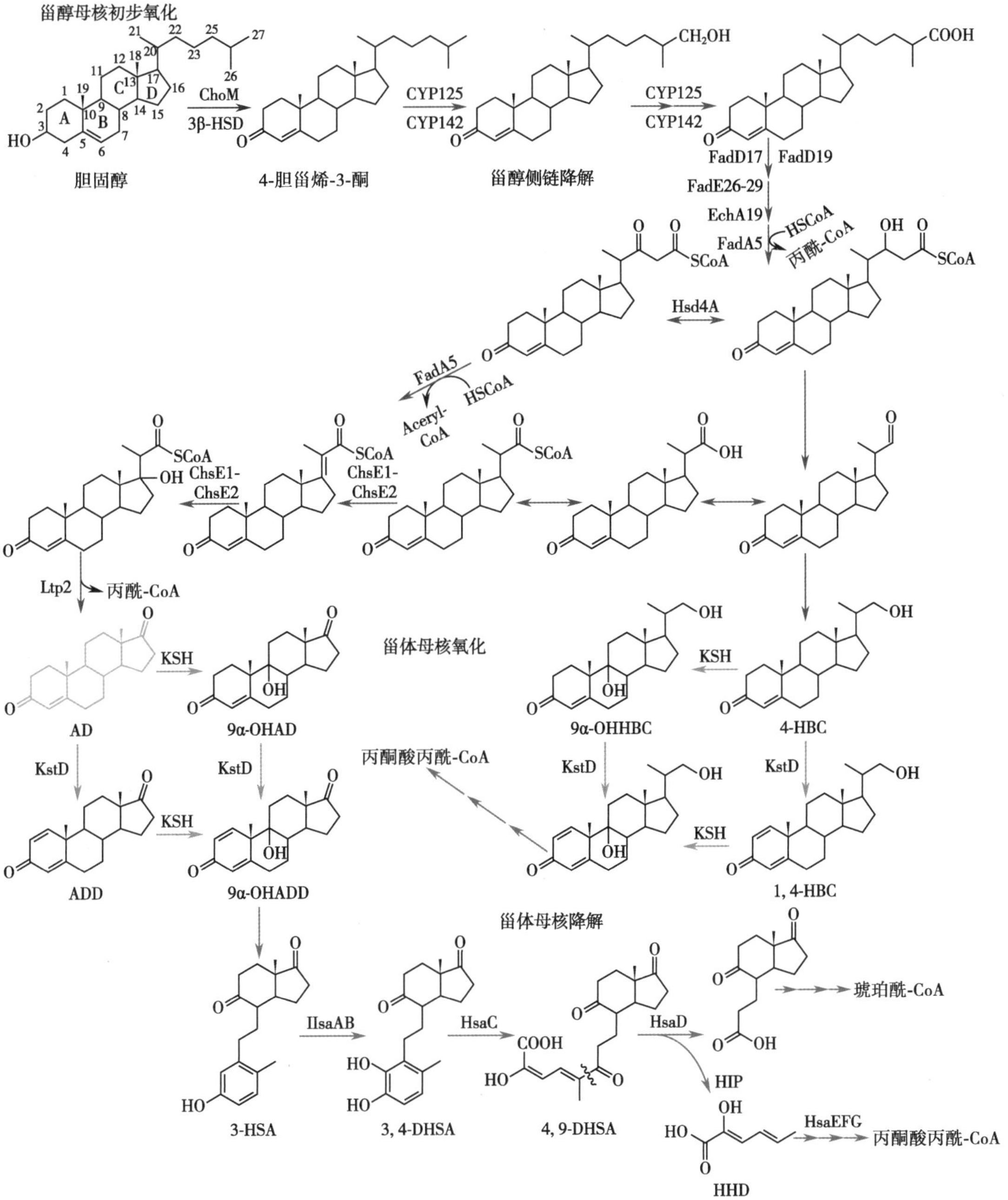

图 13-4 分枝杆菌属的雄烯二酮生物合成途径

注: AD, androstenedione, 雄烯二酮; 9α-OH-AD, 9α-hydroxyl-androstenedione, 9α- 羟基雄烯二酮; ADD, androstadienedione, 雄二烯二酮; 9α-OH-ADD, 9α-hydroxyl-androstadienedione, 9α- 羟基雄二烯二酮; 4-HBC, 22-hydroxy-23, 24-bisnorchol-4-ene-3-one, 22- 羟基 -23, 24- 二降胆 -4- 烯 -3- 酮; 1, 4-HBC, 22-hydroxy-23, 24-bisnorchol-1, 4-dien-3-one, 22- 羟基 -23, 24- 二降胆 -1, 4- 二烯 -3- 酮; 9α-OHHBC, 9, 22-dihydroxy-23, 24-bisnorchol-4-ene-3-one, 9, 22- 二羟基 -23, 24- 二降胆 -1, 4- 二烯 -3- 酮; 3-HSA, 3-hydroxy-9, 10-secoandrosta-1, 3, 5(10)-triene-9, 17-dione, 3- 羟基 -9, 10- 二雄甾 -1, 3, 5(10)- 三烯 -9, 17- 二酮; 3, 4-DHSA, 3, 4-dihydroxy-9, 10-secoandrosta-1, 3, 5(10)-triene-9, 17-dione, 3, 4- 二羟基 -9, 10- 二雄甾 -1, 3, 5(10)- 三烯 -9, 17- 二酮; 4, 9-DHSA, 3-hydroxy-5, 9, 17-trioxo-4, 5：9, 10-discoandrosta-1(10), 2-dien-4-oate; HIP, 3α-H-4α-(3'-propionic acid)-7aβ-methylhexahydro-1, 5-indanedione, 3α-H-4α-[3'- 丙酸]-7aβ- 甲基六氢 -1, 5- 茚满二酮; HDD, 2-hydroxyhexa-2, 4-dienoic acid, 2- 羟基六 -2, 4- 二烯酸; ChoM, Cholesterol oxidase, 胆固醇氧化酶; 3β-HSD, 3β-hydroxysteroid dehydrogenase, 3β- 羟基类固醇脱氢酶; CYP, Cytochrome P450, 细胞色素 P450; EchA, Enoyl-CoA hydratase, 烯酰 -CoA 水合酶; FadA, acetoscetyl-CoA thiolase, 乙酰 -CoA 硫解酶; FadD, fatty-acid-CoA ligase, 脂肪酸 -CoA 连接酶; FadE, acyl-CoA dehydrogenase, 酰基 -CoA 脱氢酶; Hsd4A, hydroxyacyl-CoA dehydrogenase, 羟酰 CoA 脱氢酶; KsdD, 3-ketosteroid-Δ1-dehydrogenase, 3- 甾酮 -Δ1- 脱氢酶; KSH, 3-ketosteroid-9α-hydroxylase, 3- 甾酮 -9α- 羟化酶; Hsa, flavin-dependent monooxygenase reductase, 黄素依赖性单加氧酶还原酶。

（一）甾醇母核初步氧化

植物甾醇的分解代谢始于母核的初步氧化，主要是 C-3 位羟基氧化为羰基和 C-5，6 位双键异构化为 C-4，5 位双键，参与该催化过程的酶系主要是 3β- 羟基甾体脱氢酶（3β-hydroxysteroid dehydrogenase，3β-HSD）和 / 或胆固醇氧化酶（cholesterol oxidase，Cho）。3β-HSD 以 NAD+ 或 NADP+ 作为辅酶，Cho 以 FAD 作为辅基，二者均位于甾醇降解基因簇之外，均受到转录抑制因子 KstR 调控。研究者发现，不同微生物中这两个酶的作用各不相同。如，新金分枝杆菌 ATCC 25795 中虽然存在一种 3β-HSD，但它不是甾醇代谢所必需的酶，而两个 Cho 同工酶（ChoM1 和 ChoM2）是参与氧化脱氢和异构化阶段的关键酶。而在结核分枝杆菌（ *Mycobacterium tuberculosis* ）、耻垢分枝杆菌（ *Mycolicibacterium smegmatis* ）mc²155 和睾丸酮丛毛单胞菌（ *Comamonas testosteroni* ）TA441 中，负责母核初步氧化的关键酶是 3β-HSD，Cho 参与其中但并不发挥决定性作用。

（二）甾醇侧链降解

母核经氧化后生成甾醇 -4- 烯 -3- 酮，由此开始侧链降解过程。该过程的第一步为 C-27 位末端的氧化反应，由属于细胞色素 P450 家族的甾酮 C-27 单加氧酶（steroid C-27monooxygenase，SMO）催化，如 CYP124、CYP125、CYP142、CYP143 等。SMO（CYP125 或 CYP142）先在底物的 C-27 位上羟基化，随后氧化形成甾醇 C-27 羧酸。羧酸通过酰基 CoA 连接酶（FadD）酯化生成甾醇 C-27- 羧酰 CoA，并进入类似于脂肪酸的 β- 氧化途径。以胆固醇为底物需经过三轮类 β- 氧化途径，每轮需要四步，即甾醇 C27- 羧酰 CoA 在酰基 CoA 脱氢酶（FadE family）、烯酰 CoA 水合酶（EchA family，ChsE1-ChsE2）、β- 羟酰 CoA 脱氢酶（Hsd4A）和 β- 酮酰 CoA 硫解酶（FadA family）的催化作用下分别完成酰基 CoA 脱氢、烯酰 CoA 水合、β- 羟酰 CoA 脱氢和 β- 酮酰 CoA 硫解反应。经过上述类 β- 氧化途径后，甾醇 C-27- 羧酰 CoA 侧链完全降解，产生 C-19- 甾体中间体 AD、两分子丙酰 CoA 和一分子乙酰 CoA。在部分积累 C-22- 甾体中间体的菌种中，侧链不完全氧化，类 β 氧化途径仅完成两轮，形成 C-22 位酮基化合物 4-BNA 和 4-BNC 等中间体。

（三）甾体母核氧化

甾醇母核氧化主要涉及重要甾药中间体 AD、ADD、9α-OH-AD、9α-OH-ADD 之间的相互转化过程。该阶段涉及的重要酶系主要有 3- 甾酮 -Δ¹- 脱氢酶（3-Ketosteroid-Δ1-dehydrogenase，KsdD）和 3- 甾酮 -9α- 羟化酶系统（3-Ketosteroid-9α-hydroxylase，KSH）。KsdD 是一种 FAD 依赖型脱氢酶，能不可逆地催化甾体 A 环的 C-1，2 位脱氢形成碳碳双键。KSH 由末端加氧酶 KshA（3- 甾酮 -9α 羟化酶）与 KshB 双组分构成，其中，KshA 是主反应的活性中心，其与甾体物质的特异性结合是 KSH 进行 9α- 羟基化反应的关键。KshB 是 KshA 的还原组件，负责将来自 NADH 的还原力传递给 KshA，使其从氧化态重新回到还原态，并不断地在甾体的位置发生羟化反应。大量研究已经证实，上述催化酶在不同微生物中含有数量各异的同工酶，它们表现出不同的生物学特性和催化功能，因此，在不同甾体底物的转化过程中发挥着不同的作用，保证了微生物良好的适应性。9α-OH-AD 并不是甾体转化的最终产物，它经 KsdD 催化生成的 9α-OH-ADD 进入甾体母核降解途径。

（四）甾体母核降解

9α-OH-ADD 具有不稳定的结构，其母核 A 环芳构化后能使 B 环 C-9，10 位键断裂异构为 3- 羟基 -9，10- 断裂雄甾 -1，3，5- 三烯 -9，17- 二酮（3-HSA）。3-HSA 在 Hsa 家族环降解蛋白 HsaAB（3-HSA 羟化酶）、HsaC（2，3- 二羟基苯基双加氧酶）和 HsaD（4，9-DSHA- 水解酶）连续催化作用降解为 1，5- 二氧代 -7αβ- 甲基 -3α- 六氢茚满 -4α- 丙酸（HIP）和 2-hydroxhexa-2，4-dienoic acid（HHD）。HIP 是甾体母核降解途径中的一个关键中间产物，经酰基 CoA 合酶 FadD3 催化生成 HIP-CoA，从而在 A 环和 B 环降解完成后启动 C 环和 D 环的分解代谢，生成的琥珀酰 CoA 进入三羧酸循环。HHD 经 HsaEFG 催化降解为丙酮酸盐和丙酸盐，最终被降解为 CO_2 和 H_2O，释放的能量用于微生物自身的新陈代谢。

三、雄烯二酮生产菌株的选育

（一）菌株的筛选与诱变

自然界中微生物的分离筛选是获得优良生产菌株的有效手段。研究者从土壤、玉米粉、大豆粉等中筛选得到了多个能够降解植物甾醇或胆固醇生成 AD 的菌株，主要包括分枝杆菌（*Mycobacterium*）、串珠镰刀菌（*Fusarium moniliforme*）、米曲霉（*Aspergillus oryzae*）、大头戈登氏菌（*Gordonia neofelifaecis*）、红球菌、诺卡氏菌等。其中，分枝杆菌由于具有高效的甾醇降解基因簇（即氧化还原酶，单加氧酶及 β- 氧化酶系）、细胞壁中含有致密的分枝菌酸层、适用于油水两相发酵体系，已在雄烯二酮工业生产上被广泛使用，主要菌株包括新金分枝杆菌、偶发分枝杆菌（*Mycobacter foruitum*）和耻垢分枝杆菌等。此外，研究者利用各种物理（如紫外诱变、大气室温等离子体诱变）或化学诱变（如丝裂霉素 C、甲磺酸乙酯、亚硝基胍）的方法进一步提高菌株的生产能力。但该方法不仅工作量大、定向性差，而且获得的诱变菌株存在遗传稳定性差、代谢副产物多等问题。

（二）菌株的分子改造

随着分子生物学技术的发展和甾醇代谢机制研究的深入，菌株的选育工作从传统的自然筛选和诱变育种逐步转向基于基因工程和代谢工程的理性改造。微生物体内的甾醇代谢机制十分复杂，目前主要的改造策略包括提高细胞膜通透性和甾醇底物的利用率、增强或阻断甾醇代谢途径以及辅因子调控等。

植物甾醇属脂溶性化合物，在水中溶解度很低，而甾醇转化酶系大多属于胞内酶，甾醇底物只有扩散进入胞内才能和酶接触，发生反应，所以，细胞壁的通透性是甾醇转化成功与否的关键。甾醇分子的摄取是由 Mce4 转运体系介导的主动运输过程，需要能量和跨膜蛋白的协助。研究者通过对结核分枝杆菌的 Mce4 转运系统关键基因的共表达，强化了分枝杆菌的甾醇摄取能力，从而提高了产物得率。

分枝杆菌具有特殊的被膜结构，其核心是由分枝酰 - 阿拉伯半乳聚糖 - 肽聚糖复合体组成的不对称共价结构，此外，还分布一层极性的脂质被膜，包括海藻糖单霉菌酸酯（TMM）、海藻糖双霉菌酸酯（TDM）及多聚糖等。这种结构既赋予了细胞表面的亲脂性，有利于对疏水甾体颗粒的捕捉黏附，但也造就了细胞被膜的高度致密性，不利于底物向胞内的转运。研究者通过敲除分枝杆菌细胞外膜结构和组装的关键基因（如膜蛋白编码基因 *mmpL3*、阿拉伯半乳聚糖合成的关键基因 *embC*）、分枝菌酸合成的关键基因（如酰基载体蛋白合成酶 *kasB*），抑制了细胞被膜和细胞壁的合成，增大了细胞通透性，从而增加分枝杆菌对甾醇的转化能力。

Cho 是微生物降解植物甾醇整个过程的第一个限速酶，研究者通过强化工业新金分枝杆菌中 ChoM1 和 ChoM2 的表达，提高了菌株对底物甾醇的摄取和转化能力。SMO 是植物甾醇侧链降解过程第一步反应的关键酶，研究者通过对新金分枝杆菌中 SMO 同工酶 SMO2 的过表达，提高了 ADD 的产量。3- 甾酮 -Δ^1- 脱氢酶是 AD 转化 ADD 的关键酶。研究者通过对分枝杆菌中 *ksdD* 基因的敲除或强化，能实现 AD 或 ADD 产量的定向提升。3- 甾酮 -9α- 羟化酶（Ksh）是 AD 转化为 9α-OH-AD 的关键酶，因此，在 KsdD 活性彻底失活的基础上强化 Ksh 的表达是获得稳定积累 9α-OH-AD 的高产菌株的有效途径。研究者发现，在 *ksh* 基因敲除突变株的基础上共表达甾醇代谢关键酶 ChoM2、SMO2 和 KsdD，能从源头上提高甾醇代谢流量，进一步提高了工程菌转化植物甾醇生成 ADD 的能力。

分枝杆菌对植物甾醇的侧链降解是由多个辅因子参与并伴随着大量高能化合物生成的过程。以谷甾醇为底物转化生产 AD 为例，1mol 的谷甾醇可产生约 10mol 的 $FADH_2$ 和 16~18mol 的 NADH。研究者通过强化 NADH 氧化酶，提高了 NAD^+/NADH 比率，维持细胞的氧化还原平衡，显著提高了菌株的生产能力。此外，过表达烟碱酸磷酰转移酶基因、Ⅱ型 NADH 脱氢酶基因、丙酸 CoA 羧化酶基因、过表达转录因子基因 *prpR* 并敲除转录因子基因 *glnR*、构建 ATP 空循环等方法也能通过胞内辅因子水平的调控，提高转化效率。研究者通过组学数据的系统比对发现，SigD 因子的转录与分枝杆菌甾醇代谢过程具有一定的相关性，敲除该基因能显著提升 AD 的产量。在此基础上，失活 SigD 级联调控通路上游的调控因子 Rip1 可进一步增加产量。后续将从全基因组水平上鉴定并深入研究与甾醇代谢有关的关键酶、多功能酶、未知功能蛋白和调控因子，实现对甾醇代谢机制的全局揭示，这将为创建优良菌株提供重要的理论指导。

四、雄烯二酮的生产工艺过程

以目前工业上新金分枝杆菌降解植物甾醇生成雄烯二酮的生产工艺为例进行介绍。

（一）雄烯二酮发酵工艺流程

雄烯二酮的发酵工艺流程见图 13-5。

发酵工艺过程及控制要点见下。

1. **斜面培养** 将冻存菌株接种至斜面培养基配方：磷酸氢二钾 0.5g/L，硫酸镁 0.5g/L，柠檬酸铁铵 0.05g/L，柠檬酸 2g/L，硝酸铵 2g/L，丙三醇 20g/L，葡萄糖 5g/L，碳酸钙 10g/L，琼脂 20g/L。115~121℃高压蒸汽灭菌 30 分钟，冷却后使用，（30±1）℃活化培养 3~5 天，用无菌水冲洗制成菌悬液（浓度为 10^6~10^9cfu/ml），供制备种子用。

2. **种子培养** 配制种子培养基：葡萄糖 30g/L，黄豆饼粉 10g/L，柠檬酸 3g/L，硫酸铵 15g/L，磷酸二氢钾 0.5g/L，七水硫酸镁 0.1g/L，硫酸亚铁 0.01g/L，2g/L，玉米浆 5g/L，泡敌

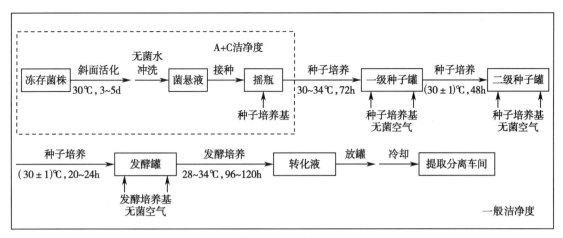

图 13-5　雄烯二酮发酵工艺流程框图

0.2g/L,pH 8.0。经 115~121℃蒸汽灭菌 30 分钟,冷却至 30℃后备用。

将菌悬液接入摇瓶,30~34℃,搅拌转速 100~200r/min,培养 72 小时。将种子液以 1%~2% 的接种量接种至一级种子罐,相关参数控制为:温度(30±1)℃,罐压 0.05~0.10MPa,搅拌转速 100~200r/min,通气比(1:0.5)~(1:1),pH 7.2,培养 48 小时。将一级种子液以 10% 接种量转入二级种子罐,相关参数控制为:温度(30±1)℃,罐压 0.05~0.07MPa,搅拌转速 100~200r/min,通气比(1:0.5)~(1:1),培养 20~24 小时。取样镜检,测定菌体浓度和 pH,合格后方可压入发酵罐。

3. 发酵培养　配制发酵培养基配方:葡萄糖 25g/L,黄豆饼粉 27g/L,尿素 1.0g/L,柠檬酸 4g/L,磷酸氢二钾 3g/L,硫酸镁 0.5g/L,硫酸亚铁 0.05g/L,碳酸钙 6g/L,植物甾醇 30g/L,吐温 7g/L,豆油 15g/L,泡敌 2g/L,pH 8.0。经 115~121℃蒸汽灭菌 30 分钟,冷却至 30℃后备用。

将验证合格的二级种子液以 10% 的接种量接入 30t 发酵罐,温度 28~34℃,罐压 0.05~0.10MPa,通气比(1:0.5)~(1:1),转速 170~200r/min。发酵过程中需要将 pH 控制在 7.2~8.5,pH 过高时,常通过减少空气流量和转速以降低溶氧,减缓菌体生长来降低 pH,也可通过流加生理酸性物质进行调节。培养 96~120 小时后结束发酵,放罐,冷却,发酵液转入分离纯化工序。本发酵工艺中底物采取豆油溶解,目前工业上也有不添加豆油的发酵工艺,无油工艺可进一步简化提取步骤,降低设备投资。

(二)雄烯二酮分离纯化工艺流程

雄烯二酮的分离纯化工艺流程见图 13-6。

分离纯化工艺过程及控制要点见下。

1. 提取　向发酵液中加入 1 倍体积的乙酸乙酯,静置后油水分离,收集油层,向其中加入三倍体积的甲醇,常温下萃取三次后静置分层。将甲醇层合并,50~60℃减压浓缩至小体积,冷却后离心分别得到雄烯二酮粗品和母液。

2. 精制　将雄烯二酮粗品与 2 倍体积的乙酸乙酯混合,升温至 50℃打浆,然后冷却至 10℃,过滤得到雄烯二酮滤饼。将滤饼和 10~20 倍体积的乙酸乙酯投入浓缩罐,76~79℃回流约 1 小时,然后 65~70℃减压浓缩至小体积,冷却后离心分别获得物料和母液。将所得物料铺入烤盘,80~110℃烤料 8 小时,干燥后得到雄烯二酮精品。工业上一般需要多次精制(如 3~5 次)方可得到精品。母液则经减压浓缩、冷却离心、烤料后可得残渣(包括没有反应完全的底物,残留产物,菌体碎片和发酵液杂质),残渣经分离处理后重新加入发酵液再继续反应。

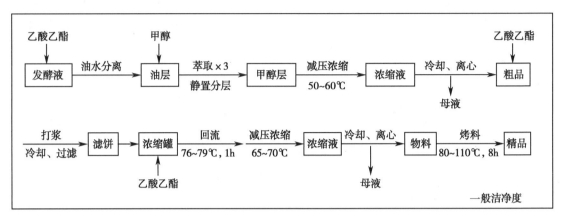

图 13-6　雄烯二酮分离纯化工艺流程框图

五、雄烯二酮的质量控制

1. 雄烯二酮检测项目和质量标准　雄烯二酮外观呈白色或类白色结晶性粉末,熔点为 169~175℃,干燥失重不得超过 0.5%,含量不得低于 98%。

2. 雄烯二酮检测方法　采取薄层层析法和高效液相色谱法检测。

第三节　11α,17α-双羟基孕酮的生产工艺

一、11α,17α-双羟基孕酮的理化性质

11α,17α-双羟基孕酮(11α,17α-Dihydroxyprogesterone),俗称脱溴物,化学名称为 11α,17α-双羟基-雄甾-4-烯-3,20-二酮(11α,17α-dihydroxy-androstere-4-ene-3,20-dione),分子式为 $C_{21}H_{30}O_4$,分子量为 346.461,其化学结构式如图 13-7。由图可知,它是在甾体环戊烷多氢菲母核的 C-3 位和 C-20 位上各含有一个酮基,C-4,5 位形成双键,C-11 位和 C-17 位各连有一个羟基。

11α,17α-双羟基孕酮为类白色结晶性粉末,无臭。不溶于水,易溶于乙酸乙酯,熔点为 216~218℃。由图 3-17 可知,11α,17α-双羟基孕酮作为重要的中间体,可进一步制备成多种甾体激素类药物。

目前,工业上主要是利用微生物,通过 17α-羟基孕酮的 C-11α 羟基化反应生产 11α,17α-双羟基孕酮(图 13-8)。与化学法相比,微生物转化反应不仅具有高度的立体选择性和区域选择性,而且操作条件温和,具有良好的环境友好性。

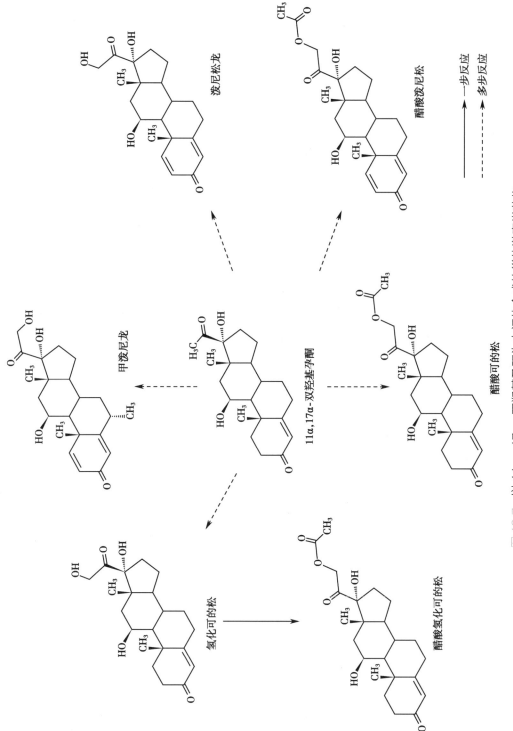

图13-7 以11α,17α-双羟基孕酮为中间体合成的甾体激素类药物

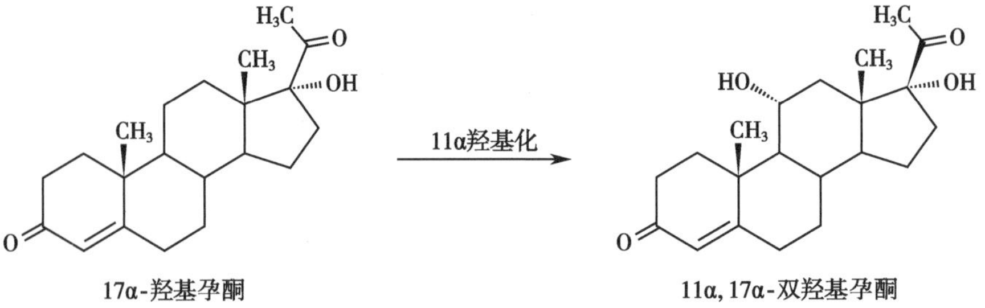

图 13-8　17α-羟基孕酮经 11α 羟基化反应生成 11α,17α-双羟基孕酮的反应方程式

二、11α,17α-双羟基孕酮的生物合成途径

（一）甾体羟基化反应及其常见菌株

羟基化反应是甾体微生物转化反应中最重要的反应类型之一，是合成高附加值甾体药物的关键步骤。微生物能在甾体母核的多个位置进行羟基化反应，主要包括 C-6 位、C-7 位、C-9 位、C-11 位、C-14 位、C-15 位、C-16 位、C-17 位、C-19 位。其中，C-7 位、C-9 位、C-11 位、C-16 位和 C-17 位的羟化受到普遍关注。甾体化合物在不同位置或不同空间引入羟基后，对人体不同细胞受体产生的亲和力发生改变，进而影响其药理活性。一般来说，羟基化后甾体药物具有更高的生物活性。例如，脱氢表雄酮（DHEA）的 C-7α 羟基化衍生物比 DHEA 表现出更高的免疫调节活性；RSA 活性很低，但它的 C-11β 羟基化产物氢化可的松具有重要的生理活性。值得注意的是，同一位点的羟基化反应会获得 α 和 β 两种不同构型的化合物。一般来说，11β 产物的活性要高于 11α 产物。羟基化不仅可以改变甾体化合物的极性，影响其对细胞的毒害作用和进出方式等。而且，由于羟基活性较高，在它的基础上更易引入其他的官能团或取代基，有利于后续的结构修饰。如 AD 引入羟基后，羟基容易氧化成羰基，羰基则为醋酸可的松和醋酸泼尼松等的合成提供了必需的功能基团。

自然界中有很多具有羟化反应能力的微生物，大多数是丝状真菌。其中，具有 C-11α 位羟化反应能力的菌株主要包括赭曲霉、黑根霉、球孢白僵菌（Beauveria bassiana）、黑曲霉（Aspergillus niger）、金龟子绿僵菌（Metarhizium anisopliae）、雅致小克银汉霉（Cunninghamycetes elegans）、黄曲霉（Aspergillus flavus）、青霉（Penicillium）和诺卡氏菌；具有 C-11β 位羟化反应能力的菌株主要包括蓝色犁头霉、新月弯孢霉、米根霉（Rhizopus Oryzae）和短刺小克银汉霉（Cunninghamella blakesleeana）。值得注意的是，一个微生物能同时具有多种不同的羟化反应能力。如，球孢白僵菌同时具有 C-6β 位、C-7α 位和 C-11α 位羟化反应能力。

（二）甾体羟化酶概述

羟化酶是一种属于细胞色素 P450 家族的单加氧酶。细胞色素 P450 家族种类繁多，因其经连二亚硫酸盐还原后与 CO 的复合物在 450nm 波长下有典型的吸收峰而得名。细胞色素 P450 酶系由多种组分组成，主要包括两种细胞色素酶［细胞色素 b5 酶和细胞色素 P450 酶（简称"CYP"）、两种黄素蛋白［NADH-细胞色素 b5 还原酶和 NADPH 细胞色素 P450 还原酶（CPR）］以及磷脂等。其中，细胞色素 b5 酶是一种亲水亲脂的血红素蛋白，参与细胞色素 P450 酶的电子转移并提供 1 个电子。细胞色素 P450 酶是 P450 酶系的末端氧化酶，决定着底物和产物的特异性，是酶复合体的关键组分。NADH- 细胞色素 b5 还原酶是亲水 - 脂膜束缚的黄素蛋白，从 NADH 接受电子。NADPH 细胞色素 P450 还原酶为细胞色素 P450 酶催化单加氧反应提供电子。磷脂对细胞色素 P450 和 NADPH 细胞色素 P450 还原酶具有调节作用，可加速电子的传递，从而提高细胞色素 P450 酶的氧化速度。

甾体羟化酶一般由细胞色素 P450 酶和 NADPH 细胞色素 P450 还原酶两部分组成。真核生物中，细胞色素 P450 酶主要分布在内质网和线粒体内膜。细胞色素 P450 酶有三个保守结构区域，分别为两个血红素结合区域（HR1 和 HR2）和一个底物结合位点（SB）。另外，它的 N 端还有一个使酶定位于内质网的信号肽序列（TR）。NADPH 细胞色素 P450 还原酶有四个保守区域，其中，两个区域分别与其辅因子 FMN 和 FAD 结合，还有一个 NADPH 结合位点和一个细胞色素 P450 酶结合位点。NADPH 细胞色素 P450 还原酶也有一个信号肽序列（TR）。

该反应存在一种循环作用机制。首先，2 个电子由 NAD(P)H 转移到 NADPH 细胞色素 P450 还原酶，当底物（RH）与细胞色素 P450 酶结合后，一个电子（e^-）使细胞色素 P450 酶的 Fe 由三价还原成二价，二价铁原子与分子氧结合形成（RH）Fe^{2+}（O_2）。（RH）Fe^{2+}（O_2）发生可逆反应生成（RH）Fe^{3+}（O_2^-），（RH）Fe^{3+}（O_2^-）与另一个电子（e^-）结合形成底物（RH）Fe^{3+}（O_2^{2-}）复合体。之后，复合体结合两个质子发生第二次还原，导致 O—O 键的断裂，其中，一个氧原子还原为水分子脱去，生成 RH（FeO）$^{3+}$ 复合体，另一个氧原子成为活性氧插入到底物的 C—H 键中间形成相应的醇（ROH）。被氧化的底物（ROH）释放后，游离的细胞色素 P450 酶又重复循环。因此，羟基化反应包括从 NAD(P)H 吸收两个电子、将氧分子的一个氧原子还原为水，另一个氧原子插入到底物分子的过程。

近年来，研究者陆续完成了多个微生物中 11α 羟化酶的鉴定。如黑根霉中筛选鉴定出 3 个可以转化 16α,17α- 环氧孕酮的 11α 羟化酶。蓝色犁头霉中鉴定出 1 个 11α 羟化酶 CYP5311B1，该酶仅限于催化 16α,17α- 环氧孕酮。赭曲霉中鉴定出 2 个受甾体底物强烈诱导的 P450 酶 CYP68L8 和 CYP68J5，其中，CYP68J5 能特异性地针对 16α,17α- 环氧孕酮进行 11α- 羟化。这些工作为现有菌株的改良奠定了坚实基础。

（三）甾体羟基化反应的影响因素

羟化酶活性是影响甾体羟基化反应的最重要因素。研究者发现，P450 羟化酶的过表达分别提高了赭曲霉对 16α,17α- 环氧孕酮和坎利酮的 11α- 羟基化反应能力。此外，作为细胞色素 P450 酶不可缺少的辅酶，NADPH 细胞色素 P450 还原酶（CPR）和羟化酶的共表达有利于获得更高的反应效率。如米根霉的 C-11β 羟化酶和 CPR，月状旋孢腔菌的 C-14α 羟化酶和 CPR 分别在酿酒酵母中共表达时，底物的转化率或产物的生成率分别提高了 7 倍或 2 倍以上。

pH 对羟化酶酶活性、菌体生长和代谢都有重要影响。不同菌株转化不同底物的最适 pH 各不相同。如，黑根霉对沃氏氧化物的 C-11α 羟基化反应的最适 pH 为 4.3，赭曲霉对坎利酮和 17α- 羟基孕酮的 C-11α 位羟基化反应的最适 pH 分别为 6.7 和 6.5。

三、11α, 17α-双羟基孕酮生产菌株的选育

1952年,研究者在无根根霉(*Rhizopusαrrhizus fischer*)转化17α-羟基孕酮生成6β, 17α-羟基孕酮的副产物中首次发现了极其微量的11α, 17α-双羟基孕酮。随后,又发现短刺小克银汉霉、黑根霉、新月弯孢霉、金龟子绿僵菌、球孢白僵菌和蓝色犁头霉都能将17α-羟基孕酮转化生成11α, 17α-双羟基孕酮,但存在底物转化率低、产生副产物等问题。目前,赭曲霉由于具有专一性好、催化活性高等优点,已成为工业上制备11α, 17α-双羟基孕酮的重要生产菌株。

赭曲霉是一种丝状真菌,生长的适宜温度一般为25~28℃,最适pH一般为5.5~6.5,不同菌株之间略有差异。赭曲霉培养至孢子成熟需5~7天,菌株在察氏固体培养基上的菌落颜色呈褐色或黄色,基质中菌丝体呈现出不同程度的黄色或紫色,反面带黄褐色或绿褐色。液体培养过程中一般会产生棕红色色素,这些色素的形成直接影响转化过程中底物的投料浓度和产品的分离纯化,增加了生产成本。目前,关于赭曲霉色素的研究多集中在分离纯化和结构鉴定,对色素合成途径的认知有限。

目前,美国国家生物技术信息中心(National Center for Biotechnology Information, NCBI)上已经完成基因组测序的赭曲霉菌株为赭曲霉fc-1(GenBank号:GCA_004849945.1)和赭曲霉MF010(GenBank号:VBTP01000005.1)。受限于不清晰的遗传背景和有限的分子操作工具,目前该菌株的选育多采用自然分离和诱变育种的方法。

四、11α, 17α-双羟基孕酮的生产工艺过程

以目前工业上利用赭曲霉转化17α-羟基孕酮生成11α, 17α-双羟基孕酮的生产工艺为例进行介绍

(一)11α, 17α-双羟基孕酮转化工艺流程

11α, 17α-双羟基孕酮转化工艺流程见图13-9。

转化工艺过程及控制要点见下。

1. 斜面活化 将冻存菌株接种到斜面培养基配方:土豆200g/L,葡萄糖20g/L,琼脂20g/L。115~121℃高压蒸汽灭菌30分钟,冷却后使用。28℃培养5~7天,此时,斜面底部有浅红色或褐红色色素产生,表面出现大量土黄色孢子。用无菌水冲洗制成孢子悬浮液(浓度为10^6~10^9cfu/ml),供制备种子用。

2. 种子培养 配制种子培养基配方:葡萄糖30g/L,玉米浆30g/L,磷酸二氢钾2g/L,硫酸铵1g/L,泡敌0.5g/L。经115~121℃蒸汽灭菌30分钟,冷却至28~32℃后备用。

将孢子悬浮液接入摇瓶,28~32℃,搅拌转速100~200r/min,培养24~48小时。将种子液以1%~2%的接种量转接至种子罐。相关参数控制为:罐温28~32℃,罐压0.04~0.10MPa,搅拌转速100~200r/min,通气比(1:0.4)~(1:0.7),培养36小时后取样镜检,并测定pH和菌丝量。

3. 转化过程 配制发酵培养基配方:葡萄糖30g/L,玉米浆30g/L,磷酸二氢钾2g/L,硫

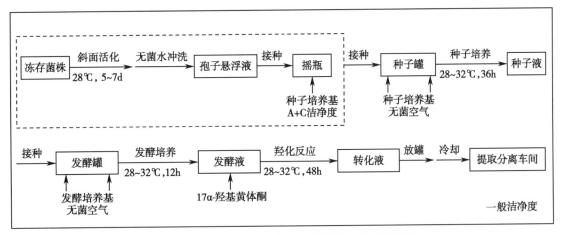

图 13-9　11α,17α-双羟基孕酮转化工艺流程框图

酸铵 1g/L,泡敌 0.5g/L,经 115~121℃蒸汽灭菌 30 分钟,冷却至 28~32℃后备用。

将验证合格的种子培养液以 10%~20% 的接种量转接至 50t 发酵罐,罐温 28~32℃,罐压 0.06~0.10MPa,通气比(1∶0.4)~(1∶0.7),搅拌转速 100~200r/min,培养 12 小时之后取样镜检,并测定 pH 和菌丝量。合格后向发酵液中投入底物 17α- 羟基孕酮进行转化,底物投料浓度为 1%~4%,工业上常加入有机溶剂或乳化剂促进疏水性底物的溶解或分散,此处采用有机溶剂(如 N,N- 二甲基甲酰胺)助溶或机械粉碎后加入(粒径小于 25μm)。转化过程相关参数控制为:罐温 28~32℃,罐压 0.04~0.10MPa,搅拌转速 100~200r/min,通气比(1∶0.4)~(1∶1),转化过程中定期取样镜检,通过薄层层析法监测底物的消耗和产物的生成,48 小时后结束转化,放罐,冷却,转化液转入分离纯化工序。

(二)11α,17α- 双羟基孕酮分离纯化工艺流程

11α,17α- 双羟基孕酮分离纯化工艺流程见图 13-10。

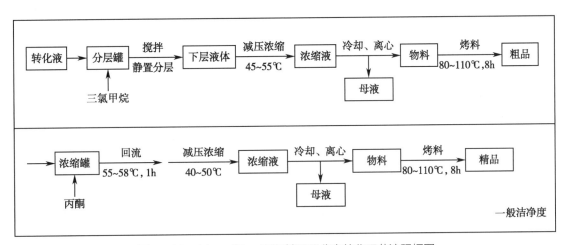

图 13-10　11α,17α- 双羟基孕酮分离纯化工艺流程框图

分离纯化过程及控制要点见下。

1. 提取　将转化液加入分层罐,加入三氯甲烷(每次加入体积一般为转化液体积的 2~3 倍,总体积控制在 10 倍左右),搅拌(0.5~1 小时)后静置分层,将下层液体转入浓缩罐,45~55℃减压浓缩至少量体积,冷却后离心分别得到物料和母液。物料在 80~110℃烤料 8 小时,

得到 11α, 17α- 双羟基孕酮粗品。

2. 精制 将 11α, 17α- 双羟基孕酮粗品和丙酮(体积一般为粗品的 10~20 倍)投入浓缩罐中, 55~58℃回流约 1 小时, 然后 40~50℃减压浓缩至保留少量体积, 冷却后离心分别获得物料和母液。将所得物料铺入烤盘, 80~110℃烤料 8 小时, 干燥后得 11α, 17α- 双羟基孕酮精品。工业上一般需要多次精制(如 3~5 次)方可得到精品。母液经过减压浓缩、冷却离心、烤料后可得残渣(包括没有反应完全的底物, 残留产物, 菌体碎片和发酵液杂质)。残渣经分离处理后可重新加入发酵液再继续反应。

五、11α, 17α- 双羟基孕酮的质量控制

1. 11α, 17α- 双羟基孕酮检测项目和质量标准 11α, 17α- 双羟基孕酮外观呈类白色粉末, 不显巧克力色或红色, 熔点不低于 210℃, 干燥失重不得超过 0.5%, 含量不得低于 97.5%。

2. 11α, 17α- 双羟基孕酮检测方法 采取薄层层析法和高效液相色谱法检测。

第四节 醋酸泼尼松的发酵生产工艺

一、醋酸泼尼松的理化性质与应用

醋酸泼尼松(prednisone acetate)又称醋酸强的松或醋酸去氢可的松。化学名为 17α, 21- 二羟基孕甾 -1, 4- 二烯 -3, 11, 20- 三酮 -21- 醋酸酯(17α, 21-dihydroxypregna-1, 4-diene-3, 11, 20-trione-21-acetate), 分子式为 $C_{23}H_{28}O_6$, 分子量为 400.47, 结构式如图 13-11。由图可知, 它是在环戊烷多氢菲母核的 C-3 位和 C-11 位上各含有一个酮基, C-1, 2 位和 C-4, 5 位各有一个双键, C-17 位连有一个羟基。

醋酸泼尼松为白色或类白色结晶性粉末, 无臭, 味初苦, 后有持久苦味。易溶于三氯甲烷, 略溶于丙酮, 微溶于乙醇或乙酸乙酯, 不溶于水。熔点 234~241℃, 熔融时同时分解。比旋度为(1% 二氧六环溶液)+183°~+190°。吸收系数 238nm, ($E_{1cm}^{1\%}$)为 373~397。

醋酸泼尼松是一种糖皮质激素药物。临床上主要用于过敏性与自身免疫性炎症性疾病, 适用于结缔组织病、系统性红斑狼疮、支气管哮喘、皮肌炎、血管炎等过敏性疾病, 急性白血病、恶性淋巴瘤以及其他肾上腺皮质激素类药物的病症等。但较大剂量容易引起糖尿病、消化性溃疡和类库欣综合征症状, 对下丘脑 - 垂体 - 肾上腺轴抑制作用较强, 并发感染为主要的不良反应。高血压、血栓症、胃与十二指肠溃疡、精神病、电解质代谢异常、心肌梗死、内脏手术、青光眼等患者一般不宜使用。

醋酸泼尼松的生产方法包括化学法和生物法。前者主要采用二氧化硒法, 但该方法常使产品中带有少量难以除尽的且对人体有害的硒, 具有收率低、毒性大、污染环境等缺点。后者主要采用微生物转化法, 具有操作简单、条件温和、环境友好性高等优点。目前, 工业上主要以醋酸可的松为底物, 通过微生物的 C-1, 2 脱氢反应制备醋酸泼尼松。

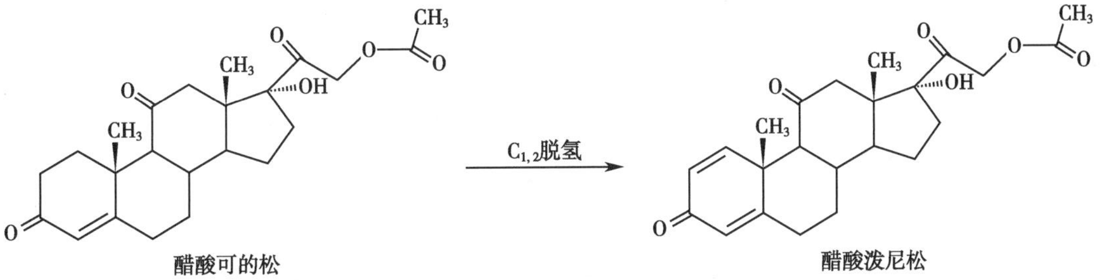

图 13-11　醋酸可的松经 $C_{1,2}$ 脱氢反应生成醋酸泼尼松的反应方程式

二、醋酸泼尼松的生物合成途径

（一）甾体 $C_{1,2}$ 脱氢反应及其常见菌株

甾体脱氢反应是指母核上的氢脱去,形成不饱和的双键。目前,常见的生物脱氢反应主要发生在 C-1,2 位,而 C-4,5 位、C-5,6 位、C-6,7 位、C-7,8 位、C-9,11 位、C-16,17 位多为化学法引入双键。甾体化合物 A 环的 $C_{1,2}$ 脱氢反应受到普遍关注,这是因为该反应不仅是甾体母核结构早期降解的重要步骤,而且化合物的药理活性在双键引入后成倍增加。例如,醋酸可的松经 $C_{1,2}$ 脱氢反应后生成的醋酸泼尼松的抗炎活性增加了 3~4 倍。目前,临床上许多重要甾体化合物的生产过程中均涉及甾体 $C_{1,2}$ 脱氢反应,包括氢化泼尼松、地塞米松、帕拉米松、倍他米松、曲安西龙、甲泼尼龙等大多数具有抗炎能力的肾上腺皮质激素。因此,甾体 $C_{1,2}$ 脱氢反应是工业生产氢化泼尼松及其同系物最有价值的一种反应,是工业上采取微生物转化法生产甾体药物的典型代表。

常见的甾体 $C_{1,2}$ 脱氢反应菌株主要包括来自分枝杆菌属的新金分枝杆菌、耻垢分枝杆菌和偶发分枝杆菌(*Mycobacterium fortuitum*),红球菌属的红平红球菌(*Rhodococcus erythropolis*)、紫红红球菌(*Rhodococcus rhodochrous*)和赤红球菌(*Rhodococcus ruber*),类诺卡氏菌属(*Nocardioides*)的简单节杆菌,戈登氏菌属(*Gordonia*)的云豹粪便戈登氏菌(*Gordonia neofelifaecis*),曲霉菌属(*Aspergillus*)的烟曲霉菌(*Aspergillus fumigatus*)。

（二）甾体 $C_{1,2}$ 脱氢酶的概述

3- 甾酮 $-\Delta^1-$ 脱氢酶[KsdD 或 KstD;4- 烯 -3- 酮甾醇:(受体)-1- 烯 - 氧化还原酶;EC 1.3.99.4]是催化甾体 $C_{1,2}$ 脱氢反应的关键酶,能催化 3- 酮基甾体类化合物的 C-1α 和 C-2β 位氢原子的反式轴向消除反应。根据 KsdD 能否催化 C-11 位有取代基(酮基或羟基)的甾体化合物(如可的松和氢化可的松),研究者将 KsdD 分为两类。如睾酮假单胞菌的 KsdD 不能催化 C-11 位有羟基或者甾酮的化合物,而一些革兰氏阳性菌中的 KsdD 却对这些化合物表现出活性。分析不同来源 KsdD 的氨基酸序列发现,它们呈现出相似的分布特征。如,都存在 3 处相似性比较高的区域,其中,N 端保守区有 FAD 结合位点[GSG(A/G)(A/G)(A/G)$X_{17}E$],C 端可能是酶和底物的结合位点,中间区域则有可能是酶的活性中心。不同来源的 KsdD 在生化特性上也具有一些共同特点,如大都是分子量范围为 56~62kDa 的单亚基蛋白,都属于典型的黄素蛋白,辅因子为黄素腺嘌呤二核苷酸(flavin adenine dinucleotide,FAD),位于细胞膜上,存在跨膜区域,需要底物诱导。此外,KsdD 对巯基而非羰基试剂表现敏感,这说明

巯基而非羧基在酶的催化功能中发挥重要作用，但金属螯合剂对酶活无明显影响，说明该酶不需要金属离子。目前，KsdD 酶活的检测方法主要有 TTC 法、活性染色法、DCPIP 法和底物转化法，其检测原理，具体信息见数字资源 ER 13-5。

基于生物信息学分析和基因工程操作，研究者从不同微生物中鉴定出数量不同的 KsdD 同工酶，它们表现为不同的生理作用。如新金分枝杆菌 ATCC 25795 存在 3 个 KsdD 的同工酶。在胆固醇代谢途径中，KsdD1 发挥着关键作用，KsdD3 作用较小，二者相互独立却无法代替，而 KsdD2 的作用可以忽略；在 AD 代谢途径中，KsdD1 和 KsdD3 发挥着重要作用且存在明显的合作关系；在 9α-OH-AD 代谢途径中，KsdD1 和 KsdD3 均发挥着重要作用，而 KsdD2 的作用可以忽略。此外，不同种属甚至同种不同株的微生物中的 KsdD 表现出不同的生物学特性。如新金分枝杆菌 DSM1381 中 KsdD2（AVN89960）的最适温度和最适 pH 分别为 40℃和 8.0，而该种另一个菌株 JC-12 的 KsdD 的最适温度和最适 pH 分别为 30℃和 7.0。

ER 13-5 常见的 KsdD 酶活检测方法及其原理（文档）

最初，研究者主要通过氨基酸序列的比对预测关键氨基酸，但这种方法由于缺乏实验验证，可靠性较低。之后，采取氨基酸化学修饰的方法。2012 年，荷兰格罗宁根大学的研究者解析了红平红球菌 SQ1 的 KsdD 的两个结构信息，分别为 4C3X（KsdD 和 FAD 共晶结构）和 4C3Y（KsdD 和 FAD、ADD 共结晶结构）。结果表明，KsdD1 由 FAD 结合域和催化域两部分组成。其中，FAD 结合域由两个分离的多肽段（氨基酸残基 3 至 278 位和 449 至 510 位）组成，分别形成亚结构域 FAD-A 和 FAD-B，而催化域位于两个亚结构域之间（氨基酸残基 279 至 448 位）。这也是目前唯一结构解析的 KsdD。综合定点突变结果和三维结构信息，研究者提出了 KsdD 的催化机理：位于 FAD 结合域的 Tyr[487] 的羟基和 Gly[491] 的酰胺骨架结合在底物分子 C-3 位的酮基，促进了 C-3 位的酮-烯醇互变异构化和 C-2 位氢原子（非严格立体异构）的活化；在位于 FAD 结合域的 Tyr[119] 氢键的辅助作用下，使得位于催化域 Tyr[318] 的基本特征增强，将 C-2 原子中的轴向 β 氢原子以质子形式脱除，导致碳负离子的短暂形成，产生的烯醇化物在 C-2 原子处借助 Tyr[318] 的作用与溶剂发生氢原子的交换；之后，碳负离子的负电荷迁移到 C-1 原子，同时，C-1 原子的轴向 α 氢原子断裂，以氢阴离子的形式转移到 FAD 异咯嗪环的 N-5 原子，这样就在底物 A 环的 C-1 位和 C-2 位之间形成一个双键。之后，研究者采取同源建模和分子对接技术（以 4C3X 为模板）、定点突变和酶活检测相结合的思路，先后确定了新金分枝杆菌和简单节杆菌中 KsdD 的多个活性氨基酸位点。

（三）辅因子 FAD 的概述

KsdD 的辅因子是黄素腺嘌呤二核苷酸。大部分微生物中，FAD 合成的前体主要是鸟苷三磷酸（GTP）和 5-磷酸核酮糖（Ru5p），它们通过 β-氧化、乙醛酸循环、TCA 循环、糖异生、PP 途径（氧化分支）、嘌呤途径等在体内合成。图 13-12 是大肠杆菌和枯草杆菌中 FAD 的合成途径。由图可知，2 分子 Ru5p 经 DHPB 合酶（RibB）催化生成 2 分子 L-3,4-二羟基-2-丁酮-4-磷酸（DHBP），1 分子 GTP 经 GTP 环水解酶Ⅱ（RibA）催化，生成 1 分子 2,5-二氨基-6-核糖氨基-4（3H）-嘧啶酮-5-磷酸（DARPP）；DARPP 经嘧啶脱氨酶/尿嘧啶还原酶双功能酶（RibD）作用进行连续的脱氨和还原反应，依次得到 5-氨基-6-核糖氨基-2,4（1H,3H）-嘧啶二酮-5-磷酸（ARPP）和 5-氨基-6-核糖醇氨基-2,4（1H,3H）-嘧啶二酮-5-磷酸（ArPP）；

ArPP 经过未知磷酸酶作用生成 5- 氨基 -6- 核糖醇氨基 -2,4(1H,3H)- 嘧啶二酮（ArP）；2 分子 DHBP 和 1 分子 ArP 经二氧四氢蝶啶合酶（RibH）催化生成 2 分子 6,7- 二甲基 -8- 核糖醇基 -2,4- 二氧四氢蝶啶（DRL）；2 分子 DRL 由核黄素合成酶（RibE）催化形成 1 分子核黄素（riboflavin）和 1 分子 ArP。1 分子 riboflavin 在核黄素激酶（RibC）的催化下生成黄素单核苷酸（FMN），FMN 在 FAD 合成酶（RibC）的催化下生成 FAD（见图 13-12）。

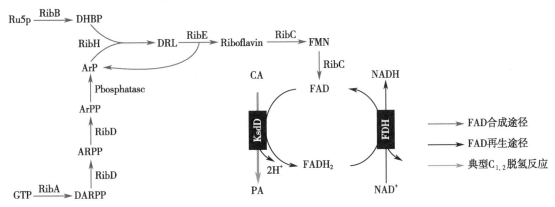

图 13-12　FAD 合成与再生的相关途径

甾体 $C_{1,2}$ 脱氢反应过程中脱去的氢原子和 FAD 结合，生成还原黄素腺嘌呤二核苷酸（FADH$_2$），FADH$_2$ 可将氢通过呼吸链传递至氧生成水，释放能量用于 ATP 的合成；也可将氢直接传递给氧生成过氧化氢（H$_2$O$_2$），H$_2$O$_2$ 再被过氧化氢酶催化分解成水和氧气，但该过程在胞内缓慢发生，因此不能将 FADH$_2$ 及时转化为 FAD。研究表明，胞内 FAD 含量的下降会降低 KsdD 酶的活性。因此，构建一个胞内的 FAD 再生途径[即 FADH$_2$ 在甲酸脱氢酶（FDH）的作用下脱去 2 个氢原子生成 FAD，而 NAD$^+$ 接受 2 个氢原子生成 NADH]有利于更好地维持 KsdD 的酶活性。

反应底物和产物：Ru5p，5- 磷酸核酮糖；GTP，鸟苷三磷酸；DHBP，L-3,4- 二羟基 -2- 丁酮 -4- 磷酸；DARPP，2,5- 二氨基 -6- 核糖氨基 -4(3H)- 嘧啶酮 -5- 磷酸；ARPP，5- 氨基 -6- 核糖氨基 -2,4(1H,3H)- 嘧啶二酮 -5- 磷酸；ArPP，5- 氨基 -6- 核糖醇氨基 -2,4(1H,3H)- 嘧啶二酮 -5- 磷酸；ArP，5- 氨基 -6- 核糖醇氨基 -2,4(1H,3H)- 嘧啶二酮；DRL，6,7- 二甲基 -8- 核糖醇基 -2,4- 二氧四氢蝶啶；RF，核黄素；FMN，黄素单核苷酸；FAD，黄素腺嘌呤二核苷酸；FADH$_2$，还原黄素腺嘌呤二核苷酸；CA，醋酸可的松；PA，醋酸泼尼松。催化反应的酶：RibA，GTP 环水解酶Ⅱ；RibB，DHPB 合酶；RibC，具有核黄素激酶和 FAD 合成酶两种功能；RibD，嘧啶脱氨酶 / 尿嘧啶还原酶；RibE，核黄素合成酶；RibH，二氧四氢蝶啶合酶；KsdD，3- 甾酮 -Δ^1- 脱氢酶；FDH，甲酸脱氢酶。

（四）甾体 $C_{1,2}$ 脱氢反应的影响因素

KsdD 酶活及其辅因子 FAD 是影响甾体 $C_{1,2}$ 脱氢反应的关键因素。此外，甾体化合物的强疏水性导致其在转化体系中存在着溶解度低和分散性差的问题。目前，研究者主要通过添加有机溶剂或乳化剂、利用环糊精或纳米脂质体包覆底物的方法增大底物的溶解性。环糊精是一种由 6~8 个 D- 葡萄糖单元通过 α-1,4- 糖苷键连接而成的环状寡糖，高度溶于水且具有

可容纳疏水分子的锥形疏水腔。研究者将环糊精作为助溶剂用于甾体 $C_{1,2}$ 脱氢反应,取得了不错效果,但其较高的价格限制了工业应用。因此,工业上仍主要采用添加有机溶剂的方法,如甲醇、乙醇、二甲基亚砜(DMSO)、N, N- 二甲基甲酰胺(DMF)、1, 2- 丙二醇、丙酮、异丙醇、三氯甲烷、环己烷和正庚烷等。

研究者发现不同的转化方式对反应效率产生不同影响,其中,完整细胞的转化效果最好,其次是发酵液和有机溶剂(如三氯甲烷)组成的双液相体系,而采取破碎细胞和原生质体转化时,效果较差,这主要是因为双液相体系的有机溶剂和细胞的破碎破坏了细胞膜的基本功能,膜蛋白的变性或失活导致转运过程瘫痪从而使转化率降低,而去除了细胞壁的原生质体不利于维持胞内催化酶的稳定性和活性。

2021 年,Donova 团队分析简单类诺卡氏菌在有无底物(醋酸可的松)条件下的转录表达谱发现,在醋酸可的松转化生成醋酸泼尼松的 $C_{1,2}$ 脱氢反应过程中,一共有 112 个显著差异基因(81 个上调,31 个下调)。其中,催化酶 KsdD2(KR76_27125)的表达差异最大,表达水平提升了 1 207 倍;此外,各种转运蛋白、氨基酸、有机酸代谢酶、细胞色素、转录调控因子的表达水平也发生了明显改变,这暗示该反应不仅受到催化酶的调控作用,还受到胞内多个基因和途径的复杂影响。

三、醋酸泼尼松生产菌株的选育

简单节杆菌,也称为简单类诺卡氏菌(*Nocardioides simplex*)或简单脂肪杆菌(*Pimelobacter simplex*)。由于具有专一性好、催化活性高等优点,该菌株已在工业生产上广泛使用。简单节杆菌属于革兰氏阳性菌,生长温度为 10~45℃。该菌株存在分形现象:对数期形态细长,呈杆状,随着培养时间的延长,菌体逐渐变短变粗,衰老后变点状(球状)。简单节杆菌在 30℃下,斜面培养基上培养 2 天后的单菌落为乳黄色,呈圆形,边缘整齐,表面光滑湿润,略透明,呈丘状隆起。

研究者以来源于嗜尼古丁节杆菌(*A. nicotinovorans*)6-D- 羟基尼古丁氧化酶基因(*hdnO*)的启动子 / 操纵子和抑制基因为基础,构建了大肠杆菌 - 简单节杆菌的穿梭载体 pART2 和 pART3。通过增加基因组上关键酶 KsdD 的拷贝数,菌株的生产能力显著提高。工业生产中常通过添加乙醇提高疏水性底物的溶解度,然而高浓度的乙醇会对菌株产生毒害作用,因此,提高菌株的乙醇耐受能力是构建高效菌株的有效手段。一方面,可以通过紫外诱变结合压力驯化的方法选育具有乙醇耐受性的突变株;另一方面,通过对乙醇耐性相关的内源功能基因(如热激蛋白、氧化应激相关基因、DNA 损伤修复相关基因、相容性溶质合成相关基因)和外源转录因子(如来自耐辐射异常球菌的全局转录调控因子 IrrE)的分子操作,增强菌株在高浓度底物和乙醇的转化体系中的活力,提高生产效率。此外,研究者采取模块化和系统生物学的思想,将催化酶和耐性相关基因进行组合表达,进一步提升了菌株的生产能力。

四、醋酸泼尼松的生产工艺过程

以目前工业上简单节杆菌转化醋酸可的松生成醋酸泼尼松的生产工艺为例进行介绍。

（一）醋酸泼尼松转化工艺流程

醋酸泼尼松转化工艺流程见图13-13。

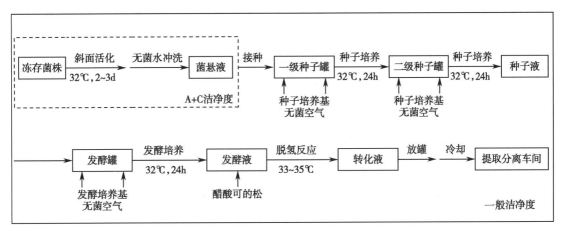

图13-13 醋酸泼尼松转化工艺流程框图

转化工艺过程及控制要点如下。

1. 斜面培养 将冻存菌株接到斜面培养基配方：葡萄糖10g/L，酵母膏10g/L，琼脂20g/L。115~121℃蒸汽灭菌30分钟，冷却后使用，32℃培养2~3天，用无菌水洗出菌体制成菌悬液（一般浓度为10^6~10^9cfu/ml），供制备种子用。

2. 种子培养 配制种子培养基配方：葡萄糖10g/L、酵母膏5g/L、玉米浆10g/L、磷酸二氢钾2.5g/L、消泡剂1~10g/L、用NaOH将灭菌前培养基PH调至7.0~7.2，经115~121℃蒸汽灭菌30分钟，冷却至28~32℃后备用。

将菌悬液直接转接到一级种子罐，相关参数控制为：罐温32℃，罐压0.04~0.10MPa，搅拌转速100~160r/min，通气比（1：0.3）~（1：0.5）。培养24小时后取样镜检，同时测定菌体浓度和pH，合格后以10%的接种量接入二级种子罐，相关参数控制为：罐温32℃，罐压0.04~0.10MPa，搅拌转速100~160r/min，通气比（1：0.3）~（1：0.5），培养24小时后取样镜检，同时，测定菌体浓度和pH。合格后方可压入发酵罐。

3. 转化过程 配制发酵培养基（同种子培养基），经115~121℃蒸汽灭菌30分钟，冷却至28~32℃后备用。

将验证合格的种子培养液按10%~20%的接种量接入30t或50t的发酵罐，相关参数控制为：罐温32℃，罐压0.04~0.10MPa，通气比（1：0.3）~（1：0.5），搅拌转速100~180r/min，培养24小时后取样镜检，测定菌体浓度、酶活性（TTC法）和pH。合格后投入底物进行转化，底物投料浓度为4%~10%，一般采用有机溶剂（如乙醇）助溶或机械粉碎后加入（粒径小于30μm）。转化过程相关参数控制为：罐温33~35℃，罐压0.04~0.10MPa，通气比（1：0.3）~（1：0.5），搅拌转速100~180r/min，转化过程中定期取样，通过薄层层析法监测底物的消耗和产物的生成，48小时后结束转化，放罐，冷却，收集转化液转入分离纯化工序。

（二）醋酸泼尼松分离纯化工艺流程

醋酸泼尼松分离纯化工艺流程见图13-14。

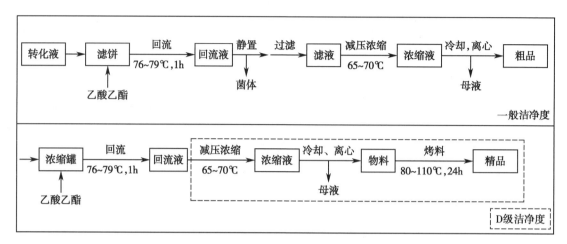

图 13-14　醋酸泼尼松分离纯化工艺流程框图

分离纯化过程及控制要点如下。

1. 提取　转化液经板框过滤,过滤后吹板框4~6小时,拆除板框后获得醋酸泼尼松滤饼。向其中加入15~20倍体积乙酸乙酯,76~79℃回流约1小时,静置后放掉水层和菌体,上清液过滤后的滤液经65~70℃减压浓缩至保留少量体积,冷却后离心分别得到醋酸泼尼松粗品和母液。

2. 精制　将醋酸泼尼松粗品和15~20倍乙酸乙酯投入浓缩罐,76~79℃回流约1小时,在浓缩罐65~70℃减压浓缩至保留少量体积,冷却至0℃析晶后离心分别得到物料和母液。其中,物料铺盘入烤,80~110℃烤料24小时,干燥后得到醋酸泼尼松精品。工业上一般需要多次精制(如3~5次)才能得到精品。母液经过减压浓缩离心后可得残渣(包括没有反应完全的底物、残留的产物、菌体碎片和发酵液杂质)。残渣经分离处理后可重新加入发酵液再继续反应。

五、醋酸泼尼松的质量控制

1. 醋酸泼尼松的质量控制　根据《中国药典》(2020年版)二部中醋酸泼尼松质量标准要求,按干燥品计算,含$C_{23}H_{28}O_6$应为97.0%~102.0%,醋酸泼尼松外观为白色或类白色的结晶性粉末。干燥失重不得超过0.5%,杂质总量不得过2.0%。按照《中国药典》(2020年版)中所示方法对醋酸泼尼松进行性状、鉴别、检查、含量测定的检测,具体材料见数字资源ER 13-6。

ER 13-6　醋酸泼尼松的质量控制(文档)

2. 醋酸泼尼松检测方法　采取薄层层析法和高效液相色谱法检测。

ER13-7 目标测试题

（骆健美　张杰）

参考文献

［1］DUPORT C. Self-sufficient biosynthesis of pregnenolone and progesterone in engineered yeast. Nat Biotechnol，1998，16：186.

［2］SZCZEBARA F M. Total biosynthesis of hydrocortisone from a simple carbon source in yeast. Nat Biotechnol，2003，21：143.

［3］MA B X. Rate-limiting steps in the *Saccharomyces cerevisiae* ergosterol pathway：towards improved ergosta-5，7-dien-3beta-ol accumulation by metabolic engineering. World J Microbiol Biotechnol，2018，34：55.

［4］ZHANG Y. Improved campesterol production in engineered *Yarrowia lipolytica* strains. Biotechnol Lett，2017，39：1033.

［5］XIONG L B. Enhancing the bioconversion of phytosterols to steroidal intermediates by the deficiency of kasB in the cell wall synthesis of *Mycobacterium neoaurum*. Microb Cell Fact，2020，19：80.

［6］SU L. Cofactor engineering to regulate NAD（+）/NADH ratio with its application to phytosterols biotransformation. Microb Cell Fact，2017，16：182.

［7］XIONG L B. Role identification and application of SigD in the transformation of soybean phytosterol to 9alpha-Hydroxy-4-androstene-3，17-dione in *Mycobacterium neoaurum*. J Agric Food Chem，2017，65：626.

［8］JING C. Production of 14α-hydroxysteroids by a recombinant Saccharomyces cerevisiae biocatalyst expressing of a fungal steroid 14α-hydroxylation system. Appl Microbiol Biot，2019，103：8363.

［9］贾红晨，李芳，郑鑫铃，等. 甾体微生物转化反应关键酶 3- 甾酮 -Δ¹- 脱氢酶的研究进展. 微生物学通报，2020，47（7）：2218-2235.

第十四章　重组多肽药物生产工艺

重组多肽药物（recombinant peptide drug）一般是指通过基因工程技术制备的分子量较小或结构较简单的多肽化合物。目前，多肽药物的生产途径有三种：①从天然生物中提取；②通过化学合成；③利用基因工程技术的生物合成。由于多肽药物分子量小，结构相对简单，目前最常用的合成方法是化学合成。但是，鉴于通过基因工程技术生产的多肽药物具有分子量相对较大、结构相对复杂和生产成本相对较低等特点，该技术生产的多肽药物逐渐在生物医药市场中占据一席之地，并部分替代了通过天然提取法和化学合成法生产的多肽药物。本章以部分已上市的重组多肽药物为例，介绍其生产工艺流程。

第一节　概述

1963 年，美国科学家 Robert Bruce Merrifield 首创固相多肽合成技术，并应用该技术成功合成了大量生物活性多肽，自此，多肽药物进入快速发展时期。鉴于 Merrifield 教授在多肽化学合成中的开创性工作，1984 年，他被授予了诺贝尔化学奖。

1982 年，全球第一个重组多肽药物——重组人胰岛素，获得美国食品药品管理局（Food and Drug Administration，FDA）批准上市，从此掀开了全球研发重组多肽药物的序幕。1978 年，从鲑鱼体内提取的作为治疗高钙血症的多肽药物——鲑鱼降钙素，因其高活性和良好疗效被批准上市，然而，鲑鱼体内仅含有极其微量的鲑鱼降钙素，严重限制了鲑鱼降钙素在临床上的应用。2005 年，重组人降钙素被批准上市，有效解决了鲑鱼降钙素来源有限的难题，推动了降钙素在临床疾病治疗中的应用。此外，同降钙素具有拮抗作用的重组人甲状旁腺激素（治疗骨质疏松症），也于 2002 年获 FDA 批准上市。

一、重组多肽药物及临床应用

根据重组多肽药物的作用机制不同，可将其分为加压素及其衍生物、催产素及其衍生物、促皮质素及其衍生物、下丘脑 - 垂体肽激素、消化道激素、其他激素和活性肽等。目前，主要应用于临床的药物有重组人胰岛素（recombinant human insulin）、重组人胰岛素类似物、重组人胰高血糖素样肽 -1 受体激动剂（recombinant human glucagon-like peptide-1receptor agonists，rhGLP-1RA）、重组人生长激素（recombinant human growth hormone，rhGH）、重组人促卵泡激素（recombinant human follicle stimulating hormone，rhFSH）、重组人甲状旁腺激素（recombinant human parathyroid hormone，rhPTH）和重组人降钙素（recombinant human calcitonin）等。

ER14-2 中国和美国批准上市的重组多肽药物一览表（文档）

因重组多肽药物临床适应证广、安全性高且疗效显著，目前已应用于肿瘤、罕见病、胃肠道、免疫及心血管疾病的预防、诊断和治疗。截至 2022 年 12 月，美国 FDA 已批准上市 24 种重组多肽药物；截至 2022 年 12 月，中国国家药品监督管理局（National Medicine Products Administration，NMPA）已批准上市 18 种重组多肽药物（详见 ER 14-2）。

1. 重组人胰岛素 人胰岛素是由胰腺的胰岛 β 细胞受内源性或外源性物质如葡萄糖、乳糖、核糖、精氨酸和胰高血糖素等刺激而分泌的一种多肽类激素。胰岛素是机体内唯一能降低血糖的激素。重组人胰岛素是全球首个上市的重组多肽药物，用于治疗 1 型和 2 型糖尿病。糖尿病在全球范围内发病率高，被世界卫生组织（World Health Organization，WHO）列为十大慢性疾病之一，而中国已成为糖尿病人口第一大国。重组人胰岛素及胰岛素类似物已作为治疗糖尿病的一线用药，在糖尿病及其并发症的防治中发挥重要作用。

2. 重组人胰高血糖素样肽 -1 受体激动剂 除胰岛素外，GLP-1 受体激动剂也是治疗糖尿病的常用药。GLP-1 受体激动剂属于肠促胰素类药物，肠促胰素是一种经食物刺激后由肠道细胞分泌入血，刺激胰岛素分泌的激素。GLP-1 受体广泛分布于胰岛细胞、胃肠、肺、脑、肾脏、骨骼肌等部位，GLP-1 受体激动剂通过结合并激动 GLP-1 受体发挥降血糖作用，且其刺激胰岛素分泌的作用具有葡萄糖浓度依赖性。截至 2022 年，GLP-1 受体激动剂在全球销售额达 225 亿美元，远超胰岛素及其他胰岛素类似物，在降糖药物中居于首位。

3. 重组人生长激素 人生长激素是由人脑垂体前叶嗜酸性细胞分泌产生的一种多肽激素，对人体生长发育具有重要的调节作用。重组人生长激素于 1985 年上市，其氨基酸序列和结构与人天然生长激素一致，二者具有相同的生物功能。目前，重组人生长激素主要用于内源性 GH 缺乏引起的儿童侏儒症。此外，rhGH 还应用于重度烧伤、成人生长激素缺乏症和生殖领域等。1998 年，我国自主研制的重组人生长激素注射液（大肠杆菌分泌型表达）由国家药品监督管理局（State Drug Administration，SDA）批准上市，在此基础上，2014 年，聚乙二醇重组人生长激素注射液也被国家食品药品监督管理总局（China Food and Drug Administration，CFDA）批准上市，该产品是目前全球唯一的长效生长激素注射剂。

4. 重组人促卵泡激素 人促卵泡激素是一种由脑垂体前叶嗜碱性细胞合成和分泌的促性腺激素，主要用于促进女性卵泡发育和成熟，促使成熟的卵泡分泌雌激素和排卵，同时能促进男性睾丸曲细精管的成熟和精子生成。临床上主要用于治疗卵巢早衰和卵巢囊肿等。目前已上市的促卵泡激素药物有尿源性促排卵激素和重组促排卵激素。

虽然，重组多肽药物在我国起步较晚，但经过近 20 余年的创新和仿制相结合的发展历程，我国在此领域已进入快速发展的自主创新时期。

二、重组多肽药物生产工艺研究历程

随着技术的发展，多肽药物的生产方式从早期自动植物中分离提取逐步过渡到化学合成和基因工程技术。不同多肽药物合成方法各有特点(表14-1),已满足新药研发和临床上疾病诊疗的需求。

表14-1 多肽药物合成方法的特点

方式	特点
天然提取	优点:可发现具有新的药用价值的多肽 缺点:生物体内多肽含量少,成分复杂,难以提取或纯度不足,不利于大规模生产
化学合成	优点:产量大,纯度高,易于合成50个氨基酸以下的多肽 缺点:生产工艺复杂,成本较高,环境危害大
基因工程技术	优点:生产成本低,安全,环保,易于大规模生产纯度高和具有天然活性的多肽 缺点:研发周期长,投入大

(一)天然提取法

1. 直接提取法 直接提取法是指基于多肽的理化特性,利用分离纯化技术,直接从生物体内提取出生物活性肽的方法。从自然界中提取多肽,有利于发现新的多肽药物。例如,2008年,Preecharram利用阴离子交换层析、分子筛层析和反相高效液相色谱法纯化制备来自暹罗鳄鱼血清中的6种抗菌肽,揭示了鳄鱼抵抗微生物感染的防御机制。这些多肽表现出广谱抗菌活性,表明其在治疗中的潜在用途,为开发新型抗菌剂的先导化合物提供可能性。但是,由于动植物体内活性多肽含量低、副产物多和分离成本高等特点,不利于大规模工业化生产。

2. 酶解法 酶解法是指利用蛋白酶水解蛋白原料而获得目标多肽的方法,包括单一酶的一步反应和复合酶系的一步或多步反应。蛋白酶解法虽具有高效和环保等生产特点,但为了保证目标多肽活性,往往需要经过多次试验选择合适的蛋白酶及应用条件,造成产率低、生产成本高和生产周期长的缺点,限制着酶解法的进一步发展。

3. 微生物发酵法 微生物发酵法是指微生物在适宜条件下,将原料经过特定的代谢途径转化为所需产物的方法。制备多肽常用的微生物主要有乳酸菌和酵母菌。2020年,He等人利用4种乳酸菌混合发酵小麦胚芽和苹果时,从发酵液中发现了可有效预防溃疡性结肠炎的活性多肽组分。对于大规模工业化生产,微生物发酵法操作简便、产量高,具有一定的竞争优势,但发酵过程中微生物分泌的其他蛋白和多糖等大分子会影响产品纯度,增加后续分离纯化难度和成本。

(二)化学合成法

1901年,德国科学家Hermann Emil Fischer成功制备出首个人工合成多肽——双甘肽。随后,他首次建立了液相合成法,即在液相中合成多肽。1953年,美国化学家Vincent Du Vigneaud首次成功合成活性多肽——催产素,打开了化学合成活性多肽药物的大门,并由此获得1955年诺贝尔化学奖。1963年,Merrifield在液相合成法的基础上建立了固相合成法。相比液相合成法,固相合成法显著提高了长链多肽的合成效率,且后续分离纯化更为简便,极大推动了化学合成多肽的发展,并于1984年获得了诺贝尔化学奖。

我国在多肽和蛋白质合成方面也取得显著成果。1965年,中国科学家首次用人工合成法合成世界上首个具有与天然分子相同化学结构和完整生物活性的多肽——结晶牛胰岛素,这在生命科学发展史上具有重大意义和影响。

ER14-3 中国合成结晶牛胰岛素的历程（文档）

（三）基因工程技术

基因工程技术合成法是指利用基因工程技术构建目的基因表达载体，并将其导入原核或真核细胞表达体系中，通过一系列分离纯化技术制备目的多肽的方法。相比化学合成法，利用基因工程技术合成法可生产分子量相对较大、结构相对复杂的多肽药物。目前，越来越多的多肽药物的生产选用基因工程技术合成法。

1978 年，David Goeddel 等利用大肠杆菌表达系统成功制备了全球第一个重组多肽——重组人胰岛素。1982 年，美国 FDA 批准全球第一个重组多肽药物——人胰岛素。1998 年，我国自行研制的重组人胰岛素及其注射液通过卫生部鉴定，首次进入临床应用。

三、重组多肽药物生产工艺的前沿技术

重组多肽类药物普遍存在体内半衰期短的问题，需要多次反复用药，限制其在临床中应用。近年来，延长重组多肽类药物半衰期的研究取得了很大进展，已开发出多种长效化策略，包括多肽药物的修饰和构建药物递送系统等。

（一）多肽药物的修饰

1. 氨基酸替代　氨基酸替代法即将天然 / 非天然氨基酸替代或引进多肽药物中，增加药物的稳定性，延长半衰期。例如，含有非天然氨基酸的人促性腺素释放激素（GnRH）类似物：GnRH 拮抗剂（西曲瑞克、地加瑞克、阿巴瑞克）和 GnRH 激动剂（曲普瑞林、亮丙瑞林、布舍瑞林）相比天然 GnRH 均表现出较长的体内半衰期。

2. 定点修饰突变　利用聚合酶链式反应，对多肽基因的特定碱基进行定点缺失和插入等修饰，从而改变多肽药物的体内半衰期。

3. 融合蛋白　通过基因工程技术，将多肽基因与融合蛋白基因融合表达，以此增加多肽药物的相对分子量进而延长其体内半衰期。目前，常采用的融合蛋白为人血清白蛋白（HSA）和人免疫球蛋白（IgG）Fc 段。例如，艾塞那肽 -HSA 融合肽显示出与艾塞那肽相似的促胰岛素分泌活性，但其血浆半衰期延长 4 倍且降血糖作用显著增强。

4. 聚合物修饰　聚合物修饰是指通过增加多肽药物的分子量和药物水溶性，从而药物延长半衰期，且聚合物修饰还可起到降低药物免疫原性的作用。常用的聚合物修饰包括聚乙二醇（PEG）化、聚唾液酸化、肝素前体（HEP）化、非结构化可生物降解蛋白（XTEN）、脯氨酸 - 丙氨酸 - 丝氨酸（PAS）缀合和明胶样蛋白（GLK）缀合等。

（二）多肽药物递送系统

多肽药物递送系统包括靶向给药系统和缓控释系统。通过使用药物载体，改变给药方式和体内分布情况，将药物输送到特定靶点并控制药物的释放速度，从而改善药物的治疗效果。

1. 靶向给药系统　主要包括基于外泌体靶向系统、基于脂质体靶向系统、基于金纳米粒子靶向系统和基于磁性纳米粒子靶向系统。这些靶向系统具有良好的生物相容性和低免疫

原性的优点,能提高稳定性和延长半衰期,同时也具有一定的缓释效果。

2. 缓控释系统 缓控释系统包括聚乙二醇系统、水凝胶系统、透明质酸系统和纳米粒子系统等。

(1)聚乙二醇系统:聚乙二醇是一种聚合物,具有无毒、水溶性高等特点,已被 FDA 批准用于体内注射。目前,聚乙二醇化处理已被应用于多肽类药物的修饰,以改善药物的理化性质和治疗效果。

(2)水凝胶系统:水凝胶是一种交联亲水聚合物链的网络,具有高度多孔性和网状结构,通过控制交联剂的用量可以改变其性质,具有良好的生物相容性。目前,壳聚糖水凝胶已成功应用于口服胰岛素给药。

(3)透明质酸系统:透明质酸(hyaluronic acid,HA)是一种线状多糖,优点是生物可降解和生物相容性好等。透明质酸亦被应用于蛋白质和多肽类药物递送系统,以延长药物在体内的作用时间。此外,肝细胞、滑膜细胞和肿瘤细胞表达透明质酸受体,因此,透明质酸系统已被应用于肝病、类风湿关节炎和肿瘤的靶向药物的开发中。

(4)纳米粒子系统:纳米材料因其分子量小,能有效地提高药物的溶解度稳定性,同时,更易穿过生理屏障,到达作用部位,增加药物在血液中的循环时间,从而减少药物用量,提高疗效。纳米粒子系统包括基于脂质的纳米颗粒、聚合物纳米颗粒和无机纳米颗粒,已被应用于自身免疫病和肿瘤等领域的药物开发。

第二节 重组人胰岛素及其类似物的生产工艺

一、重组人胰岛素及其类似物的临床应用

(一)人胰岛素的生物合成

人胰岛素(human insulin)是一种含有 51 个氨基酸的多肽类激素,其编码基因位于人类第 11 号染色体,共有 1 355 个碱基对。人胰岛素编码区域包括 3 个外显子,分别编码前胰岛素原的前肽,胰岛素 A 链、B 链和 C 肽。人胰岛 β 细胞首先合成包含 110 个氨基酸的前胰岛素原(preproinsulin)(图 14-1),前胰岛素原经蛋白酶水解连接在 B 链 N 端的信号肽,加工成包含 84~86 个氨基酸的胰岛素原(human proinsulin,hPI),其活性仅为胰岛素的 10% 左右,胰岛素原再经过蛋白酶切割 29~33 个氨基酸残基的连接肽(又称 C 肽)后,转化为胰岛素,分泌至胞外,进入血液循环中发挥重要的生物学作用。

(二)人胰岛素的理化性质

人胰岛素由两条多肽链通过链间二硫键连接而成,分别是包含 21 个氨基酸残基组成的 A 链和 30 个氨基酸残基组成的 B 链。人胰岛素分子式为 $C_{257}H_{338}N_{65}O_{77}S_6$,分子量为 5 807.69,等电点为 5.3。胰岛素为酸性蛋白,在酸性、中性条件下稳定。人胰岛素天然结构共有 3 个二硫键,A 链有一个链内二硫键位于 A6 到 A11 之间(图 14-2),还有两个链间二硫键,出现在 A7 到 B7 以及 A20 到 B19 之间。胰岛素分子 A 链第 1 位点、第 2 位点、第 19 位点、第 21 位点

Met	Ala	Leu	Trp	Met	Arg	Leu	Leu	Pro	Leu	Leu	Ala	Leu
Leu	Ala	Leu	Trp	Gly	Pro	Asp	Pro	Ala	Ala	Ala	Phe	Val
Asn	Gln	His	Leu	Cys	Gly	Ser	His	Leu	Val	Glu	Ala	Leu
Tyr	Leu	Val	Cys	Gly	Glu	Arg	Gly	Phe	Phe	Tyr	Thr	Pro
Lys	Thr	Arg	Arg	Glu	Ala	Glu	Asp	Leu	Gln	Val	Gly	Gln
Val	Glu	Leu	Gly	Gly	Gly	Pro	Gly	Ala	Gly	Ser	Leu	Gln
Pro	Leu	Ala	Leu	Glu	Gly	Ser	Leu	Gln	Lys	Arg	Gly	Ile
Val	Glu	Gln	Cys	Cys	Thr	Ser	Ile	Cys	Ser	Leu	Tyr	Gln
Leu	Glu	Asn	Tyr	Cys	Asn							

图 14-1　前胰岛素原的氨基酸序列

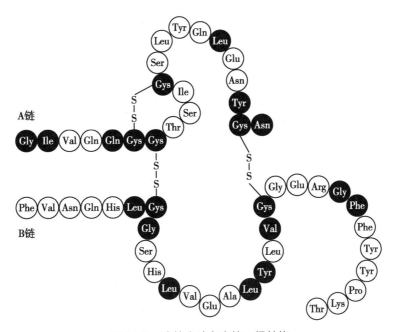

图 14-2　成熟人胰岛素的一级结构

和 B 链第 22 到 25 位点氨基酸是胰岛素与其受体结合位点，分子中的半胱氨酸对维持其结构极其重要。

（三）人胰岛素的临床应用

人胰岛素的主要作用是降低血糖，通过促进骨骼、肌肉、心脏和脂肪组织对葡萄糖的摄取和利用，促进糖原合成的同时抑制糖异生，从而降低血糖水平。重组人胰岛素在临床上主要用于治疗 1 型和 2 型糖尿病，临床常用的胰岛素制剂主要有重组人胰岛素注射液（速效）、精蛋白重组人胰岛素注射液（中效）和重组人胰岛素与精蛋白胰岛素按不同比例构成的精蛋白重组人胰岛素注射液。为方便使用，目前已开发出口服式、吸入式、喷入式等非注射给药途径的胰岛素制剂。

（四）重组人胰岛素类似物

重组人胰岛素类似物是根据临床上使用胰岛素的不同需求，将人胰岛素的氨基酸进行替换或位点修饰，从而改变胰岛素分子序列与理化性质，改变胰岛素形成空间结构的难易程度，达到延长半衰期或改善稳定性的作用。根据药物起效的快慢和作用时间的长短，重组人胰岛素类似物可包括速效胰岛素和长效胰岛素两类。速效胰岛素主要用于控制餐后血糖水平，而长效胰岛素可在体内持续少量释放,以模拟生理条件下胰岛素的分泌及其对血糖的调节作用。有关重组人胰岛素类似物及其结构特点参见表 14-2。

表 14-2　重组人胰岛素类似物简介

重组胰岛素类似物	首次上市时间	制造商	结构特点
速效			
门冬胰岛素	2000 年	诺和诺德	人胰岛素 B28 位点脯氨酸替换成门冬氨酸
赖脯胰岛素	1996 年	礼来	人胰岛素 B28 位点脯氨酸与 B29 位点赖氨酸进行互换
谷赖胰岛素	2004 年	赛诺菲	人胰岛素 B3 位点门冬酰胺替换为赖氨酸,B29 位点赖氨酸替换成谷氨酸
长效			
甘精胰岛素	2000 年	赛诺菲	人胰岛素 A21 位点天冬酰胺替换成甘氨酸,B30 端增加 2 个精氨酸
地特胰岛素	2004 年	诺和诺德	人胰岛素 B30 位点苏氨酸去除,B29 位点赖氨酸连接肉豆蔻酸侧链
德谷胰岛素	2012 年	诺和诺德	人胰岛素 B30 位点苏氨酸去除,B29 位点赖氨酸通过 L-γ- 谷氨酸连接 16 碳脂肪二酸

　　20 世纪 90 年代,科学家开始对人胰岛素氨基酸序列进行定向改造,1996 年,世界上第一个重组人胰岛素类似物——重组人赖脯胰岛素(速效)获批上市。2000 年,第一支长效胰岛素——重组人甘精胰岛素成功面世。2012 年,重组人德谷胰岛素作为超长效胰岛素类似物在日本正式上市销售。

二、工程甲醇酵母菌的构建

(一)表达载体的构建

　　通过酵母偏好密码子改造人胰岛素序列(图 14-3),经 PCR 扩增和定向重组后,转化至 pPIC9K 质粒(HIS$^+$)中,构建重组人胰岛素酵母表达质粒 pPIC(+B+A),见图 14-4。该质粒包含甲醇代谢关键酶——醇氧化酶 -1(alcohol oxidase 1,AOX1)启动子(5′AOX1)和终止子(3′AOX1),可在甲醇存在的条件下诱导表达。

(二)种子库的建立

　　用限制性内切酶将 pPIC(+B+A)质粒线性化后,电转化法转化至甲醇酵母受体菌 GS115(HIS4$^-$)。用基础葡萄糖(minimal dextrose,MD)培养基培养 24 小时,筛选 HIS4$^+$ 转化子,挑取单克隆,分别接种到 MD 平板和基础甲醇(minimal methanol,MM)培养基中,验证转化子表型为 HIS4$^+$Mut$^+$,即在 MD 培养基中正常生长,MM 培养基中生长更快的单克隆细胞。挑取 HIS4$^+$Mut$^+$ 单克隆细胞涂布于含不同浓度的 G418 平板,筛选出稳定转化的单克隆细胞,并通过摇瓶表达验证 HIS4$^+$ 转化子的表达量,将表达量高的单克隆细胞确定为原始种子库。在此基础上,按照《中国药典》(2020 年版)三部中"生物制品生产检定用菌毒种管理及质量控制"的要求,使用筛选获得的原始种子库,建立主种子库与工作种子库。

ATG GCC CTG TGG ATG CGC CTC CTG CCC CTG CTG GCG CTG
CTG GCC CTC TGG GGA CCT GAC CCA GCC GCA GCC TTT GTG
AAC CAA CAC CTG TGC GGC TCA CAC CTG GTG GAA GCT CTC
TAC CTA GTG TGC GGG GAA CGA GGC TTC TTC TAC ACA CCC
AAG ACC CGC CGG GAG GCA GAG GAC CTG CAG GTG GGG CAG
GTG GAG CTG GGC GGG GGC CCT GGT GCA GGC AGC CTG CAG
CCC TTG GCC CTG GAG GGG TCC CTG CAG AAG CGT GGC ATT
GTG GAA CAA TGC TGT ACC AGC ATC TGC TCC CTC TAC CAG
CTG GAG AAC TAC TGC AAC TAG

图 14-3　前胰岛素核苷酸序列

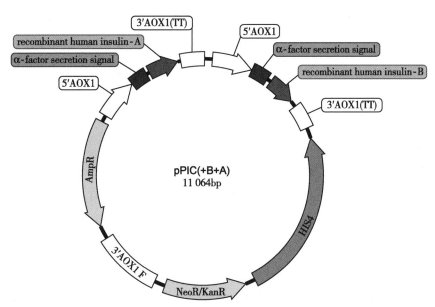

图 14-4　重组人胰岛素酵母表达质粒 pPIC(+B+A)示意图

注:5′AOX1,5′-醇氧化酶基因 1 启动子;recombinant human insulin-B,重组人胰岛素 B;3′AOX(TT),3′-醇氧化酶基因 1 终止子;HIS4,组氨酸筛选标记;NeoR/KanR,新霉素 / 卡那霉素抗性基因;KanR promoter,KanR 启动子;3′AOX F,3′-醇氧化酶基因 1 片段;AmpR,氨苄青霉素抗性基因;5′AOX1,5′-醇氧化酶基因 1 启动子;α-factor secretion signal,α 因子分泌信号肽;recombiant human insulin-A,重组人胰岛素 A。

三、生产工艺过程

重组人胰岛素的生产工艺流程如图 14-5 所示。

(一)工程甲醇酵母菌的活化及扩大培养

1. 活化　从 –70℃种子库中取出冻存工程甲醇酵母菌种,常温融化后接种于含有甘油的基础培养基(minimal glycerol medium, MGY)中,30℃,300r/min 培养过夜。

2. 种子液的制备　将活化后的工程甲醇酵母菌以 0.5%~1.5% 的体积比转入 MGY 培养基中,30℃,300r/min 培养至 OD_{600}=4.0,2 500×g 室温离心 5 分钟。重悬于含有甲醇的缓冲培养基(buffered minimal methanol YP medium, BMMY)中,30℃,300r/min 继续培养至

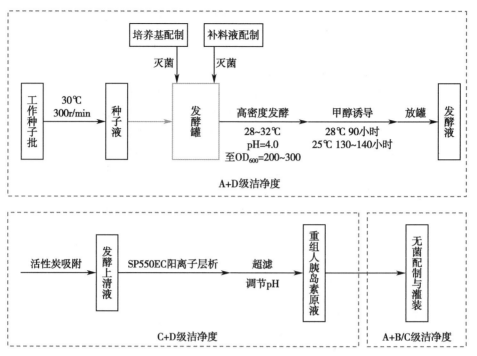

图 14-5　重组人胰岛素的生产工艺流程

2.0~6.0×10^{5}cfu/ml，即可作为种子液供发酵使用。

（二）高密度发酵

1. 培养基的配制　发酵起始培养基配方如下：甘油 20~40g/L，KOH 20~30g/L，H$_3$PO$_4$ 20~30ml/L，尿素 5~8g/L，MgSO$_4$ 5~8g/L，酵母粉 3~7g/L，CaSO$_4$·2H$_2$O 0.4~1.0g/L，PTM1 溶液 2~6ml/L，消泡剂 1~3ml/L；所述 PTM1 溶液为 FeSO$_4$·7H$_2$O 65g/L，ZnSO$_4$·7H$_2$O 20g/L，CuSO$_4$·5H$_2$O 6g/L，MnSO$_4$·H$_2$O 3g/L，CoCl$_2$·6H$_2$O 0.5g/L，Na$_2$MoO$_4$·2H$_2$O 0.2g/L，H$_3$BO$_3$ 0.02g/L，H$_2$SO$_4$ 5ml/L，Biotin 0.2g/L，KI 0.08g/L。发酵液补料培养基组成为 CaSO$_4$ 0.1~0.5g/L，MgSO$_4$ 5~10g/L，KOH 5~10g/L，有机氮源 5~10g/L，H$_3$PO$_4$ 10~20g/L。根据发酵罐体积，按上述配方称取相应组分，经纯化水溶液溶解后，于发酵罐内 121℃灭菌 30 分钟。

2. 生产罐培养和放罐　整个发酵工艺包括三个阶段：分批生长阶段、甘油补加阶段和甲醇诱导阶段，使用 0.5g/L 的尿素溶液控制整个发酵过程 pH，通过调节培养过程中的转速来控制溶氧浓度。

（1）分批生长阶段：将种子液接种至发酵培养基中，接种体积为发酵培养基体积的 2.5%，控制溶氧量≥50%，在 28~32℃下培养至溶氧量达 80%。此阶段以甘油作为细胞生长碳源，因此，细胞内醇氧化酶 1（AOX1）启动子（5′AOX1）受到阻遏，AOX1 活性被抑制，导致细胞生长缓慢。

（2）甘油补加阶段：控制溶氧≥30%，以 18~25g/（L·h）的速率补加甘油溶液；补加尿素控制 pH 在 4.0，培养至 OD$_{600}$ 为 200~300 时停加甘油。

（3）甲醇诱导阶段：溶氧量达 80% 后，以 6.0~8.0g/（L·h）的速率补加甲醇溶液，补加甲醇溶液后先降温至 28℃培养 90 小时后，再降温至 25℃，控制溶氧为 5%~10%，培养 130~140 小时，结束培养。此阶段以甲醇作为甲醇酵母菌生长碳源，诱导 AOX1 与目的基因大量表达，

AOX1通过代谢甲醇加速甲醇酵母菌的生长。

（三）分离纯化

1. 活性炭预处理　将粉末状活性炭用≤0.5mol/L 的 HC1,在室温下浸泡＞12 小时,过 60 目筛后,加入发酵液中,活性炭加入量为发酵液重量的 1%~3%。搅拌 5~10 分钟后,8 000r/min 离心 20 分钟,收集上清液。

2. 活性炭装柱　将发酵液重量 5% 的粒状活性炭装柱,用 1% 醋酸水溶液清洗后,将收集的上清液上样,上样后用 1% 醋酸水溶液洗脱样品,收集穿透液。

3. SP550EC 阳离子层析纯化　用平衡缓冲液（50mmol NaAc-HAC,pH=4.0）平衡 3 个柱体积（column volume,CV）后,将收集的穿透液上样。上样结束后,用洗涤液（50mmol NaAc-HAC,0.1mol/L NaCl,40% 乙醇,pH=4.0）洗涤 10 个 CV,再用洗脱缓冲液（50mmol NaAc-HAC,0.5mol/L NaCl,40% 乙醇,pH=4.0）洗脱,收集洗脱峰为目标产物。

4. 超滤　将洗脱液流经截留分子量为3kDa超滤膜,并用醋酸缓冲液（pH 3.0）进行交换,制备的超滤浓缩液为重组人胰岛素原液。

（四）原液的质量控制

根据《中国药典》（2020 年版）三部的要求,重组人胰岛素原液必须符合质量控制标准与相关检测方法：包括微生物计数法检测需氧菌总数 ≤300cfu；经凝胶法检测细菌内毒素含量<10EU/mg；经酶联免疫吸附法检测宿主蛋白残留量≤10ng/mg；经 DNA 探针杂交法测定宿主 DNA 残留量 10ng/1.5mg。

ER14-4 重组人胰岛素原液的质量标准（文档）

第三节　重组人胰高血糖素样肽-1 受体激动剂 Fc 融合蛋白生产工艺

一、人胰高血糖素样肽-1 及其临床应用

（一）人胰高血糖素样肽-1 的生物合成

人胰高血糖素样肽-1（glucagon like peptide-1,GLP-1）含 31 个氨基酸（图 14-6）,由肠道 L 细胞合成和分泌,属于肠促胰素。GLP-1 是胰高血糖素原基因的编码产物之一。胰高血糖素原基因位于人类 2 号染色体,包括 6 个外显子和 5 个内含子,GLP-1 编码区位于第四外显子,表达后经蛋白酶酶切去除 N 端 6 个氨基酸并形成 C 端酰胺化,生成具有高度生物活性的 GLP-1（7-36）酰胺,进入血液循环后并可被二肽基肽酶 4（DPP-4）降解失活。

His　Ala　Glu　Gly　Thr　Phe　Thr　Ser　Asp　Val　Ser　Ser　Tyr
Leu　Glu　Gly　Gln　Ala　Ala　Lys　Glu　Phe　Ile　Ala　Trp　Leu
Val　Lys　Gly　Arg　Gly

图 14-6　人 GLP-1 的氨基酸序列

（二）人胰高血糖素样肽-1 的理化性质

人胰高血糖素样肽-1 相对分子质量为 3 298.7，等电点为 5.0~6.0。GLP-1 通过与细胞膜表面的 GLP-1 受体（GLP-1R）结合，诱导细胞内的第二信使发挥其生理活性。在 GLP-1 分子中，GLP-1（7~13）为无规则卷曲构象，GLP-1（13~20）和 GLP-1（24~35）为 α 螺旋构象，GLP-1（21~23）则为两个 α 螺旋的连接区域。GLP-1C 端 α 螺旋与 GLP-1R 结合后，GLP-1 空间结构发生改变，N 端形成 loop 结构与 GLP-1R 结合，从而激活 GLP-1R 介导的信号通路。

GLP-1 对酸碱敏感，当环境 pH 大于 5.9 或小于 3.5 时，高浓度的 GLP-1 易发生聚集现象。

（三）人胰高血糖素样肽-1 的临床应用

GLP-1 通过与表达在不同组织上的受体结合而发挥多种生理功能，主要包括：刺激胰岛 β 细胞的再生、促进胰岛素分泌、刺激生长抑素释放、抑制胰高血糖素分泌、抑制胃酸分泌、延迟胃排空、调节神经中枢从而降低食物摄取、降低水的摄取并增加排尿。临床上，rhGLP-1 可用于 2 型糖尿病的治疗。但是，由于血液中 DPP-4 的酶解作用，GLP-1 在体内的半衰期极短，限制了 GLP-1 的应用。目前，全球批准上市的 rhGLP-1 产品主要是 GLP-1 受体激动剂，如利拉鲁肽和度拉糖肽等。rhGLP-1 及其受体激动剂的结构特点和临床应用见表 14-3。

表 14-3 重组人 GLP-1 及其受体激动剂简介

	来源	结构特点	临床应用
贝那鲁肽	大肠杆菌表达	单链多肽，氨基酸序列与天然 GLP-1 相同	半衰期短，适用于治疗 2 型糖尿病或单用二甲双胍治疗效果不佳的糖尿病患者
利拉鲁肽	酵母细胞表达	氨基酸序列与天然 GLP-1 有 97% 同源性，将 GLP-1（7-37）中的 Lys34 替换成 Arg，并在 Lys26 上连接十六碳棕榈脂肪酸	半衰期长，适用于治疗 2 型糖尿病，适用于单用二甲双胍或磺酰脲类药物治疗效果不佳患者。与二甲双胍或磺酰脲类药物联用疗效显著
阿必鲁肽	酵母细胞表达	将 GLP-1（7-36）链上的 Ala8 替换成 Gly，再将两条经修饰的 GLP-1 肽链与含有 585 个残基的血清白蛋白融合	适用于治疗 2 型糖尿病，用于饮食控制及锻炼不能足够控制血糖的患者
度拉糖肽	CHO 细胞表达	将 GLP-1（7-37）链上的 Ala8 替换成 Gly，Gly22 替换成 Glu，Arg36 替换成 Gly；由两个具有 DPP-4 抑制作用的 GLP-1 类似物与人免疫球蛋白重链 IgG₄-Fc 片段融合	半衰期为 5 天，适用于治疗 2 型糖尿病

二、工程 CHO 细胞的构建

（一）表达系统的选择

天然 GLP-1 分子在血液中易被快速清除或被 DPP-4 降解，因而，当前上市的 GLP-1 主要为氨基酸突变或 Fc 融合的 GLP-1 受体激动剂。目前，被批准上市用于糖尿病治疗的重组人 GLP-1（recombinant human GLP-1，rhGLP-1）受体激动剂主要通过大肠杆菌、酵母和 CHO

细胞表达系统生产。其中，CHO 细胞内源蛋白质分泌量少，且表达产物的糖基化修饰、空间结构、理化特性和生物学功能等与天然蛋白质相似。本节以谷氨酰胺合成酶（glutamine synthetase，GS）基因敲除型 CHO 细胞亚株 K1SV（glutamine synthetase knockout CHO-K1SV，CHO-K1SV GS-KO）表达系统为例，介绍 rhGLP-1 受体激动剂 Fc 融合蛋白（rhGLP-1-Fc 融合蛋白）的生产工艺流程。

（二）工程 CHO 细胞的构建和种子库的建立

将 rhGLP-1-Fc 融合蛋白基因（人 GLP-1 前体基因序列见图 14-7）克隆至重组表达质粒 pXC17.4-rhGLP-1-Fc（图 14-8）。将表达质粒线性化后，电转染至 CHO-K1SV GS-KO 细胞中，并通过表达验证和稳定性考察试验，筛选获得表达量高、遗传性状稳定的阳性细胞作为原始种子库。根据《中国药典》（2020 年版）三部中"生物制品生产检定用动物细胞基质制备及质量控制"的要求，使用筛选获得的原始种子库，建立主种子库与工作种子库。

```
ATG AAA AGC ATT TAC TTT GTG GCT GGA TTA TTT GTA ATG
CTG GTA CAA GGC AGC TGG CAA CGT TCC CTT CAA GAC ACA
GAG GAG AAA TCC AGA TCA TTC TCA GCT TCC CAG GCA GAC
CCA CTC AGT GAT CCT GAT CAG ATG AAC GAG GAC AAG CGC
CAT TCA CAG GGC ACA TTC ACC AGT GAC TAC AGC AAG TAT
CTG GAC TCC AGG CGT GCC CAA GAT TTT GTG CAG TGG TTG
ATG AAT ACC AAG AGG AAC AGG AAT AAC ATT GCC AAA CGT
CAC GAT GAA TTT GAG AGA CAT GCT GAA GGG ACC TTT ACC
AGT GAT GTA AGT TCT TAT TTG GAA GGC CAA GCT GCC AAG
GAA TTC ATT GCT TGG CTG GTG AAA GGC CGA GGA AGG CGA
GAT TTC CCA GAA GAG GTC GCC ATT GTT GAA GAA CTT GGC
CGC AGA CAT GCT GAT GGT TCT TTC TCT GAT GAG ATG AAC
ACC ATT CTT GAT AAT CTT GCC GCC AGG GAC TTT ATA AAC
TGG TTG ATT CAG ACC AAA ATC ACT GAC AGG AAA TAA
```

图 14-7　人 GLP-1 前体核苷酸序列

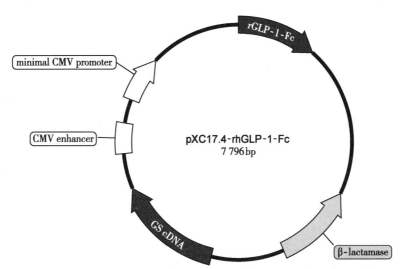

图 14-8　rhGLP-1-Fc 融合蛋白的表达质粒构建图

注：rGLP-1-Fc，重组胰高血糖素样肽 -1- 抗体恒定区片段；β-lactamase，β- 内酰胺酶；GS cDNA，谷氨酰胺合成酶基因；CMV enhancer，CMV 增强子；minimal CMV promoter，最小 CMV 启动子。

重组人 GLP-1-Fc 融合蛋白的生产工艺流程如图 14-9 所示。

（一）工程 CHO 细胞的活化及扩大培养

从工作细胞库中取出冻存工程 CHO 细胞进行复苏，将复苏后的细胞用培养基重悬，并转移至 125ml 摇瓶中培养。摇床参数控制：温度 36~38℃，CO_2 浓度 7%~9%，摇床转速 130~150r/min。第 1 级种子培养 72~120 小时，活细胞密度达 $2.5×10^6$ 个 /ml 进行传代；第 2 级种子培养 72~120 小时，活细胞密度达 $2.5×10^6$ 个 /ml 后继续传代；第 3 级种子培养 72~120 小时，至活细胞密度达 $2.5×10^6$ 个 /ml 进行传代。

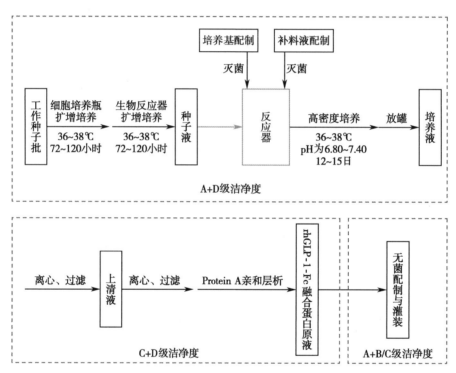

图 14-9　rhGLP-1 受体激动剂 Fc 融合蛋白的生产工艺流程

按生产所需，将第 3 级种子细胞量和适量培养基接种至 Wave 反应器中。Wave 反应器参数控制：温度 36~38℃，转速 20~30r/min，角度 5°~9°，空气通气比 0.02~0.05vvm，CO_2 浓度 7%~9%。进行第 4 级种子培养 72~120 小时，活细胞密度达 $2.5×10^6$ 个 /ml 进行传代。

按生产所需，将第 4 级种子细胞量和适量发酵培养基接种至 200L 反应器中。培养过程参数控制：温度 36~38℃，pH 为 6.8~7.4，溶氧 20%~60%，空气通气比 0.005~0.03vvm，第 5 级种子培养 72~120 小时，活细胞密度达 $2.5×10^6$ 个 /ml 可接种至生产反应器中进行培养。

（二）高密度培养

将培养基加入 2 000L 反应器中与种子液混合，即开始细胞培养。培养过程控制如下：温度控制 36~38℃，pH 为 6.8~7.4，溶氧 20%~60%，空气通气比 0.005~0.03vvm；补料：FeedA 和 FeedB 添加比例分别为当前培养体积的 1.5%~3.5% 和 0.15%~0.35%，补加葡萄糖不低于 1g/L。整个培养过程中，每天取样检测细胞活率、活细胞密度、离线 pH 和生化参数。

当培养 12~15 天，放罐收集培养液，收集时细胞活率控制在 80% 以上，支原体检测呈阴性，内毒素<10EU/ml。

（三）分离纯化

2005 年，国家食品药品监督管理局审评中心制定并发布了《生物组织提取制品和真核细胞表达制品的病毒安全性评价技术审评一般原则》，要求"真核细胞表达（重组 CHO 细胞、人/动物杂交瘤细胞等，不包括酵母细胞）的重组制品需增加病毒灭活工艺流程"。为遵循上述要求，rhGLP-1-Fc 的分离纯化工艺如下。

1. 分离与病毒灭活 培养完成后，离心收集上清液，添加絮凝剂（壳聚糖终浓度为 0.5g/L，聚氯化铝终浓度为 40mg/L），絮凝培养液中的细胞、细胞碎片、宿主蛋白和 DNA 等杂质，降低下游纯化工艺的成本。再用 1mol/L 的盐酸调节 pH 至 7.0，搅拌 30 分钟后，在 15℃条件下，4 000×g 离心 15 分钟，收集上清液。使用 0.3% 的磷酸三丁酯（TNBP）和 1% 的 Triton X-100 对过滤后上清液进行病毒灭活。在 20~25℃下搅拌 45 分钟进行病毒灭活。

ER14-5 rhGLP-1-Fc 融合蛋白原液的质量标准（文档）

2. Protein A 亲和层析纯化 先用平衡缓冲液（20mmol/L PBS，0.15mol/L NaCl，pH 7.0）平衡 3~5 个 CV 后上样；上样结束后用上述平衡缓冲液将上样峰洗至基线，再用洗脱缓冲液（0.1mol/L HAc-NaAc，pH 3.0）洗脱，收集洗脱峰。

（四）原液的质量控制

目前《中国药典》（2020 年版）并未收录关于 rhGLP-1-Fc 融合蛋白的质量控制标准要求，根据中国食品药品检定研究院发表的《重组人胰高血糖素样肽-1 类似物融合蛋白质控方法和质量标准研究》，并结合《生物技术药物研究开发和质量控制》（第三版），建议 rhGLP-1-Fc 融合蛋白原液的质量控制标准与相关检测方法如下：比活性（生物学活性/蛋白质含量）≥2.23×10³U/mg 蛋白质；纯度测定通过电泳法与高效液相色谱法，纯度分别需≥95.0% 和 ≥95.0%；分子量测定通过还原型 SDS-PAGE，为 64.3~78.5kDa；外源性 DNA 残留量测定通过定量 PCR 法，需≤5.0pg/mg；细菌内毒素检查通过凝胶法，需<0.5EU/mg。

ER14-6 目标测试题

（宁云山）

参考文献

[1] 王克全，徐寒梅. 多肽类药物的研究进展. 药学进展，2015，39（9）：642-650.

[2] 郑龙，田佳鑫，张泽鹏，等. 多肽药物制备工艺研究进展. 化工学报，2021，72（7）：3538-3550.

[3] 杨化新，张培培，徐康森. 重组人生长激素胰肽图谱分析. 药物分析，1994，14（3）：10-12.

[4] 冯小黎，殷剑宁，丛春水，等. 高效液相亲和层析介质的制备和对基因重组 α- 干扰素的纯化. 中国生化药

物杂志, 1997, 18 (1): 5-8.

[5] 唐川, 刘俊成, 周兴智, 等. 蛋白多肽类药物载体应用研究进展. 沈阳药科大学学报, 2020, 37 (1): 51-56.

[6] 朱泰承, 李寅. 毕赤酵母表达系统发展概况及趋势. 生物工程学报, 2015, 31 (6): 929-938.

[7] MUTTENTHALER M, KING G F, ADAMS D J, et al. Trends in peptide drug discovery. Nat Rev Drug Discov, 2021, 20 (4): 309-325.

[8] 刘梦, 于彭城, 徐寒梅. 蛋白多肽类药物长效化技术研究进展. 药学进展, 2019, 43 (3): 209-216.

[9] 庞丽然, 贺丞, 魏敬双, 等. 蛋白多肽类药物长效化技术研究策略. 生物技术进展, 2021, 11 (3): 304-310.

[10] 尹华静, 余珊珊, 尹茂山, 等. 重组人胰岛素类似物研发进展和安全性特点. 中国新药杂志, 2018, 27 (21): 2578-2583.

[11] 王斗斗. 重组人胰岛素在毕赤酵母中表达的研究. 吉林: 吉林大学, 2009.

[12] 杨赢, 范蓓, 张学成, 等. 重组长效人胰高血糖素样肽 1 类似物研究进展. 国际生物制品学杂志, 2020, 43 (0): 144-148.

[13] 蒋镜清, 符玲, 谈梦璐, 等. 胰高血糖素样肽 -1 (GLP-1) 类似物研究进展. 高校化学工程学报, 2020, 34 (6): 1327-1338.

[14] 王军志. 生物技术药物研究开发和质量控制. 3 版. 北京: 科学出版社, 2022.

[15] 国家药典委员会. 中华人民共和国药典: 2020 年版. 北京: 中国医药科技出版社, 2020.

[16] 韩春梅, 范文红, 陶磊, 等. 重组人胰高血糖素样肽 -1 类似物融合蛋白质控方法和质量标准研究. 中国药学杂志, 2016, 51 (13): 1085-1090.

第十五章　重组蛋白质药物生产工艺

ER15-1　重组蛋白质药物生产工艺（课件）

重组蛋白质药物（recombinant protein drug）一般是指通过基因工程技术制备并可用于人类疾病的预防和治疗的重组蛋白质制品。重组蛋白质药物的生产工艺过程主要包括工程细胞的制备、高密度培养、表达产物的分离纯化和制剂等。按照现行《药品生产质量管理规范》（good manufacturing practice，GMP）的要求，重组蛋白质药物应采用经过验证的生产工艺进行生产，并对生产全过程进行质量控制。本章以已上市的重组蛋白质药物为例，介绍其主要的生产工艺过程。

第一节　概述

　　1982 年，全球第一个重组蛋白质药物——重组人胰岛素被美国食品药品管理局（FDA）批准上市，开启重组蛋白质药物生产工艺的新纪元。此后，全球第一个重组人生长激素（1985 年）和重组人干扰素（1986 年）相继被 FDA 批准上市，标志着重组蛋白质药物时代的到来。20 世纪 90 年代，重组蛋白质药物进入了发展的黄金期，一大批重磅药物相继获批上市，并在肿瘤、糖尿病和感染性疾病等人类疾病的诊疗方面发挥巨大的作用。在重组蛋白质药物的研发和生产领域，美国始终保持世界领先水平，截至 2022 年 12 月，FDA 已批准上市 48 种重组蛋白质药物。我国在生物技术领域虽起步晚，但发展势头强劲，截至 2022 年 12 月，国家药品监督管理局（NMPA）已批准 33 种重组蛋白质药物上市。

ER15-2　中国和美国批准上市的重组蛋白质药物一览表（文档）

一、重组蛋白质药物及其临床应用

　　重组蛋白质药物主要包括重组人细胞因子类药物、重组人血浆蛋白因子类药物、重组人酶类药物和重组人融合蛋白药物四大类。

（一）重组人细胞因子类药物

　　目前，已上市的重组人细胞因子类药物主要包括重组人干扰素（recombinant human interferon，rhIFN）、重组人白细胞介素（recombinant human interleukin，rhIL）、重组人粒细胞集落刺激因子（recombinant human granulocyte colony stimulating factor，rhG-CSF）、重组人巨噬细胞集落刺激因子（recombinant human macrophage colony stimulating factor，rhM-CSF）、重组人促红细胞生成素（recombinant human erythropoietin，rhEPO）、重组人血小板生

成素（recombinant human thrombopoietin, rhTPO）和重组人表皮生长因子（recombinant human epidermal growth factor, rhEGF）等。

1. 重组人干扰素 1986年，全球第一个rhIFN（rhIFN-α2b）经FDA批准上市，用于治疗慢性乙型肝炎。rhIFN主要品种为rhIFN-α（rhIFN-α2a、rhIFN-α2b）和rhIFN-β（rhIFN-β1a、rhIFN-β1b），前者在临床上主要用于病毒性肝炎等疾病的治疗，后者用于多发性硬化症的治疗。

2. 重组人白细胞介素 目前，已批准上市的产品为rhIL-2和rhIL-11等。rhIL-2可促进T细胞和NK细胞的增殖，并增强其杀伤活性，因此，rhIL-2具有抗病毒、抗肿瘤和增强机体免疫等作用，在临床上主要用于肿瘤的治疗和癌性胸腹水的控制；rhIL-11可直接刺激造血干细胞和巨核祖细胞增殖，诱导巨核细胞成熟、分化和血小板的生成，在临床上主要用于肿瘤化疗所致血小板减少症的治疗。

3. 重组人粒细胞集落刺激因子 化疗在杀伤肿瘤细胞的同时，也会造成患者中性粒细胞减少，导致患者免疫功能低下。因此，预防或治疗化疗所导致的中性粒细胞减少症可显著提高肿瘤化疗的效果。rhG-CSF已成为防治肿瘤化疗所致中性粒细胞减少症的一线用药。

4. 重组人促红细胞生成素 在临床上，rhEPO主要用于各类贫血疾病的治疗。国内rhEPO的适应证主要为慢性肾脏病引起的贫血和化疗引起的贫血。

5. 重组人血小板生成素 rhTPO可促进血小板生长，其适应证主要为化疗所致血小板减少症和免疫性血小板减少症的治疗。

（二）重组人血浆蛋白因子类药物

目前，已上市的重组人血浆蛋白因子类药物主要包括重组人凝血因子Ⅶ（recombinant human coagulation factor Ⅶ, rhFⅦ）、重组人凝血因子Ⅷ（rhFⅧ）、重组人凝血因子Ⅸ（rhFⅨ）、重组人组织型纤溶酶原激活物（recombinant human tissue-type plasminogen activator, rht-PA）、重组人凝血酶（recombinant human thrombin）、重组人抗凝血酶Ⅲ（recombinant human antithrombin Ⅲ）和重组人血清白蛋白（recombinant human serum albumin, rHSA）等。重组人血浆蛋白因子类药物在凝血与抗凝血的临床治疗中发挥重要作用。

1. 重组人凝血因子Ⅶa rhFⅦa先后在欧洲（1996年）、美国（1999年）和中国（2010年）注册上市，用于治疗血友病患者出血发作和预防手术出血。

2. 重组人凝血因子Ⅷ 作为全球首个上市的重组凝血因子制品，rhFⅧ与天然FⅧ有相似的生化、免疫及药理学特性，具有明确的临床疗效指标，能够有效纠正血友病患者的出血倾向。当前，在加拿大、爱尔兰和美国等国家，超过70%重症血友病患者使用rhFⅧ，该药显著改善了重症血友病患者的生活质量。

3. 重组人组织型纤溶酶原激活物 1987年，采用CHO细胞生产的rht-PA被FDA批准上市，成为首个采用动物细胞大规模生产的重组蛋白质药物。rht-PA在临床上用于急性心肌梗死、肺梗死和其他血栓性疾病的治疗。

4. 重组人凝血酶 2008年，FDA批准重组人凝血酶外用制剂上市，它在临床上主要用于各类外科手术和创伤的止血。

（三）重组人酶类药物

目前，已上市的重组人酶类药物主要包括重组人尿激酶原（recombinant human prourokinase，rhPro-UK）、重组人葡激酶（recombinant human staphylokinase，rhSAK）、重组人葡萄糖脑苷脂酶（recombinant human glucocerebrosidase，rhGBA）和重组人α葡萄糖苷酶（recombinant human acid alpha-glucosidase，rhGAA）等。重组人酶类药物在临床上主要用于酶替代治疗、抗凝和溶栓治疗等。

1. 重组人尿激酶原 作为一种具有纤维蛋白选择性的溶血栓制剂，重组人尿激酶原溶血栓作用强、再通率高和出血风险小，已在临床中获得广泛应用。

2. 重组人葡萄糖脑苷脂酶 1994年，全球首个重组人葡萄糖脑苷脂酶被FDA批准上市，用于治疗戈谢病（Gaucher disease，GD）。GD是由于患者葡萄糖脑苷脂酶基因突变，导致该酶的催化功能和稳定性下降，大量葡萄糖脑苷脂在细胞和器官内蓄积达到毒性水平，患者表现为生长发育落后于同龄人，肝脾肿大和骨、关节受累等。重组人葡萄糖脑苷脂酶可水解葡萄糖苷键，可作为外源补充的酶类药物进行替代治疗。

（四）重组人融合蛋白药物

重组人融合蛋白药物是指通过基因工程技术，将目标基因和融合蛋白基因进行融合表达而制备的重组蛋白质制品。融合蛋白基因包括人免疫球蛋白IgG Fc段或HSA。该类药物可延长重组蛋白质药物在人体内的半衰期，提高药物的安全性和有效性。目前已上市的重组人融合蛋白主要包括rhIFN-Fc、rhTPO-Fc和rhG-CSF-HSA等，在临床上主要用于肿瘤等疾病的治疗。

二、重组蛋白质药物生产工艺的发展历程

工程细胞的制备是重组蛋白质药物生产工艺建立和优化的基础，其发展历程分为以下三个阶段。

（一）通过原核细胞表达系统生产的重组蛋白质药物

大肠杆菌（*Escherichia coli*，*E. coli*）表达系统具有宿主细胞遗传背景清楚、载体系统完备、宿主细胞生长迅速、培养简单和重组子稳定等特点，已成为应用最为广泛的原核细胞表达系统。其常用的宿主菌包括BL21、C600、DH5α、HB101和JM109等。20世纪80年代，国外科学家在大肠杆菌中成功表达rhIFN-α2a和rhIFN-α2b。同期，中国预防医学科学院病毒学研究所所长侯云德的团队，成功从健康中国人脐带血白细胞中克隆出首个具有自主知识产权的*IFN-α1b*基因，并在大肠杆菌系统成功表达，标志着我国首个重组蛋白质药物的诞生。1991年，采用大肠杆菌表达系统生产的rhG-CSF（通用名为非格司亭）分别在美国和日本批准上市，1998年由第一军医大学等单位研制的同类产品也被国家卫生部批准上市。2003年，军事医学科学院的陈薇教授率领课题组研制出全球第一个上市的rhIFN-ω喷鼻剂，用于预防严重急性呼吸综合征（severe acute respiratory syndrome，SARS）。目前，多个利用大肠杆菌表达系统生产的重组蛋白质药物已获批上市。但是，原核表达系统自身也存在缺陷，例如表达产物多为不溶性的包含体，且缺乏糖基化等修饰，导致其在体内不稳定，生活学活性较低等。

ER15-3 非格司亭及其迭代产品的发展史（文档）

ER15-4 生物防御的先行者——陈薇院士（文档）

（二）通过真核细胞表达系统生产的重组蛋白质药物

相对于原核细胞表达系统，酵母表达系统更为完善，具有翻译后修饰系统，遗传较稳定，但由于其内源性蛋白质种类多和含量高，导致外源目标蛋白分离纯化较为困难。而相比酵母表达系统，哺乳动物细胞表达系统具有更接近人源的糖基化修饰，适宜生产分子量大、结构复杂和糖基化等修饰的重组蛋白质药物。据统计，在销售额排名前 50（TOP 50）的重组药物中，仅有 4 种是通过酵母细胞生产的，而有 31 种重组蛋白质药物是通过哺乳动物细胞生产，包括 rhEPO-α 及其突变体、rhFⅦ、rhG-CSF 和 rht-PA 等。哺乳动物表达系统最常使用的宿主细胞为中国仓鼠卵巢细胞（chinese hamster ovary cell，CHO）、人胚肾细胞（human embryo kidney 293，HEK293）和乳仓鼠肾细胞（baby hamster kidney cell，BHK）等。

（三）通过转基因动物生产重组蛋白质药物

随着转基因动物技术的发展，哺乳动物乳腺生物反应器已成为生产复杂结构蛋白质药物的理想场所。2006 年 6 月，重组人抗凝血酶Ⅲ获欧洲药品管理局（European Medicines Agency，EMA）批准上市，成为第一个利用转基因动物乳腺生物反应器生产的重组蛋白质药物。我国在此领域的研究也一直处于领先水平：1998 年，我国成功研制出第一头乳汁中表达 hFⅨ 的转基因山羊；1999 年，成功研制出第一头整合人血清白蛋白基因的转基因牛；然而，迄今我国还没有通过转基因动物乳腺生物反应器生产的重组蛋白质药物获批上市。

ER15-5 转基因技术与动物乳腺生物反应器（文档）

三、重组蛋白质药物生产工艺的前沿技术

近年来，随着新技术的发展，重组蛋白药物的生产不再局限于传统生产工艺，无细胞蛋白质合成（cell-free protein synthesis，CFPS）系统、限定化学成分培养基（chemical defined medium，CDM）和过程分析技术（process analytical technology，PAT）等逐步应用到重组蛋白药物的生产工艺中，从而改进了药品生产过程的质量控制、缩短了生产周期和降低生产成本，满足产品质量和日益激烈的市场竞争需求。

（一）CFPS 系统

1. CFPS 系统的概念　CFPS 系统是指一种以外源 DNA 或 mRNA 为模板，利用原核或真核细胞提取物的酶系，通过添加翻译所需的底物和能量物质来生产蛋白质的体外合成系统（图 15-1）。目前，常用的 CFPS 系统有四种：大肠杆菌 -CFPS 系统、酵母 -CFPS 系统、小麦胚芽 -CFPS 系统和兔网织红细胞 -CFPS 系统。

ER15-6 CFPS 系统发展史（文档）

2. CFPS 系统的特点　①CFPS 系统可避免细胞内环境对蛋白质表达的影响，人为控制反应条件和反应进程；②相较于活细胞表达体系，CFPS 系统更适用于大量水溶性蛋白质和膜蛋白的表达；③CFPS 系统的蛋白质生产效率与体系和底物供应的稳定性密切相关；④大肠杆菌来源的 CFPS 系统因生产效率高、成本低，是目前应用最广的表达系统；⑤CFPS 系统无法对大多数重组蛋白质进行复杂的翻译后修饰。

3. CFPS 系统的应用与前景　CFPS 系统在生产效率、蛋白质活性和纯化工艺等方面具有显著优势。例如，2011 年，Zawada 等人通过大肠杆菌 -CFPS 系统在 100L 反应体系中合成

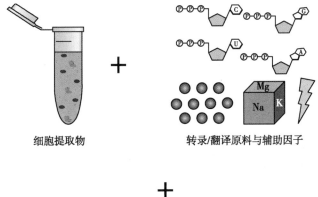

外源DNA/mRNA

图 15-1　CFPS 系统的组成

700mg/L 活性 rhGM-CSF，成功解决 rhGM-CSF 在传统表达系统中难以正确折叠或表达产量低的问题；2014 年，Brodel 等人在 CHO-CFPS 系统中成功表达具有糖基化修饰 rhEPO。这些研究进展标志着 CFPS 系统在重组蛋白质药物生产工艺中的潜在价值。

（二）CDM

1. **CDM 的概念**　CDM 是指用高纯化学试剂配制成的细胞生产用的培养基。与无蛋白培养基（protein free medium，PFM）不同，CDM 不含有任何血清和动物来源的蛋白质，也不含任何植物来源的蛋白质水解物或合成多肽片段等。

2. **CDM 的特点**　①CDM 成分完全明确，可保证培养基批次间的一致性，提高细胞产品的纯度与质量，保证生产的重复性、准确性与稳定性；②CDM 不含血清，避免血清所带来的血源性污染等问题；③多数 CDM 应用范围窄，通用性较低，且生产成本较高。

3. **CDM 的应用与前景**　CDM 作为目前最安全、最理想的无血清培养基，已开发适用于 CHO 细胞、HEK293 细胞和杂交瘤细胞生长的 CDM。目前，由于 CDM 生产成本过高，还没有实现大规模应用。

（三）PAT

1. **PAT 的概念**　PAT 是指以保证终产品质量为目的，通过对有关原料、生产中物料和工艺中的关键参数及性能指标进行实时监测的控制系统。

2. **PAT 的特点**　①PAT 对生产过程进行实时监测，减少污染风险和生产偏差，优化生产流程，提高生产效率；②PAT 使生产过程得到更精细化的调整，为连续生产提供可能性；③在现有的生产设备与数据管理系统中，PAT 的有效运用依赖于一系列质量相关的计算模型、方法和控制策略与方案。

3. **PAT 的应用与前景**

（1）在线葡萄糖浓度控制：葡萄糖是高密度培养过程中的主要碳源，其浓度是关键工艺参数,通常须多次人工取样并送至实验室进行分析,以确定生物反应器的葡萄糖浓度。而采用 PAT 则无须人工频繁取样,消除了人工检测误差。

（2）生物反应器的过程控制:在高密度培养过程中,生物反应器需要维持最佳溶解氧浓度和 pH,且需要对细胞密度和代谢物进行在线监测,从而了解工艺状况(图 15-2)。若采用离线检测,不仅耗时且存在污染风险。

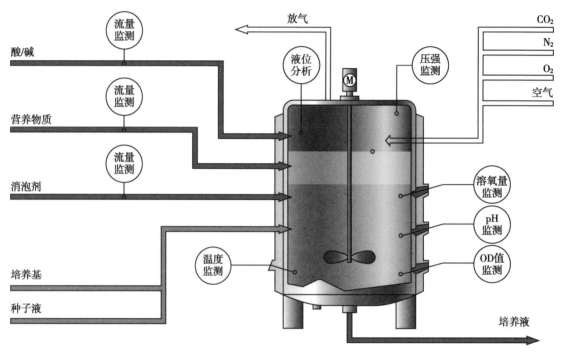

图 15-2　PAT 技术在生物反应器中的应用模式图

（3）纯化工艺中蛋白质的实时监测:在重组蛋白质药物纯化工艺中,满足药物高产量的同时,又要保证制品的纯度,而色谱分析技术的改进是达成这一目标的关键。高精度紫外吸光度在线检测器能快速进行蛋白质纯度测定,且不受介质中气泡、短毛、纤维杂质等影响,检测结果更为精确。

（4）应用前景:2004 年起,以 FDA 的要求为风向标,欧美各国开始推广 PAT。我国在这方面起步虽较晚,但自 2016 年起,我国发布了一系列有关 PAT 的具体应用指南和监管措施,《“十四五”医药工业发展规划》和《制药企业智能制造典型场景指南(2022 版)》进一步强调企业在生产制造等环节应用 PAT 技术、计算机辅助技术等数字化技术,实现生物药工艺开发的自动化和智能化。随着国内相关标准的完善成熟,PAT 正逐步受到药品监管部门与生产企业的采纳与认可,将成为未来重组蛋白质药物生产工艺的发展方向。

第二节　重组人干扰素 α2b 生产工艺

一、重组人干扰素 α2b 及其临床应用

（一）人干扰素 α2b 的生物合成

人干扰素 α2b(human interferon-α2b, hIFN-α2b)是由白细胞分泌产生的一种多功能细胞

因子,具有抗病毒、杀伤肿瘤细胞和免疫调节等作用。hIFN-α2b 属于 INF-α 家族,该家族成员基因具有高度同源性,成簇分布于人类第 9 号染色体,无内含子。hIFN-α2b 基因编码 188 个氨基酸的前体,其 N 端为 23 个氨基酸残基组成的信号肽。

(二)人干扰素 α2b 的理化性质

成熟的 hIFN-α2b 的分子量约为 19.3kDa,等电点约为 6.3,由 165 氨基酸组成(图 15-3)。hIFN-α2b 含有 4 个非常保守的半胱氨酸残基,分别位于第 1 位、第 29 位、第 98 位和第 138 位,并形成两个分子内二硫键(Cys1-98 和 Cys29-138)。分子内二硫键对维持 hIFN-α2b 的正确折叠、空间结构和生物学活性十分重要。hIFN-α2b 的理化性质相对较稳定,其生物活性在 60℃环境中,1 小时不被破坏;在 pH 2~11 范围内相对稳定;但对蛋白酶(胰蛋白酶、糜蛋白酶和 V-8 蛋白酶)作用较敏感。

Cys	Asp	Leu	Pro	Gln	Thr	His	Ser	Leu	Gly	Ser	Arg	Arg
Thr	Leu	Met	Leu	Leu	Ala	Gln	Met	Arg	Arg	Ile	Ser	Leu
Phe	Ser	Cys	Leu	Lys	Asp	Arg	His	Asp	Phe	Gly	Phe	Pro
Gln	Glu	Glu	Phe	Gly	Asn	Gln	Phe	Gln	Lys	Ala	Glu	Thr
Ile	Pro	Val	Leu	His	Glu	Met	Ile	Gln	Gln	Ile	Phe	Asn
Leu	Phe	Ser	Thr	Lys	Asp	Ser	Ser	Ala	Ala	Trp	Asp	Glu
Thr	Leu	Leu	Asp	Lys	Phe	Tyr	Thr	Glu	Leu	Tyr	Gln	Gln
Leu	Asn	Asp	Leu	Glu	Ala	Cys	Val	Ile	Gln	Gly	Val	Gly
Val	Thr	Glu	Thr	Pro	Leu	Met	Lys	Glu	Asp	Ser	Ile	Leu
Ala	Val	Arg	Lys	Tyr	Phe	Gln	Arg	Ile	Thr	Leu	Tyr	Leu
Lys	Glu	Lys	Lys	Tyr	Ser	Pro	Cys	Ala	Trp	Glu	Val	Val
Arg	Ala	Glu	Ile	Met	Arg	Ser	Phe	Ser	Leu	Ser	Thr	Asn
Leu	Gln	Glu	Ser	Leu	Arg	Ser	Lys	Glu				

图 15-3　hIFN-α2b 的氨基酸序列

(三)重组人干扰素 α2b 的临床应用

在临床上,rhIFN-α2b 主要用于治疗乙型肝炎、丙型肝炎、SARS、尖锐湿疣、口周疱疹和生殖器疱疹等病毒性疾病。rhIFN-α2b 也常与化疗药物联合治疗恶性肿瘤,包括毛细胞白血病、慢性粒细胞白血病(chronic myelocytic leukemia,CML)、多发性骨髓瘤、非霍奇金淋巴瘤、艾滋病相关的卡波西肉瘤(Kaposi sarcoma)和恶性黑色素瘤等。目前,中国已批准上市的 rhIFN-α2b 药物主要通过大肠杆菌表达系统进行工业化生产,本节以大肠杆菌表达系统为例,介绍 rhIFN-α2b 的生产工艺。

二、工程大肠杆菌的构建

(一)重组人干扰素 α2b 表达质粒的构建

根据大肠杆菌密码子偏爱性对人 IFN-α2b 编码基因(图 15-4)进行优化,经 PCR 扩增后,将 PCR 产物(520bp)克隆至原核表达载体 pET43.1a 质粒中,通过基因测序对阳性克隆进行鉴定,获得序列正确的表达质粒 pET43.1a-IFN-α2b(图 15-5)。

ATG GCC TTG ACC TTT GCT TTA CTG GTG GCC CTC CTG GTG

CTC AGC TGC AAG TCA AGC TGC TCT GTG GGC ATG TGT GAT

CTG CCT CAA ACC CAC AGC CTG GGT AGC AGG AGG ACC TTG

ATG CTC CTG GCA CAG ATG AGG AGA ATC TCT CTT TTC TCC

TGC TTG AAG GAC AGA CAT GAC TTT GGA TTT CCC CAG GAG

GAG TTT GGC AAC CAG TTC CAA AAG GCT GAA ACC ATC CCT

GTC CTC CAT GAG ATG ATC CAG CAG ATC TTC AAT CTC TTC

AGC ACA AAG GAC TCA TCT GCT GCT TGG GAT GAG ACC CTC

CTA GAC AAA TTC TAC ACT GAA CTC TAC CAG CAG CTG AAT

GAC CTG GAA GCC TGT GTG ATA CAG GGG GTG GGG GTG ACA

GAG ACT CCC CTG ATG AAG GAG GAC TCC ATT CTG GCT GTG

AGG AAA TAC TTC CAA AGA ATC ACT CTC TAT CTG AAA GAG

AAG AAA TAC AGC CCT TGT GCC TGG GAG GTT GTC AGA GCA

GAA ATC ATG AGA TCT TTT TCT TTG TCA ACA AAC TTG CAA

GAA AGT TTA AGA AGT AAG GAA TGA

图 15-4 hIFN-α2b 的核苷酸序列

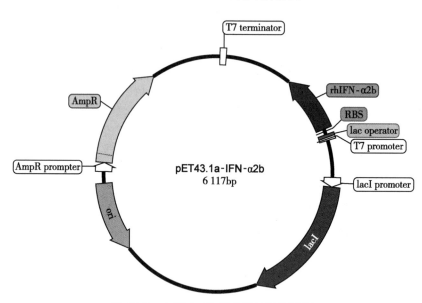

图 15-5 rhIFN-α2b 的表达质粒构建图

注：T7 terminator, T7 终止子；rhIFN-α2b，重组人干扰素 α2b；RBS，核糖体结合位点；lac
operator, lac 操纵基因；T7 promoter, T7 启动子；lacI promoter, lacI 启动子；lacI，阻遏蛋
白基因 lacI；ori，复制子；AmpR promoter, AmpR 启动子，AmpR，氨苄青霉素抗性基因。

（二）工程菌的构建与种子库的建立

将重组质粒 pET43.1a-IFN-α2b 转化 E. coli BL21（DE3）感受态细胞，初步筛选高表达
IFN-α2b 的阳性细胞。通过表达分析和稳定性考察试验，筛选获得表达量高、遗传性状稳定的
阳性细胞进行扩增，作为原始种子库。根据《中国药典》（2020 年版）三部中"生物制品生产检
定用菌毒种管理及质量控制"的要求，通过原始种子库，建立主种子库与工作种子库。

三、生产工艺过程

rhIFN-α2b 的主要生产工艺流程如图 15-6 所示。

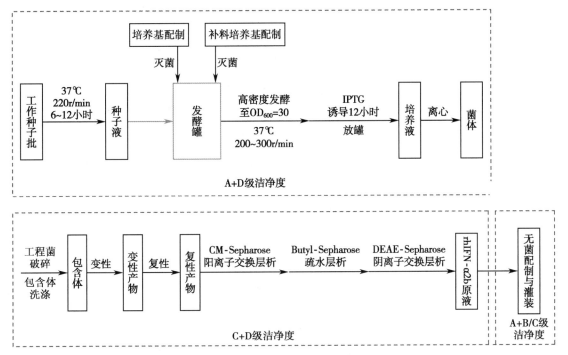

图 15-6 rhIFN-α2b 的生产工艺流程图

（一）工程大肠杆菌的活化及扩大培养

1. **工程菌复苏**　从 −70℃工作种子库中取出冻存工程大肠杆菌，接种于 LB 平板（含 100mg/L Amp），37℃培养 16~24 小时。

2. **一级种子液的制备**　按以下配方配制一级种子培养基：酵母提取物 5g/L，胰蛋白胨 10g/L，氯化钠 10g/L。挑取单克隆接种于一级种子培养基中，温度 37℃，转速 220r/min，培养 6~12 小时，获得一级种子液。

3. **二级种子液的制备**　按以下配方配制二级种子培养基：玉米浆干粉 20g/L，氯化钠 5g/L，磷酸氢二钾 15g/L，七水硫酸镁 0.5g/L，甘油 20g/L。在 5L 发酵罐中加入 3L 二级种子培养基，121℃灭菌 30 分钟。将一级种子液按 1%（ml/ml）接种量接种于发酵罐中，温度 37℃，转速 220r/min，培养 6~12 小时，获得二级种子液。

4. **三级种子液的制备**　按以下配方配制三级种子培养基：玉米浆干粉 20g/L，氯化钠 5g/L，磷酸氢二钾 15g/L，七水硫酸镁 0.5g/L，甘油 20g/L。在 50L 发酵罐中加入 30L 三级种子培养基，121℃灭菌 30 分钟。将二级种子液按 10%（ml/ml）接种量接种于发酵罐中，温度 37℃，转速 220r/min，通气比 1vvm（air volume/culture volume/min），溶氧量 30% 以上，培养过程中使用 10% 稀硫酸或氨水调节 pH 至 7.0，培养至 6~12 小时，获得三级种子液。

（二）高密度发酵

1. **发酵培养基的配制**　蛋白胨 10g/L，酵母膏 5g/L，葡萄糖 0.5%，甘油 1%，Na_2HPO_4 15g/L，NaH_2PO_4 4g/L，KH_2PO_4 6g/L，NaCl 3g/L，$FeSO_4·7H_2O$ 0.5g/L，$MgSO_4·7H_2O$ 0.5g/L，$CaCl_2$ 0.02g/L，维生素 B_1 0.03g/L，$MnSO_4$ 0.05g/L，甘氨酸 0.5g/L，甲硫氨酸 0.06g/L。按上述配方称取 200L 的组分，经纯化水溶解，于 1 000L 发酵罐内 121℃灭菌 30 分钟。

2. **补料培养基的配制**　葡萄糖浓度 35%，用量 5%；甘油浓度 25%，用量 2%。按上述配方称取 200L 的组分，在专用玻璃补料瓶内 115℃灭菌 30 分钟，避免含糖量较高的培养基成分分解。

3. 生产罐培养和放罐　将三级种子液按 10%（ml/ml）接种量接种于发酵罐中，温度 37℃，起始转速 200~300r/min，起始通气量 100~400L/min，起始罐压为 0.01~0.03MPa，培养过程中使用 10% 稀硫酸或氨水调节 pH 至 7.0。当培养基中甘油耗尽，以溶氧恒定方式进行补料，补料至 OD_{600} 为 30 左右，加入终浓度为 0.2mmol/L IPTG 诱导培养 12 小时后放罐。培养液经过连续流离心机收集菌体置于 –20℃冰箱保存。

（三）分离纯化

1. 工程菌破碎　将冻存的菌体从 –20℃取出解冻，加入缓冲液（10mmol/L Tris-HCl，1mmol/L EDTA，pH 8.5）洗涤菌体 3~5 次，在 4℃条件下 14 000r/min 离心 10 分钟，弃上清液，保留沉淀。根据沉淀质量，按 1：4（g/ml）的比例在洗涤后的菌体中加入缓冲液（10mmol/L Tris-HCl，1mmol/L EDTA，pH 8.5），搅拌均匀后，置于冰浴环境中超声处理 15 次，30 秒 / 次，间隔 30 秒，在 4℃条件下 14 000r/min 离心 10 分钟，弃上清液，保留沉淀，即为包含体。

2. 包含体的洗涤　在包含体中加入缓冲液（10mmol/L Tris-HCl，1mmol/L EDTA，2mol/L 盐酸胍，pH 8.5）洗涤 3 次，在 4℃条件下 14 000r/min 离心 10 分钟，弃上清液，保留沉淀。在沉淀中加入缓冲液（10mmol/L Tris-HCl，1mmol/L EDTA，2mol/L 尿素，pH 8.5）洗涤 3 次，在 4℃条件下 14 000r/min 离心 10 分钟，弃上清液，保留沉淀。

3. 包含体的变性　根据沉淀质量，按 1：5（g/ml）的比例在沉淀中加入变性液［8mol/L 盐酸胍，5mmol/L DTT（二硫苏糖醇）］，置于冰浴环境中变性 2 小时。

4. 包含体的复性　在上述变性产物中加入复性液（0.15mol/L H_3BO_3，pH 9.0）稀释 100 倍，4℃放置 2 小时后，装入透析袋中，将透析袋置于 20 倍体积的缓冲液（10mmol/L Tris-HCl，pH 7.5）中透析 20~24 小时，获得复性产物。

5. 柱层析

（1）CM-Sepharose 阳离子交换层析：平衡缓冲液（50mmol/L NaAc-HAc，pH 3.6）平衡层析柱 3~5 个柱体积（column volume，CV）后将复性产物上样；上样结束后，先用洗杂缓冲液（100mmol/L NaCl，50mmol/L NaAc-HAc，pH 3.6）洗涤 5~10 个 CV；再用洗脱缓冲液（200mmol/L NaCl，50mmol/L NaAc-HAc，pH 3.6）进行洗脱，收集目标蛋白峰的洗脱液。

（2）Butyl-Sepharose 疏水层析：在上述洗脱液中加入硫酸铵至硫酸铵终浓度为 1.5mol/L，使用 1.5mol/L 硫酸铵溶液平衡层析柱 3~5 个 CV 后上样；上样结束后，先用 0.7mol/L 硫酸铵溶液洗涤 5~10 个 CV；再用 0.2mol/L 硫酸铵溶液进行洗脱，收集目标蛋白峰的洗脱液。

（3）DEAE-Sepharose 阴离子交换层析：在上述洗脱液中加入纯化水稀释 10 倍，使用 20mmol/L Tris-HCl（pH 9.0）平衡层析柱 3~5 个 CV 后上样；上样结束后，先用洗杂缓冲液（50mmol/L Bis-Tris-HCl，20mmol/L NaCl，pH 7.0）洗涤 10~20 个 CV；再用洗脱缓冲液（50mmol/L Bis-Tris-HCl，80mmol/L NaCl，pH 7.0）进行洗脱，收集目标蛋白峰的洗脱液，即为 rhIFN-α2b 原液。

（四）原液的质量控制

根据《中国药典》（2020 年版）三部的要求，rhIFN-α2b 原液的质量控制标准与相关检测方法如下：比活性（生物学活性 / 蛋白质含量）≥1.0×10⁸IU/mg 蛋白质；纯度测定采用电泳法与高效液相色谱法，均需 ≥95.0%；相关蛋

ER15-7　rhIFN-
α2b 原液的质量
标准（文档）

白测定采用反向 - 高效液相色谱法,需≤5.0%;分子量测定采用还原型 SDS-PAGE,为 19.2kDa±1.9kDa;外源性 DNA 残留量测定采用 DNA 探针杂交法 / 荧光染色法 / 定量 PCR 法,需≤10ng/ 支(瓶);宿主细胞蛋白质残留量测定采用酶联免疫吸附法,需≤0.050%;细菌内毒素检查采用凝胶法 / 光度测定法,应小于 10EU/300 万 IU。

第三节　重组人白细胞介素 -11 生产工艺

一、重组人白细胞介素 -11 及其临床应用

（一）人白细胞介素 -11 的生物合成

人白细胞介素 -11(human interleukin-11, hIL-11)是造血微环境中一个多功能的调节因子,主要由间充质来源的黏附细胞产生,具有促进造血等生物学功能。1990 年,S. R. Paul 等在体外长期培养的骨髓基质细胞系 PU-34 首次发现并分离出这一活性物质,并证明其对造血干细胞重建具有支持作用;随后 hIL-11 基因组和 cDNA 相继被鉴定和克隆。hIL-11 基因位于人类第 19 号染色体,由 5 个外显子和 4 个内含子组成,全长约 7 000bp。

（二）人白细胞介素 -11 的理化性质

成熟的 hIL-11 的分子量为 23~24kDa,由 178 个氨基酸组成(图 15-7),由 4 个 α 螺旋和部分非螺旋结构组成。hIL-11 富含脯氨酸(12%)和亮氨酸(23%),无糖基化修饰,等电点为 11.7。尽管 hIL-11 不含半胱氨酸,缺少二硫键,但蛋白质的结构十分稳定。hIL-11 蛋白热稳定性较强,在 PBS 缓冲液中可耐受 80℃热处理;在碱性条件下稳定,但在酸性条件下,hIL-11 的两个 Asp-Pro 结构极易被水解灭活。

Pro	Gly	Pro	Pro	Pro	Gly	Pro	Pro	Arg	Ala	Ser	Pro	Asp
Pro	Arg	Ala	Glu	Leu	Asp	Ser	Thr	Ala	Leu	Leu	Thr	Arg
Ser	Leu	Leu	Ala	Asp	Thr	Arg	Gln	Leu	Ala	Ala	Gln	Leu
Arg	Asp	Lys	Phe	Pro	Ala	Asp	Gly	Asp	His	Asn	Leu	Asp
Ser	Leu	Pro	Thr	Leu	Ala	Met	Ser	Ala	Gly	Ala	Leu	Gly
Ala	Leu	Gln	Leu	Pro	Gly	Ala	Leu	Thr	Arg	Leu	Arg	Ala
Asp	Leu	Leu	Ser	Tyr	Leu	Arg	His	Ala	Gln	Trp	Leu	Arg
Arg	Ala	Gly	Gly	Ser	Ser	Leu	Lys	Thr	Leu	Glu	Pro	Glu
Leu	Gly	Thr	Leu	Gln	Ala	Arg	Leu	Asp	Arg	Leu	Leu	Arg
Arg	Leu	Gln	Leu	Leu	Met	Ser	Arg	Leu	Ala	Leu	Pro	Gln
Pro	Pro	Pro	Asp	Pro	Pro	Ala	Pro	Pro	Leu	Ala	Pro	Pro
Ser	Ser	Ala	Trp	Gly	Gly	Ile	Arg	Ala	Ala	His	Ala	Ile
Leu	Gly	Gly	Leu	His	Leu	Thr	Leu	Asp	Trp	Ala	Ala	Arg
Gly	Leu	Leu	Leu	Leu	Lys	Thr	Arg	Leu				

图 15-7　hIL-11 的氨基酸序列

（三）重组人白细胞介素 -11 的临床应用

rhIL-11 可刺激造血干细胞和巨核细胞增殖并诱导巨核细胞成熟,继而促进血小板生成,

常用于预防肿瘤化疗所引起的血小板减少症。1997年,大肠杆菌表达系统生产的rhIL-11获FDA批准上市。目前,被批准上市的rhIL-11主要采用大肠杆菌表达系统和酵母表达系统。本节以甲醇酵母表达系统为例,介绍rhIL-11的生产工艺。

ER15-8 常用酵母表达系统(文档)

二、工程甲醇酵母菌的构建

(一)重组人白介素-11表达质粒的构建

根据酵母密码子偏爱性对hIL-11编码基因(图15-8)进行改造,将改造后的rhIL-11克隆至甲醇酵母表达质粒pGENYk,构建成rhIL-11酵母表达质粒pGENYk-rhIL-11(图15-9)。

```
ATG AAC TGT GTT TGC CGC CTG GTC CTG GTC GTG CTG AGC
CTG TGG CCA GAT ACA GCT GTC GCC CCT GGG CCA CCA CCT
GGC CCC CCT CGA GTT TCC CCA GAC CCT CGG GCC GAG CTG
GAC AGC ACC GTG CTC CTG ACC CGC TCT CTC CTG GCG GAC
ACG CGG CAG CTG GCT GCA CAG CTG AGG GAC AAA TTC CCA
GCT GAC GGG GAC CAC AAC CTG GAT TCC CTG CCC ACC CTG
GCC ATG AGT GCG GGG GCA CTG GGA GCT CTA CAG CTC CCA
GGT GTG CTG ACA AGG CTG CGA GCG GAC CTA CTG TCC TAC
CTG CGG CAC GTG CAG TGG CTG CGC CGG GCA GGT GGC TCT
TCC CTG AAG ACC CTG GAG CCC GAG CTG GGC ACC CTG CAG
GCC CGA CTG GAC CGG CTC CTG CGC CGG CTG CAG CTC CTG
ATG TCC CGC CTG GCC CTG CCC CAG CCA CCC CCG GAC CCG
CCG GCG CCC CCG CTG GCG CCC CCC TCC TCA GCC TGG GGG
GGC ATC AGG GCC GCC CAC GCC ATC CTG GGG GGG CTG CAC
CTG ACA CTT GAC TGG GCC GTG AGG GGA CTG CTG CTG CTG
AAG ACT CGG CTG TGA
```

图15-8 hIL-11的核苷酸序列

(二)工程甲醇酵母菌的构建与种子库的建立

用限制性内切酶将pGENYk-11(HIS4$^+$)质粒线性化,电转化法转化甲醇酵母GS115(HIS4$^-$)。首先,用基础葡萄糖(minimal dextrose, MD)平板筛选HIS4$^+$转化子,获得多拷贝整合目的基因的转化子;其次,通过基础甲醇(minimal methanol, MM)培养平板和MD平板筛选转化子表型为HIS4$^+$Mut$^+$,即在MM培养平板上生长更快的单克隆细胞;最后,通过含G418的酵母提取物、蛋白胨葡萄糖(yeast extract peptone dextrose, YPD)琼脂平板,筛选高表达目的基因的单克隆细胞,扩增后即为原始种子库。根据《中国药典》(2020年版)三部中"生物制品生产检定用菌毒种管理及质量控制"的要求,使用筛选获得的原始种子库,建立主种子库与工作种子库。

三、生产工艺过程

rhIL-11的生产工艺流程如图15-10所示。

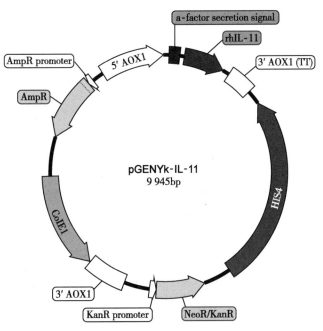

图 15-9 rhIL-11 的表达质粒构建图

注: a-factor secretion signal, α 因子分泌信号肽; rhIL-11, 重组人白介素 -11;
3′ AOX(TT), 3′- 醇氧化酶基因 1 终止子; HIS4, 组氨酸筛选标记; NeoR/
KanR, 新霉素 / 卡那霉素抗性基因; KanR promoter, KanR 启动子; 3′ AOX,
3′- 醇氧化酶基因 1 终止子; CoE1, 复制子; AmpR, 氨苄青霉素抗性基因;
AmpR promoter, AmpR 启动子; 5′ AOX, 5′- 醇氧化酶基因 1 启动子。

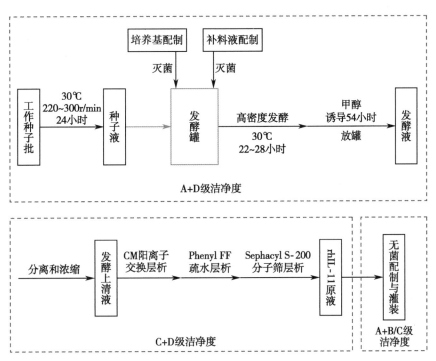

图 15-10 rhIL-11 的生产工艺流程图

（一）工程甲醇酵母菌的活化及扩大培养

1. 工程菌复苏 从 –70℃工作种子库中取出冻存工程甲醇酵母菌, 接种于 YPD 平板中,
置于 30℃培养箱孵育 48 小时。

2. 一级种子液的制备　在 250ml 三角瓶中加入 100ml YPD 液体培养基,用接种环在 YPD 平板上挑取面积约 1cm² 的菌群,接种于培养基中,温度 30℃、转速 200r/min,培养 24 小时获得一级种子液。

3. 二级种子液的制备　在 5L 发酵罐中加入 3L YPD 液体培养基,121℃灭菌 30 分钟。将一级种子液按 2%(ml/ml)接种量接种于发酵罐中,温度 30℃、转速 300r/min,培养 24 小时获得二级种子液。

4. 三级种子液的制备　在 50L 发酵罐中加入 30L YPD 液体培养基,121℃灭菌 30 分钟。将二级种子液按 10%(ml/ml)接种量接种于发酵罐中,温度 30℃、转速 300r/min,培养 24 小时获得三级种子液。

(二)高密度发酵

1. 发酵培养基的配制　发酵培养基为半合成培养基,配方如下:六偏磷酸钠 25g/L,甘油 40g/L,$CaSO_4 \cdot 2H_2O$ 1.176g/L,EDTA 0.925g/L,K_2SO_4 18.2g/L,$MgSO_4$ 7.28g/L,$(NH_4)_2SO_4$ 9g/L,PTM1 4.35ml/L,泡敌 0.02%。其中 PTM1 的配方为:$CoCl_2$ 0.5g/L,$CuSO_4 \cdot 5H_2O$ 6g/L,$FeSO_4 \cdot 7H_2O$ 65g/L,$MnSO_4 \cdot 2H_2O$ 3g/L,$Na_2MoO_4 \cdot 2H_2O$ 0.2g/L,NaI 0.08g/L,$ZnCl_2$ 20g/L,硼酸 0.02g/L,生物素 0.2g/L,硫酸 2.5ml。根据上述配方配制 200L 发酵培养基,加入 1 000L 发酵罐中,于发酵罐内 121℃灭菌 30 分钟。

2. 生产罐培养和放罐　全发酵工艺分为三个阶段:甘油批培养阶段、甘油补料培养阶段和甲醇补料诱导阶段,整个发酵过程使用浓氨水控制 pH,使用空气和氧气混合控制溶氧量。

(1)甘油批培养阶段:该阶段的目的是使工程甲醇酵母菌达到一定的生物量,以甘油作为起始生长的碳源,在此情况下,醇氧化酶 1(AOX1)基因的启动子受到阻遏,AOX1 酶活性完全受到抑制,菌体生长较为缓慢。将三级种子液按 10%(ml/ml)接种量接种于发酵罐中,甘油浓度 40g/L,温度 30℃,空气流量 30L/min,溶氧量 40%,pH 5.0,培养 18~24 小时至 $OD_{600}=100$。

(2)甘油补料培养阶段:待第一阶段甘油耗尽,溶氧量骤然跃升,即可进行甘油流加,该阶段主要是为了进一步提高酵母生物量。甘油补液浓度 500g/L,补液速度 2ml/min,补液时间 4 小时,补料全过程调节 pH 至 3.0,补料结束后,细胞浓度可达 $OD_{600}=160$。

(3)甲醇补料诱导阶段:待第二阶段结束,饥饿约 30 分钟,使甘油代谢副产物如乙酸等消耗完毕,从而避免其抑制 AOX1 的表达。待溶氧和 pH 均明显上升后,开始加入甲醇诱导目的基因表达。AOX1 基因启动子作为酵母表达载体中最常用且高效的启动子,受甲醇的强烈诱导:激活 AOX1 及其调控的目的基因的表达,细胞内存在大量 AOX1 即可利用甲醇快速生长。甲醇补料至浓度为 0.5%~5%,溶氧量 30%,诱导 54 小时以上表达到达最高峰后放罐,此时,菌浓 $OD_{600} \geqslant 300$。

(三)分离纯化

1. 分离和浓缩　采用离心法收集发酵上清液。使用 3 000~5 000 截留量的外压式中空纤维柱对发酵上清液进行浓缩、脱盐并将上清液 pH 调节至 7~8。

2. CM 阳离子交换层析　平衡缓冲液(50mmol/L PB,pH 7.0)平衡层析柱 3~5 个 CV 后上样;上样结束后,用洗脱缓冲液(50mmol/L PB,1.0mol/L NaCl,pH 7.0)进行梯度洗脱,收集目标蛋白峰 A。

3. Phenyl FF 疏水层析 在目标蛋白峰 A 液中补加终浓度为 0.5~0.9mol/L（NH₄）₂SO₄ 溶液后上样，上样结束后，用 50mmol/L PB 缓冲液（pH 7.0）进行洗脱，收集目标蛋白峰 B。

4. Sephacyl S-200 分子筛层析 将目标蛋白峰 B 上样，通过 20mmol/L PB 缓冲液（pH 7.0）洗脱，收集目标蛋白峰 C，即为 rhIL-11 原液。

（四）原液的质量控制

根据《中国药典》（2020 年版）三部的要求，rhIL-11 原液的质量控制标准和相关检测方法如下：比活性（生物学活性 / 蛋白质含量）≥7.0×10⁶AU/mg 蛋白质；纯度测定采用电泳法与高效液相色谱法，均需≥95.0%；分子量测定采用还原型 SDS-PAGE，为 19.0kDa±1.9kDa；外源性 DNA 残留量测定采用 DNA 探针杂交法 / 荧光染色法 / 定量 PCR 法，需≤10ng/ 支（瓶）；宿主细胞蛋白质残留量测定采用酶联免疫吸附法，需≤0.05%；细菌内毒素检查采用凝胶法 / 光度测定法，应为≤10EU/ 支（瓶）。

ER15-9 rhIL-11 原液的质量标准（文档）

第四节 重组人粒细胞集落刺激因子生产工艺

一、重组人粒细胞集落刺激因子及其临床应用

（一）人粒细胞集落刺激因子的生物合成

人粒细胞集落刺激因子（human granulocyte colony stimulating factor, hG-CSF）属于造血生长因子家族，可由脂多糖（lipopolysaccharide, LPS）、TNF-α 和 IFN-γ 活化单核 - 巨噬细胞产生。此外，成纤维细胞、血管内皮细胞、星状细胞和骨髓基质细胞等在 LPS、IL-1 和 TNF-α 的刺激下也可分泌 G-CSF。hG-CSF 基因位于人类第 17 号染色体，全长 2 500bp，包括 5 个外显子和 4 个内含子。

（二）人粒细胞集落刺激因子的理化性质

hG-CSF 编码基因编码含 204 个氨基酸的蛋白质前体，经剪切后获得由 174 个氨基酸组成的成熟 hG-CSF（图 15-11）。成熟 hG-CSF 的分子量约为 19kDa，等电点为 5.5~6.1，需要 O-糖基化，对酸碱（pH 2~10）、热以及变性剂等相对较稳定。hG-CSF 含有 5 个半胱氨酸残基，Cys36 与 Cys42，Cys74 与 Cys64 之间形成两对二硫键，Cys17 为不配对半胱氨酸，分子内二硫键的形成对维持 hG-CSF 空间结构和生物学功能至关重要。

（三）重组人粒细胞集落刺激因子的临床应用

hG-CSF 主要促进中性粒细胞谱系造血细胞的增殖、分化和功能成熟。在临床上，rhG-CSF 主要用于预防和治疗肿瘤放疗或化疗后引起的白细胞减少症、骨髓造血机能障碍及骨髓增生异常综合征；预防白细胞减少可能潜在的感染并发症，以及使感染引起的中性粒细胞减少的恢复加快。目前已有四种 rhG-CSF 被批准用于临床（表 15-1），它们分别采用原核细胞表达系统或真核细胞表达系统生产。本节以大肠杆菌表达系统为例，介绍 rhG-CSF 的生产工艺。

Thr	Pro	Leu	Gly	Pro	Ala	Ser	Ser	Leu	Pro	Gln	Ser	Phe
Leu	Leu	Lys	Cys	Leu	Glu	Gln	Val	Arg	Lys	Ile	Gln	Gly
Asp	Gly	Ala	Ala	Leu	Gln	Glu	Lys	Leu	Cys	Ala	Thr	Tyr
Lys	Leu	Cys	His	Pro	Glu	Glu	Leu	Val	Leu	Leu	Gly	His
Ser	Leu	Gly	Ile	Pro	Trp	Ala	Pro	Leu	Ser	Ser	Cys	Pro
Ser	Gln	Ala	Leu	Gln	Leu	Ala	Gly	Cys	Leu	Ser	Gln	Leu
His	Ser	Gly	Leu	Phe	Leu	Tyr	Gln	Gly	Leu	Leu	Gln	Ala
Leu	Glu	Gly	Ile	Ser	Pro	Glu	Leu	Gly	Pro	Thr	Leu	Asp
Thr	Leu	Gln	Leu	Asp	Val	Ala	Asp	Phe	Ala	Thr	Thr	Ile
Trp	Gln	Gln	Met	Glu	Glu	Leu	Gly	Met	Ala	Pro	Ala	Leu
Gln	Pro	Thr	Gln	Gly	Ala	Met	Pro	Ala	Phe	Ala	Ser	Ala
Phe	Gln	Arg	Arg	Ala	Gly	Gly	Val	Leu	Val	Ala	Ser	His
Leu	Gln	Ser	Phe	Leu	Glu	Val	Ser	Tyr	Arg	Val	Leu	Arg
His	Leu	Ala	Gln	Pro								

图 15-11　成熟 hG-CSF 的氨基酸序列

表 15-1　已上市 rhG-CSF 的表达系统和结构特点

通用名	表达系统	特点
非格司亭（filgrastim）	大肠杆菌	N 端添加蛋氨酸
来格司亭（lenograstim）	CHO	糖基化形式
那托司亭（nartograstim）	大肠杆菌	替换 G-CSF N 端的 5 个氨基酸，提高了重组蛋白的活性和稳定性
培非格司亭（pegfilgrastim）	大肠杆菌	由聚乙二醇分子和 GCSF 的蛋氨酸残基 N 端共价结合而成，PEG 修饰能够增加药物的稳定性，降低药物的肾脏清除率

二、工程大肠杆菌的构建

（一）重组人粒细胞集落刺激因子表达质粒的构建

根据大肠杆菌密码子偏爱性对 hG-CSF 编码基因（图 15-12）进行改造。将改造后的 hG-CSF 基因克隆至原核表达载体 pBV220，构建 rhG-CSF 原核表达质粒 pBV220-G-CSF（图 15-13）。

```
ATG GCT GGA CCT GCC ACC CAG AGC CCC ATG AAG CTG ATG
GCC CTG CAG CTG CTG CTG TGG CAC AGT GCA CTC TGG ACA
GTG CAG GAA GCC ACC CCC CTG GGC CCT GCC AGC TCC CTG
CCC CAG AGC TTC CTG CTC AAG TGC TTA GAG CAA GTG AGG
AAG ATC CAG GGC GAT GGC GCA GCG CTC CAG GAG AAG CTG
GTG AGT GAG TGT GCC ACC TAC AAG CTG TGC CAC CCC GAG
GAG CTG GTG CTG CTC GGA CAC TCT CTG GGC ATC CCC TGG
GCT CCC CTG AGC AGC TGC CCC AGC CAG GCC CTG CAG CTG
GCA GGC TGC TTG AGC CAA CTC CAT AGC GGC CTT TTC CTC
TAC CAG GGG CTC CTG CAG GCC CTG GAA GGG ATC TCC CCC
GAG TTG GGT CCC ACC TTG GAC ACA CTG CAG CTG GAC GTC
GCC GAC TTT GCC ACC ACC ATC TGG CAG CAG ATG GAA GAA
CTG GGA ATG GCC CCT GCC CTG CAG CCC ACC CAG GGT GCC
ATG CCG GCC TTC GCC TCT GCT TTC CAG CGC CGG GCA GGA
GGG GTC CTG GTT GCC TCC CAT TCA CAG AGC TTC CTG GAG
GTG TCG TAC CGC GTT CTA CGC CAC CTT GCC CAG CCC TGA
```

图 15-12　hG-CSF 的核苷酸序列

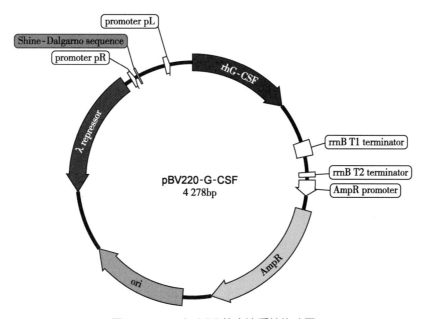

图 15-13　rhG-CSF 的表达质粒构建图

注：Promoter pL，L 启动子；rhG-CSF，重组人粒细胞集落刺激因子；rrnBT1 terminator，
rrnB 终止子 1；rrnBT2 terminator，rrnB 终止子 2；AmpR promoter，氨苄青霉素抗性
基因启动子；AmpR，氨苄青霉素抗性基因；ori，复制子；λ repressor，λ 阻遏蛋白；
Promoter pR，R 启动子；Shine-Dalgno sequence，SD 序列。

（二）工程大肠杆菌的构建与种子库的建立

将表达质粒 pBV220-G-CSF 转化到 DH5α 感受态细胞，初步筛选高表达 rhG-CSF 的阳性
克隆。通过表达分析和稳定性考察试验，筛选获得表达量高、遗传性状稳定的阳性菌进行扩
增，作为原始种子库。根据《中国药典》（2020 年版）三部"生物制品生产检定用菌毒种管理及
质量控制"的要求，使用筛选获得的原始种子库，建立主种子库与工作种子库。

三、生产工艺过程

rhG-CSF 的生产工艺流程如图 15-14 所示。

（一）工程大肠杆菌的活化及扩大培养

1. **工程菌复苏**　从 –70℃工作种子库中取出冻存工程大肠杆菌种，经复苏后接种于 LB
平板（含 100mg/L Amp），37℃培养 16~24 小时。

2. **一级种子液的制备**　在 50ml 三角瓶中加入 30ml 2× 酵母提取物胰蛋白胨培养基
（yeast extract tryptone medium，2×YT medium），挑取单克隆接种于三角瓶中。温度 37℃，转
速 200r/min，培养 8~10 小时，获得一级种子液。

3. **二级种子液的制备**　在 5L 发酵罐中加入 3L 2YT 种子培养基，将一级种子液按 1%
（ml/ml）接种量接种于发酵罐中。温度 37℃，转速 250r/min，培养 8~10 小时，获得二级种
子液。

4. **三级种子液的制备**　在 50L 发酵罐中加入 30L 2YT 种子培养基，将二级种子液按
10%（ml/ml）接种量接种于发酵罐中。温度 37℃，转速 250r/min，培养 12~16 小时，获得三级

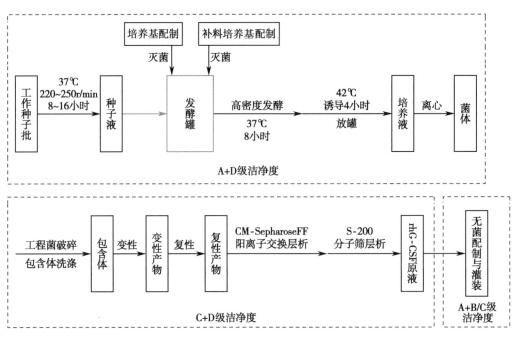

图 15-14 rhG-CSF 的生产工艺流程图

种子液。

（二）高密度发酵

1. 发酵培养基的配制　发酵培养基为半合成培养基，配方如下：蛋白胨 2.5g/L，酵母粉 15g/L，甘油 5ml/L，硫酸铵 6.25g/L，葡萄糖 12.5g/L，氯化钠 0.625g/L，磷酸氢二钾 12.5g/L，磷酸二氢钾 2.5g/L。根据上述配方配制 200L 发酵培养基，加入 1 000L 发酵罐中，于发酵罐内 115℃灭菌 30 分钟。

2. 补料培养基的配制　补料 I 的配方如下：葡萄糖 300g/L，硫酸铵 50g/L，加纯化水溶解。补料 II 的配方如下：酵母粉 300g/L，酪蛋白水解物 20g/L，维生素 B_1 0.1g/L，加纯化水溶解。

3. 生产罐培养和放罐　全发酵工艺分为两个阶段：基本发酵阶段和诱导发酵阶段。全过程通过补加 4mol/L NaOH 控制 pH 为 7.0~7.1，通过调节发酵罐的空气流速和转速，控制溶氧量为 50%；且当 OD_{600}=2 时，开始补料，补料方式为每小时补加补料 I 和补料 II 各 12.5ml/L。

（1）基本发酵阶段：灭菌后，待培养基温度降至 30℃，按 10% 接种量（ml/ml）接入三级种子液，37℃，培养 8 小时至 OD_{600}=11，开始诱导表达。

（2）诱导发酵阶段：诱导温度为 42℃，诱导时间 4 小时，结束发酵。培养液经过连续流离心机收集菌体置于 –20℃冰箱保存。

（三）分离纯化

1. 工程大肠杆菌破碎　将冻存的菌体从 –20℃取出解冻后，按 1∶10（g/ml）的比例加入 20mmol/L Tris-HCl（pH 8.0）洗涤菌体，在 4℃条件下 7 000r/min 离心 10 分钟，弃上清液，保留沉淀。在常温条件下，按 1∶10（g/ml）的比例在沉淀中加入 TE 缓冲液（50mmol/L Tris-HCl，1mmol/L EDTA，pH 8.0）和溶菌酶（终浓度为 1mg/ml），于 4℃搅拌 2~2.5 小时后，在 –20℃放置过夜。次日，将菌体解冻，置于冰浴中超声破菌后，在 4℃条件下 5 000r/min 离心 5 分钟，弃上清液,保留沉淀。

2. 包含体的洗涤 按 1∶10(g/ml)的比例在沉淀中加入缓冲液(50mmol/L Tris-HCl,50mol/L NaCl,1mmol/L EDTA,0.1% Triton X100,100mmol/L β- 巯基乙醇,2mol/L 尿素,pH 8.0)进行洗涤,在 4℃条件下 12 000r/min 离心 15 分钟,弃上清液,保留沉淀。洗涤三次后,使用 20mmol/L Tris HCl(pH 8.0)洗涤一次,在 4℃条件下 12 000r/min 离心 15 分钟,弃上清液,保留沉淀,即包含体。

3. 包含体的盐酸胍变性 按 1∶10(g/ml)的比例在包含体中加入盐酸胍缓冲液(6~8mol/L 盐酸胍,10mmol/L 二硫苏糖醇,1mmol/L EDTA,20mmol/L Tris HCl,pH 7.0~8.5),充分搅拌 30 分钟后,在 4℃条件下 12 000r/min 离心 30 分钟,保留上清液。在上清液中加入缓冲液(10mmol/L DTT,1mmol/L EDTA,20mmol/L Tris-HCl,pH 8.0),将盐酸胍缓冲液的浓度稀释至 2~3mol/L,充分搅拌,在 4℃条件下 12 000r/min 离心 20 分钟,保留沉淀。在沉淀中加入缓冲液(20mmol/L Tris HCl,10mmol/L DTT,1mmol/L EDTA,pH 8.0)洗涤,12 000r/min 离心 20 分钟,保留沉淀,即为精制包含体。

4. 包含体的二次变性 在精制包含体中加入尿素缓冲液(6~8mol/L 尿素,1mmol/L EDTA,100mmol/L 二硫苏糖醇,20mmol/L NaAc,pH 3.5~7.0)溶解,在 4℃条件下 12 000r/min 离心 20 分钟,保留上清液。

5. 包含体的复性 使用尿素缓冲液(6~8mol/L 尿素,1mmol/L EDTA,100mmol/L 2-ME,20mmol/L NaAc,pH 4.0)调整目标蛋白浓度至 8~10mg/ml,缓慢加入复性缓冲液(1mmol/L EDTA,1mmol/L 还原性谷胱甘肽,0.1mmol/L 氧化型谷胱甘肽,20mmol/L NaAc,pH 4.0)调节目标蛋白浓度至 0.1mol/L,置于 4℃过夜。使用缓冲液(20mmol/L HAc-NaAc,pH 4.0)经超滤平衡去除复性缓冲液,获得初制 rhG-CSF。

6. 柱层析

（1）CM-Sepharose 阳离子交换层析:用平衡缓冲液(20mmol/L NaAc-HAc,pH 4.0)平衡 3~5 个 CV 后上样。上样结束后,用平衡缓冲液(20mmol/L NaAc-HAc,pH 4.0)洗至上样峰下降至检测基线;再用洗脱缓冲液(20mmol/L NaAc-HAc,1.0mol/L 氯化钠,pH 4.0)进行梯度洗脱,收集目标蛋白峰。

（2）S-200 分子筛层析:同平衡缓冲液(0.004% 吐温 -80,10mmol/L NaAc-HAc,pH 4.0)平衡 3~5 个 CV 后上样。上样结束后,用洗脱缓冲液(0.004% 吐温 -80,10mmol/L NaAc-HAc,pH 4.0)进行洗脱,收集目标蛋白峰,即为 rhG-CSF 原液。

（四）原液的质量控制

根据《中国药典》(2020 年版)三部的要求,rhG-CSF 原液质量控制标准与相关检测方法如下:比活性(生物学活性 / 蛋白质含量)≥6.0×10⁷IU/mg 蛋白质;纯度测定采用电泳法与高效液相色谱法,均需≥95.0%;分子量测定采用还原型 SDS-PAGE,为 18.8kDa±1.9kDa;外源性 DNA 残留量测定采用固相斑点杂交法,需≤10ng/ 支(瓶);宿主细胞蛋白质残留量测定采用酶联免疫吸附法,需≤总蛋白的 0.1%;细菌内毒素检查采用凝胶法,需≤10EU/300μg 蛋白质。

ER15-10 rhG-CSF 原液的质量标准（文档）

第五节　重组人组织性纤溶酶原激活剂生产工艺

一、重组人组织性纤溶酶原激活剂及其临床应用

（一）人组织性纤溶酶原激活剂的生物合成

人组织型纤溶酶原激活剂（human tissue-type plasminogen activator, ht-PA）作为一种丝氨酸蛋白酶，存在于人体血浆中，是凝血和纤溶系统的重要组分之一。ht-PA 是由血管内皮细胞合成，通过激活血栓表面的纤溶酶原后启动纤溶系统，在维持凝血和纤溶平衡中发挥重要作用。ht-PA 编码基因位于人类第 8 号染色体，编码含 562 个氨基酸的 t-PA 前体。

（二）人组织性纤溶酶原激活剂的理化性质

ER15-11　ht-PA 的核苷酸序列与氨基酸序列（文档）

成熟的人 t-PA 分子含有 527 个氨基酸，分子量为 67~72kDa，由单条肽链组成，含 17 个二硫键。在溶纤过程中，t-PA 在 Arg275 至 Ile276 处被纤溶酶切割，形成活性更高的双链分子：N 端 275 个氨基酸形成重链，C 端 252 个氨基酸形成轻链，轻、重链之间由一个二硫键相连。

在正常人体组织中，t-PA 分布广泛，但含量极低，且进入血浆后会与纤溶酶原激活物的抑制剂（plasminogen activator inhibitor, PAI）形成复合物，迅速失活；此外，t-PA 会与肝细胞膜表面 t-PA 特异性受体结合后被快速清除，导致其半衰期较短。因此，在临床治疗中，常常需要在短时间内大量给药，但这也增加了系统性纤溶所引起颅内出血的风险。近年来，通过 DNA 重组技术在野生型 t-PA 基础上构建了多种 t-PA 突变体，包括 r-tPA、TNK-tPA 和 n-tPA 等，旨在延长其体内半衰期，增强其对纤维蛋白的结合能力以及产生对 PAI 的拮抗能力。

（三）重组人组织性纤溶酶原激活剂的临床应用

在临床上，重组人组织型纤溶酶原激活剂（recombinant human tissue-type plasminogen activator, rht-PA）是一种高效特异性溶血栓药物，只对纤维蛋白有特异的亲和性，能将纤溶酶原转化为纤溶酶，溶解血栓中的纤溶蛋白，常用于治疗心肌梗死、肾病综合征和下腔静脉血栓等疾病。本节以中国仓鼠卵巢细胞（CHO）表达系统为例，介绍突变体 rhTNK-tPA 的生产工艺流程。

二、工程 CHO 细胞的构建

（一）重组人组织性纤溶酶原激活剂表达质粒的构建

采用定点突变技术改造野生型 ht-PA 基因，获得 rhTNK-tPA 基因。其突变位点如下：T103（苏氨酸）、N117（天冬酰胺）、K296（赖氨酸）、H297（组氨酸）、R298（精氨酸）和 R299（精氨酸）位点分别突变为 N103（天冬酰胺）、Q117（谷氨酰胺）、A296（丙氨酸）、A297（丙氨酸）、A298（丙氨酸）和 A299（丙氨酸）。将 rhTNK-tPA 基因克隆至 CHO 细胞表达载体 pCdhfr，构建重组表达质粒 pCdhfr-rhTNK-tPA（图 15-15）。

（二）工程 CHO 细胞的构建与种子库的建立

pCdhfr-rhTNK-tPA 表达质粒中含二氢叶酸还原酶（DHFR）基因，在转染 DHFR 缺陷的

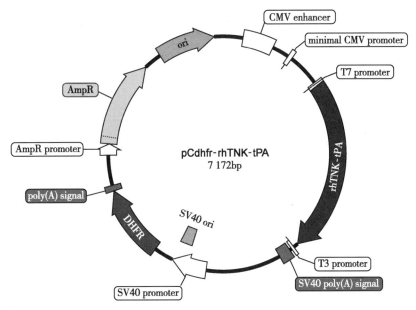

图 15-15　rhTNK-tPA 的表达质粒构建图

注：CMV enhancer，CMV 增强子；minimal CMV promoter，最小 CMV 启动子；T7 promoter，T7 启动子；rhTNK-tPA，重组人组织型纤溶酶原激活剂 TNK 突变体基因；T3 promoter，T3 启动子；SV40 poly（A）signal，SV40 终止子；SV40 ori，SV40 复制子；SV40 promoter，SV40 启动子；DHFR，四氢叶酸还原酶基因；poly（A）signal，终止子；AmpR promoter，Amp 启动子；AmpR，氨苄青霉素抗性基因；ori，复制子。

CHO（dhfr⁻）细胞后，在甲氨蝶呤（MTX）的作用下，可使该质粒携带的 rhTNK-tPA 高水平表达。通过表达分析和稳定性考查筛选表达最高的细胞株进行扩增与冻存，确定为原始种子库。根据《中国药典》（2020 年版）三部中"生物制品生产检定用动物细胞基质制备及质量控制"的要求，使用筛选获得的原始种子库，建立主种子库与工作种子库。

三、生产工艺过程

rhTNK-tPA 的生产工艺流程如图 15-16 所示。

（一）工程 CHO 细胞的活化及扩大培养

1. 工程 CHO 细胞复苏　从工作种子库中取出冻存管，37℃水浴迅速融化后，将细胞悬液转移到含 10ml IMDM（DMEM 改良型培养基，含 10% 胎牛血清）的 T25 细胞培养瓶中。置于 37℃，5% CO_2 孵箱中培养 24 小时后更换培养基，继续培养 1~2 天，按时观察细胞形态和密度，待细胞汇合度达 85% 后进行传代扩增。

2. 种子液的制备　包括培养瓶和生物反应器中两个连续的扩增阶段。

（1）培养瓶扩增阶段：使用胰蛋白酶消化 T25 细胞培养瓶中的工程 CHO 细胞，按 1∶1 的比例传至 T75 细胞培养瓶中，培养 24~48 小时至细胞汇合度达 85% 以上。使用胰蛋白酶消化 T75 细胞培养瓶中的工程 CHO 细胞，按 1∶1 的比例传至 T175 细胞培养瓶中，培养 24~48 小时至细胞汇合度达 85% 以上。使用胰蛋白酶消化 T175 细胞培养瓶中的工程 CHO 细胞，按 1∶4 的比例在 T175 细胞培养瓶中进行扩增 3 代，培养 1~2 天至细胞汇合度达 85% 以上，收集工程 CHO 细胞并计数。

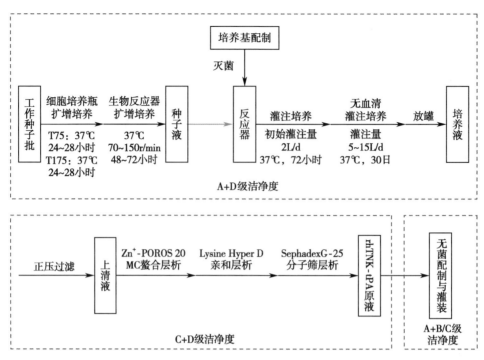

图 15-16　rhTNK-tPA 的生产工艺流程图

（2）生物反应器扩增阶段：将收集的工程 CHO 细胞接种到生物反应器中，使用 IMDM 培养基（含 10% 小牛血清）进行培养。温度 37℃，搅拌速度 70~150r/min，溶解氧 50%，pH 7.2。培养 48~72 小时后开始灌注培养，初始灌注量为 2L/d，根据葡萄糖消耗情况逐渐增加灌注量，连续灌注 72 小时后更换为无血清培养基进行培养。

（二）高密度培养

工程 CHO 细胞在生物反应器中完成扩增培养后，滤出含血清培养基，使用无菌 PBS 清洗 3 次。加入 CHO-S-SFM Ⅱ无血清培养基进行连续灌注培养，灌注量为 5~15L/d，温度 37℃，搅拌速度 70~150r/min，溶解氧为 50%，pH 7.2，持续培养 30 天左右，每批可收获细胞上清液约 300L/ 罐。

（三）分离纯化

1. 分离　使用 1.2μm 微孔滤膜对培养液进行正压过滤，去除细胞碎片，保留细胞上清液。

2. Zn⁺-POROS 20MC 螯合层析　通过平衡缓冲液（30mmol/L PBS，0.01% 吐温 -20，pH 7.6）平衡层析柱 3~5 个 CV 后，将过滤后的细胞上清液上样。上样结束后，用平衡缓冲液（30mmol/L PBS，0.01% 吐温 -20，pH 7.6）洗至上样峰下降至检测基线；再用洗杂缓冲液（30mmol/L PB，1.5mol/L NaCl，0.01% 吐温 -20，pH 7.6）洗至杂蛋白峰下降至检测基线；最后用洗脱缓冲液（30mmol/L PB，0.5mol/L NaCl，0.01% 吐温 -20，0.3mol/L 咪唑，pH 7.6）进行洗脱，收集洗脱峰 A。

3. Lysine Hyper D 亲和层析　通过平衡缓冲液（30mmol/L PBS，0.01% 吐温 -20，pH 7.6）平衡层析柱 3~5 个 CV 后，将上述洗脱峰 A 上样。上样结束后，用平衡缓冲液（30mmol/L PBS，0.01% 吐温 -20，pH 7.6）洗至上样峰下降至检测基线；再用洗杂缓冲液（30mmol/L PB，1mol/L NaCl，0.01% 吐温 -20，pH 7.6）洗至杂蛋白峰下降至检测基线；最后用洗脱缓冲液（30mmol/L

PB，1mol/L NaCl，0.01% 吐温 -20，1mol/L L-Arginine，pH 7.6）进行洗脱，收集洗脱峰 B。

4. SephadexG-25 分子筛层析 将洗脱峰 B 上样后，用洗脱缓冲液（6% L-Arginine，1.5% 正磷酸，0.02% 吐温 -20）进行洗脱，收集洗脱峰 C，获得 rhTNK-tPA 原液。

（四）原液的质量控制

rhTNK-tPA 原液的质量控制标准与相关检测方法如下：比活性（生物学活性 / 蛋白质含量）≥5.0×10^{5}IU/mg 蛋白质；纯度测定采用电泳法与高效液相色谱法，分别需 ≥98.0% 和 ≥95.0%；分子量测定采用还原型 SDS-PAGE，单链为 57~70kDa，双链为 31~37kDa；外源性 DNA 残留量测定采用固相斑点杂交法，需 ≤100pg/ 剂量；细菌内毒素检查采用鲎试剂法，需 ≤2EU/mg。

ER15-12
rhTNK-tPA 原
液的质量标准
（文档）

第六节　重组人凝血因子Ⅷ生产工艺

一、重组人凝血因子Ⅷ及其临床应用

（一）人凝血因子Ⅷ的生物合成

人凝血因子Ⅷ（human coagulation factor Ⅷ，hFⅧ），又名抗甲种血友病因子（AHF）或抗血友病球蛋白。hFⅧ由肝脏中的肝窦内皮细胞和血管内皮细胞合成，在凝血过程中发挥着重要作用。hFⅧ编码基因位于人类 X 染色体，全长 186kb，包含 25 个内含子和 26 个外显子，编码由 2 351 个氨基酸组成的蛋白质前体。

（二）人凝血因子Ⅷ的理化性质

成熟的 hFⅧ由 2 332 个氨基酸组成，是 hFⅧ蛋白质前体经剪切，去除 N 端含 19 个残基的信号肽后产生。hFⅧ含有 23 个半胱氨酸，其中有 3 个处于游离状态，易被氧化后形成次磺酸衍生物，进而影响其生物学活性。hFⅧ的结构域为 A1-a1-A2-a2-B-a3-A3-C1-C2（图 15-17），其中 B 结构域约占氨基酸含量的 40%，但此结构域在 hFⅧ活化的过程中会被切除。已有研究表明：B 结构域对 hFⅧ的凝血活性可能无作用。因此，可以通过删减 B 结构域等改造 hFⅧ，提高 rhFⅧ的表达量和半衰期。

ER15-13 hFⅧ
的核苷酸序列
与氨基酸序列
（文档）

图 15-17　hFⅧ的蛋白质结构域

（三）重组人凝血因子Ⅷ的临床应用

在临床上，rhFⅧ主要用于 FⅧ缺乏的甲型血友病治疗。截至 2019 年，已有 15 种 rhFⅧ获批上市。目前，已上市的 rhFⅧ产品中，主要采用 3 种真核细胞表达系统进行生产：CHO 细胞、BHK 细胞和 HEK293 细胞。本节以 CHO 细胞表达系统为例，介绍 rhFⅧ的生产工艺。

（一）重组人凝血因子Ⅷ表达质粒的构建

由于 hFⅧ基因序列过长，不利于转入现有的真核细胞表达系统中表达。一般的做法是删减不必要的基因序列，与 Fc 段或信号肽融合表达以提高表达量；或是将全长序列分段插入表达质粒中，再转染至宿主细胞中进行表达。本节采用分段插入 rhFⅧ基因的方法，将 rhFⅧ基因片段与 IRES-DHFR 基因片段克隆至 CHO 细胞表达载体 pTriEx-4-Neo 中，构建重组表达质粒 pTriEx-4-FⅧ-IRES-DHFR（图 15-18）。

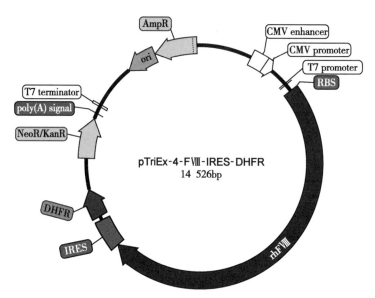

图 15-18　hFⅧ的表达质粒构建图

注：CMV enhancer，CMV 增强子；CMV promoter，CMV 启动子；T7 promoter，T7 启动子；RBS，核糖体结合位点；rhF Ⅷ，重组人Ⅷ因子基因；DHFR，四氢叶酸还原酶基因；IRES，内部核糖体进入位点；NeoR/KanR，新霉素／卡那霉素抗性基因；poly（A）signal，终止子；T7 terminator，T7 终止子；ori，复制子；AmpR，氨苄青霉素抗性基因。

（二）工程 CHO 细胞的构建与种子库的建立

将表达质粒 pTriEx-4-FⅧ-IRES-DHFR 转染至 CHO（dhfr⁻）细胞中，在 MTX 的作用下，可使该质粒携带的 rhFⅧ高水平表达。通过表达分析和稳定性考核筛选表达最高的细胞株，进行扩增与冻存，确定为原始种子库。根据《中国药典》（2020 年版）三部中"生物制品生产检定用动物细胞基质制备及质量控制"的要求，使用筛选获得的原始种子库，建立主种子库与工作种子库。

三、生产工艺过程

rhFⅧ的生产工艺流程如图 15-19 所示。

（一）工程 CHO 细胞的活化及扩大培养

1. 一级种子液的制备　取出工作种子库中的工程 CHO 细胞，37℃水浴融化后，将细胞

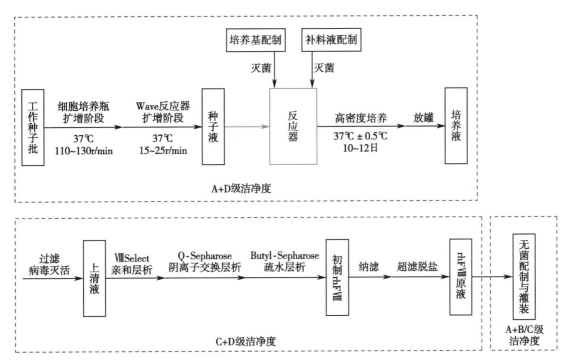

图 15-19　rhFⅧ的生产工艺流程图

悬液转移到含 30ml 种子培养基(含 4mmol/L 谷氨酰胺, 50μg/ml zeocin)的 125ml 三角瓶中, 37℃, CO_2 浓度 6%~10%, 摇床转速 110~130r/min, 培养至细胞密度为 $3.0×10^6$ 个 /ml 进行传代, 传代密度为 $0.6×10^6$ 个 /ml, 传代 3~4 次。

2. 二级种子液的制备　在 5L Wave 反应器中加入 1L 培养基。将一级种子液按接种比例 25%, 接种密度(0.6~1.0)$×10^6$ 个 /ml 接种于培养基中。Wave 反应器参数控制: 温度 37℃, 转速 15~20r/min, 角度 5°~8°, 空气通气比 0.02~0.05vvm, CO_2 浓度 6%~10%。进行二级种子培养, 至细胞密度为 $3.0×10^6$ 个 /ml 进行传代。

3. 三级种子液的制备　在 25L Wave 反应器中加入 5L 培养基。将一级种子液按接种比例 25%, 接种密度(0.6×~1.0)$×10^6$ 个 /ml 接种于培养基中, 进行流加培养。在培养周期的第 24~72 小时补加 200mmol/L 谷氨酰胺至其浓度为 2~4mmol/L, 补加 200g/L 葡萄糖溶液至葡萄糖含量为 2~4g/L, 培养周期第 96 小时收获。Wave 反应器参数控制: 温度 37℃, 转速 20~25r/min, 角度 5°~8°, 空气通气比 0.02~0.05vvm, CO_2 浓度 6%~10%。进行三级种子培养, 至细胞密度为 $3.0×10^6$ 个 /ml 可接种至生物反应器进行培养。

（二）高密度培养

在 1 000L 生物反应器中加入经过滤除菌的 200L 培养基, 将三级种子细胞按 $1×10^6$ 个 /ml 的终浓度接入反应器中, 温度 37℃±0.5℃, pH 为 7.0±0.2, 溶解氧保持在 40%±5%, 培养 10~12 天, 收获上清液。在培养过程中, 通过 CO_2 供气、一定浓度的 $NaHCO_3$ 溶液和氧气对 pH 和溶解氧进行控制。

（三）分离纯化

2005 年, CFDA 审评中心制定并发布了《生物组织提取制品和真核细胞表达制品的病毒安全性评价技术审评一般原则》, 要求"真核细胞表达(重组 CHO 细胞、人 / 动物杂交瘤细胞等,不包括酵母细胞)的重组制品需增加病毒灭活工艺流程"。为遵循上述要求,rhFⅧ的分离纯化工艺如下。

1. **过滤和病毒灭活** 培养结束后,在培养液中加入含有氯化钠和氯化钙的缓冲液(10mmol/L HEPES,5mmol/L 二水氯化钙,4mol/L 氯化钠,pH 7.2),使氯化钠的终浓度约为 0.5mol/L。用调节缓冲液(10mmol/L HEPES,5mmol/L 二水氯化钙,4mol/L 氯化钠,pH 7.2)将培养液电导调整为 40~50mS/cm(2~8℃)后,静置约 30 分钟。通过深层过滤和无菌过滤(0.22μm)以除去细胞和细胞碎片。使用 0.3% 的磷酸三丁酯(TNBP)(ml/ml)和 1% 的 Triton X-100 对过滤后上清液进行病毒灭活。在 20~25℃下搅拌 45 分钟进行病毒灭活。

2. **ⅧSelect 亲和层析** 用平衡缓冲液(10mmol/L HEPES,5mmol/L 二水氯化钙,100mmol/L 氯化钠,0.05% 吐温 -80,pH 7.2)平衡层析柱 3~5 个 CV 后上样。上样结束后,用平衡缓冲液洗至上样峰下降至检测基线;再用洗杂缓冲液(10mmol/L HEPES,1mol/L 二水氯化钙,0.04% 吐温 -80,pH 7.2)洗至杂蛋白峰下降至检测基线;最后用洗脱缓冲液(50mmol/L 组氨酸,50mmol/L 二水氯化钙,1mol/L L- 精氨酸盐酸盐,50% 1, 3- 丙二醇,0.04% 吐温 -80,pH 7.2)进行洗脱,收集目标蛋白峰 A。

3. **Q-Sepharose 阴离子交换层析** 用平衡缓冲液(10mmol/L Hepes,5mmol/L 二水氯化钙,100mmol/L 氯化钠,0.05% 吐温 -80,pH 7.2)平衡层析柱 3~5 个 CV 后上样。上样结束后,用平衡缓冲液洗至上样峰下降至检测基线;再用洗杂缓冲液(10mmol/L HEPES,5mmol/L 二水氯化钙,100mmol/L 氯化钠,pH 7.2)洗至杂蛋白峰下降至检测基线;最后用洗脱缓冲液(10mmol/L HEPES,5mmol/L 二水氯化钙,100mmol/L 氯化钠,pH 7.2)进行洗脱,收集目标蛋白峰 B。

4. **Butyl-Sepharose 疏水层析** 用平衡缓冲液(10mmol/L Hepes,5mmol/L 二水氯化钙,0.7mol/L 氯化钠,pH 7.2)平衡层析柱 3~5 个 CV 后上样。上样结束后,用平衡缓冲液洗至上样峰下降至检测基线;再用洗杂缓冲液(10mmol/L Hepes,5mmol/L 二水氯化钙,100mmol/L 氯化钠,pH 7.2)洗至杂蛋白峰下降至检测基线;最后用洗脱缓冲液(10mmol/L HEPES,5mmol/L 二水氯化钙,100mmol/L 氯化钠,pH 7.2)进行洗脱,收集目标蛋白峰 C。

5. **纳滤** 使用平衡缓冲液(10mmol/L HEPES,5mmol/L 二水氯化钙,0.7mol/L 氯化钠,pH 7.2)平衡纳滤膜,过滤疏水层析中获得的目标蛋白峰 C 以除去无包膜病毒。

6. **超滤置换缓冲液** 利用 10kDa 纤维素超滤膜对纳滤后所得滤过液进行缓冲液置换。置换前先进行浓缩,保持压力小于 0.1MPa,浓缩到一定体积后,用置换缓冲液(3mg/ml L- 组氨酸,0.7mol/L 氯化钙,pH 7.0)置换 15 个系统体积,置换后,加入终浓度为 6mg/ml 的蔗糖,获得 rhFⅧ原液,保存于 –70℃。

(四)原液的质量控制

根据《人用重组 DNA 制品质量控制技术指导原则》及《中国药典》(2020 年版)三部的要求,结合中国食品药品检定研究院建立的质控方法和质量标准及 rhFⅧ的特点,归纳总结了 rhFⅧ原液的质控要点。其质量标准参见表 15-2。

表 15-2　rhFⅧ原液的质量标准

检测项目	检测方法	质量标准
pH	pH 计	6.5~7.5
人凝血因子Ⅷ效价	一期法（凝血酶原时间检测）	无
蛋白质含量	福林酚法（Lowry 法）	无
人凝血因子比活性	生物学活性 / 蛋白质含量	≥10.0IU/mg 蛋白质

ER15-14　目标测试题

（宁云山）

参考文献

［1］王军志.生物技术药物研究开发和质量控制.3 版.北京：科学出版社，2022.

［2］孙倩，沈伟，高峰，等.基因重组蛋白质药物的研究进展（综述）.生物医学工程与临床，2006（S1）：56.

［3］王卓，赵雄，吕茂民，等.血液制品的现状与展望.生物工程学报，2011，27（05）：730-746.

［4］李谦，王友同，吴梧桐.酶作为治疗药物的应用研究.生物产业技术，2012（01）：10-19.

［5］SILVERMAN A D，KARIM A S，JEWETT M C. Cell-free gene expression：an expanded repertoire of applications. Nat Rev Genet, 2020, 21：151-170.

［6］贾晓歌，邓子新，刘天罡.无细胞蛋白表达体系研究进展及在生物制药领域中的应用.微生物学报，2016，56（03）：530-542.

［7］国家药典委员会.中华人民共和国药典：2020 年版.北京：中国医药科技出版社，2020.

［8］王亮.毕赤酵母生产重组人白介素 11 的发酵工艺研究.杭州：浙江大学，2014.

［9］GOMES F R，MALUENDA A C，TÁPIAS J O，et al. Expression of recombinant human mutant granulocyte colony stimulating factor（Nartograstim）in Escherichia coli. World J Microbiol Biotechnol，2012，28（7）：2593-2600.

［10］马骊，宁云山，方向东，等.人粒细胞集落刺激因子包涵体的提取及其复性研究.中国生化药物杂志，1999（05）：221-223.

［11］宁云山，李妍，王小宁.包含（涵）体蛋白质的复性研究进展.生物技术通讯，2001（03）：237-240.

［12］江洁，路福平，杜连祥.组织型纤溶酶原激活剂（t-PA）及其突变体的表达研究进展.药物生物技术，2003（04）：251-255.

［13］鲁丹，曾凡一.长效重组人凝血因子Ⅷ研究现状及进展.生物工程学报，2018，34（01）：34-43.

［14］侯闪，尹骏，姚文兵，等.重组人凝血因子Ⅷ药物的结构改造及其类似物开发的研究进展.药学进展，2019，43（10）：749-758.

［15］黄娟，李德款，武志强，等.重组人凝血因子Ⅷ病毒灭活 / 去除工艺验证.中国生物制品学杂志，2019，32（12）：1411-1414.

第十六章　抗体药物生产工艺

抗体是一种多功能的蛋白质分子,现今被广泛应用于生物医药各个领域。本章旨在系统性地论述抗体药物的生产工艺,共包含五节内容:抗体药物的概述、抗体药物的研发技术、常规抗体药物的生产培养工艺、抗体偶联药物的生产工艺和双特异性抗体药物的生产工艺。

第一节　概述

本节主要是对抗体药物的概述,论述了抗体药物的结构与作用机制、抗体药物的发展历程和发展趋势。

一、抗体药物的结构与作用机制

（一）抗体药物的结构

抗体是指由浆细胞产生的一类具有免疫效应功能,能与抗原发生特异性结合的免疫球蛋白,也是由一个或多个抗体单元分子组成的具有免疫功能的糖蛋白家族。抗体单元分子的共同基本结构是由四条多肽链通过链间二硫键连接而成,组成抗体的这四条多肽链包括两条完全相同的相对分子质量较大的重链(H 链),和两条完全相同的相对分子质量较小的轻链(L 链),结构如图 16-1 所示。

1. 重链和轻链

（1）重链(heavy chain, H 链):抗体分子的两条相对分子质量较大的多肽链叫作重链,由 450~570 个氨基酸残基组成,分子质量为 50~70kDa。根据抗体分子 H 链上氨基酸组成和排列顺序不同,可分为 IgG、IgM、IgA、IgD 和 IgE 五类,同一类 Ig 分子又可细分为多个亚类。如人 IgG 分子可分为四个亚类:IgG1、IgG2、IgG3 和 IgG4。

（2）轻链(light chain, L 链):抗体分子的两条相对分子质量较小的多肽链叫作轻链,由 214 个氨基酸残基组成,分子质量约为 25kDa。L 链可分为两种,即 κ 链和 λ 链。据此 Ig 分子可分为两个型,即 κ 和 λ 型。

2. 可变区和恒定区

（1）可变区(variable region, V 区):Ig 分子近 N 端的 1/4 或 1/5 的 H 链和 1/2 的 L 链上约 110 个氨基酸序列变化很大,其他部分氨基酸序列相对稳定,故将这部分变化较大的区域称为可变

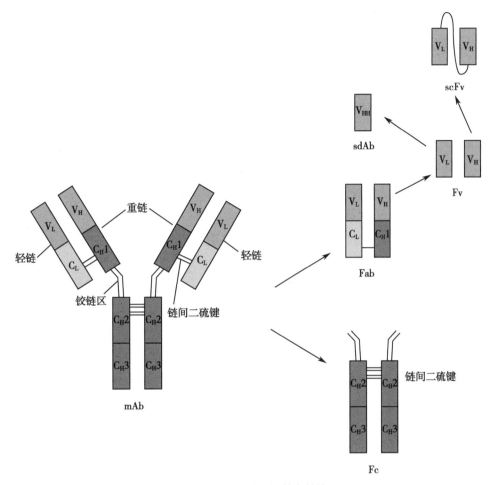

图 16-1　抗体分子的基本结构

区。H 链和 L 链上的可变区分别为 V_H 和 V_L。可变区中又分为超变区（HVR）和骨架区（FR）。

（2）恒定区（constant region, C 区）: Ig 分子近 C 端的 3/4 或 4/5 的 H 链和 1/2 的 L 链上氨基酸序列相对稳定的区域,称为恒定区。H 链和 L 链上的恒定区分别为 C_H 和 C_L。

3. 铰链区　Ig 分子上 C_H1 和 C_H2 之间富含脯氨酸、富有弹性、能自由伸展的区域叫作铰链区（hinge region）。铰链区对蛋白水解酶敏感,能被木瓜蛋白酶水解为两个 Fab 片段和一个 Fc 片段,被胃蛋白酶水解为一个 F（ab'）$_2$ 片段和片段 Fc'。

由抗体物质组成的药物叫作抗体药物,目前已经批准或正处于研究中的大多数抗体药物主要是人 IgG 亚类 -IgG1 同种型抗体,只有少数 IgG2 和 IgG4 同种型,与其他 IgG 亚类相比,IgG1 亚类具有更长的血浆半衰期和更高的效应。

（二）抗体药物的作用机制

由于抗体与抗原结合的特异性,抗体药物具有特异性强、靶向性明确、副作用小等优点。目前,癌症治疗仍是抗体药物领域的主导,抗体药物通过直接或者间接机制杀伤肿瘤细胞。不同抗体药物的功能和作用机制可总结如下。

1. 识别相应抗原并发生特异性结合　抗体通过可变区中的超变区实现特异性识别并结合相应抗原,形成抗原 - 抗体复合物。这种结合是由非共价力介导的,因此具有可逆性。

2. 结合 Fc 受体　抗体分子通过可变区与抗原结合后,能通过其 Fc 片段与多种细胞表面的 Fc 受体结合,发挥多种效应功能如调理吞噬细胞的吞噬作用,激发肥大细胞和嗜碱性粒细胞介导的过敏反应,产生抗体依赖性细胞介导的细胞毒作用(antibody-dependent cell-mediated cytotoxicity, ADCC)等。

3. 抗体的免疫调节功能　这类抗体不识别肿瘤本身,而针对免疫系统中的关键受体,目的是将体内微弱的、无效的内源性抗肿瘤反应提高到有效的、有治疗性效果的抗肿瘤反应。如肿瘤免疫疗法中的免疫检查点阻断剂抗 PD-1/L1 抗体和抗 CTLA-4 抗体。

4. 肿瘤治疗抗体　肿瘤治疗抗体药物可以通过抗体依赖性细胞介导的细胞毒作用(ADCC)、抗体依赖性细胞吞噬作用(antibody-dependent cellular phagocytosis, ADCP)、补体依赖性细胞毒性(complement dependent cytotoxicity, CDC)以及改变细胞内下游信号通路的信号转导来直接靶向肿瘤抗原。此外,抗体药物还可靶向肿瘤血管进行杀伤,这类抗体直接阻断肿瘤生长所依赖的新血管生成的通路,如抗 VEGFR 抗体阻断血管内皮生长因子(vascular endothelial growth factor, VEGFR),最终杀伤肿瘤细胞。

许多治疗性抗体通过阻断受体和配体的相互作用来发挥作用,但模仿天然配体来激活细胞信号传导的激动性抗体仍遥不可及。同时,治疗性抗体领域中新型抗体药物形式(如双特异性抗体、抗体偶联药物等)逐渐兴起,抗体 - 蛋白质融合生物制剂也随之被开发,抗体与细胞因子、受体配体和肽等融合可能会为抗体药物治疗领域注入新的活力。

二、抗体药物的发展历程和发展趋势

(一)抗体药物的发展历程

如今抗体分子被广泛应用于研究、医疗和诊断领域。在医疗领域,抗体已成为一类重要的治疗药物,在为数百万罹患癌症和自身免疫疾病的患者减缓病痛,以及拯救生命上起重要作用。纵观抗体药物的发展历史,可将其分为三个阶段:第一代抗体(多克隆抗体)、第二代抗体(单克隆抗体)和第三代抗体(基因工程抗体)。

1. 第一代抗体(多克隆抗体)　主要制备技术为用纯化抗原辅以免疫佐剂免疫动物。给动物接种抗原后,带有多种抗原决定簇的一种天然抗原物质能刺激多株 B 细胞增殖分化产生多种抗体,由此获得的含有多种抗体混合物的免疫血清成为多克隆抗体。

2. 第二代抗体(单克隆抗体)　是指通过杂交瘤技术获得单克隆细胞,分泌特异性识别单一抗原决定簇的单克隆抗体,具有高度特异性、可重复和可大量生产的特点。杂交瘤技术是抗体制备技术史上的一个里程碑,其流程包括免疫和亲本细胞制备、细胞融合、杂交瘤细胞的筛选和克隆、单抗的制备和鉴定等。具体流程可见第九章动物细胞工程制药工艺。

3. 第三代抗体(基因工程抗体)　基因工程抗体利用基因工程技术,对 IgG 基因进行切割、拼接或者修饰,重新组装表达具有更多新生物学活性的新型抗体分子,包括人源化改造抗体药物(嵌合抗体、人源化单抗和全人源化单抗)和功能化抗体药物(小型化抗体:Fab 片段、Fv 片段、单链抗体、纳米抗体等;特殊功能抗体:双特异性抗体、抗体融合蛋白和抗体 - 药物偶联物)。因此,基因工程抗体研发技术的日益成熟使抗体药物具有更广泛的应用前景。

（1）人源化改造基因工程抗体药物：嵌合抗体和人源化抗体称为部分人源化抗体。其中用人源抗体的 C_H 和 C_L 取代鼠源抗体的 C_H 和 C_L，再与鼠源抗体的 V 区相连形成人鼠嵌合抗体；而用人源抗体的 V 区的 CDR 取代鼠源抗体的相应 CDR 区形成的改型抗体也叫人源化抗体，相比嵌合抗体进一步降低免疫原性。全人源化抗体是指将人类抗体基因全部转移到基因工程敲除的丢失抗体编码基因的动物中，使动物表达人类抗体，达到抗体全人源化。转基因小鼠技术和抗体库技术因技术成熟度和应用广泛性，是目前制备全人源化抗体的两种主流技术。本章第二节将对这两种技术进行展开论述。

（2）功能化抗体药物：分为小型抗体和特殊功能抗体。基因工程小型抗体包括 Fab 片段、Fv 片段、单链抗体、纳米抗体和最小识别单位等几种，仅表达鼠源单克隆抗体的 V 区片段，相对分子质量大大降低，且具有分子小、穿透力强、避免 Fc 段带来的副作用、体内循环半衰期短、易于清除等优点。特殊功能抗体包括双特异性抗体、抗体融合蛋白和抗体 - 药物偶联物，通过设计抗体基因序列得到，在经典抗体功能上增加额外功能如单肽双特异性、导向定位、毒素偶联。其中抗体 - 药物偶联物（antibody-drug conjugate，ADC）会在本章第四节进行论述。

最早的第一代抗体可追溯至 1890 年，Emil Adolf von Behring 发现白喉毒素，建立了血清疗法，将马血清多克隆抗体用于白喉的治疗，开创了抗体药物治疗的先河。1896 年，Emil Adolf von Behring 提出了"魔术子弹"理论，即完美的治疗药物是对致病的病原体有高度的特异性，且不影响健康组织。这个理论启发人们将抗原 - 抗体结合运用到诊断和治疗中。1975 年，Georges Köhler 和 César Milstein 发明了杂交瘤技术，即连续培养分泌预定特异性抗体的融合细胞，可大规模生产单克隆抗体。杂交瘤技术的发明使得单克隆抗体问世，实现了抗体诊断治疗的应用突破。Georges Köhler 和 César Milstein 因这一重大发明在 1984 年获得了诺贝尔生理学或医学奖。1986 年，FDA 批准第一个治疗用单克隆抗体药物 OKT3 上市，这是一种鼠源的注射用抗人 T 细胞 CD3 单克隆抗体，靶向 CD3 可预防肾脏移植排斥，然而鼠单克隆抗体具有极高的免疫原性，会刺激产生人抗鼠抗体（human anti-mouse antibody，HAMA），加速排斥反应。同时，完整的抗体分子具有较大的相对分子质量，使得穿透实体瘤组织效率降低。

因此，为解决单抗在作为治疗药物使用的种种限制，先后开发了"人源化"单抗和"人源单抗"的技术，基因工程技术的应用促进了这一技术的开发。1984 年，人鼠嵌合抗体报道产生。1997 年，FDA 批准了首个嵌合（包含鼠类和人类区域）抗体的利妥昔单抗（Rituxan®，Genentech），用于治疗低剂量的 B 级细胞淋巴瘤。随后人源化和完全人源的单克隆抗体也逐渐问世。2002 年，第一个完全人源化单抗——阿达木单抗（Humira®，AbbVie）获批上市，用于治疗类风湿关节炎。新涌现的改型抗体、单链抗体等，不仅消除了鼠源抗体的免疫原性，且大大降低了抗体的相对分子质量。21 世纪后，抗体药物研发上市速度快速增长。2010 年年底，全世界共有 34 个治疗用抗体药物获批上市，同年全球单抗药物市场规模达 480 亿美元。2020 年，全球抗体治疗药物市场规模已经超过 1 500 亿美元。肿瘤治疗是目前抗体药物应用最广泛的领域，最初抗体药物仅用作致癌受体酪氨酸激酶的拮抗剂，近年来它们的治疗应用显著扩展，新的治疗方法和药物结构形式不断涌现，包括靶向递送化学治疗剂（抗体 - 药物结合物即 ADC),纳米抗体,免疫检查点单抗如抗 PD-1/PD-L1 单抗和抗 CTLA-4 单抗等。值得一提的是,这种新型的抑制负向免疫调节的癌症免疫检查点疗法彻底改变了癌症的治疗,也因此获得了 2018 年诺贝尔生理学或医学奖。关于抗体药物的发展史见图 16-2。

图 16-2 抗体药物研发历程概图

(二)抗体药物的发展现状和趋势

单抗具有与靶标蛋白高度特异性、高亲和力和易于大量制备的优点,被广泛用于多种疾病的治疗。2021 年 4 月,葛兰素史克的抗 PD-L1 单抗 dostarlimab 获批。至此,FDA 累计批准了 100 种抗体药物,适应证包括癌症、慢性炎症、移植排斥反应、感染性疾病和心血管疾病等多种疾病,"百抗时代"已经到来。随着大量新靶点的发现和抗体制备技术的不断发展,目前单克隆抗体药物早已成为生物制药研发的热点,全球抗体药物市场发展规模不断扩大,产品数量逐步增加。抗体药物的发展呈现如下趋势。

1. **抗体的人源化,降低免疫原性** 抗体药物经历了从鼠源性抗体到全人源抗体的发展历程。目前 FDA 批准的抗体药物中,人源化及全人源抗体药物已占 80%。人源化抗体及全人源抗体药物具有免疫原性小、低排斥反应等优点,故抗体的人源化技术仍是抗体药物研发的重要趋势,利用转基因动物和转基因植物制备人源抗体的技术也逐渐快速发展起来。

2. **双特异性抗体的发展,增强特异性和治疗效果** 双特异性药物是抗体药物领域中一颗冉冉升起的"新星"。特别是在肿瘤免疫治疗中,双特异性抗体能同时结合肿瘤抗原和招募免疫细胞。据统计,截至 2021 年 6 月,有近 160 种双特异性和多特异性抗体药物处于试验中,双特异性抗体药物占临床抗体管道的近 20%。

3. **抗体 - 药物偶联物的抗体偶联片段小型化** 高效性和高稳定性一直是抗体药物偶联物研发的关键。单克隆抗体 Fab 片段的分子量只有完整抗体分子量的三分之一,因此,单克隆抗体 Fab 片段与药物偶联形成的抗体药物偶联物比完整的单抗 - 药物偶联物更易穿透肿瘤。

4. 抗体药物分子的小型化　常规抗体分子分子量较大,在生产和应用过程中会有诸多局限。因此,抗体分子小型化的发展越来越被重视,其中,骆驼重链抗体的发展是典型代表。骆驼重链抗体也称纳米抗体,是一种重链抗体可变区(V_{HH})的单域结合片段,相对分子质量只有抗体的十分之一,不仅具有更高的稳定性、更低的生产成本,且更容易与靶抗原相结合。

5. 新分子治疗靶点的开发,如新型免疫检查点抑制疗法的开发　尽管抗体药物发展迅速,但其靶向的分子治疗靶点仍十分局限。寻求并开发新型有效的分子治疗靶点仍是抗体药物研发的重要趋势。

6. 抗体药物研发的高成本问题需要解决　开发高产量、大规模制备抗体技术及抗体下游关键技术是降低抗体生产高成本的重要途径。

第二节　抗体药物的研发技术

本节主要是对抗体药物的研发技术进行论述。主要论述了用于生产单克隆抗体的杂交瘤技术,以及目前主要的两种获得全人源化单克隆抗体的技术手段:噬菌体展示抗体文库技术和转基因小鼠技术。

一、杂交瘤技术

(一)技术原理

杂交瘤技术的原理是:将一个骨髓瘤细胞和一个能分泌抗体的 B 淋巴细胞通过细胞融合技术形成杂交瘤细胞,这种杂交瘤细胞能保持双方亲代细胞的特性,既能大量无限生长繁殖,又能分泌特异性抗体,从而实现大量生产制备单克隆抗体。最早的抗 EGFR 单抗西妥昔单抗通过杂交瘤技术进行生产,其具体的生产工艺将在本章第三节进行论述。

(二)主要技术流程

利用杂交瘤技术生产单克隆抗体主要分为动物免疫、细胞融合、杂交瘤细胞的筛选与克隆化、单克隆抗体的大量制备,以及单克隆抗体的特性鉴定和纯化五个步骤。

1. 动物免疫　为了获得能高效产生高亲和力 IgG 抗体的杂交瘤细胞,必须对动物进行高效免疫。通常选取小鼠(BALB/c)或大鼠(LOU/c)作为免疫动物,使用纯化后的抗原和佐剂同时进行免疫能加强免疫反应。常用的动物免疫方法包括体内免疫法(皮下注射、肌内注射和腹腔注射)、脾内免疫法和体外免疫法。

2. 细胞融合　首先选择合适的骨髓瘤细胞系,B 淋巴细胞杂交瘤技术中主要选择多发性骨髓瘤细胞。然后从经免疫动物中获取经免疫的 B 淋巴细胞,利用仙台病毒、化学试剂(PEG)或电脉冲诱导骨髓瘤细胞和 B 淋巴细胞进行融合。

3. 杂交瘤细胞的筛选与克隆化　利用骨髓瘤细胞的代谢缺陷特性,在细胞融合后,可通过 HAT 培养基进行选择培养骨髓瘤细胞和免疫脾融合形成的杂交瘤细胞。并通过 ELISA、表面等离子共振、流式细胞术、放射免疫测定等方法鉴定上清液中杂交瘤细胞分泌抗体的特异性。在阳性筛选之后，通过有限稀释法和半固体琼脂平皿培养法进行杂交瘤细胞的克隆化。

4. 单克隆抗体的大量制备 目前大量制备单克隆抗体通常通过动物体内诱生法和体外培养法两种方法。动物体内诱生法是通过在动物体内接种杂交瘤细胞，从动物腹水或血清中收获单克隆抗体。体外培养法是指体外大量培养杂交瘤细胞，从培养液中获得单克隆抗体。

5. 单克隆抗体的特性鉴定和纯化 收获单克隆抗体后，需要对抗体的 Ig 类亚类、中和活性、亲和力、效价和纯度等进行鉴定。单克隆抗体的纯化方法包括 SPA- 琼脂糖亲和层析法、离子交换层析法、凝集素亲和层析法等，对于实际生产中的抗体纯化，要根据抗体的基本性质和生产宿主的特性制定纯化策略。

二、噬菌体展示抗体文库技术

目前抗体展示技术包括噬菌体展示技术、酵母表面展示技术、哺乳动物展示技术、大肠杆菌展示技术、核糖体展示技术和 cDNA 文库展示技术等，其中噬菌体展示技术应用最为广泛。第一个完全人源化单抗——阿达木单抗则是用噬菌体展示抗体文库技术制备得到，其具体的生产工艺将在本章第三节进行论述。

（一）技术原理

噬菌体抗体文库展示技术是指以已构建好的噬粒作为载体，常用的载体有 pHEN1、pCANTAB5E、pComb3 和 pComb8 等，使得编码抗体的外源基因与编码噬菌体外壳蛋白基因特定融合，构建成抗体库。将抗体库克隆进大肠杆菌细胞中，在辅助噬菌体的协助下，提供子代噬菌体蛋白所需的包装蛋白，协助子代噬菌体的组装和释放。这种子代噬菌体表面含有以融合蛋白形式存在的外源基因编码的抗体分子，构成噬菌体表面抗体库，通过对这种表面抗体库进行筛选和富集，最终筛选出与抗原高特异性结合的目的抗体。

（二）主要技术流程

噬菌体展示技术的第一步是噬菌体抗体库的构造，即将抗体全文库通过 PCR 技术克隆到噬菌粒（带有丝状噬菌体复制起始点的质粒）载体中，表达 Fab 常用 pComb3 载体，表达 scFv 常用 pCANTAB5E 和 pHEN1 载体。然后通过电转化或其他方法导入大肠杆菌。随后，用辅助噬菌体 M13K07 或 Vcs-M13 超感染这种大肠杆菌库，辅助噬菌体提供了使噬菌粒单链 DNA 进行复制和包装成噬菌体颗粒的所需病毒蛋白成分，协助子代噬菌体的包装和释放。子代噬菌体颗粒中内部有抗体基因的整合，外部显示编码的抗体分子，形成了所需的噬菌体抗体库。下一步则进行噬菌体抗体库的富集和筛选。常用的筛选方法有固相抗原筛选法（如微孔板筛选法、免疫试管法）、液相抗原筛选法（如生物素标记抗原筛选法）和细胞筛选法等。固相抗原筛选法中，数十亿种不同的噬菌体混合物对固定在硝基纤维素、磁珠等表面的一种目的抗原分子进行筛选试验，富集到与目的抗原有特异性结合的噬菌体颗粒，而其他则通过洗涤去除。接着，富集到的噬菌体颗粒用于感染新的大肠杆菌细胞，以实现数量的扩增。

三、转基因小鼠技术

（一）技术概述

噬菌体展示抗体文库技术的主要缺点是 Ig 重链和轻链的天然配对不能保留在噬菌体克隆中，因为在文库构建过程中 Ig 重链和轻链可变域会随机组装在一起，导致后续抗原抗体脱靶结合、溶解度降低、易于聚集等问题。因此，另一种制备完全人源单抗的方法是通过转基因方法在模型生物如小鼠和大鼠中重构人体液免疫应答，经靶抗原免疫动物后产生大量仅由人类基因编码的人抗体，然后通过成熟的杂交瘤技术实现体外大量制备完全人源抗体，这种制备方法也就是转基因小鼠技术。截至 2020 年，FDA 批准的完全人源化单克隆抗体中有 23 种是利用转基因小鼠技术制备得到，占美国市场上所有 mAb 药物的 28% 和全人源化 mAb 药物的 74%。转基因小鼠抗体制备技术发展历经 30 余年，目前已有多个转基因动物技术平台用于制备人源抗体，部分见表 16-1。其中，较为成熟的转基因小鼠技术平台有 XenoMouse，HuMAb Mouse 和 KM Mouse（TC Mouse 和 HuMAb Mouse 杂交）等。

表 16-1　制备人源抗体的转基因小鼠技术平台

平台名称	转基因策略
5′ feature mouse（MRC laboratory of Molecular Biology, UK）	融合 ES 细胞和包含原生质球的 YAC
HuMAbMouse®	外源基因座显微注射
XenoMouse®	融合 ES 细胞和包含原生质球的 YAC
Tc Mouse™	携带 HAC 的 ES 细胞
Tc Bovine	工程 HAC 转移到成纤维细胞中，然后进行动物克隆
VelociMouse®	ES 细胞原位人源化
OmniRat® and OmniMouse®	前核显微注射
Kymouse™	ES 细胞原位人源化
OmniChicken®	在培养的原始生殖细胞中进行遗传修饰，然后注入受体胚胎
Trianni Mouse®	ES 细胞原位人源化
THP rabbit（Therapeutic Human Polyclonals, now Roche）	前核显微注射
Tc goat（caprine）	HAC 转移到成纤维细胞中，然后进行动物克隆

（二）技术原理

转基因小鼠技术是指通过同源重组等基因灭活技术敲除小鼠内源的抗体重链、轻链基因，使小鼠无法产生自身抗体，然后通过基因组克隆、操作技术克隆等技术将人抗体基因转入小鼠基因组中，创造出携带人抗体基因、自身抗体基因失活的转基因小鼠。然后在抗原的免疫下，能产生全人单克隆抗体。

（三）主要技术流程

HuMAb-Mouse® 开发于 20 世纪 90 年代，是创造历史的第一代转基因平台，用于产生全人源抗体,生产了 11 种 FDA 批准的全人源单克隆抗体药物。该技术构建转基因小鼠主要包括三个步骤:构建能表达人抗体基因和自身小鼠抗体的转基因小鼠;构建敲除自身编码抗体轻、重链基因的小鼠;将这两种小鼠回交,得到只表达人抗体基因的小鼠品系。HuMab-Mous平台将单个 80kb 的人抗体重链基因座(包含 4 个功能性人 V_H 片段,15 个 D 片段,所有 6 个 J_H片段,μ 和 γ1 编码外显子基因片段以及相关的调节区域如内含子增强子,开关区域和位点控制区),以及由一个 43kb 的 DNA 片段组成的人抗体轻链基因座(包含 4 个功能性人 $V_κ$ 片段,5 个 J 片段,1 个 $C_κ$ 外显子和内含子以及下游增强子元件)通过显微注射导入小鼠的受精卵中,通过同源重组整合进小鼠基因组。含有这种人抗体轻、重链基因的小鼠胚胎干细胞发育成可产生人抗体和小鼠抗体的小鼠品系。同时靶向突变小鼠内源抗体轻、重链基因的小鼠胚胎干细胞发育成不能产生自身抗体的小鼠品系。将这两种不同的小鼠品系回交,最终获得能产生人 IgM 抗体而不表达小鼠抗体的双转基因、双突变小鼠。

第三节　常规抗体药物的生产培养工艺

本节选取了四种常规的抗体药物,包括人鼠嵌合单抗西妥昔单抗、人源化单抗曲妥珠单抗、全人源化单抗阿达木单抗和纳武利尤单抗,对它们的生产培养工艺进行论述。

一、西妥昔单抗的生产工艺

(一)西妥昔单抗的理化性质及临床应用

西妥昔单抗(cetuximab,商品名为 erbitux)是最早的抗表皮生长因子受体(EGFR)抗体,是一种用人免疫球蛋白 G1(IgG1)恒定区替换鼠恒定区形成的重组人鼠嵌合单克隆抗体,由鼠类抗 EGFR 抗体的 Fv 区与人 IgG1 重链和 κ 轻链恒定区组成,分子量约为 152kDa,其重链有 468 个氨基酸,轻链有 234 个氨基酸。西妥昔单抗具有较复杂的糖基化修饰,共含有 4 个糖基化位点,其中抗原结合片段(Fab)的 2 个糖基化位点位于高可变区(V_H),可结晶片段(Fc)的 2 个糖基化位点位于恒定区 2(C_H2)。Erbitux 于 2004 年先后获 FDA 和 EMA 批准上市,目前主要是用于 EGFR 表达的转移性结直肠癌患者的治疗。其作用机制是通过与癌细胞表面过度表达的 EGFR 特异性结合,抑制 EGFR 下游细胞信号传递的连锁反应,抑制细胞的生长增殖和肿瘤血管的形成,诱导癌细胞凋亡。

ER16-2　西妥昔单抗的氨基序列(文档)

(二)西妥昔单抗的研发

1. 小鼠的免疫和体细胞杂交　BALB/c 小鼠腹腔注射 CH71 细胞或者 CH71 细胞膜制剂进行免疫。提前用含有截短形式(删除了 EGF-R 大部分胞内域)的 EGFR cDNA 的质粒转染 CH71 细胞,使每个细胞能表达大约 10^6 个突变的 EGFR 分子。分别在第 0 天、第 13 天和第 32 天免疫小鼠。在第 65 天,将免疫小鼠的脾脏细胞分离并以 5∶1 的比例在 PEG4000 的存在下,与 NS1 骨髓瘤细胞进行融合。

2. 杂交瘤的制备　将融合细胞在 HA 选择培养基中稀释，并种在 96 孔板里。将表达或不表达 EGFR 的细胞与不同杂交瘤细胞的培养上清液孵育 90 分钟。加入碘化羊抗鼠免疫球蛋白溶液再孵育 60 分钟。测定细胞表面的放射性，评估产生抗体的能力。用有限稀释法克隆阳性杂交瘤细胞，并用免疫沉淀法测定上清液抗体与 EGFR 的结合，选择与人 EGFR 特异性结合的单克隆抗体。

3. 抗人 EGFR 全鼠单抗的制备　BALB/c 小鼠应用超净空气层流架进行饲养，饲料、饮水、垫料和笼具均经高压蒸汽灭菌。饲养温度为 21~25℃，相对温度为 40%~70%，先给小鼠腹腔注射 0.5ml 降植烷或液体石蜡，诱发小鼠的无菌性腹膜炎，使腹腔中渗出腹水。一周后，每只小鼠腹腔注射 $5×10^5~5×10^6$ 个杂交瘤细胞，7~10 天后，小鼠腹部明显胀大，收获小鼠的腹水。小鼠腹水 4℃低速离心 15 分钟，再缓慢加入饱和硫酸盐至终浓度为 45%（ V/V ），pH 7.5，沉淀 24 小时。离心收集沉淀，在 4℃下，用硫酸铵洗涤 2 次。沉淀用 50mmol/L Tris HCl pH 8 和 0.5mol/L NaCl 进行溶解和透析，然后用经 50mmol/L Tris HCl，pH 7.8，0.5mol/L NaCl 平衡的 Sephacryl S-3000 进行纯化。

4. 鼠源抗体可变区基因的克隆　从分泌全鼠单抗的杂交瘤细胞中分离纯化总 mRNA，反转录合成 cDNA。用 IgG 简并引物和 kappa 特异性引物分别 PCR 扩增 V_H 和 V_L 片段，克隆到载体中，测序确认编码抗体可变区（ F_V 区）的基因。

5. 人鼠嵌合抗体表达载体的构建　将鼠源 F_V 区基因与人源 IgG1 的重链和轻链恒定区基因拼接成完整的嵌合重链和轻链基因，分别连接到哺乳动物表达载体中，构建出嵌合抗体的表达载体。

6. 工程哺乳动物细胞的构建　将重组嵌合抗体表达载体导入 CHO 细胞或其他类似的细胞系，对细胞进行稳定转染和选择性培养，使嵌合抗体基因整合到细胞基因组上。对高表达的遗传稳定工程细胞系，建库保存。

（三）生产工艺过程

采用补料分批培养方式，温度为 37℃，pH 为 6.8~7.2，级联控制溶解氧和搅拌转速，对工程细胞系进行培养。收集培养液，采用特异性的分离和纯化方法，制备人鼠嵌合抗体。

（四）产品质量控制

市售的西妥昔单抗产品 ERBITUX 是一种无菌、透明的无色液体，pH 为 7.0~7.4，其中可能含有少量易见的白色无定形的西妥昔单抗颗粒。每个一次性使用的 50ml 小瓶含有 100mg 西妥昔单抗，浓度为 2mg/ml，溶解在含有 8.48mg/ml 氯化钠，1.88mg/ml 磷酸氢二钠七水合物，0.42mg/ml 磷酸钠一水合物和注射用水的无防腐剂溶液中。

二、曲妥珠单抗的生产工艺

（一）曲妥珠单抗的理化性质及临床应用

曲妥珠单抗（trastuzumab，商品名为 herceptin）是第一个治疗乳腺癌的单抗药物，是由基因泰克 / 罗氏公司研发的靶向 Her2 的人源化 IgG 单克隆抗体，其恒定区是人 IgG1 亚型，互补决定区来源于鼠抗 p185HER2 抗体，具有 95% 的人源性和 5% 的鼠源性。20 世纪 90 年代初，基因泰克公司获得识别 Her2 鼠源性单抗 mAb4D5，后进行人源化改造，并对改造后的人源化单抗重链和轻链可变区的 CDR 区和 FR 区的某些位点进行突变，然后筛选与 Her2 有高亲和力的一株单抗，并将其开发为单抗药物，即为 Herceptin。曲妥珠单抗蛋白分子量约为 148kDa，重链有 450 个氨基酸，轻链有 214 个氨基酸，其糖基化修饰类型有去岩藻糖基化修饰、高甘露糖修饰和唾液酸修饰。曲妥珠单抗在 1998 年和 2000 年分别获 FDA 和 EMA 批准上市，用于治疗 Her2 阳性的转移性乳腺癌患者。其作用机制是特异性识别细胞表面的表皮生长因子受体 2（Her2），抑制乳腺癌细胞的增殖。上市以来，herceptin 已成为全球销售额前 10 的重磅药物。

（二）曲妥珠单抗的药物开发过程

1990 年，基因泰克的 Fendly 等从一系列鼠单抗中分离到单克隆抗体 4D5，发现其在基于细胞的测定中以高亲和力（Kd=5nmol/L）选择性结合 HER2 细胞外域，抑制 Her2 超表达的乳腺癌细胞的生长。1992 年对 4D5 抗体进行人源化改造，改造过程为：鼠抗 mumAb4D5 的 V_L 和 V_H 基因片段首先通过 PCR 技术克隆进 pUC119 载体上，然后分别使用 311-mer 和 361-mer 预组装的寡核苷酸通过"基因转换诱变"同时使轻链和重链可变区域人源化。再通过分子建模等手段发现 humAb4D5 变体 humAb4D5-8 在阻断 SK-BR-3 细胞增殖方面和支持针对 SK-BR-3 细胞的抗体依赖性细胞毒性方面都具有较好的效果。人源化后的 humAb4D5-8 被命名为 Trastuzumab。

ER16-3 曲妥珠单抗的氨基酸序列（文档）

（三）生产工艺过程

曲妥珠单抗生产使用以商业规模生长的基因工程化的中国仓鼠卵巢（CHO）细胞系，通过标准化重组技术将曲妥珠单抗的 DNA 编码序列插入这些细胞中。在 CHO 细胞大规模培养过程中，抗体由细胞分泌到培养基上清液，使用标准色谱和过滤方法进行纯化，最后制成冻干粉的制剂形式。工艺流程图见图 16-3。

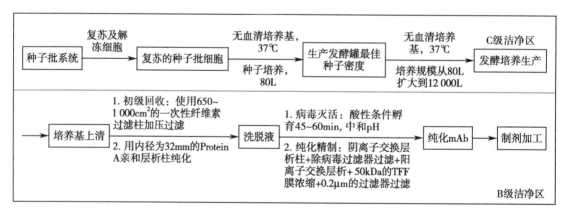

图 16-3 曲妥珠单抗生产工艺流程

1. 细胞培养工艺 曲妥珠单抗采用在无血清培养基中悬浮培养的 CHO 细胞进行生产。首先提前建立主细胞库（MCB）和工作细胞库（WCB）两个层级的种子批系统。生产曲妥珠单抗时，从种子批系统中解冻细胞，用无血清培养基培养，采用种子培养和大规模培养方式将培养规模从 80L 扩大到 12 000L，培养后收集培养基上清液，进入下游纯化步骤。

2. 分离纯化工艺

（1）初级回收：使用 650~1 000cm² 的一次性纤维素过滤柱对收集的培养上清进行加压过

滤,控制压力低于 30psi（1psi=6.895kPa），对滤液的澄清度和目标蛋白含量进行检测。使用经平衡过的内径为 32mm 的 Protein A 亲和层析柱进行纯化。上样后,先用平衡缓冲液冲洗,再用含 100~400mmol/L NaCl,pH 为 7~8 的 50mmol/L Tris-HCl 缓冲液洗脱,最后用 pH 为 3.0~3.8 的柠檬酸缓冲液将曲妥珠单抗洗脱下来。

（2）病毒的灭活:洗脱液在酸性条件下室温孵育 45~60 分钟,使病毒灭活,然后中和 pH。

（3）进一步纯化精制:洗脱液先采用经 Tris 缓冲液平衡过的阴离子交换层析柱进一步纯化。洗脱液中的曲妥珠单抗不结合在交换柱上,而是流通过交换柱,存在于穿透峰中。流过阴离子交换柱的穿透峰再用有效过滤面积为 0.01m² 的除病毒过滤器过滤清除病毒。滤液再用经平衡的阳离子交换层析柱进行纯化,曲妥珠单抗结合在交换柱上,用 NaCl 进行梯度洗脱,以清除宿主细胞蛋白质和 DNA。洗脱液用 50kDa 的 TFF 膜浓缩并置换缓冲液,最后使用 0.2μm 的过滤器进行过滤,完成纯化工艺,滤液进入下游制剂加工工艺。

（四）产品质量控制

市售的曲妥珠单抗产品 herceptin 是白色至淡黄色冻干粉剂,每瓶含浓缩曲妥珠单抗粉末 440mg。配制成溶液后为无色或淡黄色澄清或微乳光色溶液,溶解后曲妥珠单抗的浓度为 21mg/ml,供静脉注射用。

三、阿达木单抗的生产工艺

（一）阿达木单抗的理化性质及临床应用

阿达木单抗（adalimumab,商品名为 humira）是一种由英国剑桥抗体技术公司和美国雅培公司（Abbott）共同研制的靶向肿瘤坏死因子（TNF）的单克隆抗体,可用于治疗由 TNF 在体内引起或加重的多种疾病。阿达木单抗是一种重组全人源化 IgG1κ 型单克隆抗体,由 2 条重链和 2 条轻链组成,共含 1 330 个氨基酸,其重链可变区有 121 个氨基酸,轻链可变区有 107 个氨基酸。阿达木单抗为糖基化蛋白,等电点的图谱为一组峰,糖基化修饰复杂,其糖基化位点位于重链第 301 位天冬酰胺上,主要糖型为岩藻糖基化二天线寡糖,每条重链 Fc 部分相同糖基化位点含有典型的 N 端连接糖链。humira 在 2002 年获 FDA 批准用于治疗类风湿关节炎,随后还被批准用于治疗银屑病关节炎、强直性脊柱炎等多种疾病。阿达木单抗不是第一个获批的抗 TNF 单抗,但它是第一个获批的完全人源化抗体。目前 humira 已在全球超过 20 个国家进行市场销售,截至 2021 年总销售额超 1 500 亿美元,素有"药王"之称。

ER16-4 阿达木单抗可变区氨基酸序列（文档）

（二）阿达木单抗的药物开发

阿达木单抗是利用噬菌体文库展示技术开发的第一个完全人源化重组单抗药物。美国雅培公司通过噬菌体表达技术,先构建来自健康人淋巴细胞的 mRNA 中制备得到的人 V_L 和 V_H cDNA 制备的人源噬菌体抗体展示文库,而后用重组人 TNF-α 作为抗原筛选这种重组联合抗体文库。一旦选择出与 TNF-α 有高亲和力的人 V_L 和 V_H 区段,就进行"混合与配对",对选择出的 V_L 和 V_H 区段的不同配对进行人 TNF-α 的结合筛选,以选择出对人 TNF-α 结合有高亲和性和低解离速率的 V_L/V_H 对组合。利用基因工程技术将编码抗体轻链和重链的基因克隆进表达载体中,再将这种重组表达载体导入宿主细胞如 CHO 细胞、NSO 骨髓瘤细胞和 COS 细胞等,从宿主细胞培养液中获得目的抗体。开发流程图见图 16-4。

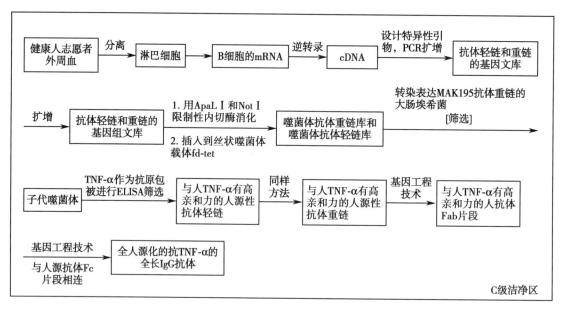

图 16-4　阿达木单抗的药物开发流程图

1. 构建人源性噬菌体抗体库　抽取健康人志愿者的外周血,分离淋巴细胞,提取 B 细胞的 mRNA,逆转录获得 cDNA,设计特异性引物,通过 PCR 扩增编码抗体轻链和重链可变区的 DNA 片段,构建抗体轻链和重链的基因文库。然后扩增 cDNA 的第二条互补链,形成抗体轻链和抗体重链的基因组文库。将这些抗体基因组文库用 Apa I 和 Not I 限制性内切酶消化,插入到丝状噬菌体载体 fd-tet 中,构建成噬菌体抗体重链库和噬菌体抗体轻链库。

2. 抗体库的筛选　为分离出对人 TNF-α 有高亲和力和低解离速率的人抗体,使用对人 TNF-α 具有高亲和力和低解离速率的鼠抗人 TNF-α 抗体如 MAK195,采用表位印迹或导向选择方法筛选具有对人 TNF-α 类似的结合活性的人重链和轻链序列。即分别将 MAK195 重链和轻链克隆噬菌体载体,转染大肠埃希菌表达。然后将构建好的人源性噬菌体抗体轻链文库转染到已经表达 MAK195 抗体重链的大肠埃希菌中,收集子代噬菌体,用人 TNF-α 作为抗原包被载体,用 ELISA 方法筛选与人 TNF-α 有高亲和力的人源性抗体轻链。再将选择出的人抗体轻链 DNA 扩增转染大肠埃希菌表达,然后将人源性噬菌体抗体重链文库转染这些大肠埃希菌,同理,用 ELISA 方法筛选与人 TNF-α 有高亲和力的人源性抗体重链。将选择出的与人 TNF-α 有高亲和力的人抗体轻链和抗体重链基因相连,即可获得与人 TNF-α 有高亲和力的人抗体 Fab 片段,利用基因工程技术与人源性抗体 Fc 片段相连,即可获得全人源化的抗TNF-α 的全长 IgG 抗体。

(三)阿达木单抗的生产工艺过程

1. 细胞培养工艺　阿达木单抗主要采用 CHO 细胞、批次补料培养方式进行细胞培养生产,生产工艺流程图见图 16-5。通过磷酸钙介导的转染将编码阿达木单抗基因的重组表达

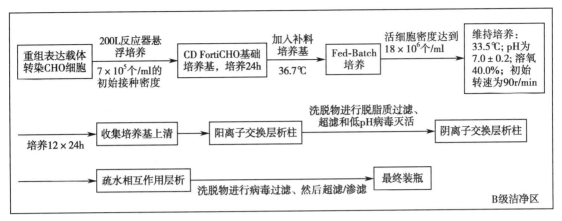

图 16-5　阿达木单抗的生产工艺流程

载体导入 CHO 细胞，重组表达载体上携带 *DHFR* 基因，可用甲氨蝶呤选择 / 扩增选择已用该载体转染的 CHO 细胞。一种用 200L 反应器培养 CHO 细胞获得阿达木单抗的工艺流程为：将转染抗体基因的 CHO 细胞以 $7×10^5$ 个 /ml 的初始接种密度接种到 CD FortiCHO 基础培养基中，培养 24 小时后，根据培养基中葡萄糖浓度加入成分为 F001S：F001B=10：1 的补料培养基，控制培养液中葡萄糖浓度在 6g/L，进行 Fed-Batch 培养，培养温度为 36.7℃。温度是 CHO 细胞培养过程中非常重要的环境参数，通常 CHO 细胞在 36.7℃条件下快速生长至平台期，当活细胞密度达到 $18×10^6$ 个 /ml 时，将培养温度降至 33.5℃进行维持培养。其他培养参数为：pH 为 7.0±0.2，溶氧 40.0%，初始转速为 90r/min，表层通气量为 0.51pm，深层通气量为 0.51pm，基础培养基的体积分数为 69.8%，补料培养基的体积分数为 30.2%，培养时间为 12×24 小时，收料时培养基上清中目的蛋白含量为 4~5g/L。

2. 分离纯化工艺　首先将 CHO 细胞培养上清混合物用阳离子交换层析柱即 Fractogel S 柱（柱体积为 157L）进行分离，阿达木单抗被捕捉到柱子上，用多个洗液对结合有阿达木单抗的 Fractogel S 柱进行洗涤，包括中间洗液，以进一步降低宿主细胞蛋白质的量。捕捉和洗涤之后，从 Fractogel S 柱洗脱下阿达木单抗，将洗脱物进行脱脂质过滤、超滤和低 pH 病毒灭活，然后用阴离子交换层析柱即 Q 琼脂糖凝胶柱（柱体积为 85L）进行层析，从流通物中获得目的抗体。随后用疏水相互作用层析柱即苯基琼脂糖凝胶柱（柱体积为 75L）进行进一步分离，将洗脱物进行病毒过滤、然后超滤 / 渗滤、最终装瓶。

（四）产品质量控制

市售阿达木单抗产品 humira 是单次使用的 1ml 玻璃预填充注射器，内含无菌无防腐剂的澄明注射液（0.8ml），含 40mg 阿达木单抗。

四、抗 PD-1 单抗纳武利尤单抗的生产工艺

（一）纳武利尤单抗的理化性质及临床应用

纳武利尤单抗（nivolumab，商品名为 opdivo）是由日本小野制药和美国 Maderax 制药于 2005 年开发的抗 PD1 受体的全人源 IgG4 单克隆抗体，于 2014 年获 FDA 批准上市用于治疗转移性黑色素瘤。同年，由默沙东所有的帕博利珠单抗（pembrolizumab，商品名 keytruda）也

被 FDA 批准上市。纳武利尤单抗的分子质量为 146kDa,具有 2 条重链和 2 条轻链,重链长度为 113 个氨基酸,轻链长度为 107 个氨基酸,其主要结合位点是 PD-1 的"N 环"结构。由于 IgG4 的基本结构具有较短的铰链区和不稳定的二硫键,易形成"半分子交换"。因此纳武利尤单抗经 S228P 修饰,以稳定链间二硫键,阻止 Fab 段交换。纳武利尤单抗的作用机制是与 PD-1 结合并阻断其与 PD-L1 和 PD-L2 的相互作用,恢复免疫细胞对肿瘤的攻击。2014 年获批上市以来,目前其已有多种适应证包括黑色素瘤、非小细胞肺癌、肾癌、霍奇金淋巴瘤、结直肠癌和肝癌等。

ER16-5 纳武利尤单抗可变区氨基酸序列(文档)

(二)生产工艺流程

纳武利尤单抗是通过携带部分人免疫系统而非小鼠系统的转基因小鼠技术产生,如 HuMAb 小鼠和 KM 小鼠。通过转基因小鼠技术生产纳武利尤单抗的主要工艺流程图见图 16-6。

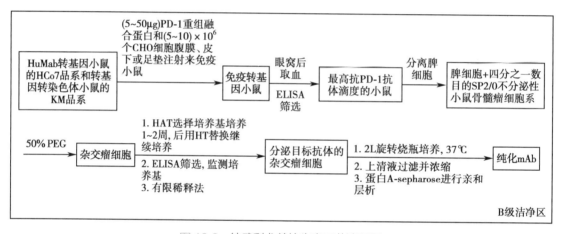

图 16-6 纳武利尤单抗生产工艺流程图

1. **HuMAb 和 KM 小鼠免疫** 使用 HuMab 转基因小鼠的 HCo7 品系和转基因转染色体小鼠的 KM 品系来制备针对 PD-1 的完全人单克隆抗体,这两种品系都表达人抗体基因。用纯化的重组 PD-1 融合蛋白和经 *PD-1* 基因转染的 CHO 细胞作为抗原来免疫小鼠,通常用每种抗原免疫 6~24 只小鼠。将 5~50μg PD-1 重组融合蛋白和(5~10)×10⁶ 个 CHO 细胞腹膜、皮下或足垫注射免疫小鼠。用佐剂中的抗原多次腹膜内免疫转基因小鼠,通过眼窝后取血监测免疫应答。通过 ELISA 方法筛选产生最高抗 PD-1 抗体滴度的小鼠进行后续的杂交瘤融合。

2. **生成能产生抗 PD-1 的人单克隆抗体的杂交瘤** 从筛选出的经免疫的 HuMAb 和 KM 小鼠中分离脾细胞,并制成单细胞悬浮液,将脾细胞单细胞悬浮液和四分之一数目的 SP2/0 不分泌性小鼠骨髓瘤细胞系在 50% PEG 存在下融合,或者使用 Cyto Pulse 大室细胞融合电穿孔仪进行电融合。融合后将细胞以大约 1×10⁵ 个在平底微量滴度板中培养,在含有 HAT 的选择培养基中进行培养 1~2 周,1~2 周后用 HT 替换 HAT 继续培养细胞,然后通过 ELISA 筛选孔中的人抗 PD1 单克隆 IgG 抗体。通常在发生广泛的杂交瘤生长后的 10~14 天后监测培养基。对分泌抗体的杂交瘤细胞重新铺板,再次筛选,若对人 IgG 仍呈阳性,则通过有限稀释法将抗 PD1 单克隆抗体至少亚克隆两次,然后体外培养稳定的亚克隆,在组织培养基中产生少量抗体用于进一步表征,包括从选择的杂交瘤中获得编码单克隆抗体的重链和轻链可变区的 cDNA 序列,并进行测序,与已知人种系免疫球蛋白的重链、轻链序列进行比较。

3. 哺乳动物宿主细胞表达抗 PD-1 单抗 除了在杂交瘤中生产,还可以利用重组 DNA 技术和基因转染方法在宿主细胞转染瘤中获得目标抗体。通过 PCR 扩增或者 cDNA 克隆从筛选出的表达目的抗体的杂交瘤中,获得编码部分或全长轻链和重链的 DNA,将 DNA 插入到表达载体中,通过标准技术将表达载体转染到宿主细胞中如 CHO 细胞、NSO 骨髓瘤细胞、COS 细胞和 SP2 细胞,然后进行细胞培养从培养细胞的上清液中回收纯化目标抗体。

4. 抗体的纯化 将选定的杂交瘤在 2L 旋转烧瓶中进行培养,将上清液过滤并浓缩,然后用蛋白 A-sepharose 进行亲和层析来实现抗体的纯化。通过凝胶电泳和高效液相层析检查洗脱的 IgG 来确保纯度。

(三)产品质量控制

市售的纳武利尤单抗产品 opdivo 是澄清至乳光,无色至淡黄色液体,可能存在少量(极少)颗粒,规格为 10mg/ml。

第四节 抗体偶联药物的生产工艺

本节主要是对抗体偶联药物的生产工艺进行论述。先对抗体偶联药物的概念和结构组成等进行概述,然后选取了两种典型的抗体偶联药物:曲妥珠单抗 - 美坦辛偶联药物(trastuzumab emtansine)和布妥昔单抗 - 甲基奥瑞他汀 E(brentuximab vedotin),分别对其生产工艺进行论述。

一、抗体偶联药物的结构与作用机制

抗体 - 药物偶联物(ADC)是指将肿瘤杀伤力强的小分子毒素药物与单克隆抗体通过连接子相连,利用单克隆抗体对肿瘤表面抗原的特异性识别,附着的高细胞毒性剂不仅能增强抗体的细胞杀伤能力,同时保留抗体有利的药代动力学和药效学特性。其作用机制是 ADC 上的抗体与肿瘤细胞上的靶抗原特异性结合后,经过抗原介导的内吞作用使其进入癌细胞内部,抗体成分被溶酶体机制降解,导致细胞毒性药物的释放,杀死肿瘤细胞。从 20 世纪 90 年代"魔术子弹"概念的最开始提出到 2021 年,已有 7 种 ADC 药物上市。

ADC(见图 16-7)主要由三个重要部分构成:抗体、连接子和偶联的细胞毒性药物。可成药的 ADC 药物应包括有高度靶标特异性的单克隆抗体、有高效细胞毒作用的小分子药物和在体循环中能保持良好稳定性的连接子。

(一)抗体

抗体是 ADC 的关键成分之一,因为抗体决定了 ADC 药物分子的靶向性和药代动力学特征。ADC 的抗体分子不仅应以高亲和力选择性结合癌细胞表面的靶标抗原,确保将细胞毒性弹头输送到正确的细胞,而且还与多种不同的 Fc 受体发生额外的相互作用。特别重要的是与新生儿 Fc 受体(FcRn)的结合,使抗体经受一种称为 FcRn 再循环的机制,导致抗体的半衰期

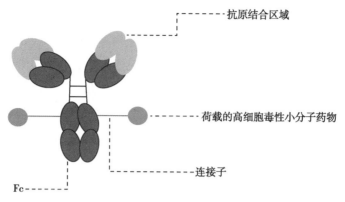

图 16-7　ADC 分子基本结构示意图

显著延长。ADC 的设计通常保留抗体的效应子功能,包括抗体的功能活性、免疫介导的细胞杀伤活性[如抗体依赖性细胞介导的杀伤(ADCC)和补体依赖性的杀伤(CDC),以及吞噬作用。]

(二)荷载的高活性细胞毒类小分子药物

最终产生治疗效果的 ADC 部分是荷载的细胞毒小分子药物,因此它们又被称为"有效荷载"或"弹头"。有些细胞毒类小分子活性高、效果好,但它们具有靶向性差、毒副作用大和治疗窗窄的缺点。而 ADC 的研发使这些高活性细胞毒小分子"扬长避短"。已知已有大量的天然和化学合成的毒素存在,但发现仅有少数有毒结构及较少作用机制的毒素适合用于 ADC 负载。用作 ADC 负载的毒素必须同时具有下列特性:需要具备极高的细胞毒效力,可在极低浓度下发挥较高的细胞毒作用;目前正在研究或者已上市的 ADC 药物使用的细胞毒小分子主要包括 DNA 损伤剂(如阿霉素、烷化剂和喜树碱等)以及微管蛋白抑制剂(如美登素、紫杉醇和长春新碱等)。

(三)连接子

为了偶联抗体和细胞毒小分子来产生 ADC,必须有稳定的接头。这种连接抗体和药物的连接子对于 ADC 的有效性和安全性至关重要,同时连接子的长度和化学性质也会影响 ADC 的药代动力学。在生产中,ADC 连接子通常与偶联药物一起合成为结合的接头 - 偶联药物结构。所有接头都带有与抗体结合的反应基团。用于 ADC 的接头主要分为不可切割的和可切割两类。可切割的接头通过靶细胞内的特定细胞内机制可以降解,而不可切割的接头在血液循环和细胞中都保持稳定。可切割的接头根据切割机理分为化学切割连接子和酶切割连接子。化学切割连接子主要包括 pH 敏感性连接子和二硫键连接子。使用最广泛的酶切割连接子是肽连接子,由于血液中的蛋白水解酶活性低,肽连接子在血液循环中可以高度稳定,而在被溶酶体蛋白酶(如组织蛋白酶)内化后会被裂解。经常使用的肽连接子包含二肽基序缬氨酸 - 瓜氨酸(Val-Cit),进一步成功应用的肽基序是 Val-Ala 或 Gly-Gly-Phe-Gly。2023 年 FDA 批准用于治疗 HER2+ 胃癌的 ADC 药物德曲妥珠单抗(Enhertu®)使用的连接子肽基序即为 Gly-Gly-Phe-Gly。使用不可切割接头的 ADC,其释放依赖于抗体被蛋白酶完全水解,使得最终释放的药物代谢物与接头和它们最初偶联的氨基酸(例如赖氨酸或半胱氨酸)保持连接。不可切割连接子包括硫醚连接子和酰胺类连接子等。基因泰克公司研发的 ADC 药物恩美曲妥珠单抗(Kadcyla®)使用不可切割的硫醚连接子,弹头通过不可切割的硫醚键连接到 mAb

上,而最终释放的活性药物是一种DM1赖氨酸加合物。

抗体偶联药物的研究开发涉及生物制药、基因工程、药物代谢动力学和有机化学等多种学科,在制备过程中还需要注意化学反应的发生和杂质的控制等,因此产业化制备工艺复杂,研发难度大。目前在国际上ADC研究领域的先驱有Seattle Genetics、ImmunoGene和Immunomedic。罗氏(基因泰克)凭借ImmunoGene构建了最大的ADC研发管线和技术平台。但随着生物技术的不断提高,不论是在抗体新靶标的发现、连接子技术还是偶联细胞毒素等方面,ADC药物的研发技术都在不断完善和进步。

二、曲妥珠单抗-美坦辛偶联药物的生产工艺

(一)曲妥珠单抗-美坦辛偶联药物的理化性质及临床应用

曲妥珠单抗-美坦辛偶联药物[trastuzumab emtansine(T-DM1),商品名叫kadcyla],即恩美曲妥珠单抗,是一种由罗氏(基因泰克)研发的抗体-药物偶联物,于2013年2月被FDA批准用于治疗HER2+的转移性乳腺癌患者。曲妥珠单抗是一种靶向Her2的人源化IgG单克隆抗体,其理化性质和生产工艺在本章第三节已介绍。美坦辛即美登素类化合物,属于大环内酯类,是一种抑制微管组装的抗有丝分裂药物,有强烈的抑制细胞增殖效果,比同类其他药物如紫杉醇更有效,但由于其全身毒性使得治疗指数较低。由于美登素类衍生物具有疏基活性位点,因此通过在抗体赖氨酸残基中的氨基位点上进行的氨基偶联方式,利用稳定的硫醚连接子将曲妥珠单抗和DM1偶联,从而形成T-DM1。T-DM1的作用机制是:通过细胞内吞作用被内化并降解,释放活性代谢物Lys-MCC-DM1,抑制肿瘤细胞的生长。研究表明,T-DM1不仅保留了曲妥珠单抗的所有活性,而且发挥了DM1的高效毒性,对HER2+肿瘤有良好的疗效和较低的不良反应。

(二)生产工艺过程

恩美曲妥珠单抗采用Immunogene的TAP专利技术将曲妥珠单抗(T)的赖氨酸通过不可切割的硫醚连接子[N-琥珀酰亚胺基-4-(马来酰亚胺甲基)环己烷羧酸酯,即SMCC]与美登素衍生物(DM1)相连,使抗体和药物以3.5∶1的比例稳定缀合,把DM1运输到表达HER2的肿瘤细胞中。T-DM1的生产工艺流程(见图16-8)主要包括抗体的修饰、抗体与毒性小分

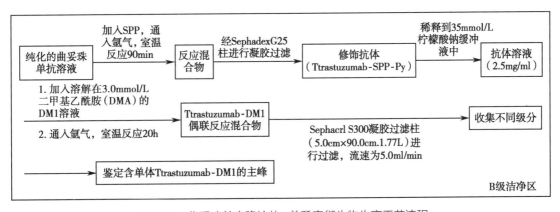

图16-8 曲妥珠单克隆抗体-美登素衍生物生产工艺流程

子药物偶联以及中间体杂质的质量控制三个步骤。

1. 用 SPP 对曲妥珠单抗进行修饰　用 *N*- 琥珀酰亚胺 1-4-（2- 吡啶硫基）戊酸酯[*N*-succinimidy1-4-（2-pyridylthio）pentanoate，SPP]对曲妥珠单抗赖氨酸进行修饰以产生二硫代吡啶基。其反应原理是 SPP 和抗体赖氨酸残基上的氨基发生反应形成酰胺键，使抗体和 SPP 相连，不会破坏抗体分子结构。具体操作是在含纯化后的曲妥珠单抗溶液（376.0mg，8mg/ml）中，加入 SPP（5.3 摩尔当量溶解在 2.3ml 乙醇中），通入氩气，在室温下反应 90 分钟。90 分钟后反应混合物经 SephadexG25 柱进行凝胶过滤，SephadexG25 柱事先以含 35mmol/L 的柠檬酸钠、154mmol/L NaCl 和 2mmol/L EDTA 的溶液平衡。收集并鉴定经修饰的抗体，得到修饰抗体（曲妥珠单抗 -SPP-Py）的回收率为 337mg（89.7%），其中每个抗体上带 4.5 个可释放的 2- 硫代吡啶基团。

2. 将曲妥珠单抗 -SPP-Py 与美登素衍生物（DM1）偶联　将上述经修饰的抗体溶液稀释到 35mmol/L 柠檬酸钠缓冲液中，使最终浓度达到 2.5mg/ml。采用以 S—S 形式储存的 DM1，不仅能更稳定存在，且能被还原为 SH 形式与曲妥珠抗体进行偶联。其反应原理是经修饰的曲妥珠单抗赖氨酸残基上的 SPP 与美登素类衍生物上的巯基反应，形成二硫键并相连，最终形成恩美曲妥珠单抗。具体操作是：将 DM1（16.1μmol）溶解在 3.0mmol/L 二甲基乙酰胺（DMA）中，使最终混合物浓度为 3%（*V/V*）。将这种 DM1 溶液加到抗体溶液中，在氩气中室温下反应 20 小时，使修饰抗体 trastuzumab-SPP-Py 与 DM1 偶联，得到 trastuzumab-DM1 偶联反应混合物。

3. trastuzumab-DM1 偶联物的获得与纯化　反应结束后，将反应混合物用经 35mmol/L 柠檬酸钠和 154mmol/L NaCl，pH 为 6.5 溶液平衡的 Sephacr1S300 凝胶过滤柱（5.0cm×90.0cm 1.77L）进行过滤，控制流速为 5.0ml/min，收集 65 个级分（每个 20.0ml）。结果鉴定主峰在第 47 个级分附近，主峰包含单体 trastuzumab-DM1。合并并保存第 44 至 51 号级分，通过 UV 光谱法测量 252nm 和 280nm 处的吸光度来确定每个抗体分子连接的 DM1 药物分子的数量，计算药物抗体偶联比（DAR），结果发现每个抗体分子偶联 3.7 个药物分子。

（三）产品质量控制

1. 质控要点

（1）平均药物抗体偶联比（DAR）：药物抗体偶联比（DAR）是 ADC 药物最重要的质量属性，它不仅影响 ADC 药物的药效和在体内的清除率，还影响 ADC 的安全性和质量稳定性，并且对优化生产工艺过程参数也有重要影响。可采用紫外 - 可见分光光度法（UV）和质谱法进行 T-DM1 的 DAR 测定。T-DM1 的平均 DAR 是 3.5。

（2）大小异质性评价：由于偶联药物和偶联工艺，T-DM1 比单抗有更高的异质性。可采用进行优化后的单抗的大小异质性评价方法，如经优化条件的分子排阻高效液相色谱法（SEC-HPLC）来进行 ADC 药物的大小异质性评价。

（3）电荷异质性评价：在生产 ADC 的反应过程中，会获得带有不同数目细胞毒小分子药物的 ADC 混合物，ADC 之间的 PI 值相差较小。故可采用成像毛细管等电聚焦法（iCIEF）技术及其相应仪器成像毛细管等电聚焦电泳仪来进行 T-DM1 的电荷异质性评价。

2. 制剂的类型、组成和规格　市售的曲妥珠单抗 - 美坦辛偶联物是冻干粉剂制剂形式，规格有 100mg/ 安瓿或 160mg/ 安瓿。

三、布妥昔单抗 - 甲基奥瑞他汀 E 偶联药物的生产工艺

（一）布妥昔单抗 - 甲基奥瑞他汀 E 的理化性质及临床应用

维布妥昔单抗（brentuximab vedotin，商品名为 adcetris）是一种针对淋巴细胞膜上的 CD30 抗原的新型治疗性抗体偶联物，分子量大约为 153kDa，于 2011 年 8 月被 FDA 批准用于治疗自体干细胞移植失败后的霍奇金淋巴瘤（Hodgkin lymphoma，HL）患者或至少两种多药化疗方案失败且不适合干细胞移植的 HL 患者，以及在至少一种多药化疗方案失败后治疗全身性间变性大细胞淋巴瘤（anaplastic large cell lymphoma，ALCL）患者。布妥昔单抗（brentuximab）是一种靶向 CD30 的人鼠嵌合 IgG1 单克隆抗体（也叫 cAC10），单甲基奥瑞他汀 E（monomethyl auristatin E，MMAE）即 vedotin，是一种对人肿瘤细胞系有高毒性的强效抗微管药物，是海兔毒素 10 的全合成类似物，与其他天然或者半合成毒素分子相比价格优势明显，用于和抗体偶联的奥瑞他汀衍生物除 MMAE 外，还有一甲基奥瑞他汀 F（MMAF）。

（二）生产工艺过程

嵌合抗体 cAC10 由鼠抗 CD30 单克隆抗体 AC10 可变区和人免疫球蛋白恒定区构成，可以通过 CHO 细胞和来自人巨细胞病毒的主要中间体早期基因启动子元件联用的表达系统表达。维布妥昔单抗是通过抗体分子的链间二硫键和可切割的缬氨酸 - 瓜氨酸连接子将布妥昔单抗与 MMAE 偶联构成，这种缬氨酸 - 瓜氨酸接头在血浆中高度稳定，在 ADC 被靶细胞内化后又能被细胞内溶酶体酶快速有效切割，能降低毒副反应并且提高疗效。Seattle Genetic 公司采用马来亚酰胺为代表的半胱氨酸连接工艺来生产布妥昔单抗 - 甲基奥瑞他汀 E 偶联药物，加入的还原剂如 DTT 或 TCEP 的化学计量可以控制自由巯基生成的数量，自由巯基基团可以连接到选取的药物 - 连接子分子链上。工艺流程图如图 16-9。

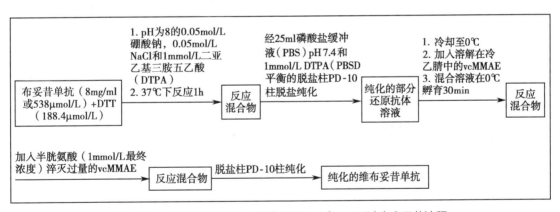

图 16-9 维布妥昔单抗 - 甲基奥瑞他汀 E（MMAE）生产工艺流程

1. 抗体的部分还原 布妥昔单抗在有限浓度的 DTT 下被部分还原：cAC10（8mg/ml 或 538μmol/L）与 3.5mol 的二硫苏糖醇（DTT，188.4μmol/L），在 pH 为 8 的 0.05mol/L 硼酸钠，0.05mol/L NaCl 和 1mmol/L 二亚乙基三胺五乙酸（DTPA）中，37℃下反应 1 小时。其反应原理是 DTT 作为一种很强的小分子有机还原剂，能还原二硫键形成巯基。反应结束后混合物可以通过柱色谱、透析或渗滤进行处理，如在脱盐柱 PD-10 柱上脱盐纯化还原后的抗体。PD-10 柱事先用 25ml 磷酸盐缓冲液（PBS，pH 7.4）和 1mmol/L DTPA 平衡。将 1ml 上述部

分还原抗体混合溶液加到柱上，用 1.8ml PBSD 洗涤柱子，再用 1.4ml PBSD 洗脱柱子。使用 1.0mg/ml 溶液在 280nm 处吸光度值为 1.58 来定量蛋白质浓度，使用 150 000g/mol 的分子量来确定摩尔浓度。通过 5，5′- 二硫 - 双 -(2- 硝基苯甲酸)(DTNB)滴定来确定产生的抗体 - 半胱氨酸硫醇的浓度。

2. 还原的抗体与药物偶联　使经部分还原后的布妥昔单抗(抗体最终浓度为 30μmol/L，抗体 - 半胱硫醇最终浓度为 120μmol/L)先冷却至 0℃，将 vcMMAE(缬氨酸 - 瓜氨酸连接子 -MMAE 药物)溶解在冷乙腈中并与抗体溶液快速混合，最终乙腈浓度为 20%，最终药物浓度为 135~150μmol/L(4.5~5mol，比抗体 - 半胱氨酸硫醇略过量)，使混合溶液在 0℃ 孵育 30 分钟，利用自由巯基与马来酰亚胺发生反应的原理，部分还原的抗体 - 半胱氨酸硫醇上的自由巯基基团与缬氨酸 - 瓜氨酸连接子 -MMAE 药物连接，最终产生布妥昔单抗。反应混合物中过量的 vcMMAE 用半胱氨酸(1mmol/L 最终浓度)淬灭，形成的抗体药物偶联物可以通过柱色谱、透析或渗滤进行纯化，如可使用脱盐柱 PD-10 柱来纯化。

(三)产品质量控制

1. 质控要点

(1)平均药物抗体偶联比(DAR)：通过疏水相互作用色谱 - 高效色谱法(HIC-HPLC)检测维布妥昔单抗的 DAR，HIC-HPLC 色谱柱将不同药载量的维布妥昔单抗进行分离，根据峰面积百分比和 DAR 加权计算平均的 DAR。或可通过反相色谱 - 串联质谱 - 紫外检测进行检测，反相色谱实现不同药载量的 ADC 的分离，串联质谱对各个色谱峰进行定性，紫外检测进行定量，由此计算出平均的 DAR 值。

(2)大小异质性分析：毛细管电泳检测法具有检测速度快、分辨率高、重现性好等优点，已成为检测单克隆抗体分子大小变异体的首选检测方法。维布妥昔单抗的大小异质性分析分为非还原性 CE-SDS 分析和还原性 CE-SDS 分析。对维布妥昔单抗进行非还原性 CE-SDS 分析，由于丢失链间二硫键，ADC 药物在 SDS 作用下解离成多种碎片组分，碎片类型与小分子药物的偶联位点相关。故在完整的蛋白水平可见明显的不完整蛋白峰，主要有 6 个峰：轻链、重链、轻链和重链、重链和重链、1 个轻链和 2 个重链和完整 ADC 药物，纯度为 6 个主峰之和。而对维布妥昔单抗进行还原性 CE-SDS 分析，图谱可见 3 个主峰：不包含小分子药物的轻链、偶联一个小分子药物的轻链和重链，纯度为轻链、轻链和重链之和。

(3)游离药物相关杂质：采用反相高效液相色谱法(reversed phase high performance liquid chromatography，RP-HPLC)进行维布妥昔单抗中游离药物相关杂质，如小分子药物、药物连接子和淬灭的药物连接子，以及未知的药物相关杂质。

2. 制剂的类型、组成和规格　市售的维布妥昔单抗是无菌、白色至类白色注射用溶液浓缩粉末，每瓶含量 50mg。

第五节　双特异性抗体药物的生产工艺

本节主要是对双特异性抗体药物的生产工艺进行论述。先对双特异性抗体药物的概念、作用机制和生产制备方法等进行概述,然后选取了一种典型的双特异性抗体药物-博纳吐单抗(blinatumomab),对其生产工艺进行论述。

一、双特异性抗体药物概述

双特异性抗体(bispecific antibody,BsAb)是指将两种抗体的抗原结合位点结合在一个分子里形成的特异性抗体,能同时结合两种不同抗原。这种双特异性抗体是一种人工合成抗体,只能通过基因工程、细胞融合和化学工程等技术合成。利用基因工程技术能比较容易地进行抗体结构的改造,设计和生产出多种形式的双特异性抗体分子。通常双特异性抗体分为全长双特异性抗体(IgG 样)和非全长双特异性抗体(非 IgG 样)。全长双特异性抗体通常保留传统的单克隆抗体的结构,即由两个 Fab 臂和一个 Fc 区组成,这两个 Fab 臂结合不同抗原。非全长双特异性抗体包括化学连接的 Fab 臂,缺乏 Fc 区,化学连接的 Fab 仅由 Fab 区以及各种类型的二价和三价单链可变片段(scFv)组成。然而,缺乏 Fc 片段会使得体内半衰期显著变短,必须通过引入人血清白蛋白(HSA)或 Fc 融合伴侣来补偿以获得最佳生物活性。

(一)双特异性抗体的作用机制

双特异性抗体由两个不同的结合结构域组成,能结合两种不同抗原或者相同抗原上的不同表位。根据双特异性抗体两条抗原臂结合的目标不同,双特异性抗体主要有四种作用机制。

1. 连接不同细胞类型 双特异性抗体可以充当免疫细胞和肿瘤细胞之间的连接器,一个臂与免疫细胞结合,另一个臂与肿瘤细胞结合,可以激活免疫细胞,重定向免疫细胞的细胞毒活性以消除肿瘤细胞。具体举例有卡妥索(catumaxomab)和博纳吐(blinatumomab)。

2. 桥连受体分子产生信号抑制 BsAb 的另一个重要作用机制是同时结合两个不同受体分子,产生肿瘤中不同的信号抑制来阻止肿瘤的发生发展。这种 BsAb 的靶标包括肿瘤表面受体、炎症相关因子、血管生成相关因子如 VEGF-A 和 Ang-2,以及死亡受体(DR)等。据研究,这种桥连受体分子的 BsAb 能在体内外试验取得良好效果,而它们的亲本单克隆特异性抗体则可能不具有这种效果。

3. 靶向同一抗原上的两个表位 双互补位双抗。这种双互补 BsAb 是通过靶向细胞上同一抗原上的两个不同表位并充当交联剂,导致抗原聚集。例如,一种抗 Her2 的 BsAb ZW25,与 Her2 有很高的结合亲和力,能将 Her2 与细胞表面隔离以抑制 Her2 介导的信号传导,且其 Fc 区被设计成更能有效引发效应子功能。在晚期胃食管癌和乳腺癌患者的临床试验中,这种 BsAb 分子被证明比赫赛汀更有效。

4. 酶模拟物 双特异性抗体的另一作用机制是充当酶级联中的链接并激活酶。这种 BsAb 的一个突出例子是 emicizumab(Hemlibra®),是由罗氏开发的用于血友病治疗的首个双特异性抗体,在 2017 年 11 月获 FDA 批准用于存在Ⅷ因子抑制物的 A 型血友病的成人和儿童患者的常规预防。emicizumab 能以微摩尔亲和力同时结合到因子Ⅸa 和因子 X,桥连激活因子Ⅸa 和因子 X,从而恢复因子Ⅷ的功能,有效抑制血友病 A 患者的出血。

(二)双特异性抗体的生产制备方法

双特异性抗体具有与天然抗体相似的结构特征,又有自身独特的结构特征。相似的是,

BsAb 与天然抗体一样由两条轻链和两条重链组成,呈"Y"字形。而其自身独特的结构特征在于,两条轻链和两条重链不相同,故拥有两种不同的 Fab 结构域和 Fc 结构域。目前已开发出多种生产双特异性抗体的方法,主要包括体细胞杂交、化学偶联法和基因工程生产重组双特异性抗体分子。

化学偶联法是最早用于制备双特异性抗体的方法。化学偶联法生产双特异性抗体分子主要有两种生产方式:①将两种单抗或其衍生物直接偶联形成;②先通过理化方式将两种单抗解离成游离的轻链或重链,再将这些游离的轻链或重链结合形成双特异性抗体分子。

基因工程技术是目前生产双特异性抗体分子最主要的技术手段。基因工程可以使用来自人源化或者全人源化抗体的 DNA,产生人源化或者全人源化的重组抗体,与由鼠源单抗制成的双特异性抗体相比,大大降低免疫原性。而且可以产生多种形式的重组抗体,比如缺乏 Fc 区的重组抗体形式。Micromet 公司的双特异性抗体制备技术平台 BiTE(双特异性 T 细胞结合蛋白)技术就是利用了基因工程技术,通过一个甘氨酸 - 丝氨酸连接来串联可结合 T 细胞的 scFv 和可结合肿瘤抗原的 scFv,限制了轻链和重链的随机结合。Micromet 利用这一技术平台生产的用于治疗白血病的博纳吐单抗在 2014 年被 FDA 批准上市。

(三)双特异性抗体的发展

自 20 世纪 80 年代,双特异性抗体首次应用于肿瘤治疗后,凭借着其独特的作用机制和"1+1>2"的显著治疗效果,双特异性抗体迅速成为学界研究的焦点。作为一种新的靶向蛋白质的药物,目前双特异性抗体已被探索了应用于肿瘤免疫治疗和药物递送等领域。基于其结构特点,双特异性抗体相比单克隆抗体有更多功能和优势。在功能方面,双特异性抗体可以重新靶向缺乏 Fc 受体的效应细胞实现重靶向;诱导不同受体的交联和激活;介导跨膜转运或通过血脑屏障的转运;还被开发和探索旨在调节不同病理因素和途径的双重靶向策略,即用一种药靶向多种疾病调节分子,例如通过靶向和癌症和炎症疾病相关的受体或可溶性因子。在具有的更多优势方面,双特异性抗体不仅能减少药物开发和临床试验成本,而且相比于多种单抗联合使用,双特异性抗体治疗效果更好,副作用更小,这就是所谓的"1+1>2"的效果。因此,双特异性抗体也被誉为"下一代抗体",成为目前国内外临床开发的热点。

二、博纳吐单抗的生产工艺

(一)博纳吐单抗的理化性质及临床应用

博纳吐单抗(blinatumomab,商品名为 blincyto)是一种由两个 scFv 组成的、不含 Fc 片段的大小仅为 55kDa 的双特异性抗体分子,共有 504 个氨基酸,由 Micromet 公司通过 BiTE 技术平台制备,于 2014 年被 FDA 批准上市,用于治疗复发 / 难治性急性淋巴细胞白血病(ALL)。其作用机制是同时靶向结合肿瘤细胞表面的 CD19 抗原和 T 细胞表面的 CD3 抗原,将 CD3 和 CD19 连接,介导 T 细胞和肿瘤细胞间突触的形成,激活内源性 T 细胞,促进炎性细胞因子的释放和 T 细胞的增殖等,从而杀死肿瘤细胞。博纳吐单抗适用于费城染色体 - 阴性复发或难治性 B 细胞前体急性淋巴母细胞白血病(ALL)的治疗,这个适应证是在加速批准下被批准的。

（二）生产工艺过程

博纳吐单抗通过基因工程重组技术获得,利用已开发的产生重组双特异性单链抗体的真核表达系统,在 CHO 细胞中表达产生重组双特异性 CD19×CD3 单链抗体,通过 Ni-NTA 层析柱从培养上清液中纯化完整的功能性抗体,通过阳离子交换层析、钴螯合亲和层析和凝胶过滤等进一步纯化博纳吐单抗。主要工艺流程图如图 16-10。

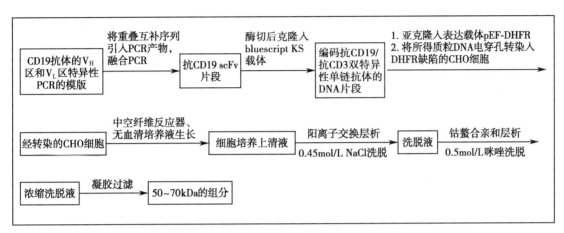

图 16-10　博纳吐单抗的生产工艺流程

1. 双特异性单链片段的构建和真核表达　为获得抗 CD19 的 scFv 片段,分别使用寡核苷酸引物对 5′VLB5RRV/3′VLGS15 和 5′VHGS15/3′VHBspE1 将对应的 V_L 和 V_H 区克隆入不同质粒载体,作为 V_L 和 V_H 特异性 PCR 的模板。将重叠互补序列引入 PCR 产物,在随后的融合 PCR 中联合形成 15 氨基酸(Gly_4Ser_1)$_3$ 接头的编码序列。将获得的抗 CD19 scFv 片段酶切后克隆入 bluescript KS 载体,该载体含有抗 17-1A/ 抗 CD3 双特异性单链抗体的编码序列与 N 末端 FLAG 一尾,或该序列的不具有 FLAG/ 表位的修饰形式,从而分别用抗 CD19 特异性替换了抗 17-1A 特异性,和保存了连接 C 末端抗 CD3 scFv 片段的 5 个氨基酸的(Gly_4Ser_1)$_1$ 接头。然后将编码抗 CD19/ 抗 CD3 双特异性单链抗体(具有排列为 $V_{L\ CD19}$-$V_{H\ CD19}$-$V_{H\ CD3}$-$V_{L\ CD3}$ 的功能域)的两种形式的 DNA 片段用 EcoR1/Sa11 亚克隆入表达载体 pEF-DHFR 中。用电穿孔将所得质粒 DNA 转染入 DHFR 缺陷的 CHO 细胞。

2. 反应器培养工艺　使细胞在中空纤维反应器的无血清培养液中生长。

3. 博纳吐单抗的纯化　在 CHO 细胞中产生博纳吐单抗,收集 500ml 细胞培养上清液,通过 0.2μm 滤膜无菌过滤。将上清液与 2 倍体积缓冲液合并,以 20ml/min 流速通过 SP Sepharose Fast Flow 阳离子交换层析柱,洗脱液再以 2ml/min 流速通过钴螯合亲和层析柱,之后浓缩洗脱液以 0.75ml/min 流速加到 High Load Superdex 200 柱上进行凝胶过滤纯化。在含有博纳吐单抗的凝胶过滤组分中添加 5% 人血清白蛋白后用 0.1μm 滤膜无菌过滤,然后用 12% 凝胶进行 SDS-PAGE 分析纯度。

（三）产品质量控制

市售的博纳吐单抗是无菌、不含防腐剂的白色至米白色注射用冻干粉,每小瓶含量为 35μg。

ER16-6　目标测试题

（万国辉）

参考文献

［1］FLORIAN R，GORDANA W K. Learning Materials in Biosciences. Switzerland：Springer Nature Switzerland AG，2021.

［2］高向东. 生物制药工艺学. 5 版. 北京：中国医药科技出版社，2019.

［3］王军志. 生物技术药物研究开发和质量控制. 3 版. 北京：科学出版社，2022.

［4］夏焕章. 生物制药工艺学. 2 版. 北京：人民卫生出版社，2016.

［5］冯仁青. 现代抗体技术及其应用. 2 版. 北京：北京大学出版社，2020.

［6］沈关心. 微生物学与免疫学. 8 版. 北京：人民卫生出版社，2016.

第十七章　基因药物生产工艺

第一节　概述

一、基因药物的分类

（一）基因药物的概念

基因药物通常由含有工程化基因构建体的载体或递送系统组成，其活性成分可为 DNA 或 RNA。通过将外源基因导入靶细胞或组织，替代、补偿、阻断、修正特定基因，以达到治疗疾病的目的。

（二）基因药物的分类

根据活性成分的不同，基因药物可以分为 DNA 药物和 RNA 药物。

与常规的药物/治疗方案相比，DNA 药物能从源头上解决疾病的发生，故而在一些目前无法治疗或疗效不佳的疾病上有明显优势，如血友病。在安全性上，与传统的药物治疗相比，DNA 药物治疗仍属于新兴技术，人们对基因和疾病的认知还有很多盲区，且 DNA 更改后通常难以逆转，潜在风险较大。

RNA 药物可在蛋白表达水平的调节过程中发挥作用。与必须穿过细胞质和核膜并冒着整合到宿主基因组风险的 DNA 药物不同，RNA 药物可以通过到达宿主细胞质的生物机制来发挥作用，并且没有潜在的基因组整合风险。但是由于 RNA 本质上是不稳定的，需要递送载体来保护药物免受 RNA 酶降解，同时 RNA 药物储存运输条件较 DNA 药物更为苛刻。2020 年 12 月，辉瑞生物技术公司和 Moderna 公司的 mRNA 的疫苗获得批准，用于预防病毒感染。

按递送载体分类，基因药物可以分为病毒载体类基因药物和非病毒载体类基因药物。

根据临床实践中给药方式的不同，基因治疗可分为"体内"治疗和"离体"治疗两大类。"体内"基因治疗指直接把递送载体注入患者体内，递送载体进入靶细胞后释放携带的生物序列实现疾病的治疗。"离体"基因治疗指在体外将递送载体导入自体或异体细胞，体外培养扩增后回输到患者体内，实现疾病的治疗。

二、基因药物递送载体

天然的病毒对人体细胞有很强的感染性，能把病毒自身的基因组导入到人体细胞中，但同时也具有较强的致病性。为了保证以病毒为递送载体的基因药物的安全性，需要对病毒进行改造，包括但不限于删除病毒毒力、致病性或复制能力相关的基因。目前临床上基因治疗使用较多的病毒载体主要是慢病毒、腺相关病毒（adeno-associated virus，AAV）、腺病毒和单纯疱疹病毒（表17-1）。

表 17-1　基因药物的常用病毒载体参数对比

参数	逆转录病毒	腺相关病毒	腺病毒	疱疹病毒载体
病毒基因组	单链 RNA	单链 DNA	双链 DNA	双链 DNA
病毒直径	80~130nm	18~26nm	70~90nm	150~200nm
基因组大小	3~8kb	5kb	38~39kb	150~200kb
感染细胞种类	分裂细胞	分裂细胞和非分裂细胞	分裂细胞和非分裂细胞	分裂细胞和非分裂细胞
是否整合到宿主基因组	整合	非整合	非整合	非整合
携带目的基因的容量	8kb	4.5kb	7.5kb	>30kb

1. 慢病毒载体　慢病毒载体（lentiviral vectors，LV）是以人类免疫缺陷病毒（HIV-1）为基础改造获得的基因治疗载体。通过去除致病基因，同时减少辅助质粒与载体质粒的同源性，使慢病毒具有了滴度更高、生物安全性更好、导入外源片段的能力更强等特性。相比于其他病毒载体，慢病毒载体可以将外源基因整合到宿主 DNA 中，不随细胞分裂而丢失，可实现基因长时间稳定表达。临床上，慢病毒常用于离体基因治疗，比如 CAR-T 细胞疗法。2021 年 6 月，我国国家药品监督管理局（NMPA）批准了复星凯特 CAR-T 细胞治疗产品阿基伦赛注射液（axicabtagene ciloleucel），用于治疗既往接受二线或以上系统性治疗后复发或难治性大 B 细胞淋巴瘤成人患者。

2. 腺相关病毒载体　腺相关病毒最早发现于 20 世纪 60 年代，是一种单链 DNA 病毒，其基因组大小约为 4.7kb。相比于其他病毒载体，腺相关病毒免疫原性低，具有感染力强、安全性强、宿主范围广、在体内表达时间长、低基因组整合性等优点，已成为体内基因治疗的主要病毒载体。然而腺相关病毒载体外源基因负载量较小，限制了该载体的应用范围。此外，50% 的人体内都可能含有不同程度识别腺相关病毒衣壳蛋白的中和抗体，这种广泛存在于循环系统的抗体有可能降低递送效率，特别是经过系统注射的腺相关病毒感染效率。2018 年 11 月，欧盟委员会已批准诺华基于腺相关病毒的基因药物 luxturna（voretigene neparvovec），用于治疗因双拷贝 RPE65 基因突变所致视力丧失但保留有足够数量的存活视网膜细胞的儿童和成人患者，以恢复和改善视力。

3. 腺病毒载体　腺病毒是一种双链无包膜 DNA 病毒，其基因组长度约为 36kb。可通过受体介导的内吞作用进入细胞，而后腺病毒基因组转移至细胞核内，游离于染色体外，但不整合进入宿主细胞基因组。相比于其他病毒载体，腺病毒具有更高的转导效率，对分裂型和非分裂型细胞均有感染作用；此外，腺病毒载体具有更高的外源基因负载量，在其他载体的容量都不及预期的情况下，腺病毒载体将是很好的选择。腺病毒载体在体内产生的基因表达时间较短，目前多用于开发针对肿瘤的溶瘤病毒类基因药物和针对传染病的腺病毒载体疫苗。与腺相关病毒载体类似，大多数人体内都可能含有一定量的识别人腺病毒的中和抗体，限制了该病毒的使用范围。2005 年 4 月，国家食品药品监督管理局批准重组人 5 型腺病毒安柯瑞上市，主要用于治疗晚期鼻咽癌。

4. 非毒载体 现有常用的病毒载体都存在一定程度的病毒毒性、免疫原性等潜在安全风险。近年来,尝试利用非病毒载体的方式将目的基因运送至患者细胞中。目前临床上非病毒载体以脂质体法、纳米颗粒等为代表。与病毒载体相比,非病毒载体具有低细胞毒性、弱免疫原性的优势;同时,非病毒载体的生产流程比病毒载体更标准化,更容易大批量生产。然而,非病毒载体比较大的弊端是低转染效率,即利用非病毒载体把目的基因导入细胞要做到和病毒载体一样高效仍比较困难。此外,现有的非病毒载体可转染的细胞类型有限,广谱性不如病毒载体。目前非病毒载体技术还在不断优化中,待技术进一步成熟以后,其应用范围也有望得到扩大。除脂质体法、纳米颗粒外,基因治疗的另一类非病毒载体是外泌体。外泌体是细胞中自然形成的包膜小泡,对细胞的许多过程都很重要,包括遗传物质的运输。外泌体已被用于治疗软骨损伤和骨关节炎、癌症、心血管疾病等多个基因治疗实验。

三、基因药物的应用

基因治疗经历了从科学突破到临床成熟,以及商业化的演进。截至 2020 年 7 月,基因治疗领域已经批准了 16 个产品,探索基因治疗的临床研究数量在全球范围内急剧增加,全球 17 个临床试验数据库报告了 2 016 项基因治疗临床研究。基因治疗临床试验覆盖的主要疾病类别包括癌症(1 373 项临床试验,占 65.2%)、遗传疾病(434 项临床试验,占 20.6%)、感染性疾病(82 项临床试验,占 3.9%)、心血管疾病(105 项临床试验,占 5.0%)和其他疾病(112 项临床试验,5.3%)。迄今为止,肿瘤疾病仍然是开发新治疗方法的主要疾病类型,遗传性疾病(如地中海贫血、眼部疾病、血友病、囊性纤维化和镰状细胞病)构成了基因治疗研究中第二大靶向疾病类别。从临床试验阶段来看,多数临床试验依然处于临床 1 期和 2 期阶段。表 17-2 列出了部分已获得监管机构批准的基因药物及其应用。

表 17-2 部分获批基因治疗药物及适应证

商品名称	通用名	适应症	获批年份	公司	递送载体
今又生	重组人 p53 腺病毒注射液	鼻咽癌	2003 国	赛百诺	腺病毒
安柯瑞	重组人 5 型腺病毒注射液	鼻咽癌	2005 国	三维生物	腺病毒
Glybera	Alipogene Tiparvovec	脂蛋白脂酶缺乏症	2012 国（已退市）	uniQure	腺相关病毒
Imlygic	Talimogene laherparepvec	黑色素瘤	2015 国	Amgen	1 型单纯疱疹病毒
luxturna	voretigene neparvovec	遗传性视网膜疾病	2017 国	Spark	腺相关病毒
onpattro	patisiran	遗传性转甲状腺素蛋白淀粉样变性	2018 国	Onpattro	脂质体
zolgensma	onasemnogene abeparvovec-xioi	脊髓型肌萎缩症	2019 国	Avexis	腺相关病毒
奕凯达	阿基伦赛注射液 axicabtagene ciloleucel	二线或以上系统性治疗后复发或难治性大 B 细胞淋巴瘤	2021 国	复星凯特	慢病毒

第二节 非复制型病毒载体类药物生产工艺

一、腺相关病毒基因药物生产工艺

（一）腺相关病毒的结构及生物学特性

腺相关病毒隶属细小病毒科，依赖另一种病毒进行复制，由直径约 26nm 的正二十面体蛋白衣壳和长约 4.7kb 的线性单链 DNA 基因组组成，无包膜。基因组分为复制区（*Rep*）和衣壳（*Cap*）编码区，两端都有约 145bp 的反向重复序列。复制区参与病毒的复制和整合，衣壳区编码的三种蛋白 VP1、VP2、VP3 构成了病毒的衣壳，比例约为 1∶1∶10。反向重复序列对于病毒的复制和包装有决定性作用。

腺相关病毒在人类和其他灵长类中非常普遍，目前已知有 12 种血清型自人类细胞中被发现，上百种血清型自其他灵长类细胞中被发现，不同血清型对人体不同组织的靶向性和感染效率存在很大的差异。为提升腺相关病毒在临床研究中的效率，通过衣壳定向改造、表面偶联和封装，对其进行工程化设计，解决腺相关病毒的局限性，拓展其治疗潜力。

（二）重组腺相关病毒载体药物的上游生产工艺

重组腺相关病毒药物的生产工艺包括上游的转染和细胞培养工艺、下游的分离纯化工艺。上游工艺系统一般包括两侧含反向重复序列的目的基因序列、病毒骨架（复制区和衣壳编码序列）、辅助病毒、生产细胞。对于大多数血清型重组腺相关病毒载体，来自腺相关病毒 2 型的反向重复序列和复制基因可以保持不变，而来自不同血清型的衣壳基因用于衍生"假病毒"载体。迄今为止，已经建立了四种用于大规模生产重组腺相关病毒载体的转染方法：①三质粒共转染法；②腺病毒辅助法；③杆状病毒感染昆虫细胞法；④单纯疱疹病毒辅助法。其中三质粒共转染法是最早也是目前应用最广的临床级重组腺相关病毒生产方法。

1. 三质粒共转染与哺乳动物细胞培养　传统三质粒共转染方法是含反向重复序列的目的基因质粒、Rep 和 Cap 表达质粒、Ad5 基因（VA RNA、E2A 和 E4OEF6）三个质粒以相同比例，使用磷酸钙或聚乙烯亚胺共转染已稳定整合腺病毒 *E1a/b* 基因的 HEK293 生产细胞。

原始的 HEK293 在含胎牛血清的培养基中贴壁生长，采用滚瓶或细胞工厂的方法进行放大，占场地且劳动量大。

目前普遍采用的方法是使 HEK293 适应悬浮培养，不需要贴附的表面而大大提高细胞的密度，同时悬浮细胞使用的无血清培养基完全化学限定成分，既安全稳定也可简化下游纯化工艺。符合临床药品生产质量要求的 HEK293 细胞逐步适应无动物源成分、无抗生素的化学限定成分培养基，并可在摇瓶、摇摆式生物反应器、搅拌式生物反应器中扩增培养。三质粒共转染后，细胞裂解液中的重组腺病毒产量一般可达 10^5vg（virus genome，简称 vg，病毒基因组）/细胞或 10^{14}vg/L。

上游关键生产参数包括培养基筛选、转染试剂筛选、转染时间、转染时细胞密度、三质粒比例、质粒与转染试剂比例、培养时间、病毒收获等（图 17-1）。

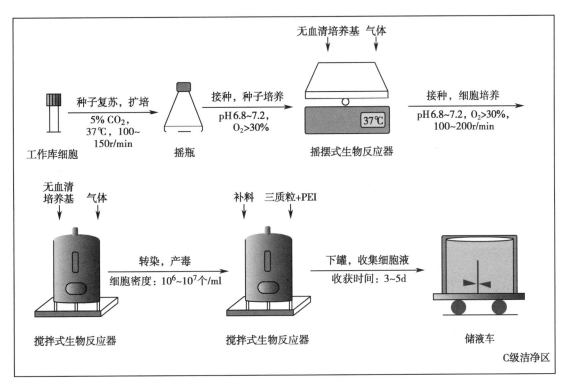

图 17-1　重组腺相关病毒生产上游流程

三质粒共转染方法的优势包括：高产量质粒制造工艺成熟，成本较低；可在短时间内生产不同血清型腺病毒相关载体；优化工艺后病毒产量高（ >10^5 vg/ 细胞）。

2. 腺病毒辅助法与哺乳动物细胞培养　该方法主要是将腺相关病毒 *Rep* 和 *Cap* 基因及重组腺相关病毒基因组整合到生产细胞（一般为 Hela 或 HEK293 细胞）基因组中，构建稳转细胞系。而后感染腺病毒辅助病毒，制备重组腺相关病毒载体药物。

该方法的缺点是，*Rep* 基因稳定整合对工程细胞的增殖具有抑制作用，需要进行单克隆的筛选；需要针对每一种血清型或外源基因构建稳转细胞系，周期长；使用 Ad5 辅助病毒，后续纯化步骤需去除。

3. 杆状病毒感染昆虫细胞培养　该方法是将重组腺相关病毒制备的各项基因构建到杆状病毒载体上，再将杆状病毒共感染 SF9 昆虫细胞，表达制备重组腺相关病毒。该方法最初在 2002 年首次成功，然而 *Rep52* 和 *Rep78* 基因的排列方式使得二级核苷酸结构不稳定，出现 *Rep* 基因的缺失。通过改构 VP1 序列或引入昆虫细胞 polh 启动子等方法，杆状病毒的基因组稳定性及滴度显著增加。目前最常采用的方法是将 *Rep* 和 *Cap* 基因插入 SF9 细胞，构建稳转细胞系。仅需感染一个携带目的基因的杆状病毒即可实现重组腺相关病毒的生产，滴度至少提高 10 倍。

该方法的缺点是杆状病毒基因组稳定性差，传代次数受限；需要制备杆状病毒毒种库，周期长；下游工艺中杆状病毒需清除和灭活。其优点是产量高、成本低，且容易放大规模，目前该方法已被越来越多的企业采用。

4. 单纯疱疹病毒辅助法与哺乳动物细胞培养　该方法是使用 1 型单纯疱疹病毒（HSV-1）辅助野生型腺相关病毒的复制和组装，最早使用两个分别携带重组腺相关病毒的基因组表达框和 *Rep-Cap* 表达框的重组 HSV，共感染 HEK293 或 BHK 细胞。

目前已实现可在摇摆式生物反应器中利用悬浮的 BHK 细胞生产 100L 以上的规模,产量可达 10^5vg/ 细胞。该方法的优点是重组腺相关病毒活性更高,空壳病毒率更低。缺点是需要制备病毒库,周期长,且纯化步骤中需去除 HSV。

(三)重组腺相关病毒载体药物的纯化工艺

重组腺相关病毒临床使用的成功很大程度上依赖下游纯化步骤,最终形成高滴度、高活性和高纯度的药品。纯化方法的选择要确保最高的回收率和工艺一致性,并且可以适应未来商业化大规模的制备。纯化过程至少包括五种主要操作:细胞破碎释放病毒、酶处理、澄清、浓缩置换、层析(图 17-2)。

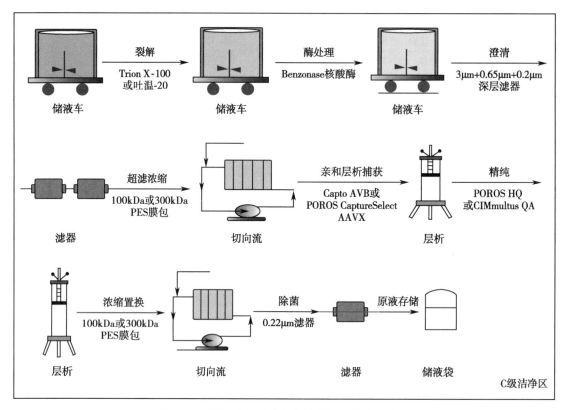

图 17-2　重组腺相关病毒载体药物下游纯化流程

1. **细胞裂解**　通过化学裂解(如去污剂或高渗透压溶液)或物理裂解(如反复冻融、超声破碎),破碎细胞。物理裂解法在实验室规模上常见且有效,但这些方法需配备专门的设备,且无法有效放大规模,因此在大规模实际生产中,常采用化学裂解方式。Triton X-100 被证实可有效裂解细胞且价格低廉,但 Triton X-100 的降解产物会对环境造成影响,因此被欧盟列入化学品注册、评估、授权和限制禁用清单。因此正在探索替代物,如吐温 -20、酸性缓冲液或高盐溶液。

2. **酶消化去除核酸**　细胞裂解后,通常进行酶处理将核酸降解成更小的片段,得到的溶液更均匀、黏度更低,可以实现更高的过滤性。benzonase 核酸酶在工业中广泛使用,据报道 50~100U/ml 的浓度,在低浓度 Mg^{2+}(1~2mmol/L)存在下,37℃作用 30 分钟(或室温作用 2~4 小时)即可降解粗料液中大部分核酸物质。

3. **澄清**　虽然离心和膜过滤都可以在实验室规模下去除大的碎片物质,但使用一次性的深层过滤是 50~2 000L 规模溶液澄清的首选方案。深层过滤器有多种孔径范围，一般工艺选择将 2~3 种不同的孔径组合使用（如 3μm+0.65μm+0.2μm），以避免单纯小孔径过滤引起堵塞。同时深层滤器的材质、过滤前料液的组分会对蛋白吸附产生影响，需通过实验筛选到重组腺病毒载体吸附最少的滤器类型。深层过滤器的容量可超过 200L/m²，回收率超过 75%，且轻松将工艺扩展到制造规模。

4．浓缩置换　使用中控纤维或膜包的切向流可用于在澄清和层析后浓缩样品体积。如果需要更换缓冲液，则需要将替换的缓冲液进行 5 倍以上体积的循环置换。100kDa 或300kDa 的聚乙基硫酸酯膜的切向流可将体积减小至原来的 5%~20%，回收率一般可高达90% 以上。

5．层析分离　对于重组腺相关病毒，亲和层析、离子交换层析和疏水层析均可用于第一步的捕获。亲和层析依赖于重组腺相关病毒衣壳的特定区域与独特的亲和配体的结合，离子交换层析依赖于静电相互作用的差异，疏水层析依赖于重组腺相关病毒衣壳与杂质之间疏水性的差异。第一个商业化重组腺相关病毒亲和层析填料是 AVB Sepharose High Performance（Cytiva），所选抗体片段对血清型 1 型、2 型、3 型和 5 型的腺相关病毒表现出高亲和力。而后开发的 Capto AVB 具有更高的耐压性。POROS™ CaptureSelect™AAVX 是基于腺相关病毒衣壳高度保守的表位开发的，与大多数血清型腺相关病毒均有较高的亲和力，有潜力成为各种血清型腺相关病毒的平台树脂。典型的 POROS™ CaptureSelect™AAVX 结合条件为 PBS 或10~50mmol/L Tris-HCl（pH 7~8），上样流速 150~450cm/h，洗脱条件为 pH 2~3 的酸性缓冲液如柠檬酸、磷酸、乙酸钠等。

精纯层析旨在减少捕获后仍残留的大部分杂质，如宿主蛋白质、宿主核酸、浸出的亲和配体，以及产品相关杂质，如聚集体、不完整病毒等。在重组腺相关病毒生产中最大的挑战是去除空壳病毒，即不含基因组的空衣壳。CsCl 或碘克沙醇的梯度离心可有效去除空壳重组腺相关病毒，但无法放大规模。工业生产上去除空壳病毒的最有效的方法是阴离子交换层析，如POROS™ HQ 和 Q Sepharose™ XL 能用醋酸铵缓冲系统在 pH 8.5 和 pH 9.0 条件下，分离重组腺相关病毒 2 型空壳病毒，空壳病毒率低于 20%。膜层析介质 Mustang S 和 Mustang Q 及整体柱 CIMmultus™ QA 也都表现出较好的重组腺相关病毒 8 型空壳分离。

（四）腺相关病毒载体药物质量控制要点

不同生产工艺产生不同的杂质，对重组腺相关病毒产品进行放行检测，主要包括目的基因和外壳蛋白的鉴别、含量和滴度、活力、纯度和杂质、安全性等，按照《中国药典》（现行版）中所示方法对质量进行检定。

二、重组慢病毒载体药物生产工艺

慢病毒载体是治疗单基因疾病和过继细胞治疗的主要载体，它可以转染分裂和非分裂细胞，如神经元、造血干细胞和免疫系统细胞，尤其是 T 细胞，具有可较大容纳外源基因片段、可长期稳定表达等优点。

（一）慢病毒的结构及生物学特性

慢病毒隶属逆转录病毒科,包括 8 种能够感染人和脊椎动物的病毒,原发感染的细胞以淋巴细胞和巨噬细胞为主。基因治疗中常用的慢病毒载体以人类免疫缺陷 I 型病毒(HIV-1)为基础改造而来,颗粒为球形,由类脂包膜和二十面体的蛋白衣壳组成,直径约为 100nm。其基因组由两条正链的 RNA 组成,长度约为 9kb,两端是长末端重复序列,其编码蛋白的序列由 9 个基因组成。

慢病毒的 9 个基因按照编码蛋白的重要性不同可分为三类:①3 个蛋白结构基因,*gag* 基因编码病毒的核心蛋白如核衣壳蛋白、内膜蛋白和衣壳蛋白,*pol* 基因编码病毒复制相关的酶,*env* 基因编码病毒包膜糖蛋白;②2 个调节蛋白基因,*rev* 主要参与蛋白表达水平的调节,*tat* 参与转录的控制,与病毒的长末端重复序列结合后促进病毒的所有基因的转录;③4 个辅助蛋白基因 *vif*、*vpr*、*vpu*、*nef*。在 HIV-1 的基因组结构上,还含有病毒生命史所需要的其他序列结构,例如病毒复制和包装等所需要的信号等。

慢病毒载体生产系统得到了极大的改进,经历了 3 代,提高了性能和生物安全性。第一代基于 HIV-1 的慢病毒载体系统将重要元件分装入 3 个质粒,一个能够反式提供病毒颗粒包装所需蛋白,一个含有目的基因,一个编码来自水泡性口炎病毒的异源病毒糖蛋白 G(VSV-G)。该系统可以获得较高滴度的病毒颗粒,但重复病毒序列之间的同源重组易产生复制型病毒,导致较高的生物安全风险。第二代慢病毒载体系统保留了三质粒系统,去除辅助基因(*vif*、*vpr*、*vpu* 和 *nef*)提高了安全性,降低了复制型病毒滴度产生,但 *tat* 和 *rev* 基因仍然存在。第三代慢病毒载体系统被进一步拆分,*gag-pro-pol* 和 *rev* 基因被分离成两个独立的质粒,并通过其他启动子替换 5′UTR 的 U3 启动子区域,实现了 Tat 的非依赖性。四质粒系统提高了安全性,进一步降低重组病毒的产生概率,但产生的病毒滴度较低。第三代系统是目前最常用于研发和临床用途的系统。最近开发了名为 LTR1 的第四代慢病毒载体系统,比第三代更安全,但与第三代一样高效。

（二）重组慢病毒载体药物上游生产工艺

HEK293 细胞及其衍生的 HEK293T 细胞是制备慢病毒载体的常用细胞系,其中 HEK293T 中大 T 抗原的表达可以促进质粒的持久性表达,具有更优的生长状态、转染效率和和慢病毒载体生产能力。

1. 转染 目前慢病毒载体药物的制备方法分为质粒共转染法和稳转细胞系法,建立稳定高产的细胞系是病毒制备最理想的方案,但细胞系建立的周期长、成本高,且将慢病毒载体制备所需的所有元件整合到细胞基因组难度极大,同时某些蛋白(如 gag-pol,rev、VSV-G)对细胞有较大的毒性,因此该方法仍在研究阶段。质粒共转染法快速而简单,是目前应用最为广泛的方法,但该方法批间稳定性差,大量消耗质粒和转染试剂,成本较高。

2. 细胞扩增培养 转染后,对包装细胞的扩增培养。目前贴壁 HEK293 细胞和悬浮HEK293 细胞都可用于慢病毒的生产,不同类型细胞要优化不同的参数。

对于贴壁细胞,小批量病毒制备可使用转瓶,但不能在线监测和控制各种参数(如 pH、溶氧、代谢废物等),本质上是分批培养,人工操作量大,增加了污染的风险。大批量病毒载体药物的制备可采用微载体和固定床的培养方案,然而微载体培养的细胞易结块,且外表面的细胞阻挡了营养物质和氧气的传质及代谢物、CO_2 和病毒的释放,导致病毒载体的滴度较低。固定床反应器可以在线监测及控制载体生产的培养参数,但容易使得细胞分布不均匀,也无法进行有效转染,最终每平方厘米的产量低于转瓶。

悬浮培养提供了扩大培养的解决方案,最大限度地减少了人工操作,允许灌注培养、自动化、在线监测和控制。搅拌式生物反应器提供了慢病毒载体生产的最简单的缩小模型,该装置可囊括从几十毫升的开发规模到 10L 稍大的生产规模,甚至 1 000L 生产规模,放大遵循典型的缩放参数,如遵循体积传质系数、功率体积比和搅拌速率。典型的利用悬浮细胞生产慢病毒载体的上游工艺包括几个步骤:细胞的复苏、扩繁、转染、培养、收获病毒,基本过程与生产重组腺相关病毒载体相同。

(三)重组慢病毒载体药物下游生产工艺

慢病毒载体主要存在于细胞培养液中,纯化过程中无须裂解细胞。收集的细胞培养液中除目标载体外主要杂质包括培养基物质、质粒 DNA、宿主细胞蛋白、宿主细胞核酸、复制型病毒和无活性病毒等。纯化过程的选择基于最大限度地保存目标载体的活性,而去除有害杂质,由于慢病毒载体的稳定性较差,简化纯化步骤及缩短纯化时间是工艺的重点。典型的慢病毒纯化工艺包括 4 种操作:澄清、酶处理、层析、浓缩置换(图 17-3)。

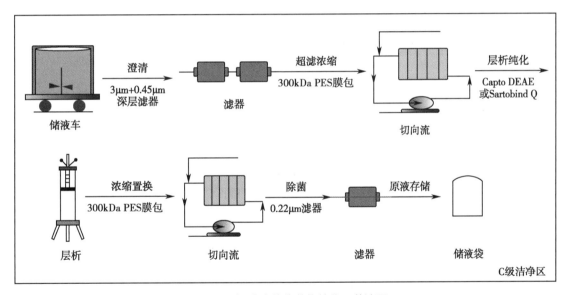

图 17-3 慢病毒载体药物纯化工艺流程

1. 澄清 澄清的主要目标是从含有慢病毒的培养基中去除细胞和细胞碎片,该步骤通常包括深层过滤、微滤和低速离心。对于大规模生产,常采用不同孔径的膜级联深层过滤,最终孔径为 0.45μm。

2. 酶处理 Benzonase 或 Denarase 的使用可使 DNA 降解成小片段,并降低溶液黏性。不同实验条件下(如酶的用量、温度、孵育时间、镁离子盐浓度、pH 和酶抑制剂的存在)所裂解的效率有较大差异。由于慢病毒载体的生产不需要裂解细胞,料液中宿主核酸量较少,有报道在不使用核酸酶的情况下也能达到纯化目的。

3. 层析 阴离子交换层析广泛应用于大规模生物分离中的捕获,可以用强或弱离子配体进行纯化,如带有弱阴离子配体的 DEAE-Sepharose、Capto™ DEAE 及 CIM Monolith DEAE 均可用于慢病毒载体的纯化,商业化的强阴离子膜层析介质 Sartobind Q 和 Mustang Q 也有用于慢病毒纯化的案例。但是慢病毒载体不稳定,暴露于 1mol/L 的 NaCl 溶液中 1 个小时后,慢病毒的生物活性损失 50%,为减少层析步骤中的损失,通常需要在洗脱后立即稀释以降低离子浓度。由于慢病毒载体料液中宿主蛋白及核酸杂质较少,一般一步层析即可达到理想的纯化效果。

4. 浓缩置换 超滤是病毒大规模浓缩和缓冲液置换的常用方法,易于扩大规模及控制生产参数。切向流介导的超滤可用于下游工艺的不同阶段,如可用于层析前料液的浓缩,减少上样时间,也可用于层析后对病毒进行浓缩及将缓冲液置换为合适的组成。慢病毒纯化的主要挑战之一是维持其生物活性,压力变化、高剪切力和气泡都会引起病毒感染性的丧失和膜包的破裂。通过实验筛选合适的膜材质和孔径,而后优化各项关键参数(包括流速、TMP、通量等)。

(四)重组慢病毒载体药物质量控制要点

为确保临床的安全性,每个批次的产品进行鉴别、含量和滴度、活力、纯度和杂质、安全性等的检验,须达到药典质量标准。

第三节　溶瘤病毒载体类基因药物生产工艺

一、溶瘤病毒载体类基因药物

(一)溶瘤病毒载体药物的作用机制

溶瘤病毒(oncolytic virus),也称为条件复制型病毒(conditionally replicating virus),可以通过不同的调控机制改造病毒,使其选择性地在肿瘤细胞复制进而裂解肿瘤细胞,同时并不影响正常细胞的生长状况。在肿瘤细胞裂解的过程中会释放肿瘤特异性抗原,进而激活机体特异性免疫反应。所以溶瘤病毒可以通过直接裂解和免疫作用两种方式杀伤肿瘤细胞。

(二)溶瘤病毒载体药物的临床应用

溶瘤病毒在临床上的应用最早可以追溯到 19 世纪末,一名患有白血病的 42 岁女子在一次疑似感染流感病毒后肿瘤忽然痊愈。1912 年,意大利医师报道了一位晚期的宫颈癌患者在注射狂犬病疫苗后病情明显缓解的案例。至 20 世纪 90 年代,重组病毒基因组改造技术的逐渐成熟,大大提高了溶瘤病毒的治疗效果,特异性和安全水平,抗肿瘤溶瘤病毒药物陆续成功上市(表 17-3)。RIGVIR 是一款 ECHO-7 病毒产品,于 2004 年在拉脱维亚被批准用于多种实体瘤的治疗。H101(商品名为安柯瑞)是一款人 5 型溶瘤腺病毒,由中国三维生物技术有限公司开发并拥有完全自主知识产权,于 2005 年在中国获批用于头颈癌的治疗。H101 删除了 5 型腺病毒 E1B-55KD 的区域,可在 *p53* 基因突变的肿瘤细胞中复制裂解肿瘤细胞,同时 H101 删除了部分 E3 区基因提高肿瘤抗原通过 DC 细胞递呈,激活 T 细胞产生全身抗肿瘤免疫的能力。2015 年,FDA 批准安进公司的溶瘤病毒 talimogene laherparepvec(T-VEC;溶瘤单纯疱疹病毒,HSV-1)用于黑色素瘤治疗;同年 12 月 T-VEC 又获得欧盟批准用于治疗未转移至骨骼、脑部、肺部或其他脏器的不可切除的Ⅲb、Ⅲc、ⅣM1a 期黑色素瘤。T-VEC 的成功极大地推动了溶瘤病毒在癌症治疗领域研发,目前大量溶瘤病毒产品处于临床开发的不同阶段,包括腺病毒、单纯疱疹病毒、痘病毒和新城疫病毒等。

表 17-3　已上市溶瘤病毒药物

商品名	病毒种类	适应证	国家	批准年份
RIGVIR	ECHO-7 病毒	黑色素瘤、肺癌、肾癌、前列腺癌、胰腺癌、结直肠癌、子宫癌、淋巴肉瘤	拉脱维亚	2004
安柯瑞	重组人 5 型腺病毒,删除 E1B-55KD	临床晚期、复发的头颈癌	中国	2005
T-VEC	1 型单纯疱疹病毒	晚期黑色素瘤	美国	2015

溶瘤病毒一般生产工艺流程主要包括三个阶段:上游生产工艺包括毒种制备与扩增、细胞培养、病毒生产和病毒收获;下游生产工艺包括 DNA 片段化、澄清、纯化和制剂;成品制备包括灌装、加塞加帽。以腺病毒和单纯疱疹病毒为例介绍溶瘤病毒的生产工艺流程和相关的质量控制方法。

二、溶瘤腺病毒药物生产工艺

腺病毒是一种大小为 70~90nm 的双链 DNA 病毒,基因组大小为 36~38kb,无包膜。以批准的腺病毒药物安柯瑞为例介绍腺病毒药物生产工艺。安柯瑞应用于对常规放疗或放疗加化疗治疗无效,并以 5-FU、顺铂化疗方案进行姑息治疗的晚期鼻咽癌患者。采用直接瘤内注射的给药方法,每日 1 次,连续 5 天,21 天为 1 个周期,最多不超过 5 个周期。

(一)安柯瑞载体结构与功能

去除人 5 型腺病毒 E1B-55KD 区域。E1B-55KD 可以降解 P53 蛋白,从而有利于病毒的复制。当 E1B-55KD 被删除后,一方面与野生型病毒相比复制能力减低,另一方面不能有效降解 P53,所以在正常细胞内不能复制。而在 P53 缺陷的肿瘤细胞内,由于 P53 的缺陷不能诱发细胞本身的应对机制,同时肿瘤细胞生长的不可控性,从而有利于改建病毒的复制。目前的观点是不仅仅 P53 本身的突变,而且只要 P53 通路的缺陷都有利于安柯瑞的选择性复制。为了进一步增强安全性,含有腺病毒致死蛋白和病毒复制增强子 E3 区 78.3~85.8μm 基因片段也被删除。安柯瑞载体结构见图 17-4。

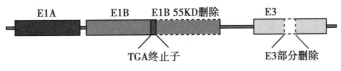

图 17-4　安柯瑞载体结构示意图

(二)溶瘤腺病毒药物上游生产工艺

溶瘤腺病毒上游生产工艺主要包括毒种制备和扩增、细胞培养、病毒生产和病毒收获（图17-5）。

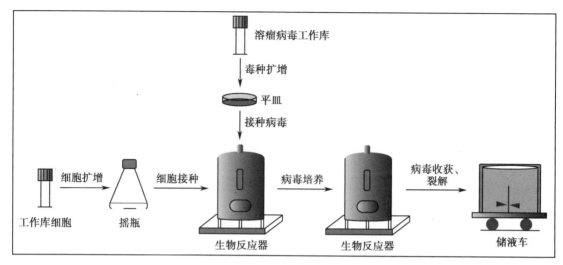

图 17-5　溶瘤腺病毒上游生产工艺流程

1. 毒种制备与扩增　重组腺病毒质粒转染 HEK293 细胞包装获取腺病毒颗粒，重组腺病毒颗粒经过 2~3 轮单克隆挑选和质控检测合格后，通过扩增和无菌分装，保存于 −80℃ 低温冰箱，作为原始种子毒株。按照《中国药典》（2020 年版）（三部）"生物制品生产检定用菌毒种管理规程"的规定，建立三级病毒种子批。原始种子毒株扩增后获得主种子批；主种子批扩增后获得工作种子批，工作种子批用于溶瘤病毒产品生产制备。按《中国药典》（2020 年版）的要求，对病毒主种子批和工作种子批进行检定，病毒滴度、病毒颗粒数符合标准，不得检出野生型腺病毒、腺相关病毒、人类免疫缺陷病毒 1 型、人乙型肝炎病毒、人丙型肝炎病毒。

2. 细胞培养　根据已有的报道腺病毒生产的细胞系主要包括贴壁培养 HEK293 细胞、悬浮培养 HEK293 细胞和悬浮培养 PerC6 细胞。1973 年通过将人 5 型腺病毒的剪切 DNA 转染至正常人类胚胎肾细胞筛选获得 HEK293 细胞，其中腺病毒的 *E1* 基因及其启动子整合在人的 19 号染色体上。HEK293 细胞为贴壁培养细胞，经过驯化已获得可以悬浮培养的细胞系。HEK293 细胞包装生产工艺十分成熟，可以包装出高滴度高稳定性的溶瘤腺病毒产物。但由于 HEK293 细胞整合了 *E1* 基因及其启动子，在病毒包装过程中会通过同源序列重组产生具有自主复制能力的腺病毒颗粒（replication competent adenovirus, RCA）。

PerC6 细胞是将由人磷酸甘油酸激酶（PGK）启动子控制的 5 型腺病毒的 E1A 和 E1B 病毒序列（腺病毒核苷酸 459-3510）整合到人胚胎视网膜细胞获得。PerC6 细胞不会与去除 E1 的腺病毒载体发生同源重组，因此利用 PerC6 细胞生产的腺病毒不会产生具有自主复制能力的腺病毒颗粒。

贴壁培养多采用含血清培养基，需要添加动物来源血清，易于获得较高的细胞密度和病毒生产滴度。但下游纯化工艺复杂，另外受到贴壁表面积的限制，工艺放大比较困难。微载体是目前常用的贴壁培养系统，该系统表面积大，溶氧传质效率高，可以在搅拌式生物反应器中大规模培养 HEK293 细胞。

悬浮培养更适用于大规模生产,采用无血清培养体系有利于下游病毒的分离纯化。目前经过驯化的 HE293 细胞已经在搅拌式生物反应器中进行无血清的大规模培养,如顺序分批培养、流加培养和罐注培养等。悬浮培养工艺优化的主要方向为:筛选改进病毒生产用细胞;研发新型的使用于悬浮培养的高活性无血清培养基;提高生物反应系统性能优化培养条件。

3. 病毒生产　工作病毒株以一定的感染复数(multiplicity of infection,MOI)在生物反应器内感染细胞。如果影响感染过程,就会影响病毒产量与比活。影响因素包括感染复数、细胞密度、更新培养基、温度、pH、CO_2 和渗透压等,研究这些影响因素,建立生产工艺。

感染复数是病毒数与细胞数的比值,受到病毒滴度测定方法的影响。MOI 越高,收获时间越短,病毒产量在特定 MOI 下获得最高值。通常,细胞密度较低时,由于病毒向细胞扩散受到限制,感染过程不尽理想。由于培养基营养限制和病毒包装过程中抑制剂积累的影响,最佳生产细胞密度不能过高。更新培养基或者添加氨基酸和葡萄糖是提高细胞密度保障病毒产量的有效方法。一般认为 1×10^6 个 /ml 感染细胞是培养基更新后的最佳细胞密度。

灌注培养在 35℃时的滴度高于在 37℃时的标准感染,而在 33℃时感染没有增加产量,但推迟了收获时间。PerC6 细胞生产腺病毒的最佳 pH 为 7.3。二氧化碳浓度超过 10% 会降低病毒生产力并延迟生产。400mOsm 以上的渗透压降低细胞密度,但在 500mOsm 以下对产量无显著影响。而在 500mOsm 时,重组蛋白生产峰值由感染后 48 小时转移到感染后 72 小时。但由于细胞的损失,这种每细胞产量的增加并没有转化为更高的容量生产。

4. 病毒收获　病毒在生物反应器内感染细胞,并通过裂解细胞释放出来。生物反应器的操作是自动化的,通过计算机辅助监测控制培养条件,包括温度、搅拌、pH、CO_2、空气流量和 O_2 流量等维持病毒生产,并确定收获时间。收获时间取决于多个因素:载体本身的设计,如产生的外源基因是否对细胞有毒或者抑制细胞的生长;使用的细胞系的代谢特点和是否允许高滴度病毒生产;细胞培养选用的培养基是否可以维持细胞较高生产活力提高最终病毒生产滴度。裂解细胞获得病毒粗提液用于下游纯化。

(三)溶瘤腺病毒药物下游纯化

下游纯化工艺主要包括过滤澄清去除细胞碎片和颗粒性物质、利用核酸酶 Benzonase 降解细胞 DNA、离子交换层析、超滤浓缩、过滤交换缓冲液、分子筛层析、超滤浓缩、过滤交换制剂缓冲液、无菌过滤(图 17-6)。

1. 过滤澄清　经核酸酶降解的病毒粗提液含有大量的细胞碎片和颗粒性物质,需要经过过滤澄清获得进一步纯化的腺病毒。常用的纯化方法为深层过滤和切向流过滤(也称为错流过滤),用于含有少量细胞碎片或杂质收获物的澄清过程。过滤时选用膜孔径为 0.5μm 或 0.2μm 的双层膜滤器,设置过滤蠕动泵泵速 600~1 000ml/min,过滤病毒收获液。病毒收获液按收获顺序进行过滤,收集至储液瓶中,直至储液瓶装满,换新的储液瓶继续收集。

2. 利用核酸酶 Benzonase 降解细胞 DNA　宿主细胞 DNA 残留量是溶瘤腺病毒原液生产的关键质控点。Benzonase 是一种来源于黏质沙雷氏菌的基因工程改造的广谱内切核

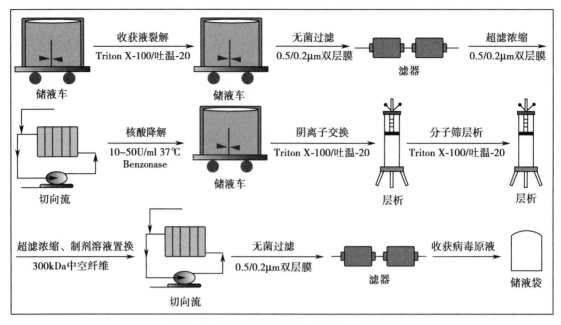

图 17-6　溶瘤腺病毒药物下游纯化工艺流程

酸酶。它可以降解所有形式的（包括单链、双链、线状、环状、天然以及变性的核酸）DNA 和 RNA，将它们消化成 3~5 个碱基长度的 5'- 单磷酸寡核苷酸，降低病毒粗提液的黏度，防止细胞成团。

benzonase 核酸酶的使用条件十分宽泛，腺病毒纯化时的常用条件为：浓度 10~50U/ml，pH 8~9.2，Mg^{2+}（1~2mmol/L）存在下，作用温度常温至 37℃，作用时间 0.5~4 小时，即可降解病毒粗提液中大部分的核酸物质。裂解液中，因为宿主细胞碎片与游离病毒 DNA 竞争核酸酶，导致 DNA 消化不完全。合理的方案为：首先适度澄清裂解液，通过稀释调整盐的浓度，保持生理 pH，加入镁离子，然后在室温下进行消化。通过提高核酸酶的最终浓度提高消化速度。

3. **超滤浓缩**　超滤浓缩的主要目标是缩小样品体积，置换缓冲液体系和去除低分子量杂质。常用的方法为中空纤维或膜包的切向流方法，中空纤维可以降低对样品的剪切力，活病毒对剪切力比较敏感，通常使用中空纤维进行超滤浓缩。中空纤维的孔径选择对腺病毒的纯化十分关键。使用孔径 300kDa 的中空纤维柱超滤浓缩腺病毒，将工艺放大到 6L，可以实现 15 倍浓缩。

4. **层析分离**　层析是腺病毒大规模下游纯化的优选方法，通常采用两步层析方法纯化腺病毒。第一步层析通常选用对腺病毒有高亲和力和高选择性的方法。离子交换层析具有较高的分离能力和分辨效率，通常用于腺病毒的第一步层析筛选。离子交换色谱法利用病毒表面携带的电荷对其进行筛选。腺病毒衣壳大部分是六邻体，六邻体是一种非共价三聚体，其等电点 pH 在 6 附近，当 pH 为 7 时腺病毒表面为阴离子，因此阴离子交换层析是纯化腺病毒的理想方法。阴离子交换填料携带带正电荷的基团，如二乙基氨基乙酯或季氨基乙酯，以一种依赖于 pH 的方式结合阴离子病毒。盐离子浓度对 pH 影响很大，可以通过改变洗脱液的盐离子浓度高效分离腺病毒颗粒。大的 DNA 片段也是高度阴离子的，但具有更高的电荷密度。因此，DNA洗脱的盐浓度高于腺病毒。使用线性盐梯度，通常首先是蛋白质，然后是复杂的污染物、病毒颗粒、其他细胞衍生的结构，最后是没有被消化的DNA。这些成分的洗脱结果在峰之间有很好的分离，纯化率可以高达99%。

固定化金属亲和层析、反相色谱以及分子筛层析都可以作为腺病毒第二步层析可选择的方法。在阴离子交换树脂、体积排阻色谱、疏水色谱和固定化锌吸附色谱（immobilized zinc affinity chromatography，IZAC）四种方法中，优化方案为先通过DEAE阴离子交换柱，再通过固定化锌吸附色谱（IZAC）柱，分子筛层析也称为凝胶过滤层析、排阻层析。是利用具有网状结构的凝胶的分子筛作用，根据被分离物质的分子量不同进行分离。层析柱中的填料常为惰性多孔网状结构物质，小分子物质能进入其内部，流下时路程较长，而大分子物质却被排除在外部，下来的路程短。同时在层析过程中可直接进行溶液脱盐和除杂。但分子筛是非吸附性层析，通常作为病毒纯化最后一步的精纯工艺。

5. 制剂溶液置换和过滤　通过过滤或切向流工艺置换制剂溶液，通过过滤保证原液处于无菌状态，用于下游的制剂灌装。

（四）溶瘤腺病毒质量控制要点

对每批次的产品进行鉴别、外源基因表达量、外源基因生物学活性、体外靶细胞杀伤、病毒颗粒数、病毒滴度、比滴度、杂质、安全性等检验，达到药典质量标准。其中，病毒纯度 > 95.0%，可复制腺病毒低于1个/3×10^9VP，不得检出腺相关病毒，宿主细胞DNA残留量≤10ng/剂量，宿主细胞蛋白残留量≤100ng/剂量，牛血清白蛋白残留量≤50ng/剂量，细菌内毒 <10EU/剂量。

三、溶瘤单纯疱疹病毒生产工艺

（一）溶瘤单纯疱疹病毒

单纯疱疹病毒（herps simplex virus，HSV）分为两个血清型HSV-1和HSV-2，均被应用于溶瘤病毒的开发。HSV-1是有包膜的双链DNA病毒，DNA长152kb，包含72个基因，共编码84种蛋白，参与病毒DNA合成和包装。HSV DNA由162个衣壳体组成的二十面体的核衣壳包裹，外有一层蛋白，最外层为由蛋白、脂类和聚氨酸组成的包膜，直径为120~150nm。

HSV作为基因治疗载体具有很多优势：基因组比较庞大，方便进行基因改造和插入外源基因；HSV的宿主范围十分广泛，可以感染静止期的细胞和终末分化的细胞。HSV-1细胞具有神经嗜性，感染后优先扩散至神经系统，并转移至中枢神经系统；DNA不整合到基因组中，降低插入突变的风险；可以在GMP条件下生产出高滴度的重组病毒。但HSV的毒性比较强，在临床应用中使用剂量会受到限制。

（二）溶瘤单纯疱疹病毒药物T-VEC结构与功能

T-VEC是第一款被批准上市的单纯疱疹病毒药物，基于HSV-1血清型，敲除了*γ34.5*基因和感染细胞蛋白（Infected cell protein 47，ICP47）基因。HSV-1的*γ34.5*基因编码的ICP34.5可以与宿主的蛋白磷酸酶结合，解除蛋白激酶R的抗病毒作用。在正常细胞中，缺失*γ34.5*基因的 HSV 不能阻止蛋白激酶的抗病毒作用,无法复制;而在肿瘤细胞中由于蛋白激酶 R 含量低,病毒仍可复制。ICP47 抑制宿主免疫反应,特异性结合与抗原加工相关的转运蛋白,阻断外源肽结合到 MHC I 类分子上,导致空 MHC I 分子最终被蛋白酶体降解。去除 ICP47 后 T-VEC 可提高宿主免疫反应,增强抗肿瘤效果。同时 T-VEC 还表达了 GM-CSF,吸引 DC 细胞提高机体的抗肿瘤免疫反应(图 17-7)。

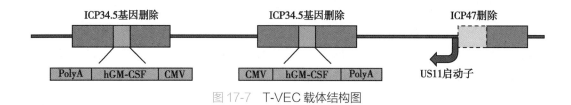

图 17-7 T-VEC 载体结构图

2015 年美国 FDA 批准 T-VEC 用于治疗晚期黑色素瘤。为了提高 T-VEC 的疗效,扩大其应用范围,T-VEC 联合其他抗肿瘤疗法以及应用于治疗头颈癌、胰腺癌、肝癌等其他肿瘤的临床试验仍在陆续开展。

(三)溶瘤单纯疱疹病毒生产工艺

1. 溶瘤单纯疱疹病毒上游生产工艺 溶瘤单纯疱疹病毒上游生产工艺包括毒种制备和扩增、细胞培养、病毒生产和病毒收获等。目前溶瘤单纯疱疹病毒生产的细胞系主要为贴壁的 Vero 细胞,采用生物反应器微载体培养技术。首先构建三级毒种库与细胞库,毒种以 0.01~0.05 的 MOI 感染生物反应器中的 Vero 细胞,培养温度为 37℃,溶氧为 40%~60%,转速为 50~60r/min,pH 为 7~7.2。通过监测生物反应器的参数变化确定病毒收获时间,收获病毒暂存于 –70℃或直接用于下游纯化。

2. 溶瘤单纯疱疹病毒下游纯化工艺 溶瘤单纯疱疹病毒下游纯化工艺主要包括反复冻融裂解收获液、释放病毒、澄清过滤去除细胞碎片、降解核酸、层析纯化、使用切向流浓缩和制剂溶液置换和无菌过滤等步骤。分子筛层析是纯化单纯疱疹病毒的常用方法,目前商用途径可以获取创新型的复合分子筛层析填料。复合填料由惰性壳层和激活的配基核心组成。大的分子例如病毒无法进入介质核心,被排阻在外层,通过流穿收集;小的污染物进入核心,与配基高效结合。这种层析方法经常用于病毒的精纯。

(四)溶瘤单纯疱疹病毒质量控制

溶瘤单纯疱疹病毒的质量控制主要包括鉴别、纯度、效力、杂质残留及其他检测项目,要求达到药典标准。

第四节　非病毒载体类基因药物生产工艺

一、药物特性和作用机理

寡核苷酸(oligonucleotides)药物是由化学合成的 12~30 个核苷酸单链或双链组成的一类药物。通过碱基互补配对原理与 DNA、mRNA 配对而实现调节基因表达,治疗相关疾病。寡核苷酸药物主要包括反义寡核苷酸（antisense oligonucleotides）、小干扰 RNA（small interfering RNA，siRNA）等。

（一）反义寡核苷酸药物

反义寡核苷酸是指人工合成的、与特定基因互补的 13~25 个碱基的寡核苷酸（DNA 或 RNA）及其类似物，通过碱基互补配对原则结合于靶基因或靶 RNA 上，从而抑制基因的表达。具体可以细分为两大类：RNase H 依赖型和空间位阻型。内源性 RNase H 酶识别并切割 RNA-DNA 异质双链底物，反义寡核苷酸结合位点的切割导致靶标 RNA 的破坏，从而沉默靶基因的表达。空间位阻寡核苷酸可与目标转录本高亲和力结合，缺乏募集 RNase H 能力，不会诱导目标转录本降解，通过调节可变剪接，以选择性地排除或保留特定的外显子。此外，空间位阻寡核苷酸也被用于促进异型转换，从而减少有害蛋白异型的表达和 / 或促进有益蛋白异型的表达。FDA 批准上市的第一个反义寡核苷酸类药物 vitravene，该药物由 21 个硫代脱氧核苷酸组成，核苷酸序列为 5′-GCGTTTGCTCTTCTTCTTGCG-3′，主要用于治疗艾滋病患者并发巨细胞病毒性视网膜炎。

（二）小干扰 RNA 药物

小干扰 RNA 是一类双链 RNA 分子，长度在 20~25bp。一条链成为引导链（又称反义链），与靶标转录物互补，另一条链为正义链。小干扰 RNA 通过结合到靶标 mRNA 上使其降解或抑制其翻译。

二、寡核苷酸的化学合成工艺

寡核苷酸药物采用化学合成方法进行生产，即采用固相亚磷酰胺三酯法合成。寡核苷酸的合成工艺高度自动化，在合成仪上完成，最大规模千克级。

寡核苷酸合成过程有四个步骤，依次为脱保护、偶联、加帽、氧化，或者为脱保护、偶联、硫化、加帽，见图 17-8。整个合成过程在固相载体上完成，每步的杂质和未反应的物料被冲洗

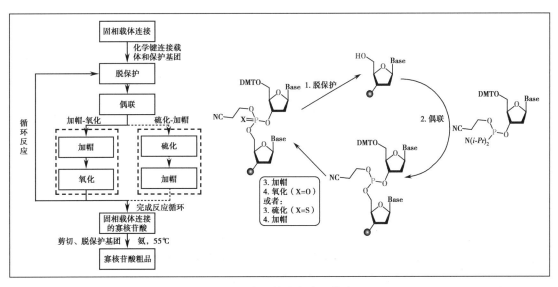

图 17-8　寡核苷酸合成工艺流程

掉,加入新的反应底物。寡核苷酸链通过循环反应延伸,每个反应在原链末端接入一个新的核苷酸。循环反应一般分为四步,因工艺的不同可分为两种不同的流程。

(一)脱保护

使用二氯乙酸或者三氯乙酸去除链上的4,4′-二甲氧基三苯基(DMT)保护基团,使羟基暴露出来以供下一步偶联反应的进行。脱保护反应时间对核苷酸链的影响至关重要,如果时间过长可能会导致嘌呤基团的丢失,如果时间不够,则会抑制偶联反应的发生,造成单轮反应的失效,缺失一个核苷酸。

(二)偶联

脱保护的羟基与与活化的亚磷酰胺中间体反应,生成新的磷氧键,从而使核苷酸链得到延伸。在该步骤中,加入的亚磷酰胺单体和活性剂中的浓度会影响偶联效率。

(三)加帽

在一轮循环过程中,可能存在一些脱保护的羟基没有参与反应,这些羟基如果进入下一个循环,会产生单核苷酸缺失的杂质。为了避免杂质的产生,还需要在反应体系中添加乙酰化试剂,用加帽保护因不完全偶联或脱保护副反应而剩余的未反应羟基基团。该反应的时间也是非常重要,如果时间太长,可能会在非预期位置生成乙酰化基团,造成副产物。

寡核苷酸合成反应的过程中需要对各步骤温度、pH、底物质量等因素进行严格控制,从而保证反应的高效进行,减少副产物的发生。在反应结束后,通过反应将产物从固相基质中剪切下来,进入纯化工艺。

(四)硫化/氧化

在新形成的核苷酸间磷酸三酯键上引入硫或氧原子,从而形成磷酸二酯(或硫代膦酸二酯)键。硫化或氧化后形成的保护基团可以使磷酸二酯键在后续的合成中更稳定。使用硫化步骤的工艺流程,硫化步骤发生在加帽前,而使用氧化步骤的工艺流程,加帽后再进行氧化。

三、纯化工艺

寡核苷酸合成的过程反应中,每步反应会清除掉上步反应的底物。不完整或错误反应的寡核苷酸链是主要的杂质。在合成完成后,收获寡核苷酸溶液,通过液相色谱纯化,通常使用离子交换色谱或者反向层析制备。如果寡核苷酸需要进行修饰,如 N-乙酰半乳糖胺修饰,则在获得粗品后修饰,稀释后再进入纯化步骤。

由于不同长度的核酸链在色谱纯化步骤中的显著差异,具有活性药物成分的目的片段和其他杂质可以得到非常好的分离效果。获得较纯的寡核苷酸后,通常根据下游制剂工艺的需要,进行缓冲液置换、冻干等工序(图17-9)。

图17-9 寡核苷酸纯化工艺流程

四、寡核苷酸药物质量控制

寡核苷酸药物的类型非常多样,因为单链或双链、DNA 或 RNA、天然核苷酸或修饰核苷酸的区别,质量分析方法和质量标准在不同的药物中可能存在显著的差别。以单链寡核苷酸为例,含量≥90.0%,纯度≥95.0%,总杂质≤0.50%,关键杂质≤0.20%,非关键杂质≤0.15%,溶剂残留≤4%(w/w),含水量≤1.0%(w/w),细菌内毒素<10EU/ 剂量,所有检测指标项目要符合药典标准。

ER 17-2　目标测试题

（谢　震）

参考文献

[1] 李雪梅,田明尧,金宁一,等. 基因治疗用质粒 DNA 的制备工艺. 中国生物制品学杂志,2007,30(06):450-453.

[2] 饶春明,袁力勇,丁有学,等. 小鼠 NGF 基因治疗型 DNA 质粒的构建及中试工艺的优化. 中国生物制品学杂志,2008,21(3):216-220.

[3] 王军志. 生物技术药物研究开发和质量控制. 3 版. 北京:科学出版社,2022.

[4] 汪小龙,咸静女,陈刚,等. 寡核苷酸药物及寡核苷酸制备技术研究进展. 生物工程学报,2018,34(5):664-675.

[5] 国家药典委员会. 中华人民共和国药典:2020 年版. 北京:中国医药科技出版社,2020.

ER 18-1 细胞药物
生产工艺（课件）

第十八章　细胞药物生产工艺

细胞药物制剂的活性成分是"活"细胞,具有生命活力、高度个性化、不均一的特征。个体化以及"活"的特性决定细胞药物在生产制备时难以形成大规模、统一化、标准化的生产制备流程,批次之间达到较高一致性的难度较大,生产制备程序复杂,尤其需要稳定成熟的工艺来保障该产品满足药学要求。细胞药物的一般生产过程包括供体筛查、细胞采集、分离纯化、（基因修饰）、培养扩增、质检、存储、运输等,本章节以嵌合抗原受体 T 细胞（chimeric antigen receptor T-cell，CAR-T）与间充质干细胞（mesenchymal stem cell，MSC）为例,阐述生产工艺。

第一节　概述

细胞药物作为一种特殊的生物制品,通常以活细胞作为基础活性单元,用于预防、治疗疾病,或者发挥保健作用,其已经被证明具有明确疗效并且已经在美国、欧盟、日本以及我国等国家或地区获批上市,用于患者个性化治疗。细胞药物的类型有多种,目前应用较成功的为免疫细胞与干细胞治疗药物。免疫细胞治疗产品主要应用免疫细胞杀伤抗原阳性靶细胞的原理,用于治疗肿瘤、自身免疫病等,用作细胞药物的免疫细胞类型主要有 T 细胞、NK 细胞等;干细胞药物可能利用干细胞的分化潜能、免疫调节或某些未知的作用,达到治疗的目的,用作干细胞药物的干细胞类型主要为间充质干细胞、表皮干细胞等。

一、细胞药物的分类及应用

细胞药物属于生物制品,根据细胞种类的不同,主要分为免疫细胞与干细胞药物。

（一）免疫细胞与临床应用

免疫细胞治疗是将人自身免疫细胞（主要是 T 细胞、NK 细胞等）经过体外培养扩增,通过基因修饰使其表达嵌合抗原受体赋予其靶向性,回输人体后杀伤靶点阳性的细胞,赋予机体主动与精准的免疫力,常用于肿瘤治疗。免疫细胞治疗是免疫治疗的一个主要分支,作为新型安全有效的肿瘤治疗方法,其既可以单独使用对抗肿瘤细胞,也可与其他疗法或药物联合使用,具有清除肿瘤细胞的能力,并且可分化为记忆性 CAR-T 细胞,时刻监视肿瘤细胞,降低复发概率、延长生存时间,有望成为肿瘤临床综合治疗的重要组成部分。首个上市的免疫细胞治疗药物于 2017 年 8 月获得美国 FDA 批准,用于治疗 25 岁以下、难治性、至少两次复发的 B 细胞前体急性淋巴细胞白血病患者。国外上市的 CAR-T 药品有 5 款,靶点 CD19 或 BCMA;国内有 1 款,靶点为 CD19。已上市 CAR-T 药品详见表 18-1。

表 18-1　已上市 CAR-T 药物列表

药品名	靶点	适应证	上市年月	国家	公司
kymriah(tisagenlecleucel)	CD19	青少年复发难治白血病	2017 年 7 月	美国	诺华
yescarta(axicabtagene ciloleucel)	CD19	特定类型非霍奇金淋巴瘤	2017 年 10 月	美国	凯特
yescarta(axicabtagene ciloleucel)	CD19	成年两次或以上系统性治疗复发或难治性弥漫性大 B 细胞淋巴瘤和原发性纵隔大 B 细胞淋巴瘤	2018 年 8 月	欧盟	吉利德凯特
tecartus(brexucabtagene autoleucel)	CD19	成人复发难治套细胞淋巴瘤	2020 年 7 月	美国	吉利德凯特
breyanzi(lisocabtagene maraleucel)	CD19	成人复发性或难治性大 B 细胞淋巴瘤	2021 年 2 月	美国	百时美施贵宝巨诺
abecma(idecabtagene vicleucel)	BCMA	成人复发性/难治性多发性骨髓瘤	2021 年 3 月	美国	蓝鸟
阿基仑赛注射液(奕凯达)	CD19	复发或难治性大 B 细胞淋巴瘤	2021 年 6 月	中国	复星凯特
瑞基奥仑赛注射液(倍诺达)	CD19	成人复发或难治性大 B 细胞淋巴瘤	2021 年 9 月	中国	药明巨诺

(二)干细胞与临床应用

ER18-2　已上市的部分干细胞药品(文档)

干细胞是一类具有分化潜能,并在非分化状态下能够自我更新的细胞。干细胞治疗是应用人自体或异体来源的干细胞经体外操作后输回人体,用于疾病治疗或发挥保健作用。干细胞有多种类型,如胚胎干细胞、成体干细胞和诱导多能干细胞等。成体干细胞是最早被用于疾病治疗的干细胞,成体干细胞中应用较多的除了骨髓造血干细胞,还有一种被称为间充质干细胞(mesenchymal stem cell, MSC)的类型。MSC 能分化为骨细胞、软骨细胞、骨骼肌细胞、肝脏细胞、心肌细胞、免疫细胞等,由于其具有来源丰富、取材方便、易分离培养等优点,应用范围较广。近年来,全球 MSC 临床试验数量持续增多,截至 2021 年 4 月,在 ClinicalTrials 网站登记的全球 MSC 临床试验数量已经大于 1 200 项,表明间充质干细胞的重要性日益增强。MSC 已经有较多显示积极疗效的临床研究结果,例如日本科学家在 2008 年报道了采用自体骨髓来源的 MSC 移植治疗 20 位难愈性皮肤创面患者的临床试验,结果显示 90% 的患者出现积极疗效,皮肤创面长出了新的上皮细胞层。截至 2021 年年底,全球已获批上市的间充质干细胞产品约为 18 项,分布于美国、欧盟、韩国、日本、加拿大、澳大利亚等国家或地区,其中有 10 款间充质干细胞产品符合药品定义。

二、细胞药物生产工艺的发展历程

细胞药物生产工艺经历了起始阶段的探索,向药品制备工艺过渡,最后逐步进入规范化的成熟阶段。

（一）起始阶段

在国际层面，干细胞与免疫细胞的培养、基因修饰与扩增工艺开始于20世纪80年代末，当时的技术以今天的标准来看相当原始。这些早期工艺的特点是手动标记、手动分配、基于纸张的跟踪以及有限的分析。"过程就是产品"的心态减缓了新工程技术与细胞培养工艺的结合。例如，美国著名细胞治疗专家罗森伯格早期过继转移疗法中使用的肿瘤浸润淋巴细胞（tumor-infiltrating lymphocytes，TIL）生产过程的特点是使用大量自己生产的原材料，在医疗中心实验室的生物安全柜中进行操作。患者未冷冻保存的肿瘤活检组织通常被切块，在酶混合物中消化，然后将浆液通过筛网过滤去除组织块。接着将此滤液通过ficoll密度梯度离心分离，然后将TIL细胞手动转移至含有白介素-2（IL-2）的24孔板培养。接着在培养瓶或塑料袋中扩增TIL，有时添加细胞培养上清液或辐照过的滋养细胞共培养。

美国食品药品管理局于1991年发布了首个细胞与基因治疗指导性文件《人体细胞治疗和基因治疗的考量》，是细胞治疗产业发展的起点。CAR设计的雏形首次出现于1993年，因此可以将1993年作为CAR-T发展的起点。

国内的细胞治疗起步稍晚，细胞治疗临床试验在20世纪90年代开始出现，起始情况与美国起始阶段类似，细胞制备工艺的"科研"特征明显。例如，制备临床研究用细胞的原料未要求药品级别，而是采用了较多科研级别试剂，例如消化HEK293T细胞的胰酶，可能采用猪来源胰酶，并且使用前企业内部可能不进行自检。中间品可能来自手工小批量生产，例如质粒生产过程中的工程细菌培养，可能在普通三角瓶中进行；质粒提取使用科研级离心柱型无内毒质粒大提试剂盒，对所提取的质粒质检项目较少。统计显示在1990—2008年期间，我国开始出政策支持细胞治疗研究，监管较为宽松，在此期间，有近300家医院与机构开展了干细胞治疗，平均每年治疗几千例的患者。

（二）过渡阶段

在国际上，在21世纪的前10年，以美国为主的西方国家尝试了大量基因与细胞治疗研究，在临床中出现患者死亡事件后，监管部门加强了对细胞治疗产品的监管，对细胞制备的质量提出了更高的要求，因此细胞制备工艺也顺应时代要求而发展进化。1999年，美国 Science 杂志将干细胞研究列为世界十大科学成就之首，相应地，干细胞转化及产业化进程也快速发展，产业化发展的本质是工艺技术的发展，因此可以将1999年作为干细胞工艺进入过渡阶段的年份。干细胞疗法由于其技术主要涉及细胞培养，制备工艺相对于需要基因修饰的免疫细胞疗法CAR-T简单很多，干细胞疗法发展阶段大约领先CAR-T技术10年。CAR-T技术从出现后，在基础研究领域持续了多年，在2010年前后，其临床研究开始逐渐展开。2011年，CAR-T治愈的白血病小女孩Emily的事迹可以作为CAR-T进入过渡阶段的标志，此时已经初步具备了制备可用于临床的CAR-T细胞的能力，但是还没有经过药品标准审定。

ER18-3　CD19 CAR-T 细胞治疗的成功案例（文档）

国内方面，前期也开展了大量临床研究，企业界也在思考用于细胞治疗的细胞作为生物制剂，整个制备过程需要有工艺研究确定最佳工艺参数以及每步工艺的必要性和有效性验证。在监管层面，2009年，卫生部印发《医疗技术临床应用管理办法》规范性文件，明确将医疗技术分为三类,将干细胞技术作为第三类医疗技术,对第三类医疗技术实施准入管理。要求第三类医疗技术首次应用于临床前,须经过卫生部组织的安全性论证和伦理审查,以及技术审核。2015年,国家卫生和计划生育委员会印发了针对干细胞的监管文件《干细胞制剂质量控制及临床前研究指导原则(试行)》,进一步加强了对干细胞制剂质量的要求。

2017年底,国家食品药品监督管理总局发布了《细胞治疗产品研究与评价技术指导原则(试行)》,这是我国将细胞治疗产品按照药品进行研发、评价与管理的总体规范性指南,是临床前研究、临床研究与新药临床试验注册申报的纲领性文件,是中国细胞产品发展与监管规范化的里程碑事件。该原则发布以后,很多细胞药物注册申报项目面临资料被驳回补充完善,申报资料中存在问题较多的地方是前期发展中重视不足的药学与工艺研究部分,例如生产工艺参数的合理性、中间品与终产品质量控制、物料检测与管理等;也有一些细胞治疗产品的新药临床试验注册申报成功获批,并且进入注册临床试验阶段,细胞治疗领域迎来了高速发展期。

2021年2月,国家药品监督管理局发布了《免疫细胞治疗产品临床试验技术指导原则(试行)》。这些文件引导并强制要求细胞与基因治疗产品的药学研究、评价标准统一,对促进细胞与基因治疗产品的规范化研发起到了指挥棒作用,促进了行业健康发展。

(三)成熟阶段

国际上,在2008年已经有干细胞产品在加拿大被批准上市,后续陆续有多款干细胞药物获批上市,因此2008年可以作为干细胞制备工艺结束过渡阶段进入成熟阶段的时间标志。干细胞主要涉及细胞培养,制造工艺相对容易,而免疫细胞治疗的代表性产品CAR-T细胞药物制造流程较为复杂,除了前期长达十几年的基础研究,在该产品的制备流程中除了传统的细胞培养,还多了基因修饰环节。实现基因修饰首先要制造药品级质粒载体以及药品级病毒载体这两个中间品,因此,CAR-T细胞药物集成了基因药物、基于病毒的药物以及细胞药物的制造过程,首个CAR-T药品于2017年才获批上市,其进入成熟阶段的时间显著晚于干细胞疗法。此阶段在细胞处理设备、分离和扩增方法、分析和冷冻保存技术取得了重大发展。目前细胞制备一般在洁净厂房内完成,将血液分离或活检材料新鲜或冷冻运送到制造厂房,细胞产品被制备后、冷冻保存并通过冷链物流运送到临床中心注射到患者体内。

许多细胞疗法的制造工艺和设备与其他生物制品可能相似。例如,在培养瓶或生物反应器中扩增细胞,与用于制造疫苗的哺乳动物细胞培养非常相似,也可能需要类似的生产规模。然而,其他方面却大不相同。细胞疗法的一个鲜明特点是终产品不能像单克隆抗体或酶那样在制造过程中进行过滤灭菌。随着个体细胞疗法的发展,其制造变得更加多样化。在隔离、密封和跨设施的物料流通方面的要求可能会导致显著的厂房洁净系统设计差异。例如,要考虑多个患者样本或不同中间品材料制造的屏障隔离。

在国内,2021年实现了首款CAR-T药品获批上市,标志着国内CAR-T细胞治疗进入成熟阶段。国内尚未有干细胞药物获批上市,但是有多项干细胞药物处于注册临床试验阶段,预计在未来几年内会有干细胞药物上市。

三、细胞药物生产工艺的发展趋势

第一代细胞药物的生产工艺依赖于手工操作和传统设备,细胞污染风险高,制备失败率大,难以实现细胞生产工艺流程的标准化,同时限制了细胞药物的生产规模,且价格昂贵,极大地降低了患者对细胞疗法的可及性。提高细胞制造效率和成功率、降低操作可变性、实现操作标准化、提高产品一致性与稳定性、扩大规模和降低成本,是细胞药物生产工艺未来发展的趋势。自动化技术是实现这一目标的有效手段,近年来封闭式自动化技术已经开始越来越多地被应用于细胞制造领域。

目前,有两种CAR-T细胞自动化制造方案。一种是基于单元的自动化操作方案,即生产过程的各个步骤都是自动化的(表18-2);另一种则是集成的自动化操作方案,即将从细胞到制剂生产过程中的所有操作步骤集成到单一的自动化平台,如全自动多功能细胞处理系统或全封闭自动化细胞生产平台。需要注意的是,虽然集成的封闭制造方法在增加产品的安全性的同时还减少了对设备的要求以及潜在的批量测试要求,但是对于制造过程需要长时间段的自体产品,集成自动化的操作方案可能并不是最佳的选择。从生产和操作效率的角度来看,最优的选择可能是单元自动化操作方案。

表18-2　CAR-T细胞自动化生产方案

操作单元	单元自动化方案
选择/分离/富集	密度梯度离心(ficoll)、血细胞分离淘洗机、全自动细胞分离系统、抗CD3/抗CD28磁珠、磁选或流式分选
活化/刺激	抗CD3单抗和IL-2、人造抗原呈递细胞、人CD3/CD28T细胞激活剂
基因递送	病毒转导、非病毒转导
培养扩增	透气培养袋、细胞扩增系统
制剂	细胞淘洗机、细胞分离机或自动细胞处理系统
冻存	程序降温仪或冷冻系统
复苏	解冻系统或自动复苏系统

未来新一代细胞生产技术平台很可能会使细胞的生产和批量测试同时完成,即细胞在整个生产过程中都会进行实时监测。另外,数据的自动化处理会进一步加强,细胞的生产实现系统的数字化管理,每个产品都会收集和保留详细的生产过程数据,形成特定的批记录。在制造模式方面,通过电子系统集成多个设备和多个制造点可以使未来转向分散化多中心生产。

细胞药物生产工艺的未来的发展趋势还包括以下几个方面。

(1)目前已上市的细胞药物大都是自体细胞药物,通用型细胞药物将是未来的发展趋势之一。自体CAR-T一般生产困难、生产周期长、价格昂贵、难量产且患者适用性较低,而通用型CAR-T能采用标准化、规模化生产,工艺稳定、价格低廉、患者随时可用(无须等待)、患者适用性较高。可使用基因编辑工具敲除异体T细胞上的*TCR*、*MHCI*以及相关信号通路基因,从而防止异体CAR-T与宿主之间的排斥反应,实现通用型CAR-T细胞。另外,NK细胞是先天免疫系统的核心细胞,相对于 T 细胞,NK 细胞不需要 MHC 分子进行抗原提呈,也不需要抗原激活,具有更强的细胞毒作用。CAR-NK 细胞可作为通用型产品,可适用于不同个体,不会引起移植物抗宿主病。CAR-NK 细胞疗法安全性好,至今未见诱发细胞因子风暴等严重毒副反应的报道,且 CAR-NK 细胞在体内存活周期短,不易产生长期毒副作用。

(2)已上市的 CAR-T 细胞药物的生产时间一般需要 7~14 天(不包括检测时间),例如诺华 tisagenlecleucel 产品的核心生产时间大约需要 11 天,患者的等待时间较长,对于疾病进展快的患者风险很大。缩短细胞药物的生产时间也是未来工艺的发展趋势之一。目前已有公司报道,可以将 CAR-T 制备时间缩短到少于 2 天,CAR-T 主要在体内扩增,大大减少了体外培养扩增所需的时间,有望达到更好和更长时间的疾病持续缓解,提高长期疗效,减少严重不良反应。

(3)目前已上市的 CAR-T 细胞药物都是采用体外基因编辑的技术,体内基因编辑技术将是未来工艺的发展趋势之一。目前已有报道一种基于 mRNA 技术的新型 CAR-T 细胞疗法,不必将 T 细胞从体内取出,仅需 1 次注射,利用脂质纳米颗粒进行 mRNA 递送,可直接在体内产生 CAR-T 细胞。

第二节　嵌合抗原受体 T 细胞药物生产工艺

CAR-T 细胞通常源自患者本人的 T 细胞,由于供者自身状况是个较大变量,所以制备出的细胞质量与数量具有较大不确定性,甚至还存在制备失败的概率。为了使 CAR-T 中间品与终产品完全符合药物要求,优化与控制生产过程的各工艺环节显得十分重要。面对一致性较低的样品来源,如何实现标准化、规模化的细胞生产制备,是 CAR-T 企业共同关注的问题。

一、CAR-T 细胞的结构与工艺流程

虽然 CAR-T 的靶点各不相同,但是 CAR 的结构设计与 CAR-T 制备的工艺流程拥有较多共同之处。

(一)CAR-T 细胞的结构与质粒设计

1. CAR-T 细胞结构　CAR-T 细胞是携带 CAR 分子的 T 细胞。CAR 是人工设计的抗原受体,经典的 CAR 结构由胞外抗原特异性单链抗体片段(scFv)、铰链区(CD8α,CD28 或 IgG等)、穿膜区(CD8α,CD28 等)、胞内共刺激结构域(4-1BB,CD28 等)和 CD3ζ 信号区依次串联组成(图 18-1)。scFv 的 N 端含有一个信号肽,引导 CAR 转运到细胞膜上,胞外区负责识别抗原,胞内区负责传递信号。

2. CAR 表达质粒设计　首先需要获得基因表达载体与 CAR 基因序列。基因表达载体通常选用基于病毒改造的表达载体骨架,应用较多的有慢病毒载体与逆转录病毒载体。CAR基因区域首先需要考虑 scFv 的选择,scFv 通常由靶向特定肿瘤抗原的单克隆抗体的轻链与重链可变区经 5~15 个氨基酸的柔性肽串联组成;铰链区通常来自 CD8α、CD28 或 IgG4 的

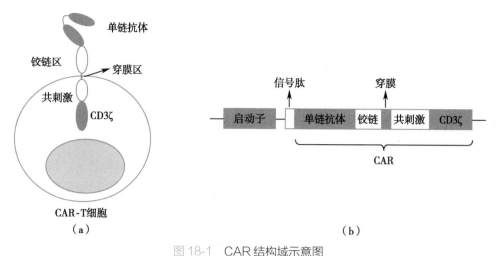

图 18-1 CAR 结构域示意图

注:(a)CAR-T 细胞结构示意图;(b)CAR 表达阅读框结构示意图。

铰链区;穿膜区通常采用 CD8α、CD28 等的穿膜区;共刺激信号域来自 4-1BB、CD28 等分子的胞内信号域;TCR 信号域采取 CD3ζ 的胞内域。这些结构按照从 N 端至 C 端的顺序依次排列,组成一个开放阅读框,并在 scFv N 端添加信号肽(图 18-1)。将 CAR 基因插入病毒表达载体启动子下游多克隆位点,转化大肠杆菌感受态,测序鉴定阳性单克隆菌株。将携带正确质粒序列的克隆菌株扩增培养,提取质粒并进行质检。

获得质粒后,在 HEK293T 细胞中进行病毒包装,将表达 CAR 的穿梭质粒与病毒包装质粒共转 HEK293T 细胞,48 小时后收集细胞培养上清液,经过纯化浓缩后检测滴度,质检合格后用于 T 细胞侵染,制备 CAR-T 细胞。

(二)CAR-T 细胞的生产工艺流程

CAR-T 细胞的工艺流程主要包括 T 细胞分离富集、T 细胞激活、基因修饰、CAR-T 细胞培养扩增、CAR-T 细胞制剂、质量控制、冻存和运输(图 18-2)。若 CAR-T 细胞采用慢病毒载体制备,则在生产 CAR-T 细胞之前需要先生产 4 种慢病毒质粒和生产慢病毒。质粒的生产工

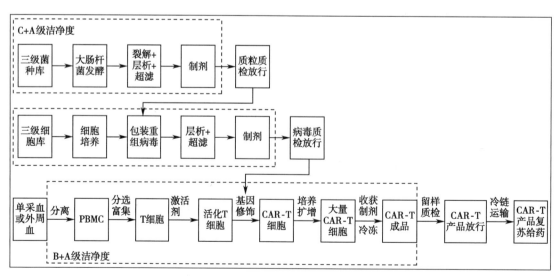

图 18-2 CAR-T 细胞生产工艺流程

艺流程一般包括三级菌种库建立、菌种发酵、菌裂解、层析、超滤、制剂和检测放行。慢病毒的生产工艺流程一般包括三级细胞库建立、细胞复苏培养、使用质粒包装重组病毒、收获病毒上清后酶切、层析、超滤、制剂和检测放行。

CAR-T 细胞制剂制备场所按照不同工艺应至少包括质粒制备区、病毒制备区、细胞制备区、质控区（支原体测定、内毒素测定、流式细胞仪检测和分子生物学等相关检测）和储存区（质粒储存区、病毒储存区、细胞储存区），各个区域应相对独立。病毒制备区、病毒储存区应具有独立的空调系统。

细胞治疗产品、病毒载体、质粒的生产操作环境的洁净度级别，可参照表 18-3 中的示例进行选择。

表 18-3　细胞药物生产环境要求

洁净度级别	细胞治疗产品生产操作示例
B 级背景下的局部 A 级	处于未完全密封状态下产品的生产操作和转移，无法除菌过滤的溶液、培养基的配制，病毒载体除菌过滤后的分装
C 级背景下的 A 级送风	生产过程中采用注射器对处于完全密封状态下的产品、生产用溶液进行取样，后续可除菌过滤的溶液配制，病毒载体的接种、除菌过滤，质粒的除菌过滤
C 级	产品在培养箱中的培养，质粒的提取、层析
D 级	采用密闭管路转移产品、溶液或培养基，采用密闭设备、管路进行的生产操作、取样，制备质粒的工程菌在密闭罐中的发酵

二、T 细胞的分离富集工艺

目前，大多数 CAR-T 细胞是由外周血自体 T 细胞产生，也可以使用异体健康受试者 T 细胞批量生产通用型 CAR-T 细胞。制造 CAR-T 细胞所需的 T 细胞数量相对较少（数亿）。大多数健康受试者的数百毫升血液含有足够数量的 T 细胞用于制造 CAR-T 细胞，但需要 CAR-T 治疗的患者血液中的 T 细胞浓度变化很大，并且由于疾病状态和既往治疗，通常 T 细胞浓度较低。为了所有患者获得足够数量的细胞，通常使用单采血作为制造 CAR-T 细胞的起始材料，且在单采程序开始前不久测量患者血液中 T 细胞的浓度，根据 T 细胞计数调整单采程序的持续时间，从而收集到足够的细胞。单采血通过血细胞分离机（单采机）获得，降低产品污染风险。单采血除了含有 T 细胞外，还含有多种类型的细胞，例如 B 细胞、NK 细胞、红细胞、单核细胞、粒细胞等，因此 CAR-T 制造开始之前，需要进行 T 细胞富集，因为其他细胞可能会减少 T 细胞中的载体拷贝数或抑制 T 细胞的扩增。

可以使用密度梯度离心、逆流淘洗（counter-flow elutriation）和依赖抗体分选来富集单个核细胞（peripheral blood mononuclear cell，PBMC）或 T 细胞。已有报道，新鲜单采血或冻存复苏后单采血在 2~8℃保存 72 小时内细胞活率稳定，使用新鲜或冻存后的细胞进行 CAR-T 细胞制备，CAR-T 细胞的生长曲线没有明显差异，各项细胞特性检测指标也没有明显差异。因此，新鲜或冻存的细胞均可以用来制备 CAR-T 细胞，例如逸迅达是采用新鲜细胞制备的，kymriah 是采用冻存细胞制备的。

密度梯度离心法是利用不同的细胞其密度不同的原理进行细胞分离。常用来分离人

PBMC 的分层液是聚蔗糖（ficoll）- 泛影葡胺（urografin）分离液。ficoll 是蔗糖的多聚体，中性，平均分子量为 400 000，具有高密度、低渗透压、无毒性的特点。人的血小板平均密度为 1.048，淋巴细胞平均密度为 1.071，单核细胞平均密度为 1.065，粒细胞平均密度为 1.085，所以密度为 1.077±0.001 的分离液最佳。将稀释后的外周血缓慢加在分离液的表面（图 18-3），通过离心，红细胞、粒细胞比重大，离心后沉于管底；淋巴细胞和单核细胞的比重小于或等于分离液比重，离心后漂浮于分离液的液面上，也可有少部分细胞悬浮在分离液中。吸取分离液液面的细胞，就可从外周血中分离到 PBMC。这种分离方法可以去除粒细胞和红细胞，但单核细胞、B 细胞和 NK 细胞不会从 T 细胞中分离出来。

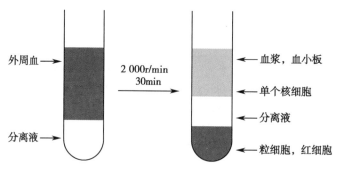

图 18-3　密度梯度离心法分离 PBMC 细胞示意图

离心逆流淘洗的原理是在离心环境下将流体冲过细胞层，利用体积（大小）和比重（密度）将多种混合的细胞区分开，可直接从单采白细胞产品中分离提纯单核细胞与淋巴细胞，分离时间小于 1 小时。该方法可以将单核细胞和粒细胞与 T 细胞分离，但 T 细胞部分也将包含 B 细胞和红细胞。

ER18-4　离心逆流淘洗简介（文档）

使用与磁珠结合的抗体进行磁激活细胞分选（magnetic-activated cell sorting，MACS）是目前分离细胞群最常用的方法。其原理是 T 细胞表面表达 CD3、CD28 分子，利用抗原 - 抗体结合的特异性，使用连接有抗 CD3 抗体和抗 CD28 抗体的磁珠（例如 dynabeads CD3/CD28 CTS 磁珠）与 PBMC 细胞孵育，室温下孵育 30min，磁珠可以特异性地与 T 细胞结合，在磁场的作用下，磁珠可以分离出来，从而从 PBMC 中分选得到 CD3$^+$T 细胞。该方法所得 CD3$^+$ 细胞的回收率相对较低，且如果单采血中含有大量单核细胞，这些单核细胞可以吞噬磁珠，使磁珠无法刺激 T 细胞扩增。kymriah 产品采用了 CTS Dynabeads 技术。另一种非常有效的 T 细胞分离方法是采用抗 CD4 微球和抗 CD8 微球进行选择分离，可获得纯度相对较高的 T 细胞群，但成本要高得多。

以上所有这些方法都可以使用自动化仪器或封闭系统实现，例如细胞清洗机、全自动细胞分离系统和血细胞分离淘洗机。

三、T 细胞的活化工艺

ER18-5　T 细胞激活原理（文档）

免疫应答过程中 T 细胞的激活需要双信号：第一信号来自 TCR 识别 MHC/抗原肽复合物，传递抗原特异性识别信号；第二信号由 APC 的共刺激分子提供，为非特异性协同刺激信号。

抗原非依赖性的多克隆 T 细胞激活广泛用于促进 T 细胞扩增，以达到治

疗患者所需的细胞数量。刺激人类 T 细胞最简单和最常见的方法是使用可溶性抗 CD3 抗体
（OKT3 克隆），使用含 50ng/ml 的 OKT3 和 300IU/ml 的 IL-2 培养基培养 PBMC，会使 T 细胞
在培养 7 天后平均扩增倍数为 4.2±2.0。T 细胞免疫治疗制造中最常用固定化的抗 CD3 和
抗 CD28 的单克隆抗体来进行 T 细胞激活。包被有抗 CD3/ 抗 CD28 抗体的磁珠 dynabeads 和
IL-2，比 OKT3 加 IL-2 对 T 细胞的扩增要高得多。尽管这些磁珠能富集 T 细胞并产生强劲的
细胞扩增，但在注入患者体内之前去除磁珠仍然是一个挑战，并且可能会导致最终细胞产物
的损失。TransAct™ 是基于非磁性纳米微珠生产工艺，在纳米级聚合物基质上分别偶联人源
化 CD3、CD28 抗体的新型 T 细胞激活剂。纳米级微粒，不沉降，悬浮于培养基中，能均匀地
接触和激活 T 细胞，简单的离心清洗即可去除，节省时间并提高细胞回收率。未来需要开发
新型 T 细胞激活剂，既可以结合 CD3/TCR 复合物及其共刺激分子 CD28，又能通过离心或灌
注容易地将其去除。

抗原呈递细胞（antigen presenting cell，APC），如树突状细胞和巨噬细胞，是 T 细胞的内源
性激活剂。在体外细胞制造中使用 APC 可以提供一种更像体内的免疫细胞刺激。但是使用
APC 有几个挑战，包括：①产生符合 GMP 要求的 APC 的成本；②从最终治疗细胞群中不完全
清除的风险；③激活 T 细胞群的能力存在供体 - 供体差异；④原材料中这些激活细胞的数量限
制。人工抗原呈递细胞（artificial APC，aAPC）是一种基因工程细胞系，其组成性表达所需的共
刺激配体，以比 APC 更可控的方式驱动特定类型细胞的激活和扩增。在免疫治疗中使用 aAPC
的挑战包括工程化、扩增和鉴定 aAPCs 细胞系的时间和成本，以及其继续生产的成本和风险。

四、T 细胞的基因修饰工艺

为了使 T 细胞能表达外源 CAR 基因，需要对 T 细胞进行基因修饰。T 细胞的基因修饰主
要有以下几种方法（表 18-4）。目前已上市 CAR-T 产品是通过慢病毒或 γ- 逆转录病毒载体实
现的。γ- 逆转录病毒载体转导是最早被使用的，可使用稳定的细胞系生产的载体。慢病毒主
要通过瞬时转染制备。慢病毒载体具有转导非分裂细胞的优势。转导可以在 T 细胞激活期
间或随后的 1~3 天内进行，后者由于活跃分裂细胞的比例增加而转导效率更高。该过程通常
是简单地将载体试剂添加到细胞培养容器中，最好以封闭的方式完成。

表 18-4　转导 T 细胞的载体比较

载体类型		优势	劣势
病毒载体	慢病毒载体	转导非分裂细胞高效，稳定表达	生产规模受限，缺乏稳定包装系统，批次变异性，需要长期监控受试者，生产和检测复杂，可能产生复制型病毒
	γ- 逆转录病毒载体	长期的使用经验，高表达，体外安全，大批量产品的可及性	担心体内安全性，需要长期监控受试者，生产复杂和检测昂贵，可能产生复制型病毒
非病毒载体	转座子 / 转座酶系统 *	生产和检测简单，比病毒载体便宜	潜在的致癌风险，T 细胞毒性
	mRNA	无基因整合，简单电转或胞吞，无复制型病毒产生	瞬时表达

*：例如 sleeping beauty 和 piggybac。

良好的转导效率依赖于增加细胞 - 载体相互作用的概率。一个常见参数是复感染指数（multiplicity of infection, MOI），定义为感染每个靶细胞的载体数目。转导 T 细胞所用的 MOI 越小，病毒对 T 细胞的毒性越低，对细胞增殖的负面影响越小。化学增强剂包括阳离子聚合物（例如 polybrene、DEAE-dextran）或肽（RetroNectin、vectofusin-1），可以改善载体 - 靶细胞相互作用以提高转导效率。polybrene 存在毒性问题，不常用于临床方案。RetroNectin 传统上用于逆转录病毒方案，需要人工预包被培养容器。增加细胞 - 载体相互作用的物理方法，如离心（25℃，1 200×g，2 小时），也已证明可提高感染效率或降低载体浓度要求。

影响转导的其他因素包括载体本身的设计和质量，特别是与病毒包膜蛋白的选择有关，这是载体趋向性的决定因素。最常见的慢病毒载体基于 VSVG 包膜糖蛋白，与低密度脂蛋白受体结合。低密度脂蛋白受体在大多数人类细胞中广泛表达，且在 T 细胞激活时上调。科研人员正在积极探索替代性包膜糖蛋白，如 RD114、狒狒逆转录病毒包膜糖蛋白和麻疹病毒包膜蛋白，作为 VSVG 的替代品，以改善载体在 T 细胞中的性能。

五、T 细胞的培养工艺

基因改造后，CAR-T 细胞在体外培养扩增，以达到临床回输所需的细胞数量。用于临床的 T 细胞，其扩增使用的培养基应该成分明确、不含异种添加剂、无异种血清。细胞因子是影响 T 细胞生长的关键因素之一。有许多细胞因子的组合可导致培养结束时细胞分化状态和功能的显著变化。IL-2 是支持 CAR-T 细胞扩增最常用的生长因子。然而有研究表明，在 IL-2 存在下的体外 T 细胞扩增可导致 T 细胞更倾向于分化和耗竭的表型，并可降低 T 细胞的持久性。其他细胞因子如 IL-7、IL-15 和 / 或 IL-21 也有用于 CAR-T 细胞的制备，可以增加细胞终产品中记忆性 T 细胞的比例、CAR-T 细胞在体内的增殖能力、持久性和增加疗效。但从制造的角度来看，还必须考虑达到目标剂量水平所需的细胞总数。使用除 IL-2 以外的方法，可能需要使用更多的起始细胞进行培养，因为细胞扩增可能会更有限。

T 细胞培养可使用 T 形培养瓶、细胞培养袋，也可使用复杂的生物反应器。培养瓶和培养袋缺乏在线分析和自动化，对实验人员技能要求高。理想的细胞培养系统应该是封闭自动化的，以减少污染的风险，实现标准化生产。目前，使用最广泛的设备是 G-Rex、Wave 生物反应器和全自动多功能细胞处理系统。

G-Rex 细胞培养装置允许细胞从较低的接种密度扩增，并且无须更换培养基，可以培养 8~10 天。缺乏自动化、过程封闭集成和过程中监控能力，限制了它们在大规模商业制造中的应用。由于静态培养环境，G-Rex 适合培养需要饲养细胞的治疗用细胞，如 TIL 和抗原特异性 T 细胞，因为细胞与细胞间的接触不会中断。

Wave 生物反应器利用摇摆波运动，以低剪切侧向运动实现反应器内的有效混合和氧气交换，已成为 T 细胞免疫疗法商业规模扩大的最常见平台。Wave 生物反应器是一个自动化、封闭系统，通过一次性使用的传感器能够监测多个参数，包括 pH、溶解氧（DO）、气体压力、O_2 浓度、CO_2 浓度以及泵等，

ER18-6
G-Rex 简介
（文档）

ER18-7 Wave
生物反应器简介
（文档）

实现高密度细胞培养。由于系统的设计,在这些生物反应器中通常有一个最小起始体积(例如,一个 1L 培养袋至少装 300ml 细胞液),因此使用此系统的一个限制是,细胞必须先扩增到所需起始体积才可以转移到 Wave 一次性使用培养袋中继续培养。

全自动多功能细胞处理系统 Prodigy 已被用于自动化 CAR-T 制造,包括通过磁分离进行细胞选择、扩增、清洗、收获和制剂。使用 MACS 分选 CD4 和 CD8T 细胞,使用 TransAct-CD3/CD28 试剂进行 T 细胞激活,使用病毒载体转导 T 细胞,在 TexMACS 培养基—3%HS-IL2 中培养,使用 PBS/EDTA 缓冲液洗细胞。Prodigy 与手工方法产生的 CAR-T 细胞显示出相似的转导效率和表型。该仪器在易用性和减少污染风险方面有很多好处,大大减少了所需的 GMP 制造空间,但成本昂贵。

六、CAR-T 细胞的制剂与冷冻复苏

CAR-T 细胞的制剂过程包括细胞的收集、离心洗涤和制剂。根据上游工艺或目标产品成分的规定,可能需要额外的纯化步骤,如去磁珠或细胞选择。通常从培养容器中收获扩增的细胞产物、离心、浓缩并洗涤,用细胞冷冻保护剂替代培养基,然后注入多个冷冻袋中,用于患者静脉回输给药以及质量检测。目前已有一些仪器,例如细胞淘洗机、细胞分离机或自动细胞处理系统,可替代传统的多次分批离心清洗过程,完成封闭、自动化和一次性使用的制剂过程。

制剂完成后,一般采用液氮作为制冷剂,用程序降温仪冻存细胞。传统液氮程序降温仪在样品冷却后会挥发氮气,其中可能包含细菌、真菌孢子、病毒、朊病毒等污染源,而且温度控制的不稳定性会直接影响细胞的状态。非液氮程序性降温仪已经诞生(例如 VIA Freeze),可用于细胞的冻存,能够精准控温,且可降低使用液氮可能带来的污染和空气质量风险。另外,虽然几十年来,DMSO 一直是哺乳动物细胞首选的低温保护剂,但 DMSO 对细胞存在一定的毒性,用量受到限制。目前已有无 DMSO 的冷冻保护剂上市(如 Prime-XV FreezIS),其更安全、与上游仪器管道的兼容性更好。目前已有公司开发了自动干复苏设备,可消除在水浴中手动复苏相关的风险,如水性污染物、复苏时间的主观性和操作员之间的可变性。

七、CAR-T 细胞的质量控制

CAR-T 细胞的质量控制应包括对生产中使用材料的控制、过程控制以及成品的放行检测。此外,生产过程验证和稳定性研究对于 CAR-T 细胞产品质量也至关重要。CAR-T 细胞的质量控制需建立质量标准,确立质量检验操作规程,所有检测方法应经过验证。CAR-T 细胞制剂的质量要求包括:①无菌试验和支原体检测;②内毒素检测;③细胞活率和回输数量进行检测;④终产品中 CAR-T 细胞转导 / 转染率、免疫表型检测;⑤检测 CAR-T 细胞制剂对特异性肿瘤细胞的杀伤作用;⑥病毒转导 / 转染后的细胞应进行 RCR/RCL 检测;⑦CAR-T 细胞的基因拷贝数检查(VCN);⑧对于培养后不经冻存,直接回输的 CAR-T 制剂,应加强培养的全过程质量控制,设置合理的取样点,并采用合理的快速检测方法进行质量控制;⑨如果细胞

培养基内添加成分可能会对细胞制剂质量或安全性产生影响,应对培养基及其他添加成分残余量进行检测,如细胞因子等;⑩使用磁珠抗体刺激 T 细胞的,应检测制剂中的残余磁珠量;⑪对于异体 CAR-T 细胞,还应进行组织相容性抗原检测及采用核酸法进行特定人源病毒的检测。

八、抗 CD19 CAR-T 细胞药物的生产工艺

以第一代抗 CD19 CAR-T 细胞药物为例,主要生产工艺过程如下。

(一)携带 CAR 基因的慢病毒载体制备

1. 工作库 HEK293T 细胞 37℃水浴复苏,将冻存细胞悬液加入 6ml 含 10% 胎牛血清 DMEM 完全培养基的离心管中,混匀,室温离心 300×g,5 分钟。弃上清,用 10ml DMEM 完全培养基重悬细胞,接种到 T75 培养瓶中,37℃、5% CO_2 培养箱培养。

2. 每 2~3 天细胞传代,先去除细胞培养上清,加 5~10ml PBS 洗细胞,去除 PBS 后,加入 3~5ml 0.25% 胰酶,37℃、5% CO_2 培养箱中消化 1~3 分钟,加入 5ml 含 10% 胎牛血清 DMEM 完全培养基终止消化,吹打细胞并将细胞悬液转移到离心管中,室温离心 300×g,5 分钟,去除上清,用 DMEM 完全培养基重悬细胞,按(1:4)~(1:6)传代接种到培养瓶中,37℃、5% CO_2 培养箱继续培养。

3. 在转染前 72 小时,接种 1×10^7 个 293T 细胞到 1 个 T175 瓶中,将得到汇合度在 60%~80% 的单层细胞铺在瓶底。在 1 个 50ml 离心管中加入 4ml Opti-MEM、30μg CAR 表达质粒、10μg 包装质粒 1、10μg 包装质粒 2、10μg 包装质粒 3,总共 60μg 质粒,和 120μl P3000™ 增强试剂(2μl/μg DNA),混合均匀(溶液 A)。在另一个 50ml 离心管中加入 4ml Opti-MEM 和 180μl Lipofectamine® 3000 试剂,涡旋 2~3 秒(溶液 B)。将溶液 A 和 B 混合,室温静置 10~15 分钟。加 125μl 1mol/L 丁酸钠到 17ml 含 10% 胎牛血清 DMEM 完全培养基中,再加入 AB 溶液 8ml,得到 ABS 溶液总体积 25ml,丁酸钠终浓度为 5mmol/L。将 T175 瓶中原来的细胞培养上清去除,加入 25ml 新鲜配制的溶液 ABS,放入 37℃、5% CO_2 培养箱培养。

4. 24 小时后,收获所有细胞培养上清,再加入 25ml 新鲜含 10% 胎牛血清 DMEM 完全培养基,继续培养 24 小时,再收获细胞培养上清。

5. 收获的含病毒的细胞培养上清离心 300×g,10 分钟,取上清用 0.45μm 滤膜过滤,得到澄清的病毒上清,可放 2~8℃冷藏。两次收获的病毒可合并后使用 100kDa 超滤管进行浓缩,2 000×g,90 分钟,4℃离心。也可使用切向流过滤(tangential flow filtration, TFF)、Mustang Q、Capto Core 700 等进行病毒的纯化和浓缩。

ER18-8 第三代慢病毒载体简介及制备(文档)

(二)T 细胞制备

1. **血样采集** 经一系列检测,主要包括血常规及分类、人类免疫缺陷病毒、丙型肝炎病毒、乙型肝炎病毒、EB 病毒、巨细胞病毒、人类嗜 T 细胞病毒、梅毒、肝肾功能、凝血检测,合格后,采集人新鲜抗凝全血或单采血。

2. **单个核细胞制备** 血液样品传入细胞制备车间,在生物安全柜中,用 PBS 稀释 1~

2倍,将稀释后的血液加到 ficoll 分离液表面,保持液面清晰。分离液、稀释全血体积为1:2。室温密度梯度离心,(700~800)×g,离心20~30分钟,升速1降速0。离心结束后,管底是红细胞,中间层是分离液,最上层是血浆,血浆与分离液层之间是白膜层,即单个核细胞(PBMC)层。小心吸取白膜层到另一个管中。用 PBS 稀释5~10倍,混匀,室温离心300×g,10分钟,弃上清,重复洗涤1~2次。

3. T 细胞制备 在 PBMC 细胞中加入 CD3/CD28 磁珠,磁珠与 T 细胞比例为3:1。室温混匀孵育30~90分钟。将含有 CD3/CD28 磁珠的细胞悬液,置于磁力架中3~10分钟,去除未被磁力架吸附的细胞悬液,收获被磁力架吸附的磁珠 - 细胞混合物,即为 T 细胞。

4. T 细胞培养 用含 20ng/ml IL-2 的培养基(例如 X-VIVO 限定化学成分无血清造血细胞培养基)重悬 T 细胞,细胞密度为(0.3~3)×10^6 个 /ml。37℃、5% CO_2 培养箱培养过夜。

(三)CAR-T 细胞制备

1. 病毒感染 T 细胞 第2天,冰上解冻携带 *CAR* 基因的慢病毒载体,按 MOI 为1~5加入对应体积的病毒到 T 细胞中,混匀。另外留一些 T 细胞不进行感染,作为对照 T 细胞。37℃、5% CO_2 培养箱继续培养48小时后,收集感染的细胞,室温离心300×g,10分钟,去掉含病毒的培养基,用新鲜培养基重悬 CAR-T 细胞。

2. CAR-T 细胞培养 在37℃、5% CO_2 培养箱培养 CAR-T 细胞,每2~3天细胞计数,并补加新鲜培养基,保持细胞密度在(0.5~3)×10^6 个 /ml。

3. CAR-T 细胞收获与冻存 扩增达到所需的 CAR-T 细胞数量后,室温离心300×g,10分钟,去除上清,收获细胞。用生理盐水重悬细胞,放置在磁力架上,静置3~10分钟,以去除磁珠,收集未被磁力架吸附的细胞悬液。计数,根据细胞密度吸取适当体积的细胞,室温离心300×g,10分钟,去除上清,用细胞冷冻保护液(例如 CryoStor CS5)重悬细胞并混匀,将部分细胞转移到细胞冻存袋中(附标签),排出袋中气泡,用高频热合机密封冻存袋管路,程序降温仪冷冻,液氮保存细胞。剩余部分细胞留样用于质检。

(四)CAR-T 质量检测方法与放行标准

CAR-T 细胞制剂的质量检测一般包含:常规检测、细胞特异性和功能性检测、杂质和安全性控制等(表 18-5)。

表 18-5 抗 CD19 CAR-T 细胞的质量标准

检测类别	关键质量属性	检测方法	放行标准
常规检测	外观	目测	无色至微黄色细胞悬浮液
	pH	《中国药典》(现行版)方法	6.0~8.0
	渗透压	冰点下降法	报告结果
细胞特性检测	细胞数量	细胞计数仪计数	应不低于设计目标
	细胞活率	荧光染色法	≥70.0%
	CAR 基因拷贝数	实时 PCR 法	<5拷贝 /细胞
	CAR 阳性率	流式细胞术	≥10.0%
	CAR-T 细胞表型	流式细胞术	报告结果

检测类别	关键质量属性	检测方法	放行标准
细胞功能检测	细胞杀伤活性	乳酸脱氢酶或实时细胞分析或其他	报告结果
	细胞因子分泌	ELISA	报告结果
杂质控制	磁珠残留	镜检	≤100个/（1×10⁶）细胞
安全性控制	无菌	薄膜过滤法	无菌
	支原体	实时PCR法	阴性
	支原体	《中国药典》（现行版）方法	阴性
	RCL	实时PCR法	阴性
	细菌内毒素	凝胶法	≤3.5EU/ml
鉴别	CAR基因鉴定	PCR法	与理论一致

在收到医师的书面处方后，合格的抗CD19 CAR-T细胞将被放行用于临床。经冷链运输（干冰或液氮），冷冻CAR-T细胞通常在病床边37℃水浴中解冻，并由医务人员静脉注射给患者。

第三节 间充质干细胞生产工艺

干细胞治疗是指应用人自体或异体来源的干细胞经体外培养后输入（植入）人体，用于治疗疾病或发挥保健功能。干细胞所需要的体外操作包括干细胞的分离、纯化、扩增培养、制剂冻存等过程。在众多干细胞类型中，间充质干细胞目前应用较为广泛。

一、间充质干细胞的来源、应用及特征

间充质干细胞（mesenchymal stem cell，MSC）是一类来源于中胚层的多能干细胞，具备自我复制能力与多向分化潜能。

（一）间充质干细胞的来源及应用

间充质干细胞的来源有多种，例如脐带、脐带血、胎盘、羊膜、骨髓、外周血、脂肪等，其中脐带、骨髓和胎盘来源的间充质干细胞临床应用较多。间充质干细胞在适当的诱导条件下可分化为多种细胞或组织，如心肌细胞、神经细胞、骨、软骨、胰岛细胞等，使其在临床上具有多种应用潜力，例如用于糖尿病、心血管疾病、动脉疾病、移植物抗宿主病的治疗，受损皮肤的修复等。

（二）间充质干细胞的特性

间充质干细胞具有特定的细胞表型，基本判断指标为：①细胞贴壁生长；②表达细胞表面分子CD73、CD90、CD105，但不表达CD14（或CD11b）、CD34、CD45、CD79α（或CD19）和HLA-DR；③在体外有分化为脂肪细胞、软骨细胞和成骨细胞的能力。

二、间充质干细胞的生产工艺

干细胞的生产工艺经过多年发展，已经趋近成熟，国家相关部门也出台了多个技术指导文件，将其按照药品来管理。本部分介绍在 GMP 条件下生产临床级别的人源间充质干细胞的生产工艺。

（一）间充质干细胞的生产工艺流程

干细胞生产工艺包括样本采集、分离培养、扩增、超低温冻存、复苏、移植前制备及与之相适应的质检与质量控制（图18-4）。

（二）间充质干细胞操作的常规要求

间充质干细胞治疗的关键是获得高纯度、活力好、干性好的细胞，因此细胞分离纯化工艺显得十分重要。对于间充质干细胞分离纯化的常规性要求如下。

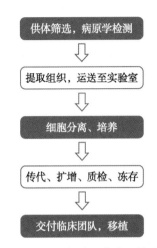

图 18-4　干细胞工艺流程简图

1. 分离与培养操作在符合 GMP、《干细胞通用要求》《细胞治疗产品研究与评价技术指导原则》(试行)和《干细胞制剂质量控制及临床前研究指导原则》(试行)等相关规范的洁净区域内进行。

2. 所有操作步骤需要事先经过研究测试、制定标准操作规程(standard operating procedure, SOP)、操作人员事先经过技术操作培训并考核合格，操作过程中，技术人员严格执行 SOP，并做完整的实验记录。样品名应标识清晰，标识信息应包含间充质干细胞的名称、代次、批次、操作日期、培养条件、操作人员等信息。

3. 所使用试剂应采用符合国家 GMP、《中华人民共和国药典》(现行版)、《干细胞通用要求》和《干细胞制剂质量控制及临床前研究指导原则》(试行)要求的辅料或已获批的药品，具有产品质检合格报告，并对各批次试剂进行质量自检或抽检。

4. 尽可能避免使用人源或动物源性材料，例如胰酶采用重组表达的胰酶而非猪胰酶，如果必须使用异源血清，应确保无特定病毒污染。

（三）间充质干细胞分离工艺过程

间充质干细胞分离纯化的一般步骤包括细胞供者审查、样本采集、样本运输、细胞分离，具体内容如下。

1. **细胞供者审查**　审查供者个人信息、既往病史、家族病史等。供者应无遗传病、心脏疾病、恶性肿瘤、血液系统疾病、性传播疾病及相关高危人群史、吸毒史等。特定病毒包括人类免疫缺陷病毒、乙型肝炎病毒、丙型肝炎病毒、EB 病毒、巨细胞病毒、人类嗜 T 细胞病毒、梅毒等应为阴性。

2. **样本采集**　采集场所一般为洁净手术室，按照无菌操作的要求进行。对不同组织的采集方法如下。

（1）新生儿脐带、胎盘组织：新生儿脐带组织样本采集在小儿出生后立刻进行，通常由产科护士或助产士等医务人员操作。胎儿娩出后，在距胎儿脐部的适当位置，用两个止血钳分别夹住待取脐带位置的两端,用无菌剪刀于两钳内侧剪断脐带,脐带留取长度一般大于15cm;在胎盘与母体分离后,用无菌生理盐水将胎盘充分淋洗。将样本置于无菌采集器皿内,浸没在无菌生理盐水或磷酸盐缓冲液(PBS)中,密闭包装。

（2）脂肪组织:脂肪组织采集通常由临床医师制订方案并实施,通常抽取脐周或大腿的脂肪组织,将取出的组织置于无菌采集器皿中密闭保存。

（3）骨髓组织:骨髓采集由临床医师根据骨髓穿刺方案与术前术后的防感染措施进行,抽取骨髓液至含抗凝剂的注射器内,随后转移至无菌采集器皿中密闭保存。

3. 样本运输 样本运输过程以快速、平稳、安全将样本运达实验室为原则,按照规范的SOP操作。运输样本包装上粘贴细胞信息标识,样本运输途中避免剧烈震动、挤压、高温、辐射等环境条件,防止样本出现损伤或渗漏、污染。运输过程保持冷藏2~8℃,骨髓样本运输时长通常不超过6小时,脂肪组织不超过12小时,脐带和胎盘组织不超过24小时。细胞培养厂房在接收到样本时,核验样本并做好消毒、记录工作。

4. 细胞分离 以脐带间充质干细胞为例,在生物安全柜内取出脐带样本,用无菌PBS清洗3遍,用无菌医疗器械(止血钳、镊子)去除脐带组织的血管、外皮等,保留华通氏胶,将组织置于直径10cm的无菌培养皿中剪碎,加入5ml 0.5mg/ml Ⅰ型胶原酶,37℃消化30分钟,加入5ml成分明确的无血清培养基终止消化,置于T25无菌透气培养瓶中6ml体系培养3天后更换培养基。用PBS吸取培养基,加入0.1%重组胰酶在37℃下消化30分钟,加入无血清培养基终止消化,将获得的细胞组织混悬液经200目滤网过滤,收集过滤出来的单细胞悬液,300×g离心5分钟,去除上清液,将离心管底部的细胞块用无血清培养基重悬,细胞置于T25无菌透气培养瓶中6ml体系培养,培养3天后换新鲜培养基,之后每隔2天换液1次,培养至细胞充分融合。

（四）间充质干细胞培养工艺过程

1. 贴壁培养 间充质干细胞置于含培养基的无菌透气培养瓶中,自然贴壁生长。培养基采用符合药品生产标准、成分明确的干细胞培养专用的无血清培养基。列举一种培养基组分:DMEM低糖培养基作为基底,添加人血清白蛋白3mg/ml;人转铁蛋白1mg/ml;人表皮细胞生长因子20ng/ml;人转化生长因子20ng/ml;人碱性成纤维细胞生长因子10ng/ml;重组人胰岛素20μg/ml;丹参素钠20μg/ml;银杏酸5μg/ml;亚硒酸钠0.50μg/ml;白藜芦醇25μmol/L;0.01μmol/ml的L-抗坏血酸-2磷酸;胰蛋白酶0.15mg/ml。

培养瓶置于含5%经滤菌的高纯二氧化碳、37℃的恒温培养箱中培养。随着细胞分裂、数目增多,伴随着营养消耗、代谢物排放,需要进行根据培养基中酚红的指示色适时换液,确保间充质干细胞生长所需营养供给充分,代谢物的浓度在可耐受范围,以免对干细胞产生毒副作用。每次换液前,需要在显微镜下确认原代细胞的生长状况,确保其紧密贴壁,否则可能会造成细胞损失。丢弃培养瓶中部分或全部培养基,再加入适量新鲜培养基。

2. 传代培养 在间充质干细胞的汇合度达到80%~90%时需进行传代操作,传代应及时,避免细胞出现异常情况。将细胞培养基吸弃,用无菌PBS轻轻漂洗2遍,注意不要使细胞从瓶底脱落。吸去PBS后加入培养体系1/5体积、0.25%浓度、GMP级别的重组胰酶。消化约2分钟,待细胞从瓶底脱落后,加入与胰酶等体积的无血清培养基中止消化,用吸管轻轻吹打细胞悬液,将悬液转移至离心管,在离心机中用 $300 \times g$,离心 5 分钟。离心后吸去上清,用吸管吸取新鲜培养基重悬细胞,然后将细胞悬液转移至 2 个培养瓶中,补足培养基继续培养,直至达到所需的细胞数量或代次。

(五)间充质干细胞冻存工艺

经过培养扩增,细胞数量、活率达到收获要求时,进行冻存。采用与传代相同的方法消化细胞,离心收集待冻存的细胞,去除培养基,按照 $5 \times 10^6/ml$ 的细胞密度加入细胞冻存保护液重悬细胞,将混悬液装入临床级冻存袋(管)内,通过程序性降温至 $-80 \, ^\circ\!C$,然后将冻存的细胞转入液氮环境中保存。

间充质干细胞冻存保护液需要成分明确、不含动物源成分,组分及原材料级别须符合临床要求,如果使用含二甲基亚砜(DMSO)的冻存保护液时,DMSO 的体积比例须低于 10%。举例一种细胞冻存保护液组分:甲基纤维素 0.5%(W/V),麦芽糖 0.5%(W/V),葡萄糖 1.0%(W/V),脯氨酸 1.0%(W/V),谷氨酰胺 0.5%(W/V),DMSO 5%(V/V),无菌 PBS。其中甲基纤维素作为血清替代物,与糖类、氨基酸一起增加溶液黏性,维持渗透压,降低冰晶形成;DMSO 是低温保护剂,降低溶液冰点,减轻细胞受冰冻影响。

对冻存的细胞贴标签,标签信息包括间充质干细胞名称、培养环境级别、培养代次、生产批号、操作人员姓名、冻存日期。液氮存储在符合临床要求的液氮容器,置于专门区域,液氮容器装配液氮液位报警装置。

三、间充质干细胞的质量检测与控制

间充质干细胞不管是作为临床研究的制剂还是按照药品管理,都需要对其生产的整个过程进行质量检测与质量控制,确保回输的安全有效。

(一)细胞表型特性

间充质干细胞具有特定的细胞表型,用以对其进行定性定量判断。

1. 细胞形态 在光学显微镜下间充质干细胞呈贴壁生长,分散的细胞呈三角形、多角形等形态,密集生长的细胞为长梭形、纤维状、旋涡或鱼群状,形态均一。

2. 活率 采用台盼蓝染色或吖啶橙/碘化丙啶(AO/PI)荧光双染法检测间充质干细胞的活率,各代次细胞的活率≥90%。

3. 表面标志物分子 通过标志物流式抗体染色,流式细胞仪检测,测得 CD73、CD90、CD105 阳性表达,CD14(或 CD11b)、CD34、CD45、CD79α(或 CD19)和 HLA-DR 阴性表达。

4. 细胞纯度检测 应用流式细胞仪分析间充质干细胞的表面标志分子,符合间充质干细胞特征的细胞比例≥95%。

5. 染色体核型检测 采用 G 带核型分析,可见人间充质干细胞染色体数量为 46 条,无染色体缺失及形态异常。

(二)质量控制

1. 无菌检测 对间充质干细胞生产制备的各环节留样进行无菌检测。无菌检测方法为《中国药典》(现行版)推荐的培养法,结果须为阴性。

2. **支原体检测**　对间充质干细胞生产制备各环节留样进行支原体检测。支原体检测方法采用培养法与 DNA 染色法,结果须为阴性。

3. **内毒素检测**　对间充质干细胞生产制备各环节留样进行内毒素检测。各级样本中的内毒素含量须≤0.5EU/ml。

4. **外源致病因子检测**　采用 ELISA 法或 PCR 法,对间充质干细胞生产制备各环节留样检测。ELISA 检测项目 HIV 抗体、HBs 抗原、HCV 抗体、TP 抗体、CMV-IgM、HTLV 抗体、HPV 抗体、EBV 抗体,结果须为阴性;PCR 检测 HCV、HBV、HIV 病毒核酸,结果须为阴性。

5. **异体免疫反应**　采用流式细胞术以及 ELISA 技术,测定异体来源的人间充质干细胞对人总淋巴细胞增殖和对不同淋巴细胞亚群增殖能力的影响,对淋巴细胞相关细胞因子分泌的影响。淋巴细胞各亚群应无异常增殖,细胞因子应无异常分泌。

6. **致瘤性检测**　包含体外试验和动物体内试验,体外试验采用琼脂板细胞克隆形成试验,结果须为阴性;体内试验采用在免疫缺陷小鼠中用局部注射或尾静脉注射方式接种人间充质干细胞,观察时间应≥8 周,结果须为无致瘤性,毒性试验应在 GLP 条件下开展。

7. **培养基成分残余检测**　检测最终干细胞制剂中的 BSA 残留量,应小于 50ng/ml。

ER18-9　目标测试题

（万晓春）

参考文献

［1］JUNE C H, O'CONNOR R S, KAWALEKAR O U, et al. CAR T cell immunotherapy for human cancer. Science, 2018, 359(6382): 1361-1365.

［2］JUNE C H, SADELAIN M. Chimeric antigen receptor therapy. N Engl J Med, 2018, 379(1): 64-73.

［3］GEE A P. GMP CAR-T cell production. Best Pract Res Clin Haematol, 2018, 31(2): 126-134.

［4］DAI X, MEI Y, CAI D Y, et al. Biotechnology advances: standardizing CAR-T therapy: getting it scaled up. Biotechnol Adv, 2019, 37(1): 239-245.

第十九章 疫苗生产工艺

ER19-1 疫苗生产
工艺（课件）

疫苗是预防控制传染性疾病的重要措施，在人类健康和社会稳定发展中具有重要作用。接种疫苗是 20 世纪公共卫生领域最伟大的科学成就之一。1979 年 10 月 26 日，世界卫生组织宣布全球消灭天花。2000 年，包括我国在内的西太平洋地区实现了无脊髓灰质炎状态。先进的疫苗和完善的预防接种体系标志着一个国家的卫生健康水平，本章阐述疫苗的发展历程、主要生产技术和代表性疫苗的生产工艺。国家免疫规划的实施有效地保护了广大儿童的健康和生命安全。不断提高免疫服务质量，维持高水平接种率是全社会的责任。

第一节 概述

从药品注册分类角度，疫苗属于预防性生物制品。疫苗的发展经历了医师的临床探索、病原生物与免疫科学研究、技术发展、生产工艺建立，政府监管、全民接种预防的过程。国家对疫苗的研究、开发、生产、销售、接种免疫等全链条进行监管，制定了《中华人民共和国疫苗管理法》，该法已由中华人民共和国第十三届全国人民代表大会常务委员会第十一次会议于 2019 年 6 月 29 日通过，由中华人民共和国主席习近平签署命令，自 2019 年 12 月 1 日起施行，由此中国疫苗进入了一个新阶段。本节内容包括疫苗的分类、国内外技术发展简史及前沿技术。

一、疫苗的分类及临床应用

（一）管理分类

疫苗是指为预防、控制疾病的发生、流行，用于人体免疫接种的预防性生物制品，包括免疫规划疫苗和非免疫规划疫苗。疫苗的临床应用主要针对病毒、细菌、病虫引发的各类传染性疾病。

免疫规划疫苗是政府免费向公民提供、公民应该按政府规定接种的疫苗。包括国家免疫规划确定的疫苗，省、自治区、直辖市人民政府在执行国家免疫规划时增加的疫苗，以及县级以上人民政府或者其卫生健康主管部门组织的应急接种或者群体性预防接种所使用的疫苗。用于儿童接种的国家免疫规划疫苗 8 类，预防甲肝、乙肝、脊髓灰质炎、乙脑炎、麻疹、风疹、腮腺炎等病毒性感染疾病以及结核病、百日咳、白喉、破伤风、脑脊髓膜炎等细菌性感染疾病（表 19-1）。

表 19-1　中国免疫规划疫苗（儿童疫苗）

可预防疾病	病原	疫苗种类	接种途径
乙型病毒性肝炎	乙型肝炎病毒	乙肝疫苗	肌内注射
结核病	结核分枝杆菌	卡介苗	皮内注射
脊髓灰质炎	脊髓灰质炎病毒	脊灰灭活疫苗	肌内注射
		脊灰病毒减活疫苗	口服
百日咳、白喉、破伤风	百日咳杆菌，白喉杆菌，破伤风梭菌	百白破疫苗	肌内注射
白喉、破伤风	白喉杆菌，破伤风梭菌	白破疫苗	肌内注射
麻疹、风疹、流行性腮腺炎	麻疹病毒（RNA 病毒）、风疹病毒、腮腺炎病毒	麻腮风疫苗	皮下注射
流行性乙脑炎	乙脑炎病毒	乙脑减毒活疫苗	皮下注射
		乙脑灭活疫苗	肌内注射
流行性脑脊髓膜炎	双球菌，脑膜奈瑟菌	A 群流脑多糖疫苗	皮下注射
		A 群 C 群流脑多糖疫苗	皮下注射
甲型病毒性肝炎	甲型肝炎病毒	甲肝减毒活疫苗	皮下注射
		甲肝灭活疫苗	肌内注射

非免疫规划疫苗，是指由居民自费、自愿接种的其他疫苗，如流行性感冒疫苗。

（二）基于技术的分类

疫苗是以病原生物或其组成成分、代谢产物为起始物料，采用生物技术制备而成，用于预防、治疗人类相应疾病的生物制品。疫苗的作用机制是刺激免疫系统产生特异性的体液免疫和细胞免疫，使人体获得对相应病原微生物的抵抗力。根据疫苗生产所使用的技术，可分成传统疫苗和新型疫苗两类。

1. 传统疫苗　是指通过传统技术，如病原体培养、减活、灭活、分离纯化制备的疫苗，包括灭活疫苗、减毒活疫苗和亚单位疫苗。

灭活疫苗是用化学或物理方法对病原体的培养物进行灭活后制备的疫苗，也称为死疫苗。接种后，通过激发机体产生抗体、细胞免疫等途径，获得免疫原力。优点是生产技术成熟，无返毒，产品安全性较高，容易制成联苗或多价苗，易储运。缺点是：①需要佐剂；②免疫途径单一，主要激发体液免疫；③免疫保护时间较短，接种剂量大，需要多次接种。

减毒活疫苗是用丧失病原性、保留免疫原性的弱菌株或弱毒株制备的疫苗。接种人体后使机体产生一次亚临床感染而获得免疫力。开发减毒活疫苗，首先要通过各种技术和方法获得弱毒株。采用人工定向变异的方法，或从自然界筛选出毒力高度减弱或基本无毒的活微生物。该疫苗的优点是弱毒株在体内有一定的增殖能力，一次接种免疫效果强而持久或终生保护的作用；缺点是安全性较差，具有潜在的致病风险，有可能发生毒力恢复突变，产生致病性。

亚单位疫苗是分离提取病原体的有效抗原成分，制备的疫苗，包括蛋白质疫苗、脂多糖疫苗和多糖 - 蛋白质结合疫苗。该类疫苗是从培养物中提纯有效抗原成分，经过处理后制成的疫苗。

20世纪80年代发展起来以纯化的抗原为主要成分的无细胞疫苗主要有蛋白质疫苗、多糖疫苗。

2. 新型疫苗 是指用现代生物技术研发制备的疫苗,包括重组抗原疫苗、重组载体疫苗、核酸疫苗等。

重组抗原疫苗是指对抗原基因进行表达,纯化,制备的疫苗。其优点是产品纯度高、安全性好、易储运;缺点是部分疫苗的效果相对较差,生产时间较慢。

重组载体疫苗是指将抗原基因重组在病毒载体上,制备的疫苗。如重组埃博拉病毒疫苗(腺病毒载体),是将人5型腺病毒上的复制基因删除,再把埃博拉病毒糖蛋白基因连接到无害病毒载体上,制成疫苗。该载体进入人体后,表达出埃博拉病毒糖蛋白,启动免疫系统应答,预防埃博拉病毒感染。病毒载体疫苗的优点是安全高效、易储运,不良反应少。缺点是有效性可能不足。

核酸疫苗是用编码抗原的基因DNA或转录物制备的疫苗。核酸疫苗进入机体后,最终翻译出抗原蛋白,引起免疫应答反应。已有多种核酸疫苗在研发中。该疫苗的优点是综合了减毒活疫苗的优势,又避免了减毒活疫苗的安全性及生产复杂性,研发生产快、免疫强,安全性较高;缺点是mRNA疫苗的递送技术不成熟、稳定性较低,而DNA疫苗存在与人基因组重组的风险。

二、疫苗生产技术研究历程

(一)国外疫苗的发展

1796年,英国医师Edward Jenner将挤奶员手上的牛痘溃疡接种于8岁儿童臂上,出现局部溃疡,没有全身发病,证明轻微的牛痘可以预防人的天花。在随后的几十年中,其他国家逐渐接受了减毒活牛痘苗可以预防人感染天花(small pox)的事实,但不知道预防天花的机制。

1881年,法国科学家巴斯德等以减毒活炭疽疫苗接种了羊和牛,未接种疫苗的对照组,受到炭疽杆菌感染时全部死亡,而接种疫苗组的动物受到保护,没有症状。巴斯德为了纪念伟大的先驱者Edward Jenner,将用于免疫的炭疽培养物称为疫苗(vaccine)。巴斯德等通过处理病原微生物使其失去或减低毒性,发明减毒活疫苗技术,制备了狂犬减毒活疫苗。此后,鼠疫、伤寒、霍乱灭活疫苗等相继出现,在防病中起着重要作用。

20世纪前半叶,先后开发了针对结核病、黄热病、流行性感冒、白喉、百日咳、破伤风等疫苗。采用鸡胚细胞、地鼠肾细胞等传代减活技术,开发稳定的弱毒株。20世纪70年代,为了解决全灭活疫苗及减活疫苗的不良反应和不稳定效果,开始提纯致病毒素并用甲醛灭活制备了无细胞疫苗,如百白破疫苗(diptheria toxoid pertussis vaccine tetanus toxoid, DPT)。脑膜炎球菌多糖疫苗被批准使用,这是世界上第一个纯化细菌多糖抗原制备的亚单位疫苗。随后开发了多糖-蛋白结合技术,如B型流感嗜血杆菌结合疫苗是纯化的B型流感嗜血杆菌荚膜多糖抗原与破伤风类毒素通过己二酰肼共价结合而制成的,肺炎球菌结合疫苗是纯化的肺炎球菌多糖抗原与CRM197蛋白直接共价结合制成的。

20世纪80年代以后,基因工程疫苗兴起,乙型肝炎表面抗原疫苗(酵母和CHO细胞)率先上市。核酸疫苗和治疗性疫苗进入研发阶段。

（二）中国疫苗的发展

10世纪的中国唐宋时代，就有接种人痘预防天花的记载。16—17世纪，接种人痘在国内得以推广，清初医家张璐编写的《张璐医通》中记录了痘浆、旱苗、痘衣等多种预防接种方法。痘浆法是用棉花蘸取痘疮浆液，接种到儿童鼻孔中；旱痘法是将痘痂研细，用银管吹入儿童鼻孔中；痘衣法是健康儿童穿上患者的内衣，完成接种。痘浆法和旱痘法是鼻腔黏膜接种途径，而痘衣法是经皮肤接种途径。这种技术自公元17世纪开始，先后传播到周边的亚洲、欧洲、非洲国家，直到1796年英国医师发明接种牛痘后，该法才逐步被代替。

20世纪初，我国鼠疫、天花、霍乱等传染病猖獗。1919年，我国成立了第一个中央防疫处，进行疫苗研究和生产，到1949年前，我国能生产牛痘苗、鼠疫疫苗、狂犬病疫苗、斑疹伤寒疫苗、霍乱疫苗、类毒素和抗毒素等。

1949年后，全国建立了6个生物制品研究所、检定所。1952年，我国颁布疫苗的第一部《中国生物制品法规》，成为研发和生产的国家标准。我国在20世纪50年代研发了脑炎疫苗、黄热疫苗、钩端螺旋体疫苗、炭疽活疫苗、冻干鼠疫苗、冻干布氏活疫苗，在20世纪60年代研发了脊髓灰质炎疫苗、麻疹疫苗等。20世纪80年代后，疫苗研发和生产得到大发展，上下游产业链完整，相继研发了脑膜炎球菌多糖疫苗、流行性腮腺炎疫苗、血源性乙肝疫苗、基因工程乙肝疫苗、风疹活疫苗、乙脑疫苗、甲肝疫苗、无细胞百白破联合疫苗、麻腮风联合疫苗、戊肝疫苗、手足口病疫苗等。2017年，我国签发疫苗50种，国内生产46种，境内生产企业39家，6.94亿人份。进口签发6家企业的0.18亿人份。可见我国国内生产疫苗绝大多数是自主知识产权，满足95%以上的需求。

疫苗在我国疾病预防中发挥了重要作用。通过口服小儿麻痹糖丸，自1995年后，我国阻断了本土脊髓灰质炎病毒的传播。白喉每年可导致数以十万计儿童发病，2006年后，我国已无白喉病例报告。普及儿童计划免疫，新生儿乙肝疫苗接种后，我国5岁以下儿童乙肝病毒携带率已从1992年的9.7%降至2014年的0.3%。麻疹年发病人数在20世纪中期高达900多万例，至2020年已下降到1000例以下。流脑发病人数从20世纪60年代最高年份的304万例，下降至2020年的200例以下，乙脑发病人数从最高年份报告的近20万例下降到2017年的仅千余例。

三、疫苗研发生产前沿技术

（一）抗原发现技术

疫苗的研发关键在于发现有效抗原。进入21世纪后，出现了以基因组为基础的疫苗研发策略，即反向疫苗学，它是指从病原体的全基因组水平发现具有保护性免疫反应抗原的疫苗，包括基因组分析、高通量表达和免疫学评价。通过基因组的生物信息学分析，获得毒力因子、外膜抗原、侵袭及毒力相关抗原等候选基因。对这些基因进行克隆、高通量表达、纯化出重组蛋白，最后对候选抗原蛋白进行体内、体外评价和免疫学检测，筛选出有效的保护性抗原，进行疫苗生产。反向疫苗学已经应用于细菌（脑膜炎球菌和肺炎链球菌等）、病毒（人类免疫缺陷病毒和狂犬病毒等）和寄生虫（血吸虫、疟原虫）等感染疾病的疫苗研发中。

基于抗原结构或抗原与抗体结合为基础的疫苗设计，正成为未来疫苗快速研发的基础。

使用 X 射线、冷冻电镜、冷冻电子断层扫描等技术对抗原蛋白质结构进行表征,加速疫苗的研发。已经应用于呼吸道合胞病毒疫苗、人类免疫缺陷病毒疫苗等的研发中。

类病毒颗粒(virus-like particle,VLP)是疫苗研发的新平台。以病毒颗粒(10~200nm)为基础的疫苗,无论是病毒衣壳还是颗粒,具有很高的免疫原性。如人乳头瘤病毒(human papilloma virus,HPV)疫苗已经批准上市,由主要衣壳蛋白 L1 形成类病毒颗粒,预防女性宫颈癌。2021年,美国 FDA 批准了乙型肝炎疫苗 PreHevbrio,该疫苗是由病毒的 Pre-S1、Pre-S2 和 S 表面抗原组成的类病毒颗粒,具有 3 种抗原,免疫原性更好,用于成人。

(二)佐剂技术

佐剂是与抗原合用并能增强和调节抗原免疫应答的物质,主要作用包括改变免疫反应类型、诱导机体选择性地产生有益的免疫应答或减少疫苗副反应,是疫苗制剂的重要组分。批准上市的佐剂约有 100 多种,除传统的免疫佐剂和弗氏完全佐剂、铝盐、脂类物质外,新型佐剂是疫苗发展中的重要环节。传统佐剂纳米化,如纳米氢氧化铝,纳米脂质体等,增强抗原吸附力。开发联合佐剂,如单磷酸酰脂质 A 和皂素 QS-21 的脂质体佐剂已被用于疟疾疫苗,α-生育酚、角鲨烯、吐温 -80 的水包油乳化剂用于流行性感冒疫苗,含单磷酸酰脂质 A 的铝佐剂用于人乳头瘤病毒疫苗和乙型肝炎病毒疫苗。霍乱素 B 亚单位、抗原递呈细胞表面专一单克隆抗体以及细胞因子、CpG-DNA、志贺毒素 1、百日咳毒素等是开发中的佐剂。

第二节　卡介苗生产工艺

一、卡介苗的临床应用

卡介苗(Bacille Calmette-Guérin,BCG)是减毒活疫苗,有两种产品。一种是皮内注射用卡介苗(冻干粉针剂),主要对象是新生儿及婴幼儿,被称为出生后第一针,世界上多数国家都已将卡介苗列为计划免疫。接种后产生对结核病的特异抵抗力,用于预防结核分枝杆菌(*Mycobacterium tuberculosis*)引起的人畜共患的慢性传染结核病(tuberculosis),主要是肺结核和结核性脑膜炎、哮喘性支气管炎及预防小儿感冒。另一种是治疗用卡介苗(注射用无菌粉末),用于治疗膀胱原位癌和预防复发,预防 Ta 或 T1 期的膀胱乳头状癌术后的复发,还可用于其他肿瘤手术前或化疗后作为辅助治疗。

二、菌种与质量管理

1. 菌种　20 世纪初,法国两位细菌学家卡尔梅特(A. L. Calmette)和介朗(C. Guerin)从一株致病力强的牛型结核分枝杆菌(*Mycobacterium bovis*)出发,在甘油牛胆汁马铃薯培养基上,每隔 3 周传代接种一次,先后在豚鼠、猴子、羊、牛等上进行筛选。历经 13 年、231 代的传代培养,获得了不发生结核病、保留对结核菌抗原性的菌株。1921 年,卡介苗被首次应用于人类预防结核病。1924 年,卡介苗被全球推广,挽救了千万人的生命。1928 年,法国召开国家科学家大会,为了纪念这两位科学家,将该菌株制备的疫苗命名为卡介苗。1974年,BCG被WHO纳为计划免疫。

我们国家使用的卡介菌种是D2 PB302菌株,按第四类病原微生物进行管理。

2. 培养特性 卡介菌在苏通培养基上生长良好,培养温度在37~39℃之间。抗酸染色应为阳性。在苏通马铃薯培养基上培养的卡介菌应是干皱成团略呈浅黄色。在牛胆汁马铃薯培养基上为浅灰色黏膏状菌苔。在鸡蛋培养基上有突起的皱型和扩散型两类菌落,且带浅黄色。在苏通培养基上卡介菌应浮于表面,为多皱、微带黄色的菌膜。

3. 种子批系统 生产用种子制备 建立种子批制度,种子批经过冻干后保存于8℃以下。经检定合格后,种子批用于生产。开启工作种子批菌种,在苏通马铃薯培养基、胆汁马铃薯培养基或液体苏通培养基上每传1次为1代。在马铃薯培养基培养的菌种置冰箱保存,不得超过2个月。

1929年,德国曾经发生人型结核菌混入卡介苗中,使70多名接种新生儿死亡的事件。属于卡介苗生产用菌种管理不善,而出现的严重疫苗事故。生产中要严格控制菌种使用的种子批系统,验明记录、历史、来源和生物学特性。主种子批、工作种子批的各种特性要与原始种子批一致,严格检定,合格后才能用于生产。主种子批到工作种子批在4代之内。工作种子批启用后,至菌体纱膜收获的培养传代次数不能超过12代。严禁使用通过动物传代的菌种用于生产卡介苗。

三、卡介苗生产工艺过程

(一)卡介苗的生产工艺流程

卡介苗车间属于低生物安全风险车间,满足B级洁净度的基础上,在接种、菌体收获、原液制备、分装等杆菌暴露性单元操作,其局部应该为A级。

从事卡介苗生产人员必须身体健康,每年须作胸部透视1~2次,无结核病。卡介苗生产厂房必须与其他制品生产厂房严格分开,生产中涉及活生物的生产设备应当专用。

卡介苗生产工艺包括卡介菌培养、原液工艺、制剂工艺,基本流程见图19-1。

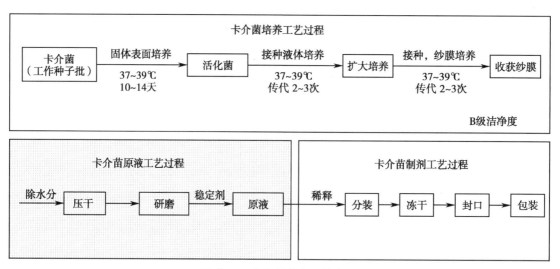

图19-1 卡介苗生产工艺流程

（二）卡介菌培养工艺

卡介菌培养工艺包括接种、培养、纱膜收获。

1. 表膜培养工艺 生产用培养基为苏通马铃薯培养基、胆汁马铃薯培养基。

开启种子批冻干菌种，接种苏通马铃薯培养基，37~39℃静止培养 10~14 天，进行复苏。接着连续在改良苏通液体培养基上培养，传代 2~3 次，收集菌膜制成 100mg/ml 悬液。取适量悬液接种到苏通培养基中，37~39℃培养 14~21 天后，液体表面逐渐形成菌膜，即为纱膜。将纱膜移入冷藏室内备用。每周取纱膜在苏通培养基上传代 2~3 次，称为纱膜第 2 代或第 3 代。用 8~12 天的纱膜第 2 代或第 3 代制备卡介苗。

除生产用菌膜可用谷氨酸钠作氮源外，其余各代均用天门冬酰胺作氮源。纱膜培养是卡介苗生产的常用方法。接种一批纱膜可以使用 2 个月。用 S 纱在苏通培养基上传递冻干卡介苗。

2. 培养工艺控制 控制表面菌膜形成的质量。液体表面形成生长快、薄而多皱、富有弹性的菌膜，适合扩大传代。用纱膜传代时，在冰箱中保存时间不得超过 2 个月。每代纱膜要做纯菌检查，传代结束后，每代培养结束后，要进行质量鉴定。若出现污染、培养液浑浊、湿膜等，要废弃处理。

（三）原液与制剂生产工艺

1. 原液生产工艺 离心收获菌体，洗涤，合并菌膜压干，除去水分。称量菌膜质量后，按一定的比例，将菌体与钢珠混合，在低温下研磨。研磨形成的菌团大小影响产品质量，要对转速、时间、研磨均匀度进行监测和控制，保证生产工艺的一致性。研磨后，加入适量无致敏原稳定剂稀释，制成原液。

2. 制剂生产工艺 用稳定剂将原液稀释成 1.0mg/ml 或 0.5mg/ml，为半成品。对检定合格的半成品，进行分装，确保疫苗液混合均匀。分装后，立即冻干、充氮或真空封口，制成冻干制剂。卡介菌在冷冻和干燥条件下，保持存活率，保护剂的选择是冻干卡介苗生产的一个关键。WHO 专家委员会推荐使用谷氨酸钠为保护剂。

卡介苗的浓度是以质量为单位。我国现在所用冻干皮内卡介苗的规格是复溶后每瓶 1ml（10 次人用剂量），卡介菌浓度为 0.5mg/ml。每 1mg 卡介菌含活菌数应不低于 1.0×10^6cfu。

第三节　狂犬病灭活疫苗生产工艺

一、狂犬病与狂犬病疫苗

（一）狂犬病

狂犬病（rabies）是狂犬病毒（rabies virus）引起的人畜共患急性传染病，主要因被携带狂犬病毒的犬、猫等动物咬伤、抓伤而感染所致。临床表现为特有的恐水、怕风、咽肌痉挛、进行性瘫痪等，一旦发病，狂犬病的病死率几乎 100%。狂犬病尚缺乏有效的治疗药物，狂犬病疫苗是最安全有效的预防措施。

（二）狂犬病疫苗

1882 年法国微生物学家巴斯德首次发明了人用狂犬病疫苗,他从狂犬病死亡的兔子中抽出脊髓,自然干燥后注射给其他兔子,使其获得了抵御狂犬病病毒的能力。用这种方法制备的疫苗称为神经组织疫苗,得到广泛使用。1911 年英国人森普尔(Semple)用 0.5%~1.0% 苯酚部分或完全灭活病毒,生产出了羊脑组织狂犬病灭活疫苗,改进了疫苗质量。神经组织疫苗免疫效果不佳,局部和全身反应严重,同时由于疫苗中含有动物脑组织的髓磷脂成分,接种后可能引起神经性麻痹反应。世界卫生组织于 1984 年建议停止生产和使用神经组织疫苗,各国已陆续停止使用。

20 世纪 60 年代起,采用细胞和组织胚胎培养和纯化技术生产的狂犬病疫苗,避免了产品中残留动物脑组织、细胞蛋白残留等引起的不良反应,提高了疫苗效价和免疫后抗体水平,减少了注射针次,最大限度降低了免疫失败病例。目前主要是原代地鼠肾细胞、鸡胚细胞、人二倍体细胞和 Vero 细胞培养的纯化疫苗。

纯化的原代地鼠肾细胞狂犬病疫苗和鸡胚细胞狂犬病疫苗的不良反应较轻微,免疫效果、安全性和有效性均较好。

人二倍体细胞狂犬病疫苗,不良反应发生率低、症状轻,免疫效果好。但是人二倍体细胞增殖慢、病毒产量低、疫苗成本高、价格贵,尚不能得到广泛应用。

纯化 Vero 细胞狂犬病疫苗,不良反应轻,效果好,与人二倍体细胞疫苗有着同样的安全性和效力。而且由于培养的狂犬病病毒滴度高、疫苗产量大、价格低,在世界范围得到了广泛的应用。

基因工程重组的狂犬病表面抗原制备的疫苗,效果低于细胞培养制备的灭活疫苗。

二、毒种与质量管理

（一）狂犬病毒

狂犬病病毒属于弹状病毒科(Rhabdoviridae)狂犬病毒属(Lyssavirus),外形呈子弹状,长为 100~300nm,直径约为 75nm。狂犬病病毒基因组长约 11.93kb,单链负链不分节段的 RNA,从 3′ 端至 5′ 端依次编码核(N)蛋白、磷(P)蛋白、基质(M)蛋白、糖(G)蛋白和大(L)蛋白(依赖于 RNA 的 RNA 多聚酶)5 种结构蛋白。病毒颗粒由包膜和核衣壳两部分组成,脂蛋白双层包膜的外面是糖蛋白,内侧是基质蛋白。螺旋形核衣壳由 RNA 及核蛋白、磷蛋白和大蛋白组成。狂犬病病毒具有两种主要抗原:糖蛋白抗原诱导机体产生中和抗体,具有保护作用;核蛋白抗原诱导产生补体结合抗体,无保护作用。

（二）狂犬病疫苗的毒种

人用狂犬病疫苗的毒种来源于分离株,经过在体内和体外培养适应和长期传代减毒,具有稳定的生物学特性。目前所有上市疫苗所用毒株都属于 1 型狂犬病病毒。国际上使用的主要毒种是巴斯德毒株(PAS、PM、PV)、FluryLEP 和 HEP 株、ERA/SAD 株及其衍生株。PAS 株于 1882 年分离,在兔细胞传代 300 代。PV 株是在兔脑传至 2061 代,已适应于 Vero 细胞、原代狗肾细胞、人二倍体细胞。Flury 株于 1939 年分离,在鸡胚细胞上传代减毒。

除上述毒株外，国内使用毒株主要有 2 种。aG 株于 1931 年分离自北京捕杀的犬脑，经兔脑连续传 50 代，地鼠肾细胞传 55 代，在豚鼠脑与单层细胞培养交替传代而得到。适应 BHK21 细胞、地鼠肾细胞和 Vero 细胞，命名为北京株狂犬病固定毒。CTN1 株于 1956 年分离自狂犬病死亡患者脑组织，经小白鼠脑内连续传 56 代后，经鉴定证实为狂犬病固定毒，又经人二倍体细胞 KMB17 连续传 50 代以上，在 Vero 细胞上传代适应，获得生产用的狂犬病病毒固定毒 CTN1 株。

（三）毒种质量管理

狂犬病属于乙类传染性疾病，狂犬病疫苗毒种按第三类病原微生物进行管理。毒种的检定主要包括鉴别试验、病毒滴定、无菌检查、支原体检查、病毒外源因子检查、免疫原性检查等。对于一种狂犬病疫苗，毒种与细胞基质是相对应的（表 19-2），严格管理，以防生产不同疫苗中的出现差错。

表 19-2　我国批准上市人用狂犬病疫苗毒种与细胞基质

病毒毒种	细胞基质	疫苗
PV 株，CTN 株，aG 株	Vero 细胞	人用狂犬病疫苗（Vero 细胞）
PM 株	MRC-5 人二倍体细胞	人用狂犬病疫苗（人二倍体细胞）
aG 株	地鼠肾原代细胞	人用狂犬病疫苗（地鼠肾细胞）
Flury-LEP 株	鸡胚成纤维细胞	人用狂犬病纯化疫苗（鸡胚细胞）

三、狂犬病疫苗生产工艺过程

（一）狂犬病疫苗生产工艺流程

狂犬病灭活疫苗生产工艺包括动物细胞培养与病毒扩增工艺、收获与浓缩、病毒灭活、纯化、制剂工艺等，以 Vero 细胞为基质的基本过程见图 19-2。

最终疫苗产品在分装前不可除菌过滤，因此制备原液的上游暴露工序均需要进行无菌操作，其中细胞复苏及培养需在 B 级生产区，其余生产区和配液区为 C 级，清洗辅助为 D 级。狂犬病疫苗是无菌制剂，其制剂生产过程的分装和冻干工序为 B+A 级，轧盖工序为 D 级，其余辅助的洗瓶、器具清洗区域为 D 级。

（二）Vero 细胞培养与病毒扩增工艺

1. **工作毒种批制备**　主种子批病毒，接种转瓶中贴壁的非洲绿猴肾细胞（Vero 细胞），在 5% CO_2、37℃下培养 2~3 天。传代至工作种子批，收获病毒液。无菌检查、支原体检查、外源病毒因子检查、免疫原性检查等合格，合格毒种在 –60℃以下保存备用。狂犬病病毒固定毒 CTN-1V 株的传代至工作种子批的次数不超过 35 代，aGV 株的传代不超过 15 代。

2. **Vero 细胞培养工艺**　狂犬病病毒的扩增是通过感染细胞的培养实现的。可采用转瓶、生物反应器等方式进行细胞培养，使用微载体、片状载体，既能增加细胞密度，还可吸附宿主蛋白和脱落的细胞，有利于提高收获液的质量。

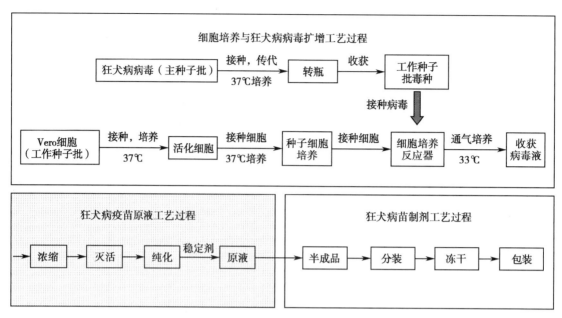

图 19-2　狂犬病疫苗生产工艺过程

反应器(含有片状载体)高压灭菌后,加入灭菌的细胞生长培养液,接种工作种子批的 Vero 细胞,pH 7.0~7.4,37℃下培养。低搅拌转速,有利于细胞贴附在载体上增殖,形成高密度单层。

3. 病毒扩增工艺　细胞生长进入平台期后,更换细胞维持液,接种工作种子批病毒。控制温度 33℃,根据 pH 和细胞密度变化,自动调控空气、氧气、二氧化碳、氮气的比例以及搅拌转速。检测细胞培养过程中葡萄糖的消耗,调整流加速度。连续培养,低速流加葡萄糖等补料,检测病毒滴度,定期收获病毒液。单批次病毒收获液保存于 2~8℃下,不超过 30 天。

(三)病毒灭活与原液生产工艺

1. 病毒灭活工艺　合并检定合格的同一细胞批生产的单批次病毒收获液,经过超滤或其他工艺,浓缩,提高病毒颗粒含量。

浓缩的病毒收获液中,加入 β- 丙内酯,低温 4℃下处理,进行化学灭活病毒。37℃下水解一定时间,以除去残留的 β- 丙内酯。病毒灭活后,立即进行灭活验证试验。

2. 原液生产工艺　经无菌试验和灭活试验合格后的病毒液,可采用离心除去细胞碎片和杂质,采用柱层析方法等除去细胞蛋白和 DNA、培养工艺引入的杂质,纯化病毒颗粒。加入人白蛋白或其他稳定剂(如海藻糖、蔗糖、右旋糖酐 40 和甘露醇),制成原液。进行无菌检查、蛋白质含量、抗原含量、Vero 细胞 DNA 残留检测,合格为原液。

(四)制剂生产工艺

1. 半成品　向原液中加入稳定剂,按照同一蛋白含量或抗原含量进行配制半成品,总蛋白含量不高于 80μg/ 剂。

2. 成品疫苗制备　半成品检定合格后,分批,A 级洁净度下分装、冻干、轧盖,然后喷码、贴签、包装。分装成品规格是复溶后每瓶 0.5ml 或 1.0ml。

3. 成品质量控制　对成品进行全面质量鉴定,狂犬病疫苗效价不低于 2.5IU/ 剂,牛血清白蛋白残留量不高于 50ng/剂，Vero 细胞蛋白质残留量不高于 6.0μg/剂，细菌内毒素不高于 25EU/剂。每一次人用剂量为 0.5ml 或 1.0ml。各项指标合格的成品疫苗，在 2~8℃下避光保存和运输。

第四节　重组乙肝疫苗生产工艺

一、乙型肝炎与乙肝疫苗

（一）乙型肝炎

乙型肝炎（hepatitis B）是由乙型肝炎病毒（hepatitis B virus，HBV）引起肝脏病变的传染性疾病，简称"乙肝"。围产期和婴幼儿期是主要的感染期，临床表现是食欲减退、恶心、上腹不适、肝区痛、乏力。有些患者可慢性化，发展成肝硬化甚至是肝癌。乙肝主要通过血液和性传播，乙肝疫苗可预防乙型肝炎，我国已经纳入基础免疫计划中。

（二）乙型肝炎病毒

乙型肝炎病毒属嗜肝 DNA 病毒科、正嗜肝 DNA 病毒属（Orthohepadnavirus），双链 DNA-反转录病毒。其基因组为部分双链环状 DNA，长度约为 3.2kb，包含 4 个开放阅读框（ORF），分别为 S 区基因、C 区基因、P 区基因、X 区基因。S 区基因编码乙型肝炎表面抗原（hepatitis B surface antigen，HBsAg），内部有三个起始密码子，生成三个蛋白，分别是由前 S1、前 S2 和 S 蛋白组成的大表面蛋白，由前 S2 和 S 蛋白组成的中表面蛋白，只有 S 蛋白为小表面蛋白。P 区基因覆盖了 3/4 的基因组，编码 DNA 聚合酶。C 区基因包括前 C 基因和 C 基因，分别编码乙型肝炎 e 抗原（hepatitis B e antigen，HBeAg）和乙型肝炎核心抗原（hepatitis B core antigen，HBcAg）；X 区基因编码产物是 HBx 蛋白，在 HBV 致肝细胞癌中起重要作用。

乙肝病毒是包膜病毒，在电子显微镜下有三种形态。一种形态是大球形颗粒，直径约为 42nm，由包膜和核衣壳组成，包膜含乙肝表面抗原大蛋白、中蛋白、小蛋白和膜磷脂，核衣壳包含核心蛋白、双链 DNA 和 DNA 多聚酶，是完整的病毒颗粒，具有感染性。小球形颗粒的直径约为 22nm，主要由病毒包膜形成中空颗粒，不含乙肝病毒 DNA 和 DNA 多聚酶，不具传染性；管型颗粒是小球形颗粒串联聚合而成，成分与小球形颗粒相同。

乙肝病毒通过肝细胞膜上的钠离子 - 牛磺胆酸 - 协同转运蛋白作为受体进入肝细胞，在细胞核内以负链 DNA 为模板形成共价闭合环状 DNA（covalently closed circular DNA，cccDNA），以 cccDNA 为模板转录而成的前基因组 RNA（pregenome RNA，pgRNA）可释放入外周血。乙肝病毒基因组可整合至宿主肝细胞基因组中，cccDNA 难以彻底清除，导致慢性感染。目前报道了至少有 9 种（A~I 型）基因型和 1 种未定基因型（J 型）的乙肝病毒，我国以 B 基因型和 C 基因型为主。

（三）乙肝疫苗

第一代乙肝疫苗是血源乙肝疫苗，以无症状的 HBsAg 携带者血液为起始物料，经过分离纯化、甲醛灭活病毒，制备而成。我国在 20 世纪 70 年代研发出血源乙肝疫苗，推广使用。在 1981 年美国批准血源乙肝疫苗。

随着基因工程技术的诞生,针对血源乙肝疫苗安全性缺陷,开发了第二代乙肝疫苗,即重组生物表达乙肝病毒表面抗原小蛋白(S蛋白),分离纯化后加铝佐剂制成。常用重组表达系统包括酿酒酵母、汉逊酵母、CHO细胞。1986年美国上市了重组乙肝疫苗(酿酒酵母),我国在1993年生产出第一批重组乙肝疫苗(酿酒酵母)。第二代乙肝疫苗对儿童效力高。

第三代乙肝疫苗是基因工程表达乙肝病毒表面抗原的大蛋白、中蛋白、小蛋白,由这三种抗原组装成病毒样颗粒,其结构更接近天然乙肝病毒结构而具有更高的免疫原性,如VBI Vaccines公司研发,工程CHO细胞培养生产的PreHevBrio(Sci-B-Vac),已于2021年美国批准上市,用于在18岁及以上成人中预防乙肝。

二、表达S抗原的工程CHO细胞系的建立

采用基因工程技术,选择适宜的启动子和终止子、增强子等DNA序列,构建乙肝病毒小表面抗原S基因的哺乳动物细胞表达载体。采用脂质体转染、电转化等方式转染CHO细胞,对细胞形态、细胞活力、抗原表达能力等进行筛选,获得高表达S抗原的工程CHO细胞系。按照种子批制度,建立各级工程CHO细胞库,并进行验证。

三、重组乙肝疫苗生产工艺过程

(一)重组乙肝疫苗生产工艺流程

重组乙肝疫苗生产工艺包括工程CHO细胞培养工艺、原液生产工艺和制剂工艺等,基本过程见图19-3。细胞培养、原液制备、制剂工艺车间为C级洁净度,需要无菌操作的洁净级别为A级。

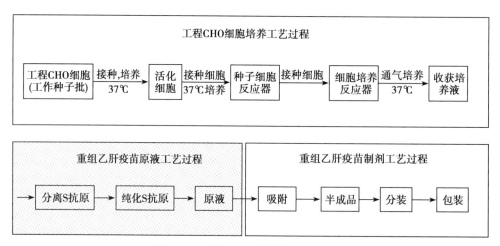

图19-3 重组乙肝疫苗生产工艺过程

(二)工程CHO细胞培养工艺

1. 种子制备 取合格的工程CHO细胞主种子批,接种后,在37℃下培养。传代制备工作种子批,检定合格。

2. 工程 CHO 细胞的培养　取工作种子批接种到生物反应器，进行通气搅拌悬浮培养。控制温度 37℃，pH 7.0~7.4，溶解氧 40%~60%。检测 pH、细胞密度、残糖、铵离子、乳酸等浓度，控制搅拌转速和溶解氧浓度。

采用无血清培养基和固定化培养，如使用微载体、灌流培养方式等，提高细胞密度。延长培养周期，提高抗原合成的产能。可连续培养，多次收获培养液，保存于 2~8℃。

（三）原液与制剂生产工艺

采用离心、过滤等单元操作，去除细胞碎片和杂质，对培养液进行澄清、纯化。可采用技术包括等电沉淀、超速离心、过滤、疏水柱层析或凝胶层析，以获得纯化抗原。加入 200μg/L 甲醛，37℃下处理 72 小时，对潜在病毒进行灭活。同一批次细胞来源的纯化产物，经检定合格后，除菌过滤，合并为原液，在 2~8℃低温下保存。

原液鉴定项目包括无菌检查、支原体检查、蛋白含量测定（100~200μg/ml）、特异蛋白带、牛血清蛋白残留（不高于 50ng/剂）、纯度、宿主 CHO 细胞 DNA 残留（不高于 10pg/剂）、宿主 CHO 细胞蛋白质残留（不高于总蛋白含量的 0.05%）、细菌内毒素（每 10μg 蛋白质小于 5EU）、N 端序列。

（四）制剂生产工艺

1. 半成品制备　原液检定合格后，按抗原蛋白与铝佐剂的比例，加入氢氧化铝，在 2~8℃低温下吸附一定时间。氯化钠洗涤，离心去上清，恢复到原液体积，为铝吸附产物。对半成品进行检定，合格。

2. 成品疫苗制备　半成品检定合格后，进行分批。A 级洁净度下分装、轧盖，在一般洁净度下喷码、贴签、包装，每瓶 0.5ml 或 1.0ml。每人次用剂量为 0.5ml，含 HBsAg 为 10μg。每人次用剂量为 1.0ml，含 HBsAg 为 10μg 或 20μg。

3. 成品检定的主要项目　鉴别、外观、装量、渗透压、pH（5.5~6.8）、铝含量（不高于 0.43mg/ml）、游离甲醛（不高于 50μg/ml）、效价、无菌检查、异常毒性检查、细菌内毒素（小于 10EU/剂），按照药典标准方法进行检定。

ER19-2　目标测试题

（赵广荣）

参考文献

[1] 王传林，李明，吕新军. 人用疫苗的分类及生产工艺. 中华预防医学杂志，2020，54（09）：1017-1025.

[2] 杨晓明. 当代新疫苗.2 版. 北京：高等教育出版社，2020.

[3] 普洛特金（美）. 疫苗学.5 版. 梁晓峰，译. 北京：人民卫生出版社，2011.

[4] 国家药典委员会，中华人民共和国药典：2020 年版. 三部. 北京：中国医药科技出版社，2020.

第二十章　清洁生产末端工艺

ER20-1　清洁生产
末端工艺（课件）

第一节　概述

一、清洁生产

（一）定义

1989年,联合国环境规划署在总结许多企业削减污染、保护环境的经验后提出了"清洁生产"战略及推广计划。清洁生产是指通过产品设计、能源和原料、工艺改革、生产过程管理和物料内部循环等环节使企业最终产出的污染物最少的一种工业生产方式。2002年,我国颁布了《中华人民共和国清洁生产促进法》,该法明确了清洁生产的概念,即不断采取改进设计、使用清洁的能源和原料、采用先进的工艺技术与设备、改善管理、综合利用等措施,从源头削减污染,提高资源利用效率,减少或者避免生产、服务和产品使用过程中污染物的产生和排放,以减轻或者消除对人类健康和环境的危害。

（二）内容

（1）清洁的原料:通过每一步反应过程的物料平衡,做到定额发料;加强对原料纯度的分析,做到达不到反应工艺要求的不投料,节约原料;少用昂贵和稀缺原料;尽量少用或不用有毒有害的原料,尽可能"废物利用"。

（2）清洁的生产过程:生产过程是将原辅料反应生成产物的过程。转化率的高低对污染削减和成本控制至关重要,因此,转化率是清洁生产的难点和重点内容。清洁的生产过程包括生产无毒无害的中间产品,通过反应方式（如投料方式、搅拌方式）和反应条件（如搅拌时间、反应温度、压力等）的优化减少副产品,选用"少废"或"无废"的工艺和设备,减少生产过程中的危险因素（如高温、高压、有毒溶剂等）,物料实行再循环（如反应所用溶媒应分门别类地进行回收,对废弃物的母液进行提取）,使用简便可靠的操作和控制方法,合理安排生产进度等。

（三）实施清洁生产的途径

采用资源利用率高、污染物排放量少的先进工艺技术和设备。如研究者通过对新霉素发酵培养基配方的调整、补糖和补硫酸铵策略的优化,以及发酵过程其他参数的修正,使得发酵120小时的放罐效价从8 000U/ml提高到11 000U/ml以上,发酵液残糖浓度从3.0%下降至1.3%~1.5%,淀粉单耗从18.5μg/U下降至13.5μg/U,化学需氧量（chemical oxygen demand,COD）排放量减少近50%。与此同时,残糖浓度的降低有利于后续的提取工艺,结合提取工艺的改进,新霉素的提取率达到80%以上,达到了"减污""增效"的清洁生产目的。

（1）综合利用:主要包括废渣的综合利用、余热和余能的回收利用、水的循环利用和废物的回收利用。如研究者利用厌氧消化处理废弃的毕赤酵母，将其与葡萄糖溶液复配后可作为发酵培养基使用。该工艺省去昂贵的有机氮源和生物酶的使用，简化了复杂的前处理过程，实现了废气酵母的减量化、资源化和发酵产品的清洁生产。此外，研究者利用酶复合化学法从黄青霉菌的菌丝体中提取麦角固醇和壳聚糖，分别将其作为维生素D原和吸附剂，用于维生素D和壳聚糖树脂的生产。

（2）改善管理：主要包括原料、设备、生产过程、产品质量和现场环境的管理。

二、可持续发展

（一）可持续发展的定义

1987年，联合国世界环境与发展委员会认为"可持续发展"是指既满足当代人需要，又不对后代满足其需要的能力构成危害的发展。1992年，世界各国在《里约环境与发展宣言》中，首次共同提出人类应遵循"为了公平地满足今世后代在发展与环境方面的需要，求取发展权利必须实现"的可持续发展方针。1995年，我国在全国资源环境与经济发展研讨会上将可持续发展的根本点定义为经济社会的发展与资源环境相协调，其核心在于生态与经济相协调。2015年，我国提出了《中国制造2025》的国家行动纲领，纲领提出"能效提升、清洁生产、节水治污、循环利用等专项技术改造""强化产品全生命周期绿色管理，努力构建高效、清洁、低碳、循环的绿色制造体系"。

（二）碳排放和碳中和的概述

碳排放是指煤炭、石油、天然气等化石能源燃烧活动，工业生产过程，土地利用变化与林业等活动产生的温室气体（主要是二氧化碳）排放，也包括因使用外购的电力和热力等所导致的温室气体排放。发酵过程的碳排放主要体现在工艺耗电、除臭耗电和发酵过程产生的温室气体。2022年，全球碳排放量为574亿吨，其中，86%源自化石燃料利用，14%由土地利用变化产生。这些排放量最终被陆地碳汇吸收31%，被海洋碳汇吸收23%，剩余的46%滞留在大气中。碳达峰是指某一个时间点，二氧化碳的排放达到峰值并在一定范围内波动，之后进入平稳下降阶段。当前，世界各国碳排放大体可分为四个类型：①英国、法国和美国等发达国家的排放在20世纪70—80年代就已经实现达峰，目前正处于达峰后的下降阶段；②我国还处于产业结构调整升级，以及经济增长进入新常态的阶段，排放量逐步进入"平台期"；③印度等新兴国家排放量还在上升；④大量的发展中国家和农业国，伴随经济社会快速发展的排放尚未"启动"。碳排放的增加会导致全球气候变暖和温室效应，使得极端恶劣天气频繁发生且强度增大。因此，迫切地需要将滞留在大气中的二氧化碳减下来或吸收掉。

碳中和是指人为排放量（化石燃料利用和土地利用）被人为作用（木材蓄积量、土壤有机碳、工程封存等）和自然过程（海洋吸收、侵蚀、沉积过程的碳埋藏、碱性土壤的固碳等）所吸收和抵消掉，实现相对"零排放"。目前，有130多个国家做出了在21世纪中叶或之前实现碳中和的重大发展战略承诺。中国作为全球最大的碳排放国，2020年的碳排放总量达到113亿吨，占全球的30%左右，超过美国、欧盟和日本的总和，碳排放强度是世界平均水平的2.2倍。但中国作为人口大国，人均累计碳排放量远低于主要发达国家和世界平均水平。2020年9月

22 日，习近平主席在第七十五届联合国大会一般性辩论上宣布："中国将提高国家自主贡献力度，采取更加有力的政策和措施，二氧化碳排放力争于 2030 年前达到峰值，努力争取 2060 年前实现碳中和。"中国双碳目标的提出，在国内国际社会引发关注。与发达国家相比（1979 年碳达峰的欧盟和 2005 年碳达峰的美国均承诺在 2050 年实现净零排放，期间分别用了 71 年和 45 年），完成同样的任务我国的时间区间明显缩短，仅为 30 年，这充分展现中国在国际公共事务中负责任大国的形象，体现了我们构建人类命运共同体的担当。

三、相关法规和标准

（一）清洁生产相关法律法规

推行清洁生产已经成为世界各国实现经济、社会可持续发展的必然选择。1989 年 5 月，联合国环境署工业与环境规划活动中心制定了《清洁生产计划》，在全球范围内推进清洁生产。1998 年 9 月召开的第 5 届国际清洁生产高级会议上通过了《国际清洁生产宣言》，我国代表郑重地在宣言上签字，向世界承诺中国将推行清洁生产。2002 年 6 月 29 日，《中华人民共和国清洁生产促进法》由第九届全国人民代表大会常务委员会第二十八次会议审议通过，自 2003 年 1 月 1 日起施行，该法的提出标志着我国清洁生产跨入了全面推进的新阶段。清洁生产已成为我国工业（包括制药工业）污染防治的战略决策和最佳选择。此外，我国还颁布了《中华人民共和国环境保护法》和若干环境保护单行法（如《中华人民共和国水污染防治法》《中华人民共和国大气污染防治法》和《中华人民共和国固体废物污染环境防治法》等）以及各种标准[如《污水综合排放标准》（GB 8978—1996）、《恶臭污染物排放标准》（GB 14554—1993）、《环境空气质量标准》（GB 3095—2012）、《制药工业大气污染物排放标准》（GB 37823—2019）等]。

（二）环境管理体系标准

环境管理体系标准是由国际标准化组织发布的用于企业、事业及相关政府单位环境管理认证的一份标准，最新版本为 ISO 14001: 2015。ISO 14001 环境管理体系标准在产品设计、原料选购、生产制造和销售服务等全过程实施绿色标准的要求，要求企业遵循环境保护相关的法律法规。ISO 14001 与 GMP 标准在制药环境、空气净化、纯水系统及注射用水系统、三废处理等方面的目标是一致的。制药企业不仅要通过药品 GMP 认证，而且也应通过 ISO 14001 认证。制药企业实施 ISO 14001 标准，不仅有助于巩固制药企业 GMP 认证的成果，而且有助于制药企业在实施清洁生产中节能降耗，降低经营成本，提升经济效益。

第二节　发酵废水处理工艺

一、发酵废水

（一）发酵废水的来源和特点

发酵制药生产过程的废水主要包括发酵废液、各个工序产生的设备冲洗水（如膜过滤的洗膜水、洗罐用水）、提取的有机废液、精制纯化过程中产生的含酸碱废水和冷却排污水等。发酵过程中因大量使用营养物质、无机盐、有机物等原料，废水中的化学需氧量、氨氮、盐分、有机物及生物难降解成分含量高，成分复杂，有些甚至具有污泥活性抑制作用或生物毒性。因此，发酵废水的处理具有工艺复杂、处理成本高等特点。

（二）废水水质指标

水质指标是指水中杂质的种类、成分和数量，是判断水质的具体衡量标准，可分为物理指标、化学指标和生物学指标三大类。

1. 物理性水质指标 ①感官物理性状：温度、色度、嗅和味、浑浊度、透明度等；②其他：总固体、悬浮固体、可沉固体、电导率（电阻率）等。

2. 化学性水质指标 ①一般性：pH、碱度、硬度、各种阳离子、各种阴离子、总含盐量、一般有机物等；②有毒性：各种重金属、氰化物、多环芳烃、各种农药等；③氧平衡指标：溶解氧（dissolved oxygen，DO）、化学需氧量（chemical oxygen demand，COD）、生化需氧量（biochemical oxygen demand，BOD）、总需氧量（total oxygen demand，TOD）等。

3. 生物学水质指标 细菌总数、总大肠菌群数、各种病原细菌、病毒等。

（三）废水排放标准

目前，我国制药工业车间废水的排放按照《污水综合排放标准》（GB 8978—1996）的有关规定执行。发酵类制药工业水污染物排放按《发酵类制药工业水污染物排放标准》（GB 21903—2008）执行。

二、废水的处理方法

废水处理是将废水中所含有的污染物分离出来，或将其转化为无害和稳定的物质，从而使废水得到净化。常见的方法分为物理、化学和生物处理法。

物理处理法是利用物理作用将呈悬浮状态的污染物从废水中分离出来，整个过程不改变其化学性质。物理法设备简单，操作方便，分离效果良好，广泛用于制药废水的预处理或一级处理。

化学处理法是利用化学反应达到分离废水中的胶体物质和溶解物质、回收有用物质、降低废水中的酸碱度、除去金属离子、氧化某些有机物的目的。化学法具有设备操作简单，易于自动检测和控制，便于回收利用、能实现一些工业用水的闭路循环等优点。但此法需要投放化学物质，增加了处理成本，且处理后容易产生大量难以脱水的污泥，某些试剂的过量使用还可能造成水体的二次污染。

生物处理法是指利用微生物的合成和分解等作用，使水中呈溶解和胶体状态的有机污染物转化成稳定无害物质的处理方法。具有技术成熟、效果稳定、成本低等优点。根据微生物对氧的需求，废水的生物处理可分为好氧和厌氧两种类型，具体介绍见数字资源 ER 20-2。

ER20-2 废水的物理、化学和生物处理方法（文档）

三、氨基酸发酵废水处理工艺

以某企业的苏氨酸发酵废水处理工艺为例,进行介绍。

(一)废水的来源和特征

苏氨酸生产过程中产生的废水主要包括工艺废水、冷凝水以及地面冲洗废水和生活污水。其中,工艺废水主要来自淀粉糖化工段和苏氨酸生产工段。前者主要是糖化阶段产生的沉淀水,含有玉米和其他杂质碎渣,悬浮物(suspended solid, SS)含量高达 500mg/L。后者主要是苏氨酸发酵和提取阶段产生的膜冲洗废水,该污水具有较高的 COD(5 000~6 000mg/L)、SS 含量(500~1 000mg/L)和氨氮含量(800~1 000mg/L)。而闪蒸产生的冷凝水、地面冲洗废水和生活污水的各项水质指标浓度相对较低,在此不做详细分析。

该企业每年生产 10 万吨的苏氨酸,设计最大废水进水水量为 3 000m³/d,即 125m³/h。发酵废水的进水水质指标见表 20-1。

表 20-1　某企业苏氨酸发酵废水的进水水质指标

污水来源	pH	SS/(mg·L⁻¹)	CODcr/(mg·L⁻¹)	BOD$_5$/(mg·L⁻¹)	NH$_4^+$-N/(mg·L⁻¹)
车间污水	7~9	≤600	≤6 000	>2 800	≤600

按照《淀粉工业水污染物排放标准》(GB 25461—2010)的间接排放标准设计出水水质指标,具体信息见表 20-2。

表 20-2　某企业苏氨酸发酵废水的出水水质指标

GB 25461—2010 限值	pH	SS/(mg·L⁻¹)	CODcr/(mg·L⁻¹)	BOD$_5$/(mg·L⁻¹)	NH$_4^+$-N/(mg·L⁻¹)
排放限值	6~9	≤70	≤300	≤70	≤35

(二)废水的处理方法

本实例主要采用"物化预处理 + 厌氧 + 好氧 + 厌氧氨氧化脱氮"的工艺。具体处理方法的描述见下。

1. 物化预处理

(1)混凝法:苏氨酸生产工艺废水含有大量 SS,混凝法是向污水中添加一定物质,使原先溶于污水中呈细微状态、不易沉降或过滤的污染物集结成较大颗粒,以便于分离的方法。混凝法具有成本较低、操作简单、效果良好等优点,是目前工业用水和污水处理的重要手段。污水中使用的混凝剂很多,大致可分为无机混凝剂和有机混凝剂两类。主要用于去除水中悬浮有机污染物,降低污水 COD。一般 COD 去除率达到 20%~30%。采用何种混凝剂以及具体的配比均需要试验确定,然后通过计量泵和电控程序控制。

(2)沉淀气浮:由于污水中含有的悬浮物在加入混凝剂后有部分会形成聚合体沉降,还有部分轻的絮体不易沉降,需要通过气浮将其吹至水面,利用撇渣机去除。为减少后续提升泵的多次使用,常在一个装置(如,兼具沉淀功能的沉淀气浮一体池)同时完成沉淀和气浮过程。

气浮池出来的中段污水排放至后续单元进行处理。

2. 厌氧（水解、酸化）处理 厌氧消化一般在厌氧消化池中进行，其工作原理是污泥或废水从消化池上部或顶部连续加入池内，通过搅拌装置将其与厌氧活性污泥充分混合接触后，通过厌氧微生物的吸附、吸收和生物降解作用，使其中的有机物转化为以 CH_4 和 CO_2 为主的沼气。沼气从消化池顶部排出，消化后的污泥和污水分别从底部和上部排出。厌氧消化池的直径一般为 30~40m，柱体高度约为直径的 1/2，池底呈圆锥形，以利排泥，顶部有盖子。消化池内的搅拌方式包括机械搅拌、沼气搅拌和循环消化液搅拌等，每隔 2~4 小时搅拌 1 次。废水在消化池内的预热主要采取通入热蒸汽直接加热或池内安装热交换管等方式。

如果采用上流式厌氧污泥床法（upflow anaerobic sludge blanket，UASB）或者内循环厌氧反应器（internal circulation，IC），需要沼气储存回收和点火燃烧系统。大量工程实例证明，沼气储存回收和点火燃烧系统运行控制复杂，鉴于本工艺中水质和水量所能回收的沼气量有限，因此，采用厌氧池替代经典的 UASB 或 IC 反应器，布水采用多点式脉冲布水以实现污水和污泥的充分混合，并在池体内增加悬挂式组合填料，利用填料的阻挡和污泥的自重实现泥水分离，厌氧池出水采用池体四周三角堰板出水以实现水流的均匀分布，避免死角。厌氧消化池中污泥停留时间（sludge retention time，SRT）和水力停留时间（hydraulic retention time，HRT）相等，故有机负荷低，容积大。

3. 好氧[固定膜式生物反应器 + 膜生物反应器（membrane bio-reactor，MBR）系统] 处理

（1）固定膜式生物反应器：将两种不同材料的填料混合作为载体。一种是多孔性网状泡沫塑料，这种材料具有大的比表面积（$>600m^2/m^3$），为生物量开拓生长提供拓殖地。一旦反应器被充分拓殖，这些泡沫块完全被生物量附满，形成一个高密度的生物量泡沫块，其混合液挥发性悬浮固体质量浓度（mixed liquor volatile suspended solid，MLVSS）远远超过 15 000mg/L。同时，生物量高度固定不动的性质，使得固体停留时间较长（大约 150 天）。另一种填料采用白色聚丙烯塑料环作为支撑环，可防止高密度生物量填料在生物体生长后受压变形，造成水流短流和填料板结堵塞。将这两种填料按照一定比例混合，用隔栅固定在生化反应池内。此时，高效特异的菌种固定在高密度的生物填料上生长，废水以推流形式通过生化反应池，废水中不同的污染物沿着反应池纵向在不同区间内降解。固定膜式生物反应器适合处理各种高浓度、高盐度的有机工业污水，具有以下几个主要优点。

1）稳定性好：系统反应器受进水负荷变化的影响较小，能在较短的时间内完成调试和启动，并更耐启停机。多级处理设计使得污染物的去除量随着污染物 COD 的变化而变化。在进水负荷较高时，系统处理能力不受影响，出水水质稳定。

2）处理效率高：微生物固定在填料内生长，不易受水的冲击而脱落流失，较高的生物量使得处理时间更短。系统能耐受多种生物毒害物质（如盐分），不会像其他系统受到严重冲击后造成生物量流失和功能失效等问题。系统的生物停留时间可达到 150 天，远高于其他生物处理系统的 10~15 天，使新生菌种能充足地取代死亡的微生物。

3）操作费用低：系统所需的反应器体积比与其他生物处理系统小得多，因此，可更好地满足用地要求，减少设施的占地面积和降低工程造价。完全固定生长的生物膜，解决了污泥上浮和沉降性不好的问题，污泥不需要单独回流，简化了工艺。此外，较长的生物停留时间存在较长的生物链，通过高等生物对低等生物的捕食作用，显著减少了污泥量，这不仅减少了污泥膨胀导致的膜堵塞问题，而且降低了污泥处理费用。

虽然大部分脱落和死亡的菌体在固定膜式生物反应器已经发生分解，但由于没有排泥系统，仍会有部分未能及时分解的菌体随出水进入后续处理系统。为保证各个生物系统菌种的独立性和专一性，需要将固定膜式生物反应器随出水带出的未完全分解的菌体进一步分解。为简化工艺流程，方便空间布局，采用省略了二沉池的膜生物反应器系统。

（2）膜生物反应器（membrane bio-reactor，MBR）系统：膜过滤作为净化步骤，代替了传统的沉淀池。膜组件采用极佳抗化学腐蚀和物理磨损的材料制造。滤膜表面有极高的孔密度和极小的孔径。它可以使废水保持高通量却产生较少的膜污染。其 0.1μm 的孔径能有效地阻止微生物通过，而且均匀的孔径有助于减少膜的阻塞。该系统能以相对较短的水力停留时间和较高的通量[>26L/（m²·h）]运行，此外，能弥补固定膜式生物反应器出水时生物膜脱落导致的出水浊度和 COD 小幅升高的问题。单一的 MBR 工艺虽然提高了生物反应器中微生物的浓度，但也存在一些缺点。例如，丝状真菌导致的污泥膨胀使得污泥沉降性下降，造成超滤膜的堵塞，从而降低使用寿命。因此，需要将此工艺和其他技术结合使用，如超滤膜与固定膜式生物反应器技术的结合可提供更高的出水标准。

4. **厌氧氨氧化脱氮**　厌氧氨氧化（anaerobic ammonia oxidation，ANAMMOX）工艺源于自然界的氮循环。该过程由两种共生的细菌协同完成，其中，亚硝酸细菌将大约一半的氨氮（NH_4^+）转化为亚硝基氮（NO_2^-），厌氧氨氧化细菌将氨氮和亚硝酸盐氮转化为氮气。具体过程为：废水连续注入反应器中，通过曝气与反应器中的颗粒污泥充分混合，这种氧与微生物的剧烈接触快速驱动了转化的进行。处理后的废水经反应器顶部的微生物截留系统后离开反应器，颗粒污泥从出水中分离，保证了反应器中较高的微生物浓度。由于颗粒污泥中高浓度的微生物具有优良的生物转化特性，因此，反应器容积可以较小。与传统的硝化反硝化工艺相比，ANAMMOX 工艺具有脱氮率高，无须消耗甲醇用于反硝化，动力消耗少（下降约 60%），剩余污泥量小，二氧化碳产生量低（减少约 90%），空间需求小（减少约 50%）等优点。

（三）**处理工艺**

某企业苏氨酸发酵废水处理工艺见图 20-1。由图可知，污水首先流入调节池进行水质均衡和水量调节。之后，通过提升泵进入混凝反应池，产生的沉淀物由沉淀气浮一体池除去。气浮池中的污水经提升泵进入厌氧池，然后经固定膜式生物反应器流入 MBR 反应器，污水中的有机物被微生物吸附分解，污水被进一步净化。处理后的污水经 ANAMMOX 反应器进一步脱氮除磷后可排放。沉淀气浮一体池、厌氧池、MBR 和 ANAMMOX 反应器产生的污泥被排放至污泥浓缩池，经板框压滤机处理后外运。污泥浓缩池和板框压滤机出来的上清液重新回流至调节池,开始新一轮处理。其中,NH₄⁺的去除主要依靠 ANAMMOX,要使 NH_4^+-N 达到 ≤35mg/L 的排放标准,ANAMMOX 的脱氮效率要大于 95%。

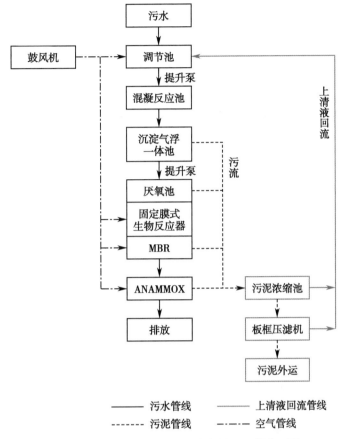

图 20-1　某工厂苏氨酸发酵废水处理工艺流程图

四、抗生素发酵废水处理工艺

(一)抗生素发酵废水的来源和特征

抗生素发酵生产一般包括发酵、过滤、离子交换或萃取提炼、精制、结晶等过程。由其生产流程可知,废水主要包括以下部分:①发酵、提取、精制纯化等工序产生的高浓度有机废水,如发酵废液、离交废液、结晶废母液等;②种子罐、发酵罐和工艺管路清洗产生的中浓度有机废水;③冷却水。因此,抗生素生产废水是一类富含难降解有机物和生物毒性物质的高浓度有机废水。抗生素废水具有以下特征。

1. COD 含量高　抗生素废水的 COD 主要来源于发酵残余基质及营养物、溶媒提取过程的萃取余液、经溶媒回收后排出的蒸馏釜残液、离子交换过程中排出的吸附废液、水中不溶性抗生素的发酵过滤液以及染菌倒罐废液等。浓度一般都在 5 000~80 000mg/L 之间。如青霉素废水中 COD 浓度为 15 000~80 000mg/L,土霉素废水中 COD 浓度为 8 000~35 000mg/L。

2. SS 浓度高　抗生素废水中的 SS 主要包括发酵残余的培养基质和发酵产生的微生物

菌丝体。浓度一般为 500~25 000mg/L，如庆大霉素废水中 SS 浓度为 8 000mg/L 左右，青霉素废水中 SS 浓度为 5 000~23 000mg/L。

3. 存在生物抑制性物质　主要包括发酵过程中因生产需要投加的表面活性剂（破乳剂、消沫剂等），提取分离中残留的高浓度酸、碱，有机溶剂，残余抗生素及其降解物和中间代谢产物等。某些抗生素生产废水中的硫酸盐浓度较高，如氨基糖苷类抗生素的大部分最终产品以硫酸盐上市，硫酸链霉素生产废水中硫酸盐含量为 3 000mg/L 左右，最高可达 5 500mg/L，青霉素发酵废水中的含量为 5 000mg/L 以上。这些物质不仅难以被微生物降解，积累到一定浓度后会对微生物产生抑制作用。

4. 色度高，气味大　棘白菌素类抗生素的生产原料主要是糖类物质和氨基酸，经微生物发酵后的发酵废水一般呈红褐色黏稠状，色度在 4 000~5 000 倍，且常伴有刺激性气味。

5. 成分波动大　抗生素生产废水因间歇排放，废水的水质成分、水量和 pH 等波动较大。

（二）抗生素废水的处理方法

抗生素废水的处理方法主要有物理法、化学法和生物法等。其中，物理法是降低水中的悬浮物和减少废水中的生物抑制性物质，主要包括混凝、沉淀、气浮、吸附、反渗透、过滤和膜技术等。该法对抗生素废水浓度和酸碱性的要求较高，成本较高，目前常作为预处理方法；化学法主要有臭氧氧化法、Fenton 氧化法和电化学技术，该法需要较多的化学试剂，易造成二次污染；生物法主要有好氧处理法和厌氧处理法，其中，序批式活性污泥法（sequencing batch reactor activated sludge process, SBR）、膜生物反应器法和上流式厌氧污泥床法应用较为广泛。利用膜生物反应器处理青霉素生产废水，发现污泥浓度在 10g/L 左右较合适，当 COD 进水浓度在 3 000mg/L 时，运行一段时间后出水浓度基本维持在 300mg/L 左右，去除率高达 90%。

抗生素废水成分复杂，COD 高且难降解，因此，单一方法的效果有限，目前大多采用组合工艺。采用预处理系统、厌氧生物处理系统和好氧生物处理系统相结合的方法对乙酰螺旋霉素的生产废水进行处理时，废水的可生化性、耐冲击性、投资成本、处理效果等方面均远优于单独处理的方法。

某制药企业的抗生素生产污水的处理规模为 1 200t/d，主要采用"厌氧 - 水解 - 好氧 - 物化处理"的工艺，具体方法描述见下。

1. 厌氧处理　采用上流式厌氧污泥床（UASB）反应器进行厌氧处理。该反应器主要由进水分配系统、反应区、三相分离器、出水系统等几部分组成，其中，反应区是整个 UASB 系统的核心区域，主要包括污泥浓缩区和污泥悬浮区，在 UASB 底部反应区内加入大量厌氧污泥，经过沉淀，具有良好的沉淀性能和凝聚性能的污泥在下部形成污泥层。待处理的污水经蠕动泵从反应器底部的左端进水口流入，在反应区内与污泥层中污泥进行混合接触，污泥中的微生物分解污水中的有机物，把它转化为沼气。沼气以微小气泡的形式不断放出，微小气泡在上升过程中不断合并，逐渐形成较大的气泡。沼气气泡、废水、污泥形成的混合液一起上升进入三相分离器，沼气经反应器上端支管排出，废水经出水系统排出，污泥被截留并返回到反应区。

作为目前发展最快的厌氧反应器之一，UASB 反应器具有很多优点：①结构简单、无须充填填料和安装机械搅拌装置，且不存在堵塞问题。造价较低，便于管理。②污泥停留时间和微生物滞留期较长,从而使得反应器负荷率提高。③反应器占地面积小,节约能源且适应性强。④运行期内,反应器中形成的颗粒污泥使得微生物固定在污泥表面,大大提高了稳定性,使反应器稳定运行。UASB系统能否高效、稳定运行的关键在于反应器内能否形成微生物适宜、产甲烷活性高、沉降性能良好的颗粒污泥。厌氧处理过程中,温度、pH、营养物质、C/N值、微量元素、毒性物质以及不当的人为操作等均会对处理结果产生不同程度的影响。

2. 水解处理 厌氧发酵产生沼气的过程可分为水解阶段、酸化阶段和甲烷化阶段。水解池是改进的UASB,能把反应控制在第二阶段完成之前,不进入第三阶段。即水解池能完成水解和酸化两个过程,尽管酸化可能不十分彻底,但为了简化,简称为"水解"。较之全过程的厌氧池(消化池),采用水解池具有以下优点:①不需要密闭的池和搅拌器,不需要水、气、固三相分离器。由于第一、二阶段反应迅速,故水解池体积小,与初次沉淀池基本相当,这些都降低了工程造价和维护费用。②水解池水解和酸化过程的主要产物是小分子的有机物,这使得污水的可生化性和溶解性显著改善,进而减少了反应时间和降低了处理能耗。③由于反应控制在水解和酸化阶段,出水无厌氧发酵的不良气味,改善了处理厂的环境。④由于对固体有机物的降解,水解池产生的污泥量明显减少,实现了污水和污泥的一次处理,不需要中温消化池。

研究发现,水解池可以在较短的停留时间(t_{HRT}=2.5h)和较高的水力负荷下[大于$1.0m^3/(m^2 \cdot h)$]获得较高的悬浮物去除率(平均约为85%),有利于好氧的后处理工艺。但是,该工艺的COD去除率相对较低,仅有40%~50%,尤其是溶解性COD的去除率很低。因此,该工艺仅能起到预酸化的作用。

3. 好氧处理 好氧处理主要利用硝化菌降解污水中的有机物,将游离的氨氮氧化为NO_2^-和NO_3^-,一般在好氧池进行。好氧池为矩形钢筋混凝土池,内设微孔曝气器,起到增加污水中溶解氧和搅拌作用。好氧池出来的泥水混合液经进水管流入中心稳流筒,再均匀分配到二次沉淀池的沉淀区进行泥水分离。二次沉淀池为圆形钢筋混凝土结构,内设有中心传动的刮泥机。分离出来的水上升经溢流堰到集水渠,一部分作为回流水,一部分进入混凝沉降系统。沉降得到的活性污泥大部分作为回流污泥送回好氧池内循环使用,剩余污泥送污泥浓缩系统。二沉池运行过程中应注意保持活性污泥进出平衡。若回流污泥或排出污泥的量多,则二次沉淀池中污泥量少,致使污泥在池中停留时间短,含水分多;若回流污泥或排出污泥的量少,则二次沉淀池中污泥量多,致使污泥在池中停留时间长,易发生厌氧发酵,出现污泥上浮或膨胀现象,随出水带走,导致出水水质恶化。一般活性污泥在二次沉淀池的停留时间控制在1.5小时左右。操作人员应经常检查污泥泵的运行情况和观察出水是否带泥。

4. 物化处理 物化处理主要在混凝池和污泥浓缩池中完成。由于含有有机悬浮物,二次沉淀池的排水COD值一般在100~200mg/L。为此,将排水通入混凝池进一步降低COD值。混凝池多为圆形竖流式钢筋混凝土结构,主要根据密度的不同,分离混合反应后出水中的絮凝体。具体操作为:向混凝池中投加混凝剂,使之与废水充分混合并发生反应,水中微小的悬浮物变为较大的絮凝体,从水中分离出去,从而提高排水的水质。经过混凝池沉降后,二沉池出水悬浮物的去除率达到50%以上,COD去除率达到30%以上。

污泥浓缩池与竖流式或辐流式沉降池相似,污泥在其中利用静置沉降作用与水分离,可达到降低含水率、减小污泥体积的目的。污泥浓缩的方法主要有重力浓缩、气浮浓缩和离心浓缩。其中,重力浓缩应用较广泛。污泥浓缩后需要脱水,从而将污泥变成泥饼,便于最终处理。污泥脱水常见方法主要有真空过滤法、离心法和压滤法等。其中,压滤法应用较广泛,采用的设备有自动板框压滤机、带式压滤机和旋转压榨式过滤机。

(三)处理工艺

某制药企业的抗生素生产污水的处理工艺见图 20-2。由图可知,pH 调好的抗生素废水(pH 为 6.8~8.0)经提升泵进入调节池进行水质均衡和水量调节。调节池出来的废水经提升泵分别进入 2 个 UASB 反应器,通过三相分离器的分离作用,实现固、液、气的分离。其中,气体经燃烧器焚烧,固体沉淀至塔底,液体(pH 变为 6.8~7.5,COD 去除率高达 90%)通过管道分别流入 2 个水解池。在兼性厌氧生物的作用下,以有机物为电子供体,硝酸、亚硝酸盐为电子受体进行脱氮和大分子有机物的降解,完成反硝化过程。出来的污水(pH 为 7~8;溶解氧 DO 为 2~4mg/L)通过自流进入 2 个好氧池,向好氧池内通入压缩空气,将氨氮降解成硝态氮和亚硝态氮。好氧池出来的污水合并后经二沉池自流到混凝池,混凝池内加入一定的混凝剂(如聚丙烯酰胺)处理,沉淀后的水流达到接管的排放标准,进入清水池,由污水处理厂接管处理。而二沉池和混凝池的剩余污泥经提升泵重新回流到水解池开始下一轮处理,或者打入污泥池,经污泥浓缩池处理,由带式压滤机压滤后外运。运行结果表明,出水 COD≤500mg/L、氨氮≤45mg/L、总氮≤70mg/L、总磷≤8mg/L,均达到污水处理厂的接管标准。该处理工艺简单,效果稳定可靠,具有良好的经济效益和环境效益。

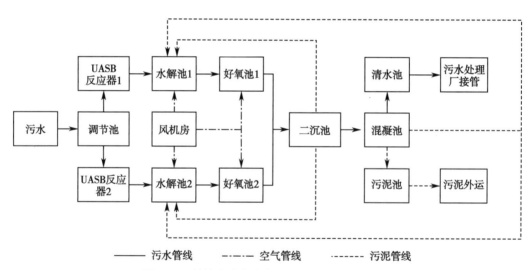

图 20-2　某抗生素生产企业污水处理工艺流程图

第三节　发酵废气处理工艺

一、废气排放

(一)发酵废气的来源和特征

发酵制药生产过程的废气主要包括发酵和菌渣干化工序产生的 CO_2、水蒸气、部分发酵代谢产物(还夹带部分发酵液和微生物)、提取精制环节的挥发性有机物。发酵废气具有产生量大、组分复杂、污染物检出浓度低等特点,部分挥发性有机物(volatile organic compound, VOC)表现出较强的毒性、刺激性、致癌性以及带有特殊气味(如未处理前具有强烈的玉米糊化的味道)。

（二）废气指标

1. 常规污染物　包括颗粒物、非甲烷总烃(non-methane hydrocarbon, NMHC)和总挥发性有机物(total volatile organic compound, TVOC)。

2. 有毒有害物　包括二氧化硫、氮氧化物、二恶英类、光气、氰化氢、甲醛、氯化氢、苯、氯气。

3. 特征污染物　根据适用原料、生产工艺、目标产品和副产品,结合环境影响评价文件确定。

（三）废气排放标准

目前,我国制药工业车间大气污染物排放按《制定地方大气污染物排放标准的技术方法》(GB/T 3840—1991)、《恶臭污染物排放标准》(GB 14554—1993)、《环境空气质量标准》(GB 3095—2012)、《制药工业大气污染物排放标准》(GB 37823—2019)等有关标准执行。

二、废气的处理方法

发酵废气的处理方法有物理法、化学法、生物法和物理化学法。

物理法是指不改变废气的化学性质,只是用一种物质将它的臭味掩蔽和稀释,或者将废气由气相转变为液相或固相的方法。主要有冷凝法、吸附法、掩蔽法和稀释法等。

化学法是使用一种物质与废气发生化学反应,改变废气的化学结构,使之转变为无毒害、无臭或臭味较低的物质的方法。主要有燃烧法、吸收法和氧化法等。

生物法是利用生物将废气中的污染物转化成低毒或无毒物质的一种处理方法。其原理是附着在多孔、潮湿介质上的活性微生物,通过自身的代谢作用,将废气中的污染物分解为简单的无机物(CO_2和水)或细胞组成物质。由于微生物对有害气体中成分的吸收与分解难以在气相中进行,因此,废气必须由气相传质到液相或固相表面液膜中,才能被微生物吸附和降解,完成净化。综上,生物法具有运行成本较低、设备较简单、处理效率较高、基本无二次污染等优点,尤其适用有机污染物含量较低的废气或亲水性及易生物降解物质的处理。但生物法也存在着气阻大、降解速率慢、设备体积大、不能回收有用物质、易受污染物浓度和温度影响等问题。此外,发酵产生的一些有毒废气和高温会抑制生物的活性甚至直接导致死亡。目前,生物法主要包括生物过滤法、生物洗涤法和生物滴滤法,具体介绍见数字资源ER20-3。

ER20-3　废气的物理、化学和生物处理方法（文档）

物理化学法主要是针对目标废气的特性,采用一系列物理和化学处理相结合的方法。即运用一些特殊处理手段和非常规处理方法对其进行深度处理,以达到高去除率和无害化的目的。主要包括酸碱吸收、化学吸附、氧化法和催化燃烧等几种方法有机结合的处理方法。

发酵废气处理的难度在于消毒的高温高压,所以,发酵废气一般分开收集处理。一种是在正常生产工况下收集,另一种是在消毒工况下收集。前者温度不高,排放气量不大,能直接利用多级配合催化氧化工艺处理;后者涉及高温,需要首先使用多级冷凝将废气温度降下来,再采用多级配合催化氧化工艺处理。

三、氨基酸发酵废气处理工艺

以某企业的缬氨酸发酵废气处理工艺为例,进行介绍。

(一)废气的来源和特征

缬氨酸生产过程中的废气主要包括燃煤锅炉的废气(主要是二氧化硫、氮氧化物和烟尘)和工艺废气。其中,工艺废气主要有两类:一是发酵释放的废气(如二氧化碳、水分、氨基酸等),其浓度与发酵状态有关;二是在浓缩、结晶和烘干工序(如菌体蛋白干燥、反渗透浓缩、第一次浓缩结晶、离心干燥;第二次浓缩结晶、离心干燥阶段),由于加热、干燥和浓缩,挥发水分带出的氨基酸、氨等小分子组分。恶臭组分在废气中的浓度与操作温度有关。温度越高,恶臭气体浓度越高。综上所述,缬氨酸发酵废气具有气量大、分布不均匀、组成复杂、性质各异等特点。

(二)废气的处理方法

1. 文丘里管 文丘里管由渐缩管、喉管和渐扩管等组成。文丘里管的工作可分为水的雾化、凝聚和脱水三个过程,前两个过程在文丘里管内完成,后一个过程在脱水器内完成。高温的含烟气流首先进入渐缩管,通过的断面逐渐缩小,气流被加速,达到喉管处时速度达到最大(通常可达到 55~70m/s)。由于高速气流的冲击,使水得到充分雾化并与含尘气体混合。固体颗粒与雾滴相遇,由于两者的黏附作用,粉尘被捕集。之后,气流进入渐扩管。由于断面不断扩大,气流减速。进入脱水器后,通过离心作用水滴被分离下来,废气得到净化。

2. 高效喷淋碱性吸收塔 烟气经水雾化淋湿后进入吸收塔,然后以 90° 折向朝上流动,与上面喷洒下来的碱性水溶液充分摩擦接触,含硫及氮氧化物的烟气被充分溶解中和。吸收塔内上半部装有多层旋流雾化喷头,碱液由喷头喷出,并雾化成微滴,与由下而上逆流而来的烟气进行充分的气液接触。吸收塔上部设有两层旋流除雾板。经过脱硫净化的烟气流经除雾板时,烟气携带的液雾滴大部分从烟气中分离出来,汇集到塔壁,顺壁流入塔底,除雾后的净化烟气从吸收塔顶部排出烟管。

3. 喷淋洗涤 喷淋洗涤是目前应用最广泛的废气处理设备,其以水作为吸收剂,通过水泵增压和喷头作用对烟气进行喷淋洗涤使得气液直接接触,对废气进行有效降温。高温气体发生冷凝,其中较小的烟尘颗粒凝聚变大,被吸附截留在净化器内,同时,水还可吸收部分可溶的气体。未被水雾捕获截留的污染物与烟气一起从净化器中排出进入到大气。常用的喷淋洗涤装置有文丘里洗涤塔和漩涡洗涤塔等,均具有除尘效率高和不易堵塞的优点。

4. 湿式氧化法脱硫 包括三个阶段,分别是气体中的 H_2S 被碱性水溶液吸收,成为 HS^-;HS^- 被氧化剂氧化成元素硫(或 SO_4^{2-});氧化剂再生(由还原态变为氧化态)。

(三)处理工艺

根据废气的来源特点,采用单一常规技术难以同时有效去除所有工序的废气,因此,需要进行技术的组合优化。L-缬氨酸的废气处理工艺主要包括以下几方面。

1. 燃煤锅炉废气处理工艺 燃煤锅炉作为工业生产的主要热源,首先,采用低硫煤低灰分优质煤,从源头削减污染;其次,加强燃煤锅炉废气的处理,处理方式为湿式脱硫除尘,具体工艺如下。

高温燃煤锅炉废气经文丘里管后,气流被加速,在接近喉口处与水混合。液体被高速的气流迅速破碎成液滴,液滴和尘粒有效地碰撞和凝聚。进入扩散段后气流开始减速,尘粒与液滴再次发生碰撞,此时水分将以尘粒为核心凝结,使尘粒表面充分湿润,之后,进入碱液喷淋脱硫除尘塔。烟气先经过喷淋和除尘,温度降低,除去大部分的烟尘颗粒、碳黑、二氧化硫和氮氧化物等。净化的废气经装置上部的两层旋流除雾板除雾后,从顶部经引风机和排气筒排出。塔内的含尘水自流入水封池,向水封池中加入碱液池的钙碱液与钠液完成再生,再生液经沉灰池、过滤池去掉沉淀,滤液进入循环池。通过循环水泵重新回到碱液喷淋脱硫除尘塔,进入下一个循环周期(见图20-3)。

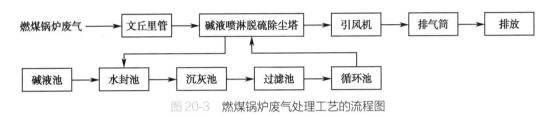

图20-3　燃煤锅炉废气处理工艺的流程图

2. 工艺废气处理工艺

(1)发酵废气: 由图20-4可知,发酵废气经多级水喷淋处理后一部分经排气筒排放,一部分进入循环池,经 pH 调节剂处理后,一部分流入废水定期排污水站进行处理,一部分重新回到多级水喷淋装置进入下一个循环周期。

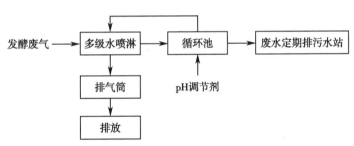

图20-4　发酵废气处理工艺流程图

(2)浓缩干燥工艺废气: 由图20-5可知,浓缩废气和干燥废气分别集中收集后进入水喷淋塔,一部分利用活性炭吸附处理后经排气筒排放,一部分进入循环池,经 pH 调节剂处理后,一部分流入废水定期排污水站进行处理,一部分重新回到水喷淋塔进入下一个循环周期。

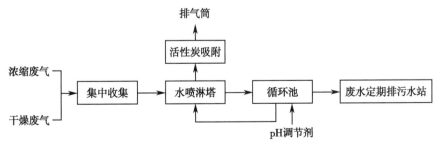

图20-5　浓缩干燥废气处理工艺流程图

(3)生产车间排出的湿热废气通过在侧墙设置轴流风机加强通风即可排出。

（4）污水厌氧处理工艺中会产生沼气，其主要成分是甲烷，通常占总体积的 60%~70%，其次是二氧化碳，约占总体积的 20%~30%，其余是硫化氢、氮、氢和一氧化碳等其他，约占总体积的 5%。沼气中含有的硫化氢会对设备产生腐蚀，须先进行脱硫处理，处理后可作为能源进行发电供厂区使用。

由图 20-6 可知，沼气自下而上进入吸收塔，与自上而下喷淋的脱硫液逆向接触，气体中的硫化氢被吸收，净化后的气体直接排放，而其他气体一部分流入富液槽，富液中的悬浮硫颗粒被空气浮选形成泡沫，经富液泵和喷射器流入再生槽。漂浮在再生槽顶部的泡沫进入硫泡沫池，脱硫再生后的溶液进入贫液槽，经贫液泵重新打回吸收塔进行下一个循环周期。

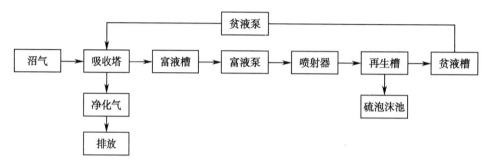

图 20-6　沼气的脱硫工艺流程

四、抗生素发酵废气处理工艺

（一）废气的来源和特征

抗生素发酵废气大部分为恶臭性气体，会带有少量发酵物颗粒和部分蒸汽。其中，发酵废气的主要成分为空气和 CO_2，同时含有发酵后期细菌开始产生抗生素时菌丝的气味，以及提取和精制环节中因使用大量有机溶剂产生的含有机溶剂的废气。发酵废气普遍具有连续排放、气量大、湿度高、污染物浓度低且成分复杂的特点，并且异味物质的组分和含量随工业菌种、原料配比和生产工艺参数的变化而发生改变。如青霉素发酵尾气中总挥发性有机物（VOCs）主要包括乙酸乙烯酯、三氟三氯乙烷、二氯四氟乙烷、1, 1- 二氯乙烯等；红霉素发酵过程中产生的废气主要为 CO_2、水蒸气及有苦涩味的有机挥发物。

（二）处理工艺

某制药企业发酵废气处理流程如图 20-7 所示。由图可知，消毒时产生的发酵废气单独收集后经过缓冲罐预冷却，并进行气液分离和气固分离，防止堵塞冷凝器。之后进入一级冷凝器用大循环水 10~35℃冷却，再进入二级冷凝器用 14℃水冷却至 40℃以下。冷凝器出来的废气与正常发酵废气合并后在喷淋塔内进行一级氧化和二级氧化（氧化剂一般采用 5%~15% 的次氯酸钠或者过氧化氢）。合并之前两个支路在末端安装止回阀防止串气，冷却水气动阀与蒸汽管路的气动阀联动，同时开关。从喷淋塔完成氧化反应出来的废气直接排放。

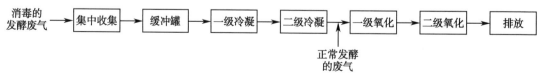

图 20-7　某制药企业发酵废气处理流程

第四节 废渣综合利用

一、废渣

发酵制药废渣主要是指废菌渣、污泥、废活性炭和粉尘等。其中,废菌渣来源于发酵液的过滤或提取工艺,易发生二次发酵,产生难闻的气味,会对土壤以及水体造成严重损害。污泥主要来源于沉砂池、初次沉淀池排出的沉渣以及隔油池、气浮池排出的油渣等,均是直接从废水中分离出来。废活性炭来源于脱色、过滤、分离等工序。粉尘来源于干燥、粉碎、包装等工序。目前,我国制药工业废渣的处理遵循《中华人民共和国固体废物污染环境防治法》的有关规定。

二、废渣的处理方法

废渣的处理方法主要有焚烧法、堆肥法、厌氧消化、热解法、填埋法等。

(1)焚烧法:是将废渣与过量的空气在800~1 200℃的焚烧炉内燃烧,废渣中所含的污染物在高温下氧化分解为小分子有机物或CO_2的过程。焚烧能在短时间内大规模减少废渣的总量,体积可降至原来体积的5%以下,同时,也能消除许多有害物质,并且回收热量。焚烧法是一种高温热处理和深度氧化的综合工艺,可同时实现废物无害化、减量化和资源化。但仍存在处理成本高、尾气治理难度大等问题,目前,我国采用的实例较少。

(2)堆肥法:是依靠自然界广泛分布的细菌、放线菌、真菌等微生物,在高温50~60℃下发酵,使废渣中的有机物矿质化、腐殖化和无害化而变成土壤可接受的有机营养土的生物化学过程。通过对有机物的堆肥化处理,不仅可以将有机物转化成农作物生长必需的有效态氮、磷、钾化合物,有效地处理废渣,解决环境污染和垃圾无害化问题,而且又产生了适合农业生产的腐殖质,维持了自然界良性的物质循环。堆肥法成本较低,在抗生素菌渣处理方面已取得了较好的应用效果。如利用青霉素水解酶对青霉素菌渣中残留的青霉素进行水解,然后结合烘干技术生产有机肥,从而实现了抗生素菌渣的资源化。根据处理过程中微生物对氧气要求的不同,堆肥可分为好氧堆肥法(高温堆肥)和厌氧堆肥法两种,具体介绍见数字资源ER20-4。

ER20-4 废渣的堆肥法介绍（文档）

(3)厌氧消化:是指在没有游离氧的条件下,利用厌氧微生物对有机物进行稳定降解的一种处理方式。厌氧过程中,复杂的有机化合物被微生物降解成简单、稳定的物质,同时释放能量,其中,大部分以甲烷形式出现。厌氧消化是一种高效的生物质转化技术,可以实现菌渣中低品位的有机质向高品位的沼气的转化,从而实现菌渣的资源化。厌氧消化系统运行的含固量通常在5%以下,但较低的单位容积处理能力导致了较高的处理成本。尤其是抗生素发酵渣中残留的大量抗生素会产生较高的生物毒性,对厌氧消化系统产生抑制作用。

(4)热解法:是在无氧或缺氧的高温条件下,使废渣中的大分子有机物裂解为可燃的小分子燃料气体、液体和固态碳等物质的过程。该方法具有较强的脱毒能力,资源化效果好,但较高的运行成本限制了其应用。对于稳定性强、毒副作用较大的抗生素菌渣,热解法处理具有一定的研究价值。有研究表明,对链霉素、庆大霉素菌渣热解处理后产生的热解气都属于中热值气体,可作民用或工业能源,热解后的热解焦炭也具有较高的热值,可作为燃料使用。

（5）填埋法:是将一时无法利用、又无特殊危害的废渣埋入土中,利用微生物的长期分解作用使有害物质降解的处理方法。

三、氨基酸发酵废渣处理工艺

以L-缬氨酸发酵废渣处理工艺为例,进行介绍。

（一）废渣的来源

L-缬氨酸发酵废渣的来源包括实验室固废(实验和检测过程中产生的废液、废渣以及废玻璃器皿等)、锅炉煤燃烧产生的锅炉煤渣、陶瓷膜过滤滤渣、超滤膜过滤滤渣、第一次浓缩结晶阶段的过滤滤渣、脱色过滤的滤渣及废活性炭、包装固废、废水处理系统污泥和沉渣。

（二）处理方法

实验室固废根据具体情况进行分类处置;锅炉煤渣的治理措施为委托清运成为建筑材料;陶瓷膜过滤滤渣、超滤膜过滤滤渣、第一次浓缩阶段过滤滤渣的治理措施为干化作为肥料;脱色过滤滤渣及废活性炭被交给有资质单位处置;包装固废可回收利用;废水处理系统污泥、沉渣和生活垃圾的治理措施为卫生清运。

四、抗生素发酵废渣处理工艺

（一）废渣的来源和特征

抗生素生产过程中产生的废渣主要是菌渣,其次还有过滤、提取分离、精制脱色等工序产生的废弃树脂、废活性炭、污水处理站产生的废物(格栅截留物、污泥)等。菌渣的主要成分为微生物菌丝体、未被利用的有机质(如淀粉和黄豆粉等)、无机助滤剂以及少量未被完全提取的抗生素及其代谢产物等,资源化价值巨大。由于菌渣的黏度大、含水率高(且多为结合水),含有丰富的有机质、粗脂肪、氨基酸等,因此,长时间放置极易引起二次发酵,产生恶臭,影响环境。更值得注意的是,残留的培养基、抗生素及其降解物会给生态环境造成潜在危害。

（二）常见的抗生素废渣处理工艺

下面对抗生素菌渣处理的主要方法及其工艺进行介绍。

1. **焚烧法**　抗生素菌渣的焚烧处理工艺流程见图20-8。由图可知,菌渣由抓斗混合后送至料斗,计量后从料斗经溜槽由推料机送入回转窑内进行高温分解及燃烧反应。废物大幅减量,部分未燃尽的残渣从回转窑排出后直接掉落在二燃室下部的炉排上再次燃烧,燃尽后由出渣系统连续排出。回转窑焚烧产生的烟气进入二燃室内进一步燃烧,二燃室的出口烟气温度维持在 1 100℃以上,烟气停留时间超过 2 秒,使烟气中的有机物和二噁英彻底分解,达到无害化的目的。二燃室产生的高温烟气进入余热锅炉回收部分能量产生蒸汽。烟气经余热锅炉后温度降为 500~600℃,再通过烟气急冷中和塔将温度降低到 180~200℃,避免了二噁英等有毒气体的再合成。急冷中和塔出来的烟气进入干式反应装置[加入活性炭和 Ca(OH)₂]脱酸,并对重金属及可能再生产的二噁英等物质进行吸附。之后,烟气进入布袋除尘器除尘,进入 SCR 脱氮装置脱除氮氧化物。出来的烟气进入湿式脱酸塔,通过脱酸剂(如碱液)脱除 SO_2、HCl 等酸性气体,达到烟气排放标准,最后,通过引风机从烟囱排出。

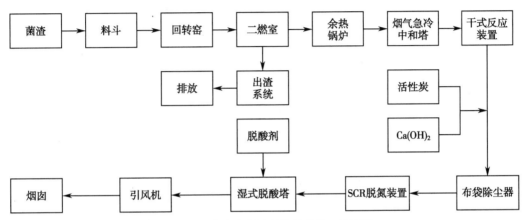

图 20-8　抗生素菌渣焚烧处理的工艺流程

2. 物化法堆肥　物化法堆肥是目前企业最认可的抗生素菌渣处理与资源化技术。具体工艺流程见图 20-9。由图可知,向菌渣中投加菌种和麦秆等辅料,调整水分(50%~60%)和碳氮比[(25∶1)~(35∶1)]后进行充分的搅拌混合。将堆肥物料温度升高到 45~65℃进行一次发酵(2~12 天),然后在温度 35~50℃进行陈化(一般需要 20~30 天)。此时,有机物分解变成腐殖酸、氨基酸等较稳定的有机物,得到完全成熟的堆肥产品。物化堆肥法的发酵过程中需要定期翻堆和曝气。发酵结束后将物料进行粉碎筛分和计量包装,最后变成有机肥。

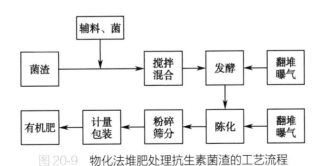

图 20-9　物化法堆肥处理抗生素菌渣的工艺流程

3. 厌氧消化　抗生素菌渣的厌氧消化工艺流程见图 20-10。由图可知,经过固液分离后得到的抗生素发酵废渣首先进行机械破碎,破碎后的废渣与水混合均匀,制备成悬浮液,调节含固率为 10%~30%,并加入碱性药剂(如液碱或氢氧化钙)进行碱热联合预处理,得到发酵渣混合液。将发酵废渣混合液加热到 120~135℃,处理 30~60 分钟。然后进行超声处理

（超声频率为 20~40kHz），将处理后的发酵废渣与秸秆消解液和厌氧污泥混合，调节固含量至 5%~15%、pH 至 7.0~7.5 后进行厌氧消化处理（温度为 30~40℃，周期为 15~30 天），收集产生的甲烷。

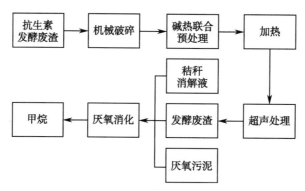

图 20-10　抗生素发酵菌渣的厌氧消化工艺流程图

4. 菌渣热解　抗生素菌渣热解处理的工艺流程见图 20-11。由图可知，菌渣粉碎后先进入预热炉预热，待温度升至 100℃以上加入热解炉热解（一般在 450~600℃）。同时，利用搅拌机搅拌物料加速热量有效传递，促进物料快速分解，之后，用搅拌机刮板将碳化物排出炉体外冷却，分解出的轻质油和不凝气体作为热解炉加热气体，送至燃烧器燃烧掉。

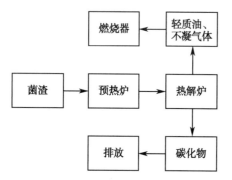

图 20-11　抗生素发酵菌渣的热解工艺流程图

各类抗生素的结构与性质不同，其对应的菌渣无害化处理工艺与资源化利用途径不尽相同。研究结果表明，某些稳定性差、毒副作用小的抗生素菌渣经无害化处理可用作生产有机肥的原料。但对于性质稳定、毒副作用大的抗生素菌渣的处理与资源化的技术研究仍需要进一步探索。抗生素菌渣的肥料和能源化技术是解决大宗抗生素处置问题的有效途径，但处理过程中所遇到的再生产品的抗生素残留带来的生物安全性问题需要进一步评估。抗生素菌渣焚烧和高温窑炉的共处置技术是今后的重要发展方向。

ER20-5　目标测试题

（骆健美）

参考文献

［1］张雪.制药废水处理技术研究与应用.绿色科技，2018（18）：59-60.

［2］罗勇泉，颜雪明.制药废水处理方法概述.首都师范大学学报（自然科学版），2018，39（01）：52-56.

［3］罗婷,杜欢.抗生素废水处理工艺研究综述.中国资源综合利用,2017,35(12):99-101.

［4］王磊.发酵制药行业发酵尾气治理技术.化工管理,2018(27):182-183.

［5］周家斌,陈进富,王铁冠,等.废气生物处理技术研究进展.河南农业大学学报,2004(04):482-486.

［6］王小军,徐校良,李兵,等.生物法净化处理工业废气的研究进展.化工进展,2014,33(01):213-218.

［7］元英进.制药工艺学.北京:化学工业出版社,2007.

［8］王效山,夏伦祝.制药工业三废处理技术.2版.北京:化学工业出版社,2018.

［9］陈平.制药工艺学.湖北:湖北科学技术出版社,2008.